浙江省房屋建筑与装饰
工程预算定额

（2018 版）

上　　册

中　国　计　划　出　版　社

2018 北　京

图书在版编目（CIP）数据

　　浙江省房屋建筑与装饰工程预算定额 ：2018版 ：全
2册 / 浙江省建设工程造价管理总站主编. -- 北京 ：中
国计划出版社，2018.12（2022.3重印）
　　ISBN 978-7-5182-0941-5

　　Ⅰ．①浙… Ⅱ．①浙… Ⅲ．①建筑工程－建筑预算定
额－浙江②建筑装饰－建筑预算定额－浙江 Ⅳ.
①TU723.34

　　中国版本图书馆CIP数据核字(2018)第240875号

浙江省房屋建筑与装饰工程预算定额
（2018 版）
浙江省建设工程造价管理总站　主编

中国计划出版社出版发行
网址：www.jhpress.com
地址：北京市西城区木樨地北里甲 11 号国宏大厦 C 座 3 层
邮政编码：100038　电话：(010) 63906433 （发行部）
北京市科星印刷有限责任公司印刷

880mm×1230mm　1/16　42.5 印张　1213 千字
2018 年 12 月第 1 版　2022 年 3 月第 4 次印刷
印数 22001—24000 册

ISBN 978-7-5182-0941-5
定价：480.00 元（上、下册）

主编单位：浙江省建设工程造价管理总站

批准部门：浙江省住房和城乡建设厅

　　　　　浙江省发展和改革委员会

　　　　　浙　江　省　财　政　厅

施行日期：二〇一九年一月一日

浙江省房屋建筑与装饰工程预算定额
（2018 版）

主编单位：浙江省建设工程造价管理总站
参编单位：杭州市建设工程造价和投资管理办公室
　　　　　　宁波市建设工程造价管理处
　　　　　　温州市建设工程造价管理处
　　　　　　台州市建设工程造价管理处
　　　　　　舟山市建设工程招投标与造价管理办公室
　　　　　　浙江省财政项目预算评审中心
　　　　　　浙江省建筑行业协会
　　　　　　浙江建设职业技术学院
　　　　　　浙江省建工集团有限责任公司
　　　　　　浙江伊麦克斯基础工程有限公司
　　　　　　浙江省地矿建设有限公司
　　　　　　浙江省长城建设集团有限公司
　　　　　　武林建筑工程有限公司
　　　　　　亚厦装饰股份有限公司
　　　　　　浙江立兴造价师事务所有限责任公司
　　　　　　万邦工程管理咨询有限公司
　　　　　　浙江科佳工程咨询有限公司
　　　　　　中汇咨询工程有限公司
　　　　　　杭州建设工程造价咨询有限公司
　　　　　　浙江建安工程咨询有限公司
　　　　　　浙江金诚工程造价咨询事务所有限公司
　　　　　　浙江至诚工程咨询有限责任公司
　　　　　　浙江诚远工程咨询有限公司
　　　　　　宁波德威工程造价投资咨询有限公司

主　　编：胡建明　郑怀东　王建荣
副 主 编：王明辉　张苏琴　何薛平　刘海升
参　　编：项　震　傅佩红　吴敏彦　蒋　晔　虞硕民　胡玲慧　汪政达　何粉叶
　　　　　　宋　权　蔡志刚　陈　珂　张　鑫　阮孟昌　王健荣　卢彩霞　何利波
　　　　　　丁浙鸣　陈时东　夏仁宝　马巧兰　张　晓　吴权权　崔卫锋　舒慧斌

软件生成：成都鹏业软件股份有限公司　杜彬
数据输入：杭州擎洲软件有限公司　白炳利

审　核：浙江省建设工程计价依据（2018版）编制工作专家组

审　定：浙江省建设工程计价依据（2018版）编制工作领导小组

关于颁发浙江省建设工程计价依据(2018版)的通知

浙建建〔2018〕61号

各市建委(建设局)、发展改革委、财政局:

为深化工程造价管理改革,完善工程计价依据体系,健全市场起决定性作用的工程造价管理机制,合理确定和有效控制工程造价,根据省住房城乡建设厅、省发展改革委、省财政厅联合印发的《关于组织编制〈浙江省建设工程计价依据(2018版)〉的通知》(建建发〔2017〕166号)要求,由省建设工程造价管理总站负责组织编制的《浙江省建设工程计价规则》(2018版)、《浙江省房屋建筑与装饰工程预算定额》(2018版)、《浙江省通用安装工程预算定额》(2018版)、《浙江省市政工程预算定额》(2018版)、《浙江省园林绿化及仿古建筑工程预算定额》(2018版)、《浙江省建设工程施工机械台班费用定额》(2018版)、《浙江省建筑安装材料基期价格》(2018版)、《浙江省城市轨道交通工程预算定额》(2018版)等8项工程计价成果(以下简称"2018版计价依据")通过审定,现予颁发,并就有关事项通知如下,请一并贯彻执行。

一、2018版计价依据是指导投资估算、设计概算、施工图预算、招标控制价、投标报价的编制以及工程合同价约定、竣工结算办理、工程计价纠纷调解处理、工程造价鉴定等的依据。规费取费标准是投资概算和招标控制价的编制依据,投标人根据国家法律法规及自身缴纳规费的实际情况,自主确定其投标费率,但在规费政策平稳过渡期内不得低于标准费率的30%。当规费相关政策发生变化时,再另行发文规定。

二、2018版计价依据自2019年1月1日起施行。《浙江省建设工程计价规则》(2010版)、《浙江省建筑工程预算定额》(2010版)、《浙江省安装工程预算定额》(2010版)、《浙江省市政工程预算定额》(2010版)、《浙江省园林绿化及仿古建筑工程预算定额》(2010版)、《浙江省建设工程施工费用定额》(2010版)、《浙江省施工机械台班费用定额》(2010版)、《浙江省建筑安装材料基期价格》(2010版)同时停止使用。

三、凡2018年12月31日前签订工程发承包合同的项目,或者虽然工程合同在2019年1月1日以后签订,但工程招投标的开标在2018年12月31日前完成的项目,除工程合同或招标文件有特别约定外,仍按2010版计价依据规定执行。涉及后续人工费动态调整的,统一采用人工综合价格指数进行调整。

四、各级建设、发展改革、财政等部门要高度重视2018版计价依据的贯彻实施工作,造价管理机构在 2018 版计价依据贯彻实施中要加强管理,有效地开展监督检查工作,确保 2018 版计价依据的正确执行。

2018 版计价依据由省建设工程造价管理总站负责解释与管理。

浙江省住房和城乡建设厅
浙江省发展和改革委员会
浙 江 省 财 政 厅
2 0 1 8 年 11 月 9 日

总　说　明

一、《浙江省房屋建筑与装饰工程预算定额》(2018 版)(以下简称本定额)是根据省建设厅、省发改委、省财政厅《关于组织编制〈浙江省建设工程计价依据(2018 版)〉的通知》(建建发〔2017〕166 号)、国家标准《建设工程工程量清单计价规范》GB 50500—2013 及有关规定,在《房屋建筑与装饰工程工程量清单计算规范》GB 50854—2013、《房屋建筑与装饰工程消耗量定额》TY 01－31－2015、《装配式建筑工程消耗量定额》TY 01－01(01)－2016、《绿色建筑工程消耗量定额》TY 01－01(02)－2017 和《浙江省建筑工程预算定额》(2010 版)的基础上,结合本省实际情况编制的。

二、本定额是完成规定计量单位分部分项工程所需的人工、材料、施工机械台班的消耗量标准,是编制施工图预算、招标控制价的依据,是确定合同价、结算价、调解工程价款争议、工程造价鉴定以及编制本省建设工程概算定额、估算指标与技术经济指标的基础,也是企业投标报价或编制企业定额的参考依据。

全部使用国有资金或国有资金投资为主的工程建设项目,编制招标控制价应执行本定额。

三、本定额适用于本省区域内的工业与民用建筑的新建、扩建和改建房屋建筑与装饰工程。

四、本定额是依据现行国家及本省有关强制性标准、推荐性标准、设计规范、施工验收规范、技术操作规程、质量评定标准、产品标准和安全操作规程,按正常施工条件、多数施工企业采用的施工方法、装备设备和合理的劳动组织及工期,并参考了有关地区和行业标准、定额,以及典型工程设计、施工和其他资料编制的,反映了本省区域的社会平均消耗量水平。

五、本定额未包括的项目,可按本省其他相应专业工程计价定额执行,如仍缺项的,应编制地区性补充定额或一次性补充定额,并按规定履行申报手续。

六、有关定额人工的说明和规定。

1. 本定额的人工消耗量是以现行《建设工程劳动定额　建筑工程》LD/TT 2.1~11—2008、《建设工程劳动定额　装饰工程》LD/T 73.1~4—2008 为基础,并结合本省实际情况编制的,已考虑了各项目施工操作的直接用工、其他用工(材料超运距、工种搭接、安全和质量检查以及临时停水、停电等)及人工幅度差。每工日按 8 小时工作制计算。

2. 本定额日工资单价划分:土石方工程按一类人工日工资单价计算;装配式混凝土构件安装工程,金属结构工程,木结构工程,门窗工程,楼地面装饰工程,墙柱面装饰与隔断、幕墙工程,天棚工程,油漆、涂料、裱糊工程,其他装饰工程按三类人工日工资单价计算;保温、隔热、防腐工程根据子目性质不同分别按二类人工或三类人工日工资单价计算;其余工程均按二类人工日工资单价计算。

3. 机械土、石方,桩基础,构件运输及安装等工程,人工随机械产量计算的,人工幅度差按机械幅度差计算。

七、有关建筑材料、成品及半成品的说明和规定。

1. 本定额采用的材料(包括构配件、零件、半成品、成品)均为符合国家质量标准和相应设计要求的合格产品。材料名称、规格型号及取定价格详见附录四。

2. 本定额材料、成品及半成品的定额取定价格包括市场供应价、运杂费、运输损耗费和采购保管费。

3. 材料、成品及半成品的定额消耗量均包括施工场内运输损耗和施工操作损耗。材料损耗率详见附录三。

4. 材料、成品及半成品从工地仓库、现场堆放地点或现场加工地点至操作地点的场内水平运输已包括在相应定额内,垂直运输另按本定额第十九章"垂直运输工程"计算。

5. 本定额中除特殊说明外，大理石和花岗岩均按工程成品石材考虑，消耗量中仅包括了场内运输、施工及零星切割的损耗。

6. 混凝土、砂浆及各种胶泥等均按半成品考虑，消耗量以体积"m³"表示。

7. 本定额中使用的混凝土除另有注明外均按商品混凝土编制，实际使用现场搅拌混凝土时，按本定额第五章"混凝土及钢筋混凝土工程"定额说明的相关条款进行调整。

8. 本定额中所使用的砂浆除另有注明外均按干混预拌砂浆编制，若实际使用现拌砂浆或湿拌预拌砂浆时，按以下方法调整：

（1）使用现拌砂浆的，除将定额中的干混预拌砂浆调换为现拌砂浆外，另按相应定额中每立方米砂浆增加：人工0.382工日、200L灰浆搅拌机0.167台班，并扣除定额中干混砂浆罐式搅拌机台班的数量。

（2）使用湿拌预拌砂浆的，除将定额中的干混预拌砂浆调换为湿拌预拌砂浆外，另按相应定额中每立方米砂浆扣除人工0.20工日，并扣除定额中干混砂浆罐式搅拌机台班数量。

9. 本定额中木材不分板材与方材，均以××（指硬木、杉木或松木）板方材取定。木种分类如下：

第一、二类：红松、水桐木、樟木松、白松（云杉、冷杉）、杉木、杨木、柳木、椴木。

第三、四类：青松、黄花松、秋子木、马尾松、东北榆木、柏木、苦楝木、梓木、黄菠萝、椿木、楠木、柚木、樟木、栎木（柞木）、檀木、色木、槐木、荔木、麻栗木（麻栎、青刚）、桦木、荷木、水曲柳、华北榆木、榉木、橡木、枫木、核桃木、樱桃木。

本定额装饰项目中以木质饰面板、装饰线条表示的，其材质包括：榉木、橡木、柚木、枫木、核桃木、樱桃木、檀木、色木、水曲柳等；部分列有榉木或橡木、枫木等的项目，如设计使用的材质与定额取定的不符者，可以换算。

10. 本定额所采用的材料、半成品、成品品种、规格型号与设计不符时，可按各章规定调整。

11. 本定额周转材料按摊销量编制，且已包括回库维修耗量及相关费用。

12. 对于用量少、低值易耗的零星材料，列为其他材料费。

八、关于机械。

1. 本定额中的机械按常用机械、合理机械配备和施工企业的机械化装备程度，并结合本省工程实际编制的，台班价格按《浙江省建设工程施工机械台班费用定额》（2018版）计算。

2. 本定额的机械台班消耗量是按正常机械施工工效考虑，每一台班按八小时工作制计算，并考虑了其他直接生产使用的机械幅度差。

3. 挖掘机械、打桩机械、吊装机械、运输机械（包括推土机、铲运机及构件运输机械等）分别按机械、容量或性能及工作物对象，按单机或主机与配合辅助机械，分别以台班消耗量表示。

4. 凡单位价值2000元以内、使用年限在一年以内的不构成固定资产的施工机械，不列入机械台班消耗量，作为工具用具在建筑安装工程费中的企业管理费考虑，其消耗的燃料动力等已列入材料内。

5. 本定额未包括大型施工机械场外运输及安、拆费用，以及塔式起重机、施工电梯的基础费用，发生时，应根据经批准的施工组织设计方案选用的实际机械种类及规格，按附录二及机械台班费用定额有关规定计算。

九、本定额的垂直运输按不同檐高的建筑物和构筑物单独编制，应根据具体工程内容按垂直运输工程定额执行。

十、本定额按面积计算的综合脚手架、垂直运输等，是按一个整体工程考虑的。如遇结构与装饰分别发包，则应根据工程具体情况确定划分比例。

十一、建筑物的地下室以及外围采光面积小于室内平面面积2.5%的库房、暗室等，可以其所涉及部位的结构外围水平面积之和，按每平方米20元（其中二类人工0.05工日）计算洞库照明费。

十二、本定额除注明高度的以外，均按建筑物檐高20m以内编制，檐高在20m以上的工程，其降效应增加的人工、机械台班及有关费用，按建筑物超高施工增加费定额执行。

十三、定额中的建筑物檐高是指设计室外地坪至檐口底高度。

外檐沟檐高算至檐口底高度，内檐沟檐高算至与檐沟相连的屋面板板底高度，平屋面檐高算至屋面板板底高度，突出主体建筑物屋顶的电梯机房、楼梯间、有围护结构的水箱间、瞭望塔、排烟机房等不计入檐口高度。

十四、本定额结合浙江省建筑工业化的推广，根据现行《浙江省工业化建筑评价导则》（浙江省住房和城乡建设厅 2016 年 1 月发布），新增装配整体式混凝土结构、钢结构、钢—混凝土混合结构三种浙江省主导推广的工业化建筑结构类型的综合脚手架和垂直运输定额，其定义如下：

装配整体式混凝土结构：包括装配整体式混凝土框架结构、装配整体式混凝土框架 – 剪力墙结构、装配整体式混凝土剪力墙结构、预制预应力混凝土装配整体式框架结构等。

钢结构：包括普通钢结构和轻型钢结构，梁、柱和支撑应采用钢结构，柱可采用钢管混凝土柱。

钢—混凝土混合结构：包括钢框架、钢支撑框架或钢管混凝土框架与钢筋混凝土核心筒（剪力墙）组成的框架—核心筒（剪力墙）结构，以及由外围钢框筒或钢管混凝土筒与钢筋混凝土核心筒组成的筒中筒结构，梁、柱和支撑应采用钢构件，柱可采用钢管混凝土柱。

十五、本定额中的工作内容已说明了主要的施工工序，次要工序虽未说明，但均已包括在内。

十六、施工与生产同时进行、在有害身体健康的环境中施工时的降效增加费，本定额未考虑，发生时另行计算。

十七、本定额中遇有两个或两个以上系数时，按连乘法计算。

十八、除《建筑工程建筑面积计算规范》GB/T 50353—2013 及各章有规定外，定额中凡注明"××以内"或"××以下"及"小于"者，均包括××本身；"××以外"、或"××以上"及"大于"者，则不包括××本身。

定额说明中未注明（或省略）尺寸单位的宽度、厚度、断面等，均以"mm"为单位。

十九、凡本总说明未尽事宜，详见各章说明和附录。

二十、本定额由浙江省建设工程造价管理总站负责解释与管理。

《建筑工程建筑面积计算规范》

GB/T 50353—2013

1 总 则

1.0.1 为规范工业与民用建筑工程建设全过程的建筑面积计算,统一计算方法,制定本规范。

1.0.2 本规范适用于新建、扩建、改建的工业与民用建筑工程建设全过程的建筑面积计算。

1.0.3 建筑工程的建筑面积计算,除应符合本规范外,尚应符合国家现行有关标准的规定。

2 术 语

2.0.1 建筑面积——建筑物(包括墙体)所形成的楼地面面积。

2.0.2 自然层——按楼地面结构分层的楼层。

2.0.3 结构层高——楼面或地面结构层上表面至上部结构层上表面之间的垂直距离。

2.0.4 围护结构——围合建筑空间的墙体、门、窗。

2.0.5 建筑空间——以建筑界面限定的、供人们生活和活动的场所。

2.0.6 结构净高——楼面或地面结构层上表面至上部结构层下表面之间的垂直距离。

2.0.7 围护设施——为保障安全而设置的栏杆、栏板等围挡。

2.0.8 地下室——室内地平面低于室外地平面的高度超过室内净高的1/2的房间。

2.0.9 半地下室——室内地平面低于室外地平面的高度超过室内净高的1/3,且不超过1/2的房间。

2.0.10 架空层——仅有结构支撑而无外围护结构的开敞空间层。

2.0.11 走廊——建筑物中的水平交通空间。

2.0.12 架空走廊——专门设置在建筑物的二层或二层以上,作为不同建筑物之间水平交通的空间。

2.0.13 结构层——整体结构体系中承重的楼板层。

2.0.14 落地橱窗——突出外墙面且根基落地的橱窗。

2.0.15 凸窗(飘窗)——凸出建筑物外墙面的窗户。

2.0.16 檐廊——建筑物挑檐下的水平交通空间。

2.0.17 挑廊——挑出建筑物外墙的水平交通空间。

2.0.18 门斗——建筑物入口处两道门之间的空间。

2.0.19 雨篷——建筑出入口上方为遮挡雨水而设置的部件。

2.0.20 门廊——建筑物入口前有顶棚的半围合空间。

2.0.21 楼梯——由连续行走的梯级、休息平台和维护安全的栏杆(或栏板)、扶手以及相应的支托结构组成的作为楼层之间垂直交通使用的建筑部件。

2.0.22 阳台——附设于建筑物外墙,设有栏杆或栏板,可供人活动的室外空间。

2.0.23 主体结构——接受、承担和传递建设工程所有上部荷载,维持上部结构整体性、稳定性和安全性的有机联系的构造。

2.0.24 变形缝——防止建筑物在某些因素作用下引起开裂甚至破坏而预留的构造缝。

2.0.25 骑楼——建筑底层沿街面后退且留出公共人行空间的建筑物。

2.0.26 过街楼——跨越道路上空并与两边建筑相连接的建筑物。

2.0.27 建筑物通道——为穿过建筑物而设置的空间。

2.0.28 露台——设置在屋面、首层地面或雨篷上的供人室外活动的有围护设施的平台。

2.0.29 勒脚——在房屋外墙接近地面部位设置的饰面保护构造。

2.0.30 台阶——联系室内外地坪或同楼层不同标高而设置的阶梯型踏步。

3 计算建筑面积的规定

3.0.1 建筑物的建筑面积应按自然层外墙结构外围水平面积之和计算。结构层高在2.20m及以上的,应计算全面积;结构层高在2.20m以下的,应计算1/2面积。

3.0.2 建筑物内设有局部楼层时,对于局部楼层的二层及以上楼层,有围护结构的应按其围护结构外围水平面积计算,无围护结构的应按其结构底板水平面积计算。结构层高在2.20m及以上的,应计算全面积;结构层高在2.20m以下的,应计算1/2面积。

3.0.3 形成建筑空间的坡屋顶,结构净高在2.10m及以上的部位应计算全面积;结构净高在1.20m及以上至2.10m以下的部位应计算1/2面积;结构净高在1.20m以下的部位不应计算建筑面积。

3.0.4 场馆看台下的建筑空间,结构净高在2.10m及以上的部位应计算全面积;结构净高在1.20m及以上至2.10m以下的部位应计算1/2面积;结构净高在1.20m以下的部位不应计算建筑面积。室内单独设置的有围护设施的悬挑看台,应按看台结构底板水平投影面积计算建筑面积。有顶盖无围护结构的场馆看台应按其顶盖水平投影面积的1/2计算面积。

3.0.5 地下室、半地下室应按其结构外围水平面积计算。结构层高在2.20m及以上的,应计算全面积;结构层高在2.20m以下的,应计算1/2面积。

3.0.6 出入口外墙外侧坡道有顶盖的部位,应按其外墙结构外围水平面积的1/2计算面积。

3.0.7 建筑物架空层及坡地建筑物吊脚架空层,应按其顶板水平投影计算建筑面积。结构层高在2.20m及以上的,应计算全面积;结构层高在2.20m以下的,应计算1/2面积。

3.0.8 建筑物的门厅、大厅按一层计算建筑面积。门厅、大厅内设置的走廊应按其结构底板水平投影面积计算建筑面积。结构层高在2.20m及以上的,应计算全面积;结构层高在2.20m以下的,应计算1/2面积。

3.0.9 建筑物间的架空走廊,有顶盖和围护结构的,应按其围护结构外围水平面积计算全面积;无围护结构、有围护设施的,应按其结构底板水平投影面积计算1/2面积。

3.0.10 立体书库、立体仓库、立体车库,有围护结构的,应按其围护结构外围水平面积计算建筑面积;无围护结构、有围护设施的,应按其结构底板水平投影面积计算建筑面积。无结构层的应按一层计算,有结构层的应按其结构层面积分别计算。结构层高在2.20m及以上的,应计算全面积;结构层高在2.20m以下的,应计算1/2面积。

3.0.11 有围护结构的舞台灯光控制室,应按其围护结构外围水平面积计算。结构层高在2.20m及以上的,应计算全面积;结构层高在2.20m以下的,应计算1/2面积。

3.0.12 附属在建筑物外墙的落地橱窗,应按其围护结构外围水平面积计算。结构层高在2.20m及以上的,应计算全面积;结构层高在2.20m以下的,应计算1/2面积。

3.0.13 窗台与室内楼地面高差在0.45m以下且结构净高在2.1m及以上的凸(飘)窗,应按其围护结构外围水平面积计算1/2面积。

3.0.14 有围护设施的室外走廊(挑廊),应按其结构底板水平投影面积计算1/2面积;有围护设施(或柱)的檐廊,应按其围护设施(或柱)外围水平面积计算1/2面积。

3.0.15 门斗应按其围护结构外围水平面积计算建筑面积。结构层高在2.20m及以上的,应计算全面积;结构层高在2.20m以下的,应计算1/2面积。

3.0.16 门廊应按其顶板水平投影面积的1/2计算建筑面积;有柱雨篷应按其结构板水平投影面积的1/2计算建筑面积;无柱雨篷的结构外边线至外墙结构外边线的宽度在2.10m及以上的,应按雨篷结构板的水平投影面积的1/2计算建筑面积。

3.0.17 设在建筑物顶部的、有围护结构的楼梯间、水箱间、电梯机房等,结构层高在2.20m及以上的,应计算全面积;结构层高在2.20m以下的,应计算1/2面积。

3.0.18 围护结构不垂直于水平面的楼层,应按其底板面的外墙外围水平面积计算。结构净高在 2.10m 及以上的部位,应计算全面积;结构净高在 1.20m 及以上至 2.10m 以下的部位,应计算 1/2 面积;结构净高在 1.20m 以下的部位,不应计算建筑面积。

3.0.19 建筑物的室内楼梯、电梯井、提物井、管道井、通风排气竖井、烟道,应并入建筑物的自然层计算建筑面积。有顶盖的采光井应按一层计算建筑面积,结构净高在 2.10m 及以上的,应计算全面积;结构净高在 2.10m 以下的,应计算 1/2 面积。

3.0.20 室外楼梯应并入所依附建筑物自然层,并应按其水平投影面积的 1/2 计算建筑面积。

3.0.21 在主体结构内的阳台,应按其结构外围水平面积计算全面积;在主体结构外的阳台,应按其结构底板水平投影面积计算 1/2 面积。

3.0.22 有顶盖无围护结构的车棚、货棚、站台、加油站、收费站等,应按其顶盖水平投影面积的 1/2 计算建筑面积。

3.0.23 以幕墙作为围护结构的建筑物,应按幕墙外边线计算建筑面积。

3.0.24 建筑物的外墙外保温层,应按其保温材料的水平截面积计算,并计入自然层建筑面积。

3.0.25 与室内相通的变形缝,应按其自然层合并在建筑物建筑面积内计算。对于高低联跨的建筑物,当高低跨内部连通时,其变形缝应计算在低跨面积内。

3.0.26 对于建筑物内的设备层、管道层、避难层等有结构层的楼层,结构层高在 2.20m 及以上的,应计算全面积;结构层高在 2.20m 以下的,应计算 1/2 面积。

3.0.27 下列项目不应计算建筑面积:

 1 与建筑物内不相连通的建筑部件;

 2 骑楼、过街楼底层的开放公共空间和建筑物通道;

 3 舞台及后台悬挂幕布和布景的天桥、挑台等;

 4 露台、露天游泳池、花架、屋顶的水箱及装饰性结构构件;

 5 建筑物内的操作平台、上料平台、安装箱和罐体的平台;

 6 勒脚、附墙柱、垛、台阶、墙面抹灰、装饰面、镶贴块料面层、装饰性幕墙,主体结构外的空调室外机搁板(箱)、构件、配件,挑出宽度在 2.10m 以下的无柱雨篷和顶盖高度达到或超过两个楼层的无柱雨篷;

 7 窗台与室内地面高差在 0.45m 以下且结构净高在 2.10m 以下的凸(飘)窗,窗台与室内地面高差在 0.45m 及以上的凸(飘)窗;

 8 室外爬梯、室外专用消防钢楼梯;

 9 无围护结构的观光电梯;

 10 建筑物以外的地下人防通道,独立的烟囱、烟道、地沟、油(水)罐、气柜、水塔、贮油(水)池、贮仓、栈桥等构筑物。

总 目 录

上 册

下 册

上 册 目 录

第十章　保温、隔热、防腐工程

第一章

土石方工程

说　　明

　　一、本章定额包括土方工程、石方工程、平整与回填、基础排水等。

　　二、土壤分一、二类土,三类土,四类土;岩石分极软岩、软岩、较软岩、较坚硬岩、坚硬岩,其具体分类详见附表:"土壤分类表"和"岩石分类表"。同一工程的土石方类别不同,除另有规定外,应分别列项计算。

土壤分类表

土壤分类	土 壤 名 称	开 挖 方 法
一、二类土	粉土、砂土(粉砂、细砂、中砂、粗砂、砾砂)、粉质黏土、弱中盐渍土、软土(淤泥质土、泥炭、泥炭质土)、软塑红黏土、冲填土	用锹,少许用镐、条锄开挖。机械能全部直接铲挖满载者
三类土	黏土、碎石土(圆砾、角砾)混合土、可塑红黏土、硬塑红黏土、强盐渍土、素填土、压实填土	主要用镐、条锄,少许用锹开挖。机械需部分刨松方能铲挖满载者,或可直接铲挖但不能满载者
四类土	碎石土(卵石、碎石、漂石、块石)、坚硬红黏土、超盐渍土、杂填土	全部用镐、条锄挖掘,少许用撬棍挖掘。机械须普遍刨松方能铲挖满载者

　　注:本表土的名称及其含义按国家标准《岩土工程勘察规范》GB 50021—2001(2009 年局部修订版)定义。

岩石分类表

岩石分类		定性鉴定	代表性岩石	岩石饱和单轴抗压强度 R_c(MPa)
软质岩	极软岩	锤击声哑,无回弹,有较深凹痕,手可捏碎;浸水后,可捏成团	1.全风化的各种岩石;2.强风化的软岩;3.各种半成岩	≤5
	软岩	锤击声哑,无回弹,有凹痕,易击碎;浸水后,手可掰开	1.强风化的坚硬岩;2.中等(弱)风化~强风化的较坚硬岩;3.中等(弱)风化的较软岩;4.未风化的泥岩、泥质页岩、绿泥石片岩、绢云母片岩等	15~5
	较软岩	锤击声不清脆,无回弹,较易击碎;浸水后,指甲可刻出印痕	1.强风化的坚硬岩;2.中等(弱)风化的较坚硬岩;3.未风化~微风化的:凝灰岩、千枚岩、砂质泥岩、泥灰岩、泥质砂岩、粉砂岩、砂质页岩等	30~15
硬质岩	较坚硬岩	锤击声较清脆,有轻微回弹,稍震手,较难击碎;浸水后,有轻微吸水反应	1.中等(弱)风化的坚硬岩;2.未风化~微风化的:熔结凝灰岩、大理岩、板岩、白云岩、石灰岩、钙质砂岩、粗晶大理岩等	60~30
	坚硬岩	锤击声清脆,有回弹,震手,难击碎;浸水后,大多无吸水反应	未风化~微风化的:花岗岩、正长岩、闪长岩、辉绿岩、玄武岩、安山岩、片麻岩、硅质板岩、石英岩、硅质胶结的砾岩、石英砂岩、硅质石灰岩等	>60

　　注:本表依据《工程岩体分级标准》GB/T 50218—2014 进行分类。

　　三、干土、湿土的划分:

　　干土、湿土的划分,以地质勘测资料的地下常水位为准。常水位以上为干土,以下为湿土;或土壤含水率≥25% 时为湿土。

　　四、本章定额挖、运土方除淤泥、流砂为湿土外,均按干土编制(含水率<25%)。湿土排水(包括淤

泥、流砂)均应另列项目计算,如采用井点降水等措施降低地下水位施工时,土方开挖按干土计算,并按施工组织设计要求套用基础排水相应定额,不再套用湿土排水定额。

五、沟槽、基坑、一般土石方的划分:

底宽(设计图示有垫层的按垫层,无垫层的按基础底宽,下同)≤7m,且底长>3倍底宽为沟槽;底长≤3倍底宽,且底面积≤150m² 为基坑;超出上述范围,又非平整场地的,为一般土石方。

六、平整场地,系指建筑物所在现场厚度在±30cm 以内的就地挖、填及平整。

挖填土方厚度在±30cm 以上时,全部厚度按一般土方相应规定另行计算,不再计算平整场地。

七、挖桩承台土方时,人工开挖土方定额乘以系数1.25;机械挖土方定额乘以系数1.1。

八、在强夯后的地基上挖土方,相应子目人工、机械乘以系数1.15。

九、土石方、淤泥、流砂如发生外运(弃土外运或回填土运输),各市有规定的,从其规定,无规定的按本章相关定额执行;弃土外运的处置费等其他费用,按各市的有关规定执行。

十、人工土方:

1.人工挖土方深度超过3m时,应按机械挖土考虑。如局部超过3m且仍采用人工挖土的,超过3m部分土方,每增加1m按相应定额乘以系数1.15计算。

2.人工挖、运湿土时,相应定额人工乘以系数1.18。

十一、机械土方:

1.机械挖土方定额已综合了挖掘机挖土后遗留厚度在30cm 以内的基底清理和边坡修整所需的人工,不再另行计算。遇地下室底板等下翻构件部位的开挖,下翻部分为沟槽、基坑时,套用机械挖槽坑相应定额乘以系数1.25;如下翻部分采用人工开挖时,套用人工挖槽坑相应定额。

2.汽车(包括人力车)的负载上坡降效因素,已综合在相应运输项目中,不另行计算。推土机、装载机负载上坡时,其降效因素按坡道斜长乘以下表相应系数计算。

重车上坡降效系数表

坡度(%)	5~10	≤15	≤20	≤25
系数	1.75	2.00	2.25	2.50

3.推土机推土,当土层平均厚度小于30cm 时,相应项目人工、机械乘以系数1.25。

4.挖掘机在有支撑的基坑内挖土,挖土深度6m 以内时,套用相应定额乘以系数1.2;挖土深度6m以上时,套用相应定额乘以系数1.4,如发生土方翻运,不再另行计算。

5.挖掘机在垫板上作业时,相应定额乘以系数1.25,铺设垫板所增加的材料使用费按每100m³ 增加14元计算。

6.挖掘机挖含石子的黏质砂土按一、二类土定额计算,挖砂石按三类土定额计算,挖极软岩按四类土定额计算;推土机推运未经压实的堆积土,或土方集中堆放发生二次翻挖的,按一、二类土乘以系数0.77。

7.本章中的机械土方作业均以天然湿度土壤为准,定额中已包括含水率在25% 以内的土方所需增加的人工和机械。如含水率超过25% 时,挖土定额乘以系数1.15,机械运湿土定额不乘以系数;如含水率超过40% 时,另行处理。

十二、石方:

1.同一石方,如其中一种类别岩石的最厚一层大于设计横断面的75% 时,按最厚一层岩石类别计算。

2.基坑开挖深度以5m 为准,深度超过5m,定额乘以系数1.09,工程量包括5m 以内部分。

3.石方爆破定额是按机械凿眼编制的,如用人工凿眼,费用仍按定额计算。

4.爆破定额已综合了不同阶段的高度、坡面、改炮、找平等因素。如设计规定爆破有粒径要求时,需增加的人工、材料和机械费用应按实计算。

5. 爆破定额是按火雷管爆破编制的,如使用其他炸药或其他引爆方法费用按实计算。

6. 定额中的爆破材料是按炮孔中无地下渗水、积水(雨积水除外)计算的,如带水爆破,所需增加的材料费用另行按实计算。

7. 爆破工作面所需的架子,爆破覆盖用的安全网和草袋、爆破区所需的防护费用以及申请爆破的手续费、安全保证费等,定额均未考虑,如发生时另行按实计算。

8. 石方爆破,基坑开挖上口面积大于 $150m^2$ 时,按爆破沟槽、坑开挖相应定额乘以系数 0.5。

9. 石方爆破现场必须采用集中供风时,所需增加的临时管道材料及机械安拆费用应另行计算,但发生的风量损失不另计算。

10. 液压锤破碎槽坑石方,按相应定额乘以系数 1.3。

11. 填石碴定额适用于现场开挖岩石的利用回填。

十三、基础排水:

1. 轻型井点、喷射井点排水的井管安装、拆除以根为单位计算,使用以套·天计算;真空深井、自流深井排水的安装拆除以每座井计算,使用以每座井·天计算。

2. 井管间距应根据地质条件和施工降水要求,按施工组织设计确定,施工组织设计未考虑时,可按轻型井点管距1.2m、喷射井点管距2.5m确定。

3. 湿土排水定额按正常施工条件编制,排水期至基础(含地下室周边)回填结束。回填后如遇后浇带施工需要排水,发生时另行按实计算。

工程量计算规则

一、土石方体积均按天然密实体积(自然方)计算,回填土按设计图示尺寸以体积计算。不同状态的土石方体积,折算系数见下表:

土石方体积折算系数表

名　　称	虚方	松填	天然密实	夯　填
土方	1.00	0.83	0.77	0.67
	1.20	1.00	0.92	0.80
	1.30	1.08	1.00	0.87
	1.50	1.25	1.15	1.00
石方	1.00	0.85	0.65	—
	1.18	1.00	0.76	—
	1.54	1.31	1.00	—
块石	1.75	1.43	1.00	(码方)1.67
砂夹石	1.07	0.94	1.00	—

注:虚方指未经碾压、堆积时间≤1年的土壤。块石码方孔隙率不得大于25%。

二、平整场地,按设计图示尺寸以建筑物首层建筑面积(或架空层结构外围面积)的外边线每边各放2m计算,建筑物地下室结构外边线突出首层结构外边线时,其突出部分的面积合并计算。

三、基础土石方的深度按基础(含垫层)底标高至交付施工场地标高确定,交付施工场地标高不明确时,应按自然地面标高确定。挖地下室等下翻构件土石方,深度按下翻构件基础(含垫层)底至地下室基础(含垫层)底标高确定。

四、地槽长度:外墙按外墙中心线长度计算。内墙按基础(含垫层)底净长计算,不扣除工作面及放坡重叠部分的长度,附墙垛凸出部分按砌筑工程规定的砖垛折加长度合并计算;不扣除搭接重叠部分的长度,垛的加深部分亦不增加。

五、基础施工的工作面宽度、放坡应按设计文件规定尺寸计算,设计文件未明确时按经批准的施工组织设计要求计算,两者均未规定时,按下列规定计算:

1.工作面宽度:

(1)当组成基础的材料不同或施工方法不同时,基础施工的工作面宽度按下表计算。

基础施工单面工作面宽度计算表

基　础　材　料	每面增加工作面宽度(mm)
砖基础	200
浆砌毛石、条石基础	150
混凝土基础(支模板)	300
混凝土基础垫层(支模板)	300
基础垂直面做砂浆防潮层、防水层或防腐层	1000(自防潮层面、防水层或防腐层面)

(2)挖地下室、半地下室土方按垫层底宽每边增加工作面1m(烟囱、水、油池、水塔埋入地下的基础,挖土方按地下室放工作面)。地下构件设有砖模的,挖土工程量按砖模下设计垫层面积乘以下翻深

度,不另增加工作面和放坡。

(3)挖管道沟槽土方,沟底宽度按管道宽度,如遇有管道垫层或基础管座时,按其中较大宽度,另加0.40m计算。

(4)同一槽、坑如遇有多个增加工作面条件时,按其中较大的一个计算。

2.土方放坡:

(1)土方放坡的起点深度和放坡坡度,按下表计算。

土方放坡起点深度和放坡系数表

土 类	起点深度(> m)	放 坡 系 数			
		人工挖土	机械挖土		
			基坑内作业	基坑上作业	沟槽上作业
一、二类土	1.20	1:0.50	1:0.33	1:0.75	1:0.50
三类土	1.50	1:0.33	1:0.25	1:0.67	1:0.33
四类土	2.00	1:0.25	1:0.10	1:0.33	1:0.25

注:1.淤泥、流砂及海涂工程,不适用于本表;

2.凡有围护或地下连续墙的部分,不再计算放坡系数。

(2)放坡起点均自槽、坑底开始。

(3)同一槽、坑内土类不同时,分别按其放坡起点、放坡系数、依不同土类别厚度加权平均计算。

(4)基础土方支挡土板时,土方放坡不另行计算。

3.基槽、坑土方开挖,不扣除放坡交叉处的重复工程量,但因工作面、放坡重叠造成槽、坑计算体积之和大于实际大开口挖土体积时,按大开口挖土体积计算。

六、有工作面和放坡的地槽、坑挖土体积按下式计算:

1.地槽:$V = (B + 2C + KH)HL$

2.地坑:(方形)$V = (B + 2C + KH)(L + 2C + KH)H + (K^2H^3/3)$

(圆形)$V = (\pi H/3)\left[(R+C)^2 + (R+C)(R+C+KH) + (R+C+KH)^2\right]$

式中:V——挖土体积(m^3);

K——放坡系数;

B——槽坑底宽度(m);

C——工作面宽度(m);

R——坑底半径(m);

H——槽、坑深度(m);

L——槽、坑底长度(m)。

七、挖淤泥流砂,以实际挖方体积计算。

八、原土夯实与碾压,按设计图示尺寸以面积计算。

九、回填土及弃置运输工程量:

1.沟槽、基坑回填:按挖方体积减去交付施工标高(或自然地面标高)以下埋设的建(构)筑物、各类构件及基础(含垫层)等所占的体积计算。

2.室内回填:主墙间面积乘以回填厚度,不扣除间隔墙。

3.场地回填:回填面积乘以平均回填厚度。

4.回填石碴按设计图示尺寸以体积计算。

5.余方弃置运输工程量为挖方工程量减去填方工程量乘以相应的土石方体积折算系数表中的折算系数计算。

十、挖管道沟槽土方长度按图示管道中心线长度计算,不扣除窨井所占长度,各种井类及管道接口处需增加的土方量不另行计算。管沟回填工程量,按挖方体积减去管道及基础等埋入物的体积计算。

十一、石方:

1.一般石方、人工凿石、机械凿石,均按图示尺寸以"m³"计算。

2.槽坑爆破开挖,按图示尺寸另加允许超挖厚度:极软岩、软岩 0.2m,较软岩、较坚硬岩、坚硬岩 0.15m。石方超挖量与工作面宽度不得重复计算。

3.人工岩石表面找平按岩石爆破的规定尺寸以面积计算。

十二、土石方运距,按挖方区重心至填方区(或堆放区)重心间的最短距离计算。

十三、基础排水:

1.湿土排水工程量同湿土工程量(含地下常水位以下的岩石开挖体积)。

2.轻型井点以 50 根为一套,喷射井点以 30 根为一套,使用时累计根数轻型井点少于 25 根,喷射井点少于 15 根,使用费按相应定额乘以系数 0.7。

3.使用天数以每昼夜(24h)为一天,并按施工组织设计要求的使用天数计算。

一、土 方 工 程

1.人 工 土 方

工作内容:挖土,弃土于1m以外或装土,修整边底。　　　　　　　　　　　　　　　　计量单位:100m³

定　额　编　号			1-1	1-2	1-3
项　　　　　目			一般土方		
			一、二类土	三类土	四类土
基　价　(元)			**1094.13**	**2000.00**	**3117.75**
其中	人　工　费　(元)		1094.13	2000.00	3117.75
	材　料　费　(元)		—	—	—
	机　械　费　(元)		—	—	—
名　　称	单位	单价(元)	消　耗　量		
人工　一类人工	工日	125.00	8.753	16.000	24.942

注:山坡切土套用一般土方定额。

工作内容:挖土,弃土于槽、坑边1m以外或装土;修整槽坑底、壁。　　　　　　　　　　计量单位:100m³

定　额　编　号			1-4	1-5	1-6	1-7	1-8	1-9
项　　　　　目			挖地槽、地坑					
			深1.5m以内			深3m以内		
			一、二类土	三类土	四类土	一、二类土	三类土	四类土
基　价　(元)			**1770.00**	**3150.00**	**4730.00**	**2410.00**	**3770.00**	**5330.00**
其中	人　工　费　(元)		1770.00	3150.00	4730.00	2410.00	3770.00	5330.00
	材　料　费　(元)		—	—	—	—	—	—
	机　械　费　(元)		—	—	—	—	—	—
名　称	单位	单价(元)	消　耗　量					
人工　一类人工	工日	125.00	14.160	25.200	37.840	19.280	30.160	42.640

工作内容:1.挖淤泥、流砂,运淤泥、流砂,弃淤泥、流砂于20m以内,修整底、壁;

　　　　　2.装土、运土、卸土、平土。　　　　　　　　　　　　　　　计量单位:100m³

定　额　编　号			1-10	1-11	1-12	1-13
项　　目			人工挖淤泥	人工挖流砂	人力车运土方 运距(m) 50以内	人力车运土方 运距(m) 500以内 每增运50
基　　价　(元)			**5090.00**	**7560.00**	**1518.75**	**290.00**
其中	人　工　费　(元)		5090.00	7560.00	1518.75	290.00
	材　料　费　(元)		—	—	—	—
	机　械　费　(元)		—	—	—	—
名　　称	单位	单价(元)	消　耗　量			
人工 一类人工	工日	125.00	40.720	60.480	12.150	2.320

注:1.实际为人力运输时,仍套用人力车定额;

　　　2.人工挖淤泥流砂运距超过20m时,其超运距按人力车运土方增加运距定额乘以系数1.9。

2.机　械　土　方

工作内容:1.挖土,弃土于5m以内,堆土、余土集堆,清底修边,清理机下余土;

　　　　　2.挖土,装车,清底修边,清理机下余土。　　　　　　　　　计量单位:100m³

定　额　编　号			1-14	1-15	1-16	1-17	1-18	1-19
项　　目			挖掘机挖一般土方					
			不装车			装车		
			一、二类土	三类土	四类土	一、二类土	三类土	四类土
基　　价　(元)			**309.81**	**387.21**	**475.22**	**367.17**	**449.15**	**541.53**
其中	人　工　费　(元)		109.75	162.13	226.75	109.75	162.13	226.75
	材　料　费　(元)		—	—	—	—	—	—
	机　械　费　(元)		200.06	225.08	248.47	257.42	287.02	314.78
名　　称	单位	单价(元)	消　耗　量					
人工 一类人工	工日	125.00	0.878	1.297	1.814	0.878	1.297	1.814
机械 履带式单斗液压挖掘机 1m³	台班	914.79	0.203	0.228	0.252	0.261	0.291	0.319
履带式推土机 90kW	台班	717.68	0.020	0.023	0.025	0.026	0.029	0.032

注:遇平基土方(山坡切土)且不清底修边时,定额编号1-14至1-19人工消耗量统一调整为0.384工日/100m³。

工作内容:1.挖土,弃土于5m以内,堆土、余土集堆,清底修边,清理机下余土;
 2.挖土,装车,清底修边,清理机下余土。 计量单位:100m³

定 额 编 号				1-20	1-21	1-22	1-23	1-24	1-25
项 目				挖掘机挖槽坑土方					
				不装车			装车		
				一、二类土	三类土	四类土	一、二类土	三类土	四类土
基 价（元）				**373.85**	**495.70**	**631.34**	**433.04**	**560.18**	**699.48**
其中	人 工 费（元）			168.50	265.13	375.75	168.50	265.13	375.75
	材 料 费（元）			—	—	—	—	—	—
	机 械 费（元）			205.35	230.57	255.59	264.54	295.05	323.73
名 称		单位	单价(元)	消 耗 量					
人工	一类人工	工日	125.00	1.348	2.121	3.006	1.348	2.121	3.006
机械	履带式单斗液压挖掘机 1m³	台班	914.79	0.208	0.234	0.259	0.268	0.299	0.328
	履带式推土机 90kW	台班	717.68	0.021	0.023	0.026	0.027	0.030	0.033

工作内容:1.挖淤泥、流砂,弃于5m以内或装车,清底修边;清理机下余泥;
 2.挖、运、弃淤泥流砂;清理机下余泥,维护行驶道路。 计量单位:100m³

定 额 编 号				1-26	1-27	1-28
项 目				淤泥流砂		
				挖掘机开挖	泥浆罐车装运	
					运距（m）	
					5000	每增运1000
基 价（元）				**589.25**	**8430.48**	**430.60**
其中	人 工 费（元）			143.75	3345.00	—
	材 料 费（元）			—	—	—
	机 械 费（元）			445.50	5085.48	430.60
名 称		单位	单价(元)	消 耗 量		
人工	一类人工	工日	125.00	1.150	26.760	—
机械	履带式单斗液压挖掘机 1m³	台班	914.79	0.487	—	—
	泥浆罐车 5000L	台班	460.54	—	10.890	0.935
	泥浆泵 100mm	台班	205.25	—	0.342	—

注:淤泥直接采用自卸汽车外运时,另按定额编号1-39、1-40相应定额,机械乘以系数1.5计算。

工作内容:推土或装运土,弃土,清理机下余土,维护行驶道路。 　　　　　　　　　　　计量单位:100m³

定　额　编　号			1-29	1-30	1-31	1-32	1-33	1-34
项　　　目			推土机推运土方				装载机装运土方	
			运距(m)					
			20 以内			100 以内每增运 10	20 以内	200 以内每增运 20
			一、二类土	三类土	四类土			
基　价　(元)			**205.89**	**220.24**	**256.13**	**57.41**	**220.40**	**46.59**
其中	人　工　费　(元)		48.00	48.00	48.00	—	48.00	—
	材　料　费　(元)		—	—	—	—	—	—
	机　械　费　(元)		157.89	172.24	208.13	57.41	172.40	46.59
名　称	单位	单价(元)	消　耗　量					
人工 一类人工	工日	125.00	0.384	0.384	0.384	—	0.384	—
机械 履带式推土机 90kW	台班	717.68	0.220	0.240	0.290	0.080	—	—
轮胎式装载机 2m³	台班	665.62	—	—	—	—	0.259	0.070

工作内容:装土、清理车下余土;或运土、弃土,维护行驶道路。 　　　　　　　　　　　计量单位:100m³

定　额　编　号			1-35	1-36	1-37	1-38	1-39	1-40
项　　　目			装载机装车	挖掘机装车	机动翻斗车运土方		自卸汽车运土方	
					运距(m)			
			土方		100 以内每增运 100	500 以内每增运 100	1000 以内	每增运1000
基　价　(元)			**183.79**	**285.69**	**1152.58**	**126.31**	**648.79**	**131.84**
其中	人　工　费　(元)		48.00	48.00	—	—	32.50	—
	材　料　费　(元)		—	—	—	—	—	—
	机　械　费　(元)		135.79	237.69	1152.58	126.31	616.29	131.84
名　称	单位	单价(元)	消　耗　量					
人工 一类人工	工日	125.00	0.384	0.384	—	—	0.260	—
机械 轮胎式装载机 2m³	台班	665.62	0.204	—	—	—	—	—
履带式单斗液压挖掘机 1m³	台班	914.79	—	0.150	—	—	—	—
机动翻斗车 1t	台班	197.36	—	—	5.840	0.640	—	—
履带式推土机 90kW	台班	717.68	—	0.140	—	—	—	—
自卸汽车 15t	台班	794.19	—	—	—	—	0.776	0.166

二、石 方 工 程

1.爆 破 石 方

工作内容:布眼、钻眼,封堵孔口,爆破及警戒;检查效果,处理暗炮,断面修整,撬开及破碎
不规则的大石材,修理工具。

计量单位:100m³

定 额 编 号				1-41	1-42	1-43	1-44
项　　目				一般石方			
				软岩	较软岩	较坚硬岩	坚硬岩
基　　价　（元）				**1067.53**	**1280.88**	**1494.24**	**2471.96**
其 中	人　　工　　费　（元）			446.25	533.75	621.25	1032.50
	材　　料　　费　（元）			382.42	430.32	478.23	693.43
	机　　械　　费　（元）			238.86	316.81	394.76	746.03
名　　称		单位	单价(元)	消　　耗　　量			
人工	一类人工	工日	125.00	3.570	4.270	4.970	8.260
材 料	火雷管	个	0.95	50.000	53.500	57.000	72.000
	硝铵炸药	kg	9.26	27.700	31.000	34.300	48.950
	导火线 120s/m	m	0.34	104.000	111.500	119.000	149.500
	合金钢钻头 一字型	个	8.62	1.580	1.905	2.230	3.975
	六角空心钢 综合	kg	2.48	2.500	3.050	3.600	6.300
	高压橡胶风管 φ25	m	12.93	0.180	0.245	0.310	0.590
	高压橡胶水管 13～22×1P	m	12.07	0.300	0.405	0.510	0.965
	水	m³	4.27	3.300	4.400	5.500	10.600
	其他材料费	元	1.00	3.20	3.70	4.20	6.50
机 械	气腿式风动凿岩机	台班	13.62	1.680	2.245	2.810	5.365
	电动锻钎机	台班	114.32	0.240	0.295	0.350	0.615
	电动空气压缩机 6m³/min	台班	224.45	0.840	1.125	1.410	2.685

工作内容: 布眼、钻眼、封堵孔口,爆破及警戒;检查效果,处理暗炮,断面修整,撬开及破碎
　　　　　不规则的大石材,修理工具。　　　　　　　　　　　　　　　　计量单位:100m³

定　额　编　号			1-45	1-46	1-47	1-48
项　　目			沟槽、坑开挖			
			软岩	较软岩	较坚硬岩	坚硬岩
基　价　(元)			2918.56	3542.43	4166.99	6839.46
其中	人　工　费　(元)		1251.25	1518.13	1785.00	2913.75
	材　料　费　(元)		1025.79	1163.09	1301.09	1879.16
	机　械　费　(元)		641.52	861.21	1080.90	2046.55
名　称	单位	单价(元)	消　耗　量			
人工 一类人工	工日	125.00	10.010	12.145	14.280	23.310
材料 火雷管	个	0.95	186.000	201.000	216.000	271.500
硝铵炸药	kg	9.26	68.300	77.200	86.100	123.000
导火线 120s/m	m	0.34	290.000	313.500	337.000	423.500
合金钢钻头 一字型	个	8.62	4.380	5.330	6.360	11.450
六角空心钢 综合	kg	2.48	7.000	8.550	10.100	18.200
高压橡胶风管 φ25	m	12.93	0.490	0.670	0.850	1.615
高压橡胶水管 13~22×1P	m	12.07	0.810	1.095	1.380	2.635
水	m³	4.27	8.900	12.050	15.200	29.050
其他材料费	元	1.00	8.80	10.20	11.60	17.70
机械 气腿式风动凿岩机	台班	13.62	4.480	6.085	7.690	14.650
电动锻钎机	台班	114.32	0.680	0.830	0.980	1.775
电动空气压缩机 6m³/min	台班	224.45	2.240	3.045	3.850	7.325

2. 人 工 石 方

工作内容: 凿石,基底打平,清底修边,弃渣于1m以外,机具移动。　　　　计量单位:100m³

定　额　编　号			1-49	1-50	1-51	1-52	1-53
项　　目			人工凿石				
			极软岩	软岩	较软岩	较坚硬岩	坚硬岩
基　价　(元)			4305.42	5111.88	7180.71	8210.47	13595.29
其中	人　工　费　(元)		2423.75	2423.75	4043.75	4625.00	7656.25
	材　料　费　(元)		32.80	46.85	53.67	60.49	97.65
	机　械　费　(元)		1848.87	2641.28	3083.29	3524.98	5841.39
名　称	单位	单价(元)	消　耗　量				
人工 一类人工	工日	125.00	19.390	19.390	32.350	37.000	61.250
材料 合金钢钻头 一字型	个	8.62	3.108	4.440	5.148	5.856	9.714
六角空心钢 综合	kg	2.48	2.100	3.000	3.216	3.432	4.608
高压橡胶风管 φ25	m	12.93	0.062	0.088	0.102	0.116	0.192
机械 内燃空气压缩机 3m³/min	台班	329.10	5.287	7.553	8.817	10.080	16.704
手持式风动凿岩机	台班	12.36	8.812	12.588	14.694	16.800	27.840

工作内容:凿石平整,清渣攒堆,清底修边。　　　　　　　　　　　　　计量单位:100m²

定　额　编　号			1-54	1-55	1-56	1-57	1-58
项　　目			人工岩石表面找平				
			极软岩	软岩	较软岩	较坚硬岩	坚硬岩
基　价　(元)			**834.75**	**1192.50**	**1615.00**	**2037.50**	**4475.00**
其中	人　工　费　(元)		834.75	1192.50	1615.00	2037.50	4475.00
	材　料　费　(元)		—	—	—	—	—
	机　械　费　(元)		—	—	—	—	—
名　称	单位	单价(元)	消　耗　量				
人工 一类人工	工日	125.00	6.678	9.540	12.920	16.300	35.800

注:适用于爆破后岩石经断面修整后,表面需人工凿石找平。

工作内容:装渣,运渣,卸渣。　　　　　　　　　　　　　　　　计量单位:100m³

定　额　编　号			1-59	1-60
项　　　目			人力车运石渣	
			运距(m)	
			50 以内	500 以内每增运 50
基　价　(元)			**2376.25**	**390.00**
其中	人　工　费　(元)		2376.25	390.00
	材　料　费　(元)		—	—
	机　械　费　(元)		—	—
名　称	单位	单价(元)	消　耗　量	
人工 一类人工	工日	125.00	19.010	3.120

注:实际使用人力运石渣,也套用人力车运石渣定额。

3.机 械 石 方

工作内容:装卸机头,机械移动,破碎岩石。　　　　　　　　　　　计量单位:100m³

定　额　编　号			1-61	1-62	1-63	1-64
项　　目			液压锤破碎石方			
			软岩	较软岩	较坚硬岩	坚硬岩
基　价　(元)			**1888.37**	**2479.44**	**3458.39**	**4695.94**
其中	人　工　费　(元)		540.00	540.00	540.00	540.00
	材　料　费　(元)		—	—	—	—
	机　械　费　(元)		1348.37	1939.44	2918.39	4155.94
名　称	单位	单价(元)	消　耗　量			
人工 一类人工	工日	125.00	4.320	4.320	4.320	4.320
机械 履带式单头岩石破碎机 105kW	台班	1231.39	1.095	1.575	2.370	3.375

工作内容:1.推渣,弃渣,清理机下余渣,维护行驶道路;

　　　　　2.挖渣,弃渣于5m以内或装车,清理机下余渣。　　　　　计量单位:100m³

定 额 编 号			1-65	1-66	1-67	1-68
项　　　目			推土机推运石渣		挖掘机挖石渣	
			运距(m)		不装车	装车
			20 以内	100 以内每增运 10		
基　价　(元)			**444.72**	**124.88**	**425.81**	**605.40**
其中	人　工　费　(元)		50.00	—	50.00	50.00
	材　料　费　(元)		—	—	—	—
	机　械　费　(元)		394.72	124.88	375.81	555.40
名　称	单位	单价(元)	消　耗　量			
人工 一类人工	工日	125.00	0.400	—	0.400	0.400
机械 履带式推土机 90kW	台班	717.68	0.550	0.174	0.038	0.250
履带式单斗液压挖掘机 1m³	台班	914.79	—	—	0.381	0.411

工作内容:1.装渣,清理机下余渣;

　　　　　2.运渣,弃渣,维护行驶道路。　　　　　　　　　　　计量单位:100m³

定 额 编 号			1-69	1-70	1-71	1-72	1-73	1-74
项　　　目			装载机装车	挖掘机装车	机动翻斗车运石渣		自卸汽车运石渣	
					运距(m)			
			石渣		100 以内	500 以内每增运 100	1000 以内	每增运 1000
基　价　(元)			**251.96**	**459.95**	**1276.92**	**258.54**	**806.04**	**169.96**
其中	人　工　费　(元)		50.00	50.00	—	—	32.50	—
	材　料　费　(元)		—	—	—	—	—	—
	机　械　费　(元)		201.96	409.95	1276.92	258.54	773.54	169.96
名　称	单位	单价(元)	消　耗　量					
人工 一类人工	工日	125.00	0.400	0.400	—	—	0.260	—
机械 轮胎式装载机 1.5m³	台班	594.01	0.340	—	—	—	—	—
履带式单斗液压挖掘机 1m³	台班	914.79	—	0.310	—	—	—	—
履带式推土机 75kW	台班	625.55	—	0.202	—	—	—	—
机动翻斗车 1t	台班	197.36	—	—	6.470	1.310	—	—
自卸汽车 15t	台班	794.19	—	—	—	—	0.974	0.214

三、平整与回填

工作内容：1. 平整场地：就地挖、填、平整；
　　　　　2. 原土打夯：打夯、平整；
　　　　　3. 原土碾压：碾压、平整。

计量单位：1000m²

定　额　编　号			1-75	1-76	1-77	1-78
项　　　目			平整场地		原土打夯	原土碾压
			人工	机械	二遍	
基　　价　（元）			**3762.50**	**411.98**	**713.41**	**151.98**
其中	人　　工　　费　（元）		3762.50	70.00	612.50	70.00
	材　　料　　费　（元）		—	—	—	—
	机　　械　　费　（元）		—	341.98	100.91	81.98
名　　称	单位	单价(元)	消　耗　量			
人工 一类人工	工日	125.00	30.100	0.560	4.900	0.560
机械 履带式推土机 90kW	台班	717.68	—	0.420	—	—
自行式铲运机 7m³	台班	811.03	—	0.050	—	—
电动夯实机 250N·m	台班	28.03	—	—	3.600	—
钢轮内燃压路机 12t	台班	455.44	—	—	—	0.180

工作内容：1. 就地回填土：就地取土回填，夯实包括分层夯实；
　　　　　2. 借土回填夯实：碎土、平土、分层夯实；
　　　　　3. 填土机械碾压：碎土、5m 内就地取土、分层填土、洒水、碾压、平整；
　　　　　4. 填铺找平、人工解小并摊平石块、分层碾压。

计量单位：100m³

定　额　编　号			1-79	1-80	1-81	1-82	1-83	1-84
项　　　目			人工就地回填土		借土回填	填土机械碾压		石碴回填
			松填	夯实	夯实	两遍	每增加一遍	
基　　价　（元）			**533.75**	**1222.95**	**557.95**	**152.14**	**37.63**	**1746.85**
其中	人　　工　　费　（元）		533.75	1172.50	507.50	46.38	—	1382.50
	材　　料　　费　（元）		—	—	—	6.62	—	—
	机　　械　　费　（元）		—	50.45	50.45	99.14	37.63	364.35
名　　称	单位	单价(元)	消　耗　量					
人工 一类人工	工日	125.00	4.270	9.380	4.060	0.371	—	11.060
材料 水	m³	4.27	—	—	—	1.550	—	—
机械 钢轮内燃压路机 15t	台班	537.56	—	—	—	0.155	0.070	—
履带式推土机 75kW	台班	625.55	—	—	—	0.015	—	—
洒水车 4000L	台班	428.87	—	—	—	0.015	—	—
电动夯实机 250N·m	台班	28.03	—	1.800	1.800	—	—	—
钢轮内燃压路机 12t	台班	455.44	—	—	—	—	—	0.800

注：1. 就地回填土运距超过 5m，超运距按人力车运土方增运定额计算。
　　　2. 借土回填夯实不包括挖、运土方。

四、基 础 排 水

工作内容:打拔井点,安装,拆除,抽水,填井点坑及冲管等。

定 额 编 号			1-85	1-86	1-87	1-88
项 目			轻型井点		喷射井点	
			安、拆	使用	安、拆	使用
计 量 单 位			10 根	套·d	10 根	套·d
基 价 (元)			2351.23	331.58	12466.96	1291.19
其中	人 工 费 (元)		937.50	112.50	4275.00	375.00
	材 料 费 (元)		687.50	24.89	3458.21	67.13
	机 械 费 (元)		726.23	194.19	4733.75	849.06
名 称	单位	单价(元)	消 耗 量			
人工 一类人工	工日	125.00	7.500	0.900	34.200	3.000
材料 黄砂 毛砂	t	87.38	4.720	—	26.430	—
轻型井点总管 $D100$	m	47.22	0.010	0.040	—	—
轻型井点总管 $\phi40$	m	26.53	0.210	0.830	—	—
喷射井点井管 $\phi159$	m	89.66	—	—	0.046	0.120
喷射井点井管 $\phi76$	m	20.69	—	—	0.540	1.520
橡胶管 $D50$	m	17.24	1.700	—	—	—
滤网管	根	68.31	—	—	0.042	0.136
喷射器	个	35.52	—	—	0.056	0.225
腰子法兰	片	41.69	—	—	0.013	0.042
连接件	件	3.98	—	—	0.023	0.075
水箱	kg	4.29	—	—	0.356	1.120
水	m³	4.27	53.360	—	261.000	—
料 碳素结构钢镀锌焊接钢管 $DN20$	m	7.90	—	—	0.500	—
其他材料费	元	1.00	11.87	0.98	8.02	0.79
机 履带式起重机 10t	台班	589.37	—	—	3.600	—
履带式起重机 5t	台班	476.74	1.050	—	—	—
污水泵 100mm	台班	112.87	0.570	—	5.360	—
电动多级离心清水泵 $\phi150\ h≤180m$	台班	283.02	0.570	—	2.680	3.000
射流井点泵 9.50m	台班	64.73	—	3.000	—	—
电动空气压缩机 6m³/min	台班	224.45	—	—	1.760	—
械 液压钻机 G-2A	台班	484.95	—	—	1.760	—

工作内容：钻孔、安装井管、管线连接、装水泵、滤砂、孔口封土及拆管、清洗、整理等。

定 额 编 号			1-89	1-90	1-91	1-92
项 目			真空深井降水（井管深:m）			
			19		每增减1	
			安、拆	使用	安、拆	使用
计 量 单 位			座	座·d	座	座·d
基 价 （元）			**4742.98**	**185.78**	**107.59**	**0.38**
其中	人 工 费 （元）		930.00	—	18.75	—
	材 料 费 （元）		1829.94	5.99	38.55	0.38
	机 械 费 （元）		1983.04	179.79	50.29	—
名 称	单位	单价(元)	消 耗 量			
人工 一类人工	工日	125.00	7.440	—	0.150	—
材料 黄砂 毛砂	t	87.38	7.070	—	0.400	—
黏土	m³	32.04	0.140	—	0.007	—
钢板井管	m	190.00	6.000	0.020	—	0.002
水	m³	4.27	15.850	—	0.790	—
其他材料费	元	1.00	—	2.19	—	—
机械 履带式起重机 5t	台班	476.74	1.680	—	0.018	—
潜水泵 100mm	台班	30.38	0.100	3.000	—	—
电动卷扬机－双筒快速 50kN	台班	266.20	1.330	—	—	—
液压钻机 G－2A	台班	484.95	0.750	—	0.038	—
泥浆泵 100mm	台班	205.25	0.750	—	0.038	—
排放泥浆设备	台班	218.00	1.410	—	0.071	—
真空泵 660m³/h	台班	118.20	—	0.750	—	—

工作内容:1.钻孔、安装井管、管线连接、装水泵、滤砂、孔口封土及拆管、清洗、整理等;
　　　　　2.槽坑排水,抽水机具的安装、移动、拆除。

定　额　编　号			1-93	1-94	1-95	1-96
项　　　目			直流深井降水(井管深:20m)(钻孔 D800)			湿土排水
			安、拆深井	每增减1m	使用	
计　量　单　位			座		座·d	100m³
基　　价(元)			6921.97	301.51	49.76	709.49
其中	人　　工　　费(元)		1155.00	37.50	8.75	262.50
	材　　料　　费(元)		4044.96	202.60	—	—
	机　　械　　费(元)		1722.01	61.41	41.01	446.99
名　　称	单位	单价(元)	消　耗　量			
人工 一类人工	工日	125.00	9.240	0.300	0.070	2.100
材料 黄砂 毛砂	t	87.38	16.000	0.800	—	—
黏土	m³	32.04	0.580	0.029	—	—
PVC－U 加筋管 DN400	m	101.00	21.000	1.050	—	—
水	m³	4.27	46.000	2.400	—	—
密目网	m²	4.79	27.630	1.385	—	—
镀锌铁丝	kg	6.55	13.500	0.660	—	—
其他材料费	元	1.00	90.10	4.51	—	—
机械 潜水泵 100mm	台班	30.38	—	—	1.350	—
污水泵 70mm	台班	81.27	—	—	—	5.500
内燃空气压缩机 12m³/min	台班	610.40	0.800	—	—	—
转盘钻孔机 800mm	台班	492.54	1.768	0.088	—	—
泥浆泵 100mm	台班	205.25	1.768	0.088	—	—

注:1.直流深井降水成孔直径不同时,只调整相应的粗砂含量,其余不变;PVC－U 加筋管直径不同时,调整管材价格的同时,按管子周长的比例调整相应的密目网及铁丝,并相应调整砂的含量。
　　2.机械土方施工中,采用止水帷幕等止水措施并采用集水坑(井)进行排水的,按湿土排水定额乘以系数0.3;如不采用止帷幕等止水措施而采用集水坑(井)进行排水的,按湿土排水定额乘以系数0.6。

第二章
地基处理与边坡支护工程

说　明

一、本章定额包括地基处理和基坑与边坡支护等。

二、本章定额均未考虑施工前的场地平整、压实地表、地下障碍物处理等,发生时另行计算。

三、探桩位已综合考虑在各类桩基定额内,不另行计算。

四、地基处理。

1.换填加固。

(1)定额适用于基坑开挖后对软弱土层或不均匀土层地基的加固处理,按不同换填材料分别套用定额子目。定额未包括软弱土层挖除,发生时套用本定额第一章"土石方工程"相应定额。

(2)填筑毛石混凝土子目中毛石投入量按24%考虑,设计不同时混凝土及毛石按比例调整。

2.强夯地基加固。

(1)强夯地基加固定额分点夯和满夯;点夯按设计夯击能和夯点击数不同,满夯按设计夯击能和夯锤搭接量分别设置定额子目,按设计不同分段计算。

(2)点夯定额已包含夯击完成后夯坑回填平整,如设计要求夯坑填充材料的,则材料费另行计算。

(3)满夯定额按一遍编制,设计遍数不同,每增一遍按相应定额乘以系数0.75计算。

(4)定额未考虑场地表层软弱土或地下水位较高时设计需要处理的,按具体处理方案套用相应定额。

3.填料桩。

(1)定额按不同施工工艺、不同灌注填充材料编制。

(2)空打部分按相应定额的人工及机械乘以系数0.5计算,其余不计。

(3)振冲碎石桩泥浆池建拆、泥浆外运工程量按成桩工程量乘以系数0.2计算,套用本定额第三章"桩基工程"中泥浆处理定额子目。

(4)沉管桩中的钢筋混凝土桩尖,定额已包括埋设费用,但不包括桩尖本身,发生时按成品购入构件另计材料费。遇不埋设桩尖时,每10个桩尖扣除人工0.40工日。

4.水泥搅拌桩。

(1)水泥搅拌桩的水泥掺入量定额按加固土重(1800kg/m³)的13%考虑,如设计不同时,水泥掺量按比例调整,其余不变。

(2)定额按不掺添加剂(如:石膏粉、三乙醇胺、硅酸钙等)编制,如设计有要求,按设计要求增加添加剂材料费。

(3)空搅(设计不掺水泥部分)按相应定额的人工及搅拌桩机台班乘以系数0.5计算,其余不计。

(4)桩顶凿除套用本定额第三章"桩基工程"中的凿灌注桩定额子目乘以系数0.10计算。

(5)施工产生涌土、浮浆的清除,按成桩工程量乘以系数0.20计算,套用本定额第一章"土石方工程"中土方汽车运输定额子目。

5.旋喷桩。

(1)旋喷桩的水泥掺入量统一按加固土重(1800kg/m³)的21%考虑,如设计不同时,水泥掺量按比例调整,其余不变。

(2)定额按不掺添加剂(如:石膏粉、三乙醇胺、硅酸钙等)编制,如设计有要求,按设计要求增加添加剂材料费。

(3)定额已综合了常规施工的引孔,当设计桩顶标高到交付地坪标高深度大于2.0m时,超过部分的引孔按每10m增加人工0.667工日、旋喷桩机0.285台班。

(4)施工产生涌土、浮浆的清除,按成桩工程量乘以系数0.25计算,套用本定额第一章"土石方工程"中土方汽车运输定额子目。

6.若单位工程的填料桩、水泥搅拌桩、旋喷桩的工程量小于100m³时,其相应项目的人工、机械乘以系数1.25。

7.注浆地基。

(1)定额所列的浆体材料用量应按设计要求的材料品种、含量进行调整,其他不变。

(2)施工产生废浆清除,按成桩工程量乘0.10系数计算,套用本定额第一章"土石方工程"中土方汽车运输定额子目。

五、基坑与边坡支护。

1.地下连续墙。

(1)导墙开挖定额已综合了土方挖、填。导墙浇灌定额已包含了模板安拆。

(2)地下连续墙成槽土方运输按成槽工程量计算,套用本定额第一章"土石方工程"中相应定额子目。成槽产生的泥浆按成槽工程量乘以系数0.2计算。泥浆池建拆、泥浆运输套用本定额第三章"桩基工程"中泥浆处理定额子目。

(3)钢筋笼、钢筋网片、十字钢板封口、预埋铁件及导墙的钢筋制作、安装,套用本定额第五章"混凝土及钢筋混凝土工程"中相应定额子目。

(4)地下连续墙墙底注浆管埋设及注浆定额执行本定额第三章"桩基工程"中灌注桩相应子目。

(5)地下连续墙墙顶凿除,套用本定额第三章"桩基工程"中的凿灌注桩定额子目。

(6)成槽机、地下连续墙钢筋笼吊装机械不能利用原有场地内路基需单独加固处理的,应另列项目计算。

2.水泥土连续墙。

(1)水泥土连续墙水泥掺入量按加固土重(1800kg/m³)的18%考虑,如设计不同时,水泥掺量按比例调整,其余不变。

(2)三轴水泥土搅拌墙设计要求全截面套打时,相应定额的人工及机械乘以系数1.5计算,其余不变。

(3)空搅(设计不掺水泥部分)按相应定额的人工及搅拌桩机台班乘以系数0.5计算,其余不计。

(4)墙顶凿除,套用本定额第三章"桩基工程"中的凿灌注桩定额子目乘以系数0.10计算。水泥土连续墙压顶梁执行本定额第五章"混凝土及钢筋混凝土工程"。

(5)施工产生涌土、浮浆的清除,按成桩工程量乘以系数0.25计算,套用本定额第一章"土石方工程"中土方汽车运输定额子目。

(6)插、拔型钢定额仅考虑施工费用和施工损耗,定额未包括型钢的使用费。遇设计(或场地原因)要求只插不拔时,每吨定额扣除:人工0.292工日、50t履带式起重机0.057台班、液压泵车0.214台班、200t立式油压千斤顶0.428台班,并增加型钢用量950.0kg。

3.混凝土预制板桩。

(1)定额按成品桩以购入成品构件考虑,已包含了场内必须的就位供桩和开挖导向沟、送桩,发生时不再另行计算。

(2)若单位工程的混凝土预制板桩工程量小于100m³时,其相应项目的人工、机械乘以系数1.25。

4.钢板桩。

(1)定额按拉森钢板桩编制,仅考虑打、拔施工费用和施工损耗,定额未包括钢板桩的使用费。

(2)打、拔其他钢板桩(如槽钢或钢轨等)的,定额机械乘以系数0.75,其余不变。

(3)若单位工程的钢板桩工程量小于30t时,其人工及机械乘以系数1.25。

5.土钉、锚杆与喷射联合支护。

(1)土钉支护按钻孔注浆和打入注浆施工工艺综合考虑。注浆材料定额按水泥浆编制,如设计不同时,价格换算,其余不变。

（2）锚杆定额按水平施工编制,当设计为（≥75°）垂直锚杆时钻孔定额人工及机械定额机械乘以系数 0.85,其余不变。

（3）锚杆、锚索支护注浆材料定额按水泥砂浆编制,如设计不同时,价格换算,其余不变。

（4）定额未包括钢绞线锚索回收,发生时另行计算。

（5）喷射混凝土按喷射厚度及边坡坡度不同分别设置子目。其中钢筋制作、安装套用本定额第五章"混凝土及钢筋混凝土工程"中相应定额子目。

6. 钢支撑。

钢支撑、预应力型钢组合支撑定额仅考虑施工费和施工损耗,定额不包括钢支撑、预应力型钢组合支撑的使用费。

工程量计算规则

一、地基加固。

1.换填加固,按设计图示尺寸或经设计验槽确认工程量,以体积计算。

2.强夯地基加固按设计的不同夯击能、夯点击数和夯锤搭接量分别计算,点夯按设计图示布置以点数计算;满夯按设计图示范围以面积计算。

3.填料桩。

(1)振冲碎石桩按设计桩长(包括桩尖)另加加灌长度乘以设计桩径截面积,以体积计算。

(2)沉管桩(砂、砂石、碎石填料)不分沉管方法均按钢管外径截面积(不包括桩箍)乘以设计桩长(不包括预制桩尖)另加加灌长度,以体积计算。

(3)填料桩的加灌长度,设计有规定者,按设计要求计算;设计无规定者,按0.50m计算。若设计桩顶标高至交付地坪标高差小于0.50m时,加灌长度计算至交付地坪标高。

(4)空打部分按交付地坪标高至设计桩顶标高的长度减加灌长度后乘以桩截面积计算。

4.水泥搅拌桩。

(1)按桩长乘桩单个圆形截面积以体积计算,不扣除重叠部分的面积。桩长按设计桩顶标高至桩底长度另加加灌长度计算。当发生单桩内设计有不同水泥掺量时应分段计算。

(2)加灌长度,设计有规定,按设计要求计算;设计无规定,按0.50m计算。若设计桩顶标高至交付地坪标高差小于0.50m时,加灌长度计算至交付地坪标高。

(3)空搅(设计不掺水泥,下同)部分的长度按设计桩顶标高至交付地坪标高减去加灌长度计算。

(4)桩顶凿除按加灌体积计算。

5.旋喷桩。

按设计桩长乘以桩径截面积,以体积计算,不扣除桩与桩之间的搭接。当发生单桩内设计有不同水泥掺量时应分段计算。

6.注浆地基。

钻孔按交付地坪至设计桩底的长度计算,注浆按下列规定计算:

(1)设计图纸明确加固土体体积的,按设计图纸注明的体积计算。

(2)设计图纸以布点形式图示土体加固范围的,则按两孔间距的一半作为扩散半径,以布点边线各加扩散半径,形成计算平面,计算注浆体积。

(3)如果设计图纸注浆点在钻孔灌注桩之间,按两注浆孔的一半作为每孔的扩散半径,以此圆柱体积计算注浆体积。

7.树根桩。

按设计桩长乘以桩外径截面积,以体积计算。

8.圆木桩。

按设计桩长(包括接桩)及梢径,按木材材积表计算,其预留长度的材积已考虑在定额内。送桩深度按设计桩顶标高至打桩前的交付地坪标高另加0.50m计算。

二、基坑与边坡支护。

1.地下连续墙。

(1)导墙开挖按设计中心线长度乘开挖宽度及深度以体积计算;现浇导墙混凝土按设计图示以体积计算。

(2)成槽按设计图示墙中心线长乘以墙厚乘以成槽深度(交付地坪至连续墙底深度),以体积计算。

入岩增加费按设计图示墙中心线长乘以墙厚乘以入岩深度,以体积计算。

（3）锁口管安、拔按连续墙设计施工图划分的槽段数计算,定额已包括锁口管的摊销费用。

（4）清底置换以"段"为单位(段指槽壁单元槽段)。

（5）浇筑连续墙混凝土,按设计图示墙中心线长乘以墙厚及墙深另加加灌高度,以体积计算。加灌高度:设计有规定,按设计规定计算;设计无规定,按 0.50m 计算。若设计墙顶标高至交付地坪标高差小于 0.50m 时,加灌高度计算至交付地坪标高。

（6）地下连续墙凿墙顶按加灌混凝土体积计算。

2. 水泥土连续墙。

（1）三轴水泥土搅拌墙按桩长乘桩单个圆形截面积以体积计算,不扣除重叠部分的面积。桩长按设计桩顶标高至桩底长度另加加灌长度 0.50m 计算;若设计桩顶标高至交付地坪标高小于 0.50m 时,加灌长度计算至交付地坪标高。当发生单桩内设计有不同水泥掺量时应分段计算。

（2）渠式切割水泥土连续墙,按设计图示中心线长度乘以墙厚及墙深另加加灌长度以体积计算;加灌高度:设计有规定,按设计要求计算;设计无规定者,按 0.50m 计算。若设计墙顶标高至交付地坪标高小于 0.50m 时,加灌高度计算至交付地坪标高。

（3）空搅部分的长度按设计桩顶标高至交付地坪标高减去加灌长度计算。

（4）插、拔型钢工程量按设计图示型钢规格以质量计算。

（5）水泥土连续墙凿墙顶按加灌体积计算。

3. 混凝土预制板桩按设计桩长(包括桩尖)乘以桩截面积以体积计算。

4. 打、拔钢板桩按入土长度乘以单位理论质量计算。

5. 土钉、锚杆与喷射联合支护。

（1）土钉支护钻孔、注浆按设计图示入土长度以延长米计算。

（2）土钉的制作、安装按设计长度乘以单位理论质量计算。

（3）锚杆、锚索支护钻孔、注浆分不同孔径按设计图示入土长度以延长米计算。

（4）锚杆制作、安装按设计长度乘以单位理论质量计算。

（5）锚索制作、安装按张拉设计长度乘以单位理论质量计算。

（6）锚墩、承压板制作、安装,按设计图示以"个"计算。

（7）边坡喷射混凝土按不同坡度按设计图示尺寸,以面积计算。

6. 钢支撑。

钢支撑、预应力型钢组合支撑按设计图示尺寸以质量计算,不扣除孔眼质量,不另增焊条、铆钉、螺栓等质量。

一、地 基 处 理

1. 换 填 加 固

工作内容：1. 铺设、找平、机械夯实；

2. 铺设、捣固、找平、养护。

计量单位：10m³

定　额　编　号			2-1	2-2	2-3	2-4	2-5
项　　　　目			填铺				填筑
			毛砂	砂砾石	碎石	塘渣	毛石混凝土
基　价　（元）			**2053.52**	**1797.65**	**2485.31**	**1118.48**	**4075.44**
其中	人　　工　　费　（元）		463.59	534.60	570.11	431.06	279.05
	材　　料　　费　（元）		1585.47	1255.85	1908.00	676.77	3794.13
	机　　械　　费　（元）		4.46	7.20	7.20	10.65	2.26
名　　称	单位	单价（元）	消　　耗　　量				
人工 二类人工	工日	135.00	3.434	3.960	4.223	3.193	2.067
材料 黄砂 毛砂	t	87.38	18.077	—	—	—	—
砂砾石	t	67.96	—	18.349	—	—	—
碎石 综合	t	102.00	—	—	18.622	—	—
塘渣	t	34.95	—	—	—	19.364	—
泵送商品混凝土 C20	m³	431.00	—	—	—	—	7.868
块石 200～500	t	77.67	—	—	—	—	4.999
其他材料费	元	1.00	5.90	8.85	8.56	—	14.75
机械 电动夯实机 250N·m	台班	28.03	0.159	0.257	0.257	0.380	—
混凝土振捣器 插入式	台班	4.65	—	—	—	—	0.485

2. 强 夯 地 基

工作内容：机具准备、按设计要求布置锤位线、夯击、夯锤位移、填平夯点及场地平整。

计量单位：100夯点

定　额　编　号			2-6	2-7	2-8	2-9
项　　　　目			点夯			
			夯击能（kN·m 以内）			
			3000		4000	
			4击	每增减1击	4击	每增减1击
基　价　（元）			**12883.63**	**2432.51**	**27142.07**	**5697.04**
其中	人　　工　　费　（元）		3549.56	656.51	6769.71	1423.71
	材　　料　　费　（元）		—	—	—	—
	机　　械　　费　（元）		9334.07	1776.00	20372.36	4273.33
名　　称	单位	单价（元）	消　　耗　　量			
人工 二类人工	工日	135.00	26.293	4.863	50.146	10.546
机械 强夯机械 3000kN·m	台班	1273.69	4.852	0.924	—	—
强夯机械 4000kN·m	台班	1551.32	—	—	9.259	1.944
履带式推土机 135kW	台班	927.41	3.401	0.646	6.479	1.356

工作内容:机具准备、按设计要求布置锤位线,夯击、夯锤位移、填平夯点及场地平整。 计量单位:100夯点

定 额 编 号			2-10	2-11	2-12	2-13
项 目			点夯			
			夯击能(kN·m 以内)			
			5000		6000	
			4击	每增减1击	4击	每增减1击
基 价 (元)			**31223.31**	**6566.23**	**37299.11**	**7856.75**
其中	人 工 费 (元)		7334.15	1539.95	8069.36	1697.36
	材 料 费 (元)		—	—	—	—
	机 械 费 (元)		23889.16	5026.28	29229.75	6159.39
名 称	单位	单价(元)	消 耗 量			
人工 二类人工	工日	135.00	54.327	11.407	59.773	12.573
机械 强夯机械 5000kN·m	台班	1734.20	10.026	2.109	—	—
强夯机械 6000kN·m	台班	1998.28	—	—	11.039	2.324
履带式推土机 135kW	台班	927.41	7.011	1.476	7.732	1.634

工作内容:机具准备、按设计要求布置锤位线,夯击、夯锤位移、填平夯点及场地平整。 计量单位:100m²

定 额 编 号			2-14	2-15	2-16	2-17	2-18	2-19
项 目			满夯					
			夯击能(kN·m 以内)					
			1000		2000		3000	
			1/2搭接	1/3搭接	1/2搭接	1/3搭接	1/2搭接	1/3搭接
基 价 (元)			**906.05**	**742.54**	**1426.79**	**1140.83**	**1906.54**	**1502.51**
其中	人 工 费 (元)		298.08	255.15	397.31	340.07	469.53	401.76
	材 料 费 (元)		—	—	—	—	—	—
	机 械 费 (元)		607.97	487.39	1029.48	800.76	1437.01	1100.75
名 称	单位	单价(元)	消 耗 量					
人工 二类人工	工日	135.00	2.208	1.890	2.943	2.519	3.478	2.976
机械 强夯机械 1200kN·m	台班	717.73	0.546	0.378	—	—	—	—
强夯机械 2000kN·m	台班	1016.54	—	—	0.729	0.504	—	—
强夯机械 3000kN·m	台班	1273.69	—	—	—	—	0.861	0.597
履带式推土机 135kW	台班	927.41	0.233	0.233	0.311	0.311	0.367	0.367

3. 填 料 桩

工作内容:准备机具,移动桩机,成孔,灌注碎石,振实。　　　　　　　　　　　　　　计量单位:10m³

定 额 编 号			2-20	2-21	2-22
项　目			振冲碎石桩		
			桩径(mm)		
			600 以内	800 以内	800 以上
基 价 (元)			**3677.08**	**3388.69**	**3261.02**
其中	人 工 费 (元)		564.98	458.60	398.66
	材 料 费 (元)		2253.80	2253.80	2256.20
	机 械 费 (元)		858.30	676.29	606.16
名　称	单位	单价(元)	消 耗 量		
人工	二类人工	工日	135.00	4.185	3.397	2.953
材料	碎石 40~60	t	102.00	21.205	21.205	21.205
	水	m³	4.27	19.880	19.880	19.880
	其他材料费	元	1.00	6.00	6.00	8.40
机械	履带式起重机 25t	台班	757.92	0.514	0.405	0.363
	振冲器 ZCQ-75	台班	414.97	0.514	0.405	0.363
	轮胎式装载机 1m³	台班	496.96	0.514	0.405	0.363

工作内容:准备机具,探桩位,定位移动桩机,沉管,灌注砂或砂石料,注水,振实,拔钢管。　　　　计量单位:10m³

定 额 编 号			2-23	2-24	2-25	2-26	2-27	2-28
项　目			沉管砂桩	沉管砂桩		沉管砂石桩	沉管砂石桩	
			锤击沉管	振动沉管		锤击沉管	振动沉管	
				桩长(m以内)			桩长(m以内)	
				12	18		12	18
基 价 (元)			**3265.12**	**3133.68**	**2941.56**	**4201.27**	**4047.43**	**3840.19**
其中	人 工 费 (元)		967.55	937.44	810.00	1155.06	1102.55	959.99
	材 料 费 (元)		1694.99	1694.99	1694.99	2443.63	2443.63	2443.63
	机 械 费 (元)		602.58	501.25	436.57	602.58	501.25	436.57
名　称	单位	单价(元)	消 耗 量					
人工	二类人工	工日	135.00	7.167	6.944	6.000	8.556	8.167	7.111
材料	垫木	m³	2328.00	0.020	0.020	0.020	0.020	0.020	0.020
	金属周转材料	kg	3.95	6.350	6.350	6.350	6.350	6.350	6.350
	黄砂 毛砂	t	87.38	18.400	18.400	18.400	10.030	10.030	10.030
	碎石 综合	t	102.00	—	—	—	14.510	14.510	14.510
	水	m³	4.27	1.300	1.300	1.300	1.300	1.300	1.300
	其他材料费	元	1.00	10.00	10.00	10.00	10.00	10.00	10.00
机械	步履式柴油打桩机 2.5t	台班	975.05	0.618	—	—	0.618	—	—
	振动沉拔桩机 400kN	台班	851.02	—	0.589	0.513	—	0.589	0.513

4. 水泥搅拌桩

工作内容：挖导向沟，桩机就位，预搅下沉，拌制水泥浆或筛水泥粉，喷水泥浆或水泥粉
并搅拌上升，重复上、下搅拌，移位。

计量单位：10m³

定　额　编　号				2-29	2-30	2-31	2-32
项　目				单轴		双轴	钉形
				喷粉	喷浆		
基　价（元）				**1546.84**	**1577.15**	**1354.47**	**1717.04**
其中	人　工　费（元）			352.49	352.49	190.89	326.30
	材　料　费（元）			819.42	832.08	832.08	833.08
	机　械　费（元）			374.93	392.58	331.50	557.66
名　称		单位	单价（元）	消　耗　量			
人工	二类人工	工日	135.00	2.611	2.611	1.414	2.417
材料	普通硅酸盐水泥 P·O 42.5 综合	kg	0.34	2363.000	2363.000	2363.000	2363.000
	水	m³	4.27	—	3.200	3.200	3.200
	其他材料费	元	1.00	16.00	15.00	15.00	16.00
机械	双头搅拌桩机(喷浆)	台班	591.04	—	—	0.228	—
	单头搅拌桩机(喷粉)	台班	473.29	0.447	—	—	—
	单头搅拌桩机(喷浆)	台班	465.48	—	0.447	—	—
	DM-3 喷浆搅拌机	台班	660.00	—	—	—	0.523
	履带式单斗液压挖掘机 1m³	台班	914.79	0.115	0.115	0.115	0.131
	灰浆搅拌机 200L	台班	154.97	—	0.447	0.466	0.523
	挤压式灰浆输送泵 3m³/h	台班	55.46	—	0.181	0.228	0.209
	电动单级离心清水泵 50mm	台班	29.31	—	—	0.228	—
	偏心式震动筛 12~16m³/h	台班	27.38	0.124	—	—	—
	电动空气压缩机 3m³/min	台班	122.54	0.447	—	—	—

5. 旋 喷 桩

工作内容:1. 准备机具,移动桩机,定位、校测,钻孔;
　　　　　2. 调制水泥浆、喷射装置应位,分层喷射注浆。

计量单位:10m³

定 额 编 号			2-33	2-34	2-35
项 　 目			单重管	双重管	三重管
基 价 (元)			**2727.70**	**2913.22**	**3503.97**
其中	人 工 费 (元)		654.35	690.93	737.91
	材 料 费 (元)		1590.42	1597.33	1611.04
	机 械 费 (元)		482.93	624.96	1155.02
名 　 称	单位	单价(元)	消 耗 量		
人工	二类人工	工日	135.00	4.847	5.118	5.466
材料	普通硅酸盐水泥 P·O 42.5 综合	kg	0.34	3818.000	3818.000	3818.000
	水	m³	4.27	65.421	66.309	67.237
	其他材料费	元	1.00	12.95	16.07	25.82
机械	单重管旋喷机	台班	369.96	0.466	—	—
	双重管旋喷机	台班	394.70	—	0.589	—
	三重管旋喷机	台班	419.43	—	—	0.760
	液压注浆泵 HYB50/50-1型	台班	75.11	0.466	0.589	0.760
	灰浆搅拌机 200L	台班	154.97	0.466	0.589	—
	灰浆搅拌机 400L	台班	161.27	—	—	0.760
	电动多级离心清水泵 φ100 h≤120m	台班	167.48	0.466	0.589	—
	电动多级离心清水泵 φ150 h≤180m	台班	283.02	—	—	0.760
	泥浆泵 50mm	台班	44.35	0.466	0.589	—
	泥浆泵 100mm	台班	205.25	—	—	0.760
	污水泵 100mm	台班	112.87	—	—	0.760
	交流弧焊机 32kV·A	台班	92.84	—	—	0.314
	电动空气压缩机 6m³/min	台班	224.45	0.466	0.589	0.760

6.注 浆 地 基

工作内容:1.定位、钻孔、下注浆管等全部操作过程;
　　　　　2.分段压密注浆等全部操作过程。

定　额　编　号			2-36	2-37
项　　目			压密注浆	
			钻孔	注浆
计　量　单　位			100m	10m³
基　价　(元)			**2946.04**	**884.16**
其中	人　　工　　费　(元)		2400.03	291.60
	材　　料　　费　(元)		482.40	509.60
	机　　械　　费　(元)		63.61	82.96
	名　　称	单位	单价(元)	消　耗　量	
人工	二类人工	工日	135.00	17.778	2.160
材料	注浆管	kg	6.03	80.000	—
	普通硅酸盐水泥 P·O 42.5 综合	kg	0.34	—	1440.000
	其他材料费	元	1.00	—	20.00
机械	灰浆搅拌机 400L	台班	161.27	—	0.342
	液压注浆泵 HYB50/50-1 型	台班	75.11	—	0.342
	沉管设备	台班	12.40	5.130	0.171

7.树 根 桩

工作内容:钻机就位,钻孔、安放碎石及注浆管、压注浆、拔管。　　　　　　　计量单位:10m³

定　额　编　号			2-38	2-39
项　　目			围护	承重
基　价　(元)			**15285.75**	**16384.34**
其中	人　　工　　费　(元)		5505.03	4207.55
	材　　料　　费　(元)		5165.74	6027.35
	机　　械　　费　(元)		4614.98	6149.44
	名　　称	单位	单价(元)	消　耗　量	
人工	二类人工	工日	135.00	40.778	31.167
材料	普通硅酸盐水泥 P·O 42.5 综合	kg	0.34	8000.000	9600.000
	黄砂 毛砂	t	87.38	—	1.980
	碎石 综合	t	102.00	15.500	16.550
	黏土	m³	32.04	0.890	0.890
	氯化钙	kg	2.97	200.000	230.000
	注浆管	kg	6.03	15.630	10.390
	水	m³	4.27	29.970	29.970
	其他材料费	元	1.00	20.00	—
机械	履带式起重机 10t	台班	589.37	—	4.446
	灰浆搅拌机 400L	台班	161.27	5.814	4.446
	电动单级离心清水泵 100mm	台班	36.22	11.628	8.892
	液压钻机 G-2A	台班	484.95	5.814	4.446
	液压注浆泵 HYB50/50-1 型	台班	75.11	5.814	4.446

8. 松(圆)木桩

工作内容: 制作木桩,安装桩靴及桩箍,准备打桩机具,移动桩架及轨道,吊装定位、打桩校正、拆卸桩箍、锯桩头、接桩。

	定 额 编 号			2-40	2-41	2-42
	项 目			打桩	送桩	接桩头
	计 量 单 位			10m³	100m	10个
	基 价 (元)			**33757.55**	**2960.94**	**802.80**
其中	人 工 费 (元)			7252.47	2949.35	427.55
	材 料 费 (元)			26505.08	11.59	375.25
	机 械 费 (元)			—	—	—
	名 称	单位	单价(元)	消 耗 量		
人工	二类人工	工日	135.00	53.722	21.847	3.167
材料	桩木	m³	2328.00	11.300	—	—
	金属周转材料	kg	3.95	40.400	—	95.000
	其他材料费	元	1.00	10.60	—	—
	桩架摊销费	元	1.00	28.50	11.59	—

二、基坑与边坡支护

1. 地下连续墙

工作内容: 1.开挖:定位放线,挖土,人工修边,回填;
　　　　　　2.浇捣:配模单边立模、设置分隔板、混凝土浇捣、养护、拆模、清理堆放。　　　　　　　　　**计量单位:** 10m³

	定 额 编 号			2-43	2-44
	项 目			导墙开挖、浇捣	
				开挖	混凝土浇捣
	基 价 (元)			**290.32**	**5981.59**
其中	人 工 费 (元)			204.80	1274.94
	材 料 费 (元)			—	4703.60
	机 械 费 (元)			85.52	3.05
	名 称	单位	单价(元)	消 耗 量	
人工	二类人工	工日	135.00	1.517	9.444
材料	钢模板	kg	5.96	—	30.500
	木模板	m³	1445.00	—	0.075
	泵送商品混凝土 C20	m³	431.00	—	10.150
	其他材料费	元	1.00	—	38.79
机械	履带式单斗液压挖掘机 0.6m³	台班	624.26	0.137	—
	混凝土振捣器 插入式	台班	4.65	—	0.656

工作内容:1.机具定位、安放跑板导轨、制浆、输送、循环分离泥浆,钻孔、挖土成槽、
护壁整修、测量;

2.准备机具、成槽出渣,清孔。　　　　　　　　　　　　　计量单位:10m³

定 额 编 号				2-45	2-46	2-47	2-48	2-49	2-50
项 目				机械成槽					入岩增加
				槽深(m)					
				25 以内	35 以内	45 以内	55 以内	55 以上	
基 价 (元)				**2280.51**	**2443.84**	**3490.15**	**4524.93**	**5371.22**	**11865.16**
其中	人 工 费 (元)			551.21	623.30	1038.69	1166.27	1293.71	5429.16
	材 料 费 (元)			494.78	494.78	494.78	494.78	494.78	34.61
	机 械 费 (元)			1234.52	1325.76	1956.68	2863.88	3582.73	6401.39
名 称		单位	单价(元)	消 耗 量					
人工	二类人工	工日	135.00	4.083	4.617	7.694	8.639	9.583	40.216
材料	膨润土	kg	0.47	590.000	590.000	590.000	590.000	590.000	—
	碳酸钠(纯碱)	kg	1.64	23.500	23.500	23.500	23.500	23.500	—
	羧甲基纤维素	kg	13.14	3.000	3.000	3.000	3.000	3.000	—
	水	m³	4.27	21.000	21.000	21.000	21.000	21.000	8.105
	其他材料费	元	1.00	49.85	49.85	49.85	49.85	49.85	—
机械	自卸汽车 5t	台班	455.85	0.257	0.276	0.398	0.478	0.598	—
	履带式液压抓斗成槽机 KH180MHL-800	台班	2617.54	0.257	0.276	0.417	—	—	—
	履带式液压抓斗成槽机 SG60A	台班	3817.79	—	—	—	0.478	0.598	—
	超声波测壁机	台班	228.58	0.150	0.161	0.211	0.253	0.316	—
	泥浆制作循环设备	台班	1596.76	0.257	0.276	0.398	0.478	0.598	—
	冲击成孔机 CZ-30	台班	419.69	—	—	—	—	—	14.478
	泥浆泵 100mm	台班	205.25	—	—	—	—	—	1.584

工作内容：锁口管对接组装,入槽就位,浇捣混凝土工程中上下移动,拔除、拆卸、冲洗堆放。　　　　　　　　　　计量单位:段

定 额 编 号			2-51	2-52	2-53	2-54	2-55
项 目			锁口管安拔				
			槽深(m)				
			25 以内	35 以内	45 以内	55 以内	55 以上
基 价 (元)			2556.69	3295.69	3525.93	4732.36	4907.55
其中	人 工 费 (元)		1350.00	1350.00	1350.00	1425.06	1425.06
	材 料 费 (元)		263.03	488.10	653.85	689.61	794.89
	机 械 费 (元)		943.66	1457.59	1522.08	2617.69	2687.60
名 称	单位	单价(元)	消 耗 量				
人工 二类人工	工日	135.00	10.000	10.000	10.000	10.556	10.556
材料 水	m³	4.27	3.000	4.000	4.000	4.000	5.000
锁口管	kg	5.05	48.160	90.950	122.830	128.970	148.030
橡胶管	m	5.14	1.110	1.940	2.780	3.620	4.460
钢丝绳 综合	kg	6.45	0.203	0.271	0.339	0.407	0.475
机械 垂直顶升设备	台班	1456.65	0.190	0.190	0.190	0.190	0.238
履带式起重机 15t	台班	702.00	0.950	—	—	—	—
履带式起重机 40t	台班	1242.97	—	0.950	—	—	—
履带式起重机 60t	台班	1456.51	—	—	0.855	—	—
履带式起重机 100t	台班	2737.92	—	—	—	0.855	0.855

工作内容：1. 地下墙接缝清刷;空气压缩机吹气搅拌吸泥;清底置换;
　　　　　　2. 浇捣架就位,导管安、拆,混凝土浇筑;吸泥浆入池。

定 额 编 号			2-56	2-57
项 目			清底置换	墙身浇筑混凝土
计 量 单 位			段	10m³
基 价 (元)			1692.47	5877.88
其中	人 工 费 (元)		810.00	179.96
	材 料 费 (元)		2.00	5656.08
	机 械 费 (元)		880.47	41.84
名 称	单位	单价(元)	消 耗 量	
人工 二类人工	工日	135.00	6.000	1.333
材料 非泵送水下商品混凝土 C30	m³	462.00	—	12.130
水	m³	4.27	—	6.000
其他材料费	元	1.00	2.00	26.40
机械 泥浆泵 100mm	台班	205.25	0.855	—
电动空气压缩机 3m³/min	台班	122.54	0.855	—
履带式起重机 15t	台班	702.00	0.855	—
电动卷扬机 – 单筒慢速 50kN	台班	186.39	—	0.219
混凝土振捣器 插入式	台班	4.65	—	0.219

2. 水泥土连续墙

工作内容: 1. 三轴水泥土搅拌墙:挖导向沟,桩机就位,预搅下沉,拌制水泥浆,喷水泥浆并搅拌上升, 重复上、下搅拌,移位;

2. 渠式切割水泥土连续墙:桩机就位,挖导向沟、放护桶,定位,下切割箱体,拌制膨润土, 上下左右移动切割,拌制水泥浆来回切割搅拌;

3. 插、拔型钢:准备工作,安、拆插桩机具,刷脱模剂,插型钢桩,安、拆拔桩机具,拔桩,堆 放,清理。

	定　额　编　号			2-58	2-59	2-60
	项　　　　　目			三轴 水泥土搅拌墙	渠式切割 水泥土连续墙	插、拔型钢
	计　量　单　位			10m³	10m³	t
	基　价（元）			**2154.81**	**6164.70**	**817.39**
其 中	人　　工　　费	（元）		170.24	667.44	96.12
	材　　料　　费	（元）		1149.40	2140.44	484.39
	机　　械　　费	（元）		835.17	3356.82	236.88
	名　　称	单位	单价(元)		消　耗　量	
人工	二类人工	工日	135.00	1.261	4.944	0.712
材 料	普通硅酸盐水泥 P·O 42.5 综合	kg	0.34	3272.000	3272.000	—
	膨润土	kg	0.47	—	900.000	—
	水	m³	4.27	4.430	5.500	—
	型钢 综合	kg	3.84	—	—	50.000
	减磨剂	kg	15.52	—	—	14.000
	电焊条 E43 系列	kg	4.74	—	—	5.170
	氧气	m³	3.62	—	—	2.580
	乙炔气	m³	8.90	—	—	1.940
	金属周转材料	kg	3.95	—	128.880	—
	材料摊销费	元	1.00	—	41.40	—
	其他材料费	元	1.00	18.00	31.00	24.00
机 械	三轴搅拌桩机 850 型	台班	2826.15	0.201	—	—
	TRD 搅拌桩机	台班	5572.00	—	0.428	—
	灰浆搅拌机 200L	台班	154.97	0.201	—	—
	灰浆搅拌机 400L	台班	161.27	—	0.276	—
	挤压式灰浆输送泵 3m³/h	台班	55.46	0.201	—	—
	挤压式灰浆输送泵 5m³/h	台班	77.66	—	0.276	—
	电动空气压缩机 10m³/min	台班	394.85	0.201	—	—
	电动空气压缩机 20m³/min	台班	568.57	—	0.276	—
	履带式单斗液压挖掘机 1m³	台班	914.79	0.159	0.333	—
	履带式起重机 50t	台班	1364.92	—	—	0.138
	履带式起重机 100t	台班	2737.92	—	0.152	—
	超声波测壁机	台班	228.58	—	0.124	—
	液压泵车	台班	169.00	—	—	0.214
	立式油压千斤顶 200t	台班	11.52	—	—	0.428
	交流弧焊机 32kV·A	台班	92.84	—	—	0.080

3. 混凝土预制板桩

工作内容:挖导向沟,准备打桩机具,移动打桩机及其轨道,吊装就位,安、卸桩垫、桩帽,测量, 校正,打桩。

计量单位:10m³

定 额 编 号				2-61	2-62	2-63	2-64
项 目				锤击混凝土预制板桩			
				单桩体积(m³)			
				1 以内	1.5 以内	2.5 以内	2.5 以上
基 价 (元)				**2617.48**	**2182.34**	**1855.13**	**1637.14**
其中	人 工 费 (元)			916.25	759.78	579.96	509.36
	材 料 费 (元)			70.46	70.46	70.46	70.46
	机 械 费 (元)			1630.77	1352.10	1204.71	1057.32
名 称	单位	单价(元)		消 耗 量			
人工	二类人工	工日	135.00	6.787	5.628	4.296	3.773
材料	预制钢筋混凝土板桩	m³	—	(10.100)	(10.100)	(10.100)	(10.100)
	白棕绳	kg	14.31	0.900	0.900	0.900	0.900
	草纸	kg	6.90	2.500	2.500	2.500	2.500
	垫木	m³	2328.00	0.014	0.014	0.014	0.014
	金属周转材料	kg	3.95	1.960	1.960	1.960	1.960
机械	履带式柴油打桩机 3.5t	台班	832.40	1.147	0.951	0.835	0.733
	履带式起重机 10t	台班	589.37	1.147	0.951	—	—
	履带式起重机 15t	台班	702.00	—	—	0.726	0.637

4. 钢 板 桩

工作内容:准备桩机及器具,移动打桩机,吊桩定位,校正,打桩,系桩,拔桩,15m 以内临时堆放。

计量单位:10t

定 额 编 号				2-65	2-66	2-67	2-68
项 目				打、拔钢板桩			
				桩长(m)			
				6 以内	10 以内	15 以内	15 以上
基 价 (元)				**4444.36**	**3609.69**	**3084.02**	**2730.00**
其中	人 工 费 (元)			849.15	678.51	571.05	498.69
	材 料 费 (元)			290.44	290.44	290.44	290.44
	机 械 费 (元)			3304.77	2640.74	2222.53	1940.87
名 称	单位	单价(元)		消 耗 量			
人工	二类人工	工日	135.00	6.290	5.026	4.230	3.694
材料	拉森钢板桩	kg	4.72	58.497	58.497	58.497	58.497
	垫木	m³	2328.00	0.002	0.002	0.002	0.002
	钢丝绳 综合	kg	6.45	0.570	0.570	0.570	0.570
	其他材料费	元	1.00	6.00	6.00	6.00	6.00
机械	履带式拉森钢板桩机	台班	1707.01	1.936	1.547	1.302	1.137

5. 土钉、锚杆与喷射联合支护

工作内容: 1. 钻孔机具安、拆,钻孔,安、拔防护套管,搅拌灰浆及混凝土,灌浆,浇捣端头锚固件保护混凝土;

2. 钢筋钉体制作、安装:调直切断、焊接成型、插入孔内、固定;

3. 钢管钉体制作、安装:切断、焊接、成型、打孔、插入孔内、固定。

定　额　编　号				2-69	2-70	2-71	2-72
项　　目				土钉支护		土钉制作、安装	
				钻孔、注浆		钢筋	钢管
				土层			
				钢筋	钢管		
计量单位				100m		t	
基　价　(元)				**2328.26**	**2161.34**	**4761.96**	**4602.04**
其中	人　　工　　费　(元)			1161.00	1008.72	437.27	377.19
	材　　料　　费　(元)			992.12	955.38	4290.26	4199.15
	机　　械　　费　(元)			175.14	197.24	34.43	25.70
名　　称		单位	单价(元)	消　耗　量			
人工	二类人工	工日	135.00	8.600	7.472	3.239	2.794
材料	普通硅酸盐水泥 P·O 42.5 综合	kg	0.34	1343.000	1343.000	—	—
	热轧带肋钢筋 HRB400 综合	t	3849.00	—	—	1.100	—
	碳素结构钢焊接钢管 综合	t	3879.00	—	—	—	1.075
	注浆管	kg	6.03	80.000	80.000	—	—
	电焊条 E55 系列	kg	10.34	—	—	4.000	—
	低合金钢焊条 E43 系列	kg	4.74	—	—	—	3.000
	水	t	4.27	0.319	0.319	—	—
	金属周转材料	kg	3.95	9.300	—	—	—
	其他材料费	元	1.00	15.00	15.00	15.00	15.00
机械	轻便钻孔机	台班	86.09	0.789	—	—	—
	灰浆搅拌机 200L	台班	154.97	0.466	0.466	—	—
	液压注浆泵 HYB50/50-1 型	台班	75.11	0.466	0.466	—	—
	电动空气压缩机 10m³/min	台班	394.85	—	0.228	—	—
	交流弧焊机 32kV·A	台班	92.84	—	—	0.238	0.171
	钢筋切断机 40mm	台班	43.28	—	—	0.285	—
	管子切断机 250mm	台班	44.85	—	—	—	0.219

工作内容:钻孔机具安、拆,钻孔,安、拔防护套管。 计量单位:100m

定 额 编 号				2-73	2-74	2-75	2-76	2-77
项 目				锚杆、锚索支护				
				孔径(mm)				
				土层机械钻孔			岩石层钻孔增加	
				150 以内	200 以内	250 以内	200 以内	200 以上
基 价 (元)				**2150.52**	**2414.75**	**2692.06**	**6223.30**	**7780.48**
其中	人 工 费	(元)		1150.07	1293.84	1444.77	3306.15	4153.28
	材 料 费	(元)		36.74	36.74	36.74	146.94	146.94
	机 械 费	(元)		963.71	1084.17	1210.55	2770.21	3480.26
名 称		单位	单价(元)	消 耗 量				
人工	二类人工	工日	135.00	8.519	9.584	10.702	24.490	30.765
材料	金属周转材料	kg	3.95	9.300	9.300	9.300	37.200	37.200
机械	锚杆钻孔机 MGL135	台班	454.58	2.120	2.385	2.663	6.094	7.656

工作内容:搅拌灰浆,灌浆,浇捣端头锚固件保护混凝土。 计量单位:100m

定 额 编 号				2-78	2-79	2-80
项 目				锚杆、锚索支护		
				孔径(mm 以内)		
				锚孔注浆		
				150	200	250
基 价 (元)				**1179.54**	**1901.96**	**2855.21**
其中	人 工 费	(元)		355.32	549.32	818.51
	材 料 费	(元)		671.22	1116.12	1684.22
	机 械 费	(元)		153.00	236.52	352.48
名 称		单位	单价(元)	消 耗 量		
人工	二类人工	工日	135.00	2.632	4.069	6.063
材料	非泵送商品混凝土 C25	m³	421.00	0.129	0.169	0.227
	高压胶管 φ50	m	17.24	1.500	1.500	1.500
	水泥砂浆 1:1	m³	294.20	2.009	3.464	5.312
机械	灰浆搅拌机 200L	台班	154.97	0.665	1.028	1.532
	液压注浆泵 HYB50/50-1 型	台班	75.11	0.665	1.028	1.532

工作内容: 1. 除锈、防锈,调直切断、焊接、成型、包裹;穿入孔内,就位、固定;
2. 锚头制作、安装、张拉、锚固、锁定等。

定　额　编　号			2-81	2-82	2-83	2-84
项　　目			锚杆制作、安装		锚索制作、安装及张拉	锚墩、承压板制作、安装
			钢筋	钢管		
计　量　单　位			t			10 个
基　价　(元)			**4875.36**	**4793.10**	**10075.83**	**1982.22**
其中	人　工　费　(元)		550.67	475.34	3077.19	1196.10
	材　料　费　(元)		4290.26	4295.37	5954.40	786.12
	机　械　费　(元)		34.43	22.39	1044.24	—
名　称	单位	单价(元)	消　耗　量			
人工 二类人工	工日	135.00	4.079	3.521	22.794	8.860
材料 热轧带肋钢筋 HRB400 综合	t	3849.00	1.100	0.025	—	—
碳素结构钢焊接钢管 综合	t	3879.00	—	1.075	—	—
钢绞线	t	5336.00	—	—	1.030	—
中厚钢板（综合）	kg	3.79	—	—	—	98.280
铁件	kg	3.71	—	—	19.330	12.700
板方材	m³	1034.00	—	—	—	0.100
非泵送商品混凝土 C30	m³	438.00	—	—	—	0.430
聚氯乙烯软管 $D20 \times 2.5$	m	0.33	—	—	233.900	—
热轧光圆钢筋 HPB300ϕ10	kg	3.98	—	—	51.500	—
电焊条 E55 系列	kg	10.34	4.000	—	8.710	—
低合金钢焊条 E43 系列	kg	4.74	—	3.000	—	—
石油沥青	kg	2.67	—	—	—	19.000
防锈漆 C53 – 1	kg	14.05	—	—	—	1.000
其他材料费	元	1.00	15.00	15.00	14.39	10.00
机械 电动卷扬机 – 单筒慢速 10kN	台班	171.01	—	—	1.501	—
半自动切割机 100mm	台班	92.61	—	—	0.162	—
预应力钢筋拉伸机 650kN	台班	24.94	—	—	3.468	—
高压油泵 80MPa	台班	184.68	—	—	3.468	—
钢筋切断机 40mm	台班	43.28	0.285	—	—	—
管子切断机 150mm	台班	29.76	—	0.219	—	—
交流弧焊机 32kV·A	台班	92.84	0.238	0.171	0.491	—

工作内容:基层清理,喷射混凝土,收回弹料,找平面层。 计量单位:100m²

定 额 编 号				2-85	2-86	2-87	2-88	2-89	2-90
项 目				喷射混凝土护坡					
				坡度 <15°		坡度 <60°		坡度 >60°	
				厚度(mm)					
				50	每增减10	50	每增减10	50	每增减10
基 价 (元)				**4401.06**	**536.56**	**5140.38**	**646.82**	**5867.15**	**732.52**
其中	人 工 费 (元)			1428.03	93.96	1878.80	160.92	2229.93	191.03
	材 料 费 (元)			1617.49	320.54	1774.52	351.67	1978.66	392.11
	机 械 费 (元)			1355.54	122.06	1487.06	134.23	1658.56	149.38
名 称		单位	单价(元)	消 耗 量					
人工	二类人工	工日	135.00	10.578	0.696	13.917	1.192	16.518	1.415
材料	现浇现拌混凝土 C20(16)	m³	296.00	5.150	1.030	5.650	1.130	6.300	1.260
	速凝剂	kg	0.91	0.103	0.021	0.113	0.023	0.126	0.025
	喷射管	m	20.47	1.224	0.245	1.343	0.269	1.497	0.299
	高压胶皮风管 φ50	m	17.24	1.632	0.326	1.790	0.358	1.996	0.399
	其他材料费	元	1.00	39.80	5.01	43.67	5.49	48.69	6.13
机械	涡浆式混凝土搅拌机 500L	台班	288.37	0.435	0.087	0.478	0.096	0.533	0.107
	电动空气压缩机 10m³/min	台班	394.85	2.055	0.162	2.254	0.178	2.514	0.198
	混凝土喷射机 5m³/h	台班	203.74	2.055	0.162	2.254	0.178	2.514	0.198

6. 钢 支 撑

工作内容: 1. 安装:吊车配合、围檩、支撑驳运卸车,定位放样,槽壁面凿出预埋件,钢牛腿焊接,
支撑拼接、焊接安全栏杆、安装定位,活络接头固定;
2. 拆除:切割、吊出支撑分段,装车及堆放;
3. 支架安装,插立柱桩,安装围檩、预埋件、三角件及横梁,安装支撑件,施加预应力,
支撑拆除。

计量单位:10t

定 额 编 号			2-91	2-92	2-93	2-94	2-95
项 目			钢支撑		钢支撑		预应力型钢组合支撑
			15m 以内		15m 以上		
			安装	拆除	安装	拆除	安装、拆除
基 价 (元)			**6887.41**	**3970.22**	**6779.72**	**4199.37**	**12682.68**
其中	人 工 费 (元)		1895.27	2589.84	1794.96	2182.95	5917.46
	材 料 费 (元)		3155.43	30.24	2504.70	30.24	3310.79
	机 械 费 (元)		1836.71	1350.14	2480.06	1986.18	3454.43
名 称	单位	单价(元)	消 耗 量				
人工	二类人工	工日	135.00	14.039	19.184	13.296	16.170	43.833
材料	钢管支撑	kg	4.87	270.000	—	270.000	—	—
	型钢 综合	kg	3.84	—	—	—	—	270.000
	六角带帽螺栓 综合	kg	5.47	25.500	—	21.400	—	—
	钢围檩	kg	3.09	52.500	—	31.800	—	—
	高强螺栓	套	6.90	—	—	—	—	260.000
	枕木	m³	2457.00	0.300	—	0.200	—	—
	氧气	m³	3.62	—	—	—	—	4.800
	乙炔气	m³	8.90	—	—	—	—	3.400
	中厚钢板 综合	kg	3.71	78.900	—	47.500	—	35.200
	预埋铁件	kg	3.75	116.200	—	70.000	—	72.000
	低碳钢焊条 综合	kg	6.72	10.900	4.500	6.600	4.500	—
	电焊条 E43 系列	kg	4.74	—	—	—	—	6.700
机械	汽车式起重机 25t	台班	996.58	—	—	—	—	1.520
	履带式起重机 25t	台班	757.92	1.520	1.425	—	—	—
	履带式起重机 40t	台班	1242.97	—	—	1.520	1.425	—
	履带式起重机 50t	台班	1364.92	—	—	—	—	0.760
	交流弧焊机 32kV·A	台班	92.84	1.235	0.475	0.760	0.285	1.710
	电动空气压缩机 10m³/min	台班	394.85	0.190	0.190	0.095	0.095	—
	电动空气压缩机 3m³/min	台班	122.54	—	—	—	—	1.425
	立式油压千斤顶 100t	台班	10.22	1.045	1.045	1.045	1.045	—
	载货汽车 4t	台班	369.21	0.827	0.380	0.827	0.380	—
	汽车式起重机 8t	台班	648.48	0.276	—	0.257	—	—
	履带式拉森钢板桩机	台班	1707.01	—	—	—	—	0.143
	高压油泵 80MPa	台班	184.68	—	—	—	—	0.950
	立式油压千斤顶 300t	台班	16.55	—	—	—	—	9.025

第三章
桩 基 工 程

说　明

一、本章定额包括混凝土预制桩与钢管桩、灌注桩等。

二、本章定额适用于陆地上桩基工程。所列打桩机械的规格、型号是按常规施工工艺和方法综合取定。

三、本章定额所涉及砂、黏土层，碎、卵石层，岩石层，依据现行国家标准《工程岩体分级标准》GB/T 50218—2014 工程岩体分级标准，按以下标准鉴别：

砂、黏土层：粒径在 2mm～20mm 的颗粒质量不超过总质量 50% 的土层，包括黏土、粉质黏土、粉土、粉砂、细砂、中砂、粗砂、砾砂。

碎、卵石层：粒径在 2mm～20mm 的颗粒质量超过总质量 50% 的土层，包括角砾、圆砾及粒径 20mm～200mm 的碎石、卵石、块石、漂石，此外亦包括极软岩、软岩。

岩石层：除极软岩、软岩以外的各类较软岩、较硬岩、坚硬岩。

四、桩基施工前的场地平整、压实地表、地下障碍物处理等定额均未考虑，发生时另行计算。

五、探桩位已综合考虑在各类桩基定额内，不另行计算。

六、混凝土预制桩。

1. 定额按非预应力混凝土预制桩（包含方桩、空心方桩、异形桩等非预应力预制桩）和预应力混凝土预制桩（包含管桩、空心方桩、竹节桩等预应力预制桩），分锤击、静压两种施工方法分别编制。

2. 定额已综合考虑了穿越砂、黏土层，碎、卵石层的因素。

3. 非预应力混凝土预制桩。

（1）定额按成品桩以购入构件考虑，已包含了场内必需的就位供桩，发生时不再另行计算。若预制桩采用现场预制时，场内运输运距在 500m 以内时，套用场内运桩子目；运距超过 500m 时，桩运输费另行计算。桩的预制执行本定额第五章"混凝土及钢筋混凝土工程"相应定额子目。

（2）发生单桩单节长度超过 18m 时，按锤击、静压相应定额（不含预制桩主材）乘以系数 1.20 计算。

（3）定额已综合了接桩所需的打桩机械台班，但未包括接桩本身费用，发生时套用相应定额子目。

4. 预应力混凝土预制桩。

（1）定额按成品桩以购入构件考虑，已包含了场内必需的就位供桩，发生时不再另行计算。

（2）定额已综合了电焊接桩。如采用机械接桩，相应定额扣除电焊条和交流弧焊机台班用量；机械连接件材料费已含在相应预制桩信息价中，不得另计。

（3）桩灌芯、桩芯取土按本章钢管桩相应定额执行，如设计要求桩芯取土长度小于 2.5m 时，相应定额乘以系数 0.75；设计要求设置的钢骨架、钢托板分别按本定额第五章"混凝土及钢筋混凝土工程"中的桩钢筋笼和预埋铁件相应定额计算。

（4）设计要求设置桩尖时，按成品桩尖以购入构件材料费另计。

七、钢管桩。

1. 定额按锤击施工方法编制，已综合考虑了穿越砂、黏土层，碎、卵石层的因素。

2. 定额已包含了场内必需的就位供桩，发生时不再另行计算。

3. 钢管内取土、填芯按设计材质不同分别套用定额。

八、混凝土预制桩与钢管桩发生送桩时，按沉桩相应定额的人工及打桩机械乘以下表中的系数，其余不计。

送桩深度系数表

送 桩 深 度	系　　　数
≤2m	1.20
≤4m	1.37
≤6m	1.56
>6m	1.78

九、灌注桩。

1. 转盘式、旋挖钻机成孔定额按砂土层编制,如设计要求进入岩石层套用相应定额计算岩石层成孔增加费;如设计要求穿越碎、卵石层时,按岩石层成孔增加费子目乘以下表调整系数计算穿越增加费。

碎、卵石层调整系数表

成 孔 方 式	系　　　数
转盘式钻机成孔	0.35
旋挖钻机成孔	0.25

2. 除空气潜孔锤成孔外,灌注桩成孔定额未包含钢护筒埋设及拆除,需发生时直接套用埋设钢护筒定额。

3. 冲孔桩机成孔、空气潜孔锤成孔按不同土(岩)层分别编制定额子目。

4. 旋挖钻机成孔定额按湿作业成孔工艺考虑,如实际采用干作业成孔工艺,相应定额扣除黏土、水用量和泥浆泵台班,并不计泥浆工程量。

5. 产生的泥浆(渣土)按泥浆处置定额执行。

6. 沉管灌注桩。

(1)定额已包括桩尖埋设费用,预制桩尖按购入构件另计材料费。遇不埋设桩尖时,每10个桩尖扣除人工0.4工日。

(2)沉管灌注桩安放钢筋笼者,成孔定额人工和机械乘以系数1.15,钢筋笼制作安放套用本定额第五章 "混凝土及钢筋混凝土工程"相应定额。

7. 成孔工艺灌注桩的充盈系数按常规地质情况编制,未考虑地下障碍物、溶洞、暗河等特殊地层。灌注混凝土定额中混凝土材料消耗量已包含了灌注充盈量,见下表。

灌注桩充盈系数表

项 目 名 称	充 盈 系 数
转盘式钻机成孔、长螺旋钻机成孔	1.20
旋挖钻机成孔	1.15
空气潜孔锤成孔	1.20
冲孔桩机成孔	1.35
沉管桩机成孔	1.18

8. 人工挖孔桩。

(1)人工挖孔按设计注明的桩芯直径及孔深套用定额;桩孔土方需外运时,按土方工程相应定额计算;挖孔时若遇淤泥、流砂、岩石层,可按实际挖、凿的工程量套用相应定额计算挖孔增加费。

(2)人工挖孔子目中,已综合考虑了孔内照明、通风。孔内垂直运输方式按人工考虑。

（3）护壁不分现浇或预制，均套用安设混凝土护壁定额。

9. 预埋管及后压浆。

（1）后注浆定额按桩底注浆考虑，如设计采用侧壁注浆，则人工和机械费乘以系数1.20。

（2）注浆管、声测管埋设，如遇材质、规格不同时，材料单价换算，其余不变。

10. 泥浆处置。

（1）定额分泥浆池建拆、泥浆运输、泥浆固化。定额未考虑泥浆废弃处置费，发生时按工程所在地市场价格计算。

（2）桩施工产生的渣土和泥浆经过固化后的渣土处理，套用本定额第一章"土石方工程"土方汽车运输定额。

十、桩孔需回填的，填土按本定额第一章"土石方工程"松填土方定额计算，填碎石按本定额第二章"地基处理与边坡支护工程"填铺碎石子目乘以系数0.7计算。

十一、单独打试桩、锚桩，按相应定额的打桩人工及机械乘以系数1.50。

十二、设计要求打斜桩时，斜度在1:6以内时，相应定额的打桩人工、机械乘以系数1.25；如斜度大于1:6时，相应项目人工、机械乘以系数1.43。

十三、本章定额按平地（坡度小于15°）打桩为准；坡度大于15°时，按相应定额的打桩人工、机械乘以系数1.15。如在基坑内（基坑深度大于1.5m，基坑面积小于500m²）打桩或在地坪上打坑槽内（坑槽深度大于1m）桩时，按相应项目人工、机械乘以系数1.11。

十四、在桩间补桩按相应定额的打桩人工、机械乘以系数1.15。

十五、在强夯后的地基上混凝土预制桩及钢管桩施工按相应定额的打桩人工及机械乘以系数1.15；灌注桩按相应定额的人工及机械乘以系数1.03。

十六、单位（群体）工程的桩基工程量少于下表对应数量时，相应定额的打桩人工、机械乘以系数1.25。

桩基工程量表

项　　目	单位工程的工程量	项　　目	单位工程的工程量
混凝土预制桩	1000m	机械成孔灌注桩	150m³
钢管桩	50t	人工挖孔灌注桩	50m³

工程量计算规则

一、混凝土预制桩与钢管桩。

1. 混凝土预制桩。

(1)锤击(静压)非预应力混凝土预制桩按设计桩长(包括桩尖),以长度计算。

(2)锤击(静压)预应力混凝土预制桩按设计桩长(不包括桩尖),以长度计算。

(3)送桩深度按设计桩顶标高至打桩前的交付地坪标高另加0.50m,分不同深度以长度计算。

(4)非预应力混凝土预制桩的接桩按设计图示以角钢或钢板的质量计算。

(5)预应力混凝土预制桩顶灌芯按设计长度乘以填芯截面积,以体积计算。

(6)因地质原因沉桩后的桩顶标高高出设计标高,在长度小于1m时,不扣减相应桩的沉桩工程量;在长度超过1m时,其超过部分按实扣减沉桩工程量,但桩体的价格不扣除。

2. 钢管桩。

(1)锤击钢管桩按设计桩长(包括桩尖),以长度计算。送桩深度按设计桩顶标高至打桩前的交付地坪标高另加0.50m,分不同深度以长度计算。

(2)钢管桩接桩、内切割、精割盖帽按设计要求的数量计算。

(3)钢管桩管内钻孔取土、填芯,按设计桩长(包括桩尖)乘以填芯截面积,以体积计算。

二、灌注桩。

1. 转盘式钻机成孔、旋挖钻机成孔。

(1)成孔按成孔长度乘以设计桩径截面积,以体积计算。成孔长度为打桩前的交付地坪标高至设计桩底的长度。

(2)成孔入岩增加费按实际入岩石层深度乘以设计桩径截面积,以体积计算。

(3)设计要求穿越碎(卵)石层按地质资料表明长度乘以设计桩径截面积,以体积计算。

(4)桩底扩孔按设计桩数量计算。

(5)钢护筒埋设及拆除,常规砂土层施工按2.0m计算;当遇地质资料表明桩位上层(砂砾、碎卵石、杂填土层)深度大于2.0m时,按实以长度计算。

2. 冲孔桩机成孔、空气潜孔锤成孔分别按进入各类土层、岩石层的成孔长度乘以设计桩径截面积以体积计算。

3. 长螺旋钻机成孔按成孔长度乘以设计桩径截面积以体积计算。成孔长度为打桩前的交付地坪标高至设计桩底的长度。

4. 沉管成孔。

(1)单桩成孔按打桩前的交付地坪标高至设计桩底的长度(不包括预制桩尖)乘以钢管外径截面积(不包括桩箍)以体积计算。

(2)夯扩(静压扩头)桩工程量=单桩成孔工程量+夯扩(扩头)部分高度×桩管外径截面积,式中夯扩(扩头)部分高度按设计规定计算。

(3)扩大桩的体积按单桩体积乘以复打次数计算,其复打部分乘以系数0.85。

5. 灌注混凝土工程量按桩长乘以设计桩径截面积计算,桩长=设计桩长+设计加灌长度,设计未规定加灌长度时,加灌长度(不论有无地下室)按不同设计桩长确定:25m以内按0.50m,35m以内按0.80m,45m以内按1.10m,55m以内按1.4m,65m以内按1.70m,65m以上按2.00m计算。灌注桩设计要求扩底时,其扩底扩大工程量按设计尺寸,以体积计算,并入相应的工程量内。

6. 人工挖孔灌注桩。

(1)人工挖孔按护壁外围截面积乘孔深以体积计算;孔深按打桩前的交付地坪标高至设计桩底标高的长度计算。

(2)挖淤泥、流砂、入岩增加费按实际挖、凿数量以体积计算。

(3)护壁按设计图示截面积乘护壁长度以体积计算,护壁长度按打桩前的交付地坪标高至设计桩底标高(不含入岩长度)另加0.20m计算。

(4)灌注桩芯混凝土按设计图示截面积乘以设计桩长另加加灌长度,以体积计算;加灌长度设计无规定时,按0.25m计算。

7. 预埋管及后压浆。

(1)注浆管、声测管按打桩前的交付地坪标高至设计桩底标高的长度另加0.20m计算。

(2)桩底(侧)后注浆工程量按设计注入水泥用量计算。

8. 泥浆处置。

(1)各类成孔灌注桩泥浆(渣土)产生工程量按下表计算。

泥浆(渣土)工程量计算表

桩　型	泥浆(渣土)产生工程量	
	泥浆	渣土
转盘式钻机成孔灌注桩	按成孔工程量	—
旋挖钻机成孔灌注桩	按成孔工程量乘以系数0.2	按成孔工程量
长螺旋钻机成孔灌注桩	—	按成孔工程量
空气潜孔锤成孔灌注桩	按成孔工程量乘以系数0.2	按成孔工程量
冲抓锤成孔灌注桩	按成孔工程量乘以系数0.2	按成孔工程量
冲击锤成孔灌注桩	按成孔工程量	—
人工挖孔灌注桩	—	按挖孔工程量

(2)泥浆池建造和拆除、泥浆运输、泥浆固化、泥浆固化后的渣土工程量都按上表所列泥浆工程量计算;泥浆及泥浆固化后的渣土场外运输距离按实计算。

(3)施工产生的渣土按上表工程量计算,套用本定额第一章"土石方工程"相应定额子目。

9. 桩孔回填按桩(加灌后)顶面至打桩前交付地坪标高的长度乘以桩孔截面积计算。

10. 截(凿)桩。

(1)预制混凝土桩截桩按截桩的数量计算。

(2)凿桩头按设计图示桩截面积乘以桩头凿除长度,以体积计算。混凝土预制桩凿除长度设计有规定按设计规定,设计无规定按40d(d为桩体主筋直径,主筋直径不同时取大者)计算;灌注混凝土桩按加灌长度计算。

(3)凿桩后的桩头钢筋清(整)理,已综合在凿桩头定额中,不再另行计算。

一、混凝土预制桩与钢管桩

1.非预应力混凝土预制桩

工作内容:准备打桩机具,探桩位,行走打桩机,吊装定位,安卸桩垫、桩帽,校正,打桩。　　　　　　计量单位:100m

定 额 编 号				3-1	3-2	3-3	3-4
项　　　目				锤击沉桩			
				桩断面周长(m)			
				1.3以内	1.6以内	1.9以内	1.9以上
基　　价　(元)				**1679.05**	**2530.91**	**3003.15**	**3702.65**
其中	人　工　费	（元）		537.03	724.41	902.21	969.44
	材　料　费	（元）		75.06	119.92	178.85	221.66
	机　械　费	（元）		1066.96	1686.58	1922.09	2511.55
名　　　称		单位	单价(元)	消　耗　量			
人工	二类人工	工日	135.00	3.978	5.366	6.683	7.181
材料	非预应力混凝土预制桩	m	—	(101.000)	(101.000)	(101.000)	(101.000)
	垫木	m³	2328.00	0.026	0.041	0.061	0.075
	金属周转材料	kg	3.95	1.944	3.373	5.225	6.850
	其他材料费	元	1.00	6.85	11.15	16.20	20.00
机械	步履式柴油打桩机2.5t	台班	975.05	0.825	—	—	—
	步履式柴油打桩机4t	台班	1400.59	—	0.932	1.039	—
	步履式柴油打桩机6t	台班	1689.46	—	—	—	1.146
	履带式起重机15t	台班	702.00	0.374	—	—	—
	履带式起重机25t	台班	757.92	—	0.503	0.616	—
	履带式起重机30t	台班	865.31	—	—	—	0.665

工作内容:准备打桩机具,探桩位,行走打桩机,轻轨运桩、吊装定位,安卸桩垫、桩帽,校正,压桩。

定　额　编　号			3-5	3-6	3-7	3-8	3-9
项　　目			静压沉桩				场内运桩
			桩断面周长(m)				
			1.3以内	1.6以内	1.9以内	1.9以上	
计　量　单　位			100m				10m³
基　价　(元)			**1849.53**	**2353.48**	**2837.25**	**3632.33**	**572.23**
其中	人　工　费　(元)		360.45	459.95	534.60	577.53	245.03
	材　料　费　(元)		75.06	119.92	178.85	221.66	89.30
	机　械　费　(元)		1414.02	1773.61	2123.80	2833.14	237.90
名　称	单位	单价(元)	消　耗　量				
人工 二类人工	工日	135.00	2.670	3.407	3.960	4.278	1.815
材料 非预应力混凝土预制桩	m	—	(101.000)	(101.000)	(101.000)	(101.000)	—
垫木	m³	2328.00	0.026	0.041	0.061	0.075	—
金属周转材料	kg	3.95	1.944	3.373	5.225	6.850	—
轻轨摊销费	元	1.00	—	—	—	—	89.30
其他材料费	元	1.00	6.85	11.15	16.20	20.00	—
机械 静力压桩机(液压)2000kN	台班	2616.28	0.475	—	—	—	—
静力压桩机(液压)3000kN	台班	2801.82	—	0.547	0.659	—	—
静力压桩机(液压)4000kN	台班	3311.40	—	—	—	0.750	—
履带式起重机15t	台班	702.00	0.244	—	—	—	—
履带式起重机25t	台班	757.92	—	0.318	0.366	—	0.247
履带式起重机30t	台班	865.31	—	—	—	0.404	—
轨道平车5t	台班	34.23	—	—	—	—	0.247
电动卷扬机-单筒慢速10kN	台班	171.01	—	—	—	—	0.247

工作内容:准备工具,材料,对准上下节桩,桩顶垫平,放置角铁、钢板,焊接。　　　　计量单位:t

定　额　编　号			3-10	3-11
项　　目			电焊接桩	
			包角钢	包钢板
基　价　(元)			**7715.85**	**9411.71**
其中	人　工　费　(元)		1965.06	3007.53
	材　料　费　(元)		4718.87	4770.29
	机　械　费　(元)		1031.92	1633.89
名　称	单位	单价(元)	消　耗　量	
人工 二类人工	工日	135.00	14.556	22.278
材料 角钢 Q235B 综合	t	3966.00	1.060	—
中厚钢板 综合	t	3750.00	—	1.060
钢锁(垫铁)	kg	5.95	6.100	4.100
电焊条 E43系列	kg	4.74	96.100	160.167
其他材料费	元	1.00	23.10	11.70
机械 交流弧焊机32kV·A	台班	92.84	11.115	17.599

2.预应力混凝土预制桩

工作内容:准备打桩机具,探桩位,行走打桩机,吊装定位,安卸桩垫、桩帽,校正,打桩、接桩。　　　　计量单位:100m

定 额 编 号				3-12	3-13	3-14	3-15
项　　　　目				锤击沉桩			
				桩断面周长(m)			
				1.3 以内	1.6 以内	1.9 以内	1.9 以上
基　　价　　(元)				**2076.57**	**2782.90**	**3269.29**	**3985.20**
其中	人　工　费　(元)			594.00	653.94	672.03	815.94
	材　料　费　(元)			131.49	201.78	271.02	341.38
	机　械　费　(元)			1351.08	1927.18	2326.24	2827.88
名　　　　称		单位	单价(元)	消　耗　量			
人工	二类人工	工日	135.00	4.400	4.844	4.978	6.044
材料	预应力混凝土预制桩	m	—	(101.000)	(101.000)	(101.000)	(101.000)
	垫木	m³	2328.00	0.030	0.050	0.070	0.090
	金属周转材料	kg	3.95	2.600	4.000	5.800	7.200
	电焊条 E43 系列	kg	4.74	9.300	12.400	14.800	17.600
	其他材料费	元	1.00	7.30	10.80	15.00	20.00
机械	步履式柴油打桩机 2.5t	台班	975.05	0.941	—	—	—
	步履式柴油打桩机 4t	台班	1400.59	—	1.036	—	—
	步履式柴油打桩机 6t	台班	1689.46			1.064	1.292
	履带式起重机 15t	台班	702.00	0.561	0.618	—	—
	履带式起重机 25t	台班	757.92	—	—	0.637	0.779
	交流弧焊机 32kV·A	台班	92.84	0.428	0.456	0.494	0.589

工作内容:准备打桩机具,探桩位,行走打桩机,吊装定位,安卸桩垫、桩帽,校正,压桩、接桩。 计量单位:100m

定 额 编 号				3-16	3-17	3-18	3-19
项 目				静压沉桩			
				桩断面周长(m)			
				1.3 以内	1.6 以内	1.9 以内	1.9 以上
基 价 (元)				**1755.56**	**2018.62**	**2434.16**	**3366.08**
其中	人 工 费 (元)			341.96	381.78	427.55	535.55
	材 料 费 (元)			131.49	201.78	271.02	341.38
	机 械 费 (元)			1282.11	1435.06	1735.59	2489.15
名 称	单位	单价(元)		消 耗 量			
人工	二类人工	工日	135.00	2.533	2.828	3.167	3.967
材料	预应力混凝土预制桩	m	—	(101.000)	(101.000)	(101.000)	(101.000)
	垫木	m³	2328.00	0.030	0.050	0.070	0.090
	金属周转材料	kg	3.95	2.600	4.000	5.800	7.200
	电焊条 E43 系列	kg	4.74	9.300	12.400	14.800	17.600
	其他材料费	元	1.00	7.30	10.80	15.00	20.00
机械	多功能压桩机 2000kN	台班	1873.85	0.542	0.608	—	—
	多功能压桩机 3000kN	台班	2044.05	—	—	0.675	—
	多功能压桩机 4000kN	台班	2418.03	—	—	—	0.846
	履带式起重机 15t	台班	702.00	0.323	0.361	—	—
	履带式起重机 25t	台班	757.92	—	—	0.409	0.513
	交流弧焊机 32kV·A	台班	92.84	0.428	0.456	0.494	0.589

3. 钢 管 桩

工作内容:准备打桩机具,移动打桩机,吊装就位,安、卸桩帽,校正,打桩。 计量单位:100m

定 额 编 号			3-20	3-21	3-22	3-23
项 目			锤击钢管桩			
			桩径(mm)			
			450 以内	650 以内	850 以内	850 以上
基 价 (元)			**2719.17**	**5486.57**	**7450.88**	**8851.12**
其中	人 工 费 (元)		979.29	1318.95	1556.42	1542.78
	材 料 费 (元)		56.02	168.29	495.94	995.18
	机 械 费 (元)		1683.86	3999.33	5398.52	6313.16
名 称	单位	单价(元)	消 耗 量			
人工 二类人工	工日	135.00	7.254	9.770	11.529	11.428
材料 钢管桩	m	—	(101.000)	(101.000)	(101.000)	(101.000)
垫木	m³	2328.00	0.013	0.041	0.148	0.284
金属周转材料	kg	3.95	4.830	15.300	33.322	77.651
其他材料费	元	1.00	6.68	12.41	19.78	27.30
机械 履带式柴油打桩机 7t	台班	2287.59	—	—	1.753	2.050
履带式柴油打桩机 5t	台班	1899.34	—	1.486	—	—
履带式柴油打桩机 2.5t	台班	734.62	1.103	—	—	—
履带式起重机 15t	台班	702.00	1.103	1.486	1.753	2.050
风割机	台班	90.00	1.103	1.486	1.753	2.050

工作内容:准备接桩工具,对接桩、放置接桩,筒铁,钢板焊制,焊接,安放,拆卸夹箍等。 计量单位:10 个

定 额 编 号			3-24	3-25	3-26	3-27
项 目			钢管桩电焊接桩			
			桩径(mm)			
			450 以内	650 以内	850 以内	850 以上
基 价 (元)			**902.74**	**1050.78**	**1233.72**	**1416.55**
其中	人 工 费 (元)		552.02	590.36	617.22	644.09
	材 料 费 (元)		216.90	326.60	406.67	486.75
	机 械 费 (元)		133.82	133.82	209.83	285.71
名 称	单位	单价(元)	消 耗 量			
人工 二类人工	工日	135.00	4.089	4.373	4.572	4.771
材料 焊丝 φ3.2	kg	10.78	17.200	25.900	32.250	38.600
焊剂	kg	3.66	8.601	12.950	16.125	19.301
机械 二氧化碳气体保护焊机 500A	台班	132.92	0.665	0.665	1.188	1.710
自动仿形切割机 60mm	台班	68.32	0.665	0.665	0.760	0.855

工作内容:准备机具,测定标高,钢管桩内排水,内切割钢管,截除钢管,就地安放。 **计量单位**:10 根

定 额 编 号				3-28	3-29	3-30	3-31
项 目				钢管桩内切割			
				桩径(mm)			
				450 以内	650 以内	850 以内	850 以上
基 价 (元)				**1480.99**	**1626.13**	**1717.25**	**1807.46**
其中	人 工 费 (元)			636.39	705.38	739.94	774.36
	材 料 费 (元)			195.68	199.73	219.86	239.98
	机 械 费 (元)			648.92	721.02	757.45	793.12
名 称		单位	单价(元)	消 耗 量			
人工	二类人工	工日	135.00	4.714	5.225	5.481	5.736
材料	氧气	m³	3.62	31.800	32.500	35.750	39.001
	乙炔气	kg	7.60	10.600	10.800	11.900	13.000
机械	内切割机	台班	56.97	0.855	0.950	0.998	1.045
	履带式起重机 15t	台班	702.00	0.855	0.950	0.998	1.045

工作内容:准备机具;测定标高划线,整圆;钢管桩内排水;精割;清泥;除锈;安放及焊接盖帽。 **计量单位**:10 根

定 额 编 号				3-32	3-33	3-34	3-35
项 目				钢管桩精割盖帽			
				桩径(mm)			
				450 以内	650 以内	850 以内	850 以上
基 价 (元)				**2277.94**	**3712.88**	**5725.90**	**8588.10**
其中	人 工 费 (元)			1012.10	1211.49	1372.55	1533.47
	材 料 费 (元)			716.90	1746.60	3426.65	5956.75
	机 械 费 (元)			548.94	754.79	926.70	1097.88
名 称		单位	单价(元)	消 耗 量			
人工	二类人工	工日	135.00	7.497	8.974	10.167	11.359
材料	钢帽 φ400	个	50.00	10.000	—	—	—
	钢帽 φ600	个	142.00	—	10.000	—	—
	钢帽 φ800	个	302.00	—	—	10.000	—
	钢帽 φ1000	个	547.00	—	—	—	10.000
	焊丝 φ3.2	kg	10.78	17.200	25.900	32.250	38.600
	焊剂	kg	3.66	8.601	12.950	16.120	19.300
机械	二氧化碳气体保护焊机 500A	台班	132.92	0.760	1.045	1.283	1.520
	履带式起重机 10t	台班	589.37	0.760	1.045	1.283	1.520

工作内容:1. 准备钻孔机具,钻机就位,钻孔取土,土方弃土于桩外侧5m 以内;
2. 冲洗管桩内芯,排水;填芯。　　　　　　　　　　　　　　　　　　　计量单位:10m³

定　额　编　号			3-36	3-37	3-38	3-39
项　　　　目			钢管内取土、填芯			
			钻孔取土	填混凝土	填黄砂	填碎石
基　价　(元)			**1220.84**	**5092.44**	**1643.85**	**1952.86**
其中	人　工　费　(元)		789.21	652.46	141.89	235.44
	材　料　费　(元)		—	4437.94	1499.92	1715.38
	机　械　费　(元)		431.63	2.04	2.04	2.04
名　称	单位	单价(元)	消　耗　量			
人工 二类人工	工日	135.00	5.846	4.833	1.051	1.744
材料 非泵送商品混凝土 C30	m³	438.00	—	10.100	—	—
黄砂 毛砂	t	87.38	—	—	16.970	—
碎石 综合	t	102.00	—	—	—	16.650
水	m³	4.27	—	3.000	4.000	4.000
其他材料费	元	1.00	—	1.33	—	—
机械 长螺旋钻机 600mm	台班	567.93	0.760	—	—	—
潜水泵 100mm	台班	30.38	—	0.067	0.067	0.067

二、灌　注　桩

1. 转盘式钻孔桩机成孔

工作内容:安拆泥浆系统,造浆;准备钻具,钻机就位;钻孔、出渣、提钻、压浆、清孔等。　　　　　计量单位:10m³

定　额　编　号			3-40	3-41	3-42	3-43	3-44
项　　　　目			转盘式钻孔桩机成孔				
			桩径(mm 以内)				
			600	800	1000	1200	1500
基　价　(元)			**3362.62**	**2521.65**	**1838.91**	**1508.76**	**1296.21**
其中	人　工　费　(元)		1377.95	1054.49	713.88	576.18	494.24
	材　料　费　(元)		426.50	300.46	246.62	219.40	197.17
	机　械　费　(元)		1558.17	1166.70	878.41	713.18	604.80
名　称	单位	单价(元)	消　耗　量				
人工 二类人工	工日	135.00	10.207	7.811	5.288	4.268	3.661
材料 垫木	m³	2328.00	0.120	0.070	0.050	0.040	0.040
金属周转材料	kg	3.95	0.330	0.270	0.210	0.160	0.100
黏土	m³	32.04	0.780	0.620	0.480	0.390	0.290
水	m³	4.27	28.300	27.300	26.700	26.500	22.100
机械 转盘钻孔机 800mm	台班	492.54	2.233	1.672	—	—	—
转盘钻孔机 1500mm	台班	552.65	—	—	1.159	0.941	0.798
泥浆泵 100mm	台班	205.25	2.233	1.672	1.159	0.941	0.798

工作内容:安拆泥浆系统,造浆;准备钻具,钻机就位;钻孔、出渣、提钻、压浆、清孔等。　　　　　　　　计量单位:10m³

定　额　编　号				3-45	3-46	3-47	3-48	3-49
项　　　目				转盘钻孔机岩石层成孔增加费				
				桩径(mm 以内)				
				600	800	1000	1200	1500
基　　价　　(元)				**12596.97**	**11215.19**	**10362.26**	**9101.07**	**7206.79**
其中	人　　工　　费　(元)			7029.05	6228.90	5428.62	4628.48	3857.49
	材　　料　　费　(元)			95.31	82.56	69.77	58.02	46.66
	机　　械　　费　(元)			5472.61	4903.73	4863.87	4414.57	3302.64
名　　称		单位	单价(元)	消　耗　量				
人工	二类人工	工日	135.00	52.067	46.140	40.212	34.285	28.574
材料	金属周转材料	kg	3.95	5.230	4.500	3.760	3.030	2.400
	黏土	m³	32.04	0.824	0.700	0.576	0.483	0.390
	水	m³	4.27	11.300	9.920	8.540	7.160	5.780
机械	转盘钻孔机 800mm	台班	492.54	11.111	9.956	—	—	—
	转盘钻孔机 1500mm	台班	552.65	—	—	8.801	7.988	5.976

2. 旋挖钻机成孔

工作内容:钻机就位,钻孔、提钻、出渣、渣土清理堆放,造浆、压浆、清孔等。　　　　　　　　计量单位:10m³

定　额　编　号				3-50	3-51	3-52	3-53	3-54
项　　　目				旋挖钻机成孔				
				桩径(mm)				
				800 以内	1000 以内	1500 以内	2000 以内	2000 以上
基　　价　　(元)				**3937.97**	**3195.09**	**2228.75**	**2083.79**	**1799.19**
其中	人　　工　　费　(元)			1015.88	701.46	472.23	384.62	327.24
	材　　料　　费　(元)			143.76	134.52	125.49	117.43	108.41
	机　　械　　费　(元)			2778.33	2359.11	1631.03	1581.74	1363.54
名　　称		单位	单价(元)	消　耗　量				
人工	二类人工	工日	135.00	7.525	5.196	3.498	2.849	2.424
材料	金属周转材料	kg	3.95	4.260	3.780	3.300	2.820	2.340
	黏土	m³	32.04	0.685	0.610	0.535	0.460	0.380
	水	m³	4.27	20.300	19.800	19.300	18.700	18.100
	其他材料费	元	1.00	18.30	15.50	12.90	11.70	9.70
机械	履带式旋挖钻机 SR-15	台班	2025.85	0.974	—	—	—	—
	履带式旋挖钻机 SD-20	台班	2590.98	—	0.684	0.466	—	—
	履带式旋挖钻机 SR-25	台班	3203.52	—	—	—	0.380	0.323
	履带式单斗液压挖掘机 1m³	台班	914.79	0.057	0.067	0.067	0.076	0.095
	履带式起重机 40t	台班	1242.97	0.532	0.371	0.257	0.209	0.171
	泥浆泵 100mm	台班	205.25	0.447	0.314	0.209	0.171	0.143

工作内容:钻机就位,钻孔、提钻、出渣、渣土清理堆放,造浆、压浆、清孔等。　　　　　　　　　　　　　　　　**计量单位:**10m³

定　额　编　号			3-55	3-56	3-57	3-58	3-59
项　　　　　目			旋挖钻机岩石层成孔增加费				
			桩径(mm)				
			800 以内	1000 以内	1500 以内	2000 以内	2000 以上
基　　价　　(元)			**14237.00**	**12097.68**	**8374.72**	**8059.55**	**6904.61**
其中	人　工　费　(元)		3237.17	2254.23	1564.11	1255.23	1065.02
	材　料　费　(元)		198.00	168.73	138.84	108.96	86.07
	机　械　费　(元)		10801.83	9674.72	6671.77	6695.36	5753.52
名　　称	单位	单价(元)	消　耗　量				
人工 二类人工	工日	135.00	23.979	16.698	11.586	9.298	7.889
材料 金属周转材料	kg	3.95	11.200	9.600	7.900	6.200	4.900
黏土	m³	32.04	1.340	1.140	0.938	0.736	0.581
水	m³	4.27	25.954	22.080	18.170	14.260	11.265
机械 履带式旋挖钻机 SR-15	台班	2025.85	5.332	—	—	—	—
履带式旋挖钻机 SD-20	台班	2590.98	—	3.734	2.575	—	—
履带式旋挖钻机 SR-25	台班	3203.52	—	—	—	2.090	1.796

3. 钢护筒埋设及拆除、桩底扩孔

工作内容:准备工作;机械挖土、吊装、就位、埋设、接护筒;定位下沉;还土、夯实;拆除;

　　　　　清洗堆放等全部操作过程。　　　　　　　　　　　　　　　　　　　　　　**计量单位:**10m

定　额　编　号			3-60	3-61	3-62	3-63	3-64	3-65
项　　　　　目			钢护筒埋设、拆除					
			桩径(mm 以内)					
			600	800	1000	1200	1500	2000
基　　价　　(元)			**715.22**	**934.73**	**1137.81**	**1574.00**	**1960.06**	**2822.56**
其中	人　工　费　(元)		280.80	356.40	421.20	648.00	799.20	1263.60
	材　料　费　(元)		102.70	130.35	154.05	237.00	292.30	462.15
	机　械　费　(元)		331.72	447.98	562.56	689.00	868.56	1096.81
名　　称	单位	单价(元)	消　耗　量					
人工 二类人工	工日	135.00	2.080	2.640	3.120	4.800	5.920	9.360
材料 金属周转材料	kg	3.95	26.000	33.000	39.000	60.000	74.000	117.000
机械 履带式单斗液压挖掘机 1m³	台班	914.79	0.240	0.324	0.407	0.498	0.628	0.793
履带式起重机 25t	台班	757.92	0.148	0.200	0.251	0.308	0.388	0.490

工作内容:准备钻具,扩孔、提钻、造浆、压浆、清孔等。　　　　　　　　　　　　　　　计量单位:10 根

定　额　编　号			3-66	3-67	3-68	3-69
项　　目			桩底扩孔成孔			
			转盘式钻机		旋挖钻机	
			桩径(mm)			
			800 以内	800 以上	1500 以内	1500 以上
基　价　(元)			**3380.02**	**4056.72**	**4898.72**	**7739.13**
其中	人　工　费　(元)		1566.81	1760.94	1016.28	1115.78
	材　料　费　(元)		97.65	133.12	249.80	341.19
	机　械　费　(元)		1715.56	2162.66	3632.64	6282.16
名　　称	单位	单价(元)	消　耗　量			
人工	二类人工	工日	135.00	11.606	13.044	7.528	8.265
材料	金属周转材料	kg	3.95	17.397	24.782	49.291	70.215
	黏土	m³	32.04	0.252	0.307	0.480	0.556
	水	m³	4.27	4.885	5.948	9.303	10.778
机械	转盘钻孔机 800mm	台班	492.54	3.436	—	—	—
	转盘钻孔机 1500mm	台班	552.65	—	3.862	—	—
	履带式旋挖钻机 SR－20	台班	2590.98	—	—	1.385	—
	履带式旋挖钻机 SR－25	台班	3203.52	—	—	—	1.945
	泥浆泵 100mm	台班	205.25	0.113	0.138	0.215	0.250

4. 冲孔桩机成孔

工作内容:准备抓锤,桩机就位;循环冲抓、提锤、出渣、加水、加黏土、清孔等。　　　　　　　计量单位:10m³

定　额　编　号			3-70	3-71	3-72	3-73	3-74	3-75
项　　目			冲抓锤成孔					
			孔深 15m 以内		孔深 30m 以内		孔深 30m 以上	
			砂黏土层	碎卵石层	砂黏土层	碎卵石层	砂黏土层	碎卵石层
基　价　(元)			**2361.61**	**5859.97**	**2791.95**	**7038.65**	**3166.18**	**8061.71**
其中	人　工　费　(元)		819.59	2242.08	1007.37	2755.89	1170.45	3202.07
	材　料　费　(元)		474.52	703.43	474.52	703.43	474.52	703.43
	机　械　费　(元)		1067.50	2914.46	1310.06	3579.33	1521.21	4156.21
名　　称	单位	单价(元)	消　耗　量					
人工	二类人工	工日	135.00	6.071	16.608	7.462	20.414	8.670	23.719
材料	金属周转材料	kg	3.95	7.680	15.510	7.680	15.510	7.680	15.510
	黏土	m³	32.04	11.490	17.436	11.490	17.436	11.490	17.436
	水	m³	4.27	17.304	18.540	17.304	18.540	17.304	18.540
	电焊条 E43 系列	kg	4.74	0.454	0.918	0.454	0.918	0.454	0.918
机械	冲孔桩机带冲抓锤	台班	451.63	2.024	5.536	2.487	6.805	2.890	7.906
	交流弧焊机 32kV·A	台班	92.84	0.076	0.153	0.076	0.153	0.076	0.153
	泥浆泵 100mm	台班	205.25	0.713	1.949	0.876	2.396	1.018	2.784

工作内容:准备冲锤,桩机就位;循环冲锤、提锤;加水、加黏土、清孔等。　　　　　　　　　　　计量单位:10m³

定 额 编 号			3-76	3-77	3-78	3-79	3-80	3-81
项　　　目			冲击锤成孔					
			孔深 15m 以内			孔深 30m 以内		
			砂黏土层	碎卵石层	岩石层	砂黏土层	碎卵石层	岩石层
基 价 (元)			2419.92	6020.99	21089.75	2864.47	7236.56	25769.95
其中	人 工 费 (元)		874.40	2392.20	9210.24	1074.87	2940.57	11321.24
	材 料 费 (元)		474.52	703.43	620.19	474.52	703.43	620.19
	机 械 费 (元)		1071.00	2925.36	11259.32	1315.08	3592.56	13828.52
名　称	单位	单价(元)	消　耗　量					
人工 二类人工	工日	135.00	6.477	17.720	68.224	7.962	21.782	83.861
材料 金属周转材料	kg	3.95	7.680	15.510	56.400	7.680	15.510	56.400
黏土	m³	32.04	11.490	17.436	9.192	11.490	17.436	9.192
水	m³	4.27	17.304	18.540	20.394	17.304	18.540	20.394
电焊条 E43 系列	kg	4.74	0.454	0.918	3.337	0.454	0.918	3.337
机械 冲击成孔机 CZ-30	台班	419.69	2.159	5.907	22.741	2.654	7.261	27.954
交流弧焊机 32kV·A	台班	92.84	0.076	0.153	0.558	0.076	0.153	0.558
泥浆泵 100mm	台班	205.25	0.769	2.105	8.104	0.946	2.587	9.962

工作内容:准备冲锤,桩机就位;循环冲锤、提锤;加水、加黏土、清孔等。　　　　　　　　　　　计量单位:10m³

定 额 编 号			3-82	3-83	3-84
项　　　目			冲击锤成孔		
			孔深 30m 以上		
			砂黏土层	碎卵石层	岩石层
基 价 (元)			3250.36	8291.70	29832.11
其中	人 工 费 (元)		1248.89	3416.58	13153.86
	材 料 费 (元)		474.52	703.43	620.19
	机 械 费 (元)		1526.95	4171.69	16058.06
名　称	单位	单价(元)	消　耗　量		
人工 二类人工	工日	135.00	9.251	25.308	97.436
材料 金属周转材料	kg	3.95	7.680	15.510	56.400
黏土	m³	32.04	11.490	17.436	9.192
水	m³	4.27	17.304	18.540	20.394
电焊条 E43 系列	kg	4.74	0.454	0.918	3.337
机械 冲击成孔机 CZ-30	台班	419.69	3.084	8.436	32.478
交流弧焊机 32kV·A	台班	92.84	0.076	0.153	0.558
泥浆泵 100mm	台班	205.25	1.099	3.006	11.574

5. 长螺旋钻机成孔

工作内容：准备打桩机具，移动打桩机，钻孔，测量，校正，清理钻孔泥土，就地弃土5m以内。　　　　计量单位：10m³

定 额 编 号				3-85	3-86
项 目				长螺旋钻机成孔	
				桩长(m)	
				12 以内	12 以上
基 价 (元)				**2376.59**	**2028.91**
其中	人 工 费 (元)			1404.27	1237.28
	材 料 费 (元)			19.16	18.51
	机 械 费 (元)			953.16	773.12
	名 称	单位	单价(元)	消 耗 量	
人工	二类人工	工日	135.00	10.402	9.165
材料	金属周转材料	kg	3.95	3.537	3.537
	电焊条 E43 系列	kg	4.74	1.094	0.958
机械	长螺旋钻机 800mm	台班	656.80	1.055	0.784
	交流弧焊机 32kV·A	台班	92.84	0.182	0.160
	履带式单斗液压挖掘机 1m³	台班	914.79	0.266	0.266

6. 沉管桩机成孔

工作内容：准备打桩机具，移动打桩机，桩位校测，桩尖埋设、安卸桩垫、沉管、拔管。　　　　计量单位：10m³

定 额 编 号			3-87	3-88	3-89	3-90	3-91
项 目			沉管桩机成孔				
			振动式(桩长:m)			锤击式	夯扩式
			12 以内	25 以内	25 以上		
基 价 (元)			**1519.86**	**1202.44**	**1095.84**	**1496.02**	**2666.25**
其中	人 工 费 (元)		742.50	577.53	517.46	682.56	1259.96
	材 料 费 (元)		105.91	107.49	109.47	109.47	109.47
	机 械 费 (元)		671.45	517.42	468.91	703.99	1296.82
	名 称	单位	单价(元)	消 耗 量			
人工	二类人工	工日	135.00	5.500	4.278	3.833	5.056	9.333
材料	金属周转材料	kg	3.95	6.600	7.000	7.500	7.500	7.500
	垫木	m³	2328.00	0.030	0.030	0.030	0.030	0.030
	其他材料费	元	1.00	10.00	10.00	10.00	10.00	10.00
机械	振动沉拔桩机 400kN	台班	851.02	0.789	0.608	0.551	—	—
	步履式柴油打桩机 2.5t	台班	975.05	—	—	—	0.722	1.330

注：振动式沉管灌注混凝土桩，安放钢筋笼者，人工和机械乘以系数1.15。钢筋笼制作、安放另列项目计算。

7. 空气潜孔锤成孔

工作内容:准备打桩机具,移动打桩机,桩位校测,气动成孔,清孔,拔钢管。 计量单位:10m³

定 额 编 号			3-92	3-93	3-94	3-95	3-96	3-97
项 目			空气潜孔锤成孔					
			桩径600mm以内			桩径800mm以内		
			砂黏土层	碎卵石层	岩石层	砂黏土层	碎卵石层	岩石层
基 价 (元)			**3521.34**	**15248.98**	**32890.54**	**3028.96**	**13098.30**	**28205.64**
其中	人 工 费 (元)		441.32	2275.29	5066.55	377.19	1944.68	4330.40
	材 料 费 (元)		67.18	272.02	407.38	70.53	285.62	427.75
	机 械 费 (元)		3012.84	12701.67	27416.61	2581.24	10868.00	23447.49
名 称	单位	单价(元)	消 耗 量					
人工 二类人工	工日	135.00	3.269	16.854	37.530	2.794	14.405	32.077
材料 金属周转材料	kg	3.95	16.044	64.052	94.260	16.846	67.254	98.973
电焊条 E43 系列	kg	4.74	0.802	4.011	7.395	0.842	4.212	7.765
机械 履带式潜孔锤钻机	台班	1637.22	0.594	3.064	6.824	0.508	2.619	5.832
履带式单斗液压挖掘机 1m³	台班	914.79	0.099	0.099	0.099	0.084	0.084	0.084
交流弧焊机 32kV·A	台班	92.84	0.063	0.364	0.664	0.066	0.382	0.698
内燃空气压缩机 30m³/min	台班	2256.94	0.594	3.064	6.824	0.508	2.619	5.832
履带式起重机 50t	台班	1364.92	0.442	0.473	0.506	0.381	0.408	0.436

工作内容:准备打桩机具,移动打桩机,桩位校测,气动成孔,清孔,拔钢管。 计量单位:10m³

定 额 编 号			3-98	3-99	3-100
项 目			空气潜孔锤成孔		
			桩径1000mm以内		
			砂黏土层	碎卵石层	岩石层
基 价 (元)			**2533.35**	**10938.34**	**23513.27**
其中	人 工 费 (元)		313.07	1614.06	3594.24
	材 料 费 (元)		72.55	293.78	439.97
	机 械 费 (元)		2147.73	9030.50	19479.06
名 称	单位	单价(元)	消 耗 量		
人工 二类人工	工日	135.00	2.319	11.956	26.624
材料 金属周转材料	kg	3.95	17.328	69.176	101.801
电焊条 E43 系列	kg	4.74	0.866	4.332	7.987
机械 履带式潜孔锤钻机	台班	1637.22	0.422	2.174	4.841
履带式单斗液压挖掘机 1m³	台班	914.79	0.070	0.070	0.070
交流弧焊机 32kV·A	台班	92.84	0.068	0.393	0.717
内燃空气压缩机 30m³/min	台班	2256.94	0.422	2.174	4.841
履带式起重机 50t	台班	1364.92	0.318	0.340	0.364

8. 灌注混凝土

工作内容:预拌混凝土灌注,安、拆导管及漏斗。　　　　　　　　　　　　计量单位:10m³

定　额　编　号			3-101	3-102	3-103	3-104	3-105	3-106
项　　目			灌注混凝土					
			钻孔桩	旋挖桩	冲孔桩	长螺旋桩	沉管桩	潜孔锤桩
基　　价　（元）			**5719.26**	**5533.21**	**6562.24**	**5547.63**	**5501.07**	**5588.67**
其中	人　工　费　（元）		157.55	202.50	307.53	273.92	314.96	314.96
	材　料　费　（元）		5561.71	5330.71	6254.71	5273.71	5186.11	5273.71
	机　械　费　（元）		—	—	—	—	—	—
名　　称	单位	单价(元)	消　耗　量					
人工 二类人工	工日	135.00	1.167	1.500	2.278	2.029	2.333	2.333
材料 非泵送水下商品混凝土 C30	m³	462.00	12.000	11.500	13.500	—	—	—
非泵送商品混凝土 C30	m³	438.00	—	—	—	12.000	11.800	12.000
水	m³	4.27	3.000	3.000	3.000	3.000	3.000	3.000
金属周转材料	kg	3.95	1.240	1.240	1.240	1.240	1.240	1.240

9. 人工挖孔灌注桩

工作内容:孔内挖土,提运土方,弃土于5m内,筑沟抽水,修整桩底;送风、照明及安拆安全设施等。　**计量单位:**10m³

定　额　编　号			3-107	3-108	3-109	3-110	3-111	3-112
项　　目			人工挖孔					
			桩径 1000mm 以内			桩径 1000mm 以上		
			孔深(m)					
			6 以内	10 以内	10 以上	6 以内	10 以内	10 以上
基　　价　（元）			**934.01**	**1261.70**	**1649.50**	**814.80**	**999.79**	**1236.61**
其中	人　工　费　（元）		847.67	1161.95	1531.58	690.12	854.96	1065.02
	材　料　费　（元）		20.85	22.85	24.85	22.71	24.71	26.71
	机　械　费　（元）		65.49	76.90	93.07	101.97	120.12	144.88
名　　称	单位	单价(元)	消　耗　量					
人工 二类人工	工日	135.00	6.279	8.607	11.345	5.112	6.333	7.889
材料 安全设施及照明费	元	1.00	18.00	20.00	22.00	19.00	21.00	23.00
其他材料费	元	1.00	2.85	2.85	2.85	3.71	3.71	3.71
机械 电动单级离心清水泵 50mm	台班	29.31	0.836	1.093	1.416	1.302	1.710	2.204
吹风机 4m³/min	台班	21.11	1.473	1.530	1.691	2.299	2.394	2.641
电动葫芦－单速 5t	台班	31.49	0.314	0.399	0.504	0.485	0.618	0.779

工作内容: 1. 挖淤泥、流砂、堵漏、防塌;机械凿岩,挖渣,弃渣于孔边5m以内,修整边底;
桩孔内通风、照明;
2. 木模板制作、安装、拆除、整理堆放及场内运输,清理模板黏结物及模内杂物、
刷隔离剂等;浇灌、养护或制作、安设混凝土护壁;
3. 灌注、振实桩芯混凝土。

计量单位:10m³

定 额 编 号			3-113	3-114	3-115	3-116
项 目			人工挖孔增加费		制作安设混凝土护壁	灌注桩芯混凝土
			挖淤泥、流砂	入岩石层		
基 价 (元)			**955.38**	**1535.30**	**11576.69**	**4834.02**
其中	人 工 费 (元)		780.03	1455.03	5167.53	284.99
	材 料 费 (元)		30.00	42.23	5524.62	4304.90
	机 械 费 (元)		145.35	38.04	884.54	244.13
名 称	单位	单价(元)	消 耗 量			
人工 二类人工	工日	135.00	5.778	10.778	38.278	2.111
材料 非泵送商品混凝土 C20	m³	412.00	—	—	10.200	—
非泵送商品混凝土 C25	m³	421.00	—	—	—	10.150
木模板	m³	1445.00	—	—	0.840	—
圆钉	kg	4.74	—	—	17.600	—
安全设施及照明费	元	1.00	—	—	25.00	8.00
其他材料费	元	1.00	30.00	42.23	—	23.75
机械 电动单级离心清水泵 50mm	台班	29.31	4.959	—	—	—
手持式风动凿岩机	台班	12.36	—	3.078	—	—
混凝土振捣器 插入式	台班	4.65	—	—	1.710	1.074
电动卷扬机 - 单筒慢速 50kN	台班	186.39	—	—	4.703	1.283

注: 挖孔桩若采用钢护筒护壁,每10m³桩芯混凝土增加金属周转材料2.0kg,混凝土用量和其他材料费乘以系数1.05。

10. 预埋管及后压浆

工作内容: 1. 声测管制作,焊接,埋设安装,清洗管道等全部过程;
2. 注浆管制作,焊接,埋设安装,清洗管道等全部过程;
3. 准备机具,浆液配置,压注浆等全部过程。

定 额 编 号				3-117	3-118	3-119	3-120
项 目				注浆管埋设	声测管埋设		桩底(侧)后注浆
					钢管	钢质波纹管	
计 量 单 位				100m			t
基 价 (元)				**1190.01**	**2971.90**	**3403.63**	**906.35**
其中	人 工 费 (元)			270.00	134.06	134.06	365.99
	材 料 费 (元)			887.08	2837.84	3269.57	403.26
	机 械 费 (元)			32.93	—	—	137.10
名 称		单位	单价(元)	消 耗 量			
人工	二类人工	工日	135.00	2.000	0.993	0.993	2.711
材料	无缝钢管 φ32×2.5	m	8.58	101.000	—	—	—
	声测钢管 D50×3.5	m	22.59	—	106.000	—	—
	钢质波纹管 DN60	m	25.86	—	—	106.000	—
	普通硅酸盐水泥 P·O 42.5 综合	t	346.00	—	—	—	1.000
	接头管箍	个	12.93	—	17.000	—	—
	套接管 DN60	个	25.41	—	—	12.000	—
	防尘盖	个	1.72	—	3.000	3.000	—
	底盖	个	1.72	—	1.000	1.000	—
	密封圈	个	12.93	—	15.000	15.000	—
	镀锌铁丝 φ1.2~1.8	kg	5.78	—	3.920	3.920	—
	乙炔气	m³	8.90	0.490	—	—	—
	氧气	m³	3.62	0.660	—	—	—
	低合金钢焊条 E43 系列	kg	4.74	2.500	—	—	—
	水	m³	4.27	—	—	—	6.400
	其他材料费	元	1.00	1.90			29.93
机械	管子切断机 250mm	台班	44.85	0.105	—	—	—
	交流弧焊机 32kV·A	台班	92.84	0.304	—	—	—
	液压注浆泵 HYB50/50-1 型	台班	75.11	—	—	—	0.580
	灰浆搅拌机 400L	台班	161.27	—	—	—	0.580

11.泥浆处置

工作内容:1.泥浆池建造、拆除;泥浆装卸、运输、清理场地;

2.固化设备安装、调试,泥浆输送、沉淀、过滤、配置添加剂、固化、土方集堆。　　　　　　　　　计量单位:10m³

定 额 编 号				3-121	3-122	3-123	3-124
项　　　目				泥浆池建造和拆除	泥浆固化处理	泥浆运输	
						运距(m)	
						5000	每增减 1000
基　价　(元)				**54.86**	**694.83**	**898.64**	**48.36**
其中	人　　工　　费　(元)			27.00	33.89	334.53	—
	材　　料　　费　(元)			27.67	230.30	—	—
	机　　械　　费　(元)			0.19	430.64	564.11	48.36
名　　称		单位	单价(元)	消　耗　量			
人工	二类人工	工日	135.00	0.200	0.251	2.478	—
材料	混凝土实心砖 240×115×53 MU10	千块	388.00	0.050	—	—	—
	干混砌筑砂浆 DM M7.5	m³	413.73	0.020	—	—	—
	生石灰	kg	0.30	—	32.468	—	—
	粉煤灰	kg	0.14	—	43.875	—	—
	聚丙烯酰胺	kg	16.54	—	11.408	—	—
	其他材料费	元	1.00	—	25.73	—	—
机械	干混砂浆罐式搅拌机 20000L	台班	193.83	0.001	—	—	—
	泥浆泵 100mm	台班	205.25	—	—	0.361	—
	泥浆罐车 5000L	台班	460.54	—	—	1.064	0.105
	压滤机 XMYZG400/1500 – UB	台班	416.11	—	0.713	—	—
	轮胎式装载机 3.5m³	台班	936.72	—	0.143	—	—

注:固化剂种类和用量与定额不同时应按实换算。

12. 截(凿)桩

工作内容: 1. 截桩,定位、切割、桩头运至50m内堆放;
2. 凿桩,桩头混凝土凿除,钢筋扒离,废碴运至50m内堆放;钢筋梳理、整形、除去残渣。

定　额　编　号			3-125	3-126	3-127	3-128
项　　目			截桩		凿桩	
			非预应力混凝土预制桩	预应力混凝土预制桩	非预应力混凝土预制桩	灌注桩
计　量　单　位			10根		10m³	
基　价　(元)			**719.21**	**396.88**	**2471.96**	**2053.61**
其中	人　工　费　(元)		358.83	285.12	2183.90	1847.88
	材　料　费　(元)		264.91	82.16	—	—
	机　械　费　(元)		95.47	29.60	288.06	205.73
名　称	单位	单价(元)	消　耗　量			
人工　二类人工	工日	135.00	2.658	2.112	16.177	13.688
材料　石料切割锯片	片	27.17	9.750	3.024	—	—
机械　岩石切割机 3kW	台班	48.61	1.964	0.609	—	—
电动空气压缩机 1m³/min	台班	48.22	—	—	4.755	3.396
手持式风动凿岩机	台班	12.36	—	—	4.755	3.396

第四章
砌 筑 工 程

说　明

一、本章定额包括砖砌体、砌块砌体、石砌体和垫层等。

二、砖砌体、砌块砌体、石砌体。

1. 本章定额中砖、砌块和石料是按标准和常用规格编制的,设计规格与定额不同时,砌体材料(砖、砌块、砂浆、粘结剂)用量应作调整换算,其余用量不变;砌筑砂浆是按干混砌筑砂浆编制的,定额所列砌筑砂浆种类和强度等级、砌块专用砌筑粘结剂品种,如设计与定额不同时,应按本定额总说明相应规定调整换算。

2. 基础与墙(柱)身的划分:

(1)基础与墙(柱)身使用同一种材料时,以设计室内地面为界(有地下室者,以地下室室内设计地面为界),以下为基础,以上为墙(柱)身。

(2)基础与墙(柱)身使用不同材料时,位于设计室内地面高度小于或等于±300mm 时,以不同材料为分界线,高度大于±300mm 时,以设计室内地面为分界线。

(3)围墙以设计室外地坪为界,以下为基础,以上为墙身。

3. 砖基础不分有否大放脚,均执行对应品种及规格砖的同一定额。地下筏板基础下翻混凝土构件所用的砖模、砖砌挡土墙、地垄墙套用砖基础定额。

4. 砖砌体和砌块砌体不分内、外墙,均执行对应品种及规格砖和砌块的同一定额,墙厚一砖以上的均套用一砖墙相应定额;定额中均已包括了立门窗框的调直以及腰线、窗台线、挑檐等一般出线用工。

5. 夹心保温墙(包括两侧)按单侧墙厚套用墙相应定额,人工乘以系数1.15,保温填充料另行套用本定额第十章"保温、隔热、防腐工程"的相应定额。

6. 蒸压加气混凝土类砌块墙定额已包括砌块零星切割改锯的损耗及费用。

7. 多孔砖、空心砖及砌块砌筑的墙体时,若以实心砖作为导墙砌筑的,导墙与上部墙身主体需分别计算,导墙部分套用零星砌体相应定额。

设计要求空斗墙的窗间墙、窗下墙、楼板下、梁头下等的实砌部分,应另行计算,套用零星砌体定额。

石墙定额中未包括的砖砌体(门窗口立边、窗台虎头砖等),套用零星砌体定额。

8. 柔性材料嵌缝定额已包括两侧嵌缝所需用量,其中 PU 发泡剂的单侧嵌缝尺寸按 $2.0 \times 2.5 (\text{cm}^2)$ 考虑,如实际与定额不同时,PU 发泡剂用量按比例调整,其余用量不变。

9. 围墙套用墙的相关定额子目。

10. 空花墙适用于各种类型的空花墙,使用混凝土花格砌筑的空花墙,实砌墙体与混凝土花格应分别计算。

11. 定额中各类砖、砌块及石砌体的砌筑均按直形砌筑编制,如为圆弧形砌筑者,按相应定额人工用量乘以系数 1.10,砖、砌块、石材及砂浆(粘结剂)用量乘以系数 1.03。

12. 砌体钢筋加固、灌注混凝土,墙体拉结的制作、安装,以及墙基、墙身、地沟等的防潮、防水、抹灰等按本定额其他相关章节的定额及规定计算。

三、本章垫层定额适用于基础垫层和地面垫层。混凝土垫层套用本定额第五章"混凝土及钢筋混凝土工程"相应定额。

块石基础与垫层的划分,如图纸不明确时,砌筑者为基础,铺排者为垫层。

人工级配砂石垫层,砂与碎石的级配比例如设计与定额不同时,应做调整换算。

工程量计算规则

一、砖砌体、砌块砌体。

1.砖基础按设计图示尺寸以体积计算。

(1)基础长度:外墙按外墙中心线长度计算;内墙按内墙净长线计算。附墙垛基础宽出部分体积按折加长度合并计算。

(2)扣除地梁(圈梁)、构造柱所占体积,不扣除基础大放脚T形接头处的重叠部分及嵌入基础内的钢筋、铁件、管道、基础砂浆防潮层和单个0.3m²以内的孔洞所占体积,需要砌筑的大放脚计入砖基础体积内。

2.砖墙、砌块墙按设计图示尺寸以体积计算。

(1)墙长度:外墙按外墙中心线长度计算,内墙按内墙净长计算。

(2)墙高度:按设计图示墙体高度计算。

1)外墙:斜(坡)屋面无檐口天棚者算至屋面板底;有屋架且室内外均有天棚者算至屋架下弦底另加200mm;无天棚者算至屋架下弦底另加300mm;出檐宽度超过600mm时按实砌高度计算;有钢筋混凝土楼板隔层者算至板顶。平屋顶算至钢筋混凝土板底。

2)内墙:位于屋架下弦者,算至屋架下弦底;无屋架者算至天棚底另加100mm;有钢筋混凝土楼板隔层者算至楼板底;有框架梁时算至梁底。

3)女儿墙:从屋面板上表面算至女儿墙顶面(如有混凝土压顶时算至压顶下表面)。

4)内、外山墙:按其平均高度计算。

(3)墙厚度。

1)砖砌体及砌块砌体厚度按砖墙厚度表计算(见下表)。实际与定额取定不同时,其砌体厚度应根据组合砌筑方式,结合砖实际规格和灰缝厚度计算。

2)砖砌体灰缝厚度统一按10mm考虑。

(4)框架间墙:不分内外墙按墙体净尺寸以体积计算。

(5)围墙:高度算至压顶上表面(如有混凝土压顶时算至压顶下表面),围墙柱并入围墙体积内。

砖墙厚度表 单位:mm

砖及砌块分类	定额取定砖及砌块名称	砖及砌块规格(长×宽×厚)	墙厚(砖数)					
			1/4	1/2	3/4	1	1½	2
混凝土类砖	混凝土实心砖	240×115×53	53	115	178	240	365	490
		190×90×53	—	90	—	190	—	—
	混凝土多孔砖	240×115×90	—	115	—	240	365	490
		190×190×90	—	—	—	190	—	—
烧结类砖	非黏土烧结页岩实心砖	240×115×53	53	115	178	240	365	490
	非黏土烧结页岩多孔砖	240×115×90		115		240	365	490
		190×90×90		90		190		
	非黏土烧结页岩空心砖	240×240×115	—	—	—	240		

续表

砖及砌块 分　　类	定额取定砖 及砌块名称	砖及砌块规格 （长×宽×厚）	墙厚（砖数）					
			1/4	1/2	3/4	1	1½	2
蒸压类砖	蒸压灰砂砖	240×115×53	53	115	178	240	365	490
	蒸压灰砂多孔砖	240×115×90	—	115	—	240	365	490
轻集料混凝土类 空心砌块	陶粒混凝土小型砌块	390×240×190	—	—	—	240	—	—
		390×190×190	—	—	—	190	—	—
		390×120×190	—	—	—	120	—	—
烧结类空心砌块	非黏土烧结空心砌块	290×240×190	—	—	—	240	—	—
		290×190×190	—	—	—	190	—	—
		290×115×190	—	—	—	115	—	—
蒸压加气 混凝土类砌块	陶粒增强加气砌块	600×240×200	—	—	—	240	—	—

3. 空斗墙按设计图示尺寸以体积计算。墙角、内外墙交接处、门窗洞口立边、窗台砖、屋檐处的实砌部分体积并入空斗墙体积内。砖垛工程量应另行计算，套实砌墙相应定额。

4. 空花墙按设计图示尺寸以空花部分外形体积计算，不扣除空花部分体积。

5. 砖柱不分柱身和柱基，按设计图示尺寸以体积合并计算，扣除混凝土及钢筋混凝土梁垫、梁头、板头所占体积。

6. 地沟的砖基础和沟壁按设计图示尺寸以体积合并计算，套砖砌地沟定额。

7. 零星砌体按设计图示尺寸以体积计算。

8. 砌体设置导墙时，砖砌导墙需单独计算，厚度与长度按墙身主体，高度以设计要求砌筑高度计算，墙身主体的高度相应扣除。

9. 附墙烟囱、通风道、垃圾道，应按设计图示尺寸以体积（扣除孔道所占体积）计算，按孔（道）不同厚度并入相同厚度的墙体体积内。当设计规定孔道内需抹灰时，另按本定额第十二章"墙、柱面装饰与隔断、幕墙工程"相应定额计算。

10. 夹心保温墙砌体按设计图示尺寸以体积计算。

11. 轻质砌块专用连接件按设计数量计算。

12. 柔性材料嵌缝根据设计要求，按轻质填充墙与混凝土梁或楼板、柱或墙之间的缝隙长度计算。

二、石砌体。

石基础、石墙、石挡土墙、石护坡按设计图示尺寸以体积计算。

三、垫层按设计垫层面积乘以厚度计算。其中：

1. 条形基础垫层长度：外墙按外墙中心线长度计算，内墙按内墙垫层底净长计算，柱网结构的条基垫层不分内外墙均按基底垫层底净长计算，柱基垫层工程量按设计垫层面积乘以厚度计算。

2. 地面面积按本定额第十一章"楼地面工程"的工程量计算规则计算。

四、计算条形砖基础与垫层长度时，附墙垛凸出部分按折加长度合并计算，不扣除搭接重叠部分的长度，垛的加深部分也不增加。附墙垛折加长度 L 按以下公式计算（见下图）：

$$L = \frac{ab}{d}$$

式中：a、b——附墙垛凸出部分断面的长、宽；

d——砖墙厚。

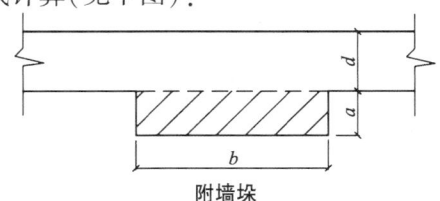

附墙垛

　　五、计算条形砖基础工程量时,两边大放脚体积并入计算,大放脚体积 = 砖基础长度×大放脚断面积,大放脚断面积按下列公式计算(见下图):

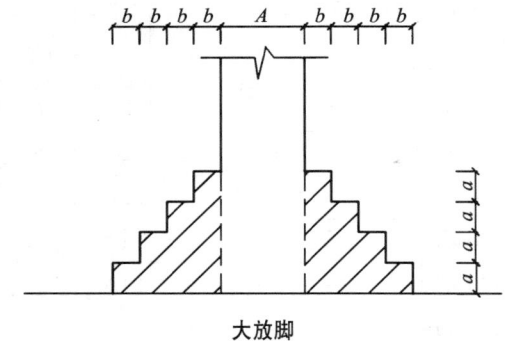

大放脚

等高式$:S = n(n+1)ab$

间隔式$:S = \Sigma(a \times b) + \Sigma\left(\dfrac{a}{2} \times b\right)$

式中：　n —— 放脚层数；

　　　　a、b —— 每层放脚的高、宽(凸出部分)。

注:标准砖基础$:a = 0.126$m(每层二皮砖)，

　　　　　$b = 0.0625$m。

　　六、独立砖柱基础按柱身体积加上四边大放脚体积计算,砖柱基础并入砖柱计算。

　　四边大放脚体积 V 按以下公式计算(见平面图、剖面图):

$$V = n(n+1)ab\left[\dfrac{2}{3}(2n+1)b + A + B\right]$$

式中:A、B —— 砖柱断面积的长、宽,其余同上。

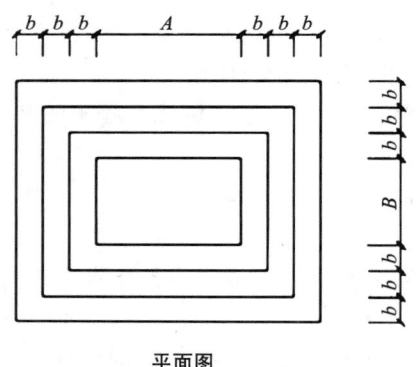

平面图

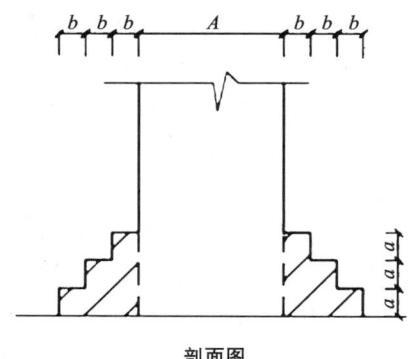

剖面图

　　七、计算砌体工程量时,应扣除门窗、洞口、嵌入墙内的钢筋混凝土柱、梁、圈梁、挑梁、过梁及凹进墙内的壁龛、管槽、暖气槽、消火栓箱所占体积,不扣除梁头、檩头、垫木、木楞头、沿缘木、木砖、门窗走头、砖墙内加固钢筋、木筋、铁件、钢管及单个 0.3m^2 以内的孔洞所占的体积。突出墙身的窗台、1/2 砖以内的门窗套、二出檐以内的挑檐等的体积亦不增加。突出墙身的统腰线、1/2 砖以上的门窗套、二出檐以上的挑檐等的体积应并入所依附的砖墙内计算。凸出墙面的砖垛并入墙体体积内计算。

一、砖 砌 体

1. 基 础

工作内容: 清理基槽,调制、运砂浆,运、砌砖。

计量单位:10m³

定 额 编 号			4-1	4-2	4-3
项 目			混凝土实心砖基础		
			墙厚		
			1 砖	1/2 砖	190
基 价 (元)			**4078.04**	**4485.86**	**4788.98**
其中	人 工 费 (元)		1051.65	1502.55	1274.40
	材 料 费 (元)		3004.10	2964.31	3490.55
	机 械 费 (元)		22.29	19.00	24.03
名 称	单位	单价(元)	消 耗 量		
人工 二类人工	工日	135.00	7.790	11.130	9.440
材料 混凝土实心砖 240×115×53 MU10	千块	388.00	5.290	5.550	—
干混砌筑砂浆 DM M10.0	m³	413.73	2.300	1.960	2.470
混凝土实心砖 190×90×53 MU10	千块	296.00	—	—	8.340
机械 干混砂浆罐式搅拌机 20000L	台班	193.83	0.115	0.098	0.124

工作内容: 清理基槽,调制、运砂浆,运、砌砖。

计量单位:10m³

定 额 编 号			4-4	4-5
项 目			混凝土多孔砖基础	
			墙厚	
			1 砖	1/2 砖
基 价 (元)			**3198.96**	**3460.05**
其中	人 工 费 (元)		787.05	1155.60
	材 料 费 (元)		2394.47	2290.49
	机 械 费 (元)		17.44	13.96
名 称	单位	单价(元)	消 耗 量	
人工 二类人工	工日	135.00	5.830	8.560
材料 混凝土多孔砖 240×115×90 MU10	千块	491.00	3.360	3.460
干混砌筑砂浆 DM M10.0	m³	413.73	1.800	1.430
机械 干混砂浆罐式搅拌机 20000L	台班	193.83	0.090	0.072

2.主 体 砌 筑
(1)混凝土类砖

工作内容:调制、运砂浆,运、砌砖,立门窗框,安放木砖、垫块。

计量单位:10m³

定 额 编 号				4-6	4-7	4-8	4-9	4-10
项　　目				混凝土实心砖				
				墙厚				方柱
				1砖	3/4砖	1/2砖	1/4砖	
基　　价　（元）				**4464.06**	**4687.31**	**4866.03**	**5215.79**	**5001.95**
其中	人　工　费（元）			1395.90	1648.35	1857.60	2327.40	1904.85
	材　料　费（元）			3045.29	3017.64	2989.05	2876.37	3074.62
	机　械　费（元）			22.87	21.32	19.38	12.02	22.48
名　　称		单位	单价(元)	消 耗 量				
人工	二类人工	工日	135.00	10.340	12.210	13.760	17.240	14.110
材料	混凝土实心砖 240×115×53 MU10	千块	388.00	5.320	5.430	5.570	6.090	5.460
	干混砌筑砂浆 DM M7.5	m³	413.73	2.360	2.190	2.000	1.240	2.310
	水	m³	4.27	0.100	0.100	0.100	0.100	0.100
	其他材料费	元	1.00	4.30	4.30	—	—	—
机械	干混砂浆罐式搅拌机 20000L	台班	193.83	0.118	0.110	0.100	0.062	0.116

工作内容:调制、运砂浆,运、砌砖。

计量单位:10m³

定 额 编 号				4-11	4-12	4-13	4-14	4-15
项　　目				混凝土实心砖				
				空花墙	贴砖		砖砌地沟	零星砌体
					1/2砖	1/4砖		
基　　价　（元）				**3641.30**	**4742.96**	**5641.52**	**4296.79**	**5019.37**
其中	人　工　费（元）			1607.85	1363.50	1941.30	1247.40	1995.30
	材　料　费（元）			2022.79	3351.55	3669.59	3027.29	3003.52
	机　械　费（元）			10.66	27.91	30.63	22.10	20.55
名　　称		单位	单价(元)	消 耗 量				
人工	二类人工	工日	135.00	11.910	10.100	14.380	9.240	14.780
材料	混凝土实心砖 240×115×53 MU10	千块	388.00	4.050	5.570	6.090	5.370	5.490
	干混砌筑砂浆 DM M7.5	m³	413.73	1.090	2.870	3.150	2.280	2.110
	水	m³	4.27	0.100	0.700	0.800	0.100	0.100
机械	干混砂浆罐式搅拌机 20000L	台班	193.83	0.055	0.144	0.158	0.114	0.106

工作内容:调制、运砂浆,运、砌砖,立门窗框,安放木砖、垫块。 　　　　　　　　　　计量单位:10m³

定 额 编 号				4-16	4-17
项 目				混凝土实心砖	
				墙厚	
				190	90
基 价 (元)				**5276.72**	**5815.96**
其中	人 工 费 (元)			1717.20	2299.05
	材 料 费 (元)			3534.90	3496.56
	机 械 费 (元)			24.62	20.35
名 称	单位	单价(元)		消 耗 量	
人工 二类人工	工日	135.00		12.720	17.030
材料 混凝土实心砖 190×90×53 MU10	千块	296.00		8.390	8.890
干混砌筑砂浆 DM M7.5	m³	413.73		2.530	2.090
水	m³	4.27		0.100	0.100
其他材料费	元	1.00		4.30	—
机械 干混砂浆罐式搅拌机 20000L	台班	193.83		0.127	0.105

工作内容:调制、运砂浆,运、砌砖,立门窗框,安放木砖、垫块。 　　　　　　　　　　计量单位:10m³

定 额 编 号			4-18	4-19	4-20	4-21
项 目			混凝土实心砖空斗墙			
			一斗一盖	三斗一盖	五斗一盖	全空斗
基 价 (元)			**3477.63**	**3369.21**	**3337.48**	**3287.72**
其中	人 工 费 (元)		1004.40	1005.75	1005.75	1007.10
	材 料 费 (元)		2458.50	2349.31	2317.77	2267.05
	机 械 费 (元)		14.73	14.15	13.96	13.57
名 称	单位	单价(元)	消 耗 量			
人工 二类人工	工日	135.00	7.440	7.450	7.450	7.460
材料 混凝土实心砖 240×115×53 MU10	千块	388.00	4.770	4.550	4.490	4.390
干混砌筑砂浆 DM M5.0	m³	397.23	1.510	1.450	1.430	1.400
复合硅酸盐水泥 P·C 32.5R 综合	kg	0.32	10.000	10.000	9.000	9.000
水	m³	4.27	0.100	0.100	0.100	0.100
其他材料费	元	1.00	4.30	4.30	4.30	4.30
机械 干混砂浆罐式搅拌机 20000L	台班	193.83	0.076	0.073	0.072	0.070

注:空斗墙如需要灌肚料时(就地取材),每10m³砌体增加人工1.90工日。

工作内容:调制、运砂浆,运、砌砖,立门窗框,安放木砖、垫块。 计量单位:10m³

定 额 编 号				4-22	4-23	4-24	4-25	4-26
项 目				混凝土多孔砖				
				墙厚			方柱	零星砌体
				1 砖	1/2 砖	190		
基 价 (元)				**3571.88**	**3840.69**	**3067.97**	**3980.72**	**3985.63**
其中	人 工 费 (元)			1115.10	1479.60	1013.85	1539.00	1584.90
	材 料 费 (元)			2438.75	2346.75	2038.81	2424.86	2385.03
	机 械 费 (元)			18.03	14.34	15.31	16.86	15.70
名 称		单位	单价(元)	消 耗 量				
人工	二类人工	工日	135.00	8.260	10.960	7.510	11.400	11.740
材料	混凝土多孔砖 240×115×90 MU10	千块	491.00	3.390	3.540	—	3.480	3.500
	混凝土多孔砖 190×190×90 MU10	千块	517.00	—	—	2.670	—	—
	干混砌筑砂浆 DM M7.5	m³	413.73	1.860	1.470	1.580	1.730	1.610
	水	m³	4.27	0.100	0.100	0.100	0.100	0.100
	其他材料费	元	1.00	4.30	—	4.30	—	—
机械	干混砂浆罐式搅拌机 20000L	台班	193.83	0.093	0.074	0.079	0.087	0.081

(2)烧 结 类 砖

工作内容:调制、运砂浆,运、砌砖,立门窗框,安放木砖、垫块。 计量单位:10m³

定 额 编 号				4-27	4-28	4-29	4-30	4-31
项 目				非黏土烧结实心砖				
				墙厚				方柱
				1 砖	3/4 砖	1/2 砖	1/4 砖	
基 价 (元)				**4625.31**	**4831.14**	**5004.38**	**5363.53**	**5146.92**
其中	人 工 费 (元)			1363.50	1594.35	1792.80	2251.80	1850.85
	材 料 费 (元)			3238.94	3215.47	3192.20	3099.71	3273.59
	机 械 费 (元)			22.87	21.32	19.38	12.02	22.48
名 称		单位	单价(元)	消 耗 量				
人工	二类人工	工日	135.00	10.100	11.810	13.280	16.680	13.710
材料	非黏土烧结实心砖 240×115×53	千块	426.00	5.290	5.400	5.540	6.060	5.430
	干混砌筑砂浆 DM M7.5	m³	413.73	2.360	2.190	2.000	1.240	2.310
	水	m³	4.27	1.100	1.100	1.100	1.200	1.100
	其他材料费	元	1.00	4.30	4.30	—	—	—
机械	干混砂浆罐式搅拌机 20000L	台班	193.83	0.118	0.110	0.100	0.062	0.116

工作内容:调制、运砂浆,运、砌砖。 计量单位:10m³

定 额 编 号				4-32	4-33	4-34	4-35	4-36
项 目				非黏土烧结实心砖				
				空花墙	贴 砖		地沟	零星砌体
					1/2 砖	1/4 砖		
基 价 (元)				**3746.47**	**4902.91**	**5799.63**	**4449.14**	**5154.68**
其中	人 工 费 (元)			1564.65	1320.30	1876.50	1204.20	1930.50
	材 料 费 (元)			2171.16	3554.70	3892.50	3222.84	3203.63
	机 械 费 (元)			10.66	27.91	30.63	22.10	20.55
	名 称	单位	单价(元)	消 耗 量				
人工	二类人工	工日	135.00	11.590	9.780	13.900	8.920	14.300
材料	非黏土烧结实心砖 240×115×53	千块	426.00	4.030	5.540	6.060	5.340	5.460
	干混砌筑砂浆 DM M7.5	m³	413.73	1.090	2.870	3.150	2.280	2.110
	水	m³	4.27	0.800	1.700	1.800	1.100	1.100
机械	干混砂浆罐式搅拌机 20000L	台班	193.83	0.055	0.144	0.158	0.114	0.106

工作内容:调制、运砂浆,运、砌砖,立门窗框,安放木砖、垫块。 计量单位:10m³

定 额 编 号				4-37	4-38	4-39	4-40
项 目				非黏土烧结实心砖空斗墙			
				一斗一盖	三斗一盖	五斗一盖	全空斗
基 价 (元)				**3622.24**	**3505.46**	**3471.45**	**3417.89**
其中	人 工 费 (元)			972.00	973.35	973.35	974.70
	材 料 费 (元)			2635.51	2517.96	2484.14	2429.62
	机 械 费 (元)			14.73	14.15	13.96	13.57
	名 称	单位	单价(元)	消 耗 量			
人工	二类人工	工日	135.00	7.200	7.210	7.210	7.220
材料	非黏土烧结实心砖 240×115×53	千块	426.00	4.750	4.530	4.470	4.370
	干混砌筑砂浆 DM M5.0	m³	397.23	1.510	1.450	1.430	1.400
	复合硅酸盐水泥 P·C 32.5R 综合	kg	0.32	10.000	10.000	9.000	9.000
	水	m³	4.27	1.100	1.100	1.100	1.100
	其他材料费	元	1.00	4.30	4.30	4.30	4.30
机械	干混砂浆罐式搅拌机 20000L	台班	193.83	0.076	0.073	0.072	0.070

注:空斗墙如需要灌肚料时(就地取材),每10m³砌体增加人工1.90工日。

工作内容:调制、运砂浆,运、砌砖,立门窗框,安放木砖、垫块。　　　　　　　　　计量单位:10m³

定　额　编　号				4-41	4-42	4-43	4-44	4-45
项　　目				非黏土烧结多孔砖				
				墙厚			方柱	零星砌体
				1 砖	1/2 砖	90 厚		
基　价　(元)				**3954.50**	**4226.33**	**5528.25**	**4348.30**	**4360.31**
其中	人　工　费　(元)			1082.70	1436.40	1548.45	1485.00	1541.70
	材　料　费　(元)			2853.39	2775.39	3964.29	2846.24	2802.72
	机　械　费　(元)			18.41	14.54	15.51	17.06	15.89
名　称		单位	单价(元)	消　耗　量				
人工	二类人工	工日	135.00	8.020	10.640	11.470	11.000	11.420
材料	非黏土烧结页岩多孔砖 240×115×90	千块	612.00	3.370	3.520	—	3.460	3.470
	非黏土烧结页岩多孔砖 190×90×90	千块	586.00	—	—	5.620	—	—
	干混砌筑砂浆 DM M7.5	m³	413.73	1.890	1.490	1.600	1.750	1.630
	水	m³	4.27	1.100	1.100	1.100	1.100	1.100
	其他材料费	元	1.00	4.30	—	4.30	—	—
机械	干混砂浆罐式搅拌机 20000L	台班	193.83	0.095	0.075	0.080	0.088	0.082

工作内容:调制、运砂浆,运、砌砖,立门窗框,安放木砖、垫块。　　　　　　　　　计量单位:10m³

定　额　编　号			4-46
项　　目			非黏土烧结空心砖
			墙厚 1 砖(卧砌)
基　价　(元)			**3712.92**
其中	人　工　费　(元)		818.10
	材　料　费　(元)		2883.77
	机　械　费　(元)		11.05
名　称	单位	单价(元)	消　耗　量
人工 二类人工	工日	135.00	6.060
材料 非黏土烧结页岩空心砖 240×240×115	千块	1767.00	1.360
干混砌筑砂浆 DM M7.5	m³	413.73	1.140
水	m³	4.27	1.100
其他材料费	元	1.00	4.30
机械 干混砂浆罐式搅拌机 20000L	台班	193.83	0.057

(3)蒸压类砖

工作内容:调制、运砂浆,运、砌砖,立门窗框,安放木砖、垫块。 计量单位:10m³

定　额　编　号				4-47	4-48	4-49	4-50
项　　　　目				蒸压实心砖			
				1 砖	1/2 砖	砖砌地沟	零星砌体
基　　价　　(元)				**4312.53**	**4677.85**	**4148.12**	**4818.04**
其中	人　　工　　费　　(元)			1331.10	1760.40	1182.60	1887.30
	材　　料　　费　　(元)			2958.56	2898.07	2943.42	2910.19
	机　　械　　费　　(元)			22.87	19.38	22.10	20.55
名　　称		单位	单价(元)	消　　耗　　量			
人工	二类人工	工日	135.00	9.860	13.040	8.760	13.980
材料	蒸压灰砂砖 240×115×53	千块	371.00	5.330	5.580	5.390	5.490
	干混砌筑砂浆 DM M7.5	m³	413.73	2.360	2.000	2.280	2.110
	水	m³	4.27	0.100	0.100	0.100	0.100
	其他材料费	元	1.00	4.30	—	—	—
机械	干混砂浆罐式搅拌机 20000L	台班	193.83	0.118	0.100	0.114	0.106

工作内容:调制、运砂浆,运、砌砖,立门窗框,安放木砖、垫块。 计量单位:10m³

定　额　编　号				4-51	4-52	4-53
项　　　　目				蒸压多孔砖		
				1 砖	1/2 砖	零星砌体
基　　价　　(元)				**3157.45**	**3393.36**	**3542.42**
其中	人　　工　　费　　(元)			1062.45	1405.35	1510.65
	材　　料　　费　　(元)			2077.17	1973.86	2016.26
	机　　械　　费　　(元)			17.83	14.15	15.51
名　　称		单位	单价(元)	消　　耗　　量		
人工	二类人工	工日	135.00	7.870	10.410	11.190
材料	蒸压灰砂多孔砖 240×115×90	千块	388.00	3.390	3.540	3.500
	干混砌筑砂浆 DM M7.5	m³	413.73	1.830	1.450	1.590
	水	m³	4.27	0.100	0.100	0.100
	其他材料费	元	1.00	4.30	—	—
机械	干混砂浆罐式搅拌机 20000L	台班	193.83	0.092	0.073	0.080

二、砌 块 砌 体

1. 轻集料(陶粒)混凝土小型空心砌块

工作内容:调制、运砂浆,运、安装砌块及运、镶砌砖,立门窗框,安放木砖、垫块。　　　　　　　　计量单位:10m³

定 额 编 号				4-54	4-55	4-56
项 目				轻集料(陶粒)混凝土小型空心砌块		
				墙厚(mm)		
				240	190	120
基 价 (元)				**4162.39**	**4369.67**	**4486.95**
其中	人 工 费 (元)			811.35	962.55	1152.90
	材 料 费 (元)			3340.57	3396.46	3324.16
	机 械 费 (元)			10.47	10.66	9.89
	名 称	单位	单价(元)	消 耗 量		
人工	二类人工	工日	135.00	6.010	7.130	8.540
材料	陶粒混凝土小型砌块 390×240×190	m³	328.00	7.990	—	—
	陶粒混凝土小型砌块 390×190×190	m³	328.00	—	7.990	—
	陶粒混凝土小型砌块 390×120×190	m³	328.00	—	—	7.990
	陶粒混凝土实心砖 240×115×53	千块	323.00	0.830	—	0.870
	陶粒混凝土实心砖 190×90×53	千块	241.00	—	1.310	—
	干混砌筑砂浆 DM M7.5	m³	413.73	1.080	1.100	1.020
	水	m³	4.27	0.100	0.100	0.100
	其他材料费	元	1.00	4.50	4.50	—
机械	干混砂浆罐式搅拌机 20000L	台班	193.83	0.054	0.055	0.051

注:轻集料(陶粒)混凝土小型空心砌块墙相应定额所包括的镶砌同类实心砖,未含墙身底部的砖砌导墙,砖砌导墙套用零星砌体相应定额另列项目计算。

2. 烧结类空心砌块

工作内容：调制、运砂浆，运、安装砌块，洞口侧边竖砌砌块、砂浆灌芯，立门窗框，安放木砖、垫块。　　　　计量单位：10m³

定　额　编　号			4-57	4-58	4-59
项　　目			非黏土烧结空心砌块		
			墙厚（卧砌）		
			240	190	120
基　价（元）			**4234.54**	**4281.79**	**4428.69**
其中	人　工　费（元）		777.60	824.85	976.05
	材　料　费（元）		3448.22	3448.22	3443.92
	机　械　费（元）		8.72	8.72	8.72
名　称	单位	单价（元）	消　耗　量		
人工	二类人工	工日	135.00	5.760	6.110	7.230
材料	非黏土烧结页岩空心砌块 290×240×190 MU10	m³	332.00	9.250	—	—
	非黏土烧结页岩空心砌块 290×190×190 MU10	m³	332.00	—	9.250	—
	非黏土烧结页岩空心砌块 290×115×190 MU10	m³	332.00	—	—	9.250
	干混砌筑砂浆 DM M7.5	m³	413.73	0.890	0.890	0.890
	水	m³	4.27	1.100	1.100	1.100
	其他材料费	元	1.00	4.30	4.30	—
机械	干混砂浆罐式搅拌机 20000L	台班	193.83	0.045	0.045	0.045

注：非黏土烧结空心砌块墙相应定额的砌筑砂浆用量，已包括洞口侧边竖砌砌块的灌芯砂浆。

3. 蒸压加气混凝土类砌块

工作内容: 调制、运砂浆或运、搅拌粘结剂,运、部分切割、安装砌块,立门窗框,安放木砖、垫块,
木楔卡固、刚性材料嵌缝,拉结筋起槽。

计量单位:10m³

定 额 编 号			4-60	4-61	4-62	4-63	4-64	4-65
项 目			蒸压加气混凝土砌块					
			墙厚(mm 以内)					
			150		200		300	
			砂浆	粘结剂	砂浆	粘结剂	砂浆	粘结剂
基 价 (元)			3871.22	3801.44	3674.62	3623.64	3605.77	3554.79
其中	人 工 费 (元)		1026.00	893.70	837.00	723.60	770.85	657.45
	材 料 费 (元)		2838.24	2906.00	2830.64	2898.30	2827.94	2895.60
	机 械 费 (元)		6.98	1.74	6.98	1.74	6.98	1.74
名 称	单位	单价(元)	消 耗 量					
人工 二类人工	工日	135.00	7.600	6.620	6.200	5.360	5.710	4.870
材料 蒸压砂加气混凝土砌块 B06 A3.5	m³	259.00	9.720	10.100	9.720	10.100	9.720	10.100
砌块砌筑粘结剂	kg	0.69	—	263.900	—	263.900	—	263.900
干混抹灰砂浆 DP M15.0	m³	446.85	—	0.100	—	0.100	—	0.100
干混砌筑砂浆 DM M7.5	m³	413.73	0.710	0.080	0.710	0.080	0.710	0.080
水	m³	4.27	0.400	0.100	0.400	0.100	0.400	0.100
其他材料费	元	1.00	25.30	29.80	17.70	22.10	15.00	19.40
机械 干混砂浆罐式搅拌机 20000L	台班	193.83	0.036	0.009	0.036	0.009	0.036	0.009

注: 蒸压加气混凝土砌块墙墙顶与混凝土梁或楼板之间的缝隙,若实际采用柔性材料嵌缝时,柔性材料嵌缝按定额
规定另列项目计算,同时扣除原定额中刚性材料嵌缝部分费用,具体调整方法如下:
1. 采用干混砌筑砂浆砌筑的,每 10m³ 砌体扣除砌筑砂浆 0.10m³,人工 0.50 工日,干混砂浆罐式搅拌机 0.005 台班。
2. 采用砌块砌筑粘结剂砌筑的,每 10m³ 砌体扣除抹灰砂浆 0.10m³,人工 0.50 工日,干混砂浆罐式搅拌机 0.005
台班。

工作内容: 运、搅拌专用砌筑砂浆,运、部分切割、安装砌块,立门窗框,安放木砖、垫块,
木楔卡固、刚性材料嵌缝。

计量单位:10m³

定 额 编 号			4-66
项 目			陶粒增强加气砌块
基 价 (元)			5962.68
其中	人 工 费 (元)		718.20
	材 料 费 (元)		5244.48
	机 械 费 (元)		—
名 称	单 位	单价(元)	消 耗 量
人工 二类人工	工日	135.00	5.320
材料 陶粒增强加气砌块 600×240×200	m³	483.00	10.000
陶粒砌块专用砌筑砂浆	kg	0.66	596.400
水	m³	4.27	0.200
其他材料费	元	1.00	20.00

注: 陶粒增强加气砌块墙墙顶与混凝土梁或楼板之间的缝隙,若实际采用柔性材料嵌缝时,柔性材料嵌缝按定额规
定另列项目计算,每 10m³ 砌体扣除砌块专用砌筑砂浆 164.50kg,人工 0.50 工日,其他材料费 2.63 元。

4. 轻质砌块专用连接件

工作内容:运、安放连接件,射钉弹及水泥钉固定。

计量单位:100 个

定 额 编 号				4-67
项 目				加气混凝土砌块 L 形专用连接件
基 价 (元)				**486.60**
其 中	人 工 费 (元)			283.50
	材 料 费 (元)			203.10
	机 械 费 (元)			—
	名 称	单 位	单价(元)	消 耗 量
人 工	二类人工	工日	135.00	2.100
材 料	L 形铁件 (12 + 12) ×6 ×0.15	个	1.29	102.000
	射钉弹	套	0.22	306.000
	水泥钉	kg	5.60	0.750

注:轻质砌块专用连接件定额按轻质砌块与混凝土柱(墙)间的连接考虑,若为轻质砌块间的连接,扣除射钉弹用量,水泥钉用量乘以系数 2.00,其余不变。

5. 柔性材料嵌缝

工作内容:清理、嵌 PE 棒,PU 发泡剂嵌缝。

计量单位:100m

定 额 编 号				4-68
项 目				聚氨酯(PU)发泡剂嵌缝
基 价 (元)				**1020.84**
其 中	人 工 费 (元)			378.00
	材 料 费 (元)			642.84
	机 械 费 (元)			—
	名 称	单 位	单价(元)	消 耗 量
人 工	二类人工	工日	135.00	2.800
材 料	PU 发泡剂	l	36.16	10.500
	PE 棒	m	1.29	204.000

三、石 砌 体

1.基 础

工作内容:清理基槽,调制、运砂浆,砌石,搅拌、浇灌混凝土。 计量单位:10m³

定 额 编 号				4-69	4-70	4-71
项 目				块 石 基 础		
				浆砌	干砌	灌混凝土
基 价 (元)				**3856.93**	**2530.32**	**3838.72**
其中	人 工 费 (元)			1044.90	757.35	967.95
	材 料 费 (元)			2777.14	1768.90	2867.16
	机 械 费 (元)			34.89	4.07	3.61
名 称		单位	单价(元)	消 耗 量		
人工	二类人工	工日	135.00	7.740	5.610	7.170
材料	干混砌筑砂浆 DM M5.0	m³	397.23	3.600	0.420	—
	碎石 综合	t	102.00	—	2.000	—
	块石 200~500	t	77.67	17.300	18.000	17.300
	泵送商品混凝土 C15	m³	422.00	—	—	3.600
	水	m³	4.27	0.800	—	1.000
机械	混凝土振捣器 平板式	台班	12.54	—	—	0.288
	干混砂浆罐式搅拌机 20000L	台班	193.83	0.180	0.021	—

注:砖石基础有多种砂浆砌筑时,以多者为准。

2.主 体 砌 筑

工作内容:调制砂浆、砌石,立门窗框,安放木砖、垫块。 计量单位:10m³

定 额 编 号				4-72	4-73	4-74	4-75
项 目				块石普通墙		块石挡土墙	
				干砌	浆砌	干砌	浆砌
基 价 (元)				**3031.89**	**4255.85**	**2472.43**	**3837.40**
其中	人 工 费 (元)			1372.95	1471.50	904.50	1071.90
	材 料 费 (元)			1654.48	2751.40	1566.38	2732.55
	机 械 费 (元)			4.46	32.95	1.55	32.95
名 称		单位	单价(元)	消 耗 量			
人工	二类人工	工日	135.00	10.170	10.900	6.700	7.940
材料	块石 200~500	t	77.67	19.000	17.950	19.400	17.800
	干混砌筑砂浆 DM M5.0	m³	397.23	0.450	3.390	0.150	3.390
	水	m³	4.27	—	0.800	—	0.800
	其他材料费	元	1.00	—	7.20	—	—
机械	干混砂浆罐式搅拌机 20000L	台班	193.83	0.023	0.170	0.008	0.170

注:挡土墙垂直高度超过4m者,人工乘以系数1.15。

工作内容:调制砂浆、砌石,立门窗框,安放木砖、垫块。　　　　　　　　　　　　　　计量单位:10m³

定　额　编　号			4-76	4-77	4-78	4-79
项　　　目			块石护坡		方整石	
			干砌	浆砌	墙	柱
基　价　(元)			**2241.20**	**3934.60**	**4908.43**	**5910.39**
其中	人　工　费　(元)		734.40	1169.10	1513.35	2529.90
	材　料　费　(元)		1506.80	2732.55	3381.32	3367.31
	机　械　费　(元)		—	32.95	13.76	13.18
名　称	单位	单价(元)	消　耗　量			
人工 二类人工	工日	135.00	5.440	8.660	11.210	18.740
材料 块石 200~500	t	77.67	19.400	17.800	—	—
方整石	m³	293.00	—	—	9.620	9.640
干混砌筑砂浆 DM M5.0	m³	397.23	—	3.390	1.410	1.360
水	m³	4.27	—	0.800	0.600	0.600
机械 干混砂浆罐式搅拌机 20000L	台班	193.83	—	0.170	0.071	0.068

注:护坡垂直高度超过4m者,人工乘以系数1.15。

四、垫　　层

工作内容:基底夯实、拌和、铺设垫层、找平压实。　　　　　　　　　　　　　　计量单位:10m³

定　额　编　号			4-80	4-81	4-82	4-83
项　　　目			砂垫层	砂石垫层		塘渣垫层
				天然级配	人工级配	夯实
基　价　(元)			**2023.91**	**1221.73**	**2710.24**	**1057.07**
其中	人　工　费　(元)		475.20	496.80	637.20	388.80
	材　料　费　(元)		1546.33	713.72	2021.40	657.06
	机　械　费　(元)		2.38	11.21	51.64	11.21
名　称	单位	单价(元)	消　耗　量			
人工 二类人工	工日	135.00	3.520	3.680	4.720	2.880
材料 黄砂 毛砂	t	87.38	17.550	—	12.500	—
砂砾 天然级配	t	36.89	—	19.000	—	—
碎石 综合	t	102.00	—	—	8.900	—
塘渣	t	34.95	—	—	—	18.800
水	m³	4.27	3.000	3.000	5.000	—
机械 混凝土搅拌机 500L	台班	116.00	—	—	0.390	—
混凝土振捣器 平板式	台班	12.54	0.190	—	0.510	—
电动夯实机 250N·m	台班	28.03	—	0.400	—	0.400

工作内容:基底夯实、拌和、铺设垫层、找平压实,调制砂浆、灌浆。 计量单位:10m³

定 额 编 号				4-84	4-85	4-86	4-87	4-88
项 目				块石垫层			碎石垫层	
				疏排夯实	干铺	灌浆	干铺	灌浆
基 价 (元)				**1758.53**	**2229.03**	**3340.59**	**2352.17**	**3713.14**
其中	人 工 费 (元)			691.20	583.20	888.30	496.80	737.10
	材 料 费 (元)			1048.55	1634.62	2417.82	1844.16	2931.88
	机 械 费 (元)			18.78	11.21	34.47	11.21	44.16
	名 称	单位	单价(元)	消 耗 量				
人工	二类人工	工日	135.00	5.120	4.320	6.580	3.680	5.460
材料	块石 200~500	t	77.67	13.500	18.800	18.800	—	—
	碎石 综合	t	102.00	—	1.710	—	18.080	15.500
	干混砌筑砂浆 DM M5.0	m³	397.23	—	—	2.400	—	3.390
	水	m³	4.27	—	—	1.000	—	1.000
机械	干混砂浆罐式搅拌机 20000L	台班	193.83	—	—	0.120	—	0.170
	电动夯实机 250N·m	台班	28.03	0.670	0.400	0.400	0.400	0.400

注:干铺垫层上如有砌筑工程者,每10m³垫层另加 DM M5.0 干混砌筑砂浆 0.5m³,20000L 干混砂浆罐式搅拌机 0.025 台班,其余用量不变。

工作内容:基底夯实、拌和、铺设垫层、找平压实、养护。 计量单位:10m³

定 额 编 号				4-89	4-90
项 目				灰 土	三合土
基 价 (元)				**1723.39**	**3365.30**
其中	人 工 费 (元)			594.00	939.60
	材 料 费 (元)			1117.06	2408.04
	机 械 费 (元)			12.33	17.66
	名 称	单位	单价(元)	消 耗 量	
人工	二类人工	工日	135.00	4.400	6.960
材料	灰土 3:7	m³	110.60	10.100	—
	三合土 碎石 1:4:8	m³	238.42	—	10.100
机械	电动夯实机 250N·m	台班	28.03	0.440	0.630

第五章

混凝土及钢筋混凝土工程

说　　明

一、本章定额分为现浇混凝土结构工程及装配式混凝土构件装配两部分,包括:混凝土、钢筋、现浇混凝土模板、装配式混凝土构件。

二、本章定额中泵送商品混凝土是指在混凝土厂集中搅拌、用混凝土罐车运输到施工现场并通过混凝土泵直接入模的混凝土。

三、本章定额中混凝土除另有注明外均按泵送商品混凝土编制,实际采用非泵送商品混凝土、现场搅拌混凝土时仍套用泵送定额,混凝土价格按实际使用的种类换算,混凝土浇捣人工乘以下表相应系数,其余不变。现场搅拌的混凝土还应按混凝土消耗量执行现场搅拌调整费定额。

建筑物人工调整系数表

序号	项　目　名　称	人工调整系数	序号	项　目　名　称	人工调整系数
1	基础	1.50	4	墙、板	1.30
2	柱	1.05	5	楼梯、雨篷、阳台、栏板及其他	1.05
3	梁	1.40			

四、本章定额中商品混凝土按常用强度等级考虑,设计强度等级不同时应予换算;施工图设计要求增加的外加剂另行计算。

五、装配式混凝土构件安装定额项目适用于以标准化设计、工厂化生产、装配化施工生产方式建造的建筑,装配式混凝土构件按成品购入编制,装配式建筑中的现浇混凝土、钢筋和模板按本说明相关规定,分别执行本章相应定额。

六、混凝土型钢柱、灌混凝土钢管柱组合构件,分别按本定额相应章节项目计算,其中,钢管柱内混凝土浇捣不计模板项目,钢管柱内浇筑混凝土采用反顶升浇筑法施工时,按照经批准的专项施工方案另行计算。

七、混凝土方桩定额仅适用施工现场预制,混凝土方桩的模板定额内不包含地模(预制场地)的工程量,实际发生时,按施工组织设计计算工程量套相应定额计算。

混凝土方桩总损耗率按 1.5% 计算,总损耗率包括预制、起吊、运输和打桩施工等全部损耗,实际损耗不同不调整。混凝土方桩的混凝土、钢筋、模板工程量按施工图净用量加总损耗率计。

八、现浇混凝土工程。

1. 混凝土:

(1)毛石混凝土,定额毛石的投入量按 18% 考虑,如设计不同时,毛石、混凝土的体积按设计比例调整。

(2)设计要求需进行温度控制的大体积混凝土,温度控制费用按照经批准的专项施工方案另行计算。

(3)基础:

1)基础与上部结构的划分以混凝土基础上表面为界。

2)基础与垫层的划分,一般以设计确定为准,如设计不明确时,以厚度划分:150mm 以下的为垫层,150mm 以上的为基础。

3)设计为带形基础的单位工程,如仅楼(电)梯间、厨厕间等少量部位采用满堂基础时,其工程量并入带形基础计算。

4)箱形基础的底板(包括边缘加厚部分)套用无梁式满堂基础定额,其余套用柱、梁、板、墙相应定额。

5)设备基础仅考虑块体形式,执行混凝土及钢筋混凝土基础定额,其他形式设备基础分别按基础、柱、梁、板、墙等有关规定计算,套用相应定额。

(4)设备基础预留螺栓孔洞及基础面的二次灌浆按非泵送混凝土编制,如设计灌注材料与定额不同时,按设计调整。

(5)柱、梁、板分别计算套用相应定额;暗柱、暗梁分别并入相连构件内计算。

(6)当柱的 a 与 b 之比小于 4 时按柱相应定额执行,大于 4 时按墙相应定额执行(见下图)。

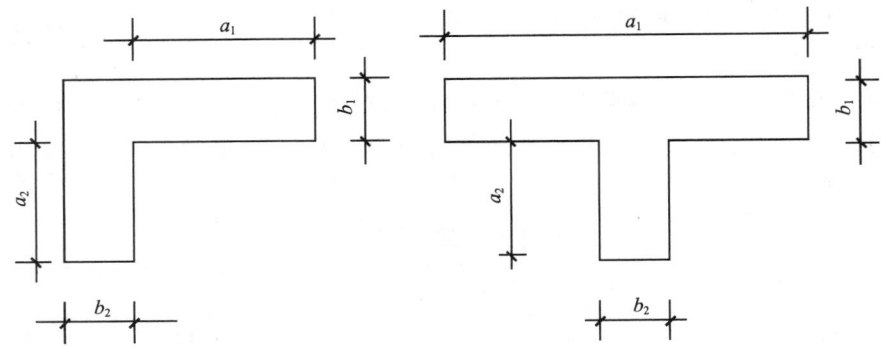

(7)地圈梁套用圈梁定额;异形梁、梯形梁、变截面矩形梁套用"矩形梁、异形梁"定额。

(8)斜梁(板)按坡度 10° < α≤30° 综合编制的。坡度≤10°的斜梁(板)的执行普通梁、板项目;坡度30° < α≤45°时人工乘以系数 1.05;坡度在 45°以上时,按墙相应定额执行。

(9)现浇屋脊、斜脊并入所依附的板内计算,单独屋脊、斜脊按压顶考虑套用定额。

(10)压型钢板上浇捣混凝土,执行平板项目,人工乘以系数 1.10。

(11)屋面女儿墙、栏板(含扶手)及翻沿净高度在 1.2m 以上时套用墙相应定额,小于 1.2m 时套用栏板相应定额,小于 250mm 时体积并入所依附的构件计算。

(12)凸出混凝土柱、墙、梁、阳台梁、栏板外侧面的线条,凸出宽度小于 300mm 的工程量并入相应构件内计算,凸出宽度大于 300mm 的按雨篷定额执行。

(13)现浇飘窗板、空调板、水平遮阳板按雨篷定额执行;楼面及屋面平挑檐外挑小于 500mm 时,并入板内计算;外挑大于 500mm 时,套用雨篷定额;拱形雨篷套用拱形板定额;非全悬挑的阳台、雨篷,按梁、板有关规则计算套用相应定额。阳台不包括阳台栏板及单独压顶内容,发生时执行相应定额。

(14)屋面挑出的带翻沿平挑檐套用檐沟、挑檐定额。

(15)屋面内天沟按梁、板规则计算,套用梁、板相应定额。雨篷与檐沟相连时,梁板式雨篷按雨篷规则计算并套用相应定额,板式雨篷并入檐沟计算。

(16)楼梯设计指标超过下表定额取定值时,混凝土浇捣定额按比例调整,其余不变。

楼梯底板折实厚度取定表

项目名称	指标名称	取定值(mm)	备 注
直形楼梯	底板厚度	180	梁式楼梯的梯段梁并入楼梯底板内计算折实厚度
弧形楼梯		300	

(17)弧形楼梯指梯段为弧形的,仅平台弧形的,按直形楼梯定额执行。

(18)自行车坡道带有台阶及四步以上的混凝土台阶按楼梯定额执行。

(19)独立现浇门框按构造柱项目执行。

(20)小型构件是指本定额未列项目且单件体积 0.1m³ 以内的混凝土构件,小型构件定额已综合考虑了原位浇捣和现场内预制、运输及安装的情况,统一执行小型构件定额。

（21）外形体积在 1m³ 以内的池槽执行小型构件项目，1m³ 以上的池槽套用本定额第十七章"构筑物、附属工程"相应项目。

（22）地沟是指断面内空面积小于 0.4m²，如断面内空面积大于 0.4m² 的则按构筑物地沟相应定额执行。

2. 钢筋：

（1）钢筋工程按现浇构件钢筋、地下连续墙钢筋、桩钢筋等不同用途，不同强度等级和规格，以圆钢、螺纹钢、箍筋及钢绞线等分别列项，发生时分别套用相应定额。

（2）除定额规定单独列项计算外，各类钢筋、铁件的制作成型、绑扎、接头、安装及固定所用人工、材料、机械消耗均已综合在相应项目内。

（3）钢筋连接接头：

1）除定额另有说明外，均按绑扎搭接计算。

2）当设计规定采用直螺纹、锥螺纹、冷挤压、电渣压力焊和气压焊连接时，则以设计规定的连接方式按个数计算套用相应定额。

3）单根钢筋连续长度，超过 9m（定额规定），可计算一个接头，该接头按绑扎搭接计算时，搭接长度不做箍筋加密计算基数。

（4）钢筋工程中措施钢筋，设计有规定时，按设计的品种、规格执行相应项目；如设计无规定时，仅计楼板及基础底板的撑脚（铁马）。多排钢筋的垫铁在定额损耗中已综合考虑，发生时不另计算。

（5）现浇构件冷拔钢丝按 φ10 以内钢筋制安定额执行。

（6）定额已综合考虑预应力钢筋的张拉设备，预应力钢筋如设计要求人工时效处理时，应另行计算。

（7）预应力钢丝束、钢绞线综合考虑了一端、两端张拉；锚具按单锚、群锚分别列项，单锚按单孔锚具列入，群锚按 3 孔列入。预应力钢丝束、钢绞线长度大于 50m 时，应采用分段张拉。

（8）植筋深度，定额按 10d 考虑，如设计要求植筋深度与定额不同时，相应定额按比例调整。植筋定额未包括钢筋、化学螺栓的主材费，钢筋按设计长度计算套钢筋制作、安装相应项目执行，化学螺栓的主材费另行计算，使用化学螺栓时，应扣除植筋胶的消耗量。

（9）地下连续墙钢筋笼绑扎平台制作、安装费不含地下连续墙钢筋制作平台费用，发生时按批准的施工措施方案另行计算。

（10）现场预制桩钢筋执行现浇构件钢筋。

（11）除模板所用铁件及成品构件内已包括的铁件外，定额均不包括混凝土构件内的预埋铁件，预埋铁件及用于固定或定位预埋铁件（螺栓）所消耗的钢筋、钢板、型钢等应按设计图示计算工程量，执行铁件定额。

3. 模板：

（1）现浇混凝土构件的模板按照不同构件，分别以组合复合木模、铝模、钢模单独编制，模板的具体组成规格、比例、复合木模的材质及支撑方式等定额已综合考虑；定额未注明模板类型的，均按复合木模考虑。

（2）铝模考虑实际工程使用情况，仅适用上部主体结构。

（3）铝模材料价格已包含铝模回库维修等相关费用。

（4）有梁式基础模板仅适用于基础表面有梁上凸时，仅带有下翻或暗梁的基础套用无梁式基础定额。

（5）圆弧形基础模板套用基础相应定额，另按弧形侧边长度计算基础侧边弧形增加费。

（6）地下室底板模板套用满堂基础定额，集水井杯壳模板工程量合并计算；设计为带形基础的单位工程，如仅楼（电）梯间、厨厕间等少量部位采用满堂基础时，其工程量并入带形基础计算。

（7）箱形基础的底板（包括边缘加厚部分）套用无梁式满堂基础定额，其余套用柱、梁、板、墙相应定额。

(8)设备基础仅考虑块体形式,其他形式设备基础分别按基础、柱、梁、板、墙等有关规定计算,套用相应定额。

(9)基础底板下翻构件采用砖模时,砌体按砌筑工程定额规定执行,抹灰按墙柱面工程墙面抹灰定额规定执行。

(10)现浇钢筋混凝土柱(不含构造柱)、梁(不含圈、过梁)、板、墙的支模高度按层高 3.6m 以内编制,超过 3.6m 时,工程量包括 3.6m 以下部分,另按相应超高定额计算;斜板(梁)或拱形结构按板(梁)顶平均高度确定支模高度,电梯井壁按建筑物自然层层高确定支模高度。

(11)异形柱、梁是指柱、梁的断面形状为:⌐形、十字形、T形、L形的柱、梁,套用异形柱、梁定额。地圈梁模板套用圈梁定额;梯形、变截面矩形梁模板套用矩形梁定额;单独现浇过梁模板套用矩形梁定额;与圈梁连接的过梁模板套用圈梁定额;

(12)当一字形柱 a 与 b 之比小于 4 时按矩形柱相应定额执行,异形柱 a 与 b 之比小于 4 时按异形柱相应定额执行,大于 4 时套用墙相应定额;截面厚度 b 小于 300mm,且 a 与 b 之比的最大值 $4 < N \leqslant 8$ 时,套短肢剪力墙定额。见说明八、1.(6)条附图。

(13)地下室混凝土外墙、人防墙及有防水等特殊设计要求的内墙,采用止水对拉螺栓时,施工组织设计未明确时,每 100m² 模板定额中的六角带帽螺栓增加 85kg(施工方案明确的按方案数量计算)、人工增加 1.5 工日,相应定额的钢支撑用量乘以系数 0.9。止水对拉螺栓堵眼套用墙面螺栓堵眼增加费定额。

(14)柱、梁木模定额已综合考虑了对拉螺栓消耗量。

(15)斜梁(板)坡度是按 $10° < \alpha \leqslant 30°$ 综合考虑。斜梁(板)坡度 $\leqslant 10°$ 的执行普通梁、板项目;坡度 $30° < \alpha \leqslant 45°$ 时,人工乘以系数 1.05;坡度 $> 45°$ 时,按墙相应定额执行。

(16)薄壳屋盖模板不分筒式、球形、双曲形等,均套用同一定额。

(17)现浇屋脊、斜脊并入所依附的板内计算,单独屋脊、斜脊按套用压顶定额。

(18)地下室内墙套用一般墙相应定额;屋面混凝土女儿墙高度大于 1.2m 时套用墙相应定额,小于 1.2m 时套用栏板相应定额。

(19)型钢组合混凝土构件模板,按构件相应项目执行。

(20)混凝土栏板高度(含扶手及翻沿),定额按净高小于 1.2m 以内考虑,超过时套用墙相应定额,高度小于 250mm 的翻沿并入所依附的构件计算。

(21)现浇混凝土阳台板、雨篷板按悬挑形式编制,如半悬挑及非悬挑形式的阳台、雨篷,则按梁、板规则执行。弧形阳台、雨篷按普通阳台、雨篷定额执行,另行计算弧形模板增加费。

(22)楼板及屋面平挑檐外挑小于 500mm 时,并入板内计算;外挑大于 500mm 时,套用雨篷定额;屋面挑出的带翻沿平挑檐套用檐沟、挑檐定额。

(23)屋面内天沟按梁、板规则计算,套用梁、板相应定额。雨篷与檐沟相连时,梁板式雨篷按雨篷规则计算并套用相应定额,板式雨篷并入檐沟计算。

(24)弧形楼梯指梯段为弧形的,仅平台弧形的,按直形楼梯定额执行,平台另计弧形板增加费。

(25)自行车坡道带有台阶的,按楼梯相应定额执行;无底模的自行车坡道及 4 步以上的混凝土台阶按楼梯定额执行,其模板按楼梯相应定额乘以系数 0.20 计算。

(26)凸出混凝土梁、墙面的线条,并入相应构件内计算,另按凸出的棱线道数执行模板增加费项目;但单独窗台板、拦板扶手、墙上压顶的单阶挑沿不另计算模板增加费;其他单阶线条凸出宽度大于 300mm 的套用雨篷定额。

(27)小型构件是指单件体积 0.1m³ 以内的小型混凝土构件。小型构件定额已综合考虑了现浇和预制的情况,统一执行小型构件定额,发生时不做调整。

(28)外形尺寸体积在 1m³ 以内的池槽执行小型池槽项目,1m³ 以上的池槽执行本定额第十七章

"构筑物、附属工程"相应定额。

（29）后浇带包括了与原混凝土接缝处的钢丝网用量。

4. 超危支撑架：

（1）超过一定规模危险性较大的混凝土模板支撑工程和承重支撑体系（简称超危支撑架），是依据住房城乡建设部办公厅关于实施《危险性较大的分部分项工程安全管理规定》有关问题的通知（建办质〔2018〕31号）文件附件2"超过一定规模的分部分项工程"二（二）、（三）条，适用于搭设高度8m及以上，或搭设跨度18m及以上，或施工总荷载（设计值）15kN/m² 及以上，或集中线荷载（设计值）20kN/m及以上混凝土模板支撑工程；以及适用于钢结构安装等满堂支撑体系，承受单点集中荷载7kN及以上的承重支撑体系；文件中其他危险性较大的分部分项工程遇到时应按施工技术方案另行计算。

（2）超危支撑架定额，仅包含搭拆人工费及搭设材料的损耗量，不含搭设材料的使用费，搭设材料的使用费应另列项计算。按专项方案实际采用门式钢支架的，定额人工消耗量乘以系数0.50。

（3）在没有专项方案时，搭设材料的数量按超危支撑架空间体积定额暂定用量、使用时间暂定两个月、租赁单价按当地信息价或合同约定计算；在有专项方案时，搭设材料的数量和使用时间按专项施工方案计算，使用时间按专项施工方案中的架体开始搭设日至完成拆除日的持续天数计算；搭设材料的使用费用，按搭设材料的数量乘以租赁单价（按当地信息价或合同约定）计算。

（4）超危支撑架定额，未包括超危支撑架搭设范围内地基加固或下部的地下室支模架加固、推迟拆除而增加的费用等，发生时另按专项措施方案计算。

（5）超危支撑架范围内的现浇混凝土构件模板，按混凝土接触面积套相应构件模板定额，人工乘以系数0.90，钢支撑和零星卡具消耗量不扣除，构件模板高度超过3.6m每增加1m定额不再执行。

（6）专项方案支撑系统采用钢格构柱、钢托架的，支撑架体及支撑材料使用费应按金属结构相关规则另行计算。

九、装配式混凝土结构工程。

1. 构件安装：

（1）构件按成品购入构件考虑，构件价格已包含了构件运输至施工现场指定区域、卸车、堆放发生的费用。

（2）本节装配式混凝土结构工程构件吊装机械综合取定，按本定额第十九章"垂直运输工程"相关说明及计算规则执行。

（3）构件安装包含了结合面清理、指定位置堆放后的构件移位及吊装就位、构件临时支撑、注浆、并拆除临时支撑全部过程。构件临时支撑的搭设及拆除已综合考虑了支撑（含支撑用预埋铁件）种类、数量、周转次数及搭设方式，实际不同不予调整。

（4）构件安装不分构件外形尺寸、截面类型以及是否带有保温，除另有规定者外，均按构件种类套用相应定额。

（5）构件安装定额中，构件底部座浆按砌筑砂浆铺筑考虑，遇设计采用灌浆料的，除灌浆材料单价换算外，每10m³ 构件安装定额另行增加人工0.60工日、液压注浆泵HYB50-50-1型0.30台班，其余不变。

（6）墙板安装定额不分是否带有门窗洞口，均按相应定额执行。凸（飘）窗安装定额适用于单独预制的凸（飘）窗安装，依附于外墙板制作的凸（飘）窗，其工程量并入外墙板计算，该板块安装整体套用外墙板安装定额，人工和机械用量乘以系数1.30。

（7）外挂墙板安装定额已综合考虑了不同的连接方式，按构件不同类型及厚度套用相应定额。

（8）楼梯休息平台安装按平台板结构类型不同，分别套用整体楼板或叠合楼板相应定额。

（9）单独受力的预应力空心板安装不区分板厚、连接方式，套用整体板定额，与后浇混凝土叠合整体受力的预应力空心板安装不区分板厚、连接方式，套用叠合板定额。

（10）阳台板安装不区分板式或梁式，均套用同一定额。空调板安装定额适用于单独预制的空调板安装,依附于阳台板制作的栏板、翻沿、空调板,并入阳台板内计算。非悬挑的阳台板安装,分别按梁、板安装有关规则计算并套用相应定额。

(11)女儿墙安装按构件净高以 0.6m 以内和 1.4m 以内分别编制,构件净高 1.4m 以上时套用外墙板安装定额。压顶安装定额适用于单独预制的压顶安装。

(12)轻质条板隔墙安装按构件厚度的不同,分别套用相应定额。定额已考虑了隔墙的固定配件、补(填)缝、抗裂措施构造,以及板材遇门窗洞所需要的切割改锯、孔洞加固的内容。

(13)烟道、通风道安装按构件外包周长套用相应定额,安装定额中未包含排烟(气)止回阀的材料及安装。

(14)套筒注浆不分部位、方向,按锚入套筒内的钢筋直径不同,以 φ18 以内及 φ18 以上分别编制。

(15)外墙嵌缝、打胶定额中的注胶缝断面按 20×15 编制,若设计断面与定额不同时,密封胶用量按比例调整,其余不变。定额中密封胶以硅酮耐候胶考虑,遇设计采用的密封胶种类与定额不同时,材料单价进行换算。

(16)装配式混凝土结构工程构件安装支撑高度按结构层高 3.6m 以内编制的,高度超过 3.6m 时,每增加 1m,人工乘以系数 1.15,钢支撑、零星卡具、支撑杆件乘以系数 1.30 计算。后浇混凝土模板支模高度超过 3.6m 按现浇相应模板的超高定额计算。

2.后浇混凝土:

(1)后浇混凝土定额适用于装配式整体式结构工程,用于与预制混凝土构件连接,使其形成整体受力构件,由混凝土、钢筋、模板等子目组成。除下列部位外,其他现浇混凝土构件按本章第一节现浇混凝土、钢筋和模板相应项目及规定执行:

1)预制混凝土柱与梁、梁与梁接头,套用梁、柱接头定额。

2)预制混凝土梁、墙、叠合板顶部及上部搁置叠合板的全断面混凝土后浇梁,套用叠合梁、板定额。

3)预制双叶叠合墙板内及叠合墙板端部边缘,套用叠合剪力墙定额。

4)预制墙板与墙板间、墙板与柱间等端部边缘连接墙、柱,套用连接墙、柱定额。

(2)预制墙板或柱等预制垂直构件之间设计采用现浇混凝土墙连接的,当连接墙长度小于 2m 以内的,套用后浇混凝土连接墙、柱定额,当连接墙长度大于 2m 的,按本章第一节现浇混凝土构件相应项目及规定执行。

(3)同开间内预制叠合楼板或整体楼板之间设计采用现浇混凝土板带拼缝的,板带混凝土浇捣并入后浇混凝土叠合梁、板计算。相应拼缝处需支模才能浇筑的混凝土模板工程套用板带定额。

(4)后浇混凝土钢筋制作、安装定额按钢筋品种、型号、规格综合连接方法及用途划分,相应定额内的钢筋型号以及比例已综合考虑,各类钢筋的制作成型、绑扎、接头、固定以及与预制构件外露钢筋的绑扎、焊接等所用人工、材料、机械消耗已综合考虑在相应定额内。钢筋接头采用机械连接的,按现浇混凝土构件相应接头项目及规定执行。

(5)后浇混凝土模板按复合模板考虑,定额消耗量已考虑了超出后浇混凝土与预制构件抱合部分的模板用量。

工程量计算规则

一、现浇结构混凝土、钢筋、模板。

1.混凝土：

（1）混凝土工程量除另有规定者外,均按设计图示尺寸以体积计算。不扣除构件内钢筋、预埋铁件所占体积。型钢混凝土中型钢骨架所占体积按(密度)7850kg/m³扣除。

（2）基础与垫层:按设计图示尺寸以体积计算,不扣除伸入承台基础的桩头所占体积。

1)带形基础:

①外墙按中心线、内墙按基底净长线计算,独立柱基间带形基础按基底净长线计算,附墙垛基础并入基础计算。

②基础搭接体积按图示尺寸计算。

③有梁带基梁面以下凸出的钢筋混凝土柱并入相应基础内计算。

④不分有梁式与无梁式,均按带形基础项目计算,对于有梁式带形基础,梁高(指基础扩大顶面至梁顶面的高)小于1.2m时合并计算,大于1.2m时,扩大顶面以下的基础部分,按带形基础项目计算,扩大顶面以上部分,按墙项目计算。

2)满堂基础:满堂基础范围内承台、地梁、集水井、柱墩等并入满堂基础内计算。

3)箱式基础分别按基础、柱、墙、梁、板等有关规定计算。

4)设备基础:设备基础除块体(块体设备基础是指没有空间的实心混凝土形状)以外其他类型设备基础分别按基础、柱、墙、梁、板等有关规定计算;工程量不扣除螺栓孔所占的体积,螺栓孔内及设备基础二次灌浆按设计图示尺寸另行计算,不扣除螺栓及预埋铁件体积。

（3）柱:按设计图示尺寸以体积计算。

1)柱高按基础顶面或楼板上表面算至柱顶面或上一层楼板上表面。

2)无梁板柱高按基础顶面(或楼板上表面)算至柱帽下表面。

3)构造柱高度按基础顶面或(或楼板上表面)至框架梁、连续梁等单梁(不含圈、过梁)底标高计算,与墙咬接的马牙槎混凝土浇捣按柱高每侧30mm合并计算。

4)依附柱上的牛腿,并入柱身体积内计算。

5)钢管混凝土柱以管内设计灌混凝土高度乘以钢管内径以体积计算。

（4）墙:按设计图示尺寸以体积计算,扣除门窗洞口及单个0.3m²以上的孔洞所占体积,墙垛及突出部分并入墙体积内计算。

柱与墙连接时柱并入墙体积,墙与板连接时墙算至板顶,平行嵌入墙上的梁不论凸出与否,均并入墙内计算,与墙连接的暗梁暗柱并入墙体积,墙与梁相交时梁头并入墙内。

（5）梁:按设计图示尺寸以体积计算,伸入砖墙内的梁头、梁垫并入梁体积内。

1)梁与柱、次梁与主梁、梁与混凝土墙交接时,按净空长度计算。

2)圈梁与板整体浇捣的,圈梁按断面高度计算。

（6）板:按设计图示尺寸以体积计,不扣除单个0.3m²以内的柱、垛及孔洞所占体积。

1)无梁板按板和柱帽体积之和计算。

2)各类板伸入砖墙内的板头并入板体积内计算,依附于拱形板、薄壳屋盖的梁及其他构件工程量均并入所依附的构件内计算。

3)板垫及与板整体浇捣的翻边(净高250mm以内的)并入板内计算;板上单独浇捣的砌筑墙下素混凝土翻边按圈梁定额计算,高度大于250mm且厚度与砌体相同的翻边无论整浇或后浇均按混凝土墙体定额执行。

(7)栏板、扶手:按设计图示尺寸以体积计算,伸入砖墙内的部分并入相应构件内计算,栏板柱并入栏板内计算,当栏板净高度小于250mm时,并入所依附的构件内计算。

(8)挑檐、檐沟按设计图示尺寸以墙外部分体积计算。挑檐、檐沟板与板(包括屋面板)连接时,以外墙外边线为分界线;与梁(包括圈梁等)连接时,以梁外边线为分界线;外墙外边线以外为挑檐、檐沟(工程量包括底板、侧板及与板整浇的挑梁)。

(9)全悬挑阳台按阳台项目以体积计算,外挑牛腿(挑梁)、台口梁、高度小于250mm的翻沿均合并在阳台内计算,翻沿净高度大于250mm时,翻沿另行按栏板计算;非全悬挑阳台,按梁、板分别计算,阳台栏板、单独压顶分别按栏板、压顶项目计算。

(10)雨篷梁、板工程量合并,按雨篷以体积计算,雨篷翻沿高度小于250mm时并入雨篷体积内计算,高度大于250mm时,另按栏板计算。

(11)楼梯(包括休息平台,平台梁、斜梁及楼梯与楼面的连接梁)按设计图示尺寸以水平投影面积计算,不扣除宽度小于500mm楼梯井,伸入墙内部分不计算。当整体楼梯与现浇楼板无梯梁连接时,以楼梯段最上一级边缘加300mm为界。与楼梯休息平台脱离的平台梁按梁或圈梁计算。

直形楼梯与弧形楼梯相连者,直形、弧形应分别计算套相应定额。

(12)场馆看台、地沟、扶手、压顶、小型构件、混凝土后浇带按设计图示尺寸以体积计算。

(13)设备基础的二次灌浆按设计图示尺寸计算灌浆体积。

(14)现场预制桩按设计图示尺寸以体积另加综合损耗率1.5%计算。

2.钢筋:

(1)钢筋按设计图示区别钢种按钢筋长度、数量乘以钢筋单位理论重量以吨计算,包括设计要求锚固、搭接和钢筋超定尺长度必须计算的搭接用量;钢筋的冷拉加工费不计,延伸率不扣。

(2)构件套用标准图集时,按标准图集钢筋(铁件)用量表内所列数量计算,标准图集未列钢筋(铁件)用量表时,按标准图集图示及本规则计算。

(3)计算钢筋用量时应扣除保护层厚度。

(4)地下连续墙墙身内十字钢板封口按设计图示尺寸以净重量计算。

(5)钢筋的搭接长度及数量应按设计图示、标准图集和规范要求计算,遇设计图示、标准图集和规范要求不明确时,钢筋的搭接长度和数量可按以下规则计算:

1)单根钢筋连续长度超过9m的,按每9m计算一个接头,搭接长度为35d。

2)灌注桩钢筋笼纵向钢筋、地下连续墙钢筋笼钢筋定额按单面焊接头考虑,搭接长度按10d计算;灌注桩钢筋笼螺旋箍筋的超长搭接已综合考虑,发生时不另计算。

3)建筑物柱、墙构件竖向钢筋接头有设计规定时按设计规定,无设计规定时按自然层计算。

4)当钢筋接头设计要求采用机械连接、焊接时,应按设计采用的接头种类和个数列项计算,计算该接头后不再计算该处的钢筋搭接长度。

(6)箍筋(板筋)、弯起钢筋、拉筋的长度及数量应按设计图示、标准图集和规范要求计算,遇设计图示、标准图集和规范要求不明确时,箍筋(板筋)、弯起钢筋、拉筋的长度及数量可按以下规则计算:

1)墙板S形拉结钢筋长度按墙板厚度扣保护层加两端弯钩计算。

2)弯起钢筋不分弯起角度,每个斜边增加长度按梁高(或板厚)乘以0.4计算。

3)箍筋(板筋)排列根数为柱、梁、板净长除以箍筋(板筋)设计间距;设计有不同间距时,应分段计算。柱净长按层高计算,梁净长按混凝土规则计算,板净长指主(次)梁与主(次)梁之间的净长;计算中有小数时,向上取整。

4)桩螺旋箍筋长度计算为螺旋箍筋斜长加螺旋箍上下端水平段长度计算。

螺旋箍筋长度 $= \sqrt{\left[(D-2C+d)\times\pi\right]^2 + h^2} \times n$

上下端水平箍筋长度 $= \pi(D-2C+d)\times(1.5\times2)$

上式中:D 为桩直径(m),C 为主筋保护层厚度(m),d 为箍筋直径(m),h 为箍筋间距(m),n 为箍筋道数(桩中箍筋配置范围除以箍筋间距,计算中有小数时,向上取整)。

(7)双层钢筋撑脚按设计规定计算,设计未规定时,均按混凝土板中小规格主筋计算,基础底板每平方米 1 只,长度按底板厚乘以 2 再加 1m 计算;板每平方米 3 只,长度按板厚度乘以 2 再加 0.1m 计算。双层钢筋的撑脚布置数量均按板的净面积计算,净面积应扣除柱、梁、基础梁的面积。

(8)后张预应力构件不能套用标准图集计算时,其预应力筋按设计构件尺寸,并区别不同的锚固类型,分别按下列规定计算:

1)钢绞线采用 JM、XM、QM 型锚具,孔道长度小于 20m 时,钢绞线长度按孔道长度增加 1m 计算;孔道长度大于 20m 时,钢绞线长度按孔道长度增加 1.8m 计算。

2)钢丝束采用锥形锚具,孔道长度小于 20m 时,钢丝束长度按孔道长度增加 1m 计算;孔道长度大于 20m 时,钢丝束长度按孔道长度增加 1.8m 计算。

3)钢丝束采用墩头锚具时,钢丝束长度按孔道长度增加 0.35m 计算。

(9)预应力钢丝束、钢绞线锚具安装按套数计算,不分一端、两端张拉时锚具的不同,均按两端为一"套"计量。

(10)植筋按数量计算,植入钢筋按外露和植入部分之和长度乘以单位理论质量计算。

(11)现场预制桩钢筋工程量按设计图用量另加桩综合损耗率 1.5% 计算。

(12)混凝土构件预埋铁件、螺栓,按设计图示尺寸,以净重量计算。

(13)墙柱拉接筋采用预埋或植筋方式的钢筋工程量均并入砌体内加固钢筋计算。

(14)沉降观测点列入钢筋(或铁件)工程量内计算,采用成品的按成品价计算。

3.模板:

(1)现浇混凝土构件模板,除另有规定者外,均按模板与混凝土的接触面积计算。梁、板、墙设后浇带时,计算构件模板工程量不扣除后浇带面积,后浇带另行按延长米(含梁宽)计算增加费。

(2)基础:

1)有梁式带形(满堂)基础,基础面(板面)上梁高(指基础扩大顶面(板面)至梁顶面的高)小于 1.2m 时,合并计算;大于 1.2m 时,基础底板模板按无梁式带形(满堂)基础计算,基础扩大顶面(板面)以上部分模板按混凝土墙项目计算。有梁带基梁面以下凸出的钢筋混凝土柱并入相应基础内计算;基础侧边弧形增加费按弧形接触面长度计算,每个面计算一道。

2)满堂基础:无梁式满堂基础有扩大或角锥形柱墩时,并入无梁式满堂基础内计算。

3)设备基础:块体设备基础按不同体积,分别计算模板工程量。设备基础地脚螺栓套以不同深度按螺栓孔数量计算。

4)地面垫层发生模板时按基础垫层模板定额执行,工程量按实际发生部位的模板与混凝土接触面展开计算。

(3)现浇混凝土的柱、梁、板、墙的模板按混凝土相关划分规定执行。构造柱高度的计算规则同混凝土,宽度按与墙咬接的马牙槎每侧加 60mm 合并计算。

堵墙面模板止水对拉螺栓孔眼增加费按对应范围内的墙的模板接触面工程量计算。

(4)计算墙、板工程量时,应扣除单孔面积大于 0.3m² 以上的孔洞,孔洞侧壁模板工程量另加;不扣除单孔面积小于 0.3m² 以内的孔洞,孔洞侧壁模板也不予计算。

(5)柱、墙、梁、板、栏板相互连接时,应扣除构件平行交接及 0.3m² 以上构件垂直交接处的面积。

(6)弧形板并入板内计算,另按弧长计算弧形板增加费。梁板结构的弧形板弧长工程量应包括梁板交接部位的弧线长度。

(7)挑檐、檐沟与板(包括屋面板、楼板)连接时,以外墙外边线为分界线;与梁(包括圈梁等)连接时,以梁外边线为分界线;外墙外边线以外或梁外边线以外为挑檐檐沟。

(8)现浇混凝土阳台、雨篷按阳台、雨篷挑梁及台口梁外侧面(含外挑线条)范围的水平投影面积计算,阳台、雨篷外梁上有外挑线条时,另行计算线条模板增加费。

阳台、雨蓬含净高 250mm 以内的翻檐模板,超过 250mm 时,全部翻檐另按栏板项目计算。

(9)现浇混凝土楼梯(包括休息平台、平台梁、楼梯段、楼梯与楼层板连接的梁)按水平投影面积计算。

不扣除宽度小于 500mm 楼梯井所占面积,楼梯的踏步、踏步板、平台梁等侧面模板不另行计算,伸入墙内部分亦不增加。当整体楼梯与现浇楼板无梯梁连接时,以楼梯的最上一级踏步边缘加 300mm 为界。

(10)架空式混凝土台阶按现浇楼梯计算;场馆看台按设计图示尺寸以水平投影面积计算。

(11)预制方桩按设计断面乘以桩长(包括桩尖)以实体积另加综合损耗率(1.5%)计算。

(12)凸出的线条模板增加费,以凸出棱线的道数不同分别按延长米计算,两条及多条线条相互之间净距小于 100mm 的,每两条线条按一条计算工程量。

4.超危支撑架空间体积及架体搭设材料的计算。

(1)无专项措施方案时:

1)有现浇楼混凝土板时支撑架体积按楼板底至搭设起始面(地面或下层楼板面)的高度乘以楼板面积和四周外扩各加宽 2m 面积之和计算,楼板覆盖范围内的柱、梁支撑架体积不另行列项计算。

2)无楼板时,支撑架体积按梁顶面至搭设起始面(地面或下层楼面)的高度乘以梁长度(梁长+2m)再乘以宽度(4m)计算,梁支撑架覆盖范围内的柱支撑架体积不另行列项计算,梁交叉重叠时按扣除加宽后的净长计算。

3)独立柱时,支撑架体积按柱顶面至搭设起始面(地面或下层楼面)的高度乘以长度(4m)再乘以宽度(4m)计算。

4)架体搭设材料的数量按超危支撑架空间体积和满堂式支架定额暂定用量计算。

(2)有专项措施方案时:

空间体积按该方案标示的平面面积乘以高度,上部有楼板时,高度为底座与楼板顶托间的垂直距离,无楼板上空(仅柱、梁)时,高度为底座起至构件顶面间的垂直距离。

超危支撑架搭设材料的数量按专项措施方案设计,范围同空间体积。

二、装配式结构构件安装及后浇连接混凝土。

1.装配式结构构件安装:

(1)构件安装工程量按成品构件设计图示尺寸的实体积以"m³"计算,依附于构件制作的各类保温层、饰面层体积并入相应的构件安装中计算,不扣除构件内钢筋、预埋铁件、配管、套管、线盒及单个 0.3m² 以内的孔洞、线箱等所占体积,外露钢筋体积亦不再增加。

(2)套筒注浆按设计数量以"个"计算。

(3)轻质条板隔墙安装工程量按构件图示尺寸以"m²"计算,应扣除门窗洞口、过人洞、空圈、嵌入墙板内的钢筋混凝土柱、梁、圈梁、挑梁、过梁、止水翻边及凹进墙内的壁龛、消防栓箱及单个 0.3m² 以上的孔洞所占的面积,不扣除梁头、板头及单个 0.3m² 以内的孔洞所占面积。

(4)预制烟道、通风道安装工程量按图示长度以"m"计算,排烟(气)止回阀、成品风帽安装工程量按图示数量以"个"计算。

(5)外墙嵌缝、打胶按构件外墙接缝的设计图示尺寸以"m"计算。

2.后浇混凝土:

后浇混凝土浇捣工程量按设计图示尺寸以实体积计算,不扣除混凝土内钢筋、预埋铁件及单个 0.3m² 以内的孔洞等所占体积。

3.后浇混凝土钢筋:

(1)后浇混凝土钢筋工程量按设计图示钢筋的长度、数量乘以钢筋单位理论质量计算。

(2)钢筋搭接长度应按设计图示、标准图集和规范要求计算,当设计要求钢筋接头采用机械连接时,不再计算该处钢筋搭接长度。遇设计图示、标准图集和规范要求不明确时,钢筋的搭接长度和数量按本章第一节现浇混凝土构件钢筋规则计算。预制构件外露钢筋不计入钢筋工程量。

4.后浇混凝土模板:

后浇混凝土模板工程量按后浇混凝土与模板接触面以"m²"计算,超出后浇混凝土接触面与预制构件抱合部分的模板面积不增加计算。不扣除后浇混凝土墙、板上单孔面0.3m²以内的孔洞,洞侧壁模板亦不增加;应扣除单孔0.3m²以上孔洞,洞侧壁模板面积并入相应的墙、板模板工程量内计算。

一、混　凝　土

1.现浇混凝土

(1)基　础

工作内容:混凝土浇捣、看护、养护等。　　　　　　　　　　　　　　　　　　计量单位:10m³

定　额　编　号				5-1	5-2	5-3	5-4
项　　目				垫层	基础		满堂基础、地下室底板
					毛石混凝土	混凝土	
基　价　(元)				**4503.40**	**4351.90**	**4916.53**	**4892.69**
其中	人　工　费　(元)			408.78	232.47	240.44	216.41
	材　料　费　(元)			4087.85	4117.52	4673.58	4673.77
	机　械　费　(元)			6.77	1.91	2.51	2.51
名　称		单位	单价(元)	消　耗　量			
人工	二类人工	工日	135.00	3.028	1.722	1.781	1.603
材料	非泵送商品混凝土 C15	m³	399.00	10.100	—	—	—
	泵送商品混凝土 C30	m³	461.00	—	8.282	10.100	—
	泵送防水商品混凝土 C30/P8	m³	460.00	—	—	—	10.100
	块石 200~500	t	77.67	—	3.654	—	—
	塑料薄膜	m²	0.86	47.775	13.246	14.815	25.195
	水	m³	4.27	3.950	1.011	1.111	1.430
机械	混凝土振捣器 插入式	台班	4.65	—	0.410	0.540	0.540
	混凝土振捣器 平板式	台班	12.54	0.540	—	—	—

注:1. 杯形基础每10m³增加DM5.0预拌砂浆0.068t。

　　2. 垫层按非泵送商品混凝土编制,实际采用泵送商品混凝土时,除混凝土价格换算外,人工乘以系数0.67,其余不变。

工作内容:混凝土浇捣、看护、养护等。　　　　　　　　　　　　　　　　　　计量单位:10m³

定　额　编　号				5-5
项　　目				设备基础二次灌浆
基　价　(元)				**6312.70**
其中	人　　工　　费　(元)			1298.43
	材　　料　　费　(元)			4992.12
	机　　械　　费　(元)			22.15
名　称		单　位	单价(元)	消　耗　量
人工	二类人工	工日	135.00	9.618
材料	非泵送商品混凝土 C30	m³	438.00	10.100
	木模板	m³	1445.00	0.370
	圆钉	kg	4.74	4.400
	水	m³	4.27	3.000
机械	载货汽车 4t	台班	369.21	0.060

注:1. 设备基础二次灌浆按非泵送商品混凝土编制。

　　2. 设计采用的灌浆材料与定额不一致时,按设计要求换算主材;采用砂浆灌浆的,按总说明调整人工及砂浆搅拌机消耗量,其余不做调整。

（2）柱

工作内容：混凝土浇捣、看护、养护等。 计量单位：10m³

定 额 编 号				5-6	5-7
项　　　目				矩形柱、异形柱、圆形柱	构造柱
基　价　（元）				**5584.19**	**5754.93**
其中	人　　工　　费　（元）			876.15	1486.76
	材　　料　　费　（元）			4703.85	4261.85
	机　　械　　费　（元）			4.19	6.32
名　　称		单位	单价（元）	消　耗　量	
人工	二类人工	工日	135.00	6.490	11.013
材料	非泵送商品混凝土 C25	m³	421.00	—	10.100
	泵送商品混凝土 C30	m³	461.00	10.100	—
	塑料薄膜	m²	0.86	0.912	0.885
	水	m³	4.27	11.000	2.105
机械	混凝土振捣器 插入式	台班	4.65	0.900	1.360

注：构造柱按非泵送商品混凝土编制，实际采用泵送商品混凝土时，除混凝土价格换算外，人工乘以系数0.95，其余不变。

（3）梁

工作内容：混凝土浇捣、看护、养护等。 计量单位：10m³

定 额 编 号				5-8	5-9	5-10	5-11
项　　　目				基础梁	矩形梁、异形梁、弧形梁	圈梁、过梁、拱形梁	斜梁
基　价　（元）				**4974.93**	**5068.96**	**5331.36**	**5114.43**
其中	人　　工　　费　（元）			271.62	366.53	997.52	391.10
	材　　料　　费　（元）			4699.12	4698.24	4327.52	4719.14
	机　　械　　费　（元）			4.19	4.19	6.32	4.19
名　　称		单位	单价（元）	消　耗　量			
人工	二类人工	工日	135.00	2.012	2.715	7.389	2.897
材料	非泵送商品混凝土 C25	m³	421.00	—	—	10.100	—
	泵送商品混凝土 C30	m³	461.00	10.100	10.100	—	10.100
	塑料薄膜	m²	0.86	34.933	36.115	67.065	54.455
	水	m³	4.27	3.040	2.595	4.155	3.795
机械	混凝土振捣器 插入式	台班	4.65	0.900	0.900	1.360	0.900

注：圈梁、过梁、拱形梁按非泵送商品混凝土编制，实际采用泵送商品混凝土时，除混凝土价格换算外，人工乘以系数0.71，其余不变。

(4)墙

工作内容:混凝土浇捣、看护、养护等。　　　　　　　　　　　　　　　　　　　**计量单位**:10m³

定　额　编　号				5-12	5-13	5-14	5-15
项　　　　目				毛石混凝土	直形、弧形墙		挡土墙、地下室外墙
					墙厚(cm)		
					10 以内	10 以上	
基　　价　　(元)				**4429.78**	**5227.52**	**5166.45**	**5046.65**
其中	人　　工　　费　　(元)			321.44	559.04	502.61	392.85
	材　　料　　费　　(元)			4104.85	4662.16	4659.65	4649.61
	机　　械　　费　　(元)			3.49	6.32	4.19	4.19
	名　　　称	单位	单价(元)	消　耗　量			
人工	二类人工	工日	135.00	2.381	4.141	3.723	2.910
材料	泵送商品混凝土 C30	m³	461.00	8.282	10.100	10.100	—
	泵送防水商品混凝土 C30/P8	m³	460.00	—	—	—	10.100
	塑料薄膜	m²	0.86	0.886	1.205	0.703	0.770
	块石 200~500	t	77.67	3.654	—	—	—
	水	m³	4.27	0.534	1.177	0.690	0.690
机械	混凝土振捣器 插入式	台班	4.65	0.750	1.360	0.900	0.900

(5)板

工作内容:混凝土浇捣、看护、养护等。　　　　　　　　　　　　　　　　　　　**计量单位**:10m³

定　额　编　号				5-16	5-17	5-18	5-19
项　　　　目				平板	拱板	薄壳板	斜板、坡屋面板
基　　价　　(元)				**5171.71**	**5315.44**	**5300.13**	**5242.49**
其中	人　　工　　费　　(元)			423.09	623.43	571.86	464.81
	材　　料　　费　　(元)			4740.88	4684.27	4720.53	4769.94
	机　　械　　费　　(元)			7.74	7.74	7.74	7.74
	名　　　称	单位	单价(元)	消　耗　量			
人工	二类人工	工日	135.00	3.134	4.618	4.236	3.443
材料	泵送商品混凝土 C30	m³	461.00	10.100	10.100	10.100	10.100
	塑料薄膜	m²	0.86	78.209	24.554	41.772	88.381
	水	m³	4.27	4.104	1.652	6.675	8.860
机械	混凝土振捣器 插入式	台班	4.65	0.450	0.450	0.450	0.450
	混凝土振捣器 平板式	台班	12.54	0.450	0.450	0.450	0.450

工作内容:混凝土浇捣、看护、养护等。　　　　　　　　　　　　　　　　　　　　计量单位:10m³

定　额　编　号				5-20	5-21	5-22	5-23
项　　　目				栏板	檐沟、挑檐	雨篷	阳台
基　价　（元）				**5998.20**	**5591.66**	**5483.61**	**5446.82**
其中	人　工　费　（元）			1314.50	819.45	707.94	681.21
	材　料　费　（元）			4677.38	4755.16	4769.53	4759.47
	机　械　费　（元）			6.32	17.05	6.14	6.14
名　　称		单位	单价(元)	消　耗　量			
人工	二类人工	工日	135.00	9.737	6.070	5.244	5.046
材料	泵送商品混凝土 C30	m³	461.00	10.100	10.100	10.100	10.100
	塑料薄膜	m²	0.86	11.750	85.199	95.650	73.629
	水	m³	4.27	2.617	6.040	7.300	9.380
机械	混凝土振捣器 插入式	台班	4.65	1.360	—	0.780	0.780
	混凝土振捣器 平板式	台班	12.54	—	1.360	0.200	0.200

（6）楼　　梯

工作内容:混凝土浇捣、看护、养护等。　　　　　　　　　　　　　　　　　　　　计量单位:10m²

定　额　编　号				5-24	5-25
项　　　目				楼梯	
				直形	弧形
基　价　（元）				**1303.45**	**1862.60**
其中	人　　工　　费　（元）			155.93	213.71
	材　　料　　费　（元）			1146.03	1646.75
	机　　械　　费　（元）			1.49	2.14
名　　称		单位	单价(元)	消　耗　量	
人工	二类人工	工日	135.00	1.155	1.583
材料	泵送商品混凝土 C30	m³	461.00	2.430	3.500
	塑料薄膜	m²	0.86	12.619	13.338
	水	m³	4.27	3.500	5.100
机械	混凝土振捣器 插入式	台班	4.65	0.320	0.460

(7) 其　他

工作内容:混凝土浇捣、看护、养护等。　　　　　　　　　　　　　　　　　　　　计量单位:10m³

定　额　编　号			5-26	5-27	5-28	5-29
项　　目			地沟	扶手、压顶	小型构件	场馆看台
基　价 (元)			**5358.53**	**6210.84**	**6566.37**	**6135.16**
其中	人　工　费 (元)		676.89	1435.86	1585.58	1366.34
	材　料　费 (元)		4675.32	4768.66	4974.47	4762.50
	机　械　费 (元)		6.32	6.32	6.32	6.32
名　　称		单位	单价(元)	消　耗　量		
人工	二类人工	工日	135.00	5.014	10.636	11.745	10.121
材料	泵送商品混凝土 C30	m³	461.00	10.100	10.100	10.100	10.100
	塑料薄膜	m²	0.86	11.550	89.563	287.001	84.610
	水	m³	4.27	2.174	8.322	16.756	7.878
机械	混凝土振捣器 插入式	台班	4.65	1.360	1.360	1.360	1.360

(8) 后　浇　带

工作内容:混凝土浇捣、看护、养护等。　　　　　　　　　　　　　　　　　　　　计量单位:10m³

定　额　编　号			5-30	5-31	5-32	5-33
项　　目			后浇带			
			地下室底板	梁、板(板厚 cm)		墙
				20 以内	20 以上	
基　价 (元)			**5230.95**	**5376.76**	**5290.38**	**5643.14**
其中	人　工　费 (元)		280.53	396.36	325.08	734.40
	材　料　费 (元)		4946.93	4966.50	4951.38	4902.42
	机　械　费 (元)		3.49	13.90	13.92	6.32
名　　称		单位	单价(元)	消　耗　量		
人工	二类人工	工日	135.00	2.078	2.936	2.408	5.440
材料	泵送防水商品混凝土 C35/P8	m³	484.00	10.100	10.100	10.100	10.100
	塑料薄膜	m²	0.86	44.866	61.047	49.231	3.784
	水	m³	4.27	4.670	5.995	4.835	2.521
机械	混凝土振捣器 插入式	台班	4.65	0.750	0.400	0.270	1.360
	混凝土振捣器 平板式	台班	12.54	—	0.960	1.010	—

(9)现场制作混凝土构件

工作内容:混凝土浇捣、养护、成品堆放。　　　　　　　　　　　　　　　计量单位:10m³

定　额　编　号					5-34
项　　　　目					预制方桩
基　　价　（元）					**5237.43**
其 中	人　　工　　费　（元）				542.70
	材　　料　　费　（元）				4690.54
	机　　械　　费　（元）				4.19
	名　　称	单位	单价（元）		消　耗　量
人 工	二类人工	工日	135.00		4.020
材 料	泵送商品混凝土 C30	m³	461.00		10.100
	塑料薄膜	m²	0.86		24.958
	水	m³	4.27		3.040
机 械	混凝土振捣器 插入式	台班	4.65		0.900

注:方桩按泵送商品混凝土编制,实际采用非泵送商品混凝土,除混凝土价格换算外,人工乘以系数1.3,其余不变。

2. 现场搅拌混凝土调整费

工作内容:骨料冲洗、配料计量、输送,搅拌、混凝土输送、设备清洗等。　　　　　计量单位:10m³

定　额　编　号					5-35
项　　　　目					现场搅拌混凝土调整费
基　　价　（元）					**595.70**
其 中	人　　工　　费　（元）				529.47
	材　　料　　费　（元）				1.62
	机　　械　　费　（元）				64.61
	名　　称	单位	单价（元）		消　耗　量
人 工	二类人工	工日	135.00		3.922
材料	水	m³	4.27		0.380
机 械	双锥反转出料混凝土搅拌机 500L	台班	215.37		0.300

二、钢　筋

1.现浇构件圆钢筋

工作内容:钢筋制作、绑扎、安装及浇捣时钢筋看护等全过程。　　　　　　　　　　　　　　　　　　　计量单位:t

定　额　编　号				5-36	5-37
项　　目				钢筋 HPB300	
				直径(mm 以内)	
				10	18
基　价　(元)				**4810.68**	**4637.53**
其中	人　　工　　费　(元)			666.90	450.50
	材　　料　　费　(元)			4120.67	4126.05
	机　　械　　费　(元)			23.11	60.98
名　　称		单位	单价(元)	消　耗　量	
人工	二类人工	工日	135.00	4.940	3.337
材料	热轧光圆钢筋 HPB300 φ10	t	3981.00	1.020	—
	热轧光圆钢筋 HPB300 φ18	t	3981.00	—	1.025
	镀锌铁丝 φ0.7~1.0	kg	6.74	8.910	3.456
	电焊条 E43 系列	kg	4.74	—	4.560
	水	m³	4.27	—	0.144
机械	钢筋调直机 14mm	台班	37.97	0.240	0.080
	钢筋切断机 40mm	台班	43.28	0.110	0.090
	钢筋弯曲机 40mm	台班	26.38	0.350	0.230
	直流弧焊机 32kW	台班	97.11	—	0.380
	对焊机 75kV·A	台班	119.25	—	0.090
	电焊条烘干箱 45×35×45(cm³)	台班	8.99	—	0.038

2. 现浇构件带肋钢筋

工作内容:钢筋制作、绑扎、安装及浇捣时钢筋看护等全过程。　　　　　　　　　　计量单位:t

定　额　编　号				5-38	5-39	5-40	5-41
项　　目				带肋钢筋 HRB400 以内			
				直径(mm 以内)			
				10	18	25	40
基　价（元）				**4632.41**	**4467.54**	**4286.52**	**4266.63**
其中	人　工　费　（元）			554.45	477.50	328.05	268.25
	材　料　费　（元）			4054.77	3922.42	3903.47	3991.06
	机　械　费　（元）			23.19	67.62	55.00	7.32
名　　称		单位	单价（元）	消　耗　量			
人工	二类人工	工日	135.00	4.107	3.537	2.430	1.987
材料	热轧带肋钢筋 HRB400φ10	t	3938.00	1.020	—	—	—
	热轧带肋钢筋 HRB400φ18	t	3759.00	—	1.025	—	—
	热轧带肋钢筋 HRB400φ25	t	3759.00	—	—	1.025	—
	热轧带肋钢筋 HRB400φ32	t	3888.00	—	—	—	1.025
	镀锌铁丝 φ0.7~1.0	kg	6.74	5.640	3.650	1.600	0.870
	电焊条 E50 系列	kg	8.19	—	5.400	4.800	—
	水	m³	4.27	—	0.144	0.093	—
机械	钢筋调直机 14mm	台班	37.97	0.270	—	—	—
	钢筋切断机 40mm	台班	43.28	0.110	0.100	0.090	0.090
	钢筋弯曲机 40mm	台班	26.38	0.310	0.230	0.180	0.130
	直流弧焊机 32kW	台班	97.11	—	0.450	0.400	—
	对焊机 75kV·A	台班	119.25	—	0.110	0.060	—
	电焊条烘干箱 45×35×45(cm³)	台班	8.99	—	0.045	0.040	—

工作内容:钢筋制作、绑扎、安装及浇捣时钢筋看护等全过程。 计量单位:t

定 额 编 号			5-42	5-43	5-44	5-45
项 目			带肋钢筋 HRB400 以上			
			直径(mm 以内)			
			10	18	25	40
基 价 (元)			5086.59	5101.29	4909.47	4729.78
其中	人 工 费 (元)		580.77	499.91	343.04	279.99
	材 料 费 (元)		4452.57	4529.16	4508.66	4442.06
	机 械 费 (元)		53.25	72.22	57.77	7.73
名 称	单位	单价(元)	消 耗 量			
人工 二类人工	工日	135.00	4.302	3.703	2.541	2.074
材料 热轧带肋钢筋 HRB500 φ10	t	4328.00	1.020	—	—	—
热轧带肋钢筋 HRB500 φ18	t	4328.00	—	1.025	—	—
热轧带肋钢筋 HRB500 φ22	t	4328.00	—	—	1.025	—
热轧带肋钢筋 HRB500 φ32	t	4328.00	—	—	—	1.025
镀锌铁丝 φ0.7~1.0	kg	6.74	5.640	3.650	1.597	0.870
电焊条 E55 系列	kg	10.34	—	6.552	5.928	—
水	m³	4.27	—	0.144	0.093	—
机械 钢筋调直机 14mm	台班	37.97	0.614	0.095	—	—
钢筋切断机 40mm	台班	43.28	0.426	0.105	0.095	0.095
钢筋弯曲机 40mm	台班	26.38	0.436	0.242	0.189	0.137
直流弧焊机 32kW	台班	97.11	—	0.473	0.420	—
对焊机 75kV·A	台班	119.25	—	0.095	0.063	—
电焊条烘干箱 45×35×45(cm³)	台班	8.99	—	0.047	0.042	—

3. 箍筋及其他

工作内容:钢筋制作、绑扎、安装及浇捣时钢筋看护等全过程。　　　　　　　　　　　　　计量单位:t

定　额　编　号				5-46	5-47
项　　　　　目				箍筋	
				圆钢 HPB300	
				直径(mm 以内)	
				10	14
基　　价　　(元)				**5214.57**	**4742.60**
其中	人　　工　　费　　(元)			1033.43	605.34
	材　　料　　费　　(元)			4128.27	4111.66
	机　　械　　费　　(元)			52.87	25.60
名　　称		单位	单价(元)	消　耗　量	
人工	二类人工	工日	135.00	7.655	4.484
材料	热轧光圆钢筋 HPB300 ϕ10	t	3981.00	1.020	—
	热轧光圆钢筋 HPB300 ϕ14	t	3981.00	—	1.025
	镀锌铁丝 ϕ0.7~1.0	kg	6.74	10.037	4.620
机械	钢筋调直机 14mm	台班	37.97	0.300	0.120
	钢筋切断机 40mm	台班	43.28	0.160	0.090
	钢筋弯曲机 40mm	台班	26.38	1.310	0.650

工作内容:钢筋制作、绑扎、安装及浇捣时钢筋看护等全过程。　　　　　　　　　　　　　计量单位:t

定　额　编　号				5-48	5-49	5-50	5-51
项　　　　　目				箍筋			
				带肋钢筋 HRB400 以内		带肋钢筋 HRB400 以上	
				直径(mm 以内)			
				10	14	10	14
基　　价　　(元)				**5243.90**	**4673.99**	**5674.21**	**5146.31**
其中	人　　工　　费　　(元)			1103.09	633.96	1133.73	651.24
	材　　料　　费　　(元)			4084.41	4013.26	4482.21	4467.34
	机　　械　　费　　(元)			56.40	26.77	58.27	27.73
名　　称		单位	单价(元)	消　耗　量			
人工	二类人工	工日	135.00	8.171	4.696	8.398	4.824
材料	热轧带肋钢筋 HRB400ϕ10	t	3938.00	1.020	—	—	—
	热轧带肋钢筋 HRB400ϕ12	t	3885.00	—	1.025	—	—
	热轧带肋钢筋 HRB500 ϕ10	t	4328.00	—	—	1.020	1.025
	镀锌铁丝 ϕ0.7~1.0	kg	6.74	10.037	4.620	10.037	4.620
机械	钢筋调直机 14mm	台班	37.97	0.310	0.130	0.320	0.130
	钢筋切断机 40mm	台班	43.28	0.190	0.090	0.200	0.100
	钢筋弯曲机 40mm	台班	26.38	1.380	0.680	1.420	0.700

工作内容:钢筋(网片)制作、安装、焊接(绑扎)、看护等全过程。 计量单位:t

	定 额 编 号			5-52	5-53
	项 目			钢筋网片	砌体内加固钢筋
	基 价 (元)			**7003.99**	**5762.87**
其 中	人 工 费 (元)			795.15	1646.19
	材 料 费 (元)			6037.86	4060.62
	机 械 费 (元)			170.98	56.06
	名 称	单位	单价(元)	消 耗 量	
人工	二类人工	工日	135.00	5.890	12.194
材 料	热轧光圆钢筋 HPB300 φ6	t	3981.00	—	1.020
	钢筋点焊网片	t	5862.00	1.030	—
机 械	钢筋调直机 14mm	台班	37.97	0.230	0.690
	钢筋切断机 40mm	台班	43.28	0.120	0.690
	点焊机 长臂 75kV·A	台班	146.78	1.070	—

4. 桩及地下连续墙钢筋笼

工作内容：1. 混凝土灌注桩钢筋笼：制作、焊接、绑扎、场内运输、吊装入孔、对接等全过程；
　　　　　　2. 地下连续墙钢筋笼制作：切断、成型、焊接、安装、预埋铁件及泡沫塑料板、钢筋笼
　　　　　　试拼装等全过程。

计量单位：t

定　额　编　号			5-54	5-55	5-56	5-57
项　　　目			混凝土灌注桩钢筋笼		地下连续墙钢筋笼制作	
			圆钢	带肋钢筋	圆钢	带肋钢筋
			HPB300	HRB400	HPB300	HRB400
基　　价　（元）			**4743.88**	**4658.36**	**5471.22**	**4844.17**
其中	人　　工　　费　（元）		413.64	400.95	955.80	437.40
	材　　料　　费　（元）		4144.58	4034.39	4313.57	4204.92
	机　　械　　费　（元）		185.66	223.02	201.85	201.85
名　　称	单位	单价（元）	消　耗　量			
人工 二类人工	工日	135.00	3.064	2.970	7.080	3.240
材料 热轧光圆钢筋 HPB300 综合	t	3981.00	1.020	—	1.020	—
热轧带肋钢筋 HRB400 综合	t	3849.00	—	1.025	—	1.020
铁件	kg	3.71	—	—	30.000	30.000
镀锌铁丝 8#～12#	kg	6.55	—	—	4.000	2.918
硬泡沫塑料板	m³	474.00	—	—	0.150	0.150
电焊条 E43 系列	kg	4.74	4.032	—	4.829	—
电焊条 E50 系列	kg	8.19	—	8.064	—	6.899
镀锌铁丝 φ0.7～1.0	kg	6.74	9.597	3.373	—	—
水	m³	4.27	0.038	0.090	—	—
其他材料费	元	1.00	—	—	21.46	20.92
机械 钢筋调直机 14mm	台班	37.97	—	—	0.162	0.162
履带式起重机 15t	台班	702.00	—	—	0.091	0.091
钢筋切断机 40mm	台班	43.28	0.130	0.100	0.162	0.162
钢筋弯曲机 40mm	台班	26.38	0.420	0.140	0.162	0.162
对焊机 75kV·A	台班	119.25	—	0.110	0.247	0.247
交流弧焊机 32kV·A	台班	92.84	—	—	0.981	0.981
直流弧焊机 32kW	台班	97.11	0.336	0.672	—	—
轮胎式起重机 16t	台班	755.65	0.180	0.180	—	—
电焊条烘干箱 45×35×45(cm³)	台班	8.99	0.034	0.067	—	—

工作内容:放样,划线,截料,平整,焊接,成品校正,吊装,校正。 计量单位:t

	定 额 编 号				5-58	5-59
	项 目				\multicolumn{2}{c}{十字钢板封口}
					制作	安装
	基 价 (元)				**6281.13**	**301.19**
其 中	人 工 费 (元)				728.19	194.40
	材 料 费 (元)				5209.60	23.45
	机 械 费 (元)				343.34	83.34
	名 称	单位	单价(元)		\multicolumn{2}{c}{消 耗 量}
人工	二类人工	工日	135.00		5.394	1.440
材 料	枋木	m³	776.00		—	0.003
	枕木	m³	2457.00		—	0.005
	氯丁胶粘结剂	kg	12.24		6.180	—
	氧气	m³	3.62		3.585	—
	乙炔气	m³	8.90		2.689	—
	硬泡沫塑料板	m³	474.00		1.360	—
	型钢 综合	t	3836.00		1.060	—
	电焊条 E43 系列	kg	4.74		75.910	1.630
	其他材料费	元	1.00		26.43	1.11
机 械	履带式起重机 15t	台班	702.00		0.126	0.108
	交流弧焊机 32kV·A	台班	92.84		—	0.081
	交流弧焊机 42kV·A	台班	129.55		1.944	—
	电动空气压缩机 1m³/min	台班	48.22		0.063	—

工作内容:钢筋笼吊运就位、驳运吊入槽、钢筋校正对接、安装护铁、就位、固定。 计量单位:t

定 额 编 号				5-60	5-61	5-62	5-63	5-64
项　　　目				地下连续墙钢筋笼吊运就位				
				深度(m)				
				25 以内	35 以内	45 以内	55 以内	55 以上
基　　价　　(元)				**509.65**	**564.90**	**593.26**	**686.10**	**734.64**
其中	人　工　费　(元)			307.80	315.09	321.57	328.05	334.53
	材　料　费　(元)			50.32	50.87	55.55	60.00	64.52
	机　械　费　(元)			151.53	198.94	216.14	298.05	335.59
名　　称		单位	单价(元)	消　耗　量				
人工	二类人工	工日	135.00	2.280	2.334	2.382	2.430	2.478
材料	铁件	kg	3.71	8.912	8.922	9.910	10.900	11.890
	垫木	m³	2328.00	0.002	0.002	0.002	0.002	0.002
	电焊条 E50 系列	kg	8.19	1.208	1.267	1.395	1.460	1.531
	其他材料费	元	1.00	2.71	2.74	2.70	2.95	3.21
机械	汽车式起重机 12t	台班	748.60	0.090	0.121	0.140	0.155	0.170
	履带式起重机 40t	台班	1242.97	0.045	—	—	—	—
	履带式起重机 60t	台班	1456.51	—	0.054	0.054	—	—
	交流弧焊机 32kV·A	台班	92.84	0.304	0.320	0.352	0.368	0.386
	履带式起重机 100t	台班	2737.92	—	—	—	0.054	0.063

5. 后张法预应力钢丝束

工作内容:制作、编束、穿筋、张拉、锚固、放张、切断等。　　　　　　　　　　　　　　　　计量单位:t

定 额 编 号			5-65	5-66	5-67	5-68	5-69
项 目			钢丝束		钢绞线		预应力钢丝束(钢绞线)张拉
			有粘结	无粘结	有粘结	无粘结	
基 价 (元)			**5883.66**	**5884.48**	**6140.48**	**6155.20**	**1727.77**
其中	人 工 费 (元)		472.23	427.95	472.23	427.95	740.88
	材 料 费 (元)		5370.80	5415.90	5627.62	5686.62	—
	机 械 费 (元)		40.63	40.63	40.63	40.63	986.89
名 称	单位	单价(元)	消 耗 量				
人工 二类人工	工日	135.00	3.498	3.170	3.498	3.170	5.488
材料 钢丝束 综合	t	5121.00	1.025	—	—	—	—
无粘结钢丝束	t	5164.00	—	1.025	—	—	—
钢绞线 综合	t	5336.00	—	—	1.025	—	—
无粘结钢绞线	t	5379.00	—	—	—	1.025	—
张拉平台摊销	m²	5.37	—	—	5.700	8.230	—
其他材料费	元	1.00	121.77	122.80	127.61	128.95	—
机械 钢筋调直机 14mm	台班	37.97	0.500	0.500	0.500	0.500	—
钢筋切断机 40mm	台班	43.28	0.500	0.500	0.500	0.500	—
立式油压千斤顶200t	台班	11.52	—	—	—	—	5.030
高压油泵 80MPa	台班	184.68	—	—	—	—	5.030

工作内容：锚具安装、张拉、波纹管安装、孔道灌浆等。

定　额　编　号			5-70	5-71	5-72
项　　目			锚具安装		预埋管孔道铺设灌浆
			单锚	群锚	
计　量　单　位			套		m
基　价（元）			**111.73**	**507.20**	**55.47**
其中	人　工　费（元）		60.35	101.93	22.95
	材　料　费（元）		49.93	217.10	32.39
	机　械　费（元）		1.45	188.17	0.13
名　称	单位	单价（元）	消　耗　量		
人工 二类人工	工日	135.00	0.447	0.755	0.170
材料 单孔锚具	套	19.83	2.000	—	—
群锚锚具3孔	套	101.00	—	2.000	—
承压板垫板	kg	3.81	2.000	2.000	—
钢质波纹管 DN60	m	25.86	—	—	1.122
纯水泥浆	m³	430.36	—	—	0.006
其他材料费	元	1.00	2.65	7.48	0.79
机械 预应力钢筋拉伸机 650kN	台班	24.94	0.058	—	—
预应力钢筋拉伸机 900kN	台班	41.55	—	0.071	—
电动灌浆机	台班	26.11	—	—	0.005
半自动切割机 100mm	台班	92.61	—	2.000	—

6. 钢筋焊接、机械连接、植筋

工作内容：钢筋验收、连接、挤压、焊接、清理等全部操作过程。　　　　计量单位：10个

定　额　编　号			5-73	5-74
项　　目			电渣压力焊接	
			直径（mm 以内）	
			18	32
基　价（元）			**47.47**	**56.73**
其中	人　工　费（元）		35.91	42.39
	材　料　费（元）		1.12	2.16
	机　械　费（元）		10.44	12.18
名　称	单位	单价（元）	消　耗　量	
人工 二类人工	工日	135.00	0.266	0.314
材料 焊剂	kg	3.66	0.162	0.312
石棉垫	kg	6.53	0.081	0.156
机械 电渣焊机 电流1000A	台班	174.04	0.060	0.070

工作内容:钢筋验收、连接、挤压、焊接、清理等全部操作过程。 计量单位:10个

定 额 编 号					5-75	5-76
项 目					钢筋气压焊接头	
					直径(mm 以内)	
					25	40
基 价 (元)					**48.17**	**50.08**
其中	人 工 费 (元)				40.50	41.99
	材 料 费 (元)				6.29	6.60
	机 械 费 (元)				1.38	1.49
名 称		单位	单价(元)		消 耗 量	
人工	二类人工	工日	135.00		0.300	0.311
材料	氧气	m³	3.62		0.700	0.735
	乙炔气	m³	8.90		0.300	0.315
	其他材料费	元	1.00		1.08	1.14
机械	气压焊设备	台班	9.19		0.150	0.162

工作内容:钢筋验收、套丝、连接、清理等全部操作过程。 计量单位:10个

定 额 编 号				5-77	5-78	5-79	5-80	5-81
项 目				直螺纹钢筋接头(钢筋直径 mm 以内)				
				16	20	25	32	40
基 价 (元)				**65.74**	**74.94**	**88.34**	**109.08**	**125.53**
其中	人 工 费 (元)			34.70	37.26	40.50	43.20	45.77
	材 料 费 (元)			27.00	33.06	42.65	59.82	72.55
	机 械 费 (元)			4.04	4.62	5.19	6.06	7.21
名 称		单位	单价(元)	消 耗 量				
人工	二类人工	工日	135.00	0.257	0.276	0.300	0.320	0.339
材料	直螺纹连接套筒 φ16	个	1.28	10.100	—	—	—	—
	直螺纹连接套筒 φ20	个	1.88	—	10.100	—	—	—
	直螺纹连接套筒 φ25	个	2.83	—	—	10.100	—	—
	直螺纹连接套筒 φ32	个	4.53	—	—	—	10.100	—
	直螺纹连接套筒 φ40	个	5.79	—	—	—	—	10.100
	润滑冷却液	kg	19.47	0.100	0.100	0.100	0.100	0.100
	尼龙帽	个	0.60	20.200	20.200	20.200	20.200	20.200
机械	螺栓套丝机 39mm	台班	28.85	0.140	0.160	0.180	0.210	0.250

工作内容:钢筋验收、套丝、连接、清理等全部操作过程。　　　　　　　　　　　　　　　**计量单位:**10 个

定　额　编　号			5-82	5-83	5-84	5-85	5-86
项　　　目			锥螺纹钢筋接头(钢筋直径 mm 以内)				
			16	20	25	32	40
基　　价　(元)			**64.11**	**73.24**	**86.43**	**105.91**	**123.44**
其中	人　　工　　费　(元)		34.56	37.26	40.50	43.47	45.63
	材　　料　　费　(元)		27.00	33.06	42.65	58.61	73.25
	机　　械　　费　(元)		2.55	2.92	3.28	3.83	4.56
名　　称	单位	单价(元)	消　耗　量				
人工 二类人工	工日	135.00	0.256	0.276	0.300	0.322	0.338
材料 锥螺纹连接套筒 φ16	个	1.28	10.100	—	—	—	—
锥螺纹连接套筒 φ20	个	1.88	—	10.100	—	—	—
锥螺纹连接套筒 φ25	个	2.83	—	—	10.100	—	—
锥螺纹连接套筒 φ32	个	4.41	—	—	—	10.100	—
锥螺纹连接套筒 φ40	个	5.86	—	—	—	—	10.100
润滑冷却液	kg	19.47	0.100	0.100	0.100	0.100	0.100
尼龙帽	个	0.60	20.200	20.200	20.200	20.200	20.200
机械 锥形螺纹车机 45mm	台班	18.23	0.140	0.160	0.180	0.210	0.250

工作内容:钢筋验收、连接、挤压、清理等全部操作过程。　　　　　　　　　　　　　　　**计量单位:**10 个

定　额　编　号			5-87	5-88
项　　　目			螺纹钢筋冷挤压接头	
			直径(mm 以内)	
			φ25	φ40
基　　价　(元)			**88.35**	**159.79**
其中	人　　工　　费　(元)		40.50	47.39
	材　　料　　费　(元)		43.61	106.86
	机　　械　　费　(元)		4.24	5.54
名　　称	单位	单价(元)	消　耗　量	
人工 二类人工	工日	135.00	0.300	0.351
材料 冷挤压套筒 φ25	套	4.22	10.100	—
冷挤压套筒 φ40	套	10.34	—	10.100
其他材料费	元	1.00	0.99	2.42
机械 钢筋挤压连接机 40mm	台班	32.58	0.130	0.170

工作内容:钻孔、清孔、注胶、安放钢筋、养护等全部操作过程。 计量单位:10 个

定 额 编 号			5-89	5-90	5-91	5-92	5-93
项 目			植筋(钢筋直径 mm 以内)				
			6.5	10	14	18	25
基 价 (元)			**10.35**	**26.19**	**63.23**	**119.38**	**280.22**
其中	人 工 费 (元)		5.40	18.09	47.39	89.37	234.90
	材 料 费 (元)		4.95	8.10	15.84	30.01	45.32
	机 械 费 (元)		—	—	—	—	—
名 称	单位	单价(元)	消 耗 量				
人工 二类人工	工日	135.00	0.040	0.134	0.351	0.662	1.740
材料 合金钢钻头 φ8	个	5.34	0.145	—	—	—	—
合金钢钻头 φ14	个	9.91	—	0.232	—	—	—
合金钢钻头 φ16~20	个	15.52	—	—	0.290	—	—
合金钢钻头 φ22~26	个	30.17	—	—	—	0.380	—
合金钢钻头 φ28~34	个	38.79	—	—	—	—	0.380
结构胶	L	13.41	0.015	0.085	0.266	0.529	1.064
丙酮	kg	8.16	0.280	0.350	0.700	1.090	1.622
棉纱头	kg	10.34	0.140	0.140	0.140	0.140	0.140
其他材料费	元	1.00	0.11	0.18	0.36	0.68	1.03
电	kW·h	0.78	0.176	0.220	0.330	0.550	0.770

7. 预埋铁件、螺栓制作、安装

工作内容:1. 预埋螺栓:螺栓定位、预埋、焊接固定等全部操作过程;

2. 预埋铁件:铁件制作、定位、预埋、焊接固定等全部操作过程。

计量单位:t

定 额 编 号				5-94	5-95	5-96
项　目				预埋		
				螺栓	铁件(kg/块)	
					25 以内	25 以上
基　价　（元）				**7246.09**	**8627.97**	**7082.67**
其中	人　工　费　（元）			1143.18	2551.64	1822.64
	材　料　费　（元）			5695.34	4334.07	4133.67
	机　械　费　（元）			407.57	1742.26	1126.36
名　称		单位	单价(元)	消　耗　量		
人工	二类人工	工日	135.00	8.468	18.901	13.501
材料	电焊条 E43 系列	kg	4.74	36.000	64.000	40.000
	六角带帽螺栓	kg	5.47	1010.000	—	—
	中厚钢板 综合	t	3750.00	—	0.555	0.656
	型钢 综合	t	3836.00	—	0.101	0.152
	热轧光圆钢筋 HPB300 综合	t	3981.00	—	0.152	0.101
	热轧带肋钢筋 HRB400 综合	t	3849.00	—	0.202	0.101
	其他材料费	元	1.00	—	179.41	110.17
机械	交流弧焊机 32kV·A	台班	92.84	4.390	16.910	10.680
	剪板机 40×3100	台班	374.59	—	0.180	0.090
	型钢剪断机 500mm	台班	82.19	—	0.040	0.020
	电焊条烘干箱 45×35×45(cm³)	台班	8.99	—	0.360	0.120
	门式起重机 10t	台班	447.22	—	0.220	0.220

注:设计采用的螺栓与定额不一致时,按设计要求换算主材,其余不做调整。

三、现浇混凝土模板

1. 基 础 模 板

工作内容: 模板制作、安装、拆除、维护、整理、堆放及场内外运输;模板粘接物及模内杂物清理、刷隔离剂。

计量单位:100m²

定 额 编 号			5-97	5-98	5-99	5-100	5-101
项 目			基础垫层	带 形 基 础			
				无梁式		有梁式	
				组合钢模	复合木模	组合钢模	复合木模
基 价 (元)			3801.89	4091.89	3526.67	3807.60	3664.55
其中	人 工 费 (元)		2616.98	2772.36	2170.53	2551.91	2067.12
	材 料 费 (元)		1093.70	1198.25	1302.89	1104.15	1494.57
	机 械 费 (元)		91.21	121.28	53.25	151.54	102.86
名 称	单位	单价(元)	消 耗 量				
人工 二类人工	工日	135.00	19.385	20.536	16.078	18.903	15.312
材料 钢模板	kg	5.96	—	91.800	—	71.710	—
复合模板 综合	m²	32.33	17.625	—	20.636	—	20.496
木模板	m³	1445.00	0.270	0.204	0.284	0.168	0.259
零星卡具	kg	5.88	—	18.770	—	16.230	16.230
钢支撑	kg	3.97	—	—	—	28.260	28.260
圆钉	kg	4.74	17.310	8.330	11.320	2.940	12.800
镀锌铁丝 12#	kg	5.38	—	—	—	0.140	—
草板纸 80#	张	2.67	—	30.000	30.000	30.000	30.000
尼龙帽	个	0.60	—	66.500	66.500	87.000	87.000
隔离剂	kg	4.67	10.000	10.000	10.000	10.000	10.000
镀锌铁丝 22#	kg	6.55	0.180	0.180	0.180	0.180	0.180
复合硅酸盐水泥 P·C 32.5R 综合	kg	0.32	7.000	7.000	7.000	7.000	7.000
黄砂 净砂	t	92.23	0.017	0.017	0.017	0.017	0.017
回库维修费	元	1.00	—	34.80	—	27.70	5.40
机械 木工圆锯机 500mm	台班	27.50	1.531	0.110	0.312	0.070	0.120
载货汽车 4t	台班	369.21	0.133	0.226	0.121	0.301	0.225
汽车式起重机 5t	台班	366.47	—	0.095	—	0.105	0.045

工作内容:模板制作、安装、拆除、维护、整理、堆放及场内外运输;模板粘接物及模内杂物清理、
刷隔离剂。

计量单位:100m²

定 额 编 号			5-102	5-103	5-104	5-105
项 目			独立基础		杯形基础	
			组合钢模	复合木模	组合钢模	复合木模
基 价 (元)			**3925.03**	**3543.40**	**4257.74**	**3835.73**
其中	人 工 费 (元)		2672.06	1940.22	2978.78	2320.79
	材 料 费 (元)		1149.60	1536.06	1181.53	1435.41
	机 械 费 (元)		103.37	67.12	97.43	79.53
名 称	单位	单价(元)	消 耗 量			
人工	二类人工	工日	135.00	19.793	14.372	22.065	17.191
材料	钢模板	kg	5.96	60.500	—	50.870	—
	复合模板 综合	m²	32.33	—	23.884	—	21.308
	木模板	m³	1445.00	0.322	0.286	0.372	0.286
	零星卡具	kg	5.88	21.220	21.220	6.700	6.700
	钢支撑	kg	3.97	3.840	3.840	9.930	9.930
	圆钉	kg	4.74	5.490	11.620	8.440	14.140
	镀锌铁丝 12#	kg	5.38	—	3.110	13.400	9.930
	草板纸 80#	张	2.67	30.000	30.000	30.000	30.000
	隔离剂	kg	4.67	10.000	10.000	10.000	10.000
	镀锌铁丝 22#	kg	6.55	0.180	0.180	0.180	0.180
	复合硅酸盐水泥 P·C 32.5R 综合	kg	0.32	7.000	7.000	7.000	7.000
	黄砂 净砂	t	92.23	0.017	0.017	0.017	0.017
	回库维修费	元	1.00	25.90	7.00	18.10	2.20
机械	木工圆锯机 500mm	台班	27.50	0.158	0.320	0.223	0.383
	载货汽车 4t	台班	369.21	0.162	0.152	0.149	0.171
	汽车式起重机 5t	台班	366.47	0.107	0.006	0.099	0.016

工作内容: 模板制作、安装、拆除、维护、整理、堆放及场内外运输;模板粘接物及模内杂物清理、刷隔离剂。

定 额 编 号				5-106	5-107	5-108	5-109	5-110
项 目				地下室底板、满堂基础				基础侧边弧形增加费
				有梁式		无梁式		
				组合钢模	复合木模	组合钢模	复合木模	
计 量 单 位				100m²				每 10m
基 价 (元)				**3409.58**	**3626.46**	**3556.12**	**3854.18**	**71.85**
其中	人 工 费 (元)			2138.81	2339.55	2231.96	2565.14	48.87
	材 料 费 (元)			1159.14	1219.73	1224.05	1234.61	20.71
	机 械 费 (元)			111.63	67.18	100.11	54.43	2.27
名 称	单位	单价(元)		消 耗 量				
人工	二类人工	工日	135.00	15.843	17.330	16.533	19.001	0.362
材料	钢模板	kg	5.96	75.880	—	66.670	—	—
	复合模板 综合	m²	32.33	—	20.090	—	18.494	0.280
	木模板	m³	1445.00	0.059	0.072	0.417	0.328	0.004
	零星卡具	kg	5.88	21.760	21.760	8.330	—	0.130
	钢支撑	kg	3.97	12.350	12.350	—	—	0.450
	圆钉	kg	4.74	1.760	7.060	4.170	4.170	0.660
	预埋铁件	kg	3.75	43.530	—	—	—	—
	镀锌铁丝 12#	kg	5.38	—	1.180	—	2.080	—
	草板纸 80#	张	2.67	30.000	30.000	30.000	30.000	—
	尼龙帽	个	0.60	184.000	184.000	—	—	—
	隔离剂	kg	4.67	10.000	10.000	10.000	10.000	—
	镀锌铁丝 22#	kg	6.55	0.180	0.180	0.180	0.180	—
	复合硅酸盐水泥 P·C 32.5R 综合	kg	0.32	7.000	7.000	7.000	7.000	—
	黄砂 净砂	t	92.23	0.017	0.017	0.017	0.017	—
	回库维修费	元	1.00	30.90	7.20	23.60	—	0.20
机械	木工圆锯机 500mm	台班	27.50	0.118	0.176	0.208	0.395	0.002
	载货汽车 4t	台班	369.21	0.235	0.149	0.208	0.118	0.005
	汽车式起重机 5t	台班	366.47	0.059	0.020	0.048	—	0.001

注: 基础弧形侧边高度按 40cm 以内考虑,超过时模板材料按每增加 10cm 增加 10% 调整。

工作内容:模板制作、安装、拆除、维护、整理、堆放及场内外运输;模板粘接物及模内杂物清理、刷隔离剂。

计量单位:100m²

定 额 编 号			5-111	5-112	5-113	5-114
项 目			设 备 基 础			
			单个块体体积(m³)			
			5 以内		5 以上	
			组合钢模	复合木模	组合钢模	复合木模
基 价 (元)			**5271.41**	**4104.12**	**4395.86**	**4000.97**
其中	人 工 费 (元)		3823.07	2497.50	3125.66	2451.47
	材 料 费 (元)		1305.23	1526.06	1150.40	1471.87
	机 械 费 (元)		143.11	80.56	119.80	77.63
名 称	单位	单价(元)	消 耗 量			
人工 二类人工	工日	135.00	28.319	18.500	23.153	18.159
材料 钢模板	kg	5.96	77.150	—	71.190	—
复合模板 综合	m²	32.33	—	19.586	—	19.586
木模板	m³	1445.00	0.218	0.253	0.235	0.363
零星卡具	kg	5.88	48.160	48.160	18.340	18.340
钢支撑	kg	3.97	13.130	13.130	9.780	9.780
圆钉	kg	4.74	3.360	7.280	4.940	7.290
预埋铁件	kg	3.75	3.300	—	16.360	—
镀锌铁丝 12#	kg	5.38	—	2.740	—	—
草板纸 80#	张	2.67	30.000	30.000	30.000	30.000
隔离剂	kg	4.67	10.000	10.000	10.000	10.000
回库维修费	元	1.00	40.00	15.90	28.30	6.10
机械 木工圆锯机 500mm	台班	27.50	0.205	0.300	0.136	0.287
载货汽车 4t	台班	369.21	0.286	0.175	0.226	0.174
汽车式起重机 5t	台班	366.47	0.087	0.021	0.089	0.015

工作内容:模板制作、安装、拆除、维护、整理、堆放及场内外运输;模板粘接物及模内杂物清理、刷隔离剂。

计量单位:10 个

定 额 编 号				5-115	5-116
项　　　目				设备螺栓套	
				长度(cm)	
				50 以内	每增加 50
基　　价　(元)				**248.12**	**227.53**
其中	人　　工　　费　(元)			93.96	75.20
	材　　料　　费　(元)			148.82	146.99
	机　　械　　费　(元)			5.34	5.34
	名　　　称	单位	单价(元)	消耗量	
人工	二类人工	工日	135.00	0.696	0.557
材料	木模板	m³	1445.00	0.100	0.100
	圆钉	kg	4.74	0.400	0.200
	隔离剂	kg	4.67	0.520	0.330
机械	木工圆锯机 500mm	台班	27.50	0.060	0.060
	载货汽车 4t	台班	369.21	0.010	0.010

注:设备螺栓套以木模为准,如为金属螺栓套,按实计算。

2. 建筑物模板

（1）柱、梁模板

工作内容: 模板制作、安装、拆除、维护、整理、堆放及场内外运输;模板粘接物及模内杂物清理、
刷隔离剂。

计量单位:100m²

定额编号			5-117	5-118	5-119
项　目			矩形柱		
			组合钢模	铝模	复合木模
基　价（元）			**4467.05**	**5040.57**	**4333.21**
其中	人　工　费（元）		3075.30	3326.40	2630.88
	材　料　费（元）		1197.18	1519.92	1554.03
	机　械　费（元）		194.57	194.25	148.30
名　称	单位	单价（元）	消　耗　量		
人工	二类人工	工日	135.00	22.780	24.640	19.488
材料	钢模板	kg	5.96	72.050	—	—
	复合模板 综合	m²	32.33	—	—	18.396
	铝模板	kg	34.99	—	33.600	—
	木模板	m³	1445.00	0.133	—	0.249
	零星卡具	kg	5.88	39.130	20.330	39.130
	钢支撑	kg	3.97	42.910	—	42.910
	斜支撑杆件 φ48×3.5	套	155.00	—	0.260	—
	对拉螺栓	kg	10.43	—	9.260	—
	销钉销片	套	0.69	—	77.760	—
	圆钉	kg	4.74	2.730	—	12.520
	草板纸 80#	张	2.67	30.000	—	30.000
	隔离剂	kg	4.67	10.000	—	10.000
	脱模剂	kg	1.54	—	3.600	—
	回库维修费	元	1.00	35.40	—	12.90
	其他材料费	元	1.00	—	28.63	—
机械	木工圆锯机 500mm	台班	27.50	0.107	—	0.271
	载货汽车 4t	台班	369.21	0.387	—	0.313
	汽车式起重机 5t	台班	366.47	0.133	—	0.069
	载货汽车 6t	台班	396.42	—	0.490	—

工作内容:模板制作、安装、拆除、维护、整理、堆放及场内外运输;模板粘接物及模内杂物清理、刷隔离剂。

计量单位:100m²

定　额　编　号			5-120	5-121	5-122
项　目			异形柱		异形柱、圆形柱
			组合钢模	铝模	复合木模
基　价　(元)			**6806.97**	**6229.38**	**6093.62**
其中	人　工　费　(元)		5251.50	4324.05	3861.81
	材　料　费　(元)		1335.46	1691.26	2076.35
	机　械　费　(元)		220.01	214.07	155.46
名　称	单位	单价(元)	消　耗　量		
人工 二类人工	工日	135.00	38.900	32.030	28.606
材料 钢模板	kg	5.96	81.380	—	—
复合模板 综合	m²	32.33	—	—	13.412
铝模板	kg	34.99	—	37.970	—
木模板	m³	1445.00	0.150	—	0.776
零星卡具	kg	5.88	44.200	21.350	28.520
钢支撑	kg	3.97	48.460	—	31.270
斜支撑杆件 φ48×3.5	套	155.00	—	0.270	—
对拉螺栓	kg	10.43	—	9.720	—
销钉销片	套	0.69	—	81.650	—
圆钉	kg	4.74	3.080	—	21.970
镀锌铁丝 12#	kg	5.38	—	—	2.900
草板纸 80#	张	2.67	30.000	—	18.000
隔离剂	kg	4.67	10.000	—	10.000
脱模剂	kg	1.54	—	3.780	—
嵌缝料	kg	1.42	—	—	4.000
回库维修费	元	1.00	40.00	—	9.40
其他材料费	元	1.00	—	31.76	—
机械 木工圆锯机 500mm	台班	27.50	0.121	—	1.080
载货汽车 4t	台班	369.21	0.437	—	0.291
汽车式起重机 5t	台班	366.47	0.151	—	0.050
载货汽车 6t	台班	396.42	—	0.540	—

工作内容:模板制作、安装、拆除、维护、整理、堆放及场内外运输;模板粘接物及模内杂物清理、
刷隔离剂。

计量单位:100m²

定 额 编 号				5-123	5-124	5-125
项 目				构造柱	柱支模超高每增加1m	
					钢、木模	铝模
基 价 (元)				**4058.34**	**259.55**	**539.92**
其中	人 工 费 (元)			2083.86	183.20	232.20
	材 料 费 (元)			1902.54	69.52	232.40
	机 械 费 (元)			71.94	6.83	75.32
名 称		单位	单价(元)	消 耗 量		
人工	二类人工	工日	135.00	15.436	1.357	1.720
材料	木模板	m³	1445.00	0.568	0.040	—
	钢支撑	kg	3.97	45.485	1.950	—
	复合模板 综合	m²	32.33	24.675	—	—
	斜支撑杆件 φ48×3.5	套	155.00	—	—	0.460
	对拉螺栓	kg	10.43	—	—	6.670
	零星卡具	kg	5.88	—	—	14.670
	圆钉	kg	4.74	0.983	0.840	—
	隔离剂	kg	4.67	10.000	—	—
	塑料粘胶带 20mm×50m	卷	15.37	2.500	—	—
	回库维修费	元	1.00	13.67	—	—
	其他材料费	元	1.00	—	—	5.27
机械	木工圆锯机 500mm	台班	27.50	0.055	0.007	—
	载货汽车 4t	台班	369.21	0.156	0.015	—
	汽车式起重机 5t	台班	366.47	0.035	0.003	—
	载货汽车 6t	台班	396.42	—	—	0.190

工作内容：模板制作、安装、拆除、维护、整理、堆放及场内外运输；模板粘接物及模内杂物清理、
刷隔离剂。

计量单位：100m²

定 额 编 号				5-126	5-127	5-128
项 目				基础梁		弧形基础梁
				组合钢模	复合木模	木模板
基 价 （元）				**4277.15**	**4304.53**	**6183.47**
其中	人 工 费 （元）			2602.80	2287.04	3147.66
	材 料 费 （元）			1418.54	1826.53	2934.72
	机 械 费 （元）			255.81	190.96	101.09
名 称		单位	单价（元）	消 耗 量		
人工	二类人工	工日	135.00	19.280	16.941	23.316
材料	钢模板	kg	5.96	83.110	—	—
	复合模板 综合	m²	32.33	—	20.538	—
	木模板	m³	1445.00	0.203	0.355	1.939
	零星卡具	kg	5.88	37.470	37.470	—
	钢支撑	kg	3.97	56.460	56.460	—
	圆钉	kg	4.74	3.230	12.850	14.130
	草板纸 80#	张	2.67	30.000	30.000	—
	隔离剂	kg	4.67	10.000	10.000	10.000
	嵌缝料	kg	1.42	—	—	10.000
	镀锌铁丝 22#	kg	6.55	0.180	0.180	0.180
	复合硅酸盐水泥 P·C 32.5R 综合	kg	0.32	7.000	7.000	7.000
	黄砂 净砂	t	92.23	0.017	0.017	0.017
	回库维修费	元	1.00	38.30	12.40	—
机械	木工圆锯机 500mm	台班	27.50	0.152	0.361	0.870
	载货汽车 4t	台班	369.21	0.487	0.401	0.209
	汽车式起重机 5t	台班	366.47	0.196	0.090	—

工作内容:模板制作、安装、拆除、维护、整理、堆放及场内外运输;模板粘接物及模内杂物清理、刷隔离剂。

计量单位:100m²

定　额　编　号			5-129	5-130	5-131	5-132	5-133
项　　目			矩形梁			异形梁	
			组合钢模	铝模	复合木模	铝模	木模板
基　价　(元)			**4672.97**	**4759.91**	**5392.35**	**5731.63**	**6607.12**
其中	人　工　费　(元)		2864.57	3267.00	3283.88	4062.15	4083.48
	材　料　费　(元)		1534.65	1350.20	1889.60	1510.91	2428.75
	机　械　费　(元)		273.75	142.71	218.87	158.57	94.89
名　　称	单位	单价(元)	消　耗　量				
人工 二类人工	工日	135.00	21.219	24.200	24.325	30.090	30.248
材料 钢模板	kg	5.96	82.060	—	—	—	—
复合模板 综合	m²	32.33	—	—	20.594	—	—
铝模板	kg	34.99	—	32.980	—	37.260	—
木模板	m³	1445.00	0.209	—	0.308	—	1.598
零星卡具	kg	5.88	45.840	—	45.840	—	—
钢支撑	kg	3.97	69.120	—	69.120	—	—
立支撑杆件 φ48×3.5	套	129.00	—	0.880	—	0.920	—
销钉销片	套	0.69	—	75.600	—	79.380	—
圆钉	kg	4.74	1.020	—	13.840	—	11.930
草板纸 80#	张	2.67	30.000	—	30.000	—	—
尼龙帽	个	0.60	37.000	—	37.000	—	—
隔离剂	kg	4.67	10.000	—	10.000	—	10.000
脱模剂	kg	1.54	—	3.670	—	3.850	—
嵌缝料	kg	1.42	—	—	—	—	10.000
镀锌铁丝 22#	kg	6.55	0.180	—	0.180	—	0.180
复合硅酸盐水泥 P·C 32.5R 综合	kg	0.32	7.000	—	7.000	—	2.000
黄砂 净砂	t	92.23	0.017	—	0.017	—	0.004
回库维修费	元	1.00	40.80	—	15.20	—	—
其他材料费	元	1.00	—	24.90	—	27.80	—
机械 木工圆锯机 500mm	台班	27.50	0.145	—	0.371	—	0.819
载货汽车 4t	台班	369.21	0.549	—	0.455	—	0.196
汽车式起重机 5t	台班	366.47	0.183	—	0.111	—	—
载货汽车 6t	台班	396.42	—	0.360	—	0.400	—

工作内容:模板制作、安装、拆除、维护、整理、堆放及场内外运输;模板粘接物及模内杂物清理、刷隔离剂。

计量单位:100m²

定 额 编 号			5-134	5-135	5-136	5-137	5-138
项 目			弧形梁	拱形梁	斜梁	梁支模超高每增加1m	
			木模板		复合木模	钢、木模	铝模
基 价 (元)			**7052.73**	**8546.67**	**6119.74**	**442.87**	**357.97**
其中	人 工 费 (元)		4190.67	5083.29	3927.02	310.10	307.80
	材 料 费 (元)		2757.79	3323.48	1983.03	112.79	38.28
	机 械 费 (元)		104.27	139.90	209.69	19.98	11.89
名 称	单位	单价(元)	消 耗 量				
人工 二类人工	工日	135.00	31.042	37.654	29.089	2.297	2.280
材料 复合模板 综合	m²	32.33	—	—	24.675	—	—
木模板	m³	1445.00	1.816	2.225	0.476	0.058	—
钢支撑	kg	3.97	—	—	69.480	6.620	—
立支撑杆件 φ48×3.5	套	129.00	—	—	—	—	0.290
对拉螺栓	kg	10.43	—	—	5.794	—	—
圆钉	kg	4.74	14.300	8.960	1.138	0.570	—
隔离剂	kg	4.67	10.000	10.000	10.000	—	—
嵌缝料	kg	1.42	10.000	10.000	—	—	—
镀锌铁丝 22#	kg	6.55	0.180	0.180	0.180	—	—
复合硅酸盐水泥 P·C 32.5R 综合	kg	0.32	7.000	7.000	5.540	—	—
黄砂 净砂	t	92.23	0.017	0.017	0.014	—	—
硬塑料管 φ20	m	1.98	—	—	14.193	—	—
塑料粘胶带 20mm×50m	卷	15.37	—	—	4.000	—	—
回库维修费	元	1.00	—	—	15.28	—	—
其他材料费	元	1.00	—	—	—	—	0.87
机械 木工圆锯机 500mm	台班	27.50	1.160	1.610	0.037	0.043	—
载货汽车 4t	台班	369.21	0.196	0.259	0.455	0.040	—
汽车式起重机 5t	台班	366.47	—	—	0.111	0.011	—
载货汽车 6t	台班	396.42	—	—	—	—	0.030

工作内容:模板制作、安装、拆除、维护、整理、堆放及场内外运输;模板粘接物及模内杂物清理、刷隔离剂。

计量单位:100m²

定 额 编 号			5-139	5-140	5-141
项 目			直形圈过梁		弧形圈、过梁
			组合钢模	复合木模	
基 价 (元)			**4372.37**	**4261.10**	**5502.63**
其中	人 工 费 (元)		3046.55	3037.64	4162.46
	材 料 费 (元)		1145.59	1167.57	1276.04
	机 械 费 (元)		180.23	55.89	64.13
名 称	单位	单价(元)	消 耗 量		
人工	二类人工	工日	135.00	22.567	22.501	30.833
材料	钢模板	kg	5.96	90.110	—	—
	复合模板 综合	m²	32.33	—	21.756	—
	木模板	m³	1445.00	0.107	0.215	0.809
	零星卡具	kg	5.88	24.960	—	—
	钢支撑	kg	3.97	33.900	—	—
	圆钉	kg	4.74	1.370	5.030	6.800
	镀锌铁丝 12#	kg	5.38	—	—	2.050
	草板纸 80#	张	2.67	30.000	30.000	—
	隔离剂	kg	4.67	10.000	10.000	10.000
	嵌缝料	kg	1.42	—	—	10.000
	镀锌铁丝 22#	kg	6.55	0.180	0.180	0.180
	复合硅酸盐水泥 P·C 32.5R 综合	kg	0.32	3.000	3.000	3.000
	黄砂 净砂	t	92.23	0.008	0.008	0.008
	回库维修费	元	1.00	36.40	—	—
机械	木工圆锯机 500mm	台班	27.50	0.081	0.475	0.600
	载货汽车 4t	台班	369.21	0.364	0.116	0.129
	汽车式起重机 5t	台班	366.47	0.119	—	—

(2)板、墙、楼梯、装饰线模板

工作内容: 模板制作、安装、拆除、维护、整理、堆放及场内外运输;模板粘接物及模内杂物清理、刷隔离剂等。

计量单位:100m²

定 额 编 号			5-142	5-143	5-144	5-145	5-146
项 目			板			无梁板	
			组合钢模	铝模	复合木模	组合钢模	复合木模
基 价 (元)			3433.02	4575.62	3883.41	3306.80	3498.78
其中	人 工 费 (元)		1951.97	3148.20	2067.12	1683.32	1719.50
	材 料 费 (元)		1266.78	1296.60	1646.05	1475.44	1661.52
	机 械 费 (元)		214.27	130.82	170.24	148.04	117.76
名 称	单位	单价(元)	消 耗 量				
人工 二类人工	工日	135.00	14.459	23.320	15.312	12.469	12.737
材料 钢模板	kg	5.96	74.560	—	—	48.000	—
复合模板 综合	m²	32.33	—	—	20.286	—	16.898
铝模板	kg	34.99	—	32.670	—	—	—
木模板	m³	1445.00	0.129	—	0.235	0.536	0.470
零星卡具	kg	5.88	46.170	—	46.170	23.480	23.480
钢支撑	kg	3.97	49.320	—	49.320	24.620	24.620
立支撑杆件 φ48×3.5	套	129.00	—	0.560	—	—	—
销钉销片	套	0.69	—	75.600	—	—	—
圆钉	kg	4.74	0.260	—	8.240	5.770	13.390
草板纸 80#	张	2.67	30.000	—	30.000	30.000	30.000
脱模剂	kg	1.54	—	3.470	—	—	—
隔离剂	kg	4.67	10.000	—	10.000	10.000	10.000
镀锌铁丝 22#	kg	6.55	0.180	—	0.180	0.180	0.180
复合硅酸盐水泥 P·C 32.5R 综合	kg	0.32	2.000	—	2.000	2.000	2.000
黄砂 净砂	t	92.23	0.004	—	0.004	0.004	0.004
回库维修费	元	1.00	38.50	—	15.30	22.70	7.80
其他材料费	元	1.00	—	23.73	—	—	—
机械 木工圆锯机 500mm	台班	27.50	0.180	—	0.452	0.144	0.406
载货汽车 4t	台班	369.21	0.427	—	0.349	0.288	0.249
汽车式起重机 5t	台班	366.47	0.141	—	0.079	0.103	0.040
载货汽车 6t	台班	396.42	—	0.330	—	—	—

工作内容:模板制作、安装、拆除、维护、整理、堆放及场内外运输;模板粘接物及模内杂物清理、
刷隔离剂。

计量单位:100m²

定　额　编　号				5-147	5-148	5-149	5-150	5-151	5-152
项　　　　　目				拱形板	斜板、坡屋面板	薄壳屋盖	弧形板增加费	板支模超高每增加1m	
				复合模板			10m	钢、木模	铝模
基　　价　　(元)				**7158.35**	**5279.57**	**6656.75**	**242.49**	**393.27**	**390.76**
其中	人　　工　　费　(元)			4491.32	2659.10	3534.71	103.41	234.90	357.75
	材　　料　　费　(元)			2567.65	2403.60	3049.61	134.29	134.64	25.08
	机　　械　　费　(元)			99.38	216.87	72.43	4.79	23.73	7.93
名　　称		单位	单价(元)	消　耗　量					
人工	二类人工	工日	135.00	33.269	19.697	26.183	0.766	1.740	2.650
材料	钢模板	kg	5.96	—	—	—	0.600	—	—
	复合模板 综合	m²	32.33	30.629	30.629	38.063	—	—	—
	木模板	m³	1445.00	0.852	0.683	1.002	0.050	0.063	—
	零星卡具	kg	5.88	—	—	—	0.600	—	—
	钢支撑	kg	3.97	48.010	67.214	48.010	12.900	7.140	—
	立支撑杆件 φ48×3.5	套	129.00	—	—	—	—	—	0.190
	圆钉	kg	4.74	1.579	1.149	1.961	0.700	3.220	—
	镀锌铁丝 8#	kg	6.55	0.180	0.180	0.180	—	—	—
	隔离剂	kg	4.67	10.000	10.000	10.000	—	—	—
	塑料粘胶带 20mm×50m	卷	15.37	5.000	5.000	6.500	—	—	—
	复合硅酸盐水泥 P·C 32.5R 综合	kg	0.32	15.246	15.246	15.246	—	—	—
	黄砂 净砂	t	92.23	0.040	0.040	0.040	—	—	—
	回库维修费	元	1.00	14.89	20.85	14.89	0.40	—	—
	其他材料费	元	1.00	—	—	—	—	—	0.57
机械	木工圆锯机 500mm	台班	27.50	0.083	0.083	0.083	0.040	0.139	—
	载货汽车 4t	台班	369.21	0.263	0.475	0.190	0.010	0.043	—
	汽车式起重机 5t	台班	366.47	—	0.107	—	—	0.011	—
	载货汽车 6t	台班	396.42	—	—	—	—	—	0.020

工作内容:模板制作、安装、拆除、维护、整理、堆放及场内外运输;模板粘接物及模内杂物清理、
刷隔离剂。

计量单位:100m²

定 额 编 号			5-153	5-154	5-155	5-156	5-157
项 目			直形墙			直形地下室外墙	
			组合钢模	铝模	复合木模	组合钢模	复合木模
基 价 (元)			**3927.41**	**4633.85**	**3467.73**	**3797.28**	**3610.27**
其中	人 工 费 (元)		2572.29	2970.00	1949.67	2530.98	2085.89
	材 料 费 (元)		1163.06	1469.60	1420.63	1114.07	1426.09
	机 械 费 (元)		192.06	194.25	97.43	152.23	98.29
名 称	单位	单价(元)	消 耗 量				
人工 二类人工	工日	135.00	19.054	22.000	14.442	18.748	15.451
材料 钢模板	kg	5.96	83.770	—	—	70.290	—
复合模板 综合	m²	32.33	—	—	20.104	—	19.824
铝模板	kg	34.99	—	34.220	—	—	—
木模板	m³	1445.00	0.038	—	0.074	0.048	0.086
零星卡具	kg	5.88	39.900	20.220	39.900	32.550	32.550
钢支撑	kg	3.97	34.810	—	34.810	25.960	25.960
斜支撑杆件φ48×3.5	套	155.00	—	0.250	—	—	—
对拉螺栓	kg	10.43	—	2.610	—	—	—
销钉销片	套	0.69	—	79.200	—	—	—
圆钉	kg	4.74	0.670	—	17.750	0.830	12.860
六角带帽螺栓	kg	5.47	5.410	—	5.410	24.990	24.990
草板纸80#	张	2.67	30.000	—	30.000	30.000	30.000
尼龙帽	个	0.60	62.000	—	62.000	52.000	52.000
隔离剂	kg	4.67	10.000	—	10.000	10.000	10.000
脱模剂	kg	1.54	—	3.470	—	—	—
回库维修费	元	1.00	39.30	—	13.20	32.70	10.80
其他材料费	元	1.00	—	27.38	—	—	—
机械 木工圆锯机 500mm	台班	27.50	0.096	—	0.098	0.095	0.128
载货汽车 4t	台班	369.21	0.385	—	0.201	0.303	0.215
汽车式起重机 5t	台班	366.47	0.129	—	0.056	0.103	0.042
载货汽车 6t	台班	396.42	—	0.490	—	—	—

注:毛石混凝土、无筋混凝土挡土墙套地下室外墙定额扣除螺栓后乘以以下系数:人工0.90、机械0.95。

工作内容：模板制作、安装、拆除、维护、整理、堆放及场内外运输；模板粘接物及模内杂物清理、
刷隔离剂。

计量单位：100m²

定　额　编　号			5-158	5-159	5-160	5-161	5-162
项　　　　目			短肢剪力墙	弧形墙	弧形 地下室外墙	电梯井壁	
						组合钢模	复合木模
基　　价　（元）			**5455.15**	**5618.97**	**5268.25**	**4141.10**	**5463.82**
其中	人　　工　　费　（元）		2818.26	2865.78	2771.82	3071.79	3066.80
	材　　料　　费　（元）		2578.99	2629.82	2395.52	935.87	2339.12
	机　　械　　费　（元）		57.90	123.37	100.91	133.44	57.90
名　　称		单位	单价（元）	消　耗　量			
人工	二类人工	工日	135.00	20.876	21.228	20.532	22.754	22.717
材料	组合钢模板	kg	3.71	—	—	—	65.760	—
	复合模板 综合	m²	32.33	20.104	—	—	—	20.104
	钢支撑	kg	3.97	19.830	—	—	19.830	19.830
	木模板	m³	1445.00	0.632	1.686	1.442	0.149	0.466
	零星卡具	kg	5.88	—	—	—	38.990	—
	圆钉	kg	4.74	1.609	22.140	19.730	9.880	1.609
	镀锌铁丝 12#	kg	5.38	—	5.150	3.850	—	—
	六角带帽螺栓	kg	5.47	—	—	24.990	—	—
	对拉螺栓	kg	10.43	50.184	—	—	—	50.184
	铁件 综合	kg	6.90	6.770	—	—	6.770	6.770
	硬塑料管 φ20	m	1.98	123.034	—	—	—	123.034
	隔离剂	kg	4.67	10.000	10.000	10.000	10.000	10.000
	嵌缝料	kg	1.42	—	10.000	10.000	—	—
	塑料粘胶带 20mm×50m	卷	15.37	4.000	—	—	—	4.000
	回库维修费	元	1.00	7.52	—	—	28.37	7.52
机械	木工圆锯机 500mm	台班	27.50	0.028	1.237	0.850	0.028	0.028
	载货汽车 4t	台班	369.21	0.121	0.242	0.210	0.270	0.121
	汽车式起重机 5t	台班	366.47	0.034	—	—	0.090	0.034

工作内容:模板制作、安装、拆除、维护、整理、堆放及场内外运输;模板粘接物及模内杂物清理、刷隔离剂。

计量单位:100m²

定额编号			5-163	5-164	5-165	5-166	5-167
项目			大钢模板墙	混凝土墙滑模	墙支模超高每增加1m		对拉螺栓堵眼增加费
					钢、木模	铝模	
基价(元)			**2061.68**	**6034.26**	**257.07**	**468.67**	**529.80**
其中	人工费	(元)	1254.15	1998.68	183.20	279.45	513.00
	材料费	(元)	737.43	3062.73	66.83	133.72	16.80
	机械费	(元)	70.10	972.85	7.04	55.50	—
名称	单位	单价(元)	消耗量				
人工 二类人工	工日	135.00	9.290	14.805	1.357	2.070	3.800
材料 定型钢模板	kg	5.91	—	93.680	—	—	—
钢模板	kg	5.96	70.100	—	—	—	—
钢滑模	kg	4.52	—	4.840	—	—	—
木模板	m³	1445.00	0.038	0.092	0.039	—	—
钢支撑	kg	3.97	—	—	1.910	—	—
斜支撑杆件 φ48×3.5	套	155.00	—	—	—	0.340	—
提升钢爬杆	kg	4.42	—	214.700	—	—	—
对拉螺栓	kg	10.43	—	—	—	1.090	—
钢支架、平台及连接件	kg	4.86	—	137.970	—	—	—
镀锌铁丝 8#	kg	6.55	1.970	—	—	—	—
零星卡具	kg	5.88	—	—	—	11.330	—
圆钉	kg	4.74	2.040	—	0.610	—	—
草板纸 80#	张	2.67	65.000	—	—	—	—
隔离剂	kg	4.67	10.000	—	—	—	—
低合金钢焊条 E43 系列	kg	4.74	—	7.720	—	—	—
纤维板 δ3	m²	8.22	—	1.876	—	—	—
膨胀水泥砂浆 1:1	m³	271.00	—	—	—	—	0.062
液压设备费	元	1.00	—	555.64	—	—	—
供电通讯设备费	元	1.00	—	58.29	—	—	—
回库维修费	元	1.00	21.90	—	—	—	—
其他材料费	元	1.00	—	68.83	—	3.03	—
机械 木工圆锯机 500mm	台班	27.50	0.068	—	0.028	—	—
载货汽车 4t	台班	369.21	—	1.463	0.014	—	—
载货汽车 8t	台班	411.20	0.106	—	—	—	—
汽车式起重机 8t	台班	648.48	0.038	—	—	—	—
汽车式起重机 5t	台班	366.47	—	0.490	0.003	—	—
直流弧焊机 32kW	台班	97.11	—	2.383	—	—	—
机动翻斗车 1t	台班	197.36	—	0.110	—	—	—
载货汽车 6t	台班	396.42	—	—	—	0.140	—

工作内容:模板制作、安装、拆除、维护、整理、堆放及场内外运输;模板粘接物及模内
　　　　杂物清理、刷隔离剂等。

计量单位:10m² 水平投影面积

定　额　编　号			5-168	5-169	5-170	5-171
项　　　目			楼梯			
			直形			弧形
			组合钢模	铝模	复合木模	
基　　　价　（元）			**1598.91**	**1751.16**	**1271.33**	**1434.82**
其中	人　工　费　（元）		1051.52	1157.90	876.29	962.82
	材　料　费　（元）		507.47	541.73	356.74	383.65
	机　械　费　（元）		39.92	51.53	38.30	88.35
名　　　称	单位	单价(元)	消　耗　量			
人工	二类人工	工日	135.00	7.789	8.577	6.491	7.132

材料	名称	单位	单价(元)				
	钢模板	kg	5.96	5.600	—	—	—
	复合模板 综合	m²	32.33	—	—	5.272	6.000
	铝模板	kg	34.99	—	13.890	—	—
	木模板	m³	1445.00	0.283	—	0.095	0.095
	零星卡具	kg	5.88	4.550	—	—	—
	钢支撑	kg	3.97	2.610	—	6.536	6.964
	立支撑杆件 φ48×3.5	套	129.00	—	0.170	—	—
	销钉销片	套	0.69	—	31.580	—	—
	圆钉	kg	4.74	2.600	—	0.241	0.241
	隔离剂	kg	4.67	2.040	—	1.959	1.959
	脱模剂	kg	1.54	—	1.380	—	—
	嵌缝料	kg	1.42	2.040	—	—	—
	塑料粘胶带 20mm×50m	卷	15.37	—	—	0.700	0.800
	回库维修费	元	1.00	3.30	—	2.03	2.16
	其他材料费	元	1.00	—	9.87	—	—

机械	名称	单位	单价(元)				
	木工圆锯机 500mm	台班	27.50	0.580	—	0.050	1.870
	载货汽车 4t	台班	369.21	0.055	—	0.100	0.100
	汽车式起重机 5t	台班	366.47	0.010	—	—	—
	载货汽车 6t	台班	396.42	—	0.130	—	—

工作内容:模板制作、安装、拆除、维护、整理、堆放及场内外运输;模板粘接物及模内杂物清理、
刷隔离剂等。

计量单位:100m

定 额 编 号				5-172	5-173
项 目				线条模板增加费	
				三道以内	三道以上
基 价 (元)				**561.72**	**947.56**
其中	人 工 费 (元)			165.38	279.05
	材 料 费 (元)			385.34	652.01
	机 械 费 (元)			11.00	16.50
名 称		单位	单价(元)	消 耗 量	
人工	二类人工	工日	135.00	1.225	2.067
材料	木模板	m³	1445.00	0.256	0.432
	圆钉	kg	4.74	2.240	3.960
	其他材料费	元	1.00	4.80	9.00
机械	木工圆锯机 500mm	台班	27.50	0.400	0.600

注:线条断面为外凸弧形的,一个曲面按一道考虑。

(3) 阳台雨篷、场馆看台板、栏板翻檐、檐沟挑檐模板

工作内容:模板制作、安装、拆除、维护、整理、堆放及场内外运输;模板粘接物及
模内杂物清理、刷隔离剂等。

计量单位:10m² 水平投影面积

定 额 编 号				5-174	5-175
项 目				阳台、雨篷	场馆看台板
基 价 (元)				**1040.50**	**1614.86**
其中	人 工 费 (元)			659.88	1009.94
	材 料 费 (元)			331.88	557.09
	机 械 费 (元)			48.74	47.83
名 称		单位	单价(元)	消 耗 量	
人工	二类人工	工日	135.00	4.888	7.481
材料	复合模板 综合	m²	32.33	5.311	5.008
	木模板	m³	1445.00	0.078	0.151
	木支撑	m³	1552.00	—	0.096
	钢支撑	kg	3.97	6.536	—
	圆钉	kg	4.74	0.199	0.404
	隔离剂	kg	4.67	1.734	1.635
	塑料粘胶带 20mm×50m	卷	15.37	0.680	1.200
	回库维修费	元	1.00	2.03	
机械	木工圆锯机 500mm	台班	27.50	0.083	0.184
	载货汽车 4t	台班	369.21	0.103	0.095
	汽车式起重机 5t	台班	366.47	0.023	0.021

注:阳台、雨篷支模高度超高时按板的支模超高定额计算;有梁时,展开计算并入板内工程量。

工作内容:模板制作、安装、拆除、维护、整理、堆放及场内外运输;模板粘接物及模内杂物清理、刷隔离剂等。

计量单位:100m²

定 额 编 号				5-176	5-177	5-178
项 目				栏板、翻檐		天沟挑檐
				直形	弧形	
基 价 (元)				**4869.04**	**5001.11**	**6520.39**
其中	人 工 费 (元)			2583.90	3551.58	4316.22
	材 料 费 (元)			2157.73	1403.74	2086.36
	机 械 费 (元)			127.41	45.79	117.81
名 称		单位	单价(元)	消 耗 量		
人工	二类人工	工日	135.00	19.140	26.308	31.972
材料	复合模板 综合	m²	32.33	26.912	—	30.629
	木模板	m³	1445.00	0.670	0.890	0.452
	钢支撑	kg	3.97	45.320	—	76.950
	圆钉	kg	4.74	1.705	11.980	1.149
	隔离剂	kg	4.67	10.000	10.000	10.000
	嵌缝料	kg	1.42	—	10.000	—
	塑料粘胶带 20mm×50m	卷	15.37	4.400	—	4.000
	回库维修费	元	1.00	17.19	—	23.87
机械	木工圆锯机 500mm	台班	27.50	0.156	0.846	1.160
	载货汽车 4t	台班	369.21	0.261	0.061	0.189
	汽车式起重机 5t	台班	366.47	0.073	—	0.044

(4)压顶、扶手、地沟、小型构件、方桩等其他构件模板

工作内容:模板制作、安装、拆除、维护、整理、堆放及场内外运输;模板粘接物及模内杂物清理、
　　　　　刷隔离剂等。

	定 额 编 号			5-179	5-180	5-181	5-182	5-183
	项　　　目			单 独扶手压顶	地沟	小型池槽	小型构件	现场制作方 桩
				复合模板		木模板	复合模板	组合钢模
	计 量 单 位			100m²				10m³
	基　　价　(元)			4568.92	3059.75	4937.99	5319.46	1587.36
其	人　工　费　(元)			3315.33	1860.44	3326.13	3006.72	1248.21
中	材　料　费　(元)			1231.93	1139.96	1533.74	2205.21	285.10
	机　械　费　(元)			21.66	59.35	78.12	107.53	54.05
	名　　称	单位	单价(元)			消　耗　量		
人工	二类人工	工日	135.00	24.558	13.781	24.638	22.272	9.246
材料	钢模板	kg	5.96	—	—	—	—	11.400
	复合模板 综合	m²	32.33	11.303	24.675	—	30.629	—
	木模板	m³	1445.00	0.106	0.169	0.970	0.646	0.070
	零星卡具	kg	5.88	—	—	—	—	8.400
	钢支撑	kg	3.97	—	—	—	—	5.200
	木支撑	m³	1552.00	0.423				
	圆钉	kg	4.74	0.633	7.830	15.020	46.540	0.600
	隔离剂	kg	4.67	3.300	10.000	10.000	10.000	—
	嵌缝料	kg	1.42	—	10.000	10.000	10.000	—
	塑料粘胶带 20mm×50m	卷	15.37	2.500	—	—	—	—
	镀锌铁丝 12#	kg	5.38	—	—	—	—	0.600
	回库维修费	元	1.00					6.30
	其他材料费	元	1.00					33.60
机械	木工圆锯机 500mm	台班	27.50	0.009	0.225	0.733	0.433	0.040
	载货汽车 4t	台班	369.21	0.058	0.144	0.157	0.259	0.140
	木工压刨床 单面600mm	台班	31.42	—	—	—	—	0.040

(5)后浇带模板增加费

工作内容:模板制作、安装、拆除、维护、整理、堆放及场内外运输;后浇时模内清理、凿毛、冲洗、补浆、刷隔离剂等。

计量单位:10m

定　额　编　号			5-184	5-185	5-186	5-187	5-188
项　　目			后浇带模板增加费				
			地下室底板	梁板(板厚cm)		墙(厚cm)	
				20以内	20以上	20以内	20以上
基　价　(元)			**331.58**	**483.85**	**501.67**	**349.07**	**417.36**
其中	人　工　费　(元)		197.37	266.90	267.84	183.20	216.14
	材　料　费　(元)		129.79	198.21	216.16	156.78	191.67
	机　械　费　(元)		4.42	18.74	17.67	9.09	9.55
名　　称	单位	单价(元)	消　耗　量				
人工 二类人工	工日	135.00	1.462	1.977	1.984	1.357	1.601
材料 复合模板 综合	m²	32.33	—	1.929	1.931	1.940	1.988
木模板	m³	1445.00	0.038	0.026	0.035	0.007	0.008
零星卡具	kg	5.88	—	4.330	3.853	3.581	3.399
钢支撑	kg	3.97	—	5.790	4.656	3.360	2.769
圆钉	kg	4.74	0.537	1.101	1.294	1.713	0.357
镀锌铁丝 12#	kg	5.38	0.103	—	—	—	—
镀锌铁丝 22#	kg	6.55	—	0.017	0.018	—	—
双头带帽螺栓 M16×340	套	11.81				0.522	2.116
钢丝网	m²	6.29	8.360	5.157	6.729	4.006	6.894
复合硅酸盐水泥 P·C 32.5R 综合	kg	0.32	—	0.478	0.470	—	—
黄砂 净砂	t	92.23	—	0.001	0.001	—	—
回库维修费	元	1.00	—	1.43	1.28	1.27	1.13
其他材料费	元	1.00	19.20	10.39	11.92	8.80	13.69
机械 载货汽车 4t	台班	369.21	0.011	0.039	0.037	0.019	0.021
木工圆锯机 500mm	台班	27.50	0.013	0.038	0.039	0.009	0.012
汽车式起重机 5t	台班	366.47	—	0.009	0.008	0.005	0.004

(6)现场制作桩地模

工作内容:地基压实、垫层、混凝土面层及随捣随抹光、养护。 计量单位:100m²

定 额 编 号			5-189
项 目			混凝土地模
基 价 (元)			**15720.93**
其中	人 工 费 (元)		4900.50
	材 料 费 (元)		10681.24
	机 械 费 (元)		139.19
名 称	单 位	单价(元)	消 耗 量
人工 二类人工	工日	135.00	36.300
材料 木模板	m³	1445.00	0.200
非泵送商品混凝土 C20	m³	412.00	15.000
水泥砂浆 1:2	m³	268.85	4.000
纯水泥浆	m³	430.36	0.070
碎石 综合	t	102.00	25.000
黄砂 毛砂	t	87.38	6.100
圆钉	kg	4.74	5.000
机械 电动夯实机 250N·m	台班	28.03	0.800
木工圆锯机 500mm	台班	27.50	0.500
灰浆搅拌机 200L	台班	154.97	0.600
混凝土振捣器 平板式	台班	12.54	0.800

注:仅适用于现场制桩不能利用硬化场地需单独设地模时。

(7)超危支撑架

工作内容:平整场地、钢支架、钢管架搭、拆;材料运输堆放全过程。 计量单位:100m³

定 额 编 号			5-190	5-191
项 目			满堂式支架	
			8m<高度≤16m	16m<高度≤24m
基 价 (元)			**1300.15**	**1673.10**
其中	人 工 费 (元)		1269.14	1631.75
	材 料 费 (元)		31.01	41.35
	机 械 费 (元)		—	—
名 称	单位	单价(元)	消 耗 量	
人工 二类人工	工日	135.00	9.401	12.087
材料 脚手架钢管	kg	3.62	5.808	7.744
脚手架钢管底座	个	5.69	0.093	0.124
脚手架扣件	只	5.22	1.812	2.416

注:满堂式支架定额未含支架及配件的使用费。支架及配件的暂定用量为:

8m<高度≤16m 按每立方米空间体积按15kg计算,16m<高度≤24m 按每立方米空间体积按20kg计算。

四、装配式混凝土构件

1.构 件 安 装

(1)柱

工作内容:支撑杆连接件预埋,接头钢筋调直、结合面清理,构件吊装、就位、校正、垫实、固定、
构件打磨、座浆料铺筑,搭设及拆除钢支撑。   计量单位:10m³

定 额 编 号				5-192
项　　目				实心柱
基　价　(元)				**2670.31**
其中	人　　工　　费　(元)			2275.71
	材　　料　　费　(元)			393.82
	机　　械　　费　(元)			0.78
名　称	单位	单价(元)	消　耗　量	
人工 三类人工	工日	155.00	14.682	
材料 预制混凝土柱	m³	—	(10.050)	
干混砌筑砂浆 DM M20.0	m³	446.81	0.080	
钢锲(垫铁)	kg	5.95	7.480	
垫木	m³	2328.00	0.010	
斜支撑杆件 φ48×3.5	套	155.00	0.340	
预埋铁件	kg	3.75	13.050	
其他材料费	元	1.00	188.65	
机械 干混砂浆罐式搅拌机 20000L	台班	193.83	0.004	

(2)梁

工作内容:接头钢筋调直、结合面清理,构件吊装、就位、校正、垫实、固定,搭设及拆除钢支撑。   计量单位:10m³

定 额 编 号			5-193	5-194
项　　目			单梁	叠合梁
基　价　(元)			**2432.22**	**2964.17**
其中	人　工　费　(元)		1973.15	2562.15
	材　料　费　(元)		459.07	402.02
	机　械　费　(元)		—	—
名　称	单位	单价(元)	消　耗　量	
人工 三类人工	工日	155.00	12.730	16.530
材料 预制混凝土单梁	m³	—	(10.050)	—
预制混凝土叠合梁	m³	—	—	(10.050)
钢锲(垫铁)	kg	5.95	3.270	4.680
垫木	m³	2328.00	0.014	0.020
立支撑杆件 φ48×3.5	套	129.00	1.040	1.490
零星卡具	kg	5.88	9.360	13.380
钢支撑	kg	3.97	10.000	14.290
其他材料费	元	1.00	178.12	—

(3) 楼 板

工作内容:接头钢筋调直、结合面清理,构件吊装、就位、校正、垫实、固定、焊接、搭设及拆除钢支撑。 计量单位:10m³

	定 额 编 号			5-195	5-196
	项 目			整体板	叠合板
	基 价 (元)			**3327.27**	**4378.51**
其中	人 工 费 (元)			2532.70	3165.10
	材 料 费 (元)			762.17	1159.47
	机 械 费 (元)			32.40	53.94
	名 称	单位	单价(元)	消 耗 量	
人工	三类人工	工日	155.00	16.340	20.420
材料	预制混凝土整体板	m³	—	(10.050)	—
	预制混凝土叠合板	m³	—	—	(10.050)
	钢锲(垫铁)	kg	5.95	1.880	3.140
	电焊条 E43 系列	kg	4.74	3.660	6.100
	垫木	m³	2328.00	0.055	0.091
	立支撑杆件 φ48×3.5	套	129.00	1.640	2.730
	零星卡具	kg	5.88	22.380	37.310
	钢支撑	kg	3.97	23.910	39.850
	其他材料费	元	1.00	167.52	170.27
机械	交流弧焊机 32kV·A	台班	92.84	0.349	0.581

(4)墙　板

工作内容: 支撑杆连接件预埋、接头钢筋调直、结合面清理、构件吊装、就位、校正、垫实、固定、
构件打磨、座浆料铺筑、填缝料填缝,搭设及拆除钢支撑。　　　　　　　　　　　计量单位:10m³

定　额　编　号				5-197	5-198	5-199	5-200
项　　目				实心剪力墙			
				外墙板		内墙板	
				墙厚(mm)			
				200 以内	200 以上	200 以内	200 以上
基　价　(元)				**3043.06**	**2411.27**	**2588.99**	**2068.70**
其中	人　工　费　(元)			2492.71	1934.25	2097.31	1641.14
	材　料　费　(元)			549.38	476.05	490.71	426.59
	机　械　费　(元)			0.97	0.97	0.97	0.97
名　　称		单位	单价(元)	消　耗　量			
人工	三类人工	工日	155.00	16.082	12.479	13.531	10.588
材料	预制混凝土外墙板	m³	—	(10.050)	(10.050)	—	—
	预制混凝土内墙板	m³	—	—	—	(10.050)	(10.050)
	钢锲(垫铁)	kg	5.95	12.491	9.577	9.990	7.695
	干混砌筑砂浆 DM M20.0	m³	446.81	0.100	0.100	0.090	0.090
	PE 棒	m	1.29	40.751	31.242	52.976	40.615
	垫木	m³	2328.00	0.012	0.012	0.010	0.010
	斜支撑杆件 $\phi48\times3.5$	套	155.00	0.487	0.373	0.377	0.289
	预埋铁件	kg	3.75	18.615	13.416	14.896	10.736
	定位钢板	kg	4.31	5.051	3.640	4.040	2.912
	其他材料费	元	1.00	182.81	182.33	167.73	167.31
机械	干混砂浆罐式搅拌机 20000L	台班	193.83	0.005	0.005	0.005	0.005

注: 预制墙板安装设计需采用橡胶气密条时,橡胶气密条材料费可另行计算。

工作内容:支撑杆连接件预埋,结合面清理,构件吊装、就位、校正、垫实、固定,接头钢筋调直、构件打磨、座浆料铺筑、填缝料填缝,接缝处保温板填充,搭设及拆除钢支撑。

计量单位:10m³

定 额 编 号			5-201	5-202	5-203	5-204
项 目			夹心保温剪力墙外墙板		双叶叠合剪力墙	
			墙厚(mm)		外墙板	内墙板
			300 以内	300 以上		
基 价 (元)			**2409.67**	**2230.65**	**3273.03**	**2777.65**
其中	人 工 费 (元)		1918.59	1744.06	2725.37	2229.99
	材 料 费 (元)		490.11	485.62	547.66	547.66
	机 械 费 (元)		0.97	0.97	—	—
名 称	单位	单价(元)	消 耗 量			
人工	三类人工	工日	155.00	12.378	11.252	17.583	14.387
材料	预制混凝土夹心保温外墙板	m³	—	(10.050)	(10.050)	—	—
	预制混凝土双叶叠合墙板	m³	—	—	—	(10.050)	(10.050)
	钢锲(垫铁)	kg	5.95	9.234	8.393	16.360	16.360
	干混砌筑砂浆 DM M20.0	m³	446.81	0.100	0.100	—	—
	岩棉保温板 A 级	m³	474.00	0.039	0.070	—	—
	PE 棒	m	1.29	24.476	22.248	—	—
	垫木	m³	2328.00	0.015	0.015	0.013	0.013
	六角带帽螺栓 综合	kg	5.47	—	—	8.080	8.080
	松杂板枋材	m³	2328.00	—	—	0.038	0.038
	斜支撑杆件 φ48×3.5	套	155.00	0.360	0.327	0.350	0.350
	预埋铁件	kg	3.75	13.761	12.508	13.420	13.420
	定位钢板	kg	4.31	3.734	3.394	—	—
	其他材料费	元	1.00	182.01	181.98	182.82	182.82
机械	干混砂浆罐式搅拌机 20000L	台班	193.83	0.005	0.005	—	—

注:预制墙板安装设计需采用橡胶气密条时,橡胶气密条材料费可另行计算。

工作内容：支撑杆连接件预埋,结合面清理,构件吊装、就位、校正、垫实、固定,接头钢筋调直、构件打磨、座浆料铺筑、填缝料填缝、接缝处保温板填充,搭设及拆除钢支撑。

计量单位：10m³

定　额　编　号				5-205	5-206	5-207
项　　目				外墙面板（PCF 板）	外挂墙板	
					墙厚（mm）	
					200 以内	200 以上
基　　价　（元）				**4578.75**	**3744.10**	**2772.56**
其中	人　工　费　（元）			3712.72	3025.45	2180.39
	材　料　费　（元）			865.06	717.68	591.20
	机　械　费　（元）			0.97	0.97	0.97
名　称		单位	单价（元）	消　耗　量		
人工	三类人工	工日	155.00	23.953	19.519	14.067
材料	预制混凝土外墙面板（PCF 板）	m³	—	(10.050)	—	—
	预制混凝土外挂墙板	m³	—	—	(10.050)	(10.050)
	钢锲（垫铁）	kg	5.95	24.528	21.066	15.322
	干混砌筑砂浆 DM M20.0	m³	446.81	0.100	0.100	0.100
	岩棉保温板 A 级	m³	474.00	0.179	—	—
	PE 棒	m	1.29	56.537	55.840	40.615
	垫木	m³	2328.00	0.015	0.020	0.020
	斜支撑杆件 φ48×3.5	套	155.00	0.832	0.821	0.598
	预埋铁件	kg	3.75	31.786	31.393	21.466
	定位钢板	kg	4.31	8.624	—	—
	其他材料费	元	1.00	196.41	184.08	183.21
机械	干混砂浆罐式搅拌机 20000L	台班	193.83	0.005	0.005	0.005

注：1. 外挂墙板安装未含构件间专用连接铁件费用,设计采用专用连接铁件固定构件的,连接铁件材料费用按实另行计算。

2. 预制墙板安装设计需采用橡胶气密条时,橡胶气密条材料费可另行计算。

(5)楼　梯

工作内容:接头钢筋调直、结合面清理,构件吊装、就位、校正、垫实、固定,焊接,灌缝、嵌缝,搭设及拆除钢支撑。

计量单位:10m³

定　额　编　号				5-208	5-209
项　　目				直行梯段	
				简支	固支
基　　价　(元)				**2823.38**	**3153.03**
其中	人　　工　　费　(元)			2408.70	2616.40
	材　　料　　费　(元)			412.35	523.67
	机　　械　　费　(元)			2.33	12.96
名　　称		单位	单价(元)	消　耗　量	
人工	三类人工	工日	155.00	15.540	16.880
材料	预制混凝土楼梯	m³	—	(10.050)	(10.050)
	电焊条 E43 系列	kg	4.74	—	1.310
	钢锲(垫铁)	kg	5.95	18.070	9.030
	干混砌筑砂浆 DM M10.0	m³	413.73	0.240	0.130
	灌浆料	kg	5.60	0.026	0.013
	垫木	m³	2328.00	0.019	0.024
	立支撑杆件 φ48×3.5	套	129.00	—	0.720
	零星卡具	kg	5.88	—	9.800
	钢支撑及配件	kg	3.97	—	10.470
	其他材料费	元	1.00	161.16	161.93
机械	交流弧焊机 32kV·A	台班	92.84	—	0.125
	干混砂浆罐式搅拌机 20000L	台班	193.83	0.012	0.007

注:楼梯安装未含楼层、休息平台固定梯段的锚头。

（6）阳台板及其他

工作内容：支撑杆连接件预埋、接头钢筋调直、结合面清理,构件吊装、就位、校正、垫实、固定、焊接,构件打磨、座浆料铺筑、填缝料填缝,搭设及拆除钢支撑。　　　　　　　计量单位:10m³

定　额　编　号				5-210	5-211
项　　　目				阳台板	
				叠合板式	全预制式
基　　价　　（元）				**4603.47**	**3381.14**
其中	人　　工　　费　（元）			3363.50	2673.75
	材　　料　　费　（元）			1186.03	680.37
	机　　械　　费　（元）			53.94	27.02
名　　称		单位	单价（元）	消　耗　量	
人工	三类人工	工日	155.00	21.700	17.250
材料	预制混凝土阳台板	m³	—	（10.050）	（10.050）
	钢锲（垫铁）	kg	5.95	5.240	2.620
	电焊条 E43 系列	kg	4.74	6.102	3.051
	垫木	m³	2328.00	0.091	0.045
	立支撑杆件 φ48×3.5	套	129.00	2.730	1.364
	零星卡具	kg	5.88	37.310	18.653
	钢支撑及配件	kg	3.97	39.850	19.925
	其他材料费	元	1.00	184.32	180.82
机械	交流弧焊机 32kV·A	台班	92.84	0.581	0.291

工作内容:支撑杆连接件预埋、结合面清理,构件吊装、就位、校正、垫实、固定、接头钢筋调直、焊接,构件打磨、座浆料铺筑,填缝料填缝,搭设及拆除钢支撑。

计量单位:10m³

定 额 编 号				5-212	5-213
项 目				凸(飘)窗	空调板
基 价 (元)				**3497.14**	**5041.23**
其中	人 工 费 (元)			2839.60	3699.85
	材 料 费 (元)			623.50	1282.06
	机 械 费 (元)			34.04	59.32
	名 称	单位	单价(元)	消 耗 量	
人工	三类人工	工日	155.00	18.320	23.870
材料	预制混凝土凸(飘)窗	m³	—	(10.050)	—
	预制混凝土空调板	m³	—	—	(10.050)
	钢锲(垫铁)	kg	5.95	18.750	5.760
	电焊条 E43 系列	kg	4.74	3.670	6.710
	干混砌筑砂浆 DM M20.0	m³	446.81	0.160	—
	PE 棒	m	1.29	36.713	—
	垫木	m³	2328.00	0.021	0.100
	斜支撑杆件 φ48×3.5	套	155.00	0.360	—
	预埋铁件	kg	3.75	13.980	—
	定位钢板	kg	4.31	7.580	—
	立支撑杆件 φ48×3.5	套	129.00	—	3.000
	零星卡具	kg	5.88	—	41.040
	钢支撑	kg	3.97	—	43.840
	其他材料费	元	1.00	185.91	180.82
机械	交流弧焊机 32kV·A	台班	92.84	0.350	0.639
	干混砂浆罐式搅拌机 20000L	台班	193.83	0.008	—

工作内容:支撑杆连接件预埋、结合面清理,构件吊装、就位、校正、垫实、固定、接头钢筋调直、焊接,构件打磨、座浆料铺筑、填缝料填缝,搭设及拆除钢支撑。

计量单位:10m³

定　额　编　号				5-214	5-215	5-216
项　　目				女儿墙		压顶
				墙高(mm 以内)		
				600	1400	
基　价　(元)				**4819.18**	**3595.39**	**3789.73**
其中	人　工　费　(元)			4038.53	3102.64	3047.30
	材　料　费　(元)			736.98	476.45	738.36
	机　械　费　(元)			43.67	16.30	4.07
	名　　称	单位	单价(元)	消　耗　量		
人工	三类人工	工日	155.00	26.055	20.017	19.660
材料	预制混凝土女儿墙	m³	—	(10.050)	(10.050)	—
	预制混凝土压顶	m³	—	—	—	(10.050)
	钢锲(垫铁)	kg	5.95	19.975	7.434	27.357
	电焊条 E43 系列	kg	4.74	4.590	1.708	—
	干混砌筑砂浆 DM M20.0	m³	446.81	0.318	0.113	0.427
	PE 棒	m	1.29	23.359	23.375	—
	垫木	m³	2328.00	0.019	0.014	0.010
	斜支撑杆件 φ48×3.5	套	155.00	0.636	0.473	—
	预埋铁件	kg	3.75	24.411	18.333	—
	定位钢板	kg	4.31	7.100	2.640	—
	钢支撑及配件	kg	3.97	—	—	21.920
	零星卡具	kg	5.88	—	—	20.520
	其他材料费	元	1.00	159.20	157.44	153.84
机械	交流弧焊机 32kV·A	台班	92.84	0.437	0.163	—
	干混砂浆罐式搅拌机 20000L	台班	193.83	0.016	0.006	0.021

(7)轻质条板隔墙

工作内容:结合面清理,构件搬运、墙板定位,墙板固定配件安装,洞口等处条板空心孔洞填塞、灌缝,接缝处玻纤布铺贴、砂浆找平。

计量单位:100m²

定 额 编 号				5-217	5-218	5-219	5-220
项 目				轻质条板			
				板厚(mm 以内)			
				100	120	150	200
基 价 (元)				8436.50	9339.97	10472.77	11880.70
其中	人 工 费 (元)			1729.80	2076.07	2283.62	2511.93
	材 料 费 (元)			6702.58	7259.17	8183.70	9362.51
	机 械 费 (元)			4.12	4.73	5.45	6.26
名 称		单位	单价(元)	消 耗 量			
人工	三类人工	工日	155.00	11.160	13.394	14.733	16.206
材料	轻质空心隔墙条板 δ100	m²	56.90	102.000	—	—	—
	轻质空心隔墙条板 δ120	m²	61.21	—	102.000	—	—
	轻质空心隔墙条板 δ150	m²	68.10	—	—	102.000	—
	轻质空心隔墙条板 δ200	m²	76.72	—	—	—	102.000
	墙板固定金属配件(不锈钢板)	kg	20.69	30.062	34.571	43.590	55.614
	玻璃纤维网格布	m²	2.16	21.389	21.389	21.389	21.389
	干混砌筑砂浆 DM M10.0	kg	0.25	83.300	87.500	95.800	104.200
	非泵送商品混凝土 C15	m³	399.00	0.261	0.291	0.335	0.409
	插孔钢筋 φ5~10	kg	3.71	0.078	0.078	0.078	0.078
	合金钢切割片 φ300	片	12.93	2.214	2.546	2.927	3.367
	其他材料费	元	1.00	76.72	83.09	93.67	107.15
机械	台式砂轮机 φ250	台班	4.65	0.885	1.018	1.171	1.347

（8）烟道、通风道及风帽

工作内容：结合面清理，构件搬运、就位，上下层构件连接，校正、垫实、固定、填缝料填缝。

定　额　编　号			5-221	5-222	5-223	5-224	5-225	5-226
项　　目			烟道、通风道			成品风帽		排烟(气)止回阀
			断面周长（m 以内）			混凝土	钢制	
			1.5	2.0	2.5			
计　量　单　位			10m			10 个		
基　　价　（元）			**1399.01**	**1618.41**	**1962.21**	**1767.13**	**3115.55**	**619.56**
其中	人　工　费　（元）		396.49	457.41	534.13	667.28	372.78	77.50
	材　料　费　（元）		1000.49	1158.39	1424.79	1099.27	2742.77	542.06
	机　械　费　（元）		2.03	2.61	3.29	0.58	—	—
名　　称	单位	单价（元）	消　耗　量					
人工 三类人工	工日	155.00	2.558	2.951	3.446	4.305	2.405	0.500
材料 钢丝网水泥排气道 450×300	m	73.28	10.200	—	—	—	—	—
钢丝网水泥排气道 400×500	m	81.03	—	10.200	—	—	—	—
钢丝网水泥排气道 550×600	m	99.14	—	—	10.200	—	—	—
混凝土风帽	个	103.00	—	—	—	10.010	—	—
不锈钢风帽	个	259.00	—	—	—	—	10.010	—
排烟(气)止回阀	个	51.72	—	—	—	—	—	10.200
聚合物粘结砂浆	kg	1.60	30.000	40.000	50.000	—	—	—
干混砌筑砂浆 DM M10.0	m³	413.73	0.193	0.258	0.322	0.060	—	—
镀锌角钢	kg	4.27	17.860	23.813	29.767	—	—	—
非泵送商品混凝土 C20	m³	412.00	0.038	0.051	0.063	—	—	—
玻璃胶 335g	支	10.34	—	—	—	—	—	1.167
镀锌自攻螺钉 ST4~6×20~35	10 个	0.60	—	—	—	—	—	4.080
电焊条 E43 系列	kg	4.74	0.011	0.015	0.019	—	—	—
金属膨胀螺栓	套	0.48	—	—	—	—	60.600	—
其他材料费	元	1.00	33.21	38.38	47.19	43.42	121.09	—
机械 交流弧焊机 32kV·A	台班	92.84	0.001	0.001	0.002	—	—	—
干混砂浆罐式搅拌机 20000L	台班	193.83	0.010	0.013	0.016	0.003	—	—

(9) 套 筒 注 浆

工作内容: 结合面清理、注浆料搅拌、注浆、养护、现场清理。   计量单位:10 个

定 额 编 号				5-227	5-228
项 目				套筒注浆(钢筋直径 mm)	
				ϕ18 以内	ϕ18 以上
基 价 (元)				**77.45**	**105.27**
其中	人 工 费 (元)			34.10	37.20
	材 料 费 (元)			35.09	59.06
	机 械 费 (元)			8.26	9.01
名 称		单位	单价(元)	消 耗 量	
人工	三类人工	工日	155.00	0.220	0.240
材料	灌浆料	kg	5.60	5.630	9.470
	水	m³	4.27	0.560	0.950
	其他材料费	元	1.00	1.17	1.97
机械	液压注浆泵 HYB50/50－1 型	台班	75.11	0.110	0.120

(10) 嵌缝、打胶

工作内容: 清理缝道、剪裁、固定、注胶、现场清理。   计量单位:100m

定 额 编 号				5-229
项 目				嵌缝、打胶
基 价 (元)				**2543.03**
其中	人 工 费 (元)			1020.99
	材 料 费 (元)			1522.04
	机 械 费 (元)			—
名 称		单 位	单价(元)	消 耗 量
人工	三类人工	工日	155.00	6.587
材料	泡沫条 ϕ25	m	0.86	102.000
	双面胶纸	m	0.09	204.000
	耐候胶	l	43.28	31.500
	其他材料费	元	1.00	52.64

注: 墙板构件打胶断面按 15mm×20mm 考虑,设计不同时,耐候胶材料用量按比例调整,其余不变。

2. 后浇混凝土

(1) 后浇混凝土浇捣

工作内容：混凝土浇捣、看护、养护等。　　　　　　　　　　　　　　计量单位：10m³

定　额　编　号			5-230	5-231	5-232	5-233
项　　目			梁、柱接头	叠合梁、板	叠合剪力墙	连接墙、柱
基　价　(元)			**7690.94**	**5533.93**	**5714.30**	**6052.45**
其中	人　工　费　(元)		2993.76	677.16	1018.17	1359.99
	材　料　费　(元)		4687.69	4845.36	4688.54	4684.87
	机　械　费　(元)		9.49	11.41	7.59	7.59
名　称	单位	单价(元)	消　耗　量			
人工 二类人工	工日	135.00	22.176	5.016	7.542	10.074
材料 泵送商品混凝土 C30	m³	461.00	10.150	10.150	10.150	10.150
水	m³	4.27	2.000	3.680	2.200	1.340
聚乙烯薄膜	m²	0.86	—	175.000	—	—
机械 混凝土振捣器 插入式	台班	4.65	2.040	0.270	1.632	1.632
混凝土振捣器 平板式	台班	12.54	—	0.810	—	—

(2) 后浇混凝土钢筋

工作内容：钢筋制作、绑扎、安装及浇捣时钢筋看护等全过程。　　　　　　　计量单位：t

定　额　编　号			5-234	5-235
项　　目			钢筋 HPB300	
			直径(mm 以内)	
			10	18
基　价　(元)			**5360.79**	**4958.13**
其中	人　工　费　(元)		1213.11	774.50
	材　料　费　(元)		4125.30	4126.05
	机　械　费　(元)		22.38	57.58
名　称	单位	单价(元)	消　耗　量	
人工 二类人工	工日	135.00	8.986	5.737
材料 热轧光圆钢筋 HPB300φ10	t	3981.00	1.02	—
热轧光圆钢筋 HPB300φ18	t	3981.00	—	1.025
低合金钢焊条 E43 系列	kg	4.74	—	4.440
镀锌铁丝 φ0.7～1.0	kg	6.74	9.597	3.537
水	m³	4.27	—	0.150
机械 钢筋调直机 14mm	台班	37.97	0.260	0.080
钢筋切断机 40mm	台班	43.28	0.100	0.080
钢筋弯曲机 40mm	台班	26.38	0.310	0.200
直流弧焊机 32kW	台班	97.11	—	0.370
对焊机 75kV·A	台班	119.25	—	0.080
电焊条烘干箱 45×35×45(cm³)	台班	8.99	—	0.037

工作内容:钢筋制作、绑扎、安装及浇捣时钢筋看护等全过程。   计量单位:t

定 额 编 号			5-236	5-237	5-238	5-239
项 目			带肋钢筋 HRB400 以内			
			直径(mm 以内)			
			10	18	25	40
基 价 (元)			**4981.52**	**4749.55**	**4476.51**	**4435.38**
其中	人 工 费 (元)		903.56	778.14	534.60	437.00
	材 料 费 (元)		4054.77	3903.79	3886.91	3991.06
	机 械 费 (元)		23.19	67.62	55.00	7.32
名 称	单位	单价(元)	消 耗 量			
人工	二类人工	工日	135.00	6.693	5.764	3.960	3.237
材料	热轧带肋钢筋 HRB400φ10	t	3938.00	1.02	—	—	—
	热轧带肋钢筋 HRB400φ18	t	3759.00	—	1.025	—	—
	热轧带肋钢筋 HRB400φ25	t	3759.00	—	—	1.025	—
	热轧带肋钢筋 HRB400φ32	t	3888.00	—	—	—	1.025
	镀锌铁丝 φ0.7~1.0	kg	6.74	5.640	3.650	1.600	0.870
	低合金钢焊条 E43 系列	kg	4.74	—	5.400	4.800	—
	水	m³	4.27	—	0.144	0.093	—
机械	钢筋调直机 14mm	台班	37.97	0.270	—	—	—
	钢筋切断机 40mm	台班	43.28	0.110	0.100	0.090	0.090
	钢筋弯曲机 40mm	台班	26.38	0.310	0.230	0.180	0.130
	直流弧焊机 32kW	台班	97.11	—	0.450	0.400	—
	对焊机 75kV·A	台班	119.25	—	0.110	0.060	—
	电焊条烘干箱 45×35×45(cm³)	台班	8.99	—	0.045	0.040	—

工作内容:钢筋制作、绑扎、安装及浇捣时钢筋看护等全过程。　　　　　　　　　　　　　　　　计量单位:t

定　额　编　号				5-240	5-241	5-242	5-243
项　　　目				带肋钢筋 HRB400 以上			
				直径(mm 以内)			
				10	18	25	40
基　价　(元)				**5452.31**	**5379.28**	**5092.00**	**4906.09**
其中	人　工　费　(元)			946.49	814.59	558.77	456.30
	材　料　费　(元)			4452.57	4492.47	4475.46	4442.06
	机　械　费　(元)			53.25	72.22	57.77	7.73
名　称		单位	单价(元)	消　耗　量			
人工	二类人工	工日	135.00	7.011	6.034	4.139	3.380
材料	热轧带肋钢筋 HRB500φ10	t	4328.00	1.020	—	—	—
	热轧带肋钢筋 HRB500φ18	t	4328.00	—	1.025	—	—
	热轧带肋钢筋 HRB500φ22	t	4328.00	—	—	1.025	—
	热轧带肋钢筋 HRB500φ32	t	4328.00	—	—	—	1.025
	镀锌铁丝 φ0.7~1.0	kg	6.74	5.640	3.650	1.597	0.870
	低合金钢焊条 E43 系列	kg	4.74	—	6.552	5.928	—
	水	m³	4.27	—	0.144	0.093	—
机械	钢筋调直机 14mm	台班	37.97	0.614	0.095	—	—
	钢筋切断机 40mm	台班	43.28	0.426	0.105	0.095	0.095
	钢筋弯曲机 40mm	台班	26.38	0.436	0.242	0.189	0.137
	直流弧焊机 32kW	台班	97.11	—	0.473	0.420	—
	对焊机 75kV·A	台班	119.25	—	0.095	0.063	—
	电焊条烘干箱 45×35×45(cm³)	台班	8.99	—	0.047	0.042	—

工作内容:钢筋制作、绑扎、安装及浇捣时钢筋看护等全过程。　　　　　　　　　　　　　　　　计量单位:t

定　额　编　号				5-244	5-245	5-246	5-247
项　　　目				箍筋			
				带肋钢筋 HRB400 以内		带肋钢筋 HRB400 以上	
				直径(mm)			
				10 以内	10 以上	10 以内	10 以上
基　价　(元)				**5938.20**	**4944.04**	**6387.96**	**5556.31**
其中	人　工　费　(元)			1797.39	1033.16	1847.48	1061.24
	材　料　费　(元)			4084.41	3884.11	4482.21	4467.34
	机　械　费　(元)			56.40	26.77	58.27	27.73
名　称		单位	单价(元)	消　耗　量			
人工	二类人工	工日	135.00	13.314	7.653	13.685	7.861
材料	热轧带肋钢筋 HRB400φ10	t	3938.00	1.02	—	—	—
	热轧带肋钢筋 HRB400φ18	t	3759.00	—	1.025	—	—
	热轧带肋钢筋 HRB500φ10	t	4328.00	—	—	1.02	—
	热轧带肋钢筋 HRB500φ18	t	4328.00	—	—	—	1.025
	镀锌铁丝 φ0.7~1.0	kg	6.74	10.037	4.620	10.037	4.620
机械	钢筋调直机 14mm	台班	37.97	0.310	0.130	0.320	0.130
	钢筋切断机 40mm	台班	43.28	0.190	0.090	0.200	0.100
	钢筋弯曲机 40mm	台班	26.38	1.380	0.680	1.420	0.700

(3)后浇混凝土模板

工作内容:模板拼装;清理模板,刷隔离剂;拆除模板,维护、整理、堆放。 计量单位:100m²

	定 额 编 号			5-248	5-249	5-250	5-251
	项 目			梁、柱接头	叠合梁、板	连接墙、柱	板带
	基 价 (元)			**12555.69**	**7234.66**	**5777.64**	**7533.18**
其中	人 工 费 (元)			5380.16	3940.65	2693.66	3236.49
	材 料 费 (元)			6863.13	3075.14	2959.80	4109.46
	机 械 费 (元)			312.40	218.87	124.18	187.23
	名 称	单位	单价(元)		消 耗 量		
人工	二类人工	工日	135.00	39.853	29.190	19.953	23.974
材料	复合模板 综合	m²	32.33	76.126	41.188	29.610	45.676
	钢支撑及配件	kg	3.97	275.168	114.960	37.820	137.917
	木模板	m³	1445.00	1.906	0.716	0.733	1.221
	圆钉	kg	4.74	4.554	13.840	1.630	1.931
	隔离剂	kg	4.67	20.000	10.000	12.000	12.000
	铁件 综合	kg	6.90	—	—	3.712	—
	镀锌铁丝 综合	kg	5.40	0.360	0.180	—	0.216
	硬聚氯乙烯管 φ12.5	m	1.72	—	—	88.584	—
	塑料粘胶带 20mm×50m	卷	15.37	10.489	—	4.080	6.294
	对拉螺栓	kg	10.43	—	—	36.132	—
	其他材料费	元	1.00	277.24	139.25	111.87	157.78
机械	木工圆锯机 500mm	台班	27.50	0.740	0.371	0.400	0.440
	载货汽车 4t	台班	369.21	0.660	0.455	0.246	0.387
	汽车式起重机 5t	台班	366.47	0.132	0.111	0.061	0.088

第六章
金属结构工程

说　明

一、本章定额包括预制钢构件安装、围护体系安装、钢结构现场制作及除锈。其中预制钢构件安装包括钢网架、厂(库)房钢结构、住宅钢结构。装配式钢结构是指以标准化设计、工厂化生产、装配化施工、一体化装修和信息化管理等为主要特征的工业化生产方式建造的钢结构建筑。

二、本章定额中预制构件均按购入成品到场考虑,不再考虑场外运输费用。

三、预制钢构件安装包括钢网架安装、厂(库)房钢结构安装、住宅钢结构安装等内容。大卖场、物流中心等钢结构安装工程可参照厂(库)房钢结构安装的相应定额;高层商务楼、商住楼、医院、教学楼等钢结构安装工程可参照住宅钢结构安装相应定额。

四、本章定额钢构件安装定额中已包含现场施工发生的零星油漆破坏的修补、节点焊接或切割需要的除锈及补漆费用。

五、预制钢构件的除锈、油漆及防火涂料费用应在成品价格内包含,若成品价格中未包括除锈、油漆及防火涂料等,另按本章及本定额第十四章"油漆、涂料、裱糊工程"相应定额及规定执行。

六、预制钢构件安装:

1. 钢构件安装定额中预制钢构件以外购成品编制,不考虑施工损耗。

2. 预制钢结构构件安装按构件种类、重量不同分别套用定额。

3. 钢构件安装定额中已包括了施工企业按照质量验收规范要求所需的超声波探伤费用,但未包括X光拍片检测费用,如设计要求,X光拍片检测费用另行计取。

4. 不锈钢螺栓球网架安装套用螺栓球节点网架安装定额,同时取消定额中油漆及稀释剂含量,人工消耗量乘以系数0.95。

5. 钢支座定额适用于单独成品支座安装。

6. 厂(库)房钢结构的柱间支撑、屋面支撑、系杆、撑杆、隔撑、檩条、墙梁、钢天窗架、通风器支架、钢天沟支架、钢板天沟等安装套用"钢支撑等其他构件"安装定额。钢墙架柱、钢墙架梁和配套连接杆件套用钢墙架(挡风架)安装定额。

7. 零星钢构件安装定额适用于本章未列项目且单件重量在50kg以内的小型构件。住宅钢结构的钢平台、钢走道及零星钢构件安装套用厂(库)房零星钢构件安装定额,同时定额中汽车式起重机消耗量乘以系数0.20。

8. 组合钢板剪力墙安装套用住宅钢结构3t以内钢柱安装定额,相应人工、机械及除预制钢柱外的材料用量乘以系数1.50。

9. 钢网架安装按平面网格网架安装考虑,如设计为筒壳、球壳及其他曲面结构时,安装人工、机械乘以系数1.20。

10. 钢桁架安装按直线型桁架安装考虑,如设计为曲线、折线型或其他非直线型桁架,安装人工、机械乘以系数1.20。

11. 型钢混凝土组合结构中钢构件安装套用本章相应定额,人工、机械乘以系数1.15。

12. 螺旋形楼梯安装套用踏步式楼梯安装定额,人工、机械乘以系数1.30。

13. 钢构件安装定额中已考虑现场拼装费用,但未考虑分块或整体吊装的钢网架、钢桁架等施工现场地面平台拼装摊销,如发生套用现场拼装平台摊销定额项目。

14. 厂(库)房钢结构安装机械按常规方案综合考虑,除另有规定或特殊要求者外,实际发生不同时均按定额执行,不做调整。

15. 住宅钢结构安装定额内的汽车式起重机台班用量为钢构件场内转运消耗量,垂直运输按本定额

第十九章"垂直运输工程"相应定额执行。

16. 基坑围护中的格构柱安装套用本章相应项目乘以系数 0.50。同时考虑钢格构柱的拆除及回收残值等因素。

七、围护体系安装。

1. 钢楼(承)板上混凝土浇捣所需收边板的用量,均已包含在定额消耗量中,不再单独计取工程量。

2. 屋面板、墙面板安装需要的包角、包边、窗台泛水等用量,均已包含在相应定额的消耗量中,不再单独计取工程量。

3. 墙面板安装按竖装考虑,如发生横向铺设,按相应定额子目人工、机械乘以系数 1.20。

4. 屋面保温棉已考虑铺设需要的钢丝网费用,如不发生,扣除不锈钢丝含量,同时按 1 工日/100m² 予以扣减人工费。

5. 本章屋面墙面保温棉铺设按厚 50mm 列入,实际铺设厚度不同时保温棉主材价调整,其他不变。

6. 硅酸钙板灌浆墙面板定额中施工需要的包角、包边、窗台泛水等硅酸钙板用量,均已包含在相应定额的消耗量中,不再单独计取工程量。

7. 硅酸钙板墙面板项目中双面隔墙定额墙体厚度按180mm、镀锌钢龙骨按15kg/m² 编制,设计与定额不同时材料调整换算。

8. 蒸压砂加气保温块贴面按厚60mm考虑,如发生厚度变化,相应保温块用量调整。

9. 钢楼(承)板如因天棚施工需要拆除,增加拆除用工0.15 工日/m²。

10. 钢楼(承)板安装需要增设的临时支撑消耗量定额中未考虑,如有发生另行计算。

11. 本章围护体系适用于金属结构屋面工程,如为其他屋面套用本定额第九章"屋面及防水工程"相应定额。钢结构屋面配套的不锈钢天沟、彩钢板天沟安装套用本定额第九章相应定额。

12. 本章保温岩棉铺设仅限于硅酸钙板墙面板配套使用,蒸压砂加气保温块贴面子目仅用于组合钢板墙体配套使用,屋面墙面玻纤保温棉子目配合钢结构围护体系使用,如为其他形式保温套用本定额第十章"保温、隔热、防腐工程"相应定额。硅酸钙板包梁包柱仅用于钢结构配套使用。

八、钢结构现场制作。

1. 本定额适用于非工厂制作的构件,除钢柱、钢梁、钢屋架外的钢构件均套用其他构件定额。本定额按直线型构件编制,如发生弧形、曲线型构件制作人工、机械乘以系数1.30。

2. 现场制作的钢构件安装套用厂(库)房钢结构安装定额。

3. 现场制作钢构件的工程,其围护体系套用本章围护体系安装定额。

工程量计算规则

一、预制钢构件安装。

1. 构件安装工程量按设计图示尺寸以质量计算,不扣除单个 $0.3m^2$ 以内的孔洞质量,焊缝、铆钉、螺栓等不另增加质量。

2. 钢网架安装工程量不扣除孔眼的质量,焊缝、铆钉等不另增加质量。焊接空心球网架质量包括连接钢管杆件、连接球、支托和网架支座等零件的质量;螺栓球节点网架质量包括连接钢管杆件(含高强螺栓、销子、套筒、锥头或封板)、螺栓球、支托和网架支座等零件的质量。

3. 依附在钢柱上的牛腿及悬臂梁的质量等并入钢柱的质量内,钢柱上的柱脚板、加劲板、柱顶板、隔板和肋板并入钢柱工程量内。

4. 钢管柱上的节点板、加强环、内衬板(管)、牛腿等并入钢管柱的质量内。

5. 钢平台的工程量包括钢平台的柱、梁、板、斜撑等的质量,依附于钢平台上的钢格栅、钢扶梯及平台栏杆,并入钢平台工程量内。

6. 钢楼梯的工程量包括楼梯平台、楼梯梁、楼梯踏步等的质量,钢楼梯上的扶手、栏杆并入钢楼梯工程量内。钢平台、钢楼梯上不锈钢、铸铁或其他非钢材类栏杆、扶手套用装饰部分相应定额。

7. 钢构件现场拼装平台摊销工程量按现场在平台上实施拼装的构件工程量计算。

8. 高强螺栓、栓钉、花篮螺栓等安装配件工程量按设计图示节点工程量计算。

二、围护体系安装。

1. 钢楼(承)板、屋面板按设计图示尺寸以铺设面积计算,不扣除单个 $0.3m^2$ 以内柱、垛及孔洞所占面积,屋面玻纤保温棉面积同单层压型钢板屋面板面积。

2. 压型钢板、彩钢夹心板、采光板墙面板、墙面玻纤保温棉按设计图示尺寸以铺挂面积计算,不扣除单个 $0.3m^2$ 以内孔洞所占面积,墙面玻纤保温棉面积同单层压型钢板墙面板面积。

3. 硅酸钙板墙面板按设计图示尺寸的墙体面积以"m^2"计算,不扣除单个面积小于或等于 $0.3m^2$ 孔洞所占面积。保温岩棉铺设、EPS混凝土浇灌按设计图示尺寸的铺设或浇灌体积以"m^3"计算,不扣除单个 $0.3m^2$ 以内孔洞所占体积。

4. 硅酸钙板包柱、包梁及蒸压砂加气保温块贴面工程量按钢构件设计断面周长乘以构件长度,以平方米计算。

三、钢构件现场制作。

构件制作工程量按设计图示尺寸以质量计算,不扣除单个 $0.3m^2$ 以内的孔洞质量,焊缝、铆钉、螺栓等不另增加质量。

一、预制钢构件安装

1. 钢 网 架

(1) 钢 网 架

工作内容: 场内转运、卸料、检验、基础线测定、找正、找平、拼装、翻身加固、吊装、就位、校正、焊接及超探检验、固定、零星除锈、补漆、清理等。

计量单位:t

	定 额 编 号			6-1	6-2	6-3
	项 目			焊接空心球网架	螺栓球节点网架	焊接不锈钢空心球网架
	基 价 (元)			**1510.59**	**1401.73**	**1941.45**
其中	人 工 费 (元)			808.02	763.38	808.02
	材 料 费 (元)			334.47	344.18	772.67
	机 械 费 (元)			368.10	294.17	360.76
	名 称	单位	单价(元)		消 耗 量	
人工	三类人工	工日	155.00	5.213	4.925	5.213
材料	焊接空心球网架	t	—	(1.000)	—	—
	螺栓球节点网架	t	—	—	(1.000)	—
	焊接不锈钢空心球网架	t	—	—	—	(1.000)
	低合金钢焊条 E43 系列	kg	4.74	7.519		
	不锈钢焊丝	kg	47.41	—	—	10.043
	金属结构铁件	kg	5.60	6.630	3.570	6.630
	六角带帽螺栓 综合	kg	5.47	—	19.890	—
	二氧化碳气体	m³	1.03	2.200	—	—
	氧气	m³	3.62	2.530	—	—
	氩气	m³	7.00	—	—	7.975
	钨棒	kg	254.00	—	—	0.155
	焊丝 φ3.2	kg	10.78	3.574	—	—
	吊装夹具	套	103.00	0.060	0.060	0.060
	钢丝绳 综合	kg	6.45	8.200	8.200	8.200
	垫木	m³	2328.00	0.034	0.034	0.034
	环氧富锌 底漆	kg	13.79	4.240	4.240	—
	环氧富锌底漆稀释剂	kg	11.21	0.339	0.339	—
	其他材料费	元	1.00	11.26	14.90	25.99
机械	氩弧焊机 500A	台班	97.67	—	—	0.475
	汽车式起重机 20t	台班	942.85	0.312	0.312	0.312
	交流弧焊机 32kV·A	台班	92.84	0.238	—	—
	二氧化碳气体保护焊机 500A	台班	132.92	0.238	—	—
	超声波探伤仪 0～10000mm	台班	101.00	0.200	—	0.200

（2）钢　支　座

工作内容：吊装、定位、固定、焊接、清理等。　　　　　　　　　　　　　　　　　计量单位：套

定　额　编　号			6-4	6-5	6-6
项　　目			固定支座	单向滑移支座	双向滑移支座
基　价（元）			**384.24**	**416.86**	**453.63**
其中	人　工　费（元）		248.00	297.60	347.20
	材　料　费（元）		37.86	30.82	24.76
	机　械　费（元）		98.38	88.44	81.67
名　　称		单位	单价（元）	消　耗　量	
人工	三类人工	工日	155.00	1.600	1.920	2.240
材料	钢构件固定支座	套	—	(1.000)	—	—
	单向滑移支座	套	—	—	(1.000)	—
	双向滑移支座	套	—	—	—	(1.000)
	低合金钢焊条 E43 系列	kg	4.74	1.071	0.721	0.371
	金属结构铁件	kg	5.60	0.734	0.734	0.734
	二氧化碳气体	m³	1.03	0.704	0.462	0.264
	焊丝 φ3.2	kg	10.78	1.257	0.803	0.433
	吊装夹具	套	103.00	0.030	0.030	0.030
	钢丝绳 综合	kg	6.45	0.820	0.820	0.820
	垫木	m³	2328.00	0.002	0.002	0.002
	其他材料费	元	1.00	1.36	1.12	0.92
机械	汽车式起重机 20t	台班	942.85	0.078	0.078	0.078
	交流弧焊机 32kV·A	台班	92.84	0.110	0.066	0.036
	二氧化碳气体保护焊机 500A	台班	132.92	0.110	0.066	0.036

2.厂(库)房钢结构

(1)钢屋架(钢托架)

工作内容:场内转运、卸料、检验、划线、构件拼装、加固、翻身就位、绑扎吊装、校正、焊接及超探检验、
固定、零星除锈、补漆、清理等。

计量单位:t

定 额 编 号			6-7	6-8	6-9	6-10	6-11
项 目			钢屋架(钢托架)				
			质量(t)				
			≤1.5	≤3	≤8	≤15	≤25
基 价 (元)			603.24	540.98	487.14	586.58	764.90
其中	人 工 费 (元)		251.26	256.53	232.81	242.11	255.60
	材 料 费 (元)		132.49	107.39	99.34	108.51	120.54
	机 械 费 (元)		219.49	177.06	154.99	235.96	388.76
名 称	单位	单价(元)	消 耗 量				
人工	三类人工	工日	155.00	1.621	1.655	1.502	1.562	1.649
材料	钢屋架	t	—	(1.000)	(1.000)	(1.000)	(1.000)	(1.000)
	低合金钢焊条 E43 系列	kg	4.74	1.236	1.236	1.483	1.854	2.966
	金属结构铁件	kg	5.60	6.120	4.284	2.244	2.244	2.244
	二氧化碳气体	m³	1.03	0.715	0.715	0.858	0.858	1.210
	焊丝 φ3.2	kg	10.78	1.082	1.082	1.298	1.298	1.854
	吊装夹具	套	103.00	0.020	0.020	0.020	0.020	0.020
	钢丝绳 综合	kg	6.45	4.280	4.280	4.280	5.380	5.380
	垫木	m³	2328.00	0.013	0.007	0.007	0.007	0.007
	环氧富锌 底漆	kg	13.79	1.060	1.060	1.060	1.060	1.060
	环氧富锌底漆稀释剂	kg	11.21	0.085	0.085	0.085	0.085	0.085
	其他材料费	元	1.00	4.46	3.61	3.34	3.65	4.06
机械	汽车式起重机 20t	台班	942.85	0.209	0.164	0.137	—	—
	汽车式起重机 40t	台班	1517.63	—	—	—	0.137	—
	交流弧焊机 32kV·A	台班	92.84	0.077	0.077	0.092	0.116	0.185
	二氧化碳气体保护焊机 500A	台班	132.92	0.077	0.077	0.092	0.092	0.139
	履带式起重机 50t	台班	1364.92	—	—	—	—	0.255
	超声波探伤仪 0~10000mm	台班	101.00	0.050	0.050	0.050	0.050	0.050

（2）钢桁架

工作内容：场内转运、卸料、检验、划线、构件拼装、加固、翻身就位、绑扎吊装、校正、焊接及超探检验、
固定、零星除锈、补漆、清理等。

计量单位：t

定　额　编　号			6-12	6-13	6-14	6-15	6-16	6-17
项　　　目			钢桁架					
			质量（t 以内）					
			1.5	3	8	15	25	40
基　价（元）			**921.15**	**760.29**	**733.30**	**825.42**	**1101.49**	**1285.00**
其中	人　工　费（元）		424.39	349.06	321.16	332.63	425.79	524.68
	材　料　费（元）		189.68	174.16	155.78	158.17	178.48	178.48
	机　械　费（元）		307.08	237.07	256.36	334.62	497.22	581.84
名　　称	单位	单价（元）	消　耗　量					
人工	三类人工	工日	155.00	2.738	2.252	2.072	2.146	2.747	3.385

	名　称	单位	单价（元）	消　耗　量					
材料	钢桁架	t	—	(1.000)	(1.000)	(1.000)	(1.000)	(1.000)	(1.000)
	低合金钢焊条 E43 系列	kg	4.74	3.461	2.843	2.163	2.163	3.461	3.461
	金属结构铁件	kg	5.60	5.508	4.488	3.162	2.193	2.193	2.193
	二氧化碳气体	m³	1.03	2.002	1.650	1.210	1.210	2.002	2.002
	焊丝 φ3.2	kg	10.78	3.028	2.472	1.854	1.854	3.028	3.028
	吊装夹具	套	103.00	0.025	0.025	0.025	0.025	0.025	0.025
	钢丝绳 综合	kg	6.45	5.793	5.793	5.793	6.993	6.993	6.993
	垫木	m³	2328.00	0.013	0.013	0.013	0.013	0.013	0.013
	环氧富锌 底漆	kg	13.79	2.120	2.120	2.120	2.120	2.120	2.120
	环氧富锌底漆稀释剂	kg	11.21	0.170	0.170	0.170	0.170	0.170	0.170
	其他材料费	元	1.00	6.38	5.86	5.24	5.32	6.01	6.01
机械	汽车式起重机 20t	台班	942.85	0.250	0.187	0.218	—	—	—
	汽车式起重机 40t	台班	1517.63	—	—	—	0.187	—	—
	履带式起重机 50t	台班	1364.92	—	—	—	—	0.312	0.374
	交流弧焊机 32kV·A	台班	92.84	0.249	0.202	0.158	0.158	0.249	0.249
	二氧化碳气体保护焊机 500A	台班	132.92	0.249	0.202	0.158	0.158	0.249	0.249
	超声波探伤仪 0～10000mm	台班	101.00	0.150	0.150	0.150	0.150	0.150	0.150

(3) 钢　柱

工作内容: 场内转运、卸料、检验、划线、构件拼装、加固、翻身就位、绑扎吊装、校正、焊接及超探检验、
固定、零星除锈、补漆、清理等。

计量单位:t

定　额　编　号				6-18	6-19	6-20	6-21
项　　目				钢　　柱			
				质量(t 以内)			
				3	8	15	25
基　　价　(元)				575.32	485.14	566.17	653.46
其中	人　　工　　费　(元)			288.77	234.36	215.14	252.81
	材　　料　　费　(元)			156.30	137.50	115.63	121.36
	机　　械　　费　(元)			130.25	113.28	235.40	279.29
名　　称		单位	单价(元)	消　　耗　　量			
人工	三类人工	工日	155.00	1.863	1.512	1.388	1.631
材料	钢柱	t	—	(1.000)	(1.000)	(1.000)	(1.000)
	低合金钢焊条 E43 系列	kg	4.74	1.236	1.236	1.236	1.483
	金属结构铁件	kg	5.60	10.588	7.344	3.570	2.550
	二氧化碳气体	m³	1.03	0.715	0.715	0.715	0.858
	焊丝 ϕ3.2	kg	10.78	1.082	1.082	1.082	1.298
	吊装夹具	套	103.00	0.020	0.020	0.020	0.025
	钢丝绳　综合	kg	6.45	4.690	4.690	4.690	5.790
	垫木	m³	2328.00	0.011	0.011	0.011	0.011
	环氧富锌 底漆	kg	13.79	1.060	1.060	1.060	1.060
	环氧富锌底漆稀释剂	kg	11.21	0.085	0.085	0.085	0.085
	其他材料费	元	1.00	5.26	4.63	3.89	4.08
机械	汽车式起重机 20t	台班	942.85	0.109	0.091	—	—
	汽车式起重机 40t	台班	1517.63	—	—	0.137	—
	交流弧焊机 32kV·A	台班	92.84	0.077	0.077	0.077	0.092
	二氧化碳气体保护焊机 500A	台班	132.92	0.077	0.077	0.077	0.092
	履带式起重机 50t	台班	1364.92	—	—	—	0.182
	超声波探伤仪 0~10000mm	台班	101.00	0.100	0.100	0.100	0.100

（4）钢　梁

工作内容：场内转运、卸料、检验、划线、构件拼装、加固、翻身就位、绑扎吊装、校正、焊接及超探检验、固定、零星除锈、补漆、清理等。

计量单位：t

定　额　编　号			6-22	6-23	6-24	6-25
项　　目			钢梁			
			质量（t 以内）			
			1.5	3	8	15
基　价　（元）			**584.77**	**470.73**	**442.83**	**547.64**
其中	人　工　费　（元）		200.11	175.62	135.01	153.76
	材　料　费　（元）		171.17	150.86	125.39	144.48
	机　械　费　（元）		213.49	144.25	182.43	249.40
名　　称	单位	单价（元）	消　耗　量			
人工	三类人工	工日	155.00	1.291	1.133	0.871	0.992
材料	钢梁	t	—	(1.000)	(1.000)	(1.000)	(1.000)
	低合金钢焊条 E43 系列	kg	4.74	3.461	2.163	1.854	2.163
	金属结构铁件	kg	5.60	7.344	7.344	3.672	5.304
	二氧化碳气体	m³	1.03	2.002	1.210	1.078	1.210
	焊丝 φ3.2	kg	10.78	3.028	1.854	1.627	1.854
	吊装夹具	套	103.00	0.020	0.020	0.020	0.020
	钢丝绳 综合	kg	6.45	4.280	4.280	4.280	5.095
	垫木	m³	2328.00	0.012	0.012	0.012	0.012
	环氧富锌 底漆	kg	13.79	1.060	1.060	1.060	1.060
	环氧富锌底漆稀释剂	kg	11.21	0.085	0.085	0.085	0.085
	其他材料费	元	1.00	5.76	5.08	4.22	4.86
机械	汽车式起重机 20t	台班	942.85	0.164	0.109	0.155	—
	汽车式起重机 40t	台班	1517.63	—	—	—	0.137
	交流弧焊机 32kV·A	台班	92.84	0.216	0.139	0.116	0.139
	二氧化碳气体保护焊机 500A	台班	132.92	0.216	0.139	0.116	0.139
	超声波探伤仪 0～10000mm	台班	101.00	0.100	0.100	0.100	0.100

(5)钢 吊 车 梁

工作内容:场内转运、卸料、检验、划线、构件拼装、加固、翻身就位、绑扎吊装、校正、焊接及超探检验、
固定、零星除锈、补漆、清理等。

计量单位:t

	定 额 编 号			6-26	6-27	6-28	6-29
	项 目			钢吊车梁			
				质量(t以内)			
				3	8	15	25
	基 价 (元)			**637.57**	**520.35**	**528.90**	**704.21**
其中	人 工 费 (元)			234.83	171.90	133.92	185.85
	材 料 费 (元)			146.98	125.69	125.69	142.15
	机 械 费 (元)			255.76	222.76	269.29	376.21
	名 称	单位	单价(元)	消 耗 量			
人工	三类人工	工日	155.00	1.515	1.109	0.864	1.199
材料	钢吊车梁	t	—	(1.000)	(1.000)	(1.000)	(1.000)
	低合金钢焊条 E43 系列	kg	4.74	2.472	2.472	2.472	2.472
	金属结构铁件	kg	5.60	7.344	3.672	3.672	5.712
	二氧化碳气体	m³	1.03	1.430	1.430	1.430	1.430
	焊丝 φ3.2	kg	10.78	2.163	2.163	2.163	2.163
	吊装夹具	套	103.00	0.020	0.020	0.020	0.025
	钢丝绳 综合	kg	6.45	3.280	3.280	3.280	3.895
	垫木	m³	2328.00	0.011	0.011	0.011	0.011
	环氧富锌 底漆	kg	13.79	1.060	1.060	1.060	1.060
	环氧富锌底漆稀释剂	kg	11.21	0.085	0.085	0.085	0.085
	其他材料费	元	1.00	4.95	4.23	4.23	4.78
机械	汽车式起重机 20t	台班	942.85	0.211	0.176	—	—
	汽车式起重机 40t	台班	1517.63	—	—	0.140	—
	交流弧焊机 32kV·A	台班	92.84	0.198	0.198	0.198	0.198
	二氧化碳气体保护焊机 500A	台班	132.92	0.198	0.198	0.198	0.198
	履带式起重机 50t	台班	1364.92	—	—	—	0.234
	超声波探伤仪 0～10000mm	台班	101.00	0.120	0.120	0.120	0.120

(6)钢平台(钢走道)、钢楼梯

工作内容:场内转运、卸料、检验、划线、构件拼装、加固、翻身就位、绑扎吊装、校正、焊接及超探检验、固定、零星除锈、补漆、清理等。

计量单位:t

定 额 编 号				6-30	6-31	6-32
项 目				钢平台 (钢走道)	钢楼梯	
					踏步式	爬式
基 价 (元)				**980.83**	**951.17**	**1380.38**
其中	人 工 费 (元)			585.75	579.24	981.46
	材 料 费 (元)			199.79	212.61	231.28
	机 械 费 (元)			195.29	159.32	167.64
名 称		单位	单价(元)	消 耗 量		
人工	三类人工	工日	155.00	3.779	3.737	6.332
材料	钢平台	t	—	(1.000)	—	—
	钢楼梯 踏步式	t	—	—	(1.000)	—
	钢楼梯 爬式	t	—	—	—	(1.000)
	金属结构铁件	kg	5.60	3.612	7.344	8.813
	低合金钢焊条 E43 系列	kg	4.74	3.461	3.461	5.191
	六角螺栓	kg	8.75	5.406	3.570	—
	氧气	m³	3.62	0.528	0.880	1.430
	吊装夹具	套	103.00	0.020	0.020	0.020
	钢丝绳 综合	kg	6.45	3.280	3.280	3.280
	垫木	m³	2328.00	0.023	0.026	0.026
	环氧富锌 底漆	kg	13.79	2.120	2.120	4.240
	环氧富锌底漆稀释剂	kg	11.21	0.170	0.170	0.339
	其他材料费	元	1.00	6.04	5.77	6.13
机械	汽车式起重机 20t	台班	942.85	0.173	0.137	0.146
	交流弧焊机 32kV·A	台班	92.84	0.216	0.216	0.323
	超声波探伤仪 0～10000mm	台班	101.00	0.120	0.100	—

(7)其他钢构件

工作内容:场内转运、卸料、检验、划线、构件拼装、加固、翻身就位、绑扎吊装、校正、固定、零星除锈、
补漆、清理等。

计量单位:t

定 额 编 号			6-33	6-34	6-35
项 目			钢支撑等其他构件	钢墙架(挡风架)	零星钢构件
基 价 (元)			**682.37**	**742.87**	**921.17**
其中	人 工 费 (元)		315.74	393.55	513.05
	材 料 费 (元)		194.83	192.13	210.86
	机 械 费 (元)		171.80	157.19	197.26
名 称	单位	单价(元)	消 耗 量		
人工 三类人工	工日	155.00	2.037	2.539	3.310
材料 钢支撑	t	—	(1.000)	—	—
钢墙架	t	—	—	(1.000)	—
零星钢构件	t	—	—	—	(1.000)
低合金钢焊条 E43 系列	kg	4.74	3.461	2.163	3.461
金属结构铁件	kg	5.60	4.600	4.600	1.272
六角螺栓	kg	8.75	5.569	3.570	6.630
氧气	m³	3.62	0.220	0.220	1.100
吊装夹具	套	103.00	0.020	0.020	0.020
钢丝绳 综合	kg	6.45	4.920	4.920	4.920
垫木	m³	2328.00	0.014	0.023	0.023
环氧富锌 底漆	kg	13.79	2.120	2.120	2.120
环氧富锌底漆稀释剂	kg	11.21	0.170	0.170	0.170
其他材料费	元	1.00	5.61	5.60	6.86
机械 汽车式起重机 20t	台班	942.85	0.164	0.155	0.191
交流弧焊机 32kV·A	台班	92.84	0.185	0.119	0.185

（8）现场拼装平台摊销

工作内容：场内转运、卸料、检验、划线、切割、组立、焊接及超探检验、翻身、校正、调平、清理、拆除、整理等。

计量单位：t

定　额　编　号			6-36
项　　　　目			现场拼装平台摊销
基　价　（元）			**502.74**
其中	人　工　费　（元）		176.39
	材　料　费　（元）		267.03
	机　械　费　（元）		59.32
名　称	单位	单价(元)	消　耗　量
人工　三类人工	工日	155.00	1.138
材料　型钢　综合	kg	3.84	38.160
中厚钢板　综合	kg	3.71	5.300
低合金钢焊条 E43 系列	kg	4.74	0.283
焊丝 ϕ3.2	kg	10.78	0.902
二氧化碳气体	m³	1.03	0.537
氧气	m³	3.62	0.858
吊装夹具	套	103.00	0.001
钢丝绳　综合	kg	6.45	0.394
垫木	m³	2328.00	0.032
其他材料费	元	1.00	8.97
机械　交流弧焊机 32kV·A	台班	92.84	0.021
汽车式起重机 20t	台班	942.85	0.039
二氧化碳气体保护焊机 500A	台班	132.92	0.079
超声波探伤仪 0～10000mm	台班	101.00	0.100

3.住宅钢结构

(1) 钢 柱

工作内容:场内转运、卸料、检验、划线、构件拼装、加固、翻身就位、绑扎、校正、焊接及超探检验、固定、零星除锈、补漆、清理等。

计量单位:t

定 额 编 号				6-37	6-38	6-39	6-40
项 目				钢 柱			
				质量(t 以内)			
				3	5	10	15
基 价 (元)				**739.52**	**664.37**	**610.77**	**619.91**
其中	人 工 费 (元)			449.19	404.40	363.94	350.61
	材 料 费 (元)			195.63	168.45	158.89	175.52
	机 械 费 (元)			94.70	91.52	87.94	93.78
	名 称	单位	单价(元)	消 耗 量			
人工	三类人工	工日	155.00	2.898	2.609	2.348	2.262
材料	钢柱	t	—	(1.000)	(1.000)	(1.000)	(1.000)
	低合金钢焊条 E43 系列	kg	4.74	2.575	2.575	2.575	2.575
	金属结构铁件	kg	5.60	10.588	7.344	6.528	5.610
	二氧化碳气体	m³	1.03	2.420	2.090	1.870	2.200
	焊丝 φ3.2	kg	10.78	4.429	3.708	3.296	4.017
	钢丝绳 综合	kg	6.45	3.690	3.690	3.690	5.690
	吊装夹具	套	103.00	0.020	0.020	0.020	0.020
	垫木	m³	2328.00	0.011	0.011	0.011	0.011
	环氧富锌 底漆	kg	13.79	1.060	1.060	1.060	1.060
	环氧富锌底漆稀释剂	kg	11.21	0.085	0.085	0.085	0.085
	其他材料费	元	1.00	6.86	5.95	5.63	6.39
机械	汽车式起重机 40t	台班	1517.63	0.026	0.026	0.026	0.026
	交流弧焊机 32kV·A	台班	92.84	0.187	0.180	0.170	0.190
	二氧化碳气体保护焊机 500A	台班	132.92	0.209	0.190	0.170	0.200
	超声波探伤仪 0 ~ 10000mm	台班	101.00	0.100	0.100	0.100	0.100

（2）钢　梁

工作内容：场内转运、卸料、检验、划线、构件拼装、加固、翻身就位、绑扎、校正、焊接及超探检验、固定、
零星除锈、补漆、清理等。

计量单位：t

定　额　编　号			6-41	6-42	6-43	6-44
项　　　　目			钢　梁			
			质量（t 以内）			
			0.5	1.5	3	5
基　　价　（元）			**674.45**	**630.22**	**572.88**	**514.03**
其中	人　　工　　费　（元）		407.50	370.45	325.35	274.97
	材　　料　　费　（元）		168.80	164.41	157.61	150.47
	机　　械　　费　（元）		98.15	95.36	89.92	88.59
名　　称	单位	单价（元）	消　耗　量			
人工	三类人工	工日	155.00	2.629	2.390	2.099	1.774
材料	钢梁	t	—	(1.000)	(1.000)	(1.000)	(1.000)
	低合金钢焊条 E43 系列	kg	4.74	3.708	3.296	2.884	2.884
	金属结构铁件	kg	5.60	7.344	6.936	6.528	5.712
	二氧化碳气体	m³	1.03	1.870	1.870	1.760	1.650
	焊丝 φ3.2	kg	10.78	3.296	3.296	3.090	2.884
	钢丝绳 综合	kg	6.45	3.280	3.280	3.280	3.280
	吊装夹具	套	103.00	0.020	0.020	0.020	0.020
	垫木	m³	2328.00	0.012	0.012	0.012	0.012
	环氧富锌 底漆	kg	13.79	1.060	1.060	1.060	1.060
	环氧富锌底漆稀释剂	kg	11.21	0.085	0.085	0.085	0.085
	其他材料费	元	1.00	5.92	5.77	5.54	5.30
机械	汽车式起重机 40t	台班	1517.63	0.026	0.026	0.026	0.026
	交流弧焊机 32kV·A	台班	92.84	0.280	0.250	0.220	0.220
	二氧化碳气体保护焊机 500A	台班	132.92	0.170	0.170	0.150	0.140
	超声波探伤仪 0～10000mm	台班	101.00	0.100	0.100	0.100	0.100

(3) 钢 支 撑

工作内容: 场内转运、卸料、检验、划线、构件拼装、加固、翻身就位、绑扎、校正、焊接及超探检验、固定、零星除锈、补漆、清理等。

计量单位:t

定 额 编 号			6-45	6-46	6-47	6-48
项 目			钢支撑			
			质量(t 以内)			
			1.5	3	5	8
基 价 (元)			**864.60**	**829.76**	**748.38**	**742.77**
其中	人 工 费 (元)		539.09	539.09	485.15	460.97
	材 料 费 (元)		220.84	192.77	171.18	179.92
	机 械 费 (元)		104.67	97.90	92.05	101.88
名 称	单位	单价(元)	消 耗 量			
人工 三类人工	工日	155.00	3.478	3.478	3.130	2.974
材料 钢支撑	t	—	(1.000)	(1.000)	(1.000)	(1.000)
低合金钢焊条 E43 系列	kg	4.74	3.296	2.884	2.266	2.884
金属结构铁件	kg	5.60	10.588	7.344	5.610	3.876
二氧化碳气体	m³	1.03	2.750	2.420	1.980	2.750
焊丝 φ3.2	kg	10.78	4.944	4.326	3.605	4.944
钢丝绳 综合	kg	6.45	4.920	4.920	4.920	4.920
吊装夹具	套	103.00	0.020	0.020	0.020	0.020
垫木	m³	2328.00	0.014	0.014	0.014	0.014
环氧富锌 底漆	kg	13.79	1.060	1.060	1.060	1.060
环氧富锌底漆稀释剂	kg	11.21	0.085	0.085	0.085	0.085
其他材料费	元	1.00	7.84	6.89	6.17	6.46
机械 汽车式起重机 40t	台班	1517.63	0.026	0.026	0.026	0.026
交流弧焊机 32kV·A	台班	92.84	0.250	0.220	0.200	0.220
二氧化碳气体保护焊机 500A	台班	132.92	0.240	0.210	0.180	0.240
超声波探伤仪 0~10000mm	台班	101.00	0.100	0.100	0.100	0.100

（4）踏步式钢楼梯

工作内容:场内转运、卸料、检验、划线、构件拼装、加固、翻身就位、绑扎、校正、焊接及超探检验、固定、
零星除锈、补漆、清理等。

计量单位:t

定　额　编　号				6-49
项　　　　　目				踏步式钢楼梯
基　　价　（元）				**997.37**
其中	人　　工　　费　（元）			661.85
	材　　料　　费　（元）			223.88
	机　　械　　费　（元）			111.64
名　　称	单位	单价（元）	消　耗　量	
人工	三类人工	工日	155.00	4.270
材料	钢楼梯 踏步式	t	—	(1.000)
	低合金钢焊条 E43 系列	kg	4.74	3.811
	金属结构铁件	kg	5.60	7.344
	二氧化碳气体	m³	1.03	2.090
	焊丝 φ3.2	kg	10.78	3.708
	钢丝绳 综合	kg	6.45	3.280
	吊装夹具	套	103.00	0.020
	垫木	m³	2328.00	0.026
	环氧富锌 底漆	kg	13.79	2.120
	环氧富锌底漆稀释剂	kg	11.21	0.170
	其他材料费	元	1.00	7.68
机械	汽车式起重机 40t	台班	1517.63	0.026
	交流弧焊机 32kV·A	台班	92.84	0.275
	二氧化碳气体保护焊机 500A	台班	132.92	0.275
	超声波探伤仪 0～10000mm	台班	101.00	0.100

4. 钢结构安装配件

工作内容:1. 高强螺栓:垫片及螺母配套、对孔、初拧、终拧;
2. 剪力栓钉:定位、瓷环配套、焊接、检验、补位;
3. 花篮螺栓:定位、调整、拧紧。

计量单位:100 套

定　额　编　号			6-50	6-51	6-52
项　　　　　目			高强螺栓	剪力栓钉	花篮螺栓
基　　价　（元）			**763.23**	**252.84**	**586.77**
其中	人　　工　　费　（元）		54.25	77.50	54.25
	材　　料　　费　（元）		703.80	146.28	527.34
	机　　械　　费　（元）		5.18	29.06	5.18
名　　称	单位	单价（元）	消　耗　量		
人工	三类人工	工日	155.00	0.350	0.500	0.350
材料	高强螺栓	套	6.90	102.000	—	—
	栓钉	套	1.38	—	106.000	—
	花篮螺栓 M12×200	个	5.17	—	—	102.000
机械	电动扭力扳手	台班	7.73	0.670	—	0.670
	栓钉焊机	台班	96.85	—	0.300	—

二、围护体系安装

1. 钢楼(承)板

工作内容:场内转运、卸料、选料、放线、安装收边板、配板,切割、拼装、安放楼(承)板、焊接。　　　　　计量单位:100m²

	定　额　编　号				6-53	6-54
	项　　　目				自承式楼承板	压型钢板楼板
	基　　价　（元）				**9909.95**	**9612.40**
其	人　　工　　费　（元）				2312.45	1691.67
	材　　料　　费　（元）				7043.26	7417.18
中	机　　械　　费　（元）				554.24	503.55
	名　　称	单位	单价(元)		消　耗　量	
人工	三类人工	工日	155.00		14.919	10.914
材	自承式楼承板 0.6	m²	60.34		104.000	—
	压型钢板楼板 0.9	m²	64.66		—	104.000
	热轧薄钢板 Q235B δ3.0	m²	20.30		20.670	20.670
	垫木	m³	2328.00		0.050	0.020
	红丹防锈漆	kg	6.90		11.700	11.700
	油漆溶剂油	kg	3.79		1.365	1.365
	低合金钢焊条 E43 系列	kg	4.74		0.578	0.578
	热轧光圆钢筋 综合	kg	3.97		2.000	2.000
料	氧气	m³	3.62		2.730	1.910
	其他材料费	元	1.00		125.43	122.88
机	交流弧焊机 32kV·A	台班	92.84		1.046	0.500
械	折方机 4×2000	台班	32.84		13.920	13.920

2. 钢结构屋面板

工作内容: 1.屋面板:场内转运、卸料、放样、下料、切割断料、周边塞口、清扫、弹线、安装支座、安装
屋面板、打胶、紧固、安装收边及泛水板;
2.保温棉:场内转运、放样、下料、焊接连接铁件、安装钢丝网、安装保温棉。　　　　计量单位:100m²

定 额 编 号			6-55	6-56	6-57	6-58
项 目			屋面板			屋面玻纤保温棉
			彩钢夹芯板	采光板	压型钢板	厚50
基 价 (元)			**12911.59**	**9476.36**	**6683.34**	**2911.41**
其中	人 工 费 (元)		1775.22	1606.42	1519.47	279.00
	材 料 费 (元)		11042.08	7775.65	5069.58	2538.12
	机 械 费 (元)		94.29	94.29	94.29	94.29
名 称	单位	单价(元)	消 耗 量			
人工 三类人工	工日	155.00	11.453	10.364	9.803	1.800
材料 彩钢夹芯板 δ75	m²	72.41	104.000	—	—	—
聚酯采光板 δ1.2	m²	56.03	—	104.000	—	—
压型钢板 0.5mm	m²	31.03	—	—	104.000	—
压型彩钢板(平面展开) 0.5mm	m²	17.54	4.750	20.000	13.870	—
袋装玻璃棉 δ50	m²	19.48	—	—	—	104.000
不锈钢丝 φ1.2	kg	18.28	—	—	—	22.260
槽铝 75mm	m	8.62	49.000	—	—	—
工字铝 综合	m	6.03	167.900	—	—	—
角铝 25.4×1	m	2.58	26.500	—	—	—
铝拉铆钉 M5×40	百个	12.93	13.700	6.500	6.500	—
防水密封胶	支	8.62	32.000	40.000	40.000	—
合金钢钻头 φ6	个	5.00	0.600	0.600	0.600	—
钢结构自攻螺钉 5.5×32	套	0.19	—	632.000	632.000	110.000
彩钢内外扣槽	m	11.98	84.200	—	—	—
橡皮密封条 20×4	m	1.78	173.300	173.300	173.300	—
彩钢密封圈	只	0.63	—	632.000	632.000	—
金属堵头	只	3.02	—	58.000	58.000	—
金属结构铁件	kg	5.60	—	5.000	5.000	5.000
密封带 3×20	m	0.36	—	—	—	100.000
垫木	m³	2328.00	—	0.020	0.020	—
其他材料费	元	1.00	151.77	89.45	90.90	20.39
机械 汽车式起重机 20t	台班	942.85	0.100	0.100	0.100	0.100

3. 钢结构墙面板

工作内容:1.墙面板:场内转运、卸料、放样、下料,切割断料、开门窗洞口、周边塞口、清扫、弹线、
安装接口型材、安装墙面板、打胶、紧固、安装收边及泛水板;

2.保温棉:场内转运、放样、下料、安装保温棉。 计量单位:100m²

定 额 编 号				6-59	6-60	6-61	6-62
项 目				墙面板			墙面玻纤保温棉
				彩钢夹芯板	采光板	压型钢板	厚50
基 价 (元)				12128.83	9440.16	6790.16	2565.58
其中	人 工 费 (元)			1939.05	1737.24	1737.24	334.80
	材 料 费 (元)			10095.49	7608.63	4958.63	2136.49
	机 械 费 (元)			94.29	94.29	94.29	94.29
名 称	单位	单价(元)		消 耗 量			
人工	三类人工	工日	155.00	12.510	11.208	11.208	2.160
材料	彩钢夹芯板 δ75	m²	72.41	106.000	—	—	—
	聚酯采光板 δ1.2	m²	56.03	—	106.000	—	—
	压型钢板 0.5mm	m²	31.03	—	—	106.000	—
	压型彩钢板(平面展开) 0.5mm	m²	17.54	10.000	20.000	20.000	—
	袋装玻璃棉 δ50	m²	19.48	—	—	—	106.000
	槽铝 75mm	m	8.62	34.400	—	—	—
	工字铝 综合	m	6.03	167.900	—	—	—
	角铝 25.4×1	m	2.58	26.500	—	—	—
	金属膨胀螺栓 M10	百套	48.62	0.400	—	—	—
	铝拉铆钉 M5×40	百个	12.93	10.700	3.500	3.500	—
	防水密封胶	支	8.62	32.000	32.000	32.000	—
	合金钢钻头 φ6	个	5.00	0.600	0.600	0.600	—
	钢结构自攻螺钉 5.5×32	套	0.19	—	650.000	650.000	110.000
	橡皮密封条 20×4	m	1.78	173.300	173.300	173.300	—
	金属结构铁件	kg	5.60	2.000	5.000	5.000	2.300
	垫木	m³	2328.00	—	0.020	0.020	—
	密封带 3×20	m	0.36	—	—	—	100.000
	彩钢密封圈	只	0.63	—	650.000	650.000	—
	其他材料费	元	1.00	110.98	78.52	78.52	1.83
机械	汽车式起重机 20t	台班	942.85	0.100	0.100	0.100	0.100

工作内容: 1. 预制轻钢龙骨隔墙安装:场内转运、卸料、基底清理、弹线、安放隔墙板块、洞口定位、
　　　　　　板块及固定配件安装、板缝填塞、贴玻纤布、安装隔声材料等;
　　　　2. 硅酸钙板安装:场内转运、基底清理、定位、硅酸钙板安装。　　　　　　　　计量单位:100m²

定　额　编　号			6-63	6-64	6-65	6-66
项　　　目			预制轻钢龙骨隔墙板			增加一道硅酸钙板
			板厚(mm 以内)			
			80	100	150	
基　价　(元)			**12299.81**	**14523.47**	**17614.51**	**4562.46**
其中	人　工　费　(元)		1799.09	2159.00	2374.91	313.10
	材　料　费　(元)		10286.40	12117.96	14956.13	4200.26
	机　械　费　(元)		214.32	246.51	283.47	49.10
名　　称	单位	单价(元)	消　耗　量			
人工 三类人工	工日	155.00	11.607	13.929	15.322	2.020
材料 预制轻钢龙骨内隔墙板 δ80	m²	94.83	102.000	—	—	—
预制轻钢龙骨内隔墙板 δ100	m²	112.00	—	102.000	—	—
预制轻钢龙骨内隔墙板 δ150	m²	138.00	—	—	102.000	—
硅酸钙板 δ10	m²	40.78	—	—	—	102.000
墙板固定金属配件(不锈钢板)	kg	20.69	9.801	11.722	16.526	—
金属膨胀螺栓	套	0.48	316.667	316.667	316.667	—
玻璃棉毡 综合	m²	10.34	8.931	11.160	16.733	—
玻璃纤维网格布	m²	2.16	16.800	16.800	16.800	8.400
合金钢切割片 φ300	片	12.93	3.720	4.278	4.920	1.302
其他材料费	元	1.00	82.22	92.43	113.28	5.72
机械 砂轮切割机 φ350	台班	20.63	2.011	2.313	2.659	0.704
电动空气压缩机 0.6m³/min	台班	33.06	5.228	6.013	6.915	1.046

工作内容:1.场内转运、卸料、检验、放样划线、切割、龙骨固定、墙面板安装、点漆、清理等;

2.清理基层、保温岩棉铺设、双面胶纸固定;

3.墙面开孔、上料、搅拌、泵送、灌浆、敲击振捣、灌浆口抹平清理。

定 额 编 号				6-67	6-68	6-69
项 目				硅酸钙板灌浆墙面板		
				双面隔墙	保温岩棉铺设	EPS 混凝土浇灌
计 量 单 位				100m²	10m³	
基 价 (元)				**23149.59**	**7804.43**	**4802.40**
其中	人 工 费 (元)			5630.69	2891.37	1483.04
	材 料 费 (元)			15629.61	4913.06	2735.41
	机 械 费 (元)			1889.29	—	583.95
名 称		单位	单价(元)	消 耗 量		
人工	三类人工	工日	155.00	36.327	18.654	9.568
材料	硅酸钙板 δ10	m²	40.78	106.000	—	—
	硅酸钙板 δ8	m²	31.90	106.000	—	—
	岩棉板 δ50	m³	466.00	—	10.400	—
	EPS 灌浆料	m³	259.00	—	—	10.500
	镀锌钢龙骨	kg	4.31	1500.000	—	—
	连接件 PD25	个	2.38	150.000	—	—
	低合金钢焊条 E43 系列	kg	4.74	81.750	—	—
	垫木	m³	2328.00	0.020	—	—
	聚乙烯薄膜	m²	0.86	—	42.000	—
	橡胶密封条	m	0.95	173.300	—	—
	双面胶纸	m	0.09	—	260.000	—
	铝拉铆钉 M5×40	百个	12.93	3.500	—	—
	自攻螺钉 ST6×20	百个	3.45	6.500	—	—
	六角螺栓 M6×35	百个	15.95	0.200	—	—
	合金钢钻头 φ10	个	5.60	0.600	—	—
	玻璃胶 335g	支	10.34	29.000	—	—
	氧气	m³	3.62	9.000	—	—
	乙炔气	m³	8.90	3.900	—	—
	电	kW·h	0.78	—	—	16.200
	其他材料费	元	1.00	63.46	7.14	3.27
机械	交流弧焊机 32kV·A	台班	92.84	20.350	—	—
	涡浆式混凝土搅拌机 500L	台班	288.37	—	—	2.025

工作内容:1.场内转运、卸料、检验、放样、划线、切割、就位、校正、打胶、固定、清理；

　　　　　2.场内转运、卸料、选料、切割、抹砂浆、贴砌块、固定、擦缝、清理。　　　　　　　计量单位:100m²

定　额　编　号				6-70	6-71
项　　　　目				硅酸钙板 包柱、包梁	蒸压砂加气 保温块贴面
基　价　（元）				**11380.91**	**6863.83**
其 中	人　　工　　费　（元）			5421.28	4021.79
	材　　料　　费　（元）			5903.65	2842.04
	机　　械　　费　（元）			55.98	—
	名　　称	单位	单价（元）	消　耗　量	
人 工	三类人工	工日	155.00	34.976	25.947
材 料	硅酸钙板 δ8	m²	31.90	115.000	—
	蒸压砂加气混凝土砌块 B06 A5.0	m³	328.00	—	5.830
	镀锌钢龙骨	kg	4.31	300.000	—
	连接件 PD25	个	2.38	—	150.000
	连接件 PD80	个	2.76	80.000	—
	低合金钢焊条 E43 系列	kg	4.74	10.900	—
	橡胶密封条	m	0.95	173.300	173.300
	垫木	m³	2328.00	0.020	—
	铝拉铆钉 M5×40	百个	12.93	3.500	3.500
	自攻螺钉 ST6×20	百个	3.45	6.500	6.500
	六角螺栓 M6×35	百个	15.95	0.200	0.200
	合金钢钻头 φ10	个	5.60	0.600	0.600
	玻璃胶 335g	支	10.34	29.000	29.000
	氧气	m³	3.62	1.200	—
	乙炔气	m³	8.90	0.520	—
	其他材料费	元	1.00	75.43	34.07
机 械	交流弧焊机 32kV·A	台班	92.84	0.603	—

三、钢构件现场制作及除锈

工作内容:1.现场制作:放样、划线、切割、平整、组立、焊接、钻孔、成品校正、堆放;

　　　　　2.喷砂除锈:装填磨料、除锈、清理表面。　　　　　　　　　　　　　　计量单位:t

定 额 编 号			6-72	6-73	6-74	6-75
项　　　目			钢柱、钢梁、钢屋架		其他构件	喷砂除锈
			钢板	型钢		
基　价　(元)			**5772.67**	**6109.97**	**5578.19**	**235.87**
其中	人　工　费　(元)		1010.14	1396.40	1032.92	124.00
	材　料　费　(元)		4391.00	4299.32	4276.30	100.96
	机　械　费　(元)		371.53	414.25	268.97	10.91
名　　称	单位	单价(元)	消　耗　量			
人工	三类人工	工日	155.00	6.517	9.009	6.664	0.800
材料	中厚钢板 综合	t	3750.00	0.947	0.194	0.150	—
	型钢 综合	t	3836.00	0.113	0.866	0.910	—
	刚砂	kg	5.83	—	—	—	16.800
	电焊条 E43 系列	kg	4.74	12.570	19.300	19.000	—
	焊丝 φ3.2	kg	10.78	16.760			
	焊剂	kg	3.66	6.450	—	—	—
	氧气	m³	3.62	5.090	4.950	4.400	—
	乙炔气	m³	8.90	2.210	2.210	1.870	—
	环氧富锌 底漆	kg	13.79	5.120	6.600	5.300	—
	环氧富锌底漆稀释剂	kg	11.21	0.540	0.700	0.550	—
	六角带帽螺栓	kg	5.47	1.740	1.740	1.740	—
	其他材料费	元	1.00	18.15	12.40	11.64	3.02
机械	半自动切割机 100mm	台班	92.61	0.100	0.040	0.020	—
	汽车式起重机 20t	台班	942.85	0.040	0.040	0.020	—
	摇臂钻床 50mm	台班	21.52	0.120	0.120	0.090	—
	剪板机 40×3100	台班	374.59	0.030	0.010	—	—
	刨边机 12000mm	台班	342.64	0.030	0.020	—	—
	门式起重机 10t	台班	447.22	0.360	0.450	0.190	—
	型钢剪断机 500mm	台班	82.19	0.010	0.080	0.070	—
	叉式起重机 5t	台班	409.00	0.050	0.050	0.050	—
	二氧化碳气体保护焊机 250A	台班	56.85	0.360	—	—	—
	交流弧焊机 42kV·A	台班	129.55	0.500	0.800	0.800	—
	电动空气压缩机 10m³/min	台班	394.85	0.070	0.060	0.070	—
	电焊条烘干箱 45×35×45(cm³)	台班	8.99	0.590	0.450	0.430	—
	喷砂除锈机 3m³/min	台班	36.35	—	—	—	0.300

第七章
木结构工程

说　明

一、本章定额包括木屋架、其他木构件、屋面木基层三节。

二、本章定额是按机械和手工操作综合编制的,实际不同均按定额执行。

三、本章定额采用的木材木种,除另有注明外,均按一、二类为准,如采用三、四类木种时,木材单价调整,相应定额制作人工和机械乘以系数 1.30。

四、定额所注明的木材断面、厚度均以毛料为准,设计为净料时,应另加刨光损耗,板枋材单面刨光加 3mm,双面刨光加 5mm,圆木直径加 5mm。屋面木基层中的椽子断面是按杉圆木 φ70mm 对开、松枋 40mm×60mm 确定的,如设计不同时,木材用量按比例计算,其余用量不变。屋面木基层中屋面板的厚度是按 15mm 确定的,实际厚度不同,单价换算。

五、本章定额中的金属件已包括刷一遍防锈漆的工料。

六、设计木构件中的钢构件及铁件用量与定额不同时,按设计图示用量调整。

工程量计算规则

一、计算木材材积,均不扣除孔眼、开榫、切肢、切边的体积。

二、屋架材积包括剪刀撑、挑檐木、上下弦之间的拉杆、夹木等,不包括中立人在下弦上的硬木垫块。气楼屋架、马尾屋架、半屋架均按正屋架计算。

三、木柱、木梁按设计图示尺寸以体积计算。木地板按设计图示尺寸以面积计算。

四、木楼地楞材积按"m³"计算。定额已包括平撑、剪刀撑、沿油木的材积。

五、木楼梯按水平投影面积计算。不扣除宽度小于 300mm 的楼梯井,其踢面板、平台和伸入墙内部分不另计算;楼梯扶手、栏杆按本定额第十五章"其他装饰工程"相应定额另行计算。

六、檩木按设计图示尺寸以体积计算。檩条垫木包括在檩木定额中,不另计算体积。单独挑檐木,每根木材体积按 0.018 m³ 计算,套用檩木定额。

七、屋面木基层的工程量,按设计图示尺寸以斜面积计算。不扣除房上烟囱、风帽底座、风道、小气窗和斜沟等所占的面积。屋面小气窗的出檐部分面积另行增加。

八、封檐板按"延长米"计算。

一、木 屋 架

工作内容:制作、拼装、安装屋架,搁墙部分刷防腐油、铁件刷防锈漆一遍。 计量单位:m³

定 额 编 号			7-1	7-2	7-3	7-4	7-5	7-6
项 目			人字屋架					钢木屋架
			木拉杆、木夹板	铁拉杆、铁夹板	每增减一副接头			
					下弦	上弦		
					铁夹板	木夹板		
基 价 (元)			2686.84	2855.52	124.69	148.54	91.62	3906.24
其中	人 工 费 (元)		630.85	695.95	17.05	33.33	33.33	1329.90
	材 料 费 (元)		2055.99	2159.57	107.64	115.21	58.29	2576.34
	机 械 费 (元)		—	—	—	—	—	—
名 称	单位	单价(元)	消 耗 量					
人工 三类人工	工日	155.00	4.070	4.490	0.110	0.215	0.215	8.580
材料 杉原木 屋架(综合)	m³	1466.00	1.050	1.050	—	—	—	1.050
硬木板枋材	m³	2414.00	0.080	0.095	—	0.024	0.015	—
屋架铁件	kg	6.90	45.000	55.000	15.600	8.300	3.200	68.000
圆钉	kg	4.74	0.900	0.600	—	—	—	—
热轧光圆钢筋 综合	t	3966.00	—	—	—	—	—	0.140
其他材料费	元	1.00	8.80	8.60	—	—	—	12.60

注:1. 木拉杆、木夹板屋架定额中包括下弦接头一副。铁拉杆、铁夹板屋架定额中包括上、下弦接头各一副。

2. 钢木屋架定额中金属拉杆、铁件按施工图净用量(其中铁件另加损耗1%)进行调整,其余工料不变。

3. 悬臂圆檩木如使用铁件安装,每立方米用量增加铁件3.4kg,其余工料不变。

4. 屋架铁拉杆在两根以内,套用木拉杆定额;两根以上套用铁拉杆定额。

二、其他木构件

工作内容:制作、安装木柱、木梁,临时支撑,搁墙部分刷防腐油。　　　　　　　　　　　　　　　　　　计量单位:10m³

定　额　编　号			7-7	7-8	7-9	7-10
项　　　　　目			木柱		木梁	
			圆木	方木	圆木	方木
基　　价　　(元)			**23562.32**	**25254.40**	**22876.18**	**24550.68**
其中	人　工　费　(元)		4612.80	4104.40	5535.05	4924.35
	材　料　费　(元)		18949.52	21150.00	17341.13	19626.33
	机　械　费　(元)		—	—	—	—
名　　　称	单位	单价(元)	消　耗　量			
人工 三类人工	工日	155.00	29.760	26.480	35.710	31.770
材料 杉原木 综合	m³	1466.00	12.926	—	11.797	—
松板枋材	m³	1800.00	—	11.750	—	10.863
铁件 综合	kg	6.90	—	—	5.000	5.000
防腐油	kg	1.28	—	—	9.550	9.250
圆钉	kg	4.74	—	—	—	5.610

工作内容:制作、安装木楼地楞,搁墙部分刷防腐油。　　　　　　　　　　　　　　　　　　　　　　　计量单位:10m³

定　额　编　号			7-11	7-12	7-13	7-14
项　　　　　目			木楼地楞			
			圆木楞		方木楞	
			带平撑	不带平撑	带剪刀撑	不带剪刀撑
基　　价　　(元)			**20952.72**	**18897.37**	**25528.20**	**23043.87**
其中	人　工　费　(元)		3537.10	3355.75	3264.30	2720.25
	材　料　费　(元)		17415.62	15541.62	22263.90	20323.62
	机　械　费　(元)		—	—	—	—
名　　　称	单位	单价(元)	消　耗　量			
人工 三类人工	工日	155.00	22.820	21.650	21.060	17.550
材料 杉原木 综合	m³	1466.00	10.340	10.340	—	—
松板枋材	m³	1800.00	1.230	0.190	12.270	11.250
圆钉	kg	4.74	7.000	7.000	35.000	13.000
其他材料费	元	1.00	10.00	8.00	12.00	12.00

工作内容:1.制作、安装木龙骨、刷防腐油、铺设木地板,净面;
2.制作、安装楼梯踏步,平台楞木及楼板,搁墙部分刷防腐油。 计量单位:100m²

定 额 编 号			7-15	7-16	7-17
项 目			平口木地板	企口木地板	木楼梯
			铺在大木楞上		
基 价 (元)			**6824.01**	**20999.49**	**38971.74**
其中	人 工 费 (元)		1312.85	1966.02	12948.70
	材 料 费 (元)		5511.16	19033.47	26023.04
	机 械 费 (元)		—	—	—
名 称	单位	单价(元)	消 耗 量		
人工 三类人工	工日	155.00	8.470	12.684	83.540
材料 杉平口地板	m²	51.72	105.000	—	—
长条实木地板	m²	172.00	—	105.000	—
杉板枋材	m³	1625.00	—	—	6.790
杉木枋 30×40	m³	1800.00	—	0.378	—
杉木枋 50×60	m³	1800.00	—	—	8.180
镀锌铁丝 10#	kg	5.38	—	30.150	—
地板钉	kg	5.60	12.600	15.870	—
圆钉	kg	4.74	—	—	51.000
白回丝	kg	2.93	—	1.000	—
防腐油	kg	1.28	—	12.000	18.400
其他材料费	元	1.00	10.00	23.70	—

注:龙骨断面为 30mm×40mm,间距为 400mm,设计不同时,用量调整。

三、屋面木基层

工作内容: 制作、安装檩木、覆木,搁墙部分及垫木刷防腐油。

定 额 编 号				7-18	7-19	7-20
项 目				檩木		混凝土檩上覆木
				方木	圆木	
计 量 单 位				10m³		100m
基 价 (元)				**24174.19**	**20271.66**	**452.65**
其中	人 工 费 (元)			2949.65	2810.15	91.45
	材 料 费 (元)			21224.54	17461.51	361.20
	机 械 费 (元)			—	—	—
名 称		单位	单价(元)	消 耗 量		
人工	三类人工	工日	155.00	19.030	18.130	0.590
材料	杉原木 综合	m³	1466.00	—	10.500	—
	松板枋材	m³	1800.00	11.645	1.040	0.200
	杉原木 椽子	m³	—	—	—	(0.280)
	圆钉	kg	4.74	45.094	33.762	—
	防腐油	kg	1.28	38.900	28.500	—
	其他材料费	元	1.00	—	—	1.20

工作内容: 制作、安装屋面板,铺油毡,钉顺水条、挂瓦条。　　　　　　　　　　　计量单位:100m²

定 额 编 号				7-21	7-22	7-23	7-24	7-25
项 目				屋 面 板 基 层				小青瓦屋面
				有油毡		无油毡		平口板
				平口板	错口板	平口板	错口板	
基 价 (元)				**7679.20**	**8188.60**	**7245.41**	**7745.51**	**6840.08**
其中	人 工 费 (元)			508.40	564.20	426.25	472.75	471.20
	材 料 费 (元)			7170.80	7624.40	6819.16	7272.76	6368.88
	机 械 费 (元)			—	—	—	—	—
名 称		单位	单价(元)	消 耗 量				
人工	三类人工	工日	155.00	3.280	3.640	2.750	3.050	3.040
材料	杉格椽	m³	2026.00	0.215	0.215	0.215	0.215	—
	板条 1000×30×8	百根	78.45	1.800	1.800	—	—	—
	错口板	m²	64.66	—	105.000	—	105.000	—
	屋面板	m²	60.34	105.000	—	105.000	—	105.000
	石油沥青油毡 350g	m²	1.90	110.000	110.000	—	—	—
	圆钉	kg	4.74	10.400	10.400	10.100	10.100	7.000

工作内容:制作、安装椽子,铺油毡,钉顺水条、挂瓦条。　　　　　　　　　　　　　　　　计量单位:100m²

定　额　编　号				7-26	7-27	7-28	7-29	7-30	7-31
项　　　　目				椽 子 基 层				混凝土上单独钉挂瓦条	混凝土上钉顺水条、挂瓦条
				钉挂瓦条	钉纤维板、油毡、挂瓦条	钉稀板条、油毡、挂瓦条	小青瓦屋面		
基　　价　　(元)				**2074.01**	**3438.37**	**2739.70**	**2635.85**	**815.92**	**1273.82**
其中	人　工　费　(元)			370.45	517.70	454.15	544.05	145.70	235.60
	材　料　费　(元)			1703.56	2920.67	2285.55	2091.80	670.22	1038.22
	机　械　费　(元)			—	—	—	—	—	—
名　　称	单位	单价(元)		消　耗　量					
人工	三类人工	工日	155.00	2.390	3.340	2.930	3.510	0.940	1.520
材料	松板枋材	m³	1800.00	0.691	0.691	0.691	1.150	—	—
	杉格椽	m³	2026.00	0.215	0.215	0.215	—	0.320	0.500
	杉原木 椽子	m³	—	(0.500)	(0.500)	(0.500)	(1.000)	—	—
	板条1000×30×8	百根	78.45	—	1.800	4.700	—	—	—
	纤维板δ3	m²	8.22	—	105.000	—	—	—	—
	石油沥青油毡350g	m²	1.90	—	110.000	110.000	—	—	—
	水泥钉	kg	5.60	—	—	—	—	3.910	2.590
	圆钉	kg	4.74	5.100	5.900	6.000	4.600	—	2.260

工作内容:制作、安装封檐板。　　　　　　　　　　　　　　　　　　　　　　　　计量单位:100m

定　额　编　号				7-32	7-33	7-34
项　　　　目				封檐板		
				板高(cm 以内)		
				15	20	30
基　　价　　(元)				**1195.09**	**1448.51**	**1991.29**
其中	人　工　费　(元)			452.60	503.75	575.05
	材　料　费　(元)			742.49	944.76	1416.24
	机　械　费　(元)			—	—	—
名　　称	单位	单价(元)		消　耗　量		
人工	三类人工	工日	155.00	2.920	3.250	3.710
材料	杉板枋材	m³	1625.00	0.454	0.578	0.867
	圆钉	kg	4.74	1.000	1.163	1.554

第八章

门 窗 工 程

说　　明

一、本章定额包括木门,金属门,金属卷帘门,厂库房大门、特种门,其他门,木窗,金属窗,门钢架、门窗套,窗台板,窗帘盒、轨,门五金等。

二、本章中的普通木门、装饰门扇、木窗按现场制作安装综合编制,厂库房大门按制作、安装分别编制,其余门、窗均按成品安装编制。

三、采用一、二类木材木种编制的定额,如设计采用三、四类木种时,除木材单价调整外,按相应项目执行,人工和机械乘以系数1.35。

四、定额所注木材断面、厚度均以毛料为准,如设计为净料,应另加刨光损耗:板枋材单面加3mm,双面加5mm,其中普通门门板双面刨光加3mm,木材断面、厚度如设计与下表不同时,木材用量按比例调整,其余不变。

木门窗用料断面规格尺寸表　　　　单位:cm

门 窗 名 称		门窗框	门窗扇立梃	门板
普通门	镶板门	5.5×10.0	4.5×8.0	1.5
	胶合板门		3.9×3.9	—
	半玻门		4.5×10.0	1.5
自由门	全玻门	5.5×12.0	5.0×10.5	—
	带玻胶合板门	5.5×10.0	4.5×6.5	—
厂库房木板大门	带框平开门	5.3×12.0	5.0×10.5	2.1
	不带框平开门	—	5.5×12.5	
	不带框推拉门	—		
普通窗	平开窗	5.5×8.0	4.5×6.0	—
	翻窗	5.5×9.5		—

五、木门。

1. 成品套装门安装包括门套(含门套线)和门扇的安装;纱门按成品安装考虑。

2. 成品套装木门、成品木移门的门规格不同时,调整套装木门、成品木移门的单价,其余不调整。

六、金属门、窗。

1. 铝合金成品门窗安装项目按隔热断桥铝合金型材考虑。如设计为普通铝合金型材时,按相应定额项目执行,采用单片玻璃时,除材料换算外,相应定额子目的人工乘以系数0.80;采用中空玻璃时,除材料换算外,相应定额子目的人工乘以系数0.90。

2. 铝合金百叶门、窗和格栅门按普通铝合金型材考虑。

3. 当设计为组合门、组合窗时,按设计明确的门窗图集类型套用相应定额。

4. 飘窗按窗材质类型分别套用相应定额。

5. 弧形门窗套相应定额,人工乘以系数1.15;型材弯弧形费用另行增加。

七、防火卷帘按金属卷帘(闸)项目执行,定额材料中的金属卷帘替换为相应的防火卷帘,其余不变。

八、厂库房大门、特种门。

1. 厂库房大门的钢骨架制作以钢材重量表示,已包括在定额中,不再另列项计算。

2.厂库房大门、特种门门扇上所用铁件均已列入定额内,当设计用量与定额不同时,定额用量按比例调整;墙、柱、楼地面等部位的预埋铁件,按设计要求另行计算。

3.厂库房大门、特种门定额取定的钢材品种、比例与设计不同时,可按设计比例调整;设计木门中的钢构件及铁件用量与定额不同时,按设计图示用量调整。

4.人防门、防护密闭封堵板、密闭观察窗的规格、型号与定额不同时,只调整主材的材料费,其余不做调整。

5.厂库房大门如实际为购入构件,则套用安装定额,材料费按实计入。

九、其他门。

1.全玻璃门扇安装项目按地弹门考虑,其中地弹簧消耗量可按实际调整。

2.全玻璃门门框、横梁、立柱钢架的制作安装及饰面装饰,按本章门钢架相应项目执行。

3.全玻璃门有框亮子安装按全玻璃有框门扇安装项目执行,人工乘以系数 0.75,地弹簧换为膨胀螺栓,消耗量调整为 277.55 个/100m²;无框亮子安装按固定玻璃安装项目执行。

4.电子感应自动门传感装置、伸缩门电动装置安装已包括调试用工。

十、门钢架、门窗套。

1.门窗套(筒子板)、门钢架基层、面层项目未包括封边线条,设计要求时,另按本定额第十五章"其他装饰工程"中相应线条项目执行。

2.门窗套、门窗筒子板均执行门窗套(筒子板)项目。

十一、窗台板。

1.窗台板与暖气罩相连时,窗台板并入暖气罩,按本定额第十五章"其他装饰工程"中相应暖气罩项目执行。

2.石材窗台板安装项目按成品窗台板考虑。

十二、门五金。

1.普通木门窗一般小五金,如普通折页、蝴蝶折页、铁插销、风钩、铁拉手、木螺丝等已综合在五金材料费内,不另计算。地弹簧、门锁、门拉手、闭门器及铜合页等特殊五金另套相应定额计算。

2.成品木门(扇)、成品全玻璃门扇安装项目中五金配件的安装,仅包括门普通合页、地弹簧安装,其中合页材料费包括在成品门(扇)内,设计要求的其他五金另按本章"门五金"中门特殊五金相应项目执行。

3.成品金属门窗、金属卷帘门、特种门、其他门安装项目包括五金安装人工,五金材料费包括在成品门窗价格中。

4.防火门安装项目包括门体五金安装人工,门体五金材料费包括在防火门价格中,不包括防火闭门器、防火顺位器等特殊五金,设计要求另按本章"门五金"中门特殊五金相应项目执行。

5.厂库房大门项目均包括五金铁件安装人工,五金铁件材料费另执行本章相应项目,当设计与定额取定不同时,按设计规定计算。

十三、门连窗,门、窗应分别执行相应项目;木门窗定额采用普通玻璃,如设计玻璃品种与定额不同时,单价调整;厚度增加时,另按定额的玻璃面积每 10m² 增加玻璃用工 0.73 工日。

工程量计算规则

一、木门、窗。

1. 普通木门窗按设计门窗洞口面积计算。

2. 装饰木门扇工程量按门扇外围面积计算。

3. 成品木门框安装按设计图示框的外围尺寸以长度计算。

4. 成品木门扇安装按设计图示扇面积计算。

5. 成品套装木门安装按设计图示数量以樘计算。

6. 木质防火门安装按设计图示洞口面积计算。

7. 纱门扇安装按门扇外围面积计算。

8. 弧形门窗工程量按展开面积计算。

二、金属门、窗。

1. 铝合金门窗塑钢门窗均按设计图示门、窗洞口面积计算(飘窗除外)。

2. 门连窗按设计图示洞口面积分别计算门、窗面积,设计有明确时按设计明确尺寸分别计算,设计不明确时,门的宽度算至门框线的外边线。

3. 纱门、纱窗扇按设计图示扇外围面积计算。

4. 飘窗按设计图示框型材外边线尺寸以展开面积计算。

5. 钢质防火门、防盗门按设计图示门洞口面积计算。

6. 防盗窗按外围展开面积计算。

7. 彩钢板门窗按设计图示门、窗洞口面积计算。

三、金属卷帘门。

金属卷帘门按设计门洞口面积计算。电动装置按"套"计算,活动小门按"个"计算。

四、厂库房大门、特种门。

1. 厂库房大门、特种门按设计图示门洞口面积计算,无框门按扇外围面积计算。

2. 人防门、密闭观察窗的安装按设计图示数量以樘计算,防护密闭封堵板安装按框(扇)外围以展开面积计算。

五、其他门。

1. 全玻有框门扇按设计图示框外边线尺寸以面积计算,有框亮子按门扇与亮子分界线以面积计算。

2. 全玻无框(条夹)门扇按设计图示扇面积计算,高度算至条夹外边线、宽度算至玻璃外边线。

3. 全玻无框(点夹)门扇按设计图示玻璃外边线尺寸以面积计算。

4. 无框亮子(固定玻璃)按设计图示亮子与横梁或立柱内边缘尺寸以面积计算。

5. 电子感应门传感装置安装按设计图示数量以套计算。

6. 旋转门按设计图示数量以樘计算。

7. 电动伸缩门安装按设计图示尺寸以长度计算,电动装置按设计图示数量以套计算。

六、门钢架、门窗套。

1. 门钢架按设计图示尺寸以重量计算。

2. 门钢架基层、面层按设计图示饰面外围尺寸展开面积计算。

3. 门窗套(筒子板)龙骨、面层、基层均按设计图示饰面外围尺寸展开面积计算。

4. 成品门窗套按设计图示饰面外围尺寸展开面积计算。

七、窗台板、窗帘盒、轨。

1. 窗台板按设计图示长度乘宽度以面积计算。图纸未注明尺寸的,窗台板长度可按窗框的外围宽度两边共加 100mm 计算。窗台板凸出墙面的宽度按墙面外加 50mm 计算。

2. 窗帘盒基层工程量按单面展开面积计算,饰面板按实铺面积计算。

一、木　门

1.普通木门制作、安装

工作内容:制作门框,制作、安装门扇,亮子,刷防腐油,装配小五金及玻璃。　　　　　　　　　　　　　　　计量单位:100m²

定　额　编　号			8-1	8-2	8-3
项　　　目			有亮		
			镶板门	半截玻璃门	胶合板门
基　价　(元)			**17149.00**	**17072.18**	**18041.03**
其中	人　工　费　(元)		6999.96	6800.01	7800.07
	材　料　费　(元)		10045.94	10150.18	10124.47
	机　械　费　(元)		103.10	121.99	116.49
名　　称	单位	单价(元)	消　耗　量		
人工	三类人工	工日	155.00	45.161	43.871	50.323
材料	门窗框杉枋	m³	1810.00	1.908	1.989	1.908
	门窗扇杉枋	m³	1810.00	1.632	1.932	1.001
	门窗杉板	m³	1810.00	1.016	0.401	—
	杉枋亮子	m³	1810.00	0.461	0.480	0.461
	围条硬木	m³	3017.00	—	—	0.196
	杉木砖	m³	595.00	0.244	0.254	0.244
	杉搭木	m³	2155.00	0.120	0.120	0.120
	胶合板δ3	m²	13.10	—	—	177.830
	圆钉	kg	4.74	5.600	9.300	8.100
	骨胶	kg	11.21	3.200	1.500	—
	聚醋酸乙烯乳液	kg	5.60	2.500	2.900	35.400
	防腐油	kg	1.28	17.200	17.200	17.200
	平板玻璃δ3	m²	15.52	14.000	42.000	12.000
	油灰	kg	1.19	12.000	36.000	11.000
	小五金费	元	1.00	226.20	249.60	236.60
	其他材料费	元	1.00	5.20	5.40	5.50
机械	木工压刨床 单面600mm	台班	31.42	2.520	3.200	3.200
	木工圆锯机 500mm	台班	27.50	0.870	0.780	0.580

注:1.镶板门门扇系按全板编制,门扇上如做小玻璃口时,每100m²洞口面积,增加玻璃16m²,油灰14kg,铁钉0.1kg,
　　　人工1.9工日。

　　　2.胶合板门、纤维板门门扇上如做小玻璃口时,每100m²洞口面积,增加杉小枋0.15m³,增加玻璃11m²,油灰3kg,
　　　铁钉1.1kg,人工7.2工日。

工作内容:制作门框,制作、安装门扇、亮子,刷防腐油,装配小五金及玻璃。 计量单位:100m²

定 额 编 号				8-4	8-5	8-6
项 目				无亮		
				镶板门	半截玻璃门	胶合板门
基 价 (元)				**15505.16**	**15845.72**	**16546.13**
其中	人 工 费 (元)			5699.97	5600.00	6600.06
	材 料 费 (元)			9708.06	10129.62	9832.72
	机 械 费 (元)			97.13	116.10	113.35
名 称		单位	单价(元)	消 耗 量		
人工	三类人工	工日	155.00	36.774	36.129	42.581
材料	门窗框杉枋	m³	1810.00	1.750	1.792	1.750
	门窗扇杉枋	m³	1810.00	1.895	2.531	1.287
	门窗杉板	m³	1810.00	1.305	0.484	—
	围条硬木	m³	3017.00	—	—	0.235
	杉木砖	m³	595.00	0.285	0.301	0.285
	杉搭木	m³	2155.00	0.140	0.148	0.140
	胶合板 δ3	m²	13.10	—	—	206.000
	圆钉	kg	4.74	6.400	10.800	8.100
	骨胶	kg	11.21	3.600	1.700	—
	聚醋酸乙烯乳液	kg	5.60	2.700	3.100	39.700
	防腐油	kg	1.28	18.100	18.100	18.100
	平板玻璃 δ3	m²	15.52	—	39.000	—
	油灰	kg	1.19	—	34.000	—
	小五金费	元	1.00	161.20	169.00	166.40
	其他材料费	元	1.00	7.10	5.40	6.60
机械	木工压刨床 单面600mm	台班	31.42	2.330	3.100	3.100
	木工圆锯机 500mm	台班	27.50	0.870	0.680	0.580

注:1.镶板门门扇系按全板编制,门扇上如做小玻璃口时,每100m²洞口面积,增加玻璃16m²,油灰14kg,铁钉0.1kg,
  人工1.9工日。
  2.胶合板门、纤维板门门扇上如做小玻璃口时,每100m²洞口面积,增加杉小枋0.15m³,增加玻璃11m²,油灰3kg,
  铁钉1.1kg,人工7.2工日。

工作内容：制作、安装门框、门扇、亮子，刷防腐油，装配小五金及玻璃。 计量单位：100m²

定 额 编 号			8-7	8-8	8-9	8-10
项 目			自由门			
			有亮		无亮	
			全玻门	带玻胶合板门	全玻门	带玻胶合板门
基 价 （元）			**26747.92**	**23876.66**	**28111.58**	**23996.39**
其中	人 工 费 （元）		11999.95	11000.04	13000.01	11000.04
	材 料 费 （元）		14428.70	12748.34	14789.51	12870.66
	机 械 费 （元）		319.27	128.28	322.06	125.69
名 称	单位	单价（元）	消 耗 量			
人工 三类人工	工日	155.00	77.419	70.968	83.871	70.968
材料 门窗框杉枋	m³	1810.00	—	1.908	—	1.750
门窗扇杉枋	m³	1810.00	—	1.636	—	1.975
杉枋 亮子	m³	1810.00	—	0.461	—	—
硬木框料	m³	3276.00	1.718	—	1.257	—
硬木扇料	m³	3276.00	2.036	0.547	2.654	0.656
杉木砖	m³	595.00	0.164	0.244	0.185	0.285
杉搭木	m³	2155.00	0.096	0.120	0.110	0.140
胶合板 δ3	m²	13.10	—	177.830	—	206.000
圆钉	kg	4.74	9.900	9.800	10.000	10.800
聚醋酸乙烯乳液	kg	5.60	3.800	35.400	3.800	39.700
防腐油	kg	1.28	13.800	17.200	12.800	18.100
平板玻璃 δ5	m²	24.14	71.000	—	63.000	—
平板玻璃 δ3	m²	15.52	—	40.000	—	32.000
油灰	kg	1.19	18.000	11.000	16.000	8.000
小五金费	元	1.00	—	65.00	—	—
其他材料费	元	1.00	4.91	8.37	5.02	6.64
机械 木工圆锯机 500mm	台班	27.50	0.870	0.780	0.960	0.800
木工压刨床 单面 600mm	台班	31.42	9.400	3.400	9.410	3.300

工作内容:制作、安装门框、门扇、亮子,刷防腐油,装配小五金。　　　　　　　　　　　计量单位:100m²

定 额 编 号			8-11	8-12	8-13	8-14
项 目			带通风百叶门		浴厕隔断门	
			镶板门	胶合板门	镶板门	胶合板门
基 价 (元)			**19513.26**	**21978.37**	**14670.36**	**15897.63**
其中	人 工 费 (元)		7699.94	9000.08	8600.02	9599.93
	材 料 费 (元)		11683.35	12861.80	5983.10	6235.25
	机 械 费 (元)		129.97	116.49	87.24	62.45
名 称	单位	单价(元)	消 耗 量			
人工 三类人工	工日	155.00	49.677	58.065	55.484	61.935
材料 门窗框杉枋	m³	1810.00	2.375	2.072	—	—
门窗扇杉枋	m³	1810.00	2.366	1.516	1.782	1.601
门窗杉板	m³	1810.00	1.069	—	1.271	—
硬木板枋材(进口)	m³	3276.00	—	0.802	—	—
杉木砖	m³	595.00	0.481	0.351	—	—
杉搭木	m³	2155.00	0.194	0.153	—	—
胶合板 δ3	m²	13.10	—	206.000	—	206.000
圆钉	kg	4.74	6.800	8.200	—	3.400
骨胶	kg	11.21	3.000	—	4.600	—
聚醋酸乙烯乳液	kg	5.60	2.700	39.700	—	39.700
防腐油	kg	1.28	23.300	23.300	—	—
平板玻璃 δ3	m²	15.52	8.000	—	—	—
油灰	kg	1.19	8.000	—	—	—
小五金费	元	1.00	210.60	205.40	405.60	400.40
其他材料费	元	1.00	7.90	6.60	—	—
机械 木工压刨床 单面 600mm	台班	31.42	3.200	3.200	1.770	1.480
木工圆锯机 500mm	台班	27.50	1.070	0.580	1.150	0.580

注:浴厕隔断门只适用于隔断与门材质或做法不同时。

2. 装饰门扇制作、安装

工作内容:选料、现场制作、安装门扇等。　　**计量单位:**100m²

定额编号				8-15	8-16	8-17	8-18
项目				实心门			
				装饰夹板门			
				平面		凹凸	
				普通	拼花	普通	拼花
基价(元)				**21775.31**	**23346.35**	**65888.51**	**67259.43**
其中	人工费(元)			8799.97	9999.98	14000.07	14999.97
	材料费(元)			12943.49	13314.52	51845.98	52217.00
	机械费(元)			31.85	31.85	42.46	42.46
名称		单位	单价(元)	消耗量			
人工	三类人工	工日	155.00	56.774	64.516	90.323	96.774
材料	细木工板 δ18	m²	27.07	220.000	220.000	110.000	110.000
	胶合板 δ9	m²	25.86	—	—	220.000	220.000
	围条硬木	m³	3017.00	0.280	0.280	0.280	0.280
	红榉夹板 δ3	m²	24.36	230.000	245.000	230.000	245.000
	榉木阴角线 12×12	m	31.90	—	—	1131.000	1131.000
	枪钉	盒	6.47	5.220	6.090	6.960	7.830
	聚醋酸乙烯乳液	kg	5.60	85.850	85.850	103.140	103.140
	其他材料费	元	1.00	26.00	26.00	30.00	30.00
机械	木工压刨床 单面 600mm	台班	31.42	0.830	0.830	1.080	1.080
	木工圆锯机 500mm	台班	27.50	0.210	0.210	0.310	0.310

工作内容：选料、现场制作、安装门扇等。 计量单位:100m²

	定 额 编 号			8-19	8-20
	项 目			实 心 门	
				防火板门	
				平面	凹凸
	基 价 (元)			**23567.69**	**31950.52**
其 中	人 工 费 (元)			9000.08	14499.94
	材 料 费 (元)			14535.76	17408.12
	机 械 费 (元)			31.85	42.46
	名 称	单位	单价(元)	消 耗 量	
人 工	三类人工	工日	155.00	58.065	93.548
材 料	细木工板 δ18	m²	27.07	220.000	110.000
	胶合板 δ9	m²	25.86	—	220.000
	围条硬木	m³	3017.00	0.280	0.280
	装饰防火板 δ12	m²	27.59	230.000	230.000
	枪钉	盒	6.47	1.740	5.220
	立时得胶	kg	21.55	63.510	69.930
	其他材料费	元	1.00	10.00	10.00
机 械	木工压刨床 单面 600mm	台班	31.42	0.830	1.080
	木工圆锯机 500mm	台班	27.50	0.210	0.310

工作内容:选料、现场制作、安装门扇等。　　　　　　　　　　　　　　　　　　　　计量单位:100m²

定　额　编　号			8-21	8-22	8-23	8-24
项　　目			空　心　门			
			装饰夹板门			
			平　面		凹　凸	
			普通	拼花	普通	拼花
基　价　(元)			**23169.50**	**25040.47**	**63607.24**	**65978.38**
其中	人　工　费　(元)		10500.01	11999.95	14499.94	16500.06
	材　料　费　(元)		12602.92	12973.95	49034.91	49405.93
	机　械　费　(元)		66.57	66.57	72.39	72.39
名　　称	单位	单价(元)	消　耗　量			
人工 三类人工	工日	155.00	67.742	77.419	93.548	106.452
材料 门窗扇杉枋	m³	1810.00	1.467	1.467	1.643	1.643
胶合板 δ3	m²	13.10	220.000	220.000	220.000	220.000
围条硬木	m³	3017.00	0.280	0.280	0.280	0.280
红榉夹板 δ3	m²	24.36	230.000	245.000	230.000	245.000
榉木阴角线 12×12	m	31.90	—	—	1131.000	1131.000
枪钉	盒	6.47	5.220	6.090	6.960	7.830
聚醋酸乙烯乳液	kg	5.60	99.700	99.700	103.140	103.140
其他材料费	元	1.00	26.00	26.00	30.00	30.00
机械 木工压刨床 单面600mm	台班	31.42	1.830	1.830	1.980	1.980
木工圆锯机 500mm	台班	27.50	0.330	0.330	0.370	0.370

注:基层采用五夹板者,三夹板单价换算,其他不变。

工作内容:选料、现场制作、安装门扇等。 计量单位:100m²

定 额 编 号			8-25	8-26
项 目			空 心 门	
			防火板门	
			平面	凹凸
基 价 (元)			**24934.71**	**29904.11**
其中	人 工 费 (元)		10500.01	14999.97
	材 料 费 (元)		14368.13	14831.75
	机 械 费 (元)		66.57	72.39
名 称		单位	单价(元)	消 耗 量	
人工	三类人工	工日	155.00	67.742	96.774
材料	门窗扇杉枋	m³	1810.00	1.467	1.643
	胶合板 δ3	m²	13.10	220.000	220.000
	围条硬木	m³	3017.00	0.280	0.280
	装饰防火板 δ12	m²	27.59	230.000	230.000
	枪钉	盒	6.47	3.480	3.480
	圆钉	kg	4.74	3.570	3.930
	聚醋酸乙烯乳液	kg	5.60	39.700	39.700
	立时得胶	kg	21.55	63.510	69.930
	其他材料费	元	1.00	10.00	15.00
机械	木工压刨床 单面 600mm	台班	31.42	1.830	1.980
	木工圆锯机 500mm	台班	27.50	0.330	0.370

注:基层采用五夹板者,三夹板单价换算,其他不变。

工作内容：1. 选料、现场制作、安装门扇等；
　　　　　　2. 清理基层，放样、刷胶、粘贴面层。

计量单位：100m²

定　额　编　号			8-27	8-28	8-29	8-30
项　　　目			木格子玻璃门扇	硬木全百叶门门扇	门扇单独饰面	
					防火板（贴片）	装饰夹板
基　价　（元）			**47696.82**	**31584.43**	**13388.61**	**10835.26**
其中	人　工　费　（元）		11999.95	13500.04	4800.04	3999.93
	材　料　费　（元）		35364.08	17784.47	8567.32	6814.08
	机　械　费　（元）		332.79	299.92	21.25	21.25
名　　称	单位	单价(元)	消　耗　量			
人工　三类人工	工日	155.00	77.419	87.097	30.968	25.806
材料　硬木板枋材(进口)	m³	3276.00	3.900	5.414	—	—
围条硬木	m³	3017.00	—	—	0.280	0.280
装饰防火板 δ12	m²	27.59	—	—	230.000	—
红榉夹板 δ3	m²	24.36	—	—	—	230.000
榉木阴角线 12×12	m	31.90	650.000	—	—	—
平板玻璃 δ5	m²	24.14	74.000	—	—	—
枪钉	盒	6.47	4.920	—	—	3.480
聚醋酸乙烯乳液	kg	5.60	3.480	5.930	—	60.000
立时得胶	kg	21.55	—	—	63.520	—
其他材料费	元	1.00	15.00	15.00	8.00	8.00
机械　木工压刨床 单面600mm	台班	31.42	9.410	8.180	0.580	0.580
木工圆锯机 500mm	台班	27.50	1.350	1.560	0.110	0.110

注：门扇单独饰面定额按门双面饰面考虑，如设计为单面饰面者，定额乘以系数0.5。

3. 成品木门及门框安装

工作内容:门框、门套、门扇安装,五金安装,框周边塞缝等。

定 额 编 号				8-31	8-32
项 目				成品木门扇安装	成品木门框安装
计 量 单 位				100m²	100m
基 价 (元)				**46486.24**	**6942.74**
其中	人 工 费 (元)			1638.20	662.32
	材 料 费 (元)			44848.04	6280.42
	机 械 费 (元)			—	—
	名 称	单位	单价(元)	消 耗 量	
人工	三类人工	工日	155.00	10.569	4.273
材料	装饰门扇	m²	448.00	100.000	—
	木门框	m	60.34	—	102.000
	杉木砖	m³	595.00	0.003	0.106
	沉头木螺钉 L32	个	0.03	724.941	—
	圆钉	kg	4.74	—	1.040
	干混抹灰砂浆 DP M15.0	m³	446.85	—	0.110
	防腐油	kg	1.28	—	6.710
	水砂纸	张	1.00	24.510	—

工作内容:门框、门套、门扇安装,五金安装,框周边塞缝等。

定 额 编 号				8-33	8-34	8-35	8-36
项 目				成品套装木门安装			成品纱门
				单扇门	双扇门	子母门	
计 量 单 位				10 樘			100m²
基 价 (元)				**11317.40**	**35882.07**	**30845.84**	**4259.27**
其中	人 工 费 (元)			514.29	755.32	745.09	811.27
	材 料 费 (元)			10803.11	35126.75	30100.75	3448.00
	机 械 费 (元)			—	—	—	—
	名 称	单位	单价(元)	消 耗 量			
人工	三类人工	工日	155.00	3.318	4.873	4.807	5.234
材料	单扇套装平开门 实木	樘	1078.00	10.000	—	—	—
	双扇套装平开实木门	樘	3500.00	—	10.000	—	—
	双扇套装子母对开实木门	樘	3000.00	—	—	10.000	—
	成品纱门扇	m²	34.48	—	—	—	100.000
	杉木砖	m³	595.00	0.003	0.002	0.002	—
	沉头木螺钉 L32	个	0.03	126.000	252.000	252.000	—
	水砂纸	张	1.00	5.000	5.000	5.000	—
	其他材料费	元	1.00	12.54	113.00	87.00	—

工作内容:1.门洞修整、凿洞、框周边塞缝、防火门安装等;

　　　　　2.定位、门扇运输安装、五金件安装调试等全过程。

计量单位:扇

定 额 编 号				8-37	8-38	8-39
项 目				木质防火门安装	成品移门安装	
				100m²	吊装式	落地式
基 价 (元)				**41857.82**	**1154.11**	**1362.84**
其中	人 工 费 (元)			3079.39	50.07	41.08
	材 料 费 (元)			38778.43	1104.04	1321.76
	机 械 费 (元)			—	—	—
	名 称	单位	单价(元)	消 耗 量		
人工	三类人工	工日	155.00	19.867	0.323	0.265
材料	木质防火门	m²	388.00	98.250	—	—
	成品吊装式移门 0.8m×2m	扇	828.00	—	1.000	—
	成品落地式移门 0.8m×2m	扇	1267.00	—	—	1.000
	干混抹灰砂浆 DP M15.0	m³	446.85	1.351	—	—
	吊轨	m	50.86	—	2.000	—
	滑轮	副	79.66	—	2.000	—
	铝合金下滑轨	m	8.45	—	—	2.000
	推拉门滑轮	套	12.93	—	—	2.000
	电	kW·h	0.78	11.450	—	—
	其他材料费	元	1.00	44.80	15.00	12.00

注:成品移门规格不同时,按设计调整成品移门单价,其余不调整。

二、金 属 门

1.铝 合 金 门

工作内容:开箱、解捆、定位、划线、吊正、找平、框周边塞缝、安装等。

计量单位:100m²

定 额 编 号				8-40	8-41
项 目				隔热断桥铝合金门安装	
				推拉	平开
基 价 (元)				**49748.08**	**51452.86**
其中	人 工 费 (元)			1978.11	2220.38
	材 料 费 (元)			47769.97	49232.48
	机 械 费 (元)			—	—
	名 称	单位	单价(元)	消 耗 量	
人工	三类人工	工日	155.00	12.762	14.325
材料	铝合金断桥隔热推拉门2.0厚5+9A+5中空玻璃	m²	431.00	96.980	—
	铝合金断桥隔热平开门2.0厚5+9A+5中空玻璃	m²	431.00	—	96.040
	硅酮耐候密封胶	kg	35.80	66.706	86.029
	聚氨酯发泡密封胶750mL/支	支	20.09	99.840	123.084
	其他材料费	元	1.00	1577.73	2286.64

注:铝合金地弹门安装定额按单扇考虑,如设计为双扇者,人工消耗量乘以系数1.2。

工作内容:开箱、解捆、定位、划线、吊正、找平、框周边塞缝、安装等。 计量单位:100m²

定 额 编 号			8-42	8-43	8-44
项 目			普通铝合金门安装		
			地弹门	百叶门	格栅门
基 价 (元)			**59973.39**	**59377.28**	**71793.22**
其中	人 工 费 (元)		3779.99	2340.04	2249.98
	材 料 费 (元)		56193.40	57037.24	69543.24
	机 械 费 (元)		—	—	—
名 称	单位	单价(元)	消 耗 量		
人工 三类人工	工日	155.00	24.387	15.097	14.516
材料 铝合金全玻地弹门 2.0 厚	m²	560.00	96.680	—	—
铝合金百叶门	m²	560.00	—	96.200	—
铝合金格栅门	m²	690.00	—	—	96.200
玻璃胶	支	10.34	43.700	59.480	59.480
聚氨酯发泡密封胶 750mL/支	支	20.09	16.780	13.120	13.120
其他材料费	元	1.00	1263.63	2286.64	2286.64

注:铝合金地弹门安装定额按单扇考虑,如设计为双扇者,人工消耗量乘以系数 1.2。

2. 塑钢、彩板钢门

工作内容:1. 开箱、解捆、定位、划线、吊正、找平、框周边塞缝、安装等;

2. 校正框扇,安装玻璃,装配五金,焊接、框周边塞缝等。 计量单位:100m²

定 额 编 号			8-45	8-46	8-47
项 目			塑钢成品门安装		彩钢板门安装
			推拉	平开	
基 价 (元)			**34847.70**	**46029.77**	**42027.09**
其中	人 工 费 (元)		1779.71	2153.11	1874.57
	材 料 费 (元)		33067.99	43876.66	40152.52
	机 械 费 (元)		—	—	—
名 称	单位	单价(元)	消 耗 量		
人工 三类人工	工日	155.00	11.482	13.891	12.094
材料 PVC 塑料推拉门	m²	276.00	96.980	—	—
PVC 塑料平开门	m²	371.00	—	96.040	—
彩钢板门	m²	414.00	—	—	94.560
聚氨酯发泡密封胶 750mL/支	支	20.09	116.262	143.322	—
硅酮耐候密封胶	kg	35.80	66.706	86.029	—
密封油膏	kg	5.86	—	—	44.900
镀锌自攻螺钉 ST5×16	个	0.04	—	—	510.000
橡胶密封条 单	m	1.03	—	—	655.600
塑料盖	个	0.09	—	—	510.000
其他材料费	元	1.00	1577.73	2286.64	—

3. 钢质防火、防盗门

工作内容:1. 钢质防火门:门洞修整、框周边塞缝、防火门安装等;

　　　　　2. 钢质防盗门:打眼别洞,框扇安装校正、焊接、框周边塞缝等。

计量单位:100m²

定　额　编　号			8-48	8-49
项　　　目			钢质防火门安装	钢质防盗门安装
基　价　(元)			**98894.47**	**39474.54**
其中	人　　工　　费　(元)		2278.04	3167.43
	材　　料　　费　(元)		96616.43	36281.14
	机　　械　　费　(元)		—	25.97
名　　称	单位	单价(元)	消　耗　量	
人工 三类人工	工日	155.00	14.697	20.435
材料 钢质防火门	m²	976.00	98.250	—
钢制防盗门	m²	362.00	—	97.810
铁件 综合	kg	6.90	—	95.779
低碳钢焊条 J422 φ4.0	kg	4.74	—	9.690
干混抹灰砂浆 DP M15.0	m³	446.85	1.351	0.260
电	kW·h	0.78	11.450	11.450
其他材料费	元	1.00	111.80	42.00
机械 交流弧焊机 21kV·A	台班	63.33	—	0.410

三、金属卷帘门

工作内容:门、电动装置、五金配件安装。

定　额　编　号			8-50	8-51	8-52	8-53	8-54
项　　　目			金属卷帘门		金属格栅门	电动装置	活动小门
			高3m以内	高3m以上			
计　量　单　位			100m²			套	个
基　　价　(元)			**21861.25**	**20114.76**	**30677.81**	**1436.94**	**255.94**
其中	人　工　费　(元)		5099.97	4700.07	4249.95	84.94	84.94
	材　料　费　(元)		16654.51	15317.21	26339.66	1352.00	171.00
	机　械　费　(元)		106.77	97.48	88.20	—	—
名　　称	单位	单价(元)	消　耗　量				
人工 三类人工	工日	155.00	32.903	30.323	27.419	0.548	0.548
材料 金属卷帘门	m²	129.00	125.000	115.000	—	—	—
金属格栅门	m²	259.00	—	—	100.000	—	—
电动装置	套	1352.00	—	—	—	1.000	—
活动小门	个	171.00	—	—	—	—	1.000
连接固定件	kg	5.60	34.560	31.680	28.800	—	—
金属膨胀螺栓 M10	套	0.48	640.000	580.000	530.000	—	—
料 电焊条 E43 系列	kg	4.74	6.070	5.570	5.060	—	—
机械 交流弧焊机 32kV·A	台班	92.84	1.150	1.050	0.950	—	—

四、厂库房大门、特种门

1. 厂库房大门制作、安装

工作内容:制作、安装门扇,固定铁角,安装五金铁件等。 计量单位:100m²

定 额 编 号			8-55	8-56	8-57	8-58
项 目			木板大门			
			平开		推拉	
			门扇制作	门扇安装	门扇制作	门扇安装
基 价 (元)			**15545.62**	**2639.03**	**16769.04**	**5834.67**
其中	人 工 费 (元)		5582.02	2639.03	6403.52	5834.67
	材 料 费 (元)		9720.30	—	10118.54	—
	机 械 费 (元)		243.30	—	246.98	—
名 称	单位	单价(元)	消 耗 量			
人工	三类人工	工日	155.00	36.013	17.026	41.313	37.643
材料	门窗规格料	m³	2026.00	4.751	—	4.870	—
	镀锌薄钢板 δ0.55	kg	4.48	—	—	7.367	—
	橡胶板 δ3	m²	26.03	—	—	4.695	—
	圆钉	kg	4.74	4.447	—	4.508	—
	聚醋酸乙烯乳液	kg	5.60	7.140	—	7.140	—
	杉木砖	m³	595.00	0.009	—	0.009	—
	清油	kg	14.22	1.730	—	1.830	—
	油漆溶剂油	kg	3.79	0.990	—	1.050	—
机械	木工圆锯机 600mm	台班	36.13	0.780	—	0.800	—
	木工平刨床 500mm	台班	21.04	1.570	—	1.700	—
	木工压刨床 三面 400mm	台班	64.43	1.570	—	1.700	—
	木工开榫机 160mm	台班	43.73	1.160	—	0.930	—
	木工裁口机 多面 400mm	台班	35.31	0.580	—	0.660	—
	木工打眼机 16mm	台班	8.38	1.160	—	1.050	—

工作内容:制作、安装门扇,固定铁角,安密封条,装玻璃及五金铁件等。　　　　　　　　　　　　　　计量单位:100m²

定　额　编　号			8-59	8-60
项　　　　　目			平开钢木大门	
			一面板(一般型)	
			门扇制作	门扇安装
基　　价　（元）			**23766.41**	**2999.72**
其中	人　　工　　费　（元)		4774.78	2999.72
	材　　料　　费　（元)		18782.57	—
	机　　械　　费　（元)		209.06	—
名　　称	单位	单价(元)	消　耗　量	
人工	三类人工	工日	155.00	30.805	19.353
材料	平开门钢骨架	t	5603.00	2.082	—
	门窗规格料	m³	2026.00	2.970	—
	六角带帽螺栓 综合	kg	5.47	26.265	—
	油灰	kg	1.19	14.984	—
	磨砂玻璃 δ3	m²	51.72	13.349	—
	圆钉	kg	4.74	2.824	—
	铁件 综合	kg	6.90	8.607	—
	聚醋酸乙烯乳液	kg	5.60	7.140	—
	杉木砖	m³	595.00	0.002	—
	清油	kg	14.22	1.730	—
	油漆溶剂油	kg	3.79	1.000	—
	橡胶板 δ3	m²	26.03	4.059	—
机械	木工圆锯机 600mm	台班	36.13	0.430	—
	木工平刨床 500mm	台班	21.04	1.750	—
	木工压刨床 三面 400mm	台班	64.43	1.950	—
	木工开榫机 160mm	台班	43.73	0.080	—
	木工裁口机 多面 400mm	台班	35.31	0.750	—
	木工打眼机 16mm	台班	8.38	0.130	—

工作内容:制作、安装门扇、铺防水卷材、填矿棉、固定铁角、安密封条、装玻璃及五金铁件等。　　　　　计量单位:100m²

定　额　编　号			8-61	8-62
项　　　目			平开钢木大门	
			二面板(防风型)	
			门扇制作	门扇安装
基　　价　(元)			**32554.86**	**3592.90**
其中	人　　工　　费　(元)		6203.88	3592.90
	材　　料　　费　(元)		25977.79	—
	机　　械　　费　(元)		373.19	—
	名　　称	单位	单价(元)	消　耗　量	
人工	三类人工	工日	155.00	40.025	23.180
材料	平开门钢骨架	t	5603.00	2.339	—
	门窗规格料	m³	2026.00	4.283	—
	六角带帽螺栓 综合	kg	5.47	39.769	—
	油灰	kg	1.19	14.708	—
	磨砂玻璃 δ3	m²	51.72	13.102	—
	圆钉	kg	4.74	0.050	—
	铁件 综合	kg	6.90	105.078	—
	聚醋酸乙烯乳液	kg	5.60	7.140	—
	杉木砖	m³	595.00	0.002	—
	清油	kg	14.22	1.730	—
	油漆溶剂油	kg	3.79	1.000	—
	橡胶板 δ4	m²	36.21	2.716	—
	橡胶板 δ3	m²	26.03	7.329	—
	橡胶板 δ2	m²	18.71	21.505	—
	矿棉	m³	4.31	0.045	—
	木螺钉 d6×50	个	0.22	53.865	—
	环保型塑性体改性沥青防水卷材 3.0mm I 型 PY M	m²	20.69	86.224	—
机械	木工圆锯机 600mm	台班	36.13	0.760	—
	木工平刨床 500mm	台班	21.04	3.440	—
	木工压刨床 三面400mm	台班	64.43	3.440	—
	木工开榫机 160mm	台班	43.73	0.090	—
	木工裁口机 多面400mm	台班	35.31	1.320	—
	木工打眼机 16mm	台班	8.38	0.140	—

工作内容:制作、安装门扇、铺防水卷材、填矿棉、固定铁角、安密封条、装玻璃及五金铁件等。　　　　计量单位:100m²

定　额　编　号			8-63	8-64
项　　　目			推拉钢木大门	
			一面板(一般型)	
			门扇制作	门扇安装
基　价　(元)			**24956.08**	**7234.32**
其中	人　工　费　(元)		5658.90	7234.32
	材　料　费　(元)		19101.19	—
	机　械　费　(元)		195.99	—
名　称	单位	单价(元)	消　耗　量	
人工 三类人工	工日	155.00	36.509	46.673
材料 推拉门钢骨架	t	4724.00	2.042	—
门窗规格料	m³	2026.00	3.132	—
六角带帽螺栓 综合	kg	5.47	22.705	—
油灰	kg	1.19	14.984	—
圆钉	kg	4.74	0.054	—
磨砂玻璃 δ5	m²	47.84	13.349	—
铁件 综合	kg	6.90	327.307	—
聚醋酸乙烯乳液	kg	5.60	7.140	—
杉木砖	m³	595.00	0.002	—
清油	kg	14.22	1.760	—
油漆溶剂油	kg	3.79	1.010	—
机械 木工圆锯机 600mm	台班	36.13	0.420	—
木工平刨床 500mm	台班	21.04	1.790	—
木工压刨床 三面 400mm	台班	64.43	1.790	—
木工开榫机 160mm	台班	43.73	0.060	—
木工裁口机 多面 400mm	台班	35.31	0.690	—
木工打眼机 16mm	台班	8.38	0.100	—

工作内容:制作、安装门扇、铺防水卷材、填矿棉、固定铁角、安密封条、装玻璃及五金铁件等。　计量单位:100m²

定　额　编　号				8-65	8-66
项　　目				推拉钢木大门	
				二面板(防风型)	
				门扇制作	门扇安装
基　价　(元)				**33109.14**	**6026.56**
其中	人　　工　　费　(元)			6200.93	6026.56
	材　　料　　费　(元)			26560.06	—
	机　　械　　费　(元)			348.15	—
	名　称	单位	单价(元)	消　耗　量	
人工	三类人工	工日	155.00	40.006	38.881
材料	推拉门钢骨架	t	4724.00	2.258	—
	门窗规格料	m³	2026.00	4.578	—
	六角带帽螺栓 综合	kg	5.47	30.671	—
	油灰	kg	1.19	14.708	—
	圆钉	kg	4.74	0.053	—
	磨砂玻璃 $\delta5$	m²	47.84	13.102	—
	铁件 综合	kg	6.90	442.115	—
	橡胶板 $\delta4$	m²	36.21	1.948	—
	橡胶板 $\delta3$	m²	26.03	21.402	—
	聚醋酸乙烯乳液	kg	5.60	7.140	—
	杉木砖	m³	595.00	0.002	—
	清油	kg	14.22	1.770	—
	油漆溶剂油	kg	3.79	1.010	—
	环保型塑性体改性沥青防水卷材 3.0mm I 型 PY M	m²	20.69	99.445	—
机械	木工圆锯机 600mm	台班	36.13	0.730	—
	木工平刨床 500mm	台班	21.04	3.210	—
	木工压刨床 三面400mm	台班	64.43	3.210	—
	木工开榫机 160mm	台班	43.73	0.070	—
	木工裁口机 多面400mm	台班	35.31	1.230	—
	木工打眼机 16mm	台班	8.38	0.110	—

工作内容：制作、拼装焊接、刷防锈漆及安装五金铁件等。 计量单位：100m²

定 额 编 号			8-67	8-68	8-69	8-70	8-71	8-72
项 目			全钢板大门					
			平开式		推拉式		折叠型	
			门扇制作	门扇安装	门扇制作	门扇安装	门扇制作	门扇安装
基 价 (元)			**30563.50**	**2062.39**	**47216.96**	**2415.53**	**26212.20**	**1496.99**
其中	人 工 费 (元)		11713.82	2038.25	11713.82	2240.06	10392.75	1496.99
	材 料 费 (元)		18459.75	—	35176.34	—	15536.29	—
	机 械 费 (元)		389.93	24.14	326.80	175.47	283.16	—
名 称	单位	单价(元)	消 耗 量					
人工 三类人工	工日	155.00	75.573	13.150	75.573	14.452	67.050	9.658
材料 推拉门钢骨架	t	4724.00	—	—	—		1.630	—
角钢 Q235B 综合	t	3966.00	2.078	—	1.430			
扁钢 Q235B 综合	t	3957.00	0.071	—	0.191			
热轧薄钢板 Q235B 综合	t	3966.00	1.057	—	1.062		0.701	
低碳钢焊条 J422 φ4.0	kg	4.74	105.978	—	128.364		72.560	
氧气	m³	3.62	20.373	—	20.924		10.081	
乙炔气	m³	8.90	8.830	—	9.063		4.378	
橡胶板 δ3	m²	26.03	4.039	—	7.165			
橡胶板 δ2	m²	18.71	17.446	—				
油漆溶剂油	kg	3.79	1.510	—	1.850		2.030	
铆钉 综合	个	0.02	—	—	—		3034.780	
六角带帽螺栓 综合	kg	5.47	3.896	—	6.998		9.017	
门铁件	kg	10.43	97.191	—	707.571		43.110	
杉木砖	m³	595.00	0.001	—	0.001		0.001	
红丹防锈漆	kg	6.90	29.077	—	35.690		39.367	
油灰	kg	1.19	16.177	—	17.921		22.542	
平板玻璃 δ3	m²	15.52	14.412	—	15.969		20.085	
铁件 综合	kg	6.90	436.275	—	2267.340		342.995	
帆布止水带	m	27.93	—	—	—		29.180	
钢丝弹簧 L=95	个	—	(8.000)	—	—	—	—	—
钢珠 32.5mm	个	5.29	31.000	—	—	—	—	—
橡胶密封条 平行 2×75	m	1.47	—	—	—	—	188.318	—
机械 交流弧焊机 32kV·A	台班	92.84	4.200	0.260	3.520	1.890	3.050	—

工作内容:制作、拼装焊接,刷防锈漆及安装五金铁件等。 计量单位:100m²

定 额 编 号			8-73	8-74	8-75	8-76	8-77	8-78
项 目			围墙钢大门				钢木折叠门	
			钢管框金属网		角钢框金属网		门扇制作	门扇安装
			门扇制作	门扇安装	门扇制作	门扇安装		
基 价 (元)			**39429.78**	**1736.47**	**41224.11**	**1736.47**	**21151.43**	**1317.66**
其中	人 工 费 (元)		26166.64	1736.47	26166.64	1736.47	6250.84	1317.66
	材 料 费 (元)		13106.24	—	14880.15	—	14900.59	—
	机 械 费 (元)		156.90	—	177.32	—	—	—
名 称	单位	单价(元)	消 耗 量					
人工 三类人工	工日	155.00	168.817	11.203	168.817	11.203	40.328	8.501
材料 碳素结构钢焊接钢管 DN50×3.8	t	3879.00	1.234	—	—	—	—	—
扁钢 Q235B 综合	t	3957.00	0.161	—	0.188	—	—	—
角钢 Q235B 综合	t	3966.00	—	—	1.416	—	—	—
镀锌铁丝拨花网 2.0×15	m²	27.15	71.768	—	71.768	—	—	—
低碳钢焊条 J422 φ4.0	kg	4.74	40.176	—	45.360	—	—	—
乙炔气	m³	8.90	1.961	—	2.131	—	—	—
氧气	m³	3.62	4.420	—	4.908	—	—	—
铁件 综合	kg	6.90	784.421	—	902.187	—	—	—
六角带帽螺栓 综合	kg	5.47	6.610	—	4.702	—	65.891	—
酚醛防锈漆	kg	6.90	8.580	—	9.692	—	—	—
油漆溶剂油	kg	3.79	0.430	—	0.490	—	1.000	—
杉木砖	m³	595.00	0.001	—	0.001	—	—	—
推拉门钢骨架	t	4724.00	—	—	—	—	1.630	—
门窗规格料	m³	2026.00	—	—	—	—	2.483	—
平板玻璃 δ3	m²	15.52	—	—	—	—	20.085	—
橡胶密封条 平行 2×75	m	1.47	—	—	—	—	188.318	—
木螺钉 d6×50	个	0.22	—	—	—	—	495.600	—
钢木大门铁件	kg	5.60	—	—	—	—	43.110	—
油灰	kg	1.19	—	—	—	—	22.542	—
帆布止水带	m	27.93	—	—	—	—	29.180	—
清油	kg	14.22	—	—	—	—	1.750	—
机械 交流弧焊机 32kV·A	台班	92.84	1.690	—	1.910	—	—	—

2. 特 种 门

工作内容：门安装、五金安装等。

计量单位：100m²

定 额 编 号					8-79	8-80	8-81
项 目					隔音门安装	保温门安装	冷藏库门安装
基 价（元）					**49143.65**	**52998.21**	**66950.49**
其中	人 工 费（元）				3372.65	9950.38	15438.93
	材 料 费（元）				45703.24	42980.07	51282.94
	机 械 费（元）				67.76	67.76	228.62
名 称		单位	单价（元）		消 耗 量		
人工	三类人工	工日	155.00		21.759	64.196	99.606
材料	隔音门	m²	448.00		100.000	—	—
	保温门	m²	414.00		—	100.000	—
	冷藏库门	m²	500.00		—	—	100.000
	铁件 综合	kg	6.90		—	105.000	—
	低碳钢焊条 J422 综合	kg	4.74		25.500	25.500	85.600
	其他材料费	元	1.00		782.37	734.70	877.20
机械	交流弧焊机 21kV·A	台班	63.33		1.070	1.070	3.610

工作内容：门安装、五金安装等。

计量单位：100m²

定 额 编 号					8-82	8-83	8-84
项 目					冷藏间冻结门安装	变电室门安装	射线防护门安装
基 价（元）					**17793.96**	**44966.56**	**225198.97**
其中	人 工 费（元）				16497.43	11909.74	4535.30
	材 料 费（元）				1067.91	32828.20	220580.71
	机 械 费（元）				228.62	228.62	82.96
名 称		单位	单价（元）		消 耗 量		
人工	三类人工	工日	155.00		106.435	76.837	29.260
材料	冷藏间冻结门	m²	—		（100.000）	—	—
	变电室门	m²	310.00		—	100.000	—
	防射线门	m²	2155.00		—	—	100.000
	低碳钢焊条 J422 综合	kg	4.74		85.600	85.600	31.100
	预埋铁件	kg	3.75		—	—	127.700
	铁件 综合	kg	6.90		—	124.700	98.800
	其他材料费	元	1.00		662.17	562.03	3772.70
机械	交流弧焊机 21kV·A	台班	63.33		3.610	3.610	1.310

工作内容:门安装、五金安装等。

计量单位:樘

定 额 编 号				8-85	8-86	8-87	8-88
项 目				单扇人防门			
				门洞宽度(mm 以内)			
				900	1200	1500	2000
基 价 (元)				**7652.51**	**11568.58**	**12808.87**	**19204.33**
其中	人 工 费 (元)			402.69	546.84	599.85	832.35
	材 料 费 (元)			7235.65	11005.68	12163.38	18322.96
	机 械 费 (元)			14.17	16.06	45.64	49.02
名 称	单位	单价(元)		消 耗 量			
人工	三类人工	工日	155.00	2.598	3.528	3.870	5.370
材料	钢结构活门槛单扇防护密闭门 GHFM0920(6)	樘	7205.00	1.000	—	—	—
	钢结构活门槛单扇防护密闭门 GHFM1220(6)	樘	10964.00	—	1.000	—	—
	钢结构活门槛单扇防护密闭门 GHFM1520(6)	樘	12116.00	—	—	1.000	—
	钢结构活门槛单扇防护密闭门 GHFM2020(6)	樘	18265.00	—	—	—	1.000
	其他材料费	元	1.00	30.65	41.68	47.38	57.96
机械	电动葫芦－单速 5t	台班	31.49	0.450	0.510	—	—
	电动葫芦－双速 10t	台班	82.39	—	—	0.554	0.595

工作内容:门安装、五金安装等。

计量单位:樘

定 额 编 号				8-89	8-90	8-91	8-92
项 目				双扇人防门			
				门洞宽度(mm)			
				3000 以内	5000 以内	6000 以内	6000 以上
基 价 (元)				**40765.48**	**68089.88**	**79713.92**	**92149.43**
其中	人 工 费 (元)			1317.81	2229.68	2881.61	3169.44
	材 料 费 (元)			39385.05	65784.40	76750.33	88889.77
	机 械 费 (元)			62.62	75.80	81.98	90.22
名 称	单位	单价(元)		消 耗 量			
人工	三类人工	工日	155.00	8.502	14.385	18.591	20.448
材料	钢结构活门槛双扇防护密闭门 GHSFM3025(6)	樘	39267.00	1.000	—	—	—
	钢结构活门槛双扇防护密闭门 GHSFM5025(6)	樘	65586.00	—	1.000	—	—
	钢结构活门槛双扇防护密闭门 GHSFM6025(6)	樘	76506.00	—	—	1.000	—
	钢结构活门槛双扇防护密闭门 GHSFM7025(5)	樘	88621.00	—	—	—	1.000
	其他材料费	元	1.00	118.05	198.40	244.33	268.77
机械	电动葫芦－双速 10t	台班	82.39	0.760	0.920	0.995	1.095

工作内容:封堵板安装、观察窗安装等。

定　额　编　号			8-93	8-94	8-95
项　　　目			密闭观察窗	连通口双向受力防护密闭封堵板	临空墙防护密闭封堵板
计　量　单　位			樘	100m²	
基　　价　（元）			**4149.10**	**215378.95**	**366337.95**
其中	人　　工　　费　（元）		483.60	23250.00	29109.00
	材　　料　　费　（元）		3665.50	192124.01	337224.01
	机　　械　　费　（元）		—	4.94	4.94
名　　称	单位	单价（元）	消　耗　量		
人工 三类人工	工日	155.00	3.120	150.000	187.800
材料 密闭观察窗 MGC1008	樘	3615.00	1.000	—	—
连通口双向受力防护密闭封堵板 FMDB(6)板	m²	1921.00	—	100.000	—
临空墙防护密闭封堵板 LFMDB(6)板	m²	3372.00	—	—	100.000
其他材料费	元	1.00	50.50	24.01	24.01
机械 电动葫芦－双速 10t	台班	82.39	—	0.060	0.060

五、其　他　门

工作内容:定位,安装地弹簧、门扇(玻璃),校正等。　　　　　　　　　　　　　计量单位:100m²

定　额　编　号			8-96	8-97	8-98	8-99
项　　　目			全玻璃门扇安装			固定玻璃安装
			有框门扇	无框门扇		
				条夹	点夹	
基　　价　（元）			**24011.29**	**20511.29**	**21717.11**	**14339.66**
其中	人　　工　　费　（元）		5804.13	5804.13	6109.95	2576.57
	材　　料　　费　（元）		18207.16	14707.16	15607.16	11763.09
	机　　械　　费　（元）		—	—	—	—
名　　称	单位	单价（元）	消　耗　量			
人工 三类人工	工日	155.00	37.446	37.446	39.419	16.623
材料 全玻有框门扇	m²	147.00	100.000	—	—	—
全玻无框(条夹)门扇	m²	112.00	—	100.000	—	—
全玻无框(点夹)门扇	m²	121.00	—	—	100.000	—
地弹簧	套	73.28	45.804	45.804	45.804	—
干混地面砂浆 DS M20.0	m³	443.08	0.340	0.340	0.340	—
钢化玻璃 δ12	m²	94.83	—	—	—	123.900
其他材料费	元	1.00	—	—	—	13.65

工作内容:定位,弹线,安装(轨道、门、电动装置),调试,清理等。

定 额 编 号			8-100	8-101	8-102	8-103	8-104
项 目			全玻转门安装	电子感应自动门传感装置	不锈钢伸缩门安装	伸缩门电动装置	电子对讲门
计 量 单 位			樘	套	10m	套	樘
基 价 (元)			**72353.17**	**2438.35**	**8678.22**	**2296.36**	**2492.00**
其中	人 工 费 (元)		1571.08	261.95	452.45	141.36	186.00
	材 料 费 (元)		70782.09	2175.13	8225.77	2155.00	2306.00
	机 械 费 (元)		—	1.27	—	—	—
名 称	单位	单价(元)	消 耗 量				
人工 三类人工	工日	155.00	10.136	1.690	2.919	0.912	1.200
材料 全玻璃转门 含玻璃转轴全套	樘	70700.00	1.000	—	—	—	—
不锈钢玻璃门传感装置	套	2155.00	—	1.000	—	—	—
不锈钢伸缩门 含轨道	m	819.00	—	—	10.000	—	—
伸缩门电动装置系统	套	2155.00	—	—	—	1.000	—
电子对讲门	樘	2266.00	—	—	—	—	1.000
角钢 Q235B 50×50×5	t	3966.00	—	0.004	—	—	—
金属膨胀螺栓 M8	套	0.31	—	6.120	—	—	—
低碳钢焊条 J422 φ4.0	kg	4.74	—	0.500	—	—	—
铁件 综合	kg	6.90	—	—	4.110	—	—
不锈钢焊条 综合	kg	37.07	—	—	0.200	—	—
其他材料费	元	1.00	82.09	—	—	—	40.00
机械 交流弧焊机 21kV·A	台班	63.33	—	0.020	—	—	—

六、木　窗

工作内容：制作安装窗框、窗扇，刷防腐油，装配小五金及玻璃。　　　　　　　　　　　　　　计量单位：100m²

定 额 编 号			8-105	8-106	8-107	8-108	8-109
项 目			平开窗	玻璃推拉窗	百叶窗	翻窗	半圆形玻璃窗
基 价（元）			**16223.88**	**10812.70**	**23958.80**	**15295.33**	**30896.97**
其中	人 工 费（元）		6724.68	3941.65	10884.57	5776.54	16869.58
	材 料 费（元）		9404.15	6781.22	12907.03	9423.74	13892.36
	机 械 费（元）		95.05	89.83	167.20	95.05	135.03
名 称	单位	单价（元）	消 耗 量				
人工	三类人工	工日	155.00	43.385	25.430	70.223	37.268	108.836
材料	门窗框杉枋	m³	1810.00	2.015	2.148	4.376	2.143	2.960
	门窗扇杉枋	m³	1810.00	1.887	—	—	1.751	3.250
	门窗杉板	m³	1810.00	—	—	2.372	—	—
	杉木砖	m³	595.00	0.232	0.232	0.232	0.162	0.460
	杉搭木	m³	2155.00	0.075	0.075	0.075	0.056	0.150
	圆钉	kg	4.74	3.700	2.700	4.500	3.700	12.930
	聚醋酸乙烯乳液	kg	5.60	3.900	3.900	4.300	3.900	5.840
	防腐油	kg	1.28	16.400	9.300	13.000	14.600	39.980
	平板玻璃 δ3	m²	15.52	74.000	—	—	79.900	95.200
	平板玻璃 δ5	m²	24.14	—	95.000	—	—	—
	塑料纱	m²	6.90	62.000	—	—	68.000	—
	油灰	kg	1.19	62.000	—	—	68.000	106.000
	小五金费	元	1.00	327.60	250.00	327.60	306.80	300.00
	其他材料费	元	1.00	3.83	3.83	3.83	3.50	6.50
机械	木工压刨床 单面600mm	台班	31.42	2.430	2.430	4.560	2.430	3.650
	木工圆锯机 500mm	台班	27.50	0.680	0.490	0.870	0.680	0.740

七、金 属 窗

1.铝 合 金 窗

工作内容:开箱、解捆、定位、划线、吊正、找平框周边塞缝、安装等。 计量单位:100m²

定 额 编 号				8-110	8-111
项 目				隔热断桥铝合金	
				推拉	平开
基 价 (元)				**50923.01**	**53199.52**
其中	人 工 费 (元)			1813.66	2260.52
	材 料 费 (元)			49109.35	50939.00
	机 械 费 (元)			—	—
名 称		单位	单价(元)	消 耗 量	
人工	三类人工	工日	155.00	11.701	14.584
材料	铝合金断桥隔热推拉窗 1.4厚 5+9A+5 中空玻璃	m²	431.00	95.430	—
	铝合金断桥隔热平开窗 1.4厚 5+9A+5 中空玻璃	m²	431.00	—	94.590
	聚氨酯发泡密封胶 750mL/支	支	20.09	142.719	151.372
	硅酮耐候密封胶	kg	35.80	98.717	102.242
	其他材料费	元	1.00	1577.73	3469.38

工作内容:开箱、解捆、定位、划线、吊正、找平框周边塞缝、安装等。 计量单位:100m²

定 额 编 号				8-112	8-113	8-114
项 目				隔热断桥铝合金		普通铝合金
				内平开下悬	固定窗	百叶窗安装
基 价 (元)				**53252.84**	**53779.22**	**50600.06**
其中	人 工 费 (元)			2513.79	1505.98	1505.98
	材 料 费 (元)			50739.05	52273.24	49094.08
	机 械 费 (元)			—	—	—
名 称		单位	单价(元)	消 耗 量		
人工	三类人工	工日	155.00	16.218	9.716	9.716
材料	铝合金断桥隔热下悬内平开窗 1.4厚 5+9A+5 中空玻璃	m²	431.00	94.590	—	—
	铝合金断桥隔热固定窗 1.4厚 5+9A+5 中空玻璃	m²	431.00	—	92.540	—
	铝合金百叶窗 1.0厚	m²	397.00	—	—	92.540
	聚氨酯发泡密封胶 750mL/支	支	20.09	151.372	222.976	222.976
	硅酮耐候密封胶	kg	35.80	102.242	150.896	150.896
	其他材料费	元	1.00	3269.43	2506.84	2474.04

工作内容：安装、校正纱扇、五金配件等。

计量单位：100m²

定　额　编　号				8-115	8-116
项　　目				铝合金窗纱扇安装	
				推拉	隐形纱扇
基　价　（元）				**11572.24**	**16877.80**
其中	人　　工　　费　（元）			1272.24	1377.80
	材　　料　　费　（元）			10300.00	15500.00
	机　　械　　费　（元）			—	—
名　　称		单位	单价（元）	消　耗　量	
人工	三类人工	工日	155.00	8.208	8.889
材料	铝合金推拉纱窗扇	m²	103.00	100.000	—
	铝合金隐形纱窗扇	m²	155.00	—	100.000

2. 塑　钢　窗

工作内容：1. 开箱、解捆、定位、划线、吊正、找平、框周边塞缝、安装等；

2. 安装、校正纱扇、五金配件等。

计量单位：100m²

定　额　编　号				8-117	8-118	8-119	8-120
项　　目				塑钢成品窗安装			塑钢窗纱扇安装
				推拉	平开	固定窗	推拉
基　价　（元）				**30927.97**	**43391.83**	**32801.79**	**6668.69**
其中	人　　工　　费　（元）			1765.45	2190.15	1620.06	1259.69
	材　　料　　费　（元）			29162.52	41201.68	31181.73	5409.00
	机　　械　　费　（元）			—	—	—	—
名　　称		单位	单价（元）	消　耗　量			
人工	三类人工	工日	155.00	11.390	14.130	10.452	8.127
材料	PVC 塑料推拉窗 5mm 浮法玻璃	m²	224.00	94.530	—	—	—
	PVC 塑料平开窗 5mm 浮法玻璃	m²	328.00	—	94.590	—	—
	PVC 塑料固定窗	m²	203.00	—	—	92.540	—
	PVC 塑料推拉纱窗扇	m²	54.09	—	—	—	100.000
	聚氨酯发泡密封胶 750mL／支	支	20.09	142.719	151.372	222.980	—
	硅酮耐候密封胶	kg	35.80	98.717	102.242	150.900	—
	其他材料费	元	1.00	1586.51	3474.83	2514.22	—

3. 彩板钢窗、防盗钢窗、防火窗

工作内容：1. 防盗窗：打眼剔洞，框扇安装校正，框周边塞缝，焊接等；
　　　　　2. 彩板钢窗：校正框扇，安装玻璃，装配五金，框周边塞缝，焊接等；
　　　　　3. 钢质防火窗：窗洞修整、凿洞、框周边塞缝、安装框扇等全部操作过程。

计量单位：100m²

定　额　编　号			8-121	8-122	8-123	8-124
项　　　目			圆钢防盗格栅窗安装	不锈钢防盗格栅窗安装	彩板钢窗安装	防火窗
基　价　（元）			**8783.60**	**20475.07**	**22524.30**	**49268.25**
其中	人　工　费　（元）		2356.62	2177.60	2937.87	1963.85
	材　料　费　（元）		6401.01	18297.47	19586.43	47304.40
	机　械　费　（元）		25.97	—	—	—
名　　称	单位	单价(元)	消　耗　量			
人工	三类人工	工日	155.00	15.204	14.049	18.954	12.670
材料	圆钢防盗格栅窗	m²	58.12	100.000	—	—	—
	不锈钢防盗格栅窗	m²	181.00	—	100.000	—	—
	彩钢板窗	m²	194.00	—	—	94.800	—
	防火窗55系列	m²	474.00	—	—	—	98.250
	金属膨胀螺栓 M6×75	套	0.21	315.068	811.920	662.000	—
	铁件 综合	kg	6.90	68.020	—	—	—
	低碳钢焊条 J422 φ4.0	kg	4.74	9.690	—	—	—
	密封油膏	kg	5.86	—	—	43.970	—
	橡胶密封条 单	m	1.03	—	—	680.000	—
	塑料盖	个	0.09	—	—	662.000	—
	杉木砖	m³	595.00	—	—	0.026	—
	干混抹灰砂浆 DP M15.0	m³	446.85	—	—	—	1.620
	电	kW·h	0.78	—	7.000	—	—
	其他材料费	元	1.00	7.58	21.51	23.10	10.00
机械	交流弧焊机 21kV·A	台班	63.33	0.410	—	—	—

八、门钢架、门窗套

1.门　钢　架

工作内容：1.钢架：放样、划线、截料、平直、钻孔、拼装、焊接、补刷防锈漆等；
2.木质基层：下料、粘贴基层板等。

定　额　编　号			8-125	8-126
项　　　　目			钢架制作、安装	基层
				胶合板
计　量　单　位			t	100m²
基　价　（元）			**6727.74**	**5964.65**
其中	人　　工　　费　（元）		2170.31	1225.43
	材　　料　　费　（元）		4483.97	4739.22
	机　　械　　费　（元）		73.46	—
名　　　称	单位	单价(元)	消　耗　量	
人工 三类人工	工日	155.00	14.002	7.906
材料 角钢 Q235B 50×50×5	t	3966.00	1.080	—
胶合板 δ18	m²	32.76	—	110.000
镀锌铁丝 φ1.2~1.8	kg	5.78	0.011	—
杉木砖	m³	595.00	0.013	—
红丹防锈漆	kg	6.90	6.780	—
油漆溶剂油	kg	3.79	0.700	—
低碳钢焊条 J422 φ4.0	kg	4.74	27.485	—
六角螺栓带螺母、2 垫圈 M8×40	套	0.34	—	3340.070
氧气	m³	3.62	1.500	—
乙炔气	m³	8.90	0.870	—
机械 交流弧焊机 21kV·A	台班	63.33	1.160	—

工作内容:1. 木质、金属面层:下料、粘贴面层板等;
　　　　　2. 石材面层:清理基层、打眼、干挂面层、嵌缝等全部操作过程。　　　　　　　计量单位:100m²

定　额　编　号				8-127	8-128	8-129
项　　目				木质饰面板	不锈钢饰面板	石材饰面板
						干挂
基　　价　(元)				**4017.30**	**18994.28**	**26328.18**
其中	人　　工　　费　(元)			1833.03	2052.98	8571.04
	材　　料　　费　(元)			2158.92	16941.30	17757.14
	机　　械　　费　(元)			25.35	—	—
	名　　称	单位	单价(元)	消　耗　量		
人工	三类人工	工日	155.00	11.826	13.245	55.297
材料	木质饰面板 δ3	m²	12.41	110.000	—	—
	不锈钢镜面板(8K 板) δ1.0	m²	146.00	—	110.000	—
	石材饰面板	m²	159.00	—	—	102.000
	万能胶 环氧树脂	kg	18.97	41.192	41.192	—
	玻璃胶 335g	支	10.34	—	9.660	—
	云石胶	kg	7.76	—	—	8.970
	不锈钢固定连接件	个	1.33	—	—	839.970
	六角螺栓带螺母、2 垫圈 M8×40	套	0.34	—	—	839.970
	气排钉 L20 2000 个/盒	盒	4.51	2.751	—	—
	水	m³	4.27	—	—	1.200
	电	kW·h	0.78	—	—	21.010
	其他材料费	元	1.00	—	—	45.27
机械	电动空气压缩机 0.3m³/min	台班	25.61	0.990	—	—

2.门 窗 套

工作内容：定位、弹线、下料、钻孔，埋木楔、木龙骨制作安装，刷防腐油、基层板安装。　　　　　计量单位：10m²

定 额 编 号			8-130	8-131	8-132	8-133	8-134	8-135
项　　　　目			门窗套基层					
			木龙骨		木龙骨五夹板		细木工板	
			门套	窗套	门套	窗套	门套	窗套
基　价　(元)			**408.90**	**376.24**	**736.68**	**633.25**	**876.24**	**500.65**
其中	人　工　费　(元)		132.37	132.37	283.34	208.01	314.81	176.86
	材　料　费　(元)		276.01	243.51	452.82	424.88	560.91	323.43
	机　械　费　(元)		0.52	0.36	0.52	0.36	0.52	0.36
名　称	单位	单价(元)	消　耗　量					
人工 三类人工	工日	155.00	0.854	0.854	1.828	1.342	2.031	1.141
材料 杉板枋材	m³	1625.00	0.163	0.143	0.136	0.119	0.018	0.015
细木工板 δ18	m²	27.07	—	—	—	—	10.500	10.500
胶合板 δ9	m²	25.86	—	—	—	—	8.610	—
胶合板 δ5	m²	20.17	—	—	10.500	10.500	—	—
硬木板枋材(进口)	m³	3276.00	—	—	—	—	0.001	—
防腐油	kg	1.28	2.288	2.288	2.288	2.288	—	—
枪钉	盒	6.47	—	—	0.600	0.600	1.080	0.600
圆钉 50mm	kg	4.74	0.887	0.887	0.887	0.887	0.296	0.296
冲击钻头 φ8	个	4.48	0.800	0.800	0.800	0.800	0.800	0.800
聚醋酸乙烯乳液	kg	5.60	—	—	0.889	0.840	1.618	0.988
其他材料费	元	1.00	0.42	0.42	0.46	0.42	0.46	0.42
机械 木工圆锯机 500mm	台班	27.50	0.019	0.013	0.019	0.013	0.019	0.013

工作内容：定位、划线、放样、下料、安装面层板等。　　　　　计量单位：10m²

定 额 编 号			8-136	8-137
项　　　　目			门窗套	
			面层	
			装饰胶合板	不锈钢板
基　价　(元)			**345.00**	**1900.91**
其中	人　　工　　费　(元)		183.37	205.22
	材　　料　　费　(元)		157.79	1695.69
	机　　械　　费　(元)		3.84	—
名　称	单位	单价(元)	消　耗　量	
人工 三类人工	工日	155.00	1.183	1.324
材料 木质饰面板 δ3	m²	12.41	11.000	—
不锈钢镜面板(8K板) δ1.0	m²	146.00	—	11.000
聚醋酸乙烯乳液	kg	5.60	3.675	—
蚊钉 20mm 6000个/盒	盒	6.64	0.105	—
万能胶 环氧树脂	kg	18.97	—	4.200
玻璃胶 335g	支	10.34	—	0.969
机械 电动空气压缩机 0.3m³/min	台班	25.61	0.150	—

工作内容:清理基层、找平、安装门窗套等。

计量单位:10m

定 额 编 号			8-138	8-139	8-140	8-141
项 目			成品木质门套		成品木质窗套	
			门套断面展开宽(mm)		窗套断面展开宽(mm)	
			250 以内	250 以上	200 以内	200 以上
基 价 (元)			**2110.99**	**2335.27**	**1544.90**	**1883.30**
其中	人 工 费 (元)		110.05	119.97	93.00	99.98
	材 料 费 (元)		2000.94	2215.30	1451.90	1783.32
	机 械 费 (元)		—	—	—	—
名 称	单位	单价(元)	消 耗 量			
人工 三类人工	工日	155.00	0.710	0.774	0.600	0.645
材料 成品木质门套 展开宽度 250mm	m	185.00	10.500	—	—	—
成品木质门套 展开宽度 300mm	m	204.00	—	10.500	—	—
成品木质窗套 展开宽度 200mm	m	136.00	—	—	10.500	—
成品木质窗套 展开宽度 300mm	m	167.00	—	—	—	10.500
发泡剂 750mL	支	27.12	2.000	2.500	0.800	1.000
其他材料费	元	1.00	4.20	5.50	2.20	2.70

工作内容:1.基层清理、打眼、钢筋电焊绑扎、砂浆调运、穿丝固定挂贴安装、灌浆、擦缝、净面等
全部操作过程;
2.清理基层、砂浆或粘合剂调远、基层抹灰、面层铺贴、擦缝、净面等全部操作过程。

计量单位:10m²

定 额 编 号			8-142	8-143	8-144
项 目			石材门窗套		
			干混砂浆挂贴	干混砂浆铺贴	粘合剂粘贴
基 价 (元)			**3254.25**	**2481.17**	**3762.27**
其中	人 工 费 (元)		732.69	637.36	671.00
	材 料 费 (元)		2520.63	1843.81	3091.27
	机 械 费 (元)		0.93	—	—
名 称	单位	单价(元)	消 耗 量		
人工 三类人工	工日	155.00	4.727	4.112	4.329
材料 石材饰面板	m²	159.00	10.600	10.600	10.600
金属膨胀螺栓 M12	套	0.64	172.298	—	—
石材填缝剂	kg	2.59	1.900	1.900	1.900
低碳钢焊条 J422 φ4.0	kg	4.74	0.304	—	—
黄铜线 综合	kg	51.72	2.101	—	—
热轧光圆钢筋 HPB300φ6	kg	3.98	51.000	—	—
铁件	kg	3.71	10.649	—	—
干混抹灰砂浆 DP M20.0	m³	446.95	0.326	0.267	0.203
FL-15 胶黏剂	kg	15.40	—	—	82.500
石料切割锯片	片	27.17	0.349	0.299	0.299
料 水	m³	4.27	0.764	0.063	0.063
其他材料费	元	1.00	209.00	25.76	31.33
机械 交流弧焊机 32kV·A	台班	92.84	0.010	—	—

九、窗 台 板

工作内容:1.龙骨、基层:定位、打眼剔洞、下木楔、木龙骨制作安装、刷防腐油、基层板下料、
安装等操作过程;

2.胶合板、铝塑板、不锈钢板面层:下料、安装面层板等。　　　　　　　　计量单位:10m²

定　额　编　号			8-145	8-146	8-147	8-148
项　　　目			窗台板			
			木龙骨基层板	面层		
				装饰胶合板	铝塑板	不锈钢板
基　价　（元）			**820.55**	**384.90**	**1045.08**	**1567.82**
其中	人　工　费　（元）		217.93	189.72	244.13	224.13
	材　料　费　（元）		602.62	157.79	800.95	1343.69
	机　械　费　（元）		—	37.39	—	—
名　　称	单位	单价（元）	消　耗　量			
人工 三类人工	工日	155.00	1.406	1.224	1.575	1.446
材料 胶合板 δ18	m²	32.76	11.200	—	—	—
木质饰面板 δ3	m²	12.41	—	11.000	—	—
铝塑板 2440×1220×4	m²	64.66	—	—	11.000	—
不锈钢饰面板 δ1.0	m²	114.00	—	—	—	11.000
木龙骨	m³	1552.00	0.132	—	—	—
圆钉 25（1"）	kg	4.74	1.867	—	—	—
聚醋酸乙烯乳液	kg	5.60	3.430	3.675	—	—
防腐油	kg	1.28	1.710	—	—	—
杉木砖	m³	595.00	0.001	—	—	—
蚊钉 20mm 6000 个/盒	盒	6.64	—	0.105	—	—
万能胶 环氧树脂	kg	18.97	—	—	4.200	4.200
玻璃胶 335g	支	10.34	—	—	0.969	0.969
机械 电动空气压缩机 0.3m³/min	台班	25.61	—	1.460	—	—

工作内容:1.石材面层:调运砂浆;
　　　　2.基层清理、刷胶、成品窗台板安装等全部操作过程。　　　　　　　　　　　　计量单位:10m²

定　额　编　号			8-149	8-150	8-151
项　　　目			窗台板		
			石材		成品木窗台板
			粘合剂粘贴	干混砂浆铺贴	
基　　价　(元)			**3627.17**	**2354.79**	**2714.43**
其中	人　　工　　费　(元)		573.81	541.26	186.31
	材　　料　　费　(元)		3053.36	1813.53	2524.38
	机　　械　　费　(元)		—	—	3.74
名　　称	单位	单价(元)	消　耗　量		
人工 三类人工	工日	155.00	3.702	3.492	1.202
材料 石材成品窗台板	m²	164.00	10.100	10.100	—
成品木窗台板	m²	241.00	—	—	10.100
干混抹灰砂浆 DP M20.0	m³	446.95	0.205	0.303	—
FL-15 胶黏剂	kg	15.40	82.500	—	—
石材填缝剂	kg	2.59	1.000	1.000	—
硅酮结构胶 300mL	支	10.78	—	—	8.333
气排钉	盒	4.31	—	—	0.105
水	m³	4.27	0.143	0.143	—
其他材料费	元	1.00	31.63	18.50	—
机械 电动空气压缩机 0.3m³/min	台班	25.61	—	—	0.146

十、窗帘盒、轨

1. 窗 帘 盒

工作内容:定位、弹线、下料、钻孔,埋木榫、埋铁件、基层板制作安装。　　　　　　　　　　计量单位:10m²

定　额　编　号			8-152	8-153	8-154	8-155	8-156	8-157
项　目			窗帘盒基层					
			细木工板基层		木龙骨三夹板基层			
			直　形				弧　形	
			吸顶式	悬挂式	吸顶式	悬挂式	吸顶式	悬挂式
基　　价　　(元)			**759.97**	**1100.72**	**1084.66**	**1522.63**	**1399.42**	**2081.37**
其中	人　工　费　(元)		400.06	500.03	600.01	799.96	850.02	1000.06
	材　料　费　(元)		359.63	599.78	484.24	721.68	548.93	1080.13
	机　械　费　(元)		0.28	0.91	0.41	0.99	0.47	1.18
名　　称	单位	单价(元)	消　耗　量					
人工	三类人工	工日	155.00	2.581	3.226	3.871	5.161	5.484	6.452
材料	杉板枋材	m³	1625.00	0.029	0.172	0.143	0.286	0.157	0.480
	细木工板 δ18	m²	27.07	10.600	10.600	—	—	—	—
	胶合板 δ3	m²	13.10	—	—	16.600	16.600	18.260	18.260
	枪钉	盒	6.47	—	—	1.143	1.143	1.486	1.486
	圆钉	kg	4.74	0.571	1.429	0.571	0.857	0.628	0.943
	合金钢钻头 φ8	个	5.34	1.875	1.875	1.875	1.875	4.400	4.400
	金属膨胀螺栓 M10	套	0.48	11.000	11.000	11.000	11.000	14.300	14.300
	普碳钢六角螺栓 M6×35	百个	10.86	—	0.330	—	0.330	—	0.429
	红丹防锈漆	kg	6.90	—	0.019	—	0.019	—	0.025
	聚醋酸乙烯乳液	kg	5.60	1.250	1.250	1.491	1.491	1.938	1.938
	其他材料费	元	1.00	0.56	0.56	0.66	0.66	0.80	0.80
机械	木工圆锯机 500mm	台班	27.50	0.010	0.033	0.015	0.036	0.017	0.043

工作内容:定位、下料、安装面层。 计量单位:10m²

定 额 编 号				8-158	8-159	8-160
项 目				窗帘盒面层		
				装饰夹板	防火板	实木板
基 价 (元)				**506.56**	**648.05**	**1006.02**
其中	人 工 费 (元)			168.02	210.03	192.05
	材 料 费 (元)			338.54	438.02	813.97
	机 械 费 (元)			—	—	—
	名 称	单位	单价(元)	消 耗 量		
人工	三类人工	工日	155.00	1.084	1.355	1.239
材料	红榉夹板 δ3	m²	24.36	10.800	—	—
	装饰防火板 δ12	m²	27.59	—	11.000	—
	硬木板枋材(进口)	m³	3276.00	—	—	0.242
	围条硬木	m³	3017.00	0.018	0.018	—
	枪钉	盒	6.47	0.257	—	0.262
	聚醋酸乙烯乳液	kg	5.60	3.300	—	3.300
	立时得胶	kg	21.55	—	3.630	—
	其他材料费	元	1.00	1.00	2.00	1.00

2. 窗 帘 轨

工作内容:组配窗帘轨、安装支撑及配件,校正等。 计量单位:10m

定 额 编 号				8-161	8-162	8-163	8-164
项 目				成品窗帘轨			
				暗装		明装	
				单轨	双轨	单轨	双轨
基 价 (元)				**164.55**	**311.43**	**304.33**	**560.45**
其中	人 工 费 (元)			41.85	66.03	53.48	58.75
	材 料 费 (元)			122.70	245.40	250.85	501.70
	机 械 费 (元)			—	—	—	—
	名 称	单位	单价(元)	消 耗 量			
人工	三类人工	工日	155.00	0.270	0.426	0.345	0.379
材料	铝合金窗帘轨 单轨成套	m	11.64	10.000	—	—	—
	铝合金窗帘轨 双轨成套	m	23.28	—	10.000	—	—
	成品窗帘杆	m	24.14	—	—	10.000	20.000
	金属膨胀螺栓 M6×75	套	0.21	30.000	60.000	45.000	90.000

十一、门　五　金

1. 门特殊五金

工作内容:门特殊五金安装。

计量单位:10 把

定　额　编　号			8-165	8-166	8-167	8-168	8-169
项　　目			执手锁		弹子锁	管子拉手	推手板
			单开	双开			
基　价（元）			**1009.03**	**1779.13**	**578.04**	**409.47**	**374.63**
其中	人　工　费（元）		225.37	385.33	99.20	69.91	69.91
	材　料　费（元）		783.66	1393.80	478.84	339.56	304.72
	机　械　费（元）		—	—	—	—	—
名　称	单位	单价（元）	消　耗　量				
人工 三类人工	工日	155.00	1.454	2.486	0.640	0.451	0.451
材 单开执手锁	把	77.59	10.100	—	—	—	—
双开执手锁	把	138.00	—	10.100	—	—	—
弹子锁	把	47.41	—	—	10.100	—	—
管子拉手	把	33.62	—	—	—	10.100	—
料 推手板	把	30.17	—	—	—	—	10.100

工作内容:门特殊五金安装。

计量单位:10 个

定　额　编　号			8-170	8-171	8-172	8-173	8-174	8-175
项　　目			大门插销		自由门		铁搭扣	底板拉手
			明装	暗装	弹簧合页	地弹簧		
基　价（元）			**107.86**	**210.57**	**288.77**	**1086.40**	**29.62**	**123.21**
其中	人　工　费（元）		59.99	79.98	159.19	346.27	20.93	86.65
	材　料　费（元）		47.87	130.59	129.58	740.13	8.69	36.56
	机　械　费（元）		—	—	—	—	—	—
名　称	单位	单价（元）	消　耗　量					
人工 三类人工	工日	155.00	0.387	0.516	1.027	2.234	0.135	0.559
材 大门明插销	副	4.74	10.100	—	—	—	—	—
大门暗插销	副	12.93	—	10.100	—	—	—	—
弹簧合页	副	12.83	—	—	10.100	—	—	—
地弹簧	套	73.28	—	—	—	10.100	—	—
铁塔扣	个	0.86	—	—	—	—	10.100	—
料 底板拉手	个	3.62	—	—	—	—	—	10.100

工作内容:门特殊五金安装。

计量单位:10 个

定 额 编 号			8-176	8-177	8-178	8-179	8-180	8-181
项 目			门吸	合页	玻璃门合页	地锁	门轧头	防盗门扣
基 价 (元)			**93.60**	**88.67**	**106.09**	**1572.18**	**38.62**	**275.63**
其中	人 工 费 (元)		50.07	79.98	79.98	188.48	34.88	57.97
	材 料 费 (元)		43.53	8.69	26.11	1383.70	3.74	217.66
	机 械 费 (元)		—	—	—	—	—	—
名 称	单位	单价(元)			消 耗 量			
人工 三类人工	工日	155.00	0.323	0.516	0.516	1.216	0.225	0.374
材料 门磁吸	只	4.31	10.100	—	—	—	—	—
合页75以内	副	1.72	—	5.050	—	—	—	—
玻璃门合页	副	5.17	—	—	5.050	—	—	—
地锁	把	137.00	—	—	—	10.100	—	—
门轧头	只	0.37	—	—	—	—	10.100	—
防盗门扣	副	21.55	—	—	—	—	—	10.100

工作内容:门特殊五金安装。

定 额 编 号			8-182	8-183	8-184	8-185
项 目			滑轮	吊装滑动门轨	门眼猫眼	电子锁 (磁卡锁)
计 量 单 位			10 个	10m	10 个	
基 价 (元)			**854.17**	**578.76**	**275.63**	**2249.94**
其中	人 工 费 (元)		49.60	59.99	57.97	512.74
	材 料 费 (元)		804.57	518.77	217.66	1737.20
	机 械 费 (元)		—	—	—	—
名 称	单位	单价(元)			消 耗 量	
人工 三类人工	工日	155.00	0.320	0.387	0.374	3.308
材料 滑轮	副	79.66	10.100	—	—	—
吊轨	m	50.86	—	10.200	—	—
门猫眼	套	21.55	—	—	10.100	—
电子锁	把	172.00	—	—	—	10.100

工作内容:门特殊五金安装。

计量单位:10 个

定 额 编 号			8-186	8-187	8-188
项 目			闭门器		顺位器
			明装	暗装	
基 价 (元)			**975.39**	**1160.93**	**287.58**
其中	人 工 费 (元)		122.14	307.68	122.14
	材 料 费 (元)		853.25	853.25	165.44
	机 械 费 (元)		—	—	—
名 称	单位	单价(元)	消 耗 量		
人工 三类人工	工日	155.00	0.788	1.985	0.788
材料 闭门器	副	84.48	10.100	10.100	—
料 顺位器	套	16.38	—	—	10.100

2.厂库房大门五金铁件

工作内容:门特殊五金、铁件安装。

计量单位:樘

定 额 编 号			8-189	8-190	8-191
项 目			木板大门		
			平开	推拉	
				门洞宽(m)以内	
				2.4	3.6
基 价 (元)			**362.97**	**651.05**	**783.03**
其中	人 工 费 (元)		—	—	—
	材 料 费 (元)		362.97	651.05	783.03
	机 械 费 (元)		—	—	—
名 称	单位	单价(元)	消 耗 量		
材料 门轴铁件	kg	6.47	56.100	81.600	102.000
料 轴承205	个	30.17	—	4.080	4.080

注:木板大门如带小门者,每樘增100mm合页2个,125mm拉手2个,木螺钉30个。

工作内容:门特殊五金、铁件安装。 计量单位:樘

定 额 编 号			8-192	8-193	8-194	8-195	8-196	8-197
项 目			钢木大门					折叠门
			平开			推拉		
			每樘面积(m² 以内)					
			8	16	28	12	18	
基 价 (元)			**370.24**	**568.22**	**786.00**	**1574.32**	**1856.02**	**263.98**
其中	人 工 费 (元)		—	—	—	—	—	—
	材 料 费 (元)		370.24	568.22	786.00	1574.32	1856.02	263.98
	机 械 费 (元)		—	—	—	—	—	—
	名 称	单位	单价(元)	消 耗 量				
材料	门轴铁件	kg	6.47	12.240	42.840	76.500	—	—	40.800
	大门拉手及锁孔	kg	10.43	3.468	3.468	3.468	2.550	2.550	—
	大门上下插销	kg	10.43	10.200	10.200	10.200	—	—	—
	门阻	kg	6.47	22.950	22.950	22.950	—	—	—
	大门钢轨盖板地槽	kg	5.60	—	—	—	111.690	132.223	—
	大门上下滑轮及压铁	kg	10.43	—	—	—	76.622	80.804	—
	轴承 205	个	30.17	—	—	—	4.080	8.160	—

注:钢木大门如带小门者,每樘增加铁件5kg,100mm 合页 2 个,125mm 拉手 1 个,木螺钉 20 个。

第九章
屋面及防水工程

说　明

一、本章包括屋面工程、防水及其他两节。

二、本章项目按标准或常用材料编制,设计与定额不同时,材料可以换算,人工、机械不变;屋面保温等项目执行本定额第十章"保温、隔热、防腐工程"相应项目,找平层等项目执行本定额第十一章"楼地面工程"相应项目。

三、屋面工程。

1. 细石混凝土防水层定额,已综合考虑了滴水线、泛水和伸缩缝翻边等各种加高的工料,但伸缩缝应另列项目计算。使用钢筋网时,执行本定额第五章"混凝土及钢筋混凝土工程"相关项目。

2. 细石混凝土防水层定额按非泵送商品混凝土编制,如使用泵送商品混凝土时,除材料换算外相应项目人工乘以系数 0.95。

3. 水泥砂浆保护层定额已综合了预留伸缩缝的工料,掺防水剂时材料费另加。

4. 本定额瓦规格按以下考虑:水泥瓦 420mm×330mm、水泥天沟瓦及脊瓦 420mm×220mm、小青瓦 180mm×170~180mm、黏土平瓦 380~400mm×240mm、黏土脊瓦 460mm×200mm、西班牙瓦 310mm×310mm、西班牙脊瓦 285mm×180mm、西班牙 S 盾瓦 250mm×90mm、瓷质波形瓦 150mm×150mm、石棉水泥瓦及玻璃钢瓦 1800mm×720mm;如设计规格不同,瓦的数量按比例调整,其余不变。

5. 瓦的搭接按常规尺寸编制,除小青瓦按 2/3 长度搭接,搭接不同可调整瓦的数量,其余瓦的搭接尺寸均按常规工艺要求综合考虑。

6. 瓦屋面定额未包括木基层,木基层项目执行本定额第七章"木结构工程"相应项目。

7. 黏土平瓦若穿铁丝钉圆钉,每 100m² 增加 11 工日,增加镀锌低碳钢丝(22#)3.5kg,圆钉 2.5kg。

8. 采光板屋面如设计为滑动式采光顶,可以按设计增加 U 形滑动盖帽等部件,调整材料,人工乘以系数 1.05。

9. 膜结构屋面的钢支柱、锚固支座混凝土基础等执行其他章节相关项目。膜结构屋面中膜材料可以调整含量。

10. 瓦屋面以坡度≤25% 为准,25%<坡度≤45% 的,相应项目的人工乘以系数 1.3;坡度>45% 的,人工乘以系数 1.43。

四、防水工程及其他。

1. 防水:

(1)平(屋)面以坡度≤15% 为准,15%<坡度≤25% 的,相应项目的人工乘以系数 1.18;25%<坡度≤45% 屋面或平面,人工乘以系数 1.3;坡度>45% 的,人工乘以系数 1.43。

(2)防水卷材、防水涂料及防水砂浆,定额以平面和立面列项,实际施工桩头、地沟时,相应项目的人工乘以系数 1.43。

(3)胶粘法以满铺为依据编制,点、条铺粘者按其相应项目的人工乘以系数 0.91,粘合剂乘以系数 0.7。

(4)防水卷材的接缝、收头(含收头处油膏)、冷底子油、胶粘剂等工料已计入定额内,不另行计算。设计有金属压条时,材料费另计。

(5)卷材部分"每增一层"特指双层卷材叠合,中间无其他构造层。

(6)卷材厚度大于 4mm 时,相应项目的人工乘以系数 1.1。

(7)要求对混凝土基面进行抛丸处理的,套用基面抛丸处理定额,对应的卷材或涂料防水层扣除清理基层人工 0.912 工日/100m²。

2. 变形缝与止水带。

变形缝断面或展开尺寸与定额不同时,材料用量按比例换算。

工程量计算规则

一、屋面工程。

1. 各种屋面和型材屋面(包括挑檐部分)均按设计图示尺寸以面积计算(斜屋面按斜面面积计算),不扣除房上烟囱、风帽底座、风道、小气窗、斜沟和脊瓦等所占面积,小气窗的出檐部分也不增加。瓦屋面挑出基层的尺寸,按设计规定计算,如设计无规定时,水泥瓦、黏土平瓦、西班牙瓦、瓷质波形瓦按水平尺寸加 70mm、小青瓦按水平尺寸加 50mm 计算。

2. 西班牙瓦、瓷质波形瓦、水泥瓦屋面的正斜脊瓦、檐口线,按设计图示尺寸以长度计算。

3. 采光板屋面和玻璃采光顶屋面按设计图示尺寸以面积计算;不扣除单个 0.3m² 以内的孔洞所占面积。

4. 膜结构屋面按设计图示尺寸以需要覆盖的水平投影面积计算。

5. 种植屋面按设计尺寸以铺设范围计算;不扣除房上烟囱、风帽底座、风道、屋面小气窗等所占面积,以及单个 0.3m² 以内的孔洞所占面积,屋面小气窗的出檐部分也不增加。

二、防水及其他。

1. 防水:

(1)屋面防水,按设计图示尺寸以面积计算(斜屋面按斜面面积计算),天沟、挑檐按展开面积计算并入相应防水工程量,不扣除房上烟囱、风帽底座、风道、屋面小气窗和斜沟等所占面积,上翻部分也不另计算;屋面的女儿墙、伸缩缝和天窗等处的弯起部分,按设计图示尺寸计算;设计无规定时,伸缩缝、女儿墙、天窗的弯起部分按 500mm 计算,计入屋面工程量内。

(2)楼地面防水、防潮层按设计图示尺寸以主墙间净空面积计算,扣除凸出地面的构筑物、设备基础等所占面积,不扣除间壁墙及单个 0.3m² 以内的柱、垛、烟囱和孔洞所占面积,平面与立面交接处,上翻高度小于 300mm 时,按展开面积并入平面工程量内计算,高度大于 300mm 时,上翻高度全部按立面防水层计算。

(3)墙基防水、防潮层,按设计图示尺寸以面积计算。

(4)墙的立面防水、防潮层,不论内墙、外墙,均按设计图示尺寸以面积计算。

(5)基础底板的防水、防潮层按设计图示尺寸以面积计算,不扣除桩头所占面积。桩头处外包防水按桩头投影面积每侧外扩 300mm 以面积计算,地沟处防水按展开面积计算,均计入平面工程量,执行相应规定。

(6)屋面、楼地面及墙面、基础底板等,其防水搭接、拼缝、压边、留槎用量已综合考虑,不另行计算,卷材防水附加层、加强层按设计铺贴尺寸以面积计算。

2. 屋面排水:

金属板排水、泛水按延长米乘以展开宽度计算,其他泛水按延长米计算。

3. 变形缝与止水带(条):

变形缝(嵌填缝与盖板)与止水带(条)按设计图示尺寸,以长度计算。

一、屋 面

1. 刚 性 屋 面

工作内容: 1. 清理基层,铺混凝土,做分格缝、滴水线、泛水,随捣随抹光及养护;
　　　　　　2. 清理基层,做砂浆找平(或做砖墩),安装预制混凝土板、勾缝;
　　　　　　3. 清理基层,铺水泥砂浆,做分格缝,养护。

计量单位:100m²

定 额 编 号				9-1	9-2	9-3	9-4	9-5	9-6
项 目				细石混凝土面层		预制混凝土板保护层安装		水泥砂浆保护层	
				厚度(mm)		实铺	架空	厚度(mm)	
				40	每增减10			20	每增减10
基 价 (元)				**3316.65**	**514.02**	**2971.11**	**2009.54**	**2048.08**	**569.16**
其中	人 工 费 (元)			1061.64	94.23	1866.24	1283.31	960.80	94.23
	材 料 费 (元)			2242.35	418.18	1079.67	720.42	1067.70	465.04
	机 械 费 (元)			12.66	1.61	25.20	5.81	19.58	9.89
名 称		单位	单价(元)	消 耗 量					
人工	二类人工	工日	135.00	7.864	0.698	13.824	9.506	7.117	0.698
材料	非泵送商品混凝土 C20	m³	412.00	4.360	1.015	—	—	—	—
	干混砌筑砂浆 DM M10.0	m³	413.73	—	—	2.600	0.590	—	—
	干混地面砂浆 DS M15.0	m³	443.08	0.510	—	—	—	2.020	1.010
	混凝土实心砖 240×115×53 MU10	千块	388.00	—	—	—	1.224	—	—
	木模板	m³	1445.00	0.060	—	—	—	—	—
	杉板枋材	m³	1625.00	—	—	—	—	0.020	0.010
	聚乙烯薄膜	m²	0.86	105.000	—	—	—	105.000	—
	水	m³	4.27	9.640	—	0.930	0.330	11.680	0.300
	其他材料费	元	1.00	1.90	—	—	—	—	—
机械	干混砂浆罐式搅拌机 20000L	台班	193.83	0.026	—	0.130	0.030	0.101	0.051
	混凝土振捣器 平板式	台班	12.54	0.608	0.128	—	—	—	—

注: 预制混凝土薄板的制作、运输另行计算。

工作内容:1.砾石保护层:清理基层,砾石铺平;
2.屋面检查洞:制作、安装。

定 额 编 号				9-7	9-8	9-9
项 目				砾石保护层	屋面检查洞	
					普通盖	保温盖
计 量 单 位				100m²	10 个	
基 价 (元)				**652.76**	**2434.99**	**3611.67**
其中	人 工 费 (元)			334.80	464.40	842.40
	材 料 费 (元)			317.96	1970.59	2769.27
	机 械 费 (元)			—	—	—
名 称		单位	单价(元)	消 耗 量		
人工	二类人工	工日	135.00	2.480	3.440	6.240
材料	卵石 综合	t	52.33	5.890	—	—
	杉板枋材	m³	1625.00	—	0.482	0.674
	镀锌薄钢板 δ0.5	m²	17.59	—	9.900	19.180
	聚苯乙烯泡沫板	m³	504.00	—	—	0.220
	胶合板 δ5	m²	20.17	—	—	9.200
	六角带帽螺栓 M8×120	套	0.75	—	80.800	80.800
	成品链条 L900	根	90.95	—	10.100	10.100
	水	m³	4.27	2.280	—	—
	其他材料费	元	1.00	—	34.00	61.00

注:1.砾石厚度以4cm为准,厚度不同,材料按比例换算。
2.屋面检查洞盖油漆另行计算。

2.瓦 屋 面

工作内容:1. 杉木条基层:铺瓦、割瓦,钢钉固定;
2. 砂浆条基层:预埋铁钉、铁丝,做水泥砂浆条,铺瓦、割瓦,钢钉固定;
3. 角钢条基层:钻孔、固定角钢,铺瓦、割瓦,铜丝固定;
4. 水泥砂浆粘贴:调制砂浆,铺瓦、割瓦、固定;
5. 屋脊:座浆、铺天沟瓦或脊瓦,檐口梢头坐灰,清理面层。

定 额 编 号			9-10	9-11	9-12	9-13	9-14
项　　　目			彩 色 水 泥 瓦				
			屋 面 基 层			水泥砂浆粘贴	屋 脊
			杉木条	砂浆条	角钢条		
计 量 单 位			100m²				100m
基　　价　(元)			**2844.92**	**3623.12**	**6649.17**	**3709.29**	**1785.86**
其中	人　工　费　(元)		799.20	1363.37	1674.00	714.56	301.19
	材　料　费　(元)		2045.72	2256.07	4762.75	2973.80	1475.56
	机　械　费　(元)		—	3.68	212.42	20.93	9.11
名　　称	单位	单价(元)	消　耗　量				
人工	二类人工	工日	135.00	5.920	10.099	12.400	5.293	2.231
材料	彩色水泥瓦 420×330	千张	1810.00	1.113	1.113	1.113	1.113	—
	彩色水泥脊瓦 420×220	千张	3461.00	—	—	—	—	0.306
	干混地面砂浆 DS M15.0	m³	443.08	—	0.380	—	2.165	0.940
	角钢 Q235B 综合	t	3966.00	—	—	0.455	—	—
	水泥钉	kg	5.60	5.570	9.510	—	—	—
	镀锌铁丝 8#	kg	6.55	—	3.040	—	—	—
	铜丝	kg	58.45	—	—	13.070	—	—
	金属膨胀螺栓 M6×60	套	0.19	—	—	558.000	—	—
	电焊条 E43 系列	kg	4.74	—	—	12.870	—	—
	氧气	m³	3.62	—	—	1.720	—	—
	乙炔气	m³	8.90	—	—	0.730	—	—
机械	干混砂浆罐式搅拌机 20000L	台班	193.83	—	0.019	—	0.108	0.047
	台式钻床 16mm	台班	3.90	—	—	1.380	—	—
	交流弧焊机 32kV·A	台班	92.84	—	—	2.230	—	—

注:1. 屋面设有收口线时,每100延长米收口线,另计收口瓦0.342千张、扣除水泥瓦0.342千张。

2. 角钢条基层,若角钢设计不同时,用量换算,其余不变;刷防腐漆另按相应定额执行。

3. 屋面斜沟设有沟瓦时,每100延长米增加沟瓦0.32千张,扣除脊瓦,其余不变。

4. 水泥瓦屋脊的锥脊、封头等配件,安装费已计入定额中,材料费应按实际块数加损耗另计。

工作内容:1.铺小青瓦(或黏土平瓦),割瓦,铺斜沟。

2.铺设干混砂浆,铺小青瓦(或黏土平瓦),割瓦,清理面层。

3.调抹干混砂浆,铺黏土脊瓦,清理面层。

定 额 编 号			9-15	9-16	9-17	9-18	9-19
项 目			小青瓦		黏土平瓦	黏土平瓦	
			屋面基层			水泥砂浆粘贴	屋脊
			椽子上	水泥砂浆粘贴	杉木条		
计 量 单 位			100m²				100m
基 价 (元)			**10357.20**	**14185.21**	**1813.38**	**4371.73**	**1552.94**
其中	人 工 费 (元)		982.80	1836.00	442.80	714.56	301.19
	材 料 费 (元)		9374.40	12285.44	1370.58	3608.13	1230.62
	机 械 费 (元)		—	63.77	—	49.04	21.13
名 称	单位	单价(元)	消 耗 量				
人工	二类人工	工日	135.00	7.280	13.600	3.280	5.293	2.231
材料	小青瓦 180×(170~180)	千张	560.00	16.740	16.740	—	—	—
	干混地面砂浆 DS M15.0	m³	443.08	—	6.570	—	5.050	2.180
	黏土平瓦 (380~400)×240	千张	862.00	—	—	1.590	1.590	—
	黏土脊瓦 460×200	千张	1034.00	—	—	—	—	0.256
机械	干混砂浆罐式搅拌机 20000L	台班	193.83	—	0.329	—	0.253	0.109

注:1.小青瓦屋面每米斜沟另增加小青瓦 16.2 张,其余用量不变。

2.瓦的规格不同,瓦的用量和单价进行换算,其余不变。

工作内容:调制砂浆,铺瓦;修界瓦边,安脊瓦、檐口梢头坐灰;固定,清扫瓦面。

定 额 编 号				9-20	9-21	9-22	9-23
项 目				西班牙瓦		瓷质波形瓦	
				屋面板上或椽子挂瓦条上 铺 设	正斜脊	屋面板上或椽子挂瓦条上 铺 设	正斜脊
计 量 单 位				100m²	100m	100m²	100m
基 价 (元)				**12489.82**	**4965.26**	**8483.77**	**1001.56**
其中	人 工 费 (元)			809.60	301.19	832.14	301.19
	材 料 费 (元)			11650.37	4655.15	7626.82	691.45
	机 械 费 (元)			29.85	8.92	24.81	8.92
	名 称	单位	单价(元)	消 耗 量			
人工	二类人工	工日	135.00	5.997	2.231	6.164	2.231
材料	西班牙瓦无釉 310×310	张	6.47	1576.450	—	—	—
	西班牙脊瓦 285×180	张	6.47	—	358.750	—	—
	西班牙 S 盾瓦 250×90×10	张	4.48	—	410.000	—	—
	瓷质波形瓦无釉 150×150×9	张	1.38	—	—	4670.000	—
	瓷质波形瓦脊瓦	张	0.52	—	—	—	543.250
	干混地面砂浆 DS M15.0	m³	443.08	3.075	0.923	2.563	0.923
	镀锌铁丝 φ1.2~1.8	kg	5.78	14.400	14.400	—	—
	扣钉	kg	5.60	0.900	0.900	—	—
	纯水泥浆	m³	430.36	—	—	0.103	—
	108 胶	kg	1.03	—	—	2.210	—
机械	干混砂浆罐式搅拌机 20000L	台班	193.83	0.154	0.046	0.128	0.046

工作内容:1. 石棉水泥瓦、玻璃钢瓦:铺、钉石棉水泥瓦(或玻璃钢瓦),安脊瓦;
2. 卡普隆板:下料、安装卡普隆板,压条固定、注胶。

计量单位:100m²

定 额 编 号			9-24	9-25	9-26
项 目			石棉水泥瓦	玻璃钢瓦	卡普隆板
基 价 (元)			**3652.61**	**3524.27**	**2790.83**
其中	人 工 费 (元)		734.40	691.20	550.80
	材 料 费 (元)		2918.21	2833.07	2240.03
	机 械 费 (元)		—	—	—
名 称	单位	单价(元)	消 耗 量		
人工 二类人工	工日	135.00	5.440	5.120	4.080
材料 石棉水泥瓦 1800×720×8 小波	张	25.00	99.000	—	—
石棉水泥脊瓦 780×(180×2)×8	张	7.76	12.000	12.000	—
玻璃钢瓦 1800×720 小波	张	24.14	—	99.000	—
玻璃卡普隆板	m²	12.93	—	—	105.000
镀锌螺勾带垫 φ6×600	个	1.47	175.000	175.000	—
镀锌扁钩 3×12×300	个	0.39	226.000	226.000	—
铝合金压条 30×1.2	m	4.83	—	—	105.600
铝拉铆钉 M4×30	百个	6.72	—	—	3.230
硅酮耐候胶 中性 310mL	支	13.75	—	—	25.500
料 其他材料费	元	1.00	4.70	4.70	—

3. 沥青瓦屋面

工作内容: 清理基层,刷冷底子油,粘结铺瓦,固定;满粘加钉脊瓦,封檐。

计量单位:100m²

定 额 编 号			9-27
项 目			铺设叠合沥青瓦
基 价 (元)			**6242.33**
其中	人 工 费 (元)		580.50
	材 料 费 (元)		5661.83
	机 械 费 (元)		—
名 称	单位	单价(元)	消 耗 量
人工 二类人工	工日	135.00	4.300
材料 沥青瓦 1000×333	张	7.47	690.000
油毡钉	kg	4.83	6.180
冷底子油	kg	5.57	84.000
料 其他材料费	元	1.00	9.80

4. 金属板屋面

工作内容:截料,制作安装铁件,吊装安装屋面板;安装防水堵头、屋脊板。

计量单位:100m²

定　额　编　号				9-28
项　　　　　目				钢(木)檩条上 铺钉镀锌瓦垄铁皮
基　价　(元)				**4950.23**
其 中	人　　工　　费　(元)			216.95
	材　　料　　费　(元)			4733.28
	机　　械　　费　(元)			—
	名　　称	单位	单价(元)	消　耗　量
人 工	二类人工	工日	135.00	1.607
材 料	瓦垄铁皮 26#	m²	35.00	126.000
	镀锌薄钢板 综合	m²	38.97	4.080
	镀锌瓦钉带垫	个	0.47	202.000
	镀锌瓦钩	个	0.34	202.000
	圆钉	kg	4.74	0.140

5.采光屋面

工作内容:截料,制作安装龙骨支撑;刷防护材料、油漆;安装固定阳光板面层,接缝、嵌缝。　　　　　　　　　　**计量单位:**100m²

	定　额　编　号			9-29	9-30
	项　　　目			阳光板屋面	
				铝合金龙骨上安装	钢龙骨上安装
	基　价　（元）			**24438.12**	**26583.14**
其中	人　　工　　费　（元）			7692.98	9201.33
	材　　料　　费　（元）			16745.14	17381.81
	机　　械　　费　（元）			—	—
	名　　称	单位	单价（元）	消　耗　量	
人工	二类人工	工日	135.00	56.985	68.158
材料	阳光板	m²	43.10	107.000	107.000
	铝合金型材 综合	kg	18.53	502.370	—
	玻璃胶 335g	支	10.34	20.400	—
	耐热胶垫 2×38	m	1.90	169.810	—
	镀锌六角螺栓带螺母 M6×40	套	0.19	1095.000	—
	T型钢 25×25	kg	3.71	—	20.780
	扁钢 Q235B 10×100	kg	3.96	—	76.860
	扁钢 Q235B 5×40	kg	3.96	—	399.650
	槽钢 Q235B 6.3#	kg	4.05	—	1966.300
	六角带帽螺栓 M12 以外	kg	5.47	—	4.510
	镀锌铁皮脊瓦 26#	m²	36.07	—	1.000
	建筑油膏	kg	2.49	—	89.260
	圆钉	kg	4.74	—	1.400
	无光调和漆	kg	13.79	—	38.440
	橡胶垫片 250 宽	m	1.03	169.400	104.740
	橡胶条(大)	m	4.74	161.640	161.640
	橡胶条(小)	m	3.88	161.640	161.640
	铁件 综合	kg	6.90	74.650	74.650
	其他材料费	元	1.00	—	6.50

注:实际使用铝合金或钢龙骨与定额含量不一致的,用量换算,其余不变。

工作内容:截料,制作、安装龙骨支撑;刷防护材料、油漆;安装玻璃,嵌缝、打胶、密封。 计量单位:100m²

定 额 编 号			9-31	9-32	9-33
项 目			玻璃采光顶屋面		
			铝龙骨上安装中空玻璃	钢龙骨上安装中空玻璃	钢龙骨上安装钢化玻璃
基 价 (元)			**33161.54**	**36476.19**	**21012.40**
其中	人 工 费 (元)		10878.17	13559.27	9153.95
	材 料 费 (元)		22283.37	22916.92	11858.45
	机 械 费 (元)		—	—	—
名 称	单位	单价(元)	消 耗 量		
人工 二类人工	工日	135.00	80.579	100.439	67.807
材料 中空玻璃	m²	94.83	97.000	107.000	—
钢化玻璃 δ6	m²	58.19	—	—	109.170
铝框骨架	kg	24.57	502.370	—	—
玻璃胶 335g	支	10.34	20.400	—	—
耐热胶垫 2×38	m	1.90	169.810	—	—
镀锌六角螺栓带螺母 M6×40	套	0.19	1095.000	—	—
T 型钢 25×25	kg	3.71	—	20.780	294.280
扁钢 Q235B 10×100	kg	3.96	—	76.860	54.580
扁钢 Q235B 5×40	kg	3.96	—	399.650	283.800
槽钢 Q235B 6.3#	kg	4.05	—	1966.300	460.820
六角带帽螺栓 M12 以外	kg	5.47	—	4.510	3.280
镀锌铁皮脊瓦 26#	m²	36.07	—	1.000	—
建筑油膏	kg	2.49	—	89.260	—
圆钉	kg	4.74	—	1.400	—
无光调和漆	kg	13.79	—	38.440	13.260
橡胶垫片 250 宽	m	1.03	—	104.740	45.910
橡胶条(大)	m	4.74	—	161.640	137.720
橡胶条(小)	m	3.88	—	161.640	—
铁件 综合	kg	6.90	—	74.650	—
料 铁钩	kg	8.62	—	—	26.920
熟桐油	kg	11.17	—	—	6.700
其他材料费	元	1.00	—	6.50	—

注:实际使用铝合金或钢龙骨与定额含量不一致的,用量换算,其余不变。

6. 膜结构屋面

工作内容:膜布裁剪、热压胶接,穿高强钢丝拉索(或钢丝绳、钢绞线)、锚头锚固,
膜布安装、施加预张力、膜体表面内外清洁。

计量单位:100m²

	定 额 编 号			9-34
	项 目			膜结构屋面
	基 价 (元)			**52311.93**
其中	人 工 费 (元)			15309.00
	材 料 费 (元)			37002.93
	机 械 费 (元)			—
	名 称	单 位	单价(元)	消 耗 量
人工	二类人工	工日	135.00	113.400
材料	膜材料	m²	188.00	162.500
	膜结构附件	m²	38.79	125.000
	钢丝绳 φ26	m	18.10	40.000
	锚头 φ26	套	181.00	2.000
	热轧光圆钢筋 HPB300φ30	m	22.10	21.500
	六角螺栓 M30×200	个	17.93	2.400

7. 种 植 屋 面

工作内容:1. 耕作土种植层:清理基层,掺料、覆土;
　　　　　　2. 土工布过滤层:清理基层,铺料、裁剪、接缝。

	定 额 编 号			9-35	9-36	9-37	9-38
	项 目			耕作土种植层			土工布过滤层
				不掺料	掺粗砂	掺珍珠岩	
	计 量 单 位			10m³			100m²
	基 价 (元)			**516.27**	**1017.49**	**1430.02**	**591.24**
其中	人 工 费 (元)			281.88	330.48	486.00	106.92
	材 料 费 (元)			234.39	687.01	944.02	484.32
	机 械 费 (元)			—	—	—	—
	名 称	单位	单价(元)	消 耗 量			
人工	二类人工	工日	135.00	2.088	2.448	3.600	0.792
材料	种植土	m³	21.55	10.500	6.060	6.350	—
	土工布	m²	4.31	—	—	—	112.000
	黄砂 毛砂	t	87.38	—	6.270	—	—
	膨胀珍珠岩粉	m³	155.00	—	—	5.150	—
	水	m³	4.27	1.900	2.000	2.090	—
	其他材料费	元	1.00	—	—	—	1.60

工作内容:1.砂石、陶粒排(蓄)水层:清理基层,铺料、压实;
　　　　　2.排水板:清理基层,铺设、收口。

定　额　编　号			9-39	9-40	9-41
项　　　目			排(蓄)水层		
			砂石	陶粒	排水板
计　量　单　位			10m³		100m²
基　　价　　(元)			**2162.21**	**2441.47**	**1044.16**
其中	人　　工　　费　(元)		534.60	427.68	112.46
	材　　料　　费　(元)		1619.46	2005.64	931.70
	机　　械　　费　(元)		8.15	8.15	—
名　　称	单位	单价(元)	消　耗　量		
人工　二类人工	工日	135.00	3.960	3.168	0.833
材料　黄砂 毛砂	t	87.38	4.690	—	—
碎石 综合	t	102.00	11.650	—	—
陶粒	m³	182.00	—	11.020	—
凹凸型排水板	m²	8.62	—	—	107.000
强力胶	kg	0.78	—	—	12.000
水	m³	4.27	5.000	—	—
机械　混凝土振捣器 平板式	台班	12.54	0.650	0.650	—

二、防水及其他

1.刚性防水、防潮

工作内容:清理基层,调配砂浆,抹砂浆。　　　　　　　　　　　　　计量单位:100m²

定　额　编　号			9-42	9-43	9-44	9-45	9-46
项　　　目			防水砂浆			聚合物水泥防水砂浆	
			平面	立面	砖基础上	厚度(mm)	
						5	每增减1
基　　价　　(元)			**1998.83**	**2225.17**	**1183.37**	**989.92**	**173.30**
其中	人　　工　　费　(元)		863.60	1041.80	—	375.03	50.09
	材　　料　　费　(元)		1115.65	1162.82	1162.82	609.85	122.24
	机　　械　　费　(元)		19.58	20.55	20.55	5.04	0.97
名　　称	单位	单价(元)	消　耗　量				
人工　二类人工	工日	135.00	6.397	7.717	—	2.778	0.371
材料　干混地面砂浆 DS M15.0	m³	443.08	2.020	2.110	2.110	0.512	0.103
聚合物胶乳	kg	9.48	—	—	—	40.400	8.080
防水剂	kg	3.65	56.000	58.000	58.000	—	—
水	m³	4.27	3.800	3.800	3.800	—	—
机械　干混砂浆罐式搅拌机 20000L	台班	193.83	0.101	0.106	0.106	0.026	0.005

注:砖基防水砂浆防潮层人工已包括在墙基砌筑定额中。

2.卷材防水

(1)改性沥青卷材防水

工作内容:清理基层,刷基底处理剂,收头钉压条等全部操作过程。 计量单位:100m²

定 额 编 号				9-47	9-48	9-49	9-50
项 目				改性沥青卷材			
				热熔法一层		热熔法每增一层	
				平面	立面	平面	立面
基 价 (元)				**3342.91**	**3608.03**	**3036.56**	**3271.17**
其中	人 工 费 (元)			297.14	515.70	254.75	442.80
	材 料 费 (元)			3045.77	3092.33	2781.81	2828.37
	机 械 费 (元)			—	—	—	—
	名 称	单位	单价(元)	消 耗 量			
人工	二类人工	工日	135.00	2.201	3.820	1.887	3.280
材料	弹性体改性沥青防水卷材 3.0mm I G M	m²	23.28	113.000	115.000	113.000	115.000
	改性沥青嵌缝油膏	kg	7.16	5.977	5.977	5.165	5.165
	冷底子油	kg	5.57	48.480	48.480	—	—
	液化石油气	kg	3.79	26.992	26.992	30.128	30.128

工作内容:清理基层,刷基底处理剂,收头钉压条等全部操作过程。 计量单位:100m²

定 额 编 号				9-51	9-52	9-53	9-54
项 目				改性沥青自粘卷材			
				自粘法一层		自粘法每增一层	
				平面	立面	平面	立面
基 价 (元)				**2973.65**	**3177.99**	**2668.25**	**2846.80**
其中	人 工 费 (元)			246.92	429.71	211.55	368.55
	材 料 费 (元)			2726.73	2748.28	2456.70	2478.25
	机 械 费 (元)			—	—	—	—
	名 称	单位	单价(元)	消 耗 量			
人工	二类人工	工日	135.00	1.829	3.183	1.567	2.730
材料	自粘聚合物改性沥青防水卷材 2.0mm I 型 N 类	m²	21.55	114.000	115.000	114.000	115.000
	冷底子油	kg	5.57	48.480	48.480	—	—

注:采用湿铺法施工的,扣除冷底子油,增加107胶纯水泥浆0.206m³,其余不变。

工作内容:清理基层,铺贴卷材,收头钉压条等全部操作过程。　　　　　　　　　　　　　　　**计量单位:**100m²

定　额　编　号					9-55	9-56
项　　　　目					改性沥青卷材	
					预铺反粘法	
					平面	立面
基　价　（元）					**3667.02**	**3931.69**
其中	人　　　　工　　　　费　（元）				224.64	459.14
	材　　　料　　　费　（元）				3442.38	3472.55
	机　　　　械　　　　费　（元）				—	—
	名　　　称	单位	单价(元)	消　耗　量		
人工	二类人工	工日	135.00	1.664		3.401
材料	聚合物改性沥青聚酯胎预铺防水卷材 4.0mm	m²	30.17	114.000		115.000
	其他材料费	元	1.00	3.00		3.00

工作内容:清理基层,铺贴卷材,收头钉压条等全部操作过程。　　　　　　　　　　　　　　　**计量单位:**100m²

定　额　编　号					9-57	9-58
项　　　　目					改性沥青卷材	
					耐根穿刺	
					复合铜胎基	化学阻根
基　价　（元）					**9821.76**	**4573.68**
其中	人　　　　工　　　　费　（元）				336.56	297.14
	材　　　料　　　费　（元）				9485.20	4276.54
	机　　　　械　　　　费　（元）				—	—
	名　　　称	单位	单价(元)	消　耗　量		
人工	二类人工	工日	135.00	2.493		2.201
材料	弹性体改性沥青防水卷材 耐根穿刺(复合铜胎基)4.0mm	m²	81.90	114.000		—
	SBS 弹性体改性沥青防水卷材 耐根穿刺(化学阻根) PY 4.0mm	m²	36.21	—		114.000
	改性沥青嵌缝油膏	kg	7.16	5.977		5.977
	液化石油气	kg	3.79	26.992		26.992
	其他材料费	元	1.00	3.50		3.50

(2)高分子卷材

工作内容:清理基层,刷基底处理剂,铺贴卷材,收头钉压条等全部操作过程。　　　　　　　计量单位:100m²

定　额　编　号				9-59	9-60	9-61	9-62
项　　　目				高分子卷材			
				胶粘法一层		胶粘法每增一层	
				平面	立面	平面	立面
基　　价　（元）				**2985.89**	**3253.76**	**2911.37**	**3129.70**
其中	人　　工　　费　（元）			376.52	623.70	302.00	499.64
	材　　料　　费　（元）			2609.37	2630.06	2609.37	2630.06
	机　　械　　费　（元）			—	—	—	—
	名　　称	单位	单价(元)	消　耗　量			
人工	二类人工	工日	135.00	2.789	4.620	2.237	3.701
材料	三元乙丙橡胶防水卷材 1.0mm JF1	m²	20.69	114.000	115.000	114.000	115.000
	FL－15 胶黏剂	kg	15.40	16.280	16.280	16.280	16.280

工作内容:清理基层,刷基底处理剂,铺贴卷材,收头钉压条等全部操作过程。　　　　　　　计量单位:100m²

定　额　编　号				9-63	9-64	9-65	9-66
项　　　目				高分子卷材			
				热风焊接胶粘法一层		热风焊接胶粘法每增一层	
				平面	立面	平面	立面
基　　价　（元）				**3987.90**	**4287.30**	**3904.88**	**4149.46**
其中	人　　工　　费　（元）			415.80	690.80	332.78	552.96
	材　　料　　费　（元）			3572.10	3596.50	3572.10	3596.50
	机　　械　　费　（元）			—	—	—	—
	名　　称	单位	单价(元)	消　耗　量			
人工	二类人工	工日	135.00	3.080	5.117	2.465	4.096
材料	聚氯乙烯防水卷材 1.2mm H类	m²	24.40	114.000	115.000	114.000	115.000
	聚氯乙烯薄膜	m²	0.86	12.500	12.500	12.500	12.500
	水泥钉	kg	5.60	0.060	0.060	0.060	0.060
	防水密封胶	支	8.62	15.000	15.000	15.000	15.000
	粘合剂	kg	26.29	20.650	20.650	20.650	20.650
	焊丝 φ3.2	kg	10.78	8.500	8.500	8.500	8.500
	电	kW·h	0.78	20.000	20.000	20.000	20.000

工作内容:清理基层,刷基底处理剂,铺贴卷材,收头钉压条等全部操作过程。　　　　　　　　　　　　　　计量单位:100m²

定　额　编　号				9-67	9-68	9-69
项　　目				高分子卷材		
				热风焊接 机械固定法一层		耐根穿刺
				平面	立面	化学阻根
基　价　(元)				**3455.68**	**3755.08**	**4167.38**
其中	人　　工　　费　(元)			415.80	690.80	341.55
	材　　料　　费　(元)			3039.88	3064.28	3825.83
	机　　械　　费　(元)			—	—	—
名　　称		单位	单价(元)	消　耗　量		
人工	二类人工	工日	135.00	3.080	5.117	2.530
材料	聚氯乙烯防水卷材 1.2mm H 类	m²	24.40	114.000	115.000	—
	聚氯乙烯防水卷材 PVC 耐根穿刺(化学阻根) 2.0mm	m²	26.72	—	—	114.000
	聚氯乙烯薄膜	m²	0.86	12.500	12.500	—
	U 形螺栓 M10×108	套	4.40	2.500	2.500	—
	焊丝 φ3.2	kg	10.78	8.500	8.500	8.500
	防水密封胶	支	8.62	15.000	15.000	15.000
	水泥钉	kg	5.60	—	—	0.060
	粘合剂	kg	26.29	—	—	20.650
	电	kW·h	0.78	20.000	20.000	20.000

工作内容:清理基层,刷基底处理剂,铺贴卷材,收头钉压条等全部操作过程。　　　　　　　　　　　　　　计量单位:100m²

定　额　编　号				9-70	9-71	9-72	9-73
项　　目				高分子卷材			
				自粘法一层		自粘法每增一层	
				平面	立面	平面	立面
基　价　(元)				**2899.31**	**3145.37**	**2729.40**	**2930.50**
其中	人　　工　　费　(元)			341.55	566.06	272.70	452.25
	材　　料　　费　(元)			2557.76	2579.31	2456.70	2478.25
	机　　械　　费　(元)			—	—	—	—
名　　称		单位	单价(元)	消　耗　量			
人工	二类人工	工日	135.00	2.530	4.193	2.020	3.350
材料	带自粘层聚乙烯高分子卷材 1.2mm	m²	21.55	114.000	115.000	114.000	115.000
	107 胶纯水泥浆	m³	490.56	0.206	0.206	—	—

注:采用干铺法施工的,扣除 107 胶纯水泥浆,增加冷底子油 48.48kg,其余不变。

工作内容:清理基层,铺贴卷材,收头钉压条等全部操作过程。 计量单位:100m²

定 额 编 号				9-74	9-75
项 目				高分子卷材	
				预铺反粘法	
				平面	立面
基 价 (元)				**2802.33**	**2996.41**
其中	人 工 费 (元)			342.63	515.16
	材 料 费 (元)			2459.70	2481.25
	机 械 费 (元)			—	—
名 称	单位	单价(元)		消 耗 量	
人工 二类人工	工日	135.00		2.538	3.816
材料 高分子自粘胶膜防水卷材 1.2mm Y P S	m²	21.55		114.000	115.000
其他材料费	元	1.00		3.00	3.00

3.涂 料 防 水

(1)水乳型防水涂料

工作内容:清理基层,调配及涂刷涂料。 计量单位:100m²

定 额 编 号			9-76	9-77	9-78	9-79
项 目			改性沥青防水涂料			
			厚度(mm)			
			2.0		每增减0.1	
			平面	立面	平面	立面
基 价 (元)			**4536.25**	**5018.32**	**226.12**	**250.26**
其中	人 工 费 (元)		312.93	501.12	15.66	25.11
	材 料 费 (元)		4223.32	4517.20	210.46	225.15
	机 械 费 (元)		—	—	—	—
名 称	单位	单价(元)	消 耗 量			
人工 二类人工	工日	135.00	2.318	3.712	0.116	0.186
材料 SBS改性沥青防水涂料 H型	kg	9.48	444.000	475.000	22.200	23.750
其他材料费	元	1.00	14.20	14.20	—	—

工作内容:清理基层,调配及涂刷涂料。 　　　　　　　　　　　　　　　　　　　　　　　　计量单位:100m²

定　额　编　号				9-80	9-81	9-82	9-83
项　　　目				聚合物水泥防水涂料			
				厚度(mm)			
				1.2		每增0.1	
				平面	立面	平面	立面
基　　价　(元)				**2536.88**	**2795.28**	**183.31**	**201.48**
其中	人　　工　　费　(元)			295.92	382.73	20.39	25.52
	材　　料　　费　(元)			2240.96	2412.55	162.92	175.96
	机　　械　　费　(元)			—	—	—	—
名　　称	单位	单价(元)		消　耗　量			
人工 二类人工	工日	135.00		2.192	2.835	0.151	0.189
材料 聚合物水泥基复合防水涂料JSⅠ型	kg	8.62		258.300	278.208	18.900	20.412
水	m³	4.27		0.049	0.047	0.001	0.001
其他材料费	元	1.00		14.20	14.20	—	—

工作内容:清理基层,调配及涂刷涂料。 　　　　　　　　　　　　　　　　　　　　　　　　计量单位:100m²

定　额　编　号				9-84	9-85	9-86	9-87
项　　　目				水泥基渗透结晶型防水涂料			
				厚度(mm)			
				1.0		每增0.1	
				平面	立面	平面	立面
基　　价　(元)				**2148.28**	**2361.28**	**134.81**	**149.09**
其中	人　　工　　费　(元)			267.98	331.70	20.39	25.52
	材　　料　　费　(元)			1880.30	2029.58	114.42	123.57
	机　　械　　费　(元)			—	—	—	—
名　　称	单位	单价(元)		消　耗　量			
人工 二类人工	工日	135.00		1.985	2.457	0.151	0.189
材料 水泥基渗透结晶型防水涂料	kg	13.62		137.000	147.960	8.400	9.072
水	m³	4.27		0.038	0.038	0.003	0.003
其他材料费	元	1.00		14.20	14.20	—	—

(2)溶剂型防水涂料

工作内容:1.聚氨酯防水涂料:清理基层,调制涂料,涂刷面层;

　　　　　2.非固化橡胶沥青:清理基层、细部处理涂刷、涂刷非固化橡胶沥青。　　　　　计量单位:100m²

定 额 编 号			9-88	9-89	9-90	9-91	9-92	9-93
项　目			聚氨酯防水涂料				非固化橡胶沥青	
			厚度(mm)				厚度(mm)	
			1.5		每增减0.1		2.0	每增减0.1
			平面	立面	平面	立面		
基　价　(元)			3462.52	3771.23	228.11	245.96	2318.35	106.17
其中	人　工　费　(元)		276.62	419.85	18.50	28.08	312.93	15.66
	材　料　费　(元)		3185.90	3351.38	209.61	217.88	2005.42	90.51
	机　械　费　(元)		—	—	—	—	—	—
名　称	单位	单价(元)	消　耗　量					
人工 二类人工	工日	135.00	2.049	3.110	0.137	0.208	2.318	0.116
材料 单组分聚氨酯防水涂料Ⅰ型	kg	13.79	230.000	242.000	15.200	15.800	—	—
非固化橡胶沥青防水涂料	kg	8.62	—	—	—	—	231.000	10.500
其他材料费	元	1.00	14.20	14.20	—	—	14.20	—

注:非固化橡胶沥青防水涂料与卷材复合成防水层时,相应卷材铺设扣除基层处理和胶粘用的冷底子油或胶粘剂。

(3)表面处理及其他

工作内容:1.隔离层:清理基层,抹纸筋灰或石灰砂浆隔离层;

　　　　　2.冷底子油:清理基层,配制涂刷冷底子油;

　　　　　3.干铺油毡:清理基层,干铺卷材;

　　　　　4.隔热涂料:清理基层,刷涂料。　　　　　计量单位:100m²

定 额 编 号			9-94	9-95	9-96	9-97	9-98	9-99
项　目			隔离层		冷底子油		干铺油毡一层	铝基反光隔热涂料
			纸筋灰	石灰砂浆	第一遍	每增一遍		涂刷一遍
基　价　(元)			534.64	839.04	424.29	325.11	335.36	282.49
其中	人　工　费　(元)		399.60	594.00	151.20	118.80	126.36	118.80
	材　料　费　(元)		135.04	218.70	273.09	206.31	209.00	163.69
	机　械　费　(元)		—	26.34	—	—	—	—
名　称	单位	单价(元)	消　耗　量					
人工 二类人工	工日	135.00	2.960	4.400	1.120	0.880	0.936	0.880
材料 纸筋灰浆	m³	331.19	0.400	—	—	—	—	—
石灰砂浆1:4	m³	214.00	—	1.010	—	—	—	—
冷底子油	kg	5.57	—	—	48.480	36.360	—	—
石油沥青油毡350g	m²	1.90	—	—	—	—	110.000	—
铝基反光隔热涂料	kg	12.93	—	—	—	—	—	12.660
水	m³	4.27	0.600	0.600	—	—	—	—
其他材料费	元	1.00	—	—	3.06	3.78	—	—
机械 灰浆搅拌机200L	台班	154.97	—	0.170	—	—	—	—

工作内容：1. 清理基层，刷石油沥青，撒砂；

2. 清理基层、抛丸处理。

计量单位：100m²

定 额 编 号				9-100	9-101
项　　目				防水层表面撒砂砾	混凝土基面抛丸处理
基　　价（元）				**597.08**	**441.44**
其中	人　　工　　费（元）			150.53	174.96
	材　　料　　费（元）			446.55	113.74
	机　　械　　费（元）			—	152.74
名　　称	单位	单价（元）		消　耗　量	
人工	二类人工	工日	135.00	1.115	1.296
材料	石油沥青	kg	2.67	147.000	—
	砂砾 综合	m³	77.67	0.550	—
	钢丸	kg	4.74	—	21.000
	其他材料费	元	1.00	11.34	14.20
机械	路面抛丸机	台班	436.41	—	0.350

4. 板 材 防 水

工作内容：基层清理，铺设防水层，收口、压条等全部操作。

计量单位：100m²

定 额 编 号			9-102	9-103	9-104	9-105
项　　目			塑料防水板	金属防水板	膨润土防水毯	防水保温一体化板
基　　价（元）			**4439.77**	**7654.05**	**7900.51**	**14342.06**
其中	人　工　费（元）		114.89	114.89	254.21	1080.00
	材　料　费（元）		4324.88	7539.16	7646.30	13262.06
	机　械　费（元）		—	—	—	—
名　　称	单位	单价（元）	消　耗　量			
人工	二类人工	工日	135.00	0.851	0.851	1.883	8.000
材料	聚氯乙烯(PVC)防水板 非外露 L 类 1.5mm	m²	30.30	107.000	—	—	—
	金属防水板	m²	60.34	—	107.000	—	—
	膨润土防水毯	m²	68.53	—	—	111.500	—
	防水与保温一体化板 50mm	m²	129.00	—	—	—	102.000
	无纺土工布	m²	8.62	106.000	106.000	—	—
	不干胶纸	m²	31.94	5.000	5.000	—	—
	强力胶	kg	0.78	12.000	12.000	—	—
	107 胶纯水泥浆	m³	490.56	—	—	—	0.206
	圆钉	kg	4.74	—	—	1.090	—
	水	m³	4.27	—	—	0.008	—
	其他材料费	元	1.00	—	—	—	3.00

5. 屋 面 排 水

工作内容: 1. 泛水:清理基层,安装金属面板;
　　　　　 2. 沿沟、水管、水斗:金属板制作安装。

定 额 编 号			9-106	9-107	9-108	9-109	9-110
项　　目			铝板	不锈钢板	镀锌钢板		
			泛水			沿沟、水管	水斗
计 量 单 位			100m²				10 只
基　价(元)			**9794.19**	**13426.15**	**3305.00**	**4836.62**	**370.63**
其中	人　工　费 (元)		861.84	938.79	784.89	2169.99	207.77
	材　料　费 (元)		8932.35	12487.36	2520.11	2666.63	162.86
	机　械　费 (元)		—	—	—	—	—
名　称	单位	单价(元)	消　耗　量				
人工 二类人工	工日	135.00	6.384	6.954	5.814	16.074	1.539
材料 铝板 1200×300×1	m²	82.57	107.000	—	—	—	—
不锈钢板 304 δ1.0	m²	118.00	—	105.000	—	—	—
镀锌彩钢板 δ0.5	m²	21.55	—	—	105.400	105.800	4.000
水泥钉	kg	5.60	3.000	3.000	3.000	0.380	0.100
预埋铁件	kg	3.75	—	—	—	49.150	—
玻璃胶 335g	支	10.34	7.280	7.280	—	—	—
焊锡	kg	103.00	—	—	2.080	1.800	0.700
电	kW·h	0.78	6.780	6.780	—	—	—
其他材料费	元	1.00	—	—	17.70	14.80	4.00

工作内容: 清理基层,调运砂浆,座浆,铺小青瓦(或黏土平瓦)。　　　　　　　　　　　　　　计量单位:100m

定 额 编 号			9-111	9-112
项　　目			小青瓦泛水	黏土平瓦泛水
基　价(元)			**2812.28**	**3331.87**
其中	人　　工　　费 (元)		1369.44	1477.71
	材　　料　　费 (元)		1427.33	1824.12
	机　　械　　费 (元)		15.51	30.04
名　称	单位	单价(元)	消　耗　量	
人工 二类人工	工日	135.00	10.144	10.946
材料 小青瓦 180×170~180	千张	560.00	1.260	—
黏土平瓦 380~400×240	千张	862.00	—	0.513
干混地面砂浆 DS M15.0	m³	443.08	1.600	3.090
其他材料费	元	1.00	12.80	12.80
机械 干混砂浆罐式搅拌机 20000L	台班	193.83	0.080	0.155

6. 变形缝与止水带

(1) 嵌　填　缝

工作内容: 清理缝道,调制沥青玛琋脂、油膏,浸木丝板,调制砂浆,填缝。

计量单位:100m

定　额　编　号			9-113	9-114	9-115	9-116	9-117
项　　　目			油浸 木丝板	沥青玛琋脂 嵌　缝	沥青砂浆		建筑油膏
			缝断面(mm²)				
			25×150	30×150	30×150		30×20
					平面	立面	
基　　价　　(元)			**919.06**	**1287.99**	**1303.27**	**1415.59**	**623.01**
其 中	人　工　费　(元)		421.20	205.20	641.39	753.71	399.60
	材　料　费　(元)		497.86	1082.79	661.88	661.88	223.41
	机　械　费　(元)		—	—	—	—	—
名　　称	单位	单价(元)	消　耗　量				
人工 二类人工	工日	135.00	3.120	1.520	4.751	5.583	2.960
材 石油沥青	kg	2.67	128.000	—	—	—	—
石油沥青玛琋脂	m³	2263.90	—	0.460	—	—	—
石油沥青砂浆 1:2:7	m³	1311.80	—	—	0.473	0.473	—
建筑油膏	kg	2.49	—	—	—	—	87.770
水泥木丝板 δ25	m²	9.31	15.530	—	—	—	—
料 其他材料费	元	1.00	11.52	41.40	41.40	41.40	4.86

注: 断面或规格不同,材料换算,其余不变。

工作内容:清理缝道,调制沥青玛瑞脂、油膏,浸木丝板,调制砂浆,填缝。 计量单位:100m

定 额 编 号				9-118	9-119	9-120	9-121	9-122	9-123
项 目				油浸麻丝		聚氨酯密封膏	聚氯乙烯胶泥	泡沫塑料填塞	
				缝断面(mm²)					
				30×150		20×10	30×20	30×150	
				平面	立面			平面	立面
基 价 (元)				**1403.34**	**1743.00**	**2607.40**	**944.40**	**755.92**	**994.47**
其中	人 工 费 (元)			688.50	1028.16	688.50	550.80	401.22	639.77
	材 料 费 (元)			714.84	714.84	1918.90	393.60	354.70	354.70
	机 械 费 (元)			—	—	—	—	—	—
名 称	单位	单价(元)		消 耗 量					
人工	二类人工	工日	135.00	5.100	7.616	5.100	4.080	2.972	4.739
材料	石油沥青	kg	2.67	204.000	204.000	—	—	19.000	19.000
	麻丝	kg	2.76	55.000	55.000	—	—	—	—
	聚苯乙烯泡沫板	m³	504.00	—	—	—	—	0.600	0.600
	双组分聚氨酯防水涂料Ⅰ型	kg	9.48	—	—	41.350	—	—	—
	焦油聚氨酯接缝密封膏 QJC—851	kg	22.07	—	—	60.000	—	—	—
	无纺涤纶布 130 宽	m	6.55	—	—	30.000	—	—	—
	聚氯乙烯胶泥	kg	4.14	—	—	—	79.500	—	—
	聚氯乙烯冷底子油	kg	7.87	—	—	—	6.000	—	—
	其他材料费	元	1.00	18.36	18.36	6.20	17.25	1.57	1.57

注:断面或规格不同,材料换算,其余不变。

（2）变形缝盖板

工作内容：制作盖板，埋木砖；铺设，钉盖板。

计量单位：100m

定　额　编　号			9-124	9-125	9-126	9-127
项　目			木板盖板		金属板盖缝	
			缝断面（mm²）		展开宽度（mm）	
			30×150		590	500
			平面	立面	平面	立面
基　价（元）			**1686.22**	**2418.37**	**4559.69**	**3556.10**
其中	人　工　费（元）		421.20	853.20	1576.13	831.60
	材　料　费（元）		1265.02	1565.17	2983.56	2724.50
	机　械　费（元）		—	—	—	—
名　称	单位	单价（元）	消　耗　量			
人工	二类人工	工日	135.00	3.120	6.320	11.675	6.160
材料	板枋材	m³	2069.00	0.597	0.749	0.252	0.303
	镀锌薄钢板δ1.0	m²	33.58	—	—	60.180	51.000
	XY-508胶	kg	14.66	1.515	—	—	—
	防腐油	kg	1.28	5.949	5.400	6.760	3.400
	圆钉	kg	4.74	—	1.809	2.097	0.703
	焊锡	kg	103.00	—	—	4.064	3.444
	盐酸	kg	0.82	—	—	0.861	0.735
	其他材料费	元	1.00	—	—	3.44	21.99

注：1.断面或规格不同，材料换算，其余不变。

2.金属板盖缝是按镀锌薄钢板编制的，实际使用材料或规格不同时，材料换算，其余不变。

工作内容:1.铝合金、不锈钢盖板:制作盖板,埋木砖;铺设,钉盖板;
　　　　　2.风琴板:裁剪、制作,安装风琴板。

计量单位:100m

定　额　编　号			9-128	9-129	9-130	9-131	9-132
项　　目			铝合金盖板		不锈钢盖板		风琴板 伸缩缝
			厚度(mm)				200×28×2
			0.8		1.0		
			平面	立面	平面	立面	
基　　价　(元)			**7540.27**	**6820.58**	**10043.66**	**8942.10**	**5736.48**
其 中	人　工　费　(元)		1768.64	1754.73	1768.64	1754.73	1499.99
	材　料　费　(元)		5771.63	5065.85	8275.02	7187.37	4236.49
	机　械　费　(元)		—	—	—	—	—
名　　称	单位	单价(元)	消　耗　量				
人工	二类人工	工日	135.00	13.101	12.998	13.101	12.998	11.111
材 料	铝合金板 δ0.8	m²	77.59	61.950	52.500	—	—	—
	不锈钢板 304 δ1.0	m²	118.00	—	—	61.950	52.500	—
	橡胶风琴板 200×28×2	m	31.03	—	—	—	—	105.000
	板枋材	m³	2069.00	0.252	0.303	0.252	0.303	—
	防腐油	kg	1.28	11.171	5.313	11.171	5.313	—
	焊锡	kg	103.00	4.064	3.444	4.064	3.444	—
	圆钉	kg	4.74	2.097	0.703	2.097	0.703	—
	盐酸	kg	0.82	0.861	0.735	0.861	0.735	—
	铝合金收口压条	m	4.64	—	—	—	—	210.000
	水泥钉	kg	5.60	—	—	—	—	0.703

注:1.材料展开宽度平面按590mm、立面按500mm编制,实际使用厚度或展开宽度不同时,材料换算,其余不变。
　　2.橡胶风琴板实际规格型号不同,材料换算,其余不变。

（3）止水带及止水条

工作内容：裁剪、制作，成型，安装。　　　　　　　　　　　　　　　　计量单位：100m

	定　额　编　号			9-133	9-134	9-135
	项　　　目			紫铜板止水带	钢板止水带	橡胶止水带
	基　价（元）			**49822.28**	**6248.23**	**4016.87**
其	人　工　费（元）			1505.79	1507.41	991.44
中	材　料　费（元）			48237.41	4661.74	3025.43
	机　械　费（元）			79.08	79.08	—
	名　称	单位	单价（元）	消　耗　量		
人工	二类人工	工日	135.00	11.154	11.166	7.344
材	紫铜板 δ2	kg	58.27	810.900	—	—
	热轧薄钢板 Q235B δ3.0	t	3808.00	—	1.123	—
	橡胶止水带	m	27.93	—	—	105.000
	铜焊条	kg	68.97	14.300	—	—
	热轧光圆钢筋 综合	t	3966.00	—	0.030	—
	预埋铁件	kg	3.75	—	20.000	—
	电焊条 E43 系列	kg	4.74	—	28.000	—
	环氧树脂	kg	15.52	—	—	3.040
	乙二胺	kg	18.53	—	—	0.240
	丙酮	kg	8.16	—	—	3.040
	甲苯	kg	6.81	—	—	2.400
	氧气	m³	3.62	—	6.000	—
料	乙炔气	m³	8.90	—	2.600	—
	其他材料费	元	1.00	—	13.80	—
机	剪板机 20×2500	台班	128.07	0.110	0.110	—
械	交流弧焊机 32kV·A	台班	92.84	0.700	0.700	—

注：紫铜板止水带、钢板止水带展开宽度为450mm,设计规格尺寸不同,紫铜板、钢板材料用量换算,其余不变。

工作内容:1. 止水带、止水条:裁剪、制作,安装止水带(条);
2. 止水胶:清理施工缝,注胶器注胶,成形保护。 计量单位:100m

定 额 编 号				9-136	9-137	9-138
项 目				氯丁橡胶片 止水带	膨胀止水条	遇水膨胀 止水胶
				宽度(mm)	规格(mm²)	缝断面(mm²)
				300	30×20	20×10
基 价 (元)				**14840.99**	**4261.05**	**1130.44**
其 中	人 工 费 (元)			417.29	459.00	324.00
	材 料 费 (元)			14423.70	3802.05	806.44
	机 械 费 (元)			—	—	—
	名 称	单位	单价(元)	消 耗 量		
人 工	二类人工	工日	135.00	3.091	3.400	2.400
材 料	氯丁橡胶片止水带	m	128.00	105.000	—	—
	遇水膨胀止水条 30×20	m	36.21	—	105.000	—
	遇水膨胀止水胶	kg	30.17	—	—	26.600
	普通硅酸盐水泥 P·O 42.5 综合	kg	0.34	9.090	—	—
	氯丁胶沥青胶液	kg	3.73	60.580	—	—
	三异氰酸酯	kg	11.21	9.090	—	—
	砂砾 综合	m³	77.67	0.160	—	—
	乙酸乙酯	kg	26.29	23.000	—	—
	牛皮纸	m²	6.03	5.912	—	—
	氯丁胶粘结剂	kg	12.24	—	—	0.320

注:实际使用宽度或规格不同,材料换算,其余不变。

第十章
保温、隔热、防腐工程

说　明

一、本章定额包括保温、隔热和耐酸、防腐。

二、保温、隔热工程。

1. 保温层定额中的保温材料品种、型号、规格和厚度等与设计不同时,应按设计规定进行调整。

2. 墙体保温砂浆子目按外墙外保温考虑,如实际为外墙内保温,人工乘以系数 0.75,其余不变。

3. 弧形墙、柱、梁等保温砂浆抹灰、抗裂防护层抹灰、保温板铺贴按相应项目的人工乘以系数 1.15,材料乘以系数 1.05。

4. 柱面保温根据墙面保温定额项目人工乘以系数 1.19、材料乘以系数 1.04。

5. 墙面保温板如使用钢骨架,钢骨架按本定额第十二章"墙、柱面装饰与隔断、幕墙工程"相应项目执行。

6. 抗裂保护层中抗裂砂浆厚度设计与定额不同时,抗裂砂浆、灰浆搅拌机定额用量按比例调整,其余不变。增加一层网格布子目已综合了增加抗裂砂浆一遍粉刷的人工、材料及机械。

7. 抗裂防护层网格布(钢丝网)之间的搭接及门窗洞口周边加固,定额中已综合考虑,不另行计算。

8. 屋面泡沫混凝土按泵送 70m 以内考虑,泵送高度超过 70m 的,每增加 10m,每 10m³ 定额增加:人工 0.07 工日,搅拌机械 0.01 台班,水泥发泡机 0.012 台班。

9. 屋面、墙面聚苯乙烯板、挤塑保温板、硬泡聚氨酯防水保温板等保温板材铺贴子目中,厚度不同,板材单价调整,其他不变。

10. 保温层排气管按 φ50UPVC 管及综合管件编制,排气孔:φ50UPVC 管按 180°单出口考虑(2 只 90°弯头组成),双出口时应增加三通 1 只;φ50 钢管、不锈钢管按 180°煨制弯考虑,当采用管件拼接时另增加弯头 2 只,管材用量乘以系数 0.7。管材、管件的规格、材质不同,单价换算,其余不变。

11. 本章中未包含基层界面剂涂刷、找平层、基层抹灰及装饰面层,发生时套用相应子目另行计算。

12. 本章定额中采用乳化石油沥青作为胶结材料的子目均指适用于有保温、隔热要求的工业建筑及构筑物工程。

三、耐酸、防腐工程。

1. 各种胶泥、砂浆、混凝土配合比以及各种整体面层的厚度,如设计与定额不同时,可以换算。定额已综合考虑了各种块料面层的结合层、胶结料厚度及灰缝宽度。

2. 耐酸定额按自然养护考虑,如需特殊养护者,费用另计。

3. 耐酸防腐整体面层、隔离层不分平面、立面,均按材料做法套用同一定额;块料面层以平面铺贴为准,立面铺贴套平面定额,人工乘以系数 1.38,踢脚板人工乘以系数 1.56,其余不变。

4. 池、沟、槽瓷砖面层定额不分平、立面,适用于小型池、槽、沟(划分标准见本定额第五章"混凝土及钢筋混凝土工程")。

5. 卷材防腐接缝、附加层、收头工料已包括在定额内,不再另行计算。

6. 块料防腐中面层材料的规格、材质与设计不同时,可以换算。

工程量计算规则

一、保温、隔热工程。

1. 墙面保温隔热层工程量按设计图示尺寸以面积计算。扣除门窗洞口及单个 0.3m² 以上梁、孔洞所占面积;门窗洞口侧壁以及与墙相连的柱,并入保温墙体工程量内,门窗洞口侧壁粉刷材料与墙面粉刷材料不同,按本定额第十二章"墙、柱面装饰与隔断、幕墙工程"零星粉刷计算。墙体及混凝土板下铺贴隔热层不扣除木框架及木龙骨的体积。其中外墙按隔热层中心线长度计算,内墙按隔热层净长度计算。

2. 柱、梁保温隔热层工程量按设计图示尺寸以面积计算。柱按设计图示柱断面保温层中心线展开长度乘以高度以面积计算,扣除单个断面 0.3m² 以上梁所占面积。梁按设计图示梁断面保温层中心线展开长度乘以保温层长度以面积计算。

3. 按立方米计算的隔热层,外墙按围护结构的隔热层中心线、内墙按隔热层净长乘以图示尺寸的高度及厚度以"m³"计算。应扣除门窗洞口、单个 0.3m² 以上孔洞所占体积。

4. 单个大于 0.3m² 孔洞侧壁周围及梁头、连系梁等其他零星工程保温隔热工程量,并入墙面的保温隔热工程量内。

5. 屋面保温砂浆、泡沫玻璃、聚氨酯喷涂、保温板铺贴等按设计图示面积计算,不扣除屋面排烟道、通风孔、伸缩缝、屋面检查洞及单个 0.3m² 以内孔洞所占面积,洞口翻边也不增加。

屋面其他保温材料工程量按设计图示面积乘以厚度以"m³"计算,找坡层按平均厚度计算,计算面积时应扣除单个 0.3m² 以上的孔洞所占面积。

6. 天棚保温隔热层工程量按设计图示尺寸以面积计算。扣除单个 0.3m² 以上柱、垛、孔洞所占面积,与天棚相连的梁按展开面积计算,其工程量并入天棚内。

7. 柱帽保温隔热层,按设计图示尺寸并入天棚保温隔热层工程量内。

8. 楼地面保温隔热层工程量按设计图示尺寸以面积计算。扣除柱、垛及单个 0.3m² 以上孔洞所占面积。门洞、空圈、暖气包槽、壁龛的开口部分不增加面积。

9. 其他保温隔热层工程量按设计图示尺寸以展开面积计算。扣除单个 0.3m² 以上孔洞所占面积。

10. 保温层排气管按设计图示尺寸以长度计算,不扣除管件所占长度,保温层排气孔以数量计算。

11. 保温隔热层的厚度,按隔热材料净厚度(不包括胶结材料厚度)尺寸计算。

12. 池槽保温隔热,池壁并入墙面保温隔热工程量内,池底并入地面保温隔热工程量内。

二、耐酸、防腐工程。

1. 防腐工程面层、隔离层及防腐油漆工程量均按设计图示尺寸以面积计算。

2. 平面防腐工程量应扣除凸出地面的构筑物、设备基础等以及单个 0.3m² 以上孔洞、柱、垛等所占面积,门洞、空圈、暖气包槽、壁龛的开口部分不增加面积。

3. 立面防腐工程量应扣除门、窗、洞口以及单个 0.3m² 以上孔洞、梁所占面积,门、窗、洞口侧壁、垛凸出部分按展开面积并入墙面内。

4. 池、槽块料防腐面层工程量按设计图示尺寸以展开面积计算。

5. 砌筑沥青浸渍砖工程量按设计图示尺寸以面积计算。

6. 踢脚板防腐工程量按设计图示长度乘高度以面积计算,扣除门洞所占面积,并相应增加侧壁展开面积。

7. 混凝土面及抹灰面防腐按设计图示尺寸以面积计算。

8. 平面砌双层耐酸块料时,按单层面积乘以系数 2 计算。

9. 硫磺砂浆二次灌缝按实体积计算。

10. 花岗岩面层中的胶泥勾缝工程量按设计图示尺寸以延长米计算。

一、保温、隔热

1. 墙、柱面保温隔热

工作内容：基层清理,修补墙面,做灰饼(标筋),砂浆调制,运输,抹平,固定安装专用护角线,清理。　　　**计量单位**:100m²

定　额　编　号			10-1	10-2	10-3	10-4
项　　目			聚苯颗粒保温砂浆		无机轻集料保温砂浆	
			厚度(mm)			
			25	每增减5	25	每增减5
基　价(元)			**2546.90**	**458.01**	**3716.88**	**686.99**
其中	人　工　费(元)		1600.07	266.76	1559.61	256.53
	材　料　费(元)		920.49	183.04	2116.51	422.25
	机　械　费(元)		26.34	8.21	40.76	8.21
名　　称	单位	单价(元)	消　耗　量			
人工 三类人工	工日	155.00	10.323	1.721	10.062	1.655
材料 胶粉聚苯颗粒保温砂浆	m³	328.00	2.775	0.555	—	—
膨胀玻化微珠保温浆料	m³	759.00	—	—	2.775	0.555
水	m³	4.27	0.700	—	0.700	—
其他材料费	元	1.00	7.30	1.00	7.30	1.00
机械 灰浆搅拌机 200L	台班	154.97	0.170	0.053	0.263	0.053

工作内容:1.基层清理,修补墙面,粘结砂浆调制,保温板裁割,运输,铺贴,清理;
　　　　　2.基层清理,修补墙面,发泡剂调制,运输,喷射,清理;
　　　　　3.基层清理,修补墙面,粘结砂浆调制,保温板裁割,运输,铺贴,清理;
　　　　　4.清理基层,粘贴保温层。

计量单位:100m²

定 额 编 号			10-5	10-6	10-7	10-8	10-9	10-10
项 目			泡沫玻璃	聚氨酯硬泡 (喷涂)		聚苯乙烯 泡沫保温板	附墙铺贴 沥青珍珠岩板	
			厚度(mm)					
			25	30	每增减5	30	50	每增减10
基 价 (元)			**4671.73**	**4405.86**	**695.00**	**2892.96**	**4209.31**	**687.72**
其 中	人 工 费 (元)		944.88	974.80	123.07	810.65	1330.06	239.48
	材 料 费 (元)		3724.06	3107.50	519.35	2079.52	2876.46	448.24
	机 械 费 (元)		2.79	323.56	52.58	2.79	2.79	—
名 称	单位	单价(元)	消 耗 量					
人工 三类人工	工日	155.00	6.096	6.289	0.794	5.230	8.581	1.545
材 料 泡沫玻璃 δ25	m²	31.25	102.000	—	—	—	—	—
异氰酸酯(黑料)	kg	22.41	—	81.400	13.600	—	—	—
组合聚醚(白料)	kg	15.52	—	81.400	13.600	—	—	—
沥青珍珠岩板	m³	431.00	—	—	—	—	5.200	1.040
聚苯乙烯泡沫板 δ30	m²	15.13	—	—	—	102.000	—	—
聚合物粘结砂浆	kg	1.60	326.400	—	—	326.400	326.400	—
塑料膨胀螺栓	套	0.17	—	—	—	—	600.000	—
水	m³	4.27	2.580	—	—	2.580	2.580	—
其他材料费	元	1.00	3.30	20.00	3.50	3.00	—	—
机 械 灰浆搅拌机 200L	台班	154.97	0.018	—	—	0.018	0.018	—
聚氨酯发泡机	台班	180.00	—	0.800	0.130	—	—	—
电动空气压缩机 6m³/min	台班	224.45	—	0.800	0.130	—	—	—

工作内容:1.制作、安装木框架,刷乳化沥青,铺贴软木板;
　　　　　2.制作、安装木框架,刷乳化沥青,配制冷沥青液,铺设保温板。　　　　　　　　　　　　　　　　　　　　**计量单位**:10m³

定　额　编　号			10-11	10-12	10-13	10-14	10-15	10-16
项　　　目			软木板			聚苯乙烯泡沫板		
			带木框架独立墙体	附墙铺贴	包柱子	带木框架独立墙体	附墙铺贴	包柱子
基　价　(元)			**9260.62**	**7696.51**	**8139.53**	**12351.59**	**12649.05**	**12755.93**
其中	人　工　费　(元)		2007.25	1752.28	2191.70	2625.70	2538.90	2641.98
	材　料　费　(元)		7253.37	5944.23	5947.83	9725.89	10110.15	10113.95
	机　械　费　(元)		—	—	—	—	—	—
名　　称	单位	单价(元)	消　耗　量					
人工 三类人工	工日	155.00	12.950	11.305	14.140	16.940	16.380	17.045
材料 软木	m³	388.00	9.100	10.500	10.500	—	—	—
聚苯乙烯泡沫板	m³	504.00	—	—	—	8.800	10.200	10.200
乳化沥青	kg	4.00	235.189	463.504	463.504	235.189	463.504	463.504
杉板枋材	m³	1625.00	1.680	—	—	1.680	—	—
防腐油	kg	1.28	25.000	—	—	25.000	—	—
竹钉	百个	0.93	1.300	1.300	1.300	1.300	1.300	1.300
石棉泥	kg	4.31	—	—	—	24.000	48.000	48.000
汽油 综合	kg	6.12	—	—	—	239.000	472.000	472.000
其他材料费	元	1.00	18.60	15.00	18.60	20.60	18.60	22.40

工作内容:1.清理基层,钻孔锚钉,锡纸包裹,铺设保温块料,膨胀螺钉固定;

　　　　　2.清理基层,刷界面剂,砂浆调制,钻孔锚钉,粘贴保温板;

　　　　　3.清理基层,钻孔锚钉,粘贴保温板、铺网格布、刷界面剂、抹平等全部操作过程。　　　　计量单位:100m²

定　额　编　号				10-17	10-18	10-19
项　　　目				干铺岩棉板	酚醛保温板	发泡水泥板
				厚度(mm)		
				50		20
基　　价　(元)				**3461.88**	**7434.49**	**4198.96**
其中	人　工　费		(元)	864.90	829.10	1024.40
	材　料　费		(元)	2596.98	6602.60	3170.53
	机　械　费		(元)	—	2.79	4.03
名　　称		单位	单价(元)	消　耗　量		
人工	三类人工	工日	155.00	5.580	5.349	6.609
材料	岩棉板 δ50	m³	466.00	5.100	—	—
	酚醛保温板 δ50	m²	51.72	—	108.000	—
	发泡水泥板 δ20	m²	12.07	—	—	103.000
	界面剂	kg	1.73	10.000	—	—
	锡纸	m²	0.43	156.000	—	—
	塑料膨胀螺栓	套	0.17	800.000	1000.000	—
	塑料胀管带螺钉 保温专用	套	0.69	—	—	1200.000
	聚苯乙烯界面剂	kg	8.62	—	30.000	—
	保温专用界面砂浆	t	2586.00	—	—	0.150
	聚合物粘结砂浆	kg	1.60	—	326.400	326.400
	耐碱玻璃纤维网格布	m²	1.27	—	—	124.000
	其他材料费	元	1.00	—	66.00	31.70
机械	灰浆搅拌机 200L	台班	154.97	—	0.018	0.026

工作内容:刷乳化沥青,加气混凝土块锯割,铺砌。　　　　计量单位:10m³

定　额　编　号				10-20	10-21
项　　　目				加气混凝土块	
				独立墙体	附墙铺贴
基　　价　(元)				**5864.32**	**6712.43**
其中	人　工　费		(元)	1676.30	2000.03
	材　料　费		(元)	4188.02	4712.40
	机　械　费		(元)	—	—
名　　称		单位	单价(元)	消　耗　量	
人工	二类人工	工日	135.00	12.417	14.815
材料	蒸压砂加气混凝土砌块 B06 A5.0	m³	328.00	10.700	10.700
	乳化沥青	kg	4.00	168.904	300.001
	其他材料费	元	1.00	2.80	2.80

工作内容:1.裁剪,运输,抹抗裂砂浆,铺贴和压嵌网格布,抹平,清理;
　　　　　2.裁剪,运输,锚固钢丝网,抹抗裂砂浆并抹平,清理。　　　　　　　计量单位:100m²

定　额　编　号			10-22	10-23	10-24
项　　目			抗裂保护层		
			耐碱玻纤网格布	增加一层网格布	热镀锌钢丝网
			厚度(mm)		
			4	2	8
基　　价　(元)			**2250.04**	**1092.12**	**4596.02**
其中	人　　工　　费　(元)		1198.46	505.77	1979.20
	材　　料　　费　(元)		1046.78	584.03	2607.37
	机　　械　　费　(元)		4.80	2.32	9.45
名　　称	单位	单价(元)	消　耗　量		
人工 三类人工	工日	155.00	7.732	3.263	12.769
材料 抗裂抹面砂浆	kg	1.60	550.800	275.400	1101.600
耐碱玻璃纤维网格布	m²	1.27	117.000	112.700	—
钢丝网	m²	6.29	—	—	115.000
塑料膨胀螺栓	套	0.17	—	—	612.000
水	m³	4.27	3.960	0.060	4.080
机械 灰浆搅拌机 200L	台班	154.97	0.031	0.015	0.061

　　注:玻璃纤维网格布采用塑料膨胀锚栓固定时,每100m²增加:塑料膨胀锚栓612套,人工3工日,其他材料费5元。

工作内容:清理基层,调制炉(矿)渣或混合料及铺填、养护,玻璃棉装塑料袋,填装玻璃棉包。　计量单位:10m³

定　额　编　号			10-25
项　　目			沥青玻璃(矿渣)棉
基　　价　(元)			**2841.93**
其中	人　　工　　费　(元)		1223.91
	材　　料　　费　(元)		1618.02
	机　　械　　费　(元)		
名　　称	单位	单价(元)	消　耗　量
人工 二类人工	工日	135.00	9.066
材料 沥青玻璃棉	m³	151.00	10.300
沥青矿渣棉毡	m³	—	(10.400)
聚乙烯薄膜	m²	0.86	62.000
其他材料费	元	1.00	9.40

2. 屋面保温隔热

工作内容:基层清理,修补屋面,做塌饼(标筋),砂浆调制,运输,找坡抹平,清理。　　　　　　　　　　　计量单位:100m²

定　额　编　号			10-26	10-27	10-28	10-29
项　　　目			聚苯颗粒保温砂浆		无机轻集料保温砂浆	
			厚度(mm)			
			30	每增减 5	30	每增减 5
基　价　(元)			**2056.74**	**308.21**	**3334.83**	**517.79**
其中	人　工　费 (元)		998.67	132.53	957.90	122.30
	材　料　费 (元)		1010.65	167.78	2329.51	387.59
	机　械　费 (元)		47.42	7.90	47.42	7.90
名　　称	单位	单价(元)	消　　耗　　量			
人工	三类人工	工日	155.00	6.443	0.855	6.180	0.789
材料	胶粉聚苯颗粒保温砂浆	m³	328.00	3.060	0.510	—	—
	膨胀玻化微珠保温浆料	m³	759.00	—	—	3.060	0.510
	水	m³	4.27	0.930	—	0.930	—
	其他材料费	元	1.00	3.00	0.50	3.00	0.50
机械	灰浆搅拌机 200L	台班	154.97	0.306	0.051	0.306	0.051

工作内容:1. 基层清理,保温板裁割,运输,铺贴,清理;

　　　　　2. 基层清理,发泡剂调制,运输,喷射,清理;

　　　　　3. 基层清理,保温板裁割,砂浆调制,运输,铺贴,清理。　　　　　　　　　　　计量单位:100m²

定　额　编　号			10-30	10-31	10-32	10-33
项　　　目			泡沫玻璃	聚氨酯硬泡(喷涂)		聚苯乙烯泡沫保温板
			厚度(mm)			
			30	40	每增减 5	50
基　价　(元)			**4827.58**	**5106.89**	**602.04**	**3301.95**
其中	人　工　费 (元)		713.31	794.84	61.07	479.42
	材　料　费 (元)		4112.72	4002.65	500.52	2821.29
	机　械　费 (元)		1.55	309.40	40.45	1.24
名　　称	单位	单价(元)	消　　耗　　量			
人工	三类人工	工日	155.00	4.602	5.128	0.394	3.093
材料	泡沫玻璃 δ30	m²	37.50	102.000	—	—	—
	异氰酸酯(黑料)	kg	22.41	—	105.000	13.130	—
	组合聚醚(白料)	kg	15.52	—	105.000	13.130	—
	聚苯乙烯泡沫板 δ50	m²	25.22	—	—	—	102.000
	聚合物粘结砂浆	kg	1.60	171.360	—	—	146.880
	水	m³	4.27	2.550	—	—	2.540
	其他材料费	元	1.00	2.66	20.00	2.50	3.00
机械	灰浆搅拌机 200L	台班	154.97	0.010	—	—	0.008
	聚氨酯发泡机	台班	180.00	—	0.765	0.100	—
	电动空气压缩机 6m³/min	台班	224.45	—	0.765	0.100	—

注:泡沫玻璃厚度不同主材单价换算,其余不变。

工作内容:清理基层,珍珠岩板锯割,铺设。

计量单位:10m³

定 额 编 号				10-34	10-35
项 目				膨胀珍珠岩板	
				沥青珍珠岩	水泥珍珠岩
基 价 （元）				**4767.43**	**4328.83**
其中	人 工 费 （元）			371.23	371.23
	材 料 费 （元）			4396.20	3957.60
	机 械 费 （元）			—	—
名 称		单位	单价(元)	消 耗 量	
人工	三类人工	工日	155.00	2.395	2.395
材料	沥青珍珠岩板	m³	431.00	10.200	—
	水泥珍珠岩制品	m³	388.00	—	10.200

工作内容:基层清理,粘贴保温层。

计量单位:100m²

定 额 编 号				10-36	10-37
项 目				粘贴岩棉板	
				厚度(mm)	
				100 以内	100 以上
基 价 （元）				**5758.30**	**6822.61**
其中	人 工 费 （元）			399.74	479.66
	材 料 费 （元）			5355.77	6340.16
	机 械 费 （元）			2.79	2.79
名 称		单位	单价(元)	消 耗 量	
人工	二类人工	工日	135.00	2.961	3.553
材料	岩棉板 δ100	m³	466.00	10.200	—
	岩棉板 δ120	m³	466.00	—	12.240
	聚合物粘结砂浆	kg	1.60	326.400	326.400
	其他材料费	元	1.00	80.33	114.08
机械	灰浆搅拌机 200L	台班	154.97	0.018	0.018

工作内容:清理基层,加气混凝土块锯割,铺砌。　　　　　　　　　　　　　　　　　　　计量单位:10m³

定　额　编　号				10-38	10-39
项　　　目				加气混凝土块	
				成品	碎料
基　　价　(元)				**3890.57**	**2235.43**
其中	人　　工　　费　(元)			380.97	304.83
	材　　料　　费　(元)			3509.60	1930.60
	机　　械　　费　(元)			—	—
名　　称		单位	单价(元)	消　耗　量	
人工	二类人工	工日	135.00	2.822	2.258
材料	蒸压砂加气混凝土砌块 B06 A5.0	m³	328.00	10.700	—
	加气混凝土砌块 碎块	m³	197.00	—	9.800

工作内容:清理基层,调制炉(矿)渣或混合料及铺填、养护。铺设棉毡、珍珠岩等材料。　　　　计量单位:10m³

定　额　编　号				10-40	10-41	10-42	10-43
项　　　目				炉(矿)渣混凝土	石灰炉(矿)渣	沥青玻璃棉毡	干铺珍珠岩
基　　价　(元)				**4461.19**	**2396.55**	**1986.10**	**2216.42**
其中	人　　工　　费　(元)			695.25	714.29	380.97	282.02
	材　　料　　费　(元)			3664.15	1682.26	1605.13	1934.40
	机　　械　　费　(元)			101.79	—	—	—
名　　称		单位	单价(元)	消　耗　量			
人工	二类人工	工日	135.00	5.150	5.291	2.822	2.089
材料	炉渣混凝土 CL7.5	m³	361.00	10.150	—	—	—
	石灰炉(矿)渣 1:4	m³	165.74	—	10.150	—	—
	沥青玻璃棉	m³	151.00	—	—	10.630	—
	沥青矿渣棉毡	m³	—	—	—	(10.400)	—
	膨胀珍珠岩粉	m³	155.00	—	—	—	12.480
机械	涡浆式混凝土搅拌机 500L	台班	288.37	0.353	—	—	—

工作内容:1. 清理基层,调制、拌和发泡、泵送、找平;
　　　　　2. 基层清理,混凝土浇捣及浇筑;
　　　　　3. 清理基层,调制炉(矿)渣、微孔硅酸钙或混合料及铺填、养护。

计量单位:10m³

定　额　编　号				10-44	10-45	10-46	10-47
项　　　　　目				泡沫混凝土	陶粒混凝土	干铺炉渣	微孔硅酸钙
基　价　(元)				**2501.02**	**4678.81**	**1470.92**	**5654.37**
其中	人　工　费　(元)			783.00	1224.72	228.56	380.97
	材　料　费　(元)			1600.38	3313.45	1242.36	5273.40
	机　械　费　(元)			117.64	140.64	—	—
名　　称	单位	单价(元)		消　耗　量			
人工	二类人工	工日	135.00	5.800	9.072	1.693	2.822
材料	普通硅酸盐水泥 P·O 42.5 综合	kg	0.34	4120.000	3050.000	—	—
	炉渣	m³	102.00	—	—	12.180	—
	微孔硅酸钙	m³	517.00	—	—	—	10.200
	陶粒	m³	182.00	—	8.500	—	—
	黄砂 净砂	t	92.23	—	6.800	—	—
	发泡剂	kg	8.80	22.000	—	—	—
	塑料薄膜	m²	0.86	—	110.000	—	—
	水	m³	4.27	1.400	1.800	—	—
机械	水泥发泡机(含传送带)	台班	263.00	0.300	—	—	—
	双锥反转出料混凝土搅拌机 500L	台班	215.37	—	0.653	—	—
	灰浆搅拌机 200L	台班	154.97	0.250	—	—	—

注:定额编号 10-45 按现场搅拌混凝土考虑,主材消耗量暂按 C20 级配,如实际采用其他级配的,材料按实调整,
　　其余不变;如实际采用商品陶粒混凝土的,则应扣除定额内的混凝土搅拌机台班,并扣除搅拌人工 3.9 工日。

工作内容:保温层排气管、排气孔制作、安装。

定 额 编 号				10-48	10-49	10-50
项 目				保温层排气管安装	保温层排气孔安装	
					PVC 管	钢管
计 量 单 位				10m	10 个	
基 价 (元)				**102.55**	**139.46**	**172.26**
其中	人 工 费 (元)			47.66	85.73	85.73
	材 料 费 (元)			54.89	53.73	85.02
	机 械 费 (元)			—	—	1.51
名 称		单位	单价(元)	消 耗 量		
人工	二类人工	工日	135.00	0.353	0.635	0.635
材料	塑料排水管 DN50	m	4.74	10.150	4.200	—
	塑料排水三通 DN50	个	1.78	2.000	—	—
	塑料排水弯头 DN50	个	1.41	1.000	20.000	—
	塑料排水外接 DN50	个	0.72	1.000	—	—
	碳素结构钢镀锌焊接钢管 DN40	m	17.38	—	—	4.600
	不锈钢管 φ40	m	—	—	—	(4.600)
	现浇现拌混凝土 C20(16)	m³	296.00	—	0.006	0.006
	聚氯乙烯热熔密封胶	kg	10.86	0.100	0.050	—
	其他材料费	元	1.00	—	3.30	3.30
机械	液压弯管机 D60mm	台班	50.49	—	—	0.030

3. 天棚保温隔热、吸音

工作内容:基层清理,修补天棚,做踢饼(标筋),砂浆调制,运输,找坡抹平,清理。　　　　　　　计量单位:100m²

定 额 编 号				10-51	10-52	10-53	10-54
项 目				聚苯颗粒保温砂浆		无机轻集料保温砂浆	
				厚度(mm)			
				20	每增减 5	20	每增减 5
基 价 (元)				**2332.84**	**527.31**	**3207.50**	**746.28**
其中	人 工 费 (元)			1597.90	344.26	1558.84	334.80
	材 料 费 (元)			702.09	174.84	1615.81	403.27
	机 械 费 (元)			32.85	8.21	32.85	8.21
名 称		单位	单价(元)	消 耗 量			
人工	三类人工	工日	155.00	10.309	2.221	10.057	2.160
材料	胶粉聚苯颗粒保温砂浆	m³	328.00	2.120	0.530	—	—
	膨胀玻化微珠保温浆料	m³	759.00	—	—	2.120	0.530
	水	m³	4.27	0.640	—	0.640	—
	其他材料费	元	1.00	4.00	1.00	4.00	1.00
机械	灰浆搅拌机 200L	台班	154.97	0.212	0.053	0.212	0.053

工作内容:玻璃棉装塑料袋,填装玻璃棉包;清理基层,铺设聚苯乙烯泡沫板等材料。　　　　　　　　　　　**计量单位:**100m²

定　额　编　号			10-55	10-56	10-57
项　　目			天棚保温吸音层		
			厚50		
			超细玻璃棉	袋装玻璃(矿渣)棉	聚苯乙烯泡沫板
基　　价　（元）			**3501.98**	**2403.36**	**2905.55**
其中	人　　工　　费　（元）		299.84	291.60	208.31
	材　　料　　费　（元）		3202.14	2111.76	2697.24
	机　　械　　费　（元）		—	—	—
名　　称	单位	单价(元)	消　耗　量		
人工	二类人工	工日	135.00	2.221	2.160	1.543
材料	超细玻璃棉板 48kg/m³	m²	30.17	102.000	—	—
	袋装玻璃棉 δ50	m²	19.48	—	102.000	—
	矿渣棉 δ50	m²	—	—	(102.000)	—
	聚苯乙烯泡沫板 δ50	m²	25.22	—	—	102.000
	镀锌铁丝 18#	kg	6.55	16.000	16.000	16.000
	其他材料费	元	1.00	20.00	20.00	20.00

工作内容:制作、安装木框架,刷乳化沥青,配置冷沥青液,铺设保温板。　　　　　　　　　　　　　　　　**计量单位:**10m³

定　额　编　号			10-58
项　　目			聚苯乙烯泡沫板（混凝土板下）
基　　价　（元）			**14362.00**
其中	人　　工　　费　（元）		4248.05
	材　　料　　费　（元）		10113.95
	机　　械　　费　（元）		—
名　　称	单　位	单价(元)	消　耗　量
人工	二类人工	工日	135.00	31.467
材料	聚苯乙烯泡沫板	m³	504.00	10.200
	乳化沥青	kg	4.00	463.504
	汽油 综合	kg	6.12	472.000
	石棉泥	kg	4.31	48.000
	竹钉	百个	0.93	1.300
	其他材料费	元	1.00	22.40

注:混凝土板带木龙骨时,每10m³增加杉板枋0.75m³,铁件45.45kg,扣除聚苯乙烯泡沫板0.63m³。

4.楼地面保温隔热、隔音

工作内容:1.基层清理,修补地面,做踢饼(标筋),砂浆调制,运输,找坡抹平,清理;
2.挤塑泡沫保温板:基层清理,保温板裁割,运输,铺贴,清理。　　　　计量单位:100m²

定 额 编 号			10-59	10-60	10-61	10-62	10-63
项　　目			聚苯颗粒保温砂浆		无机轻集料保温砂浆		挤塑泡沫保温板
			厚度(mm)				
			30	每增减5	30	每增减5	20
基　价　(元)			**2004.51**	**301.08**	**3284.62**	**511.28**	**1372.31**
其中	人　工　费　(元)		948.76	125.86	910.01	116.25	455.39
	材　料　费　(元)		1010.65	167.78	2329.51	387.59	916.92
	机　械　费　(元)		45.10	7.44	45.10	7.44	—
名　称	单位	单价(元)	消　耗　量				
人工 三类人工	工日	155.00	6.121	0.812	5.871	0.750	2.938
材料 胶粉聚苯颗粒保温砂浆	m³	328.00	3.060	0.510	—	—	—
膨胀玻化微珠保温浆料	m³	759.00	—	—	3.060	0.510	—
大模内置专用挤塑聚苯板	m³	448.00	—	—	—	—	2.040
水	m³	4.27	0.930	—	0.930	—	—
其他材料费	元	1.00	3.00	0.50	3.00	0.50	3.00
机械 灰浆搅拌机 200L	台班	154.97	0.291	0.048	0.291	0.048	—

注:如实际采用聚苯乙烯泡沫板的,则主材价格相应调整,其他不变。

二、耐酸、防腐

1.整 体 面 层

工作内容:清理基层,调制胶泥、砂浆、混凝土,刷稀胶泥,铺砂浆、浇捣混凝土。　　　计量单位:100m²

定 额 编 号			10-64	10-65	10-66	10-67
项　　目			水玻璃耐酸砂浆		水玻璃耐酸混凝土	
			厚度(mm)			
			20	每增减10	60	每增减10
基　价　(元)			**7501.28**	**3293.02**	**14131.74**	**2236.14**
其中	人　工　费　(元)		1999.08	749.66	2498.85	366.53
	材　料　费　(元)		5502.20	2543.36	11425.92	1835.07
	机　械　费　(元)		—	—	206.97	34.54
名　称	单位	单价(元)	消　耗　量			
人工 二类人工	工日	135.00	14.808	5.553	18.510	2.715
材料 水玻璃耐酸砂浆 1:0.15:1.1:1:2.6	m³	2493.49	2.040	1.020	—	—
水玻璃稀胶泥 1:0.15:0.5:0.5	m³	1978.50	0.210	—	0.210	—
水玻璃耐酸混凝土	m³	1799.09	—	—	6.120	1.020
机械 涡浆式混凝土搅拌机 500L	台班	288.37	—	—	0.629	0.105
混凝土振捣器 平板式	台班	12.54	—	—	2.040	0.340

注:整体面层厚度指砂浆、混凝土厚度,不包括稀胶泥厚度。

工作内容:清理基层,调制胶泥砂浆,刷稀胶泥、铺砂浆、浇捣混凝土、灌沥青。　　　　　　　计量单位:100m²

定　额　编　号				10-68	10-69	10-70	10-71	10-72
项　　　目				耐酸沥青砂浆		耐酸沥青混凝土		碎石灌沥青
				厚度(mm)				
				30	每增减5	60	每增减10	100
基　　价　(元)				**10573.22**	**1664.31**	**16167.50**	**2590.82**	**6120.41**
其中	人　　工　　费　(元)			1299.38	208.31	1507.68	258.26	982.94
	材　　料　　费　(元)			9273.84	1456.00	14454.83	2298.02	5137.47
	机　　械　　费　(元)			—	—	204.99	34.54	—
名　　　称		单位	单价(元)	消　耗　量				
人工	二类人工	工日	135.00	9.625	1.543	11.168	1.913	7.281
材料	耐酸沥青砂浆 铺设压实用1.3:2.6:7.4	m³	2774.90	3.030	0.510	—	—	—
	耐酸沥青混凝土 细粒式	m³	2215.39	—	—	6.060	1.010	—
	沥青稀胶泥 100:30	m³	3037.45	0.200	—	0.200	—	—
	碎石 综合	t	102.00	—	—	—	—	18.080
	石屑	t	38.83	—	—	—	—	0.700
	木柴	kg	0.16	1615.000	255.000	2638.000	378.000	—
	乳化沥青	kg	4.00	—	—	—	—	816.533
机械	涡浆式混凝土搅拌机 500L	台班	288.37	—	—	0.623	0.105	—
	混凝土振捣器 平板式	台班	12.54	—	—	2.020	0.340	—

工作内容:清理基层,调制混凝土,烘干骨料,铺砂浆、浇捣混凝土。　　　　　　　　　　计量单位:100m²

定　额　编　号				10-73	10-74	10-75	10-76
项　　　目				耐碱混凝土		硫磺混凝土	
				厚度(mm)			
				60	每增减5	60	每增减10
基　　价　(元)				**3352.39**	**290.24**	**24427.33**	**3538.60**
其中	人　　工　　费　(元)			1074.47	99.90	3523.37	541.49
	材　　料　　费　(元)			2070.58	173.04	20696.99	2962.57
	机　　械　　费　(元)			207.34	17.30	206.97	34.54
名　　　称		单位	单价(元)	消　耗　量			
人工	二类人工	工日	135.00	7.959	0.740	26.099	4.011
材料	耐碱混凝土 水泥用量450kg	m³	334.98	6.060	0.510	—	—
	硫黄混凝土	m³	2813.05	—	—	6.120	1.010
	硫黄砂浆 1:0.35:0.6:0.05	m³	5165.29	—	—	0.510	—
	木柴	kg	0.16	—	—	137.000	20.000
	煤	t	603.00	—	—	1.368	0.196
	其他材料费	元	1.00	40.60	2.20	—	—
机械	混凝土振捣器 平板式	台班	12.54	—	—	2.040	0.340
	涡浆式混凝土搅拌机 500L	台班	288.37	0.719	0.060	0.629	0.105

工作内容: 1. 清理基层,调制胶泥、砂浆、打底料,刷稀胶泥、铺砂浆;

2. 表面清理,涂刷;

3. 清理基层,配料,涂胶铺贴,滚压养护,焊接缝、整平,安装压条,铺贴踢脚线。　　　　　　　　计量单位:100m²

定　额　编　号			10-77	10-78	10-79	10-80	10-81
项　　　　目			环氧砂浆		环氧稀胶泥	酸化处理	软聚氯乙烯板地面
			厚度(mm)				厚度(mm)
			5	每增减1	2		3
基　　价　（元）			**8287.12**	**1550.73**	**6041.96**	**467.80**	**11079.47**
其中	人　工　费　（元）		2715.39	458.19	2332.26	449.82	4606.20
	材　料　费　（元）		5571.73	1092.54	3709.70	17.98	6409.71
	机　械　费　（元）		—	—	—	—	63.56
名　　　称	单位	单价(元)	消　耗　量				
人工 二类人工	工日	135.00	20.114	3.394	17.276	3.332	34.120
材料 环氧砂浆 1:0.07:2:4	m³	10815.35	0.510	0.100	—	—	—
环氧稀胶泥	m³	17442.37	—	—	0.210	—	—
硫酸 38%	kg	0.39	—	—	—	45.000	—
软塑料(软聚氯乙烯板)δ3	m²	25.80	—	—	—	—	149.020
胶粘剂 XY401	kg	11.46	—	—	—	—	90.000
塑料焊条	kg	8.03	—	—	—	—	2.230
杉板枋材	m³	1625.00	—	—	—	—	0.339
硬木板枋材	m³	2414.00	—	—	—	—	0.176
稀释剂	kg	12.07	—	—	—	—	35.300
防腐油	kg	1.28	—	—	—	—	6.750
白布	m²	5.34	—	—	—	—	3.570
砂布	张	0.86	—	—	—	—	70.000
圆头木螺钉	百个	5.17	—	—	—	—	3.800
圆钉	kg	4.74	—	—	—	—	1.080
聚氯乙烯薄膜	kg	12.07	—	—	—	—	0.100
水	m³	4.27	—	—	—	0.100	—
其他材料费	元	1.00	55.90	11.00	46.80	—	—
机械 轴流通风机 7.5kW	台班	45.40	—	—	—	—	1.400

工作内容:材料运输,填料干燥、过筛,配制腻子、胶泥,涂刷、贴布。 计量单位:100m²

定 额 编 号			10-82	10-83	10-84	10-85
项 目			玻璃钢		环氧玻璃钢	
			底漆一层	刮腻子	贴布一层	面漆一层
基 价 (元)			**701.72**	**407.24**	**3958.97**	**515.69**
其中	人 工 费 (元)		366.53	224.91	3048.57	233.28
	材 料 费 (元)		289.79	109.69	683.40	237.01
	机 械 费 (元)		45.40	72.64	227.00	45.40
名 称	单位	单价(元)	消 耗 量			
人工 二类人工	工日	135.00	2.715	1.666	22.582	1.728
材料 环氧树脂	kg	15.52	11.960	3.590	17.940	11.960
丙酮	kg	8.16	9.680	0.720	6.090	4.290
乙二胺	kg	18.53	0.840	0.250	1.260	0.840
石英粉 综合	kg	0.97	2.390	7.180	3.590	0.840
玻璃布 综合	m²	2.59	—	—	115.000	—
砂布	张	0.86	—	40.000	20.000	—
其他材料费	元	1.00	7.30	2.10	13.40	—
机械 轴流通风机 7.5kW	台班	45.40	1.000	1.600	5.000	1.000

工作内容:材料运输,填料干燥、过筛,配制腻子、胶泥,涂刷、贴布。 计量单位:100m²

定 额 编 号			10-86	10-87	10-88	10-89
项 目			酚醛玻璃钢		环氧酚醛玻璃钢	
			贴布一层	面漆一层	贴布一层	面漆一层
基 价 (元)			**4193.24**	**551.18**	**3976.00**	**491.28**
其中	人 工 费 (元)		3048.57	216.54	3048.57	216.54
	材 料 费 (元)		917.67	289.24	700.43	229.34
	机 械 费 (元)		227.00	45.40	227.00	45.40
名 称	单位	单价(元)	消 耗 量			
人工 二类人工	工日	135.00	22.582	1.604	22.582	1.604
材料 酚醛树脂	kg	21.55	17.940	11.960	5.380	3.590
环氧树脂	kg	15.52	—	—	12.560	8.370
丙酮	kg	8.16	15.920	—	5.190	1.200
乙二胺	kg	18.53	1.570	—	0.900	0.600
石英粉 综合	kg	0.97	7.160	1.200	3.590	1.200
玻璃布 综合	m²	2.59	115.000	—	115.000	—
苯磺酰氯	kg	5.24	1.610	1.080	—	—
酒精 工业用99.5%	kg	7.07	4.290	3.490	—	—
砂布	张	0.86	20.000	—	20.000	—
其他材料费	元	1.00	11.30	—	12.00	—
机械 轴流通风机 7.5kW	台班	45.40	5.000	1.000	5.000	1.000

工作内容:材料运输,填料干燥、过筛,配制腻子、胶泥,涂刷、贴布。　　　　　　　　　　　　　　　　　计量单位:100m²

定　额　编　号			10-90	10-91	10-92	10-93
项　　　目			环氧煤焦油玻璃钢		环氧呋喃玻璃钢	
			贴布一层	面漆一层	贴布一层	面漆一层
基　　价　　(元)			**3771.13**	**388.17**	**3915.40**	**506.39**
其中	人　工　费　(元)		3048.57	233.28	3048.57	249.89
	材　料　费　(元)		495.56	109.49	639.83	211.10
	机　械　费　(元)		227.00	45.40	227.00	45.40
名　　称	单位	单价(元)	消　耗　量			
人工　二类人工	工日	135.00	22.582	1.728	22.582	1.851
材料　环氧树脂	kg	15.52	8.970	5.600	12.560	8.370
呋喃树脂	kg	16.47	—	—	5.380	3.590
煤焦油	kg	0.88	8.970	5.600	—	—
甲苯	kg	6.81	2.690	1.200	—	—
乙二胺	kg	18.53	0.720	0.480	0.900	0.600
石英粉 综合	kg	0.97	1.800	0.600	2.690	1.200
丙酮	kg	8.16	—	—	2.690	1.200
玻璃布 综合	m²	2.59	115.000	—	115.000	—
砂布	张	0.86	20.000	—	20.000	—
机械　轴流通风机 7.5kW	台班	45.40	5.000	1.000	5.000	1.000

2. 隔 离 层

工作内容:清理基层,填充料加热,调制胶泥、铺设油毛毡、玻璃布。　　　　　　　　　　　　　　　　　计量单位:100m²

定　额　编　号			10-94	10-95	10-96	10-97	10-98
项　　　目			耐酸沥青胶泥卷材		耐酸沥青胶泥玻璃布		沥青胶泥
			二毡三油	每增减一毡一油	一布二油	每增一布一油	厚8
基　　价　　(元)			**2975.37**	**1068.12**	**1939.31**	**1160.22**	**4165.79**
其中	人　工　费　(元)		682.97	266.49	349.79	216.54	1582.61
	材　料　费　(元)		2292.40	801.63	1589.52	943.68	2583.18
	机　械　费　(元)		—	—	—	—	—
名　　称	单位	单价(元)	消　耗　量				
人工　二类人工	工日	135.00	5.059	1.974	2.591	1.604	11.723
材料　石油沥青油毡 350g	m²	1.90	238.000	116.000	—	—	—
玻璃布 综合	m²	2.59	—	—	115.000	115.000	—
耐酸沥青胶泥 隔离层用1:0.3:0.05	m³	3157.97	0.570	0.180	0.400	0.200	0.800
料　木柴	kg	0.16	251.000	80.000	178.000	89.000	355.000

工作内容:清理缝道,调制硫黄砂浆,灌缝。　　　　　　　　　　　　　　　　　　　　　计量单位:10m³

定　额　编　号			10-99
项　　目			硫黄砂浆二次灌缝
基　价　(元)			**67175.28**
其中	人　　工　　费　(元)		13127.27
	材　　料　　费　(元)		54048.01
	机　　械　　费　(元)		—
名　称	单位	单价(元)	消　耗　量
人工　二类人工	工日	135.00	97.239
材料　硫黄砂浆 1:0.35:0.6:0.05	m³	5165.29	10.200
木模板	m³	1445.00	0.370
木柴	kg	0.16	5100.000
其他材料费	元	1.00	11.40

3. 瓷 砖 面 层

工作内容:清理基层,清洗块料,调制胶泥,铺块料。　　　　　　　　　　　　　　　　　　　计量单位:100m²

定　额　编　号			10-100	10-101	10-102
项　　目			水玻璃胶泥铺砌树脂类胶泥勾缝		
			厚度(mm)		
			113	65	20
基　价　(元)			**29532.90**	**19884.17**	**17098.84**
其中	人　　工　　费　(元)		9595.53	7529.90	7987.95
	材　　料　　费　(元)		19846.57	12263.47	9020.09
	机　　械　　费　(元)		90.80	90.80	90.80
名　称	单位	单价(元)	消　耗　量		
人工　二类人工	工日	135.00	71.078	55.777	59.170
材料　环氧树脂胶泥 1:0.08:0.1:2	m³	12868.18	0.257	0.181	0.110
水玻璃胶泥 1:0.15:1.2:1.1	m³	2448.67	1.840	1.037	0.704
水玻璃稀胶泥 1:0.15:0.5:0.5	m³	1978.50	0.200	0.200	0.200
耐酸陶片 230×113×65	块	1.90	6094.000	3657.000	—
耐酸陶片 150×150×20	块	1.29	—	—	4219.000
棉纱	kg	10.34	2.460	2.460	2.460
水	m³	4.27	8.000	6.000	4.000
机械　轴流通风机 7.5kW	台班	45.40	2.000	2.000	2.000

注:定额编号 10-102、10-105、10-108、10-111、10-114,瓷砖如厚度为 30mm 时,瓷砖单价调整,另增加砌筑胶泥:勾缝者 0.092m³,不勾缝者 0.034m³。

工作内容:清理基层,清洗块料,调制胶泥,铺块料。　　　　　　　　　　　　　　计量单位:100m²

定 额 编 号				10-103	10-104	10-105
项　　　　　目				水玻璃胶泥铺砌		
				厚度(mm)		
				113	65	20
基　　价　(元)				**25599.45**	**17197.75**	**15319.96**
其中	人　　工　　费　(元)			9145.85	7080.08	7338.33
	材　　料　　费　(元)			16362.80	10026.87	7890.83
	机　　械　　费　(元)			90.80	90.80	90.80
名　　称		单位	单价(元)	消　耗　量		
人工	二类人工	工日	135.00	67.747	52.445	54.358
材料	水玻璃胶泥 1:0.15:1.2:1.1	m³	2448.67	1.509	0.975	0.698
	水玻璃稀胶泥 1:0.15:0.5:0.5	m³	1978.50	0.200	0.200	0.200
	耐酸陶片 230×113×65	块	1.90	6441.000	3799.000	—
	耐酸陶片 150×150×20	块	1.29	—	—	4472.000
	水	m³	4.27	8.000	6.000	4.000
机械	轴流通风机 7.5kW	台班	45.40	2.000	2.000	2.000

工作内容:清理基层,清洗块料,调制胶泥,铺块料。　　　　　　　　　　　　　　计量单位:100m²

定 额 编 号				10-106	10-107	10-108
项　　　　　目				水玻璃砂浆铺砌		
				厚度(mm)		
				113	65	20
基　　价　(元)				**26481.44**	**17577.57**	**15311.63**
其中	人　　工　　费　(元)			9145.85	7080.08	7338.33
	材　　料　　费　(元)			17244.79	10406.69	7882.50
	机　　械　　费　(元)			90.80	90.80	90.80
名　　称		单位	单价(元)	消　耗　量		
人工	二类人工	工日	135.00	67.747	52.445	54.358
材料	水玻璃耐酸砂浆 1:0.15:1.1:1:2.6	m³	2493.49	2.100	1.218	0.813
	水玻璃稀胶泥 1:0.15:0.5:0.5	m³	1978.50	0.200	0.200	0.200
	耐酸陶片 230×113×65	块	1.90	6094.000	3657.000	—
	耐酸陶片 150×150×20	块	1.29	—	—	4219.000
	水	m³	4.27	8.000	6.000	4.000
机械	轴流通风机 7.5kW	台班	45.40	2.000	2.000	2.000

工作内容:清理基层,清洗块料,调制胶泥,铺块料。 计量单位:100m²

定 额 编 号				10-109	10-110	10-111
项 目				耐酸沥青胶泥铺砌		
				厚度(mm)		
				113	65	20
基 价 (元)				**25491.16**	**16811.81**	**14854.16**
其中	人 工 费 (元)			8637.71	6688.58	7080.08
	材 料 费 (元)			16762.65	10032.43	7683.28
	机 械 费 (元)			90.80	90.80	90.80
	名 称	单位	单价(元)	消 耗 量		
人工	二类人工	工日	135.00	63.983	49.545	52.445
材料	耐酸沥青胶泥 隔离层用 1:0.3:0.05	m³	3157.97	1.404	0.870	0.593
	耐酸陶片 230×113×65	块	1.90	6441.000	3799.000	—
	耐酸陶片 150×150×20	块	1.29	—	—	4472.000
	水	m³	4.27	8.000	6.000	4.000
	木柴	kg	0.16	355.000	258.000	154.000
机械	轴流通风机 7.5kW	台班	45.40	2.000	2.000	2.000

工作内容:清理基层,清洗块料,调制胶泥,铺块料。 计量单位:100m²

定 额 编 号				10-112	10-113	10-114	10-115
项 目				环氧树脂胶泥铺砌			环氧树脂打底
				厚度(mm)			
				113	65	20	
基 价 (元)				**38653.00**	**26106.02**	**22308.31**	**504.59**
其中	人 工 费 (元)			9220.77	7080.08	7342.52	91.67
	材 料 费 (元)			29341.43	18935.14	14874.99	412.92
	机 械 费 (元)			90.80	90.80	90.80	—
名 称		单位	单价(元)	消 耗 量			
人工	二类人工	工日	135.00	68.302	52.445	54.389	0.679
材料	环氧树脂胶泥 1:0.08:0.1:2	m³	12868.18	1.300	0.893	0.698	—
	酚醛树脂胶泥 1:0.08:0.06:1.8	m³	—	(1.300)	(0.893)	(0.698)	—
	耐酸陶片 230×113×65	块	1.90	6564.000	3848.000	—	—
	耐酸陶片 150×150×20	块	1.29	—	—	4472.000	—
	丙酮	kg	8.16	10.000	10.000	10.000	16.400
	酒精 工业用99.5%	kg	—	(10.000)	(10.000)	(10.000)	—
	棉纱	kg	10.34	2.460	2.460	2.460	—
	环氧树脂	kg	15.52	—	—	—	16.400
	乙二胺	kg	18.53	—	—	—	1.200
	石英粉 综合	kg	0.97	—	—	—	2.400
	水	m³	4.27	8.000	6.000	4.000	—
机械	轴流通风机 7.5kW	台班	45.40	2.000	2.000	2.000	—

注:环氧树脂胶泥砌筑定额,如用酚醛树脂胶泥砌筑者,环氧树脂胶泥及丙酮数量改用括号内酚醛树脂胶泥及酒精
用量,其余不变。

工作内容:清理基层,清洗块料,调制胶泥,铺块料。 计量单位:100m²

定 额 编 号				10-116	10-117
项 目				沥青胶泥铺砌沥青浸渍砖	
				厚度(mm)	
				115	53
基 价 (元)				**28529.72**	**18017.62**
其中	人 工 费 (元)			13402.13	10311.98
	材 料 费 (元)			15036.79	7614.84
	机 械 费 (元)			90.80	90.80
名 称		单位	单价(元)	消 耗 量	
人工	二类人工	工日	135.00	99.275	76.385
材料	混凝土实心砖 240×115×53 MU10	千块	388.00	7.389	3.571
	耐酸沥青胶泥 隔离层用1:0.3:0.05	m³	3157.97	2.001	1.077
	乳化沥青	kg	4.00	1462.689	707.040
机械	轴流通风机 7.5kW	台班	45.40	2.000	2.000

4. 花岗岩面层

工作内容: 清理基层, 清洗花岗岩, 调制砂浆, 铺砌花岗岩, 胶泥勾缝。

定 额 编 号			10-118	10-119	10-120	10-121
项 目			水玻璃 耐酸砂浆	耐酸沥青 砂浆铺砌 耐酸沥青 胶泥勾缝	水泥砂浆	胶泥勾缝 12×20
计 量 单 位			100m²			100m
基 价 (元)			**38034.89**	**38244.86**	**32134.67**	**571.59**
其 中	人 工 费 (元)		7005.15	6738.53	5389.20	249.89
	材 料 费 (元)		30938.94	31415.53	26745.47	321.70
	机 械 费 (元)		90.80	90.80	—	—
名 称	单位	单价(元)	消 耗 量			
人工 二类人工	工日	135.00	51.890	49.915	39.920	1.851
材 **料** 水玻璃耐酸砂浆 1:0.15:1.1:1:2.6	m³	2493.49	2.230	—	—	—
水玻璃稀胶泥 1:0.15:0.5:0.5	m³	1978.50	0.200	—	—	—
耐酸沥青砂浆 铺设压实用1.3:2.6:7.4	m³	2774.90	—	2.066	—	—
耐酸沥青胶泥 隔离层用1:0.3:0.05	m³	3157.97	—	0.164	—	—
水泥砂浆 1:2	m³	268.85	—	—	2.430	—
花岗岩板 δ20	m²	258.00	96.700	96.700	101.000	—
环氧树脂胶泥 1:0.08:0.1:2	m³	12868.18	—	—	—	0.025
酚醛树脂胶泥 1:0.08:0.06:1.8	m³	—	—	—	—	(0.025)
环氧煤焦油胶泥 0.5:0.5:0.04:2.2	m³	—	—	—	—	(0.025)
环氧呋喃胶泥 0.7:0.3:0.05:1.7	m³	—	—	—	—	(0.025)
木柴	kg	0.16	—	1137.000	—	—
水	m³	4.27	8.000	8.000	8.000	—
机械 轴流通风机 7.5kW	台班	45.40	2.000	2.000	—	—

5. 池、沟、槽瓷砖面层

工作内容: 清理基层,清洗块料,调制胶泥,铺砌块料。　　　　　　　　　　　　　　　　　　计量单位:100m²

定　额　编　号				10-122	10-123	10-124
项　　目				耐酸沥青胶泥铺砌		
				厚度(mm)		
				113	65	20
基　价　(元)				**28588.48**	**18683.21**	**16684.28**
其中	人　工　费　(元)			11244.83	8271.18	8679.29
	材　料　费　(元)			17252.85	10321.23	7914.19
	机　械　费　(元)			90.80	90.80	90.80
	名　　称	单位	单价(元)	消　耗　量		
人工	二类人工	工日	135.00	83.295	61.268	64.291
材料	耐酸沥青胶泥 隔离层用1:0.3:0.05	m³	3157.97	1.404	0.870	0.593
	耐酸陶片 230×113×65	块	1.90	6699.000	3951.000	—
	耐酸陶片 150×150×20	块	1.29	—	—	4651.000
	木柴	kg	0.16	355.000	258.000	154.000
	水	m³	4.27	8.000	6.000	4.000
机械	轴流通风机 7.5kW	台班	45.40	2.000	2.000	2.000

工作内容: 清理基层,清洗块料,调制胶泥,铺砌块料。　　　　　　　　　　　　　　　　　　计量单位:100m²

定　额　编　号				10-125	10-126	10-127
项　　目				树脂类胶泥铺砌		
				厚度(mm)		
				113	65	20
基　价　(元)				**41768.19**	**28480.99**	**24592.43**
其中	人　工　费　(元)			11836.26	9162.45	9395.73
	材　料　费　(元)			29841.13	19227.74	15105.90
	机　械　费　(元)			90.80	90.80	90.80
	名　　称	单位	单价(元)	消　耗　量		
人工	二类人工	工日	135.00	87.676	67.870	69.598
材料	环氧树脂胶泥 1:0.08:0.1:2	m³	12868.18	1.300	0.893	0.698
	耐酸陶片 230×113×65	块	1.90	6827.000	4002.000	—
	耐酸陶片 150×150×20	块	1.29	—	—	4651.000
	丙酮	kg	8.16	10.000	10.000	10.000
	棉纱	kg	10.34	2.460	2.460	2.460
	水	m³	4.27	8.000	6.000	4.000
机械	轴流通风机 7.5kW	台班	45.40	2.000	2.000	2.000

6.防腐涂料

工作内容:清理基层,刷涂料。 　　　　　　　　　　　　　　　　　　**计量单位:**100m²

定　额　编　号			10-128	10-129	10-130	10-131	10-132	10-133
项　目			抹灰面沥青漆		抹灰面漆酚树脂漆			
			面漆一遍	面漆增一遍	三遍成活	每增一遍		
						底漆	中间漆	面漆
基　价　(元)			**1797.63**	**932.67**	**3314.41**	**1236.86**	**1031.70**	**975.60**
其中	人　工　费　(元)		1024.52	441.45	1207.85	508.14	366.53	333.18
	材　料　费　(元)		364.51	82.62	880.76	320.12	256.57	233.82
	机　械　费　(元)		408.60	408.60	1225.80	408.60	408.60	408.60
名　称	单位	单价(元)	消　耗　量					
人工 二类人工	工日	135.00	7.589	3.270	8.947	3.764	2.715	2.468
材料 沥青耐酸漆	kg	9.18	19.000	9.000	—	—	—	—
漆酚树脂漆	kg	19.45	—	—	37.400	13.200	11.200	10.700
汽油 综合	kg	6.12	24.000	—	19.000	6.500	4.400	4.200
乳化沥青	kg	4.00	10.802	—	—	—	—	—
石英粉 综合	kg	0.97	—	—	11.600	6.600	3.300	—
砂布	张	0.86	—	—	30.000	20.000	10.000	—
机械 轴流通风机 7.5kW	台班	45.40	9.000	9.000	27.000	9.000	9.000	9.000

注:定额编号 10-128 按沥青打底考虑。

工作内容:清理基层,刷涂料。 　　　　　　　　　　　　　　　　　　**计量单位:**100m²

定　额　编　号			10-134	10-135	10-136	10-137
项　目			抹灰面酚醛树脂漆			
			三遍成活	每增一遍		
				底漆	中间漆	面漆
基　价　(元)			**3097.78**	**1138.33**	**982.76**	**951.47**
其中	人　工　费　(元)		1249.43	524.75	383.13	358.16
	材　料　费　(元)		622.55	204.98	191.03	184.71
	机　械　费　(元)		1225.80	408.60	408.60	408.60
名　称	单位	单价(元)	消　耗　量			
人工 二类人工	工日	135.00	9.255	3.887	2.838	2.653
材料 酚醛树脂漆	kg	11.29	41.700	12.900	12.600	13.800
酒精 工业用99.5%	kg	7.07	14.000	5.300	4.100	3.200
石英粉 综合	kg	0.97	8.900	3.300	1.700	—
苯磺酰氯	kg	5.24	3.500	1.100	1.000	1.200
砂布	张	0.86	30.000	15.000	15.000	—
机械 轴流通风机 7.5kW	台班	45.40	27.000	9.000	9.000	9.000

工作内容:清理基层,刷涂料。

计量单位:100m²

定 额 编 号				10-138	10-139	10-140
项 目				氯磺化聚乙烯漆(三遍成活)		
				抹灰面	混凝土面 (加刮腻子)	金属面
基 价 (元)				**4718.16**	**6300.73**	**4829.82**
其 中	人 工 费 (元)			1707.62	2315.66	2182.28
	材 料 费 (元)			1784.74	2350.67	1421.74
	机 械 费 (元)			1225.80	1634.40	1225.80
名 称		单位	单价(元)	消 耗 量		
人 工	二类人工	工日	135.00	12.649	17.153	16.165
材 料	氯磺化聚乙烯漆	kg	18.97	78.000	103.000	60.000
	氯磺化聚乙烯稀释剂	kg	11.64	15.600	20.100	16.000
	其他材料费	元	1.00	123.50	162.80	97.30
机 械	轴流通风机 7.5kW	台班	45.40	27.000	36.000	27.000

工作内容:清理基层,刷涂料。

计量单位:100m²

定 额 编 号				10-141	10-142	10-143	10-144
项 目				聚氨酯漆			
				抹灰面		混凝土	
				五遍成活	每增一遍 中间漆	五遍成活	每增一遍 中间漆
基 价 (元)				**2977.91**	**574.29**	**3224.14**	**610.84**
其 中	人 工 费 (元)			1665.90	316.58	1765.80	341.55
	材 料 费 (元)			858.01	166.91	1004.34	178.49
	机 械 费 (元)			454.00	90.80	454.00	90.80
名 称		单位	单价(元)	消 耗 量			
人 工	二类人工	工日	135.00	12.340	2.345	13.080	2.530
材 料	聚氨酯底漆	kg	9.47	21.000	6.000	22.800	6.500
	聚氨酯清漆	kg	16.38	13.900	—	15.000	—
	聚氨酯腻子	kg	10.34	13.900	—	15.000	—
	聚氨酯磁漆	kg	12.48	15.000	6.000	16.200	6.500
	二甲苯	kg	6.03	11.100	3.700	21.500	3.800
	砂布	张	0.86	30.000	15.000	60.000	15.000
	其他材料费	元	1.00	7.80	—	4.20	—
机 械	轴流通风机 7.5kW	台班	45.40	10.000	2.000	10.000	2.000

浙江省房屋建筑与装饰工程预算定额

（2018 版）

下　册

中　国　计　划　出　版　社

2018　北　京

总　说　明

一、《浙江省房屋建筑与装饰工程预算定额》(2018版)(以下简称本定额)是根据省建设厅、省发改委、省财政厅《关于组织编制〈浙江省建设工程计价依据(2018版)〉的通知》(建建发〔2017〕166号)、国家标准《建设工程工程量清单计价规范》GB 50500—2013及有关规定,在《房屋建筑与装饰工程工程量清单计算规范》GB 50854—2013、《房屋建筑与装饰工程消耗量定额》TY 01-31-2015、《装配式建筑工程消耗量定额》TY 01-01(01)-2016、《绿色建筑工程消耗量定额》TY 01-01(02)-2017和《浙江省建筑工程预算定额》(2010版)的基础上,结合本省实际情况编制的。

二、本定额是完成规定计量单位分部分项工程所需的人工、材料、施工机械台班的消耗量标准,是编制施工图预算、招标控制价的依据,是确定合同价、结算价、调解工程价款争议、工程造价鉴定以及编制本省建设工程概算定额、估算指标与技术经济指标的基础,也是企业投标报价或编制企业定额的参考依据。

全部使用国有资金或国有资金投资为主的工程建设项目,编制招标控制价应执行本定额。

三、本定额适用于本省区域内的工业与民用建筑的新建、扩建和改建房屋建筑与装饰工程。

四、本定额是依据现行国家及本省有关强制性标准、推荐性标准、设计规范、施工验收规范、技术操作规程、质量评定标准、产品标准和安全操作规程,按正常施工条件、多数施工企业采用的施工方法、装备设备和合理的劳动组织及工期,并参考了有关地区和行业标准、定额,以及典型工程设计、施工和其他资料编制的,反映了本省区域的社会平均消耗量水平。

五、本定额未包括的项目,可按本省其他相应专业工程计价定额执行,如仍缺项的,应编制地区性补充定额或一次性补充定额,并按规定履行申报手续。

六、有关定额人工的说明和规定。

1. 本定额的人工消耗量是以现行《建设工程劳动定额　建筑工程》LD/TT 2.1~11—2008、《建设工程劳动定额　装饰工程》LD/T 73.1~4—2008为基础,并结合本省实际情况编制的,已考虑了各项目施工操作的直接用工、其他用工(材料超运距、工种搭接、安全和质量检查以及临时停水、停电等)及人工幅度差。每工日按8小时工作制计算。

2. 本定额日工资单价划分:土石方工程按一类人工日工资单价计算;装配式混凝土构件安装工程,金属结构工程,木结构工程,门窗工程,楼地面装饰工程,墙柱面装饰与隔断、幕墙工程,天棚工程,油漆、涂料、裱糊工程,其他装饰工程按三类人工日工资单价计算;保温、隔热、防腐工程根据子目性质不同分别按二类人工或三类人工日工资单价计算;其余工程均按二类人工日工资单价计算。

3. 机械土、石方,桩基础,构件运输及安装等工程,人工随机械产量计算的,人工幅度差按机械幅度差计算。

七、有关建筑材料、成品及半成品的说明和规定。

1. 本定额采用的材料(包括构配件、零件、半成品、成品)均为符合国家质量标准和相应设计要求的合格产品。材料名称、规格型号及取定价格详见附录四。

2. 本定额材料、成品及半成品的定额取定价格包括市场供应价、运杂费、运输损耗费和采购保管费。

3. 材料、成品及半成品的定额消耗量均包括施工场内运输损耗和施工操作损耗。材料损耗率详见附录三。

4. 材料、成品及半成品从工地仓库、现场堆放地点或现场加工地点至操作地点的场内水平运输已包括在相应定额内,垂直运输另按本定额第十九章"垂直运输工程"计算。

5. 本定额中除特殊说明外,大理石和花岗岩均按工程成品石材考虑,消耗量中仅包括了场内运输、施工及零星切割的损耗。

6. 混凝土、砂浆及各种胶泥等均按半成品考虑,消耗量以体积"m³"表示。

7. 本定额中使用的混凝土除另有注明外均按商品混凝土编制,实际使用现场搅拌混凝土时,按本定额第五章"混凝土及钢筋混凝土工程"定额说明的相关条款进行调整。

8. 本定额中所使用的砂浆除另有注明外均按干混预拌砂浆编制,若实际使用现拌砂浆或湿拌预拌砂浆时,按以下方法调整:

(1)使用现拌砂浆的,除将定额中的干混预拌砂浆调换为现拌砂浆外,另按相应定额中每立方米砂浆增加:人工 0.382 工日、200L 灰浆搅拌机 0.167 台班,并扣除定额中干混砂浆罐式搅拌机台班的数量。

(2)使用湿拌预拌砂浆的,除将定额中的干混预拌砂浆调换为湿拌预拌砂浆外,另按相应定额中每立方米砂浆扣除人工 0.20 工日,并扣除定额中干混砂浆罐式搅拌机台班数量。

9. 本定额中木材不分板材与方材,均以××(指硬木、杉木或松木)板方材取定。木种分类如下:

第一、二类:红松、水桐木、樟木松、白松(云杉、冷杉)、杉木、杨木、柳木、椴木。

第三、四类:青松、黄花松、秋子木、马尾松、东北榆木、柏木、苦楝木、梓木、黄菠萝、椿木、楠木、柚木、樟木、栎木(柞木)、檀木、色木、槐木、荔木、麻栗木(麻栎、青刚)、桦木、荷木、水曲柳、华北榆木、榉木、橡木、枫木、核桃木、樱桃木。

本定额装饰项目中以木质饰面板、装饰线条表示的,其材质包括:榉木、橡木、柚木、枫木、核桃木、樱桃木、檀木、色木、水曲柳等;部分列有榉木或橡木、枫木等的项目,如设计使用的材质与定额取定的不符者,可以换算。

10. 本定额所采用的材料、半成品、成品品种、规格型号与设计不符时,可按各章规定调整。

11. 本定额周转材料按摊销量编制,且已包括回库维修耗量及相关费用。

12. 对于用量少、低值易耗的零星材料,列为其他材料费。

八、关于机械。

1. 本定额中的机械按常用机械、合理机械配备和施工企业的机械化装备程度,并结合本省工程实际编制的,台班价格按《浙江省建设工程施工机械台班费用定额》(2018 版)计算。

2. 本定额的机械台班消耗量是按正常机械施工工效考虑,每一台班按八小时工作制计算,并考虑了其他直接生产使用的机械幅度差。

3. 挖掘机械、打桩机械、吊装机械、运输机械(包括推土机、铲运机及构件运输机械等)分别按机械、容量或性能及工作物对象,按单机或主机与配合辅助机械,分别以台班消耗量表示。

4. 凡单位价值 2000 元以内、使用年限在一年以内的不构成固定资产的施工机械,不列入机械台班消耗量,作为工具用具在建筑安装工程费中的企业管理费考虑,其消耗的燃料动力等已列入材料内。

5. 本定额未包括大型施工机械场外运输及安、拆费用,以及塔式起重机、施工电梯的基础费用,发生时,应根据经批准的施工组织设计方案选用的实际机械种类及规格,按附录二及机械台班费用定额有关规定计算。

九、本定额的垂直运输按不同檐高的建筑物和构筑物单独编制,应根据具体工程内容按垂直运输工程定额执行。

十、本定额按面积计算的综合脚手架、垂直运输等,是按一个整体工程考虑的。如遇结构与装饰分别发包,则应根据工程具体情况确定划分比例。

十一、建筑物的地下室以及外围采光面积小于室内平面面积 2.5% 的库房、暗室等,可以其所涉及部位的结构外围水平面积之和,按每平方米 20 元(其中二类人工 0.05 工日)计算洞库照明费。

十二、本定额除注明高度的以外,均按建筑物檐高 20m 以内编制,檐高在 20m 以上的工程,其降效应增加的人工、机械台班及有关费用,按建筑物超高施工增加费定额执行。

十三、定额中的建筑物檐高是指设计室外地坪至檐口底高度。

外檐沟檐高算至檐口底高度,内檐沟檐高算至与檐沟相连的屋面板板底高度,平屋面檐高算至屋面板板底高度,突出主体建筑物屋顶的电梯机房、楼梯间、有围护结构的水箱间、瞭望塔、排烟机房等不计入檐口高度。

十四、本定额结合浙江省建筑工业化的推广,根据现行《浙江省工业化建筑评价导则》(浙江省住房和城乡建设厅 2016 年 1 月发布),新增装配整体式混凝土结构、钢结构、钢—混凝土混合结构三种浙江省主导推广的工业化建筑结构类型的综合脚手架和垂直运输定额,其定义如下:

装配整体式混凝土结构:包括装配整体式混凝土框架结构、装配整体式混凝土框架－剪力墙结构、装配整体式混凝土剪力墙结构、预制预应力混凝土装配整体式框架结构等。

钢结构:包括普通钢结构和轻型钢结构,梁、柱和支撑应采用钢结构,柱可采用钢管混凝土柱。

钢—混凝土混合结构:包括钢框架、钢支撑框架或钢管混凝土框架与钢筋混凝土核心筒(剪力墙)组成的框架—核心筒(剪力墙)结构,以及由外围钢框筒或钢管混凝土筒与钢筋混凝土核心筒组成的筒中筒结构,梁、柱和支撑应采用钢构件,柱可采用钢管混凝土柱。

十五、本定额中的工作内容已说明了主要的施工工序,次要工序虽未说明,但均已包括在内。

十六、施工与生产同时进行、在有害身体健康的环境中施工时的降效增加费,本定额未考虑,发生时另行计算。

十七、本定额中遇有两个或两个以上系数时,按连乘法计算。

十八、除《建筑工程建筑面积计算规范》GB/T 50353—2013 及各章有规定外,定额中凡注明"××以内"或"××以下"及"小于"者,均包括××本身;"××以外"、或"××以上"及"大于"者,则不包括××本身。

定额说明中未注明(或省略)尺寸单位的宽度、厚度、断面等,均以"mm"为单位。

十九、凡本总说明未尽事宜,详见各章说明和附录。

二十、本定额由浙江省建设工程造价管理总站负责解释与管理。

《建筑工程建筑面积计算规范》

GB/T 50353—2013

1 总　　则

1.0.1 为规范工业与民用建筑工程建设全过程的建筑面积计算,统一计算方法,制定本规范。

1.0.2 本规范适用于新建、扩建、改建的工业与民用建筑工程建设全过程的建筑面积计算。

1.0.3 建筑工程的建筑面积计算,除应符合本规范外,尚应符合国家现行有关标准的规定。

2 术　　语

2.0.1 建筑面积——建筑物(包括墙体)所形成的楼地面面积。

2.0.2 自然层——按楼地面结构分层的楼层。

2.0.3 结构层高——楼面或地面结构层上表面至上部结构层上表面之间的垂直距离。

2.0.4 围护结构——围合建筑空间的墙体、门、窗。

2.0.5 建筑空间——以建筑界面限定的、供人们生活和活动的场所。

2.0.6 结构净高——楼面或地面结构层上表面至上部结构层下表面之间的垂直距离。

2.0.7 围护设施——为保障安全而设置的栏杆、栏板等围挡。

2.0.8 地下室——室内地平面低于室外地平面的高度超过室内净高的1/2的房间。

2.0.9 半地下室——室内地平面低于室外地平面的高度超过室内净高的1/3,且不超过1/2的房间。

2.0.10 架空层——仅有结构支撑而无外围护结构的开敞空间层。

2.0.11 走廊——建筑物中的水平交通空间。

2.0.12 架空走廊——专门设置在建筑物的二层或二层以上,作为不同建筑物之间水平交通的空间。

2.0.13 结构层——整体结构体系中承重的楼板层。

2.0.14 落地橱窗——突出外墙面且根基落地的橱窗。

2.0.15 凸窗(飘窗)——凸出建筑物外墙面的窗户。

2.0.16 檐廊——建筑物挑檐下的水平交通空间。

2.0.17 挑廊——挑出建筑物外墙的水平交通空间。

2.0.18 门斗——建筑物入口处两道门之间的空间。

2.0.19 雨篷——建筑出入口上方为遮挡雨水而设置的部件。

2.0.20 门廊——建筑物入口前有顶棚的半围合空间。

2.0.21 楼梯——由连续行走的梯级、休息平台和维护安全的栏杆(或栏板)、扶手以及相应的支托结构组成的作为楼层之间垂直交通使用的建筑部件。

2.0.22 阳台——附设于建筑物外墙,设有栏杆或栏板,可供人活动的室外空间。

2.0.23 主体结构——接受、承担和传递建设工程所有上部荷载,维持上部结构整体性、稳定性和安全性的有机联系的构造。

2.0.24 变形缝——防止建筑物在某些因素作用下引起开裂甚至破坏而预留的构造缝。

2.0.25 骑楼——建筑底层沿街面后退且留出公共人行空间的建筑物。

2.0.26 过街楼——跨越道路上空并与两边建筑相连接的建筑物。

2.0.27 建筑物通道——为穿过建筑物而设置的空间。

2.0.28 露台——设置在屋面、首层地面或雨篷上的供人室外活动的有围护设施的平台。

2.0.29 勒脚——在房屋外墙接近地面部位设置的饰面保护构造。

2.0.30 台阶——联系室内外地坪或同楼层不同标高而设置的阶梯型踏步。

3 计算建筑面积的规定

3.0.1 建筑物的建筑面积应按自然层外墙结构外围水平面积之和计算。结构层高在2.20m及以上的,应计算全面积;结构层高在2.20m以下的,应计算1/2面积。

3.0.2 建筑物内设有局部楼层时,对于局部楼层的二层及以上楼层,有围护结构的应按其围护结构外围水平面积计算,无围护结构的应按其结构底板水平面积计算。结构层高在2.20m及以上的,应计算全面积;结构层高在2.20m以下的,应计算1/2面积。

3.0.3 形成建筑空间的坡屋顶,结构净高在2.10m及以上的部位应计算全面积;结构净高在1.20m及以上至2.10m以下的部位应计算1/2面积;结构净高在1.20m以下的部位不应计算建筑面积。

3.0.4 场馆看台下的建筑空间,结构净高在2.10m及以上的部位应计算全面积;结构净高在1.20m及以上至2.10m以下的部位应计算1/2面积;结构净高在1.20m以下的部位不应计算建筑面积。室内单独设置的有围护设施的悬挑看台,应按看台结构底板水平投影面积计算建筑面积。有顶盖无围护结构的场馆看台应按其顶盖水平投影面积的1/2计算面积。

3.0.5 地下室、半地下室应按其结构外围水平面积计算。结构层高在2.20m及以上的,应计算全面积;结构层高在2.20m以下的,应计算1/2面积。

3.0.6 出入口外墙外侧坡道有顶盖的部位,应按其外墙结构外围水平面积的1/2计算面积。

3.0.7 建筑物架空层及坡地建筑物吊脚架空层,应按其顶板水平投影计算建筑面积。结构层高在2.20m及以上的,应计算全面积;结构层高在2.20m以下的,应计算1/2面积。

3.0.8 建筑物的门厅、大厅按一层计算建筑面积。门厅、大厅内设置的走廊应按其结构底板水平投影面积计算建筑面积。结构层高在2.20m及以上的,应计算全面积;结构层高在2.20m以下的,应计算1/2面积。

3.0.9 建筑物间的架空走廊,有顶盖和围护结构的,应按其围护结构外围水平面积计算全面积;无围护结构、有围护设施的,应按其结构底板水平投影面积计算1/2面积。

3.0.10 立体书库、立体仓库、立体车库,有围护结构的,应按其围护结构外围水平面积计算建筑面积;无围护结构、有围护设施的,应按其结构底板水平投影面积计算建筑面积。无结构层的应按一层计算,有结构层的应按其结构层面积分别计算。结构层高在2.20m及以上的,应计算全面积;结构层高在2.20m以下的,应计算1/2面积。

3.0.11 有围护结构的舞台灯光控制室,应按其围护结构外围水平面积计算。结构层高在2.20m及以上的,应计算全面积;结构层高在2.20m以下的,应计算1/2面积。

3.0.12 附属在建筑物外墙的落地橱窗,应按其围护结构外围水平面积计算。结构层高在2.20m及以上的,应计算全面积;结构层高在2.20m以下的,应计算1/2面积。

3.0.13 窗台与室内楼地面高差在0.45m以下且结构净高在2.1m及以上的凸(飘)窗,应按其围护结构外围水平面积计算1/2面积。

3.0.14 有围护设施的室外走廊(挑廊),应按其结构底板水平投影面积计算1/2面积;有围护设施(或柱)的檐廊,应按其围护设施(或柱)外围水平面积计算1/2面积。

3.0.15 门斗应按其围护结构外围水平面积计算建筑面积。结构层高在2.20m及以上的,应计算全面积;结构层高在2.20m以下的,应计算1/2面积。

3.0.16 门廊应按其顶板水平投影面积的1/2计算建筑面积;有柱雨篷应按其结构板水平投影面积的1/2计算建筑面积;无柱雨篷的结构外边线至外墙结构外边线的宽度在2.10m及以上的,应按雨篷结构板的水平投影面积的1/2计算建筑面积。

3.0.17 设在建筑物顶部的、有围护结构的楼梯间、水箱间、电梯机房等,结构层高在2.20m及以上的,应计算全面积;结构层高在2.20m以下的,应计算1/2面积。

3.0.18 围护结构不垂直于水平面的楼层，应按其底板面的外墙外围水平面积计算。结构净高在2.10m及以上的部位，应计算全面积;结构净高在1.20m及以上至2.10m以下的部位，应计算1/2面积;结构净高在1.20m以下的部位，不应计算建筑面积。

3.0.19 建筑物的室内楼梯、电梯井、提物井、管道井、通风排气竖井、烟道，应并入建筑物的自然层计算建筑面积。有顶盖的采光井应按一层计算建筑面积，结构净高在2.10m及以上的，应计算全面积;结构净高在2.10m以下的，应计算1/2面积。

3.0.20 室外楼梯应并入所依附建筑物自然层，并应按其水平投影面积的1/2计算建筑面积。

3.0.21 在主体结构内的阳台，应按其结构外围水平面积计算全面积;在主体结构外的阳台，应按其结构底板水平投影面积计算1/2面积。

3.0.22 有顶盖无围护结构的车棚、货棚、站台、加油站、收费站等，应按其顶盖水平投影面积的1/2计算建筑面积。

3.0.23 以幕墙作为围护结构的建筑物，应按幕墙外边线计算建筑面积。

3.0.24 建筑物的外墙外保温层，应按其保温材料的水平截面积计算，并计入自然层建筑面积。

3.0.25 与室内相通的变形缝，应按其自然层合并在建筑物建筑面积内计算。对于高低联跨的建筑物，当高低跨内部连通时，其变形缝应计算在低跨面积内。

3.0.26 对于建筑物内的设备层、管道层、避难层等有结构层的楼层，结构层高在2.20m及以上的，应计算全面积;结构层高在2.20m以下的，应计算1/2面积。

3.0.27 下列项目不应计算建筑面积:

1 与建筑物内不相连通的建筑部件;

2 骑楼、过街楼底层的开放公共空间和建筑物通道;

3 舞台及后台悬挂幕布和布景的天桥、挑台等;

4 露台、露天游泳池、花架、屋顶的水箱及装饰性结构构件;

5 建筑物内的操作平台、上料平台、安装箱和罐体的平台;

6 勒脚、附墙柱、垛、台阶、墙面抹灰、装饰面、镶贴块料面层、装饰性幕墙，主体结构外的空调室外机搁板(箱)、构件、配件，挑出宽度在2.10m以下的无柱雨篷和顶盖高度达到或超过两个楼层的无柱雨篷;

7 窗台与室内地面高差在0.45m以下且结构净高在2.10m以下的凸(飘)窗，窗台与室内地面高差在0.45m及以上的凸(飘)窗;

8 室外爬梯、室外专用消防钢楼梯;

9 无围护结构的观光电梯;

10 建筑物以外的地下人防通道，独立的烟囱、烟道、地沟、油(水)罐、气柜、水塔、贮油(水)池、贮仓、栈桥等构筑物。

下 册 目 录

第十八章　脚手架工程

第十九章　垂直运输工程

第二十章　建筑物超高施工增加费

附　　录

第十一章
楼地面装饰工程

说　　明

一、本章定额中凡砂浆、混凝土的厚度、种类、配合比及材料的品种、型号、规格、间距等设计与定额不同时,可按设计规定调整。

二、找平层及整体面层。

1. 找平层及整体面层设计厚度与定额不同时,根据厚度每增减子目按比例调整。

2. 楼地面找平层上如单独找平扫毛,每平方米增加人工 0.04 工日、其他材料费 0.50 元。

3. 厚度 100mm 以内的细石混凝土按找平层项目执行,定额已综合找平层分块浇捣等支模费用;厚度 100mm 以上的按本定额第五章"混凝土及钢筋混凝土工程"垫层项目执行。

4. 细石混凝土找平层定额混凝土按非泵送商品混凝土编制,如使用泵送商品混凝土时除材料换算外相应定额人工乘以系数 0.95。

三、整体面层、块料面层中的楼地面项目,均不包括找平层,发生时套用找平层相应子目。

四、同一铺贴面上有不同种类、材质的材料,应分别按本章相应项目执行。

五、采用地暖的地板垫层,按不同材料执行相应项目,人工乘以系数 1.30,材料乘以系数 0.95。

六、除砂浆面层楼梯外,整体面层、块料面层及地板面层等楼地面和楼梯定额子目均不包括踢脚线。

七、现浇水磨石项目已包括养护和酸洗打蜡等内容,其他块料项目如需做酸洗打蜡者,单独执行相应酸洗打蜡项目。

八、块料面层。

1. 块料面层砂浆粘结层厚度设计与定额不同时,按水泥砂浆找平层厚度每增减子目进行调整换算。

2. 块料面层粘结剂铺贴其粘结层厚度按规范要求综合测定,除有特殊要求外一般不做调整。

3. 块料面层结合砂浆如采用干硬性砂浆的,除材料单价换算外,人工乘以系数 0.85。

4. 块料面层铺贴定额子目包括块料安装的切割,未包括块料磨边及弧形块的切割。如设计要求磨边者套用磨边相应子目,如设计弧形块贴面时,弧形切割费另行计算。

5. 块料面层铺贴,设计有特殊要求的,可根据设计图纸调整定额损耗率。

6. 块料离缝铺贴灰缝宽度均按 8mm 计算,设计块料规格及灰缝大小与定额不同时,面砖及勾缝材料用量做相应调整。

7. 镶嵌规格在 100mm × 100mm 以内的石材执行点缀项目。

8. 石材楼地面拼花按成品考虑。

9. 石材楼地面需做分格、分色的,按相应项目人工乘以系数 1.10。

10. 广场砖铺贴定额所指拼图案,指铺贴不同颜色或规格的广场砖形成环形、菱形等图案。分色线性铺装按不拼图案定额套用。

11. 镭射玻璃面层定额按成品考虑。

九、其他材料面层。

1. 木地板铺贴基层如采用毛地板的,套用细木工板基层定额,除材料单价换算外,人工含量乘以系数 1.05。

2. 木地板安装按成品企口板考虑,若采用平口板,其人工乘以系数 0.85。

3. 木地板填充材料按本定额第十章"保温、隔热、防腐工程"相应项目执行。

4. 防静电地板(含基层骨架)定额按成品考虑。

十、圆弧形等不规则楼地面镶贴面层、饰面面层按相应项目人工乘以系数 1.15,块料消耗量按实调整。

十一、踢脚线。

1.踢脚线高度超过300mm者,按墙、柱面工程相应定额执行。

2.弧形踢脚线按相应项目人工、机械乘以系数1.15。

十二、楼梯、台阶。

1.楼梯面层定额不包括楼梯底板装饰,楼梯底板装饰套天棚工程。砂浆楼梯、台阶面层包括楼梯、台阶侧面抹灰。

2.螺旋形楼梯的装饰,套用相应定额子目,人工与机械乘以系数1.10,块料面层材料用量乘以系数1.15,其他材料用量乘以系数1.05。

3.石材螺旋形楼梯,按弧形楼梯项目人工乘以系数1.20。

十三、零星项目面层适用于块料楼梯侧面、块料台阶的牵边,小便池、蹲台、池槽、检查(工作)井等内空面积在0.5m²以内且未列项目的工程及断面内空面积0.4m²以内的地沟、电缆沟。

十四、分格嵌条、防滑条。

1.楼梯、台阶嵌铜条定额按嵌入两条考虑,如设计要求嵌入数量不同时,除铜条数量按实调整外,其他工料如嵌入三条乘以系数1.50,如嵌入一条乘以系数0.50。

2.楼梯开防滑槽定额按两条考虑,如设计要求开三条乘以系数1.50,开一条乘以系数0.50。

工程量计算规则

一、楼地面找平层及整体面层按设计图示尺寸以面积计算,应扣除凸出地面的构筑物、设备基础、室内铁道、地沟等所占面积,不扣除间壁墙(间壁墙是指在地面面层做好后再进行施工的墙体)及 0.3m² 以内柱、垛、附墙烟囱及孔洞所占面积。但门洞、空圈(暖气包槽、壁龛)的开口部分也不增加。

二、块料、橡塑及其他材料面层。

1. 块料、橡胶及其他材料等面层楼地面按设计图示尺寸以"m²"计算,门洞、空圈(暖气包槽、壁龛)的开口部分工程量并入相应面层内计算。

2. 石材拼花按最大外围尺寸以矩形面积计算。有拼花的石材地面,按设计图示尺寸扣除拼花的最大外围矩形面积计算面积。

3. 点缀按"个"计算,计算主体铺贴地面面积时,不扣除点缀所占面积。

4. 石材嵌边(波打线)、六面刷养护液、地面精磨、勾缝按设计图示尺寸以铺贴面积计算。

5. 石材打胶、弧形切割增加费按石材设计图示尺寸以"延长米"计算。

三、踢脚线按设计图示长度乘高度以面积计算。楼梯靠墙踢脚线(含锯齿形部分)贴块料按设计图示面积计算。

四、楼梯面层。

1. 楼梯面层按设计图示尺寸以楼梯(包括踏步、休息平台及500mm 以内的楼梯井)水平投影面积计算。楼梯与楼地面相连时,算至梯口梁外侧边沿;无梯口梁者,算至最上一层踏步边沿加300mm。

2. 地毯配件的压辊按设计图示尺寸以"套"计算、压板按设计图示尺寸以"延长米"计算。

五、整体面层台阶工程量按设计图示尺寸以台阶(包括最上层踏步边沿加300mm)水平投影面积计算;块料面层台阶工程量按设计图示尺寸以展开台阶面积计算。如与平台相连时,平台面积在10m² 以内的按台阶计算,平台面积在10m² 以上时,台阶算至最上层踏步边沿加300mm,平台按楼地面工程计算套用相应定额。

六、零星装饰项目按设计图示尺寸以面积计算。

七、分格嵌条、防滑条按设计图示尺寸以"延长米"计算。

八、面层割缝、楼梯开防滑槽按设计图示尺寸以"延长米"计算。

九、酸洗打蜡工程量分别对应整体面层及块料面层工程量。

一、找平层及整体面层

工作内容:清理基层、调运砂浆、抹平、压实。 　　　　　　　　　　　　　　　　　计量单位:100m²

定 额 编 号			11-1	11-2	11-3	11-4
项　　　　目			干混砂浆找平层(厚 mm)			素水泥浆一道
			混凝土或硬基层上	填充材料上	每增减 1	
			20			
基　价　(元)			**1746.27**	**2236.68**	**62.85**	**180.25**
其中	人　　工　　费　(元)		803.21	1058.19	15.81	133.77
	材　　料　　费　(元)		923.29	1153.68	46.07	46.48
	机　　械　　费　(元)		19.77	24.81	0.97	—
名　　称	单位	单价(元)	消　耗　量			
人工 三类人工	工日	155.00	5.182	6.827	0.102	0.863
材料 干混地面砂浆 DS M20.0	m³	443.08	2.040	2.550	0.102	—
纯水泥浆	m³	430.36	—	—	—	0.102
水	m³	4.27	0.400	0.400	—	—
其他材料费	元	1.00	17.70	22.12	0.88	2.58
机械 干混砂浆罐式搅拌机 20000L	台班	193.83	0.102	0.128	0.005	—

工作内容:1. 细石混凝土搅拌捣平、压实;
　　　　　　2. 调运砂浆、抹平、压光。 　　　　　　　　　　　　　　　　　计量单位:100m²

定 额 编 号			11-5	11-6	11-7
项　　　　目			细石混凝土找平层(厚 mm)		混凝土面上干混砂浆随捣随抹
			30	每增减 1	
基　价　(元)			**2467.82**	**47.39**	**501.95**
其中	人　　　工　　　费　(元)		1189.01	4.81	314.65
	材　　　料　　　费　(元)		1275.80	42.47	185.36
	机　　　械　　　费　(元)		3.01	0.11	1.94
名　　称	单位	单价(元)	消　耗　量		
人工 三类人工	工日	155.00	7.671	0.031	2.030
材料 非泵送商品混凝土 C20	m³	412.00	3.030	0.101	—
干混地面砂浆 DS M20.0	m³	443.08	—	—	0.200
聚乙烯薄膜	m²	0.86	—	—	105.000
水	m³	4.27	0.400	—	0.600
其他材料费	元	1.00	25.73	0.86	3.88
机械 干混砂浆罐式搅拌机 20000L	台班	193.83	—	—	0.010
混凝土振捣器 平板式	台班	12.54	0.240	0.009	—

工作内容:清理基层、调运砂浆、抹平、压光。　　　　　　　　　　　　　　　　**计量单位**:100m²

定　额　编　号			11-8	11-9	11-10
项　　　　目			干混砂浆楼地面(厚 mm)		
			混凝土或硬基层上	填充材料上	每增减 1
			20		
基　　价　　(元)			**2036.90**	**2611.78**	**62.85**
其中	人　工　费　(元)		1079.89	1419.34	15.81
	材　料　费　(元)		937.24	1167.63	46.07
	机　械　费　(元)		19.77	24.81	0.97
名　　称	单位	单价(元)	消　耗　量		
人工 三类人工	工日	155.00	6.967	9.157	0.102
材料 干混地面砂浆 DS M20.0	m³	443.08	2.040	2.550	0.102
水	m³	4.27	3.600	3.600	—
其他材料费	元	1.00	17.98	22.40	0.88
机械 干混砂浆罐式搅拌机 20000L	台班	193.83	0.102	0.128	0.005

工作内容:清理基层、调运砂浆、抹平、压光。　　　　　　　　　　　　　　　　**计量单位**:100m²

定　额　编　号			11-11	11-12	11-13	11-14
项　　　　目			剁假石楼地面	干混砂浆礓蹉面层	金刚砂耐磨地坪	菱苦土地面
					厚度(mm)	
					2.5	底 15 面 10
基　　价　　(元)			**5544.67**	**6264.84**	**2802.20**	**4312.22**
其中	人　工　费　(元)		4396.58	4797.56	930.00	2003.53
	材　料　费　(元)		1113.02	1440.53	1627.32	2237.56
	机　械　费　(元)		35.07	26.75	244.88	71.13
名　　称	单位	单价(元)	消　耗　量			
人工 三类人工	工日	155.00	28.365	30.952	6.000	12.926
材料 干混地面砂浆 DS M20.0	m³	443.08	1.540	2.750	—	—
金刚砂	kg	4.85	—	—	305.300	—
普通硅酸盐水泥 P·O 42.5 综合	kg	0.34	—	—	195.250	—
菱苦土砂浆 1:1.4:0.6	m³	595.15	—	—	—	2.754
水泥白石屑浆 1:2	m³	258.85	1.540	—	—	—
纯水泥浆	m³	430.36	—	0.101	—	—
聚乙烯薄膜	m²	0.86	—	105.000	—	—
水	m³	4.27	2.220	3.900	—	—
木模板	m³	1445.00	—	0.030	—	—
黄砂 净砂(粗砂)	m³	158.00	—	—	—	0.500
煤油	kg	3.79	—	—	—	3.960
清油	kg	14.22	—	—	—	6.000
油漆溶剂油	kg	3.79	—	—	—	2.000
色粉	kg	3.19	—	—	—	76.000
地板蜡	kg	9.91	—	—	—	2.650
锯木屑	m³	21.55	—	—	—	2.630
其他材料费	元	1.00	22.57	28.29	80.23	86.23
机械 干混砂浆罐式搅拌机 20000L	台班	193.83	0.077	0.138	—	—
灰浆搅拌机 200L	台班	154.97	0.130	—	0.070	0.459
平面水磨石机 3kW	台班	21.71	—	—	10.780	—

注:金刚砂耐磨地坪实际厚度与定额取定不同时,相应定额按比例换算。

工作内容:1. 清理基层、刷界面剂、调自流平砂浆,铺砂浆,滚压地面;

2. 清理基层,分层配料;涂刷底漆,批刮腻子,滚涂面漆;分层清理。 计量单位:100m²

定 额 编 号				11-15	11-16	11-17	11-18	11-19	11-20
项 目				水泥基自流平砂浆(厚 mm)		环氧地坪涂料			
				面层 4	每增减 1	底涂一道	中涂一道	中涂增加一遍	面涂一道
基 价 (元)				**2498.46**	**476.95**	**974.49**	**945.64**	**687.50**	**1091.96**
其中	人 工 费 (元)			1436.85	223.20	573.50	474.30	358.05	465.00
	材 料 费 (元)			1051.07	253.44	310.19	425.94	284.05	536.16
	机 械 费 (元)			10.54	0.31	90.80	45.40	45.40	90.80
名 称		单位	单价(元)	消 耗 量					
人工	三类人工	工日	155.00	9.270	1.440	3.700	3.060	2.310	3.000
材料	水泥基自流平砂浆	m³	2347.08	0.408	0.102	—	—	—	—
	无溶剂型环氧底漆	kg	17.24	—	—	15.375	—	—	—
	无溶剂型环氧中间漆	kg	23.28	—	—	—	15.375	10.250	—
	无溶剂型环氧面漆	kg	14.66	—	—	—	—	—	30.750
	环氧渗透底漆固化剂	kg	7.25	—	—	3.844	3.075	2.050	7.688
	界面剂	kg	1.73	20.400	—	—	—	—	—
	石英粉 综合	kg	0.97	—	—	—	22.950	15.300	—
	水	m³	4.27	0.136	0.034	—	—	—	—
	电	kW·h	0.78	—	—	0.312	0.312	0.312	0.312
	其他材料费	元	1.00	57.59	13.89	17.01	23.21	15.48	29.38
机械	轴流通风机 7.5kW	台班	45.40	—	—	2.000	1.000	1.000	2.000
	灰浆搅拌机 200L	台班	154.97	0.068	0.002	—	—	—	—

工作内容:清理基层,分层配料;涂刷底漆,批刮腻子,滚涂面漆;分层打磨清理。 计量单位:100m²

定 额 编 号				11-21	11-22	11-23	11-24
项 目				环氧自流平涂料			
				底涂一道	中涂一道	中涂增加一道	面涂一道
基 价 (元)				**1722.59**	**3623.83**	**965.53**	**3708.20**
其中	人 工 费 (元)			1218.30	1302.00	306.90	1348.50
	材 料 费 (元)			413.49	2140.23	567.83	2268.90
	机 械 费 (元)			90.80	181.60	90.80	90.80
名 称		单位	单价(元)	消 耗 量			
人工	三类人工	工日	155.00	7.860	8.400	1.980	8.700
材料	无溶剂型环氧底漆	kg	17.24	20.500	—	—	—
	无溶剂型环氧中间漆	kg	23.28	—	71.750	20.500	—
	无溶剂型环氧面漆	kg	14.66	—	—	—	130.175
	环氧渗透底漆固化剂	kg	7.25	5.125	14.350	4.100	32.544
	石英砂 综合	kg	0.97	—	257.040	30.600	—
	电	kW·h	0.78	0.312	0.939	0.312	0.312
	其他材料费	元	1.00	22.67	115.79	30.94	124.35
机械	轴流通风机 7.5kW	台班	45.40	2.000	4.000	2.000	2.000

工作内容:清理基层、面层铺设、嵌玻璃条、磨石抛光、酸洗打蜡。　　　　　　　　　　　　　　　　计量单位:100m²

定　额　编　号				11-25	11-26	11-27	11-28	11-29	11-30
项　　　目				本色水磨石(厚 mm)			彩色水磨石(厚 mm)		
				带嵌条	不带嵌条	每增减1	有嵌条		每增减1
							带图案	不带图案	
				12			18		
基　　价　　(元)				**8934.44**	**7537.82**	**73.62**	**11705.75**	**10822.87**	**100.90**
其中	人　　工　　费　　(元)			7502.47	6180.16	17.36	8938.08	8055.20	17.36
	材　　料　　费　　(元)			1154.54	1080.23	45.41	2109.11	2109.11	72.69
	机　　械　　费　　(元)			277.43	277.43	10.85	658.56	658.56	10.85
名　　称		单位	单价(元)	消　　耗　　量					
人工	三类人工	工日	155.00	48.403	39.872	0.112	57.665	51.969	0.112
材料	水泥白石子浆 1:2	m³	435.67	1.430	1.430	0.102	—	—	—
	白水泥彩色石子浆 1:2	m³	697.95	—	—	—	2.040	2.040	0.102
	纯水泥浆	m³	430.36	0.101	0.101	—	0.101	0.101	—
	金刚石	块	8.62	33.000	33.000	—	48.000	48.000	—
	复合硅酸盐水泥 P·C 32.5R 综合	kg	0.32	26.000	26.000	—	—	—	—
	白色硅酸盐水泥 425# 二级白度	kg	0.59	—	—	—	26.000	26.000	—
	地板蜡	kg	9.91	3.010	3.010	—	3.010	3.010	—
	草酸	kg	3.88	1.140	1.140	—	1.140	1.140	—
	煤油	kg	3.79	4.500	4.500	—	4.500	4.500	—
	清油	kg	14.22	0.600	0.600	—	0.600	0.600	—
	溶剂油	kg	2.29	0.600	0.600	—	0.600	0.600	—
	棉纱	kg	10.34	1.100	1.100	—	—	—	—
	水	m³	4.27	5.800	5.800	—	5.800	5.800	—
	平板玻璃 δ3	m²	15.52	4.680	—	—	5.280	5.280	—
	其他材料费	元	1.00	25.30	23.62	0.97	44.80	44.80	1.50
机械	平面水磨石机 3kW	台班	21.71	10.780	10.780	—	28.050	28.050	—
	灰浆搅拌机 200L	台班	154.97	0.280	0.280	0.070	0.320	0.320	0.070

注:1.水磨石嵌铜条另计,扣除定额玻璃条用量。

　　2.水磨石如掺颜料,掺量按设计规定,如设计不明确时,按石子浆水泥用量的8%计算。

二、块料面层

工作内容:清理基层、试排弹线、锯板修边、铺抹结合层、铺贴饰面、清理净面;磨光、勾缝。 计量单位:100m²

定 额 编 号				11-31	11-32
项 目				石材楼地面	
				干混砂浆铺贴	粘结剂铺贴
基 价 (元)				**20626.79**	**19557.26**
其中	人 工 费 (元)			3341.18	2390.10
	材 料 费 (元)			17265.84	17167.16
	机 械 费 (元)			19.77	—
	名 称	单位	单价(元)	消 耗 量	
人工	三类人工	工日	155.00	21.556	15.420
材料	天然石材饰面板	m²	159.00	102.000	102.000
	干混地面砂浆 DS M20.0	m³	443.08	0.510	—
	干混地面砂浆 DS M15.0	m³	443.08	1.530	—
	纯水泥浆	m³	430.36	0.101	—
	白色硅酸盐水泥 425# 二级白度	kg	0.59	10.200	—
	棉纱	kg	10.34	1.000	1.000
	石料切割锯片	片	27.17	0.615	0.615
	石材填缝剂	kg	2.59	—	10.200
	石材粘合剂	kg	1.08	—	768.750
	水	m³	4.27	2.300	1.150
	电	kW·h	0.78	11.070	11.070
	其他材料费	元	1.00	48.97	51.90
机械	干混砂浆罐式搅拌机 20000L	台班	193.83	0.102	—

工作内容:清理基层、试排弹线、锯板修边、铺抹结合层、铺贴饰面、清理净面;磨光、勾缝。

定　额　编　号			11-33	11-34	11-35	11-36	11-37
项　　　目			石材楼地面				
			拼花		碎拼		点缀
			干混砂浆铺贴	粘结剂铺贴	干混砂浆铺贴	粘结剂铺贴	
计　量　单　位			100m²				100个
基　　价　（元）			**18055.39**	**16510.67**	**11947.23**	**11264.47**	**3904.41**
其中	人　　工　　费　（元）		4629.39	3202.92	3545.47	2980.96	3434.80
	材　　料　　费　（元）		13406.23	13307.75	8381.99	8283.51	469.61
	机　　械　　费　（元）		19.77	—	19.77	—	—
	名　　称	单位	单价（元）	消　耗　量			
人工	三类人工	工日	155.00	29.867	20.664	22.874	19.232	22.160
材料	天然石材饰面板 拼花	m²	119.00	104.000	104.000	—	—	—
	天然石材饰面板 碎拼	m²	70.69	—	—	104.000	104.000	—
	点缀石块 25×25	个	4.15	—	—	—	—	102.000
	干混地面砂浆 DS M20.0	m³	443.08	0.510	—	0.510	—	—
	干混地面砂浆 DS M15.0	m³	443.08	1.530	—	1.530	—	—
	纯水泥浆	m³	430.36	0.101	—	0.101	—	—
	白色硅酸盐水泥 425# 二级白度	kg	0.59	10.300	—	10.300	—	3.430
	棉纱	kg	10.34	1.000	1.000	1.000	1.000	0.330
	石料切割锯片	片	27.17	—	—	—	—	0.670
	石材填缝剂	kg	2.59	—	10.300	—	10.300	—
	石材粘合剂	kg	1.08	—	768.750	—	768.750	—
	电	kW·h	0.78	11.070	11.070	11.070	11.070	12.060
	水	m³	4.27	2.300	1.150	2.300	1.150	0.870
	其他材料费	元	1.00	48.01	50.94	48.01	50.94	9.55
机械	干混砂浆罐式搅拌机 20000L	台班	193.83	0.102	—	0.102	—	—

工作内容:清理基层、试排弹线、锯板修边、铺抹结合层、铺贴饰面、清理净面;石材底面刷养护液;
石材表面刷保护液;磨光;打胶;勾缝。

定 额 编 号			11-38	11-39	11-40	11-41	11-42	11-43
项 目			石材			石材楼地面		
			波打线(嵌边)		六面刷保护液	精磨镜面处理	打胶	勾缝
			干混砂浆铺贴	粘结剂铺贴				
计 量 单 位			100m²		100m²		100m	100m²
基 价 (元)			**22253.14**	**20915.11**	**1361.78**	**2781.17**	**594.12**	**1193.80**
其中	人 工 费 (元)		4626.75	3400.55	512.28	2529.76	446.40	558.00
	材 料 费 (元)		17606.62	17514.56	849.50	133.31	147.72	635.80
	机 械 费 (元)		19.77	—	—	118.10		
名 称	单位	单价(元)	消 耗 量					
人工 三类人工	工日	155.00	29.850	21.939	3.305	16.321	2.880	3.600
材料 天然石材饰面板	m²	159.00	104.000	104.000	—	—	—	—
石材保护液	kg	31.98	—	—	25.000	—	—	—
美纹纸	m	0.50	—	—	—	—	110.000	—
密封剂	kg	6.90	—	—	—	—	—	30.000
干混地面砂浆 DS M20.0	m³	443.08	0.510	—	—	—	—	—
干混地面砂浆 DS M15.0	m³	443.08	1.530	—	—	—	—	—
纯水泥浆	m³	430.36	0.101	—	—	—	—	—
白色硅酸盐水泥 425# 二级白度	kg	0.59	10.300	10.300	—	—	—	—
石料切割锯片	片	27.17	0.390	0.390	—	—	—	—
棉纱头	kg	10.34	1.000	1.000	—	—	—	—
锯木屑	m³	21.55	0.600	0.600	—	—	—	—
水	m³	4.27	2.300	1.150	—	7.800	—	—
电	kW·h	0.78	29.850	29.850	—	—	—	—
石材粘合剂	kg	1.08	—	768.750	—	—	—	—
石材填缝剂	kg	2.59	—	10.300	—	—	—	—
玻璃胶 335g	支	10.34	—	—	—	—	8.000	—
棉布 400g/m²	kg	30.60	—	—	—	—	—	12.000
毛刷	把	2.16	—	—	—	—	—	10.000
其他材料费	元	1.00	50.22	53.50	50.00	100.00	10.00	40.00
机械 干混砂浆罐式搅拌机 20000L	台班	193.83	0.102	—	—	—	—	—
平面水磨石机 3kW	台班	21.71	—	—	—	5.440	—	—

工作内容：清理基层、试排弹线、浸泡、锯板修边、铺抹结合层、铺贴饰面、清理净面。 计量单位：100m²

定 额 编 号				11-44	11-45	11-46	11-47
项 目				地砖楼地面(干混砂浆铺贴)(周长 mm)			
				1200 以内	2000 以内	2400 以内	2400 以外
				密缝			
基 价 （元）				**8882.48**	**9347.87**	**9815.44**	**12256.52**
其中	人 工 费 （元）			3194.40	3127.28	3239.50	3385.67
	材 料 费 （元）			5668.31	6200.82	6556.17	8851.08
	机 械 费 （元）			19.77	19.77	19.77	19.77
名 称		单位	单价(元)	消 耗 量			
人工	三类人工	工日	155.00	20.609	20.176	20.900	21.843
材料	地砖 300×300	m²	44.83	103.000	—	—	—
	地砖 500×500	m²	50.00	—	103.000	—	—
	地砖 600×600	m²	53.45	—	—	103.000	—
	地砖 800×800	m²	75.00	—	—	—	104.000
	干混地面砂浆 DS M15.0	m³	443.08	1.530	1.530	1.530	1.530
	干混地面砂浆 DS M20.0	m³	443.08	0.510	0.510	0.510	0.510
	纯水泥浆	m³	430.36	0.101	0.101	0.101	0.101
	白色硅酸盐水泥 425# 二级白度	kg	0.59	10.200	10.200	10.200	10.200
	棉纱头	kg	10.34	1.000	1.000	1.000	1.025
	锯木屑	m³	21.55	0.600	0.600	0.600	0.600
	石料切割锯片	片	27.17	0.300	0.300	0.300	0.300
	水	m³	4.27	2.300	2.300	2.300	2.300
	电	kW·h	0.78	9.060	9.060	9.060	9.060
	其他材料费	元	1.00	49.14	49.14	49.14	49.15
机械	干混砂浆罐式搅拌机 20000L	台班	193.83	0.102	0.102	0.102	0.102

工作内容:清理基层、试排弹线、锯板修边、铺抹结合层、铺贴饰面、清理净面。 计量单位:100m²

定 额 编 号			11-48	11-49	11-50	11-51
项 目			地砖楼地面(粘结剂铺贴)(周长 mm)			
			1200 以内	2000 以内	2400 以内	2400 以外
			密缝			
基 价 (元)			6947.37	7413.23	7880.18	10318.98
其中	人 工 费 (元)		2070.80	2004.15	2115.75	2259.90
	材 料 费 (元)		4876.57	5409.08	5764.43	8059.08
	机 械 费 (元)		—	—	—	—
名 称	单位	单价(元)	消 耗 量			
人工	三类人工	工日	155.00	13.360	12.930	13.650	14.580
材料	地砖 300×300	m²	44.83	103.000	—	—	—
	地砖 500×500	m²	50.00	—	103.000	—	—
	地砖 600×600	m²	53.45	—	—	103.000	—
	地砖 800×800	m²	75.00	—	—	—	104.000
	陶瓷砖填缝剂	kg	2.59	10.200	10.200	10.200	10.200
	陶瓷砖粘合剂	kg	0.43	461.250	461.250	461.250	461.250
	石料切割锯片	片	27.17	0.300	0.300	0.300	0.300
	水	m³	4.27	1.150	1.150	1.150	1.150
	电	kW·h	0.78	9.060	9.060	9.060	9.060
	其他材料费	元	1.00	14.20	14.20	14.20	14.20

工作内容：清理基层、试排弹线、浸泡、锯板修边、铺抹结合层、铺贴饰面、清理净面。　　　　　　　计量单位：100m²

定　额　编　号				11-52	11-53	11-54	11-55
项　　　目				地砖楼地面（干混砂浆铺贴）（周长　mm）			
				1200 以内	2000 以内	2400 以内	2400 以外
				离缝			
基　　价　（元）				8456.33	9403.73	9662.93	11940.31
其中	人　工　费　（元）			3040.02	3449.22	3328.32	3422.40
	材　料　费　（元）			5396.15	5934.35	6314.45	8497.75
	机　械　费　（元）			20.16	20.16	20.16	20.16
名　　称		单位	单价（元）	消　耗　量			
人工	三类人工	工日	155.00	19.613	22.253	21.473	22.080
材料	地砖 300×300	m²	44.83	96.770	—	—	—
	地砖 500×500	m²	50.00	—	97.620	—	—
	地砖 600×600	m²	53.45	—	—	98.470	—
	地砖 800×800	m²	75.00	—	—	—	99.330
	干混地面砂浆 DS M15.0	m³	443.08	1.530	1.530	1.530	1.530
	干混地面砂浆 DS M20.0	m³	443.08	0.510	0.510	0.510	0.510
	干混地面砂浆 DS M25.0	m³	460.16	0.042	0.032	0.027	0.020
	纯水泥浆	m³	430.36	0.101	0.101	0.101	0.101
	白色硅酸盐水泥 425# 二级白度	kg	0.59	10.000	10.000	10.300	10.300
	石料切割锯片	片	27.17	0.290	0.290	0.290	0.290
	棉纱	kg	10.34	1.000	1.000	1.000	1.000
	水	m³	4.27	2.600	2.600	2.600	2.600
	电	kW·h	0.78	8.607	8.607	8.607	8.607
	其他材料费	元	1.00	49.34	49.34	49.34	49.34
机械	干混砂浆罐式搅拌机 20000L	台班	193.83	0.104	0.104	0.104	0.104

注：嵌缝材质按干混地面砂浆 DSM25.0 考虑，嵌缝材料不同应进行调整换算。

工作内容:清理基层、试排弹线、锯板修边、铺抹结合层、铺贴饰面、清理净面。 计量单位:100m²

定 额 编 号				11-56	11-57	11-58	11-59
项 目				地砖楼地面(粘结剂铺贴)(周长 mm)			
				1200 以内	2000 以内	2400 以内	2400 以外
				离缝			
基 价 (元)				**6611.44**	**7091.00**	**7579.24**	**9902.64**
其中	人 工 费 (元)			1967.26	1904.02	2010.04	2146.91
	材 料 费 (元)			4644.18	5186.98	5569.20	7755.73
	机 械 费 (元)			—	—	—	—
名 称		单位	单价(元)	消 耗 量			
人工	三类人工	工日	155.00	12.692	12.284	12.968	13.851
材料	地砖 300×300	m²	44.83	96.770	—	—	—
	地砖 500×500	m²	50.00	—	97.620	—	—
	地砖 600×600	m²	53.45	—	—	98.470	—
	地砖 800×800	m²	75.00	—	—	—	99.330
	石料切割锯片	片	27.17	0.290	0.290	0.290	0.290
	陶瓷砖粘合剂	kg	0.43	553.500	553.500	553.500	553.500
	陶瓷砖填缝剂	kg	2.59	12.240	12.240	12.240	12.240
	水	t	4.27	1.150	1.150	1.150	1.150
	电	kW·h	0.78	8.607	8.607	8.607	8.607
	其他材料费	元	1.00	16.77	16.77	16.77	16.77

工作内容:清理基层、试排弹线、铺贴饰面、清理净面。 计量单位:100m²

定 额 编 号				11-60	11-61
项 目				镭射玻璃砖	
				单层钢化砖 8 厚	夹层钢化砖 (8+5)厚
基 价 (元)				**18791.96**	**24860.88**
其中	人 工 费 (元)			3124.80	2951.20
	材 料 费 (元)			15667.16	21909.68
	机 械 费 (元)			—	—
名 称		单位	单价(元)	消 耗 量	
人工	三类人工	工日	155.00	20.160	19.040
材料	镭射玻璃 600×600×8	m²	142.00	103.000	—
	镭射夹层玻璃 (8+5)600×600	m²	203.00	—	103.000
	玻璃胶 335g	支	10.34	84.000	80.300
	棉纱头	kg	10.34	2.000	2.000
	麻袋布	m²	4.31	22.000	22.000
	其他材料费	元	1.00	57.10	54.88

工作内容:清理基层、弹线、浸泡、锯板修边、瓷砖浸水、铺抹结合层、铺贴饰面、勾缝、清理净面。　　**计量单位:**100m²

定　额　编　号			11-62	11-63	11-64	11-65
项　　　目			缸砖楼地面		陶瓷锦砖(马赛克)楼地面	
			干混砂浆铺贴			
			勾缝	不勾缝	不拼花	拼花
基　价　(元)			**5460.89**	**5323.55**	**12883.24**	**13679.87**
其中	人　工　费　(元)		2916.95	2672.82	4101.77	4751.84
	材　料　费　(元)		2523.20	2630.96	8761.70	8908.26
	机　械　费　(元)		20.74	19.77	19.77	19.77
名　称	单位	单价(元)	消　耗　量			
人工 三类人工	工日	155.00	18.819	17.244	26.463	30.657
材料 缸砖	m²	15.60	91.480	102.000	—	—
陶瓷锦砖 300×300	m²	73.28	—	—	102.000	104.000
干混地面砂浆 DS M15.0	m³	443.08	1.530	1.530	1.530	1.530
干混地面砂浆 DS M20.0	m³	443.08	0.510	0.510	—	—
干混地面砂浆 DS M25.0	m³	460.16	0.100	—	1.010	1.010
纯水泥浆	m³	430.36	0.101	0.101	0.101	0.101
白色硅酸盐水泥·425# 二级白度	kg	0.59	10.200	10.200	20.600	20.600
棉纱	kg	10.34	2.000	1.000	2.000	2.000
石料切割锯片	片	27.17	0.290	0.290	—	—
电	kW·h	0.78	9.060	9.060	9.060	9.060
水	m³	4.27	2.600	2.600	2.600	2.600
其他材料费	元	1.00	50.00	50.00	50.00	50.00
机械 干混砂浆罐式搅拌机 20000L	台班	193.83	0.107	0.102	0.102	0.102

工作内容:清理基层、弹线、锯板修边、瓷砖浸水、铺抹结合层、铺贴饰面、勾缝、清理净面。　　**计量单位:**100m²

定　额　编　号			11-66	11-67	11-68	11-69
项　　　目			缸砖楼地面		陶瓷锦砖(马赛克)楼地面	
			粘结剂铺贴			
			勾缝	不勾缝	不拼花	拼花
基　价　(元)			**3907.40**	**4002.43**	**9994.27**	**10292.11**
其中	人　工　费　(元)		2174.34	2104.44	2221.62	2372.90
	材　料　费　(元)		1733.06	1897.99	7772.65	7919.21
	机　械　费　(元)		—	—	—	—
名　称	单位	单价(元)	消　耗　量			
人工 三类人工	工日	155.00	14.028	13.577	14.333	15.309
材料 缸砖	m²	15.60	91.480	102.000	—	—
陶瓷锦砖 300×300	m²	73.28	—	—	102.000	104.000
石料切割锯片	片	27.17	0.290	0.320	—	—
陶瓷砖填缝剂	kg	2.59	12.240	12.240	12.240	12.240
陶瓷砖粘合剂	kg	0.43	553.500	553.500	553.500	553.500
水	t	4.27	1.300	1.300	1.300	1.300
电	kW·h	0.78	9.060	9.060	9.060	9.060
料 其他材料费	元	1.00	15.77	15.77	15.77	15.77

工作内容:清理基层、试排弹线、锯板修边、铺抹结合层、铺贴饰面、清理净面。 计量单位:100m²

定 额 编 号				11-70	11-71	11-72	11-73
项 目				水泥花砖楼地面	广场砖楼地面		鹅卵石地坪
					拼图案	不拼图案	
					干混砂浆铺贴		
基 价 (元)				**4663.84**	**7596.84**	**7135.04**	**15102.22**
其中	人 工 费 (元)			2376.15	3873.45	3493.70	12386.36
	材 料 费 (元)			2267.92	3701.29	3619.24	2680.00
	机 械 费 (元)			19.77	22.10	22.10	35.86
名 称		单位	单价(元)	消 耗 量			
人工	三类人工	工日	155.00	15.330	24.990	22.540	79.912
材料	水泥花砖 200×200×30	m²	12.41	102.000	—	—	—
	广场砖 100×100	m²	28.45	—	90.334	87.450	—
	园林用卵石 本色	t	124.00	—	—	—	7.344
	干混地面砂浆 DS M15.0	m³	443.08	1.530	1.530	1.530	2.160
	干混地面砂浆 DS M20.0	m³	443.08	0.510	0.510	0.510	1.530
	干混地面砂浆 DS M25.0	m³	460.16	—	0.242	0.242	—
	白色硅酸盐水泥 425# 二级白度	kg	0.59	—	20.000	20.000	—
	锯木屑	m³	21.55	0.600	0.600	0.600	—
	棉纱头	kg	10.34	1.000	1.000	1.000	5.000
	水	m³	4.27	2.600	2.600	2.600	—
	石料切割锯片	片	27.17	0.336	0.336	0.336	—
	电	kW·h	0.78	10.080	10.080	10.080	—
	其他材料费	元	1.00	46.85	52.88	52.88	82.67
机械	干混砂浆罐式搅拌机 20000L	台班	193.83	0.102	0.114	0.114	0.185

工作内容:切割、磨光。 计量单位:10m

定 额 编 号				11-74	11-75
项 目				弧形切割增加费	
				天然石材	块料
基 价 (元)				**114.28**	**59.63**
其中	人 工 费 (元)			93.00	46.50
	材 料 费 (元)			21.28	13.13
	机 械 费 (元)			—	—
名 称		单位	单价(元)	消 耗 量	
人工	三类人工	工日	155.00	0.600	0.300
材料	石料切割锯片	片	27.17	0.140	0.070
	电	kW·h	0.78	15.990	7.990
	其他材料费	元	1.00	5.00	5.00

三、橡 塑 面 层

工作内容:清理基层、弹线、刮腻子、涂刷粘结剂、贴面层、收口、净面。　　　　　　　　计量单位:100m²

	定　额　编　号			11-76	11-77	11-78	11-79
	项　　　目			橡胶板	橡胶卷材	塑料板	塑料卷材
	基　价　(元)			**5216.34**	**4210.57**	**3125.37**	**10152.11**
其中	人　工　费	（元）		1571.08	1275.96	1846.21	1319.36
	材　料　费	（元）		3645.26	2934.61	1279.16	8832.75
	机　械　费	（元）		—	—	—	—
	名　　称	单位	单价(元)	消　耗　量			
人工	三类人工	工日	155.00	10.136	8.232	11.911	8.512
材料	橡胶板 δ3	m²	26.03	105.000	—	—	—
	再生橡胶卷材	m²	19.66	—	110.000	—	—
	塑料板	m²	4.83	—	—	105.000	—
	塑料地板卷材 δ1.5	m²	73.28	—	—	—	110.000
	氯丁橡胶粘接剂	kg	14.81	54.460	45.000	45.000	45.000
	羧甲基纤维素	kg	13.14	0.340	0.340	0.340	0.340
	聚醋酸乙烯乳液	kg	5.60	1.700	1.700	1.700	1.700
	成品腻子粉	kg	0.86	17.314	17.314	17.314	17.314
	水砂纸	张	1.00	6.000	5.999	5.999	5.940
	棉纱头	kg	10.34	2.000	2.000	2.000	2.000
	其他材料费	元	1.00	50.00	50.00	50.00	50.00

四、其他材料面层

1.织物地毯铺设

工作内容:清理基层、弹线、分格、定位、裁剪、拼接、铺设、修边、钉压条、净面。 计量单位:100m²

定 额 编 号				11-80	11-81	11-82
项 目				织物地毯铺设		
				不固定	固定	
					不带垫	带垫
基 价 (元)				**5928.62**	**6658.62**	**8722.16**
其中	人 工 费 (元)			690.53	1151.65	1632.15
	材 料 费 (元)			5238.09	5506.97	7090.01
	机 械 费 (元)			—	—	—
名 称		单位	单价(元)	消 耗 量		
人工	三类人工	工日	155.00	4.455	7.430	10.530
材料	地毯	m²	47.41	105.000	105.000	105.000
	地毯烫带	m	3.78	65.620	65.620	65.620
	木压条 25×10	m	0.60	—	109.400	109.400
	水泥钉	kg	5.60	—	1.100	1.100
	万能胶 环氧树脂	kg	18.97	—	7.300	7.300
	木螺丝 M4×25	百个	2.93	—	20.000	20.000
	地毯胶垫	m²	15.52	—	—	102.000
	其他材料费	元	1.00	12.00	12.00	12.00

2.细木工板、复合地板

工作内容:1.清理基层,铺设面层,净面;
　　　　　2.清理基层,钉木龙骨或木楞,铺面层,净面;
　　　　　3.清理基层,铺设防潮纸。

计量单位:100m²

定　额　编　号				11-83	11-84	11-85	11-86	11-87	11-88
项　　目				细木工板			复合地板		
				铺在水泥地面上	铺在木龙骨上(单层)	钢龙骨上	铺在水泥地面上	铺在细木工板上	铺在木龙骨上(单层)
基　价　(元)				**5149.27**	**6336.62**	**15078.06**	**17931.35**	**16628.67**	**18683.09**
其中	人　工　费　(元)			920.08	1787.31	1697.87	907.53	862.11	1876.74
	材　料　费　(元)			4229.19	4542.71	13380.19	17023.82	15766.56	16799.75
	机　械　费　(元)			—	6.60	—	—	—	6.60
名　　称		单位	单价(元)	消　耗　量					
人工	三类人工	工日	155.00	5.936	11.531	10.954	5.855	5.562	12.108
材料	细木工板 δ15	m²	21.12	105.000	105.000	105.000	—	—	—
	长条复合地板	m²	138.00	—	—	—	105.000	105.000	105.000
	杉木枋 30×40	m³	1800.00	—	0.378	—	—	—	0.378
	泡沫防潮纸	m²	11.29	110.000	110.000	110.000	110.000	—	110.000
	型钢 综合	kg	3.84	—	—	2500.000	—	—	—
	镀锌铁丝 10#	kg	5.38	—	30.130	30.130	—	—	30.130
	地板钉	kg	5.60	15.870	26.780	15.870	—	—	26.780
	胶粘剂 XY 518	kg	17.46	35.000	—	—	70.000	70.000	—
	防腐油	kg	1.28	12.000	28.420	12.000	12.000	—	16.420
	棉纱	kg	10.34	1.000	1.000	1.000	1.000	1.000	1.000
	其他材料费	元	1.00	44.02	44.02	44.02	44.02	44.02	44.02
机械	木工圆锯机 500mm	台班	27.50	—	0.240	—	—	—	0.240

工作内容:1. 清理基层,铺设面层,净面;

　　　　　2. 清理基层,钉木龙骨,铺面层,净面。　　　　　　　　　　　计量单位:100m²

定　额　编　号			11-89	11-90	11-91	11-92	11-93
项　　　　　目			条形实木地板			实木拼花地板	
			铺在细木工板上	铺在木龙骨上(单层)	水泥地面上	铺在细木工板上	水泥地面上
基　价　(元)			**17197.45**	**20384.64**	**18586.67**	**20958.63**	**22408.95**
其中	人　工　费　(元)		862.11	1787.31	905.20	948.29	991.38
	材　料　费　(元)		16335.34	18590.73	17681.47	20010.34	21417.57
	机　械　费　(元)		—	6.60	—	—	—
名　　称	单位	单价(元)	消　耗　量				
人工 三类人工	工日	155.00	5.562	11.531	5.840	6.118	6.396
材料 实木地板	m²	155.00	105.000	105.000	105.000	—	—
实木拼花地板	m²	190.00	—	—	—	105.000	105.000
泡沫防潮纸	m²	11.29	—	110.000	110.000	—	110.000
杉木枋 30×40	m³	1800.00	—	0.378	—	—	—
棉纱头	kg	10.34	1.000	1.000	1.000	1.000	1.000
地板钉	kg	5.60	—	26.780	15.870	—	26.780
防腐油	kg	1.28	—	16.420	12.000	—	12.000
镀锌铁丝 10#	kg	5.38	—	30.130	—	—	—
其他材料费	元	1.00	50.00	50.00	50.00	50.00	50.00
机械 木工圆锯机 500mm	台班	27.50	—	0.240	—	—	—

工作内容:清理基层、安装支架横梁,铺设面板、清扫净面。　　　　　　　　　　　计量单位:100m²

定　额　编　号			11-94
项　　　　　目			防静电活动地板安装
基　价　(元)			**29292.96**
其中	人　　工　　费　(元)		2077.62
	材　　料　　费　(元)		27215.34
	机　　械　　费　(元)		—
名　　称	单位	单价(元)	消　耗　量
人工 三类人工	工日	155.00	13.404
材料 木质防静电活动地板 600×600×25	m²	259.00	105.000
棉纱	kg	10.34	1.000
其他材料费	元	1.00	10.00

注:防静电活动地板材料价格内含支架费用,材质不同可以换算,其他不变。

五、踢　脚　线

工作内容:清理基层、试排弹线、锯板修边、铺抹结合层、铺贴饰面、清理净面。 计量单位:100m²

定　额　编　号				11-95	11-96	11-97	11-98	11-99	11-100
项　　　　目				干混砂浆	石材	陶瓷地面砖	石材	陶瓷地面砖	玻璃
					干混砂浆铺贴		粘结剂铺贴		
基　　价　　(元)				**4684.29**	**22131.70**	**9985.65**	**21525.76**	**6195.92**	**21151.22**
其中	人　　工　　费　(元)			3449.68	4744.71	5768.17	2868.12	2484.96	5346.88
	材　　料　　费　(元)			1209.99	17377.10	4207.59	18657.64	3710.96	15804.34
	机　　械　　费　(元)			24.62	9.89	9.89	—	—	—
	名　　称	单位	单价(元)			消　耗　量			
人工	三类人工	工日	155.00	22.256	30.611	37.214	18.504	16.032	34.496
材料	天然石材饰面板	m²	159.00	—	104.000	—	104.000	—	—
	陶瓷地砖 综合	m²	32.76	—	—	104.000	—	104.000	—
	镭射玻璃 600×600×8	m²	142.00	—	—	—	—	—	104.000
	干混地面砂浆 DS M15.0	m³	443.08	1.520	1.010	1.010	—	—	—
	干混地面砂浆 DS M20.0	m³	443.08	1.010	0.510	0.510	—	—	—
	纯水泥浆	m³	430.36	—	0.101	0.101	—	—	—
	白色硅酸盐水泥 425# 二级白度	kg	0.59	—	14.280	14.280	14.280	14.280	—
	石料切割锯片	片	27.17	—	0.670	0.302	0.670	0.302	—
	石材粘合剂	kg	1.08	—	—	—	10.300	—	—
	石材填缝剂	kg	2.59	—	—	—	768.750	—	—
	陶瓷砖粘合剂	kg	0.43	—	—	—	—	461.250	—
	陶瓷砖填缝剂	kg	2.59	—	—	—	—	10.300	—
	玻璃胶 335g	支	10.34	—	—	—	—	—	95.000
	棉纱头	kg	10.34	—	1.000	1.000	1.000	1.000	1.000
	水	m³	4.27	4.280	2.200	2.200	1.100	1.100	—
	电	kW·h	0.78	—	9.060	4.530	9.060	4.530	—
	其他材料费	元	1.00	70.72	70.72	43.70	70.72	43.70	43.70
机械	干混砂浆罐式搅拌机 20000L	台班	193.83	0.127	0.051	0.051	—	—	—

工作内容:基层清理、安装踢脚线。

计量单位:100m²

定 额 编 号			11-101	11-102	11-103
项 目			铺在水泥面上		
			九夹板	塑料板	硬木板
基 价 (元)			**6122.35**	**7448.06**	**7156.12**
其中	人 工 费 (元)		3000.03	2213.40	2337.09
	材 料 费 (元)		3117.37	5230.62	4814.08
	机 械 费 (元)		4.95	4.04	4.95
名 称		单位	单价(元)	消 耗 量	
人工	三类人工	工日	155.00	19.355	14.280	15.078
材 料	胶合板 δ9	m²	25.86	105.000	—	—
	泡沫塑料板踢脚线 3000×100×5	m²	47.41	—	102.000	—
	硬木踢脚线 120×15	m²	43.10	—	—	102.000
	杉板枋材	m³	1625.00	0.210	0.210	0.210
	圆钉	kg	4.74	8.540	—	8.540
	聚醋酸乙烯乳液	kg	5.60	—	1.870	—
	木螺丝 M4×40	百个	4.65	—	3.400	3.400
	棉纱	kg	10.34	1.000	1.670	1.000
	其他材料费	元	1.00	10.00	10.00	10.00
机械	木工圆锯机 500mm	台班	27.50	0.180	0.147	0.180

注:踢脚线压条套用本定额第十五章"其他装饰工程"相应定额。

工作内容:基层清理、安装踢脚线。

计量单位:100m²

定 额 编 号			11-104	11-105	11-106	11-107
项 目			铺在夹板基层上			防静电板
			金属板	饰面板	塑料板	
基 价 (元)			**21391.91**	**4882.99**	**6854.66**	**13841.22**
其中	人 工 费 (元)		1293.17	1293.17	1293.17	2804.88
	材 料 费 (元)		20098.74	3589.82	5561.49	11036.34
	机 械 费 (元)		—	—	—	—
名 称		单位	单价(元)	消 耗 量			
人工	三类人工	工日	155.00	8.343	8.343	8.343	18.096
材 料	成品金属踢脚板	m²	190.00	102.000	—	—	—
	红榉夹板 δ3	m²	24.36	—	110.000	—	—
	泡沫塑料板踢脚线 3000×100×5	m²	47.41	—	—	102.000	—
	防静电踢脚线	m²	108.00	—	—	—	102.000
	聚醋酸乙烯乳液	kg	5.60	—	31.500	—	—
	枪钉	盒	6.47	—	2.330	—	—
	胶粘剂 XY518	kg	17.46	40.000	40.000	40.000	—
	棉纱	kg	10.34	1.000	1.000	1.670	1.000
	其他材料费	元	1.00	10.00	10.00	10.00	10.00

注:踢脚线压条套用本定额第十五章"其他装饰工程"相应定额。

工作内容:基层清理、安装踢脚线。　　　　　　　　　　　　　　　　　　　　　计量单位:10m

定　额　编　号				11-108	11-109	11-110	11-111
项　　目				成品踢脚线			
				木质面层		金属板面层	
				卡扣式	粘贴式	卡扣式	粘贴式
基　　价　（元）				**675.43**	**702.04**	**373.75**	**400.91**
其中	人　　工　　费（元）			91.14	79.05	96.72	85.56
	材　　料　　费（元）			584.29	622.99	277.03	315.35
	机　　械　　费（元）			—	—	—	—
	名　　称	单位	单价(元)	消　耗　量			
人工	三类人工	工日	155.00	0.588	0.510	0.624	0.552
材料	成品金属踢脚线 高80	m	25.86	—	—	10.500	10.500
	成品木质踢脚线 高80	m	55.17	10.500	10.500	—	—
	胶粘剂 XY 502	kg	108.00	—	0.400	—	0.400
	其他材料费	元	1.00	5.00	0.50	5.50	0.62

注:成品木踢脚线如材质为硬木,人工、机械乘以系数1.10。

六、楼 梯 面 层

工作内容:清理基层、刷纯水泥浆、调运砂浆、抹面、压光、清理净面。　　　　　　　　　　计量单位:100m²

定　额　编　号				11-112	11-113
项　　目				干混砂浆（mm）	
				厚20	每增减1
基　　价　（元）				**7545.41**	**64.15**
其中	人　　　工　　　费（元）			5879.00	—
	材　　　料　　　费（元）			1634.82	62.79
	机　　　械　　　费（元）			31.59	1.36
	名　　称	单位	单价(元)	消　耗　量	
人工	三类人工	工日	155.00	37.929	—
材料	干混地面砂浆 DS M20.0	m³	443.08	3.252	0.139
	纯水泥浆	m³	430.36	0.325	—
	水	m³	4.27	5.187	—
	其他材料费	元	1.00	31.91	1.20
机械	干混砂浆罐式搅拌机 20000L	台班	193.83	0.163	0.007

工作内容:清理基层、调运砂浆、铺设面层;试排弹线、锯板修边、铺抹结合层,铺贴饰面、清理净面。 **计量单位:**100m²

	定 额 编 号			11-114	11-115	11-116	11-117	11-118	11-119
	项　　　　目			石材	石材弧形楼梯	陶瓷地面砖	石材	石材弧形楼梯	陶瓷地面砖
				干混砂浆铺贴			粘结剂铺贴		
	基 价 （元）			**29628.36**	**35517.40**	**13573.02**	**27811.30**	**33169.08**	**9389.53**
其中	人 工 费 （元）			4866.23	5839.47	7150.62	3585.15	4302.18	3106.20
	材 料 费 （元）			24735.38	29645.56	6395.46	24226.15	28866.90	6283.33
	机 械 费 （元）			26.75	32.37	26.94	—	—	—
	名　　称	单位	单价(元)			消　耗　量			
人工	三类人工	工日	155.00	31.395	37.674	46.133	23.130	27.756	20.040
材料	天然石材饰面板	m²	159.00	144.690	173.628	—	144.690	173.628	—
	陶瓷地砖 综合	m²	32.76	—	—	144.690	—	—	144.690
	干混地面砂浆 DS M20.0	m³	443.08	3.221	3.809	3.252	—	—	—
	纯水泥浆	m³	430.36	0.146	0.146	0.146	—	—	—
	白色硅酸盐水泥 425# 二级白度	kg	0.59	13.923	16.065	13.913	—	—	—
	棉纱头	kg	10.34	1.365	1.638	1.365	—	—	—
	锯木屑	m³	21.55	0.819	0.983	0.819	—	—	—
	石材填缝剂	kg	2.59	—	—	—	12.240	12.240	—
	石材粘合剂	kg	1.08	—	—	—	922.500	922.500	—
	陶瓷砖粘合剂	kg	0.43	—	—	—	—	—	12.240
	陶瓷砖填缝剂	kg	2.59	—	—	—	—	—	553.500
	石料切割锯片	片	27.17	2.550	3.480	0.340	2.550	3.480	0.340
	电	kW·h	0.78	46.020	62.760	10.200	46.020	62.760	10.200
	水	m³	4.27	3.400	4.000	3.400	1.700	2.000	1.700
	其他材料费	元	1.00	80.00	80.00	80.00	80.00	80.00	80.00
机械	干混砂浆罐式搅拌机 20000L	台班	193.83	0.138	0.167	0.139	—	—	—

工作内容：清理基层、弹线、裁剪、铺设地毯、安装压条、净面。

定　额　编　号			11-120	11-121	11-122	11-123
项　　目			织物地毯		地毯配件	
			不带垫	带垫	铜质	
					压棍	压板
计　量　单　位			100m²		套	100m
基　价（元）			**11789.26**	**14677.07**	**90.98**	**1822.78**
其中	人　工　费（元）		1323.70	1987.10	13.80	515.53
	材　料　费（元）		10465.56	12689.97	77.18	1307.25
	机　械　费（元）		—	—	—	—
名　　称	单位	单价(元)	消　耗　量			
人工　三类人工	工日	155.00	8.540	12.820	0.089	3.326
材料　化纤地毯	m²	67.24	143.325	143.325	—	—
地毯胶垫	m²	15.52	—	143.325	—	—
地毯烫带	m	3.78	23.620	23.620	—	—
地毯木条	m	1.25	192.430	192.430	—	—
铝合金压条 综合	m	18.10	20.380	20.380	—	—
铜质压棍	m	31.86	—	—	1.530	—
铜压板 5×40	m	11.21	—	—	—	106.000
不锈钢钉	kg	21.55	5.090	5.090	—	—
铜管	m	193.00	—	—	0.025	—
半圆头螺钉	个	0.06	—	—	2.020	—
六角带帽螺栓	套	0.28	—	—	2.040	—
平头螺钉 M8×40	个	0.24	—	—	—	408.000
碳素结构钢流体无缝钢管 15mm	m	26.51	—	—	0.106	—
棉纱头	kg	10.34	—	—	0.010	0.103
其他材料费	元	1.00	20.00	20.00	20.00	20.00

工作内容:清理基层、弹线、裁剪、铺粘面层板、净面。　　　　　　　　　　　　　　　　　计量单位:100m²

定　额　编　号				11-124	11-125	11-126
项　　目				木板面层	橡胶板面层	塑料板面层
基　价　(元)				**26111.56**	**6768.49**	**5389.19**
其中	人　　工　　费　(元)			2354.14	1838.15	1898.91
	材　　料　　费　(元)			23757.42	4930.34	3490.28
	机　　械　　费　(元)			—	—	—
名　　称		单位	单价(元)	消　耗　量		
人工	三类人工	工日	155.00	15.188	11.859	12.251
材料	实木地板	m²	155.00	143.325	—	—
	橡胶板 δ3	m²	26.03	—	143.325	—
	塑料板	m²	4.83	—	—	143.325
	塑料粘结剂	kg	61.21	—	—	45.000
	棉纱头	kg	10.34	0.137	2.730	2.280
	水胶粉	kg	18.10	21.840	—	—
	胶粘剂 XY-401	kg	11.46	95.550	—	—
	氯丁橡胶粘接剂	kg	14.81	—	74.530	—
	羧甲基纤维素	kg	13.14	—	0.460	—
	聚醋酸乙烯乳液	kg	5.60	—	2.320	—
	水砂纸	张	1.00	—	8.190	—
	成品腻子粉	kg	0.86	—	23.663	—
	水	m³	4.27	7.100	—	—
	其他材料费	元	1.00	20.00	20.00	20.00

工作内容:清理基层,分层配料;涂刷底漆,批刮腻子,滚涂面漆;分层清理。　　　　　　　　　计量单位:100m²

定　额　编　号				11-127	11-128	11-129	11-130
项　　目				环氧地坪涂料			
				底涂一道	中涂一道	中涂增加一道	面涂一道
基　价　(元)				**1345.64**	**1449.27**	**991.13**	**1454.08**
其中	人　　工　　费　(元)			860.25	711.45	537.08	697.50
	材　　料　　费　(元)			371.89	510.82	340.55	643.08
	机　　械　　费　(元)			113.50	227.00	113.50	113.50
名　　称		单位	单价(元)	消　耗　量			
人工	三类人工	工日	155.00	5.550	4.590	3.465	4.500
材料	无溶剂型环氧底漆	kg	17.24	18.450	—	—	—
	无溶剂型环氧中间漆	kg	23.28	—	18.450	12.300	—
	无溶剂型环氧面漆	kg	14.66	—	—	—	36.900
	环氧渗透底漆固化剂	kg	7.25	4.610	3.690	2.460	9.226
	石英粉 综合	kg	0.97	—	27.540	18.360	—
	其他材料费	元	1.00	20.39	27.84	18.56	35.24
机械	轴流通风机 7.5kW	台班	45.40	2.500	5.000	2.500	2.500

七、台阶装饰

工作内容：清理基层、调运砂浆、抹面、压光、清理净面。　　　　　　　　　　　　计量单位：100m²

定　额　编　号			11-131	11-132
项　目			干混砂浆	
			厚20	每增减1
基　价　（元）			**4747.20**	**69.77**
其中	人　工　费（元）		3344.13	—
	材　料　费（元）		1373.80	68.22
	机　械　费（元）		29.27	1.55
名　称	单位	单价(元)	消　耗　量	
人工 三类人工	工日	155.00	21.575	—
材料 干混地面砂浆 DS M20.0	m³	443.08	2.990	0.151
水	m³	4.27	5.300	—
其他材料费	元	1.00	26.36	1.31
机械 干混砂浆罐式搅拌机 20000L	台班	193.83	0.151	0.008

工作内容：清理基层、调运砂浆、铺设面层；试排弹线、锯板修边、铺抹结合层，铺贴饰面、清理净面。　计量单位：100m²

定　额　编　号			11-133	11-134	11-135	11-136	11-137	11-138
项　目			干混砂浆铺贴			粘结剂铺贴		
			石材	石材弧形台阶	陶瓷地面砖	石材	石材弧形台阶	陶瓷地面砖
基　价　（元）			**21999.79**	**26443.67**	**8721.20**	**22275.52**	**25862.37**	**9823.83**
其中	人　工　费（元）		4463.85	6250.38	4135.56	4805.00	5525.75	5974.32
	材　料　费（元）		17507.25	20152.39	4556.37	17470.52	20336.62	3849.51
	机　械　费（元）		28.69	40.90	29.27	—	—	—
名　称	单位	单价(元)	消　耗　量					
人工 三类人工	工日	155.00	28.799	40.325	26.681	31.000	35.650	38.544
材料 天然石材饰面板	m²	159.00	102.000	117.300	—	102.000	117.000	—
陶瓷地砖 综合	m²	32.76	—	—	102.000	—	—	102.000
干混地面砂浆 DS M15.0	m³	443.08	1.790	2.060	1.790	—	—	—
干混地面砂浆 DS M20.0	m³	443.08	0.510	0.590	0.510	—	—	—
纯水泥浆	m³	430.36	0.165	0.165	0.165	—	—	—
白色硅酸盐水泥425# 二级白度	kg	0.59	10.000	10.000	10.000	—	—	—
棉纱头	kg	10.34	1.480	2.072	1.480	1.480	2.072	1.480
锯木屑	m³	21.55	0.888	1.243	0.890	—	—	—
石料切割锯片	片	27.17	2.240	3.140	0.380	2.240	3.140	0.380
电	kW·h	0.78	40.380	56.520	11.400	40.380	56.520	11.400
水	m³	4.27	3.854	5.388	3.550	1.927	2.694	1.775
石材填缝剂	kg	2.59	—	—	—	13.110	18.350	—
石材粘合剂	kg	1.08	—	—	—	974.700	1364.600	—
陶瓷砖粘合剂	kg	0.43	—	—	—	—	—	758.050
陶瓷砖填缝剂	kg	2.59	—	—	—	—	—	34.720
其他材料费	元	1.00	50.00	50.00	50.00	50.00	50.00	50.00
机械 干混砂浆罐式搅拌机 20000L	台班	193.83	0.148	0.211	0.151	—	—	—

工作内容:清理基层、调运砂浆、铺设面层、剁斧。   计量单位:100m²

定　额　编　号				11-139
项　　　目				剁假石
				20 厚
基　价　(元)				**8133.77**
其中	人　　工　　费　(元)			7055.76
	材　　料　　费　(元)			1046.81
	机　　械　　费　(元)			31.20
	名　　称	单位	单价(元)	消　耗　量
人工	三类人工	工日	155.00	45.521
材料	水泥白石屑浆 1:1.5	m³	280.15	1.153
	干混地面砂浆 DS M20.0	m³	443.08	1.387
	水	m³	4.27	0.945
	棉纱头	kg	10.34	1.480
	锯木屑	m³	21.55	0.888
	石料切割锯片	片	27.17	1.680
	其他材料费	元	1.00	25.13
机械	灰浆搅拌机 200L	台班	154.97	0.115
	干混砂浆罐式搅拌机 20000L	台班	193.83	0.069

八、零星装饰项目

工作内容:清理基层、调运砂浆、抹平、压实。   计量单位:100m²

定　额　编　号				11-140
项　　　目				干混砂浆
				20 厚
基　价　(元)				**3585.29**
其中	人　　工　　费　(元)			2627.41
	材　　料　　费　(元)			938.11
	机　　械　　费　(元)			19.77
	名　　称	单位	单价(元)	消　耗　量
人工	三类人工	工日	155.00	16.951
材料	干混地面砂浆 DS M20.0	m³	443.08	2.040
	水	m³	4.27	3.800
	其他材料费	元	1.00	18.00
机械	干混砂浆罐式搅拌机 20000L	台班	193.83	0.102

工作内容:清理基层、试排弹线、锯板修边、铺抹结合层,铺贴饰面、清理净面。　　　　　计量单位:100m²

定　额　编　号				11-141	11-142	11-143	11-144	11-145	11-146
项　　　目				干混砂浆铺贴			粘结剂铺贴		
				陶瓷地面砖	缸砖	石材	陶瓷地面砖	缸砖	石材
基　　价　（元）				**11427.37**	**9567.65**	**23508.17**	**11083.28**	**9456.94**	**23800.62**
其中	人　　工　　费（元）			6922.77	6882.62	5591.16	7272.60	7442.48	5899.92
	材　　料　　费（元）			4484.83	2665.26	17897.24	3810.68	2014.46	17900.70
	机　　械　　费（元）			19.77	19.77	19.77	—	—	—
名　　称		单位	单价(元)	消　　耗　　量					
人工	三类人工	工日	155.00	44.663	44.404	36.072	46.920	48.016	38.064
材料	陶瓷地砖 综合	m²	32.76	106.000	—	—	106.000	—	—
	缸砖	m²	15.60	—	106.000	—	—	106.000	—
	天然石材饰面板	m²	159.00	—	—	106.000	—	—	106.000
	干混地面砂浆 DS M15.0	m³	443.08	1.530	1.530	1.530			
	干混地面砂浆 DS M20.0	m³	443.08	0.510	0.510	0.510			
	白色硅酸盐水泥 425# 二级白度	kg	0.59	11.220	10.200	11.220			
	陶瓷砖填缝剂	kg	2.59	—	—	—	11.220	20.000	
	陶瓷砖粘合剂	kg	0.43	—	—	—	495.000	495.000	—
	石材填缝剂	kg	2.59	—	—	—	—	—	11.010
	石材黏合剂	kg	1.08	—	—	—	—	—	825.000
	石料切割锯片	片	27.17	0.380	0.380	1.520	0.380	0.380	1.520
	锯木屑	m³	21.55	0.600	0.600	0.600	0.600	0.600	0.600
	棉纱头	kg	10.34	1.000	1.000	1.000	1.000	1.000	1.000
	水	m³	4.27	2.600	2.600	2.600	1.300	1.300	1.300
	电	kW·h	0.78	9.060	9.060	9.060	9.060	9.060	9.060
	其他材料费	元	1.00	50.00	50.00	50.00	50.00	50.00	50.00
机械	干混砂浆罐式搅拌机 20000L	台班	193.83	0.102	0.102	0.102	—	—	—

九、分格嵌条、防滑条

工作内容:清理、切割、镶嵌、固定。   计量单位:100m

定 额 编 号			11-147	11-148	11-149	11-150	11-151	11-152
项 目			楼地面嵌金属分隔条		楼梯、台阶踏步防滑条			
			水磨石铜嵌条	块料地面铜分隔条(T形)	铜嵌条	青铜板(直角)	铸铜条板	金刚砂
			2×12	5×10	4×6	5×50	6×110	
基 价 (元)			**829.70**	**877.01**	**2387.60**	**6040.90**	**14812.48**	**584.59**
其中	人 工 费 (元)		94.55	133.30	287.68	367.04	277.76	356.50
	材 料 费 (元)		735.15	743.71	2099.92	5673.86	14534.72	228.09
	机 械 费 (元)		—	—	—	—	—	—
名 称	单位	单价(元)	消 耗 量					
人工 三类人工	工日	155.00	0.610	0.860	1.856	2.368	1.792	2.300
材料 铜条 12×2	m	6.62	106.000	—	—	—	—	—
铜条 T形 5×10	m	6.90	—	106.000	—	—	—	—
铜条 4×6	m	9.31	—	—	212.000	—	—	—
青铜板(直条)5×50	m	51.91	—	—	—	106.000	—	—
铸铜条 6×110	m	134.00	—	—	—	—	106.000	—
金刚砂	kg	4.85	—	—	—	—	—	43.347
板枋材 杉木	m³	2069.00	0.010	—	—	—	—	—
镀锌铁丝 φ0.7～1.0	kg	6.74	0.070	—	—	—	—	—
合金钢钻头	个	21.55	0.501	0.500	—	—	—	—
普通硅酸盐水泥 P·O 52.5综合	kg	0.39	—	—	—	—	—	42.514
硅酮结构胶 300mL	支	10.78	—	—	11.000	15.000	30.000	—
电	kW·h	0.78	1.890	1.972	9.765	12.430	9.387	—
水	m³	4.27	—	—	—	—	—	0.300

注:铜嵌条规格与定额取定不同时,材料单价可以换算。

工作内容:划线、切割(开槽)、清理。   计量单位:100m

定 额 编 号			11-153	11-154
项 目			面层割缝	楼梯开防滑槽
基 价 (元)			**220.64**	**472.87**
其中	人 工 费 (元)		186.00	434.00
	材 料 费 (元)		15.18	38.87
	机 械 费 (元)		19.46	—
名 称	单位	单价(元)	消 耗 量	
人工 三类人工	工日	155.00	1.200	2.800
材料 钢锯片	片	47.41	0.050	—
水	m³	4.27	3.000	—
电	kW·h	0.78	—	15.000
石料切割锯片	片	27.17	—	1.000
机械 混凝土切缝机 7.5kW	台班	32.71	0.595	—

十、酸 洗 打 蜡

工作内容:清理表面、上草酸打蜡、磨光;清理。　　　　　　　　　　　　　　计量单位:100m²

定　额　编　号			11-155	11-156	11-157
项　　目			酸洗打蜡		自流平面层打蜡
			楼地面	楼梯台阶	
基　价　(元)			**632.78**	**881.51**	**279.76**
其中	人　工　费　(元)		575.83	800.73	217.00
	材　料　费　(元)		56.95	80.78	62.76
	机　械　费　(元)		—	—	—
名　称	单位	单价(元)	消　耗　量		
人工 三类人工	工日	155.00	3.715	5.166	1.400
材料 草酸	kg	3.88	1.000	1.420	—
地板蜡	kg	9.91	2.650	3.760	6.333
煤油	kg	3.79	4.000	5.680	—
松节油	kg	7.76	0.530	0.750	—
清油	kg	14.22	0.530	0.750	—

第十二章
墙、柱面装饰与隔断、幕墙工程

说　明

一、本章定额包括墙面抹灰、柱(梁)面抹灰、零星抹灰及其他、墙面块料面层、柱(梁)面块料面层、零星块料面层、墙饰面、柱(梁)饰面、幕墙工程及隔断、隔墙等十节。

二、本章定额中凡砂浆的厚度、种类、配合比及装饰材料的品种、型号、规格、间距等设计与定额不同时,按设计规定调整。

三、墙柱面抹灰。

1.墙柱面一般抹灰定额子目,除定额另有说明外均按厚度20mm、三遍抹灰取定考虑。设计抹灰厚度、遍数与定额取定不同时按以下规则调整:

(1)抹灰厚度设计与定额不同时,按每增减1mm相应定额进行调整;

(2)当抹灰遍数增加(或减少)一遍时,每100m²另增加(或减少)2.94工日。

2.凸出柱、梁、墙、阳台、雨篷等的混凝土线条,按其凸出线条的棱线道数不同套用相应的定额,但单独窗台板、栏板扶手、女儿墙压顶上的单阶凸出不计线条抹灰增加费。线条断面为外凸弧形的,一个曲面按一道考虑。

3.零星抹灰适用于各种壁柜、碗柜、飘窗板、空调搁板、暖气罩、池槽、花台、高度250mm以内的栏板、内空截面面积0.4m²以内的地沟以及0.5m²以内的其他各种零星抹灰。

4.高度超过250mm的栏板套用墙面抹灰定额。

5."打底找平"定额子目适用于墙面饰面需单独做找平的基层抹灰,定额按二遍考虑。

6.随砌随抹套用"打底找平"定额子目,人工乘以系数0.70,余不变。

7.抹灰定额不含成品滴水线的材料费用,如有发生,材料费另计。

四、弧形的墙、柱、梁等抹灰、块料面层按相应项目人工乘以系数1.10,材料乘以系数1.02。

五、女儿墙和阳台栏板的内外侧抹灰套用外墙抹灰定额。女儿墙无泛水挑砖者,人工及机械乘以系数1.10,女儿墙带泛水挑砖者,人工及机械乘以系数1.30。

六、抹灰、块料面层及饰面的柱墩、柱帽(弧形石材除外),每个柱墩、柱帽另增加人工:抹灰0.25工日、块料0.38工日、饰面0.5工日。

七、块料面层。

1.干粉粘结剂粘贴块料定额中粘结剂的厚度,除石材为6mm外,其余均为4mm。粘结剂厚度设计与定额不同时,应按比例调整。

2.外墙面砖灰缝均按8mm计算,设计面砖规格及灰缝大小与定额不同时,面砖及勾缝材料做相应调整。

3.玻化砖、干挂玻化砖或波形面砖等按瓷砖、面砖相应项目执行。

4.设计要求的石材、瓷砖等块料的倒角、磨边、背胶费用另计。石材需要做表面防护处理的,费用可按相应定额计取。

5.块料面层的"零星项目"适用于天沟、窗台板、遮阳板、过人洞、暖气壁龛、池槽、花台、门窗套、挑檐、腰线、竖横线条以及0.5m²以内的其他各种零星项目。其中石材门窗套应按门窗工程相应定额子目执行。

6."石材饰块"定额子目仅适用于内墙面的饰块饰面。

八、墙、柱(梁)饰面及隔断、隔墙。

1.附墙龙骨基层定额中的木龙骨按双向考虑,如设计采用单向时,人工乘以系数0.55,木龙骨用量做相应调整;设计断面面积与定额不同时,木龙骨用量做相应调整。

2. 墙、柱(梁)饰面及隔断、隔墙定额子目中的龙骨间距、规格如与设计不同时,龙骨用量按设计要求调整。

3. 弧形墙饰面按墙面相应定额子目人工乘以系数1.15,材料乘以系数1.05。非现场加工的饰面仅人工乘以系数1.15。

4. 柱(梁)饰面面层无定额子目的,套用墙面相应子目执行,人工乘以系数1.05。

5. 饰面、隔断定额内,除注明者外均未包括压条、收边、装饰线(条),如设计有要求时,应按相应定额执行。

6. 隔墙夹板基层及面层套用墙饰面相应定额子目。

7. 成品浴厕隔断已综合了隔断门所增加的工料。

8. 如设计要求做防腐或防火处理者,应按本定额的相应定额子目执行。

九、幕墙。

1. 幕墙定额按骨架基层、面层分别编列子目。

2. 玻璃幕墙中的玻璃按成品玻璃考虑;幕墙需设置的避雷装置其工料机定额已综合;幕墙的封边、封顶、防火隔离层的费用另行计算。

3. 型材、挂件如设计材质、用量与定额取定不同时,可以调整。

4. 幕墙饰面中的结构胶与耐候胶设计用量与定额取定用量不同时,可以调整。

5. 玻璃幕墙设计带有门窗者,窗并入幕墙面积计算,门单独计算并套用本定额门窗工程相应定额子目。

6. 曲面、异形或斜面(倾斜角度超过30°时)的幕墙按相应定额子目的人工乘以系数1.15,面板单价调整,骨架弯弧费另计。

7. 单元板块面层可以是玻璃、石材、金属板等不同材料组合,面层材料不同可以调整主材单价,安装费不做调整。

8. 防火隔离带按缝宽100mm、高240mm考虑,镀锌钢板规格、含量与定额取定用量不同时,可以调整。

十、预埋铁件按本定额第五章"混凝土及钢筋混凝土工程"铁件制作安装项目执行。后置埋件、化学螺栓另行计算,按本章定额子目执行。

工程量计算规则

一、抹灰。

1. 内墙面、墙裙抹灰面积按设计图示主墙间净长乘高度以面积计算,应扣除墙裙、门窗洞口及单个 $0.3m^2$ 以外的孔洞所占面积,不扣除踢脚线、装饰线以及墙与构件交接处的面积。且门窗洞口和孔洞的侧壁面积亦不增加,附墙柱、梁、垛的侧面并入相应的墙面面积内。

2. 抹灰高度按室内楼地面至天棚底面净高计算。墙面抹灰面积应扣除墙裙抹灰面积,如墙面和墙裙抹灰种类相同者,工程量合并计算。

3. 外墙抹灰面积按设计图示尺寸以面积计算,应扣除门窗洞口、外墙裙(墙面和墙裙抹灰种类相同者应合并计算)和单个 $0.3m^2$ 以外的孔洞所占面积,不扣除装饰线以及墙与构件交接处的面积。且门窗洞口和孔洞侧壁面积亦不增加。附墙柱、梁、垛侧面抹灰面积应并入外墙面抹灰工程量内计算。

4. 凸出的线条抹灰增加费以凸出棱线的道数不同分别按"延长米"计算。两条及多条线条相互之间净距 100mm 以内的,每两条线条按一条计算工程量。

5. 柱面抹灰按设计图示尺寸柱断面周长乘抹灰高度以面积计算。牛腿、柱帽、柱墩工程量并入相应柱工程量内。梁面抹灰按设计图示梁断面周长乘长度以面积计算。

6. 墙面勾缝按设计图示尺寸以面积计算,扣除墙裙、门窗洞口及单个 $0.3m^2$ 以外的孔洞所占面积。附墙柱、梁、垛侧面勾缝面积应并入墙面勾缝工程量内计算。

7. 女儿墙(包括泛水、挑砖)内侧与外侧、阳台栏板(不扣除花格所占孔洞面积)内侧与外侧抹灰工程量按设计图示尺寸以面积计算。

8. 阳台、雨篷、檐沟等抹灰按工作内容分别套用相应章节定额子目。外墙抹灰与天棚抹灰以梁下滴水线为分界,滴水线计入墙面抹灰内。

二、块料面层。

1. 墙、柱(梁)面镶贴块料按设计图示饰面面积计算。柱面带牛腿者,牛腿工程量展开并入柱工程量内。

2. 女儿墙与阳台栏板的镶贴块料工程量以展开面积计算。

3. 镶贴块料柱墩、柱帽(弧形石材除外)其工程量并入相应柱内计算。圆弧形成品石材柱帽、柱墩,按其圆弧的最大外径以周长计算。

三、墙、柱饰面及隔断。

1. 墙饰面的龙骨、基层、面层均按设计图示饰面尺寸以面积计算,扣除门窗洞及单个 $0.3m^2$ 以外的孔洞所占的面积,不扣除单个 $0.3m^2$ 以内的孔洞所占面积。

2. 柱(梁)饰面的龙骨、基层、面层按设计图示饰面尺寸以面积计算。

3. 隔断龙骨、基层、面层均按设计图示尺寸以外围(或框外围)面积计算,扣除门窗洞口及单个 $0.3m^2$ 以外的孔洞所占面积。

4. 成品卫生间隔断门的材质与隔断相同时,门的面积并入隔断面积内计算。

四、幕墙。

1. 玻璃幕墙、铝板幕墙按设计图示尺寸以外围(或框外围)面积计算。玻璃幕墙中与幕墙同种材质窗的工程量并入相应幕墙内。全玻璃幕墙带肋部分并入幕墙面积内计算。

2. 石材幕墙按设计图示饰面面积计算,开放式石材幕墙的离缝面积不扣除。

3. 幕墙龙骨分铝材和钢材按设计图示以重量计算,螺栓、焊条不计重量。

4. 幕墙内衬板、遮梁(墙)板按设计图示展开面积计算,不扣除 $0.3m^2$ 以内的孔洞面积,折边亦不增加。

5. 防火隔离带按设计图示尺寸以"m"计算。

一、墙面抹灰

1.一般抹灰

工作内容:1.基层清理、修补堵眼、湿润基层、调运砂浆、清扫落地灰;

2.分层抹灰找平、面层压光(包括门窗洞口侧壁抹灰)等全过程。　　　　　　　　计量单位:100m²

定 额 编 号			12-1	12-2	12-3	12-4
项 目			内墙	外墙	每增减1	钢板网墙
			14 + 6			
基 价 (元)			**2563.39**	**3216.87**	**52.99**	**2672.49**
其中	人 工 费 (元)		1498.23	2151.71	—	1687.95
	材 料 费 (元)		1042.68	1042.68	51.83	963.80
	机 械 费 (元)		22.48	22.48	1.16	20.74
名 称	单位	单价(元)	消 耗 量			
人工 三类人工	工日	155.00	9.666	13.882	—	10.890
材料 干混抹灰砂浆 DP M15.0	m³	446.85	2.320	2.320	0.116	—
干混抹灰砂浆 DP M20.0	m³	446.95	—	—	—	2.143
水	m³	4.27	0.700	0.700	—	0.700
其他材料费	元	1.00	3.00	3.00	—	3.00
机械 干混砂浆罐式搅拌机 20000L	台班	193.83	0.116	0.116	0.006	0.107

工作内容:1.清理基层、修补堵眼、湿润基层、调运砂浆、清扫落地灰;

2.分层抹灰、抹装饰面。　　　　　　　　计量单位:100m²

定 额 编 号			12-5	12-6
项 目			毛石墙	轻质墙
基 价 (元)			**3424.54**	**2681.07**
其中	人 工 费 (元)		1948.20	1695.08
	材 料 费 (元)		1445.13	965.25
	机 械 费 (元)		31.21	20.74
名 称	单位	单价(元)	消 耗 量	
人工 三类人工	工日	155.00	12.569	10.936
材料 干混抹灰砂浆 DP M20.0	m³	446.95	3.214	2.143
水	m³	4.27	1.320	1.039
其他材料费	元	1.00	3.00	3.00
机械 干混砂浆罐式搅拌机 20000L	台班	193.83	0.161	0.107

工作内容:基层清理、运输;翻包网格布;挂贴钢丝网(钢板网)。 计量单位:100m²

定 额 编 号			12-7	12-8	12-9
项 目			贴玻纤网格布	挂钢丝网	挂钢板网
基 价 (元)			**500.95**	**1077.65**	**1558.60**
其中	人 工 费 (元)		359.60	409.20	471.20
	材 料 费 (元)		141.35	668.45	1087.40
	机 械 费 (元)		—	—	—
名 称	单位	单价(元)	消 耗 量		
人工 三类人工	工日	155.00	2.320	2.640	3.040
材料 耐碱玻璃纤维网格布	m²	1.27	105.000	—	—
钢丝网 综合	m²	6.29	—	105.000	—
钢板网	m²	10.28	—	—	105.000
其他材料费	元	1.00	8.00	8.00	8.00

2. 装 饰 抹 灰

(1) 墙面装饰抹灰

工作内容:1. 清理基层、修补堵眼、湿润基层、调运砂浆、清扫落地灰;

2. 分层抹灰找平、抹装饰面、匀分格缝;

3. 分层抹灰、刷浆、找平、起线、赶平、压实、剁面。 计量单位:100m²

定 额 编 号			12-10	12-11	12-12
项 目			水刷石	干粘白石子	斩假石
基 价 (元)			**3827.24**	**3335.42**	**5792.21**
其中	人 工 费 (元)		2767.22	2307.02	4846.54
	材 料 费 (元)		1039.56	1009.79	924.24
	机 械 费 (元)		20.46	18.61	21.43
名 称	单位	单价(元)	消 耗 量		
人工 三类人工	工日	155.00	17.853	14.884	31.268
材料 干混抹灰砂浆 DP M20.0	m³	446.95	1.285	1.928	1.385
白石子 综合	t	187.00	—	0.754	—
水泥白石屑浆 1:2	m³	258.85	—	—	1.154
水泥白石子浆 1:2	m³	435.67	1.030	—	—
水	m³	4.27	3.159	0.954	0.820
其他材料费	元	1.00	3.00	3.00	3.00
机械 灰浆搅拌机 200L	台班	154.97	0.052	—	0.052
干混砂浆罐式搅拌机 20000L	台班	193.83	0.064	0.096	0.069

(2)拉条灰、甩毛灰

工作内容:分层抹灰、刷浆、找平、单面、分格、甩毛、拉条。　　　　　　　　　　计量单位:100m²

定　额　编　号				12-13	12-14
项　　目				拉条	甩毛
基　价　(元)				**3209.20**	**3259.58**
其中	人　　工　　费　(元)			1937.81	2262.69
	材　　料　　费　(元)			1244.45	975.96
	机　　械　　费　(元)			26.94	20.93
名　　称		单位	单价(元)	消　耗　量	
人工	三类人工	工日	155.00	12.502	14.598
材料	干混抹灰砂浆 DP M15.0	m³	446.85	2.770	2.150
	红土	kg	0.73	—	12.020
	水	m³	4.27	0.860	0.810
	其他材料费	元	1.00	3.00	3.00
机械	干混砂浆罐式搅拌机 20000L	台班	193.83	0.139	0.108

(3)勾缝、打底

工作内容:1. 清扫墙面、修补湿润、堵墙眼、调运砂浆、清扫落地灰;

　　　　　　2. 刻瞎缝、勾缝、缺角修补等全过程。　　　　　　　　　　　　计量单位:100m²

定　额　编　号				12-15	12-16
项　　目				干混砂浆勾缝	打底找平
					厚15
基　价　(元)				**943.20**	**1741.42**
其中	人　　工　　费　(元)			917.91	1009.05
	材　　料　　费　(元)			24.71	716.86
	机　　械　　费　(元)			0.58	15.51
名　　称		单位	单价(元)	消　耗　量	
人工	三类人工	工日	155.00	5.922	6.510
材料	干混抹灰砂浆 DP M20.0	m³	446.95	0.050	—
	干混抹灰砂浆 DP M15.0	m³	446.85	—	1.590
	水	m³	4.27	0.320	0.790
	其他材料费	元	1.00	1.00	3.00
机械	干混砂浆罐式搅拌机 20000L	台班	193.83	0.003	0.080

工作内容：1. 清扫基层、素水泥浆调运、刷浆等全过程；
　　　　　　2. 清扫基层、界面剂调运、机喷面层等全过程；
　　　　　　3. 清扫基层、界面剂调运、抹面等全过程。　　　　　　　　　　　计量单位：100m²

定　额　编　号			12-17	12-18	12-19	12-20
项　目			刷素水泥浆		墙柱面界面剂喷涂	干粉型界面剂
			无107胶	有107胶		
基　价　（元）			**175.12**	**181.74**	**413.27**	**509.14**
其中	人　工　费　（元）		124.78	124.78	274.04	378.98
	材　料　费　（元）		50.34	56.96	99.56	130.16
	机　械　费　（元）		—	—	39.67	—
名　称	单位	单价（元）	消　耗　量			
人工 三类人工	工日	155.00	0.805	0.805	1.768	2.445
材料 纯水泥浆	m³	430.36	0.110	—	—	—
107胶纯水泥浆	m³	490.56	—	0.110	—	—
界面剂	kg	1.73	—	—	37.080	—
胶粘剂 干粉型	kg	2.24	—	—	—	52.000
普通硅酸盐水泥 P·O 42.5综合	kg	0.34	—	—	73.440	—
黄砂 净砂（细砂）	t	102.00	—	—	0.073	—
水	m³	4.27	—	—	—	2.500
其他材料费	元	1.00	3.00	3.00	3.00	3.00
机械 电动空气压缩机 0.6m³/min	台班	33.06	—	—	1.200	—

二、柱（梁）面抹灰

1. 一般抹灰

工作内容：基层清理、修补堵眼、湿润基层、调运砂浆、清扫落地灰。　　　　　　　计量单位：100m²

定　额　编　号			12-21	12-22
项　目			柱（梁）	打底找平
			14+6	厚15
基　价　（元）			**3134.91**	**1876.43**
其中	人　工　费　（元）		2095.76	1109.96
	材　料　费　（元）		1017.25	750.38
	机　械　费　（元）		21.90	16.09
名　称	单位	单价（元）	消　耗　量	
人工 三类人工	工日	155.00	13.521	7.161
材料 干混抹灰砂浆 DP M15.0	m³	446.85	2.260	1.665
水	m³	4.27	0.790	0.790
其他材料费	元	1.00	4.00	3.00
机械 干混砂浆罐式搅拌机 20000L	台班	193.83	0.113	0.083

2.装饰抹灰

工作内容:1.清理基层、修补堵眼、湿润基层、调运砂浆、清扫落地灰;
2.分层抹灰找平、抹装饰面、勾分格缝;
3.分层抹灰,刷浆,找平,起线,赶平,压实,剁面。

计量单位:100m²

定 额 编 号				12-23	12-24	12-25
项 目				水刷石	干粘白石子	斩假石
基 价 (元)				**5110.14**	**4391.58**	**7535.89**
其中	人 工 费 (元)			4044.11	3344.75	6588.74
	材 料 费 (元)			1045.37	1028.03	925.52
	机 械 费 (元)			20.66	18.80	21.63
名 称		单位	单价(元)	消 耗 量		
人工	三类人工	工日	155.00	26.091	21.579	42.508
材料	干混抹灰砂浆 DP M20.0	m³	446.95	1.298	1.947	1.390
	白石子 综合	t	187.00	—	0.805	—
	水泥白石屑浆 1:2	m³	258.85	—	—	1.150
	水泥白石子浆 1:2	m³	435.67	1.030	—	—
	水	m³	4.27	3.159	1.002	0.840
	其他材料费	元	1.00	3.00	3.00	3.00
机械	灰浆搅拌机 200L	台班	154.97	0.052	—	0.052
	干混砂浆罐式搅拌机 20000L	台班	193.83	0.065	0.097	0.070

三、零星抹灰及其他

1.一 般 抹 灰

工作内容:1.基层清理、湿润基层、调运砂浆、清扫落地灰;
2.分层抹灰、面层压光。

计量单位:100m²

定 额 编 号				12-26
项 目				零星抹灰
				14 + 6
基 价 (元)				**4312.17**
其中	人 工 费 (元)			3244.62
	材 料 费 (元)			1045.07
	机 械 费 (元)			22.48
名 称		单位	单价(元)	消 耗 量
人工	三类人工	工日	155.00	20.933
材料	干混抹灰砂浆 DP M15.0	m³	446.85	2.320
	水	m³	4.27	0.790
	其他材料费	元	1.00	5.00
机械	干混砂浆罐式搅拌机 20000L	台班	193.83	0.116

2. 装饰抹灰

工作内容: 1. 清理基层、修补堵眼、湿润基层、调运砂浆、清扫落地灰;

2. 分层抹灰找平、抹装饰面、勾分格缝;

3. 分层抹灰、刷浆、找平、起线、赶平、压实、剁面。　　　　　　　计量单位:100m²

定　额　编　号				12-27	12-28	12-29
项　　目				零星项目		
				水刷石	干粘白石子	斩假石
基　价（元）				**7180.63**	**6210.00**	**8660.73**
其中	人　工　费（元）			6108.24	5170.96	7749.69
	材　料　费（元）			1051.73	1020.24	889.84
	机　械　费（元）			20.66	18.80	21.20
名　　称		单位	单价(元)	消　耗　量		
人工	三类人工	工日	155.00	39.408	33.361	49.998
材料	干混抹灰砂浆 DP M20.0	m³	446.95	1.298	1.947	1.330
	白石子 综合	t	187.00	—	0.754	—
	水泥白石屑浆 1:2	m³	258.85	—	—	1.110
	水泥白石子浆 1:2	m³	435.67	1.040	—	—
	水	m³	4.27	3.159	0.944	0.720
	其他材料费	元	1.00	5.00	5.00	5.00
机械	灰浆搅拌机 200L	台班	154.97	0.052	—	0.053
	干混砂浆罐式搅拌机 20000L	台班	193.83	0.065	0.097	0.067

3. 特 殊 砂 浆

工作内容: 1. 清理基层、修补、砂浆调运、抹面层等全过程;

2. 清理基层、修补、石膏调运、批嵌面层等全过程。　　　　　　　计量单位:100m²

定　额　编　号				12-30	12-31	12-32	12-33
项　　目				墙面专用批灰		石膏砂浆	
				一底一面	面层每增减1	砖、混凝土墙柱面	零星项目
				厚5		厚10	
基　价（元）				**1434.30**	**85.80**	**2522.22**	**6198.68**
其中	人　工　费（元）			948.60	—	2015.93	5712.53
	材　料　费（元）			485.70	85.80	497.61	477.63
	机　械　费（元）			—	—	8.68	8.52
名　　称		单位	单价(元)	消　耗　量			
人工	三类人工	工日	155.00	6.120	—	13.006	36.855
材料	石膏砂浆	m³	394.57	—	—	0.902	0.880
	素石膏浆	m³	592.12	—	—	0.220	0.210
	干混抹灰砂浆 DP M20.0	m³	446.95	—	—	0.013	—
	底批土	kg	1.07	350.000	—	—	—
	面批土	kg	0.78	140.000	110.000	—	—
	水	m³	4.27	—	—	0.500	0.600
	其他材料费	元	1.00	2.00	—	3.50	3.50
机械	灰浆搅拌机 200L	台班	154.97	—	—	0.056	0.055

工作内容:分层抹灰找平、刷浆、洒水湿润、单面压光等全过程。 计量单位:100m²

定 额 编 号				12-34	12-35
项 目				石英砂浆(搓砂)	
				分格嵌木条	不分格
				厚22	
基 价 (元)				**3220.20**	**2968.58**
其中	人 工 费 (元)			1862.95	1676.33
	材 料 费 (元)			1335.78	1270.78
	机 械 费 (元)			21.47	21.47
名 称		单位	单价(元)	消 耗 量	
人工	三类人工	工日	155.00	12.019	10.815
材料	干混抹灰砂浆 DP M15.0	m³	446.85	1.620	1.620
	水泥石英混合砂浆 1:0.2:1.5	m³	561.94	0.920	0.920
	杉板枋材	m³	1625.00	0.040	—
	水	m³	4.27	6.300	6.300
	其他材料费	元	1.00	3.00	3.00
机械	灰浆搅拌机 200L	台班	154.97	0.081	0.081
	干混砂浆罐式搅拌机 20000L	台班	193.83	0.046	0.046

4. 其 他

工作内容:清理基层、修补、湿润基层表面、调运砂浆、分层抹灰找平、单面压光等全过程。 计量单位:100m

定 额 编 号				12-36	12-37
项 目				装饰线条抹灰增加费 (宽度200mm 以内)	
				三道以内	三道以上
基 价 (元)				**977.23**	**1306.57**
其中	人 工 费 (元)			857.15	1106.70
	材 料 费 (元)			117.56	195.80
	机 械 费 (元)			2.52	4.07
名 称		单位	单价(元)	消 耗 量	
人工	三类人工	工日	155.00	5.530	7.140
材料	干混抹灰砂浆 DP M15.0	m³	446.85	0.250	0.420
	水	m³	4.27	0.900	1.200
	其他材料费	元	1.00	2.00	3.00
机械	干混砂浆罐式搅拌机 20000L	台班	193.83	0.013	0.021

注:定额中所指宽度为线条外挑凸出宽度。

四、墙面块料面层

1.石材墙面

工作内容：1.清理、修补基层表面、刷浆、安铁件、制作安装钢筋、焊接固定、抹粘结层砂浆；
　　　　　2.选料、钻孔成槽、穿丝固定、调运砂浆、挂贴面层、清洁等全过程；
　　　　　3.清理、修补基层表面、调运砂浆、砂浆打底、铺抹结合层(刷粘结剂)、贴面层。　　　　　计量单位：100m²

定　额　编　号			12-38	12-39	12-40
项　目			石材		
			挂贴	粘贴	
				干混砂浆	干粉型粘结剂
基　价　(元)			**22700.06**	**20559.68**	**21934.18**
其中	人　工　费　(元)		6493.88	5637.82	5738.26
	材　料　费　(元)		16176.52	14915.27	16195.92
	机　械　费　(元)		29.66	6.59	—
名　称	单位	单价(元)	消　耗　量		
人工	三类人工	工日	155.00	41.896	36.373	37.021
材料	干混抹灰砂浆 DP M20.0	m³	446.95	3.060	0.670	—
	纯水泥浆	m³	430.36	0.101	—	—
	石材(综合)	m²	138.00	102.000	102.000	102.000
	白色硅酸盐水泥 425# 二级白度	kg	0.59	15.450	15.450	15.450
	石料切割锯片	片	27.17	1.394	1.394	1.394
	棉纱	kg	10.34	1.000	1.000	1.000
	铜丝	kg	58.45	7.760	—	—
	金属膨胀螺栓 M8	套	0.31	519.000	—	—
	YJ－Ⅲ胶	kg	11.31	—	42.000	—
	胶粘剂 干粉型	kg	2.24	—	—	918.000
	水	m³	4.27	1.410	0.939	0.660
	其他材料费	元	1.00	11.57	3.45	3.45
机械	干混砂浆罐式搅拌机 20000L	台班	193.83	0.153	0.034	—

工作内容:清理、修补基层表面、调运砂浆、砂浆打底、铺抹结合层(刷粘结剂),贴面层。　　　　　计量单位:100m²

定　额　编　号				12-41	12-42
项　　目				薄型石材(12 以内)	
				粘贴	
				干混砂浆	干粉型粘结剂
基　价　(元)				**20370.26**	**21227.69**
其中	人　工　费　(元)			5571.48	5716.56
	材　料　费　(元)			14792.19	15511.13
	机　械　费　(元)			6.59	—
名　称		单位	单价(元)	消 耗 量	
人工	三类人工	工日	155.00	35.945	36.881
材料	干混抹灰砂浆 DP M20.0	m³	446.95	0.670	—
	石材(综合)	m²	138.00	102.000	102.000
	白色硅酸盐水泥 425# 二级白度	kg	0.59	15.450	15.450
	石料切割锯片	片	27.17	1.394	1.394
	棉纱	kg	10.34	1.000	1.000
	YJ－Ⅲ胶	kg	11.31	31.100	—
	胶粘剂 干粉型	kg	2.24	—	612.000
	水	m³	4.27	0.834	0.660
	其他材料费	元	1.00	4.10	4.10
机械	干混砂浆罐式搅拌机 20000L	台班	193.83	0.034	—

工作内容:1.基层清理、清洗石材、钻孔开槽、安挂件(螺栓);

2.面层安装、打胶、清理净面等全过程。　　　　　计量单位:100m²

定　额　编　号				12-43	12-44	12-45	12-46
项　　目				干挂石材			膨胀螺栓干挂
				内墙面			
				密缝	嵌缝	开放式	
基　价　(元)				**22853.19**	**24045.68**	**23688.09**	**23910.12**
其中	人　工　费　(元)			6169.00	7196.50	7556.25	6729.33
	材　料　费　(元)			16684.19	16849.18	16131.84	17180.79
	机　械　费　(元)			—	—	—	—
名　称		单位	单价(元)	消 耗 量			
人工	三类人工	工日	155.00	39.800	46.429	48.750	43.415
材料	石材(综合)	m²	138.00	102.000	100.000	98.000	102.000
	不锈钢石材干挂挂件	套	4.31	561.000	561.000	561.000	561.000
	金属膨胀螺栓 M8	套	0.31	—	—	—	1122.000
	角钢 Q235B 综合	kg	3.97	—	—	—	34.870
	云石 AB 胶	kg	7.11	19.630	19.610	19.580	19.630
	密封胶	kg	11.12	—	39.670	—	—
	棉纱	kg	10.34	1.000	1.000	1.000	1.000
	石料切割锯片	片	27.17	1.394	1.394	1.394	1.734
	其他材料费	元	1.00	2.50	2.50	2.50	3.60

2.瓷砖、外墙面砖墙面

工作内容:1.基层清理、修补、调运砂浆、砂浆打底、铺抹结合层;
2.选料、贴瓷块、擦缝、清洁等全过程。　　　　　　　　　　计量单位:100m²

定 额 编 号				12-47	12-48	12-49
项　目				瓷砖(干混砂浆)		
				周长(mm)		
				650 以内	1200 以内	1200 以上
基 价 (元)				**8196.88**	**7512.25**	**7387.85**
其中	人 工 费 (元)			5247.06	4562.43	3877.79
	材 料 费 (元)			2944.78	2944.78	3505.02
	机 械 费 (元)			5.04	5.04	5.04
名 称		单位	单价(元)	消 耗 量		
人工	三类人工	工日	155.00	33.852	29.435	25.018
材料	瓷砖 152×152	m²	25.86	102.000	—	—
	瓷砖 150×220	m²	25.86	—	102.000	—
	瓷砖 500×500	m²	31.03	—	—	103.000
	干混抹灰砂浆 DP M20.0	m³	446.95	0.510	0.510	0.510
	纯水泥浆	m³	430.36	0.100	0.100	0.100
	白色硅酸盐水泥425# 二级白度	kg	0.59	20.600	20.600	20.600
	棉纱	kg	10.34	1.000	1.000	1.000
	石料切割锯片	片	27.17	0.237	0.237	0.306
	水	m³	4.27	0.900	0.900	0.900
	其他材料费	元	1.00	3.30	3.30	3.30
机械	干混砂浆罐式搅拌机 20000L	台班	193.83	0.026	0.026	0.026

工作内容:1.基层清理、修补、调运砂浆、砂浆打底、刷粘结剂;
2.选料、贴瓷块、擦缝、清洁等全过程。　　　　　　　　　　计量单位:100m²

定 额 编 号				12-50	12-51	12-52
项　目				瓷砖(干粉型粘结剂)		
				周长(mm)		
				650 以内	1200 以内	1200 以上
基 价 (元)				**9444.95**	**8739.70**	**8595.79**
其中	人 工 费 (元)			5401.13	4695.88	3991.72
	材 料 费 (元)			4043.82	4043.82	4604.07
	机 械 费 (元)			—	—	—
名 称		单位	单价(元)	消 耗 量		
人工	三类人工	工日	155.00	34.846	30.296	25.753
材料	瓷砖 152×152	m²	25.86	102.000	—	—
	瓷砖 150×220	m²	25.86	—	102.000	—
	瓷砖 500×500	m²	31.03	—	—	103.000
	胶粘剂 干粉型	kg	2.24	612.000	612.000	612.000
	白色硅酸盐水泥425# 二级白度	kg	0.59	20.600	20.600	20.600
	棉纱	kg	10.34	1.000	1.000	1.000
	石料切割锯片	片	27.17	0.237	0.237	0.306
	水	m³	4.27	0.700	0.700	0.700
	其他材料费	元	1.00	3.30	3.30	3.30

工作内容：1. 基层清理、修补、调运砂浆、砂浆打底、铺抹结合层；

2. 选料、贴瓷块、擦缝、清洁等全过程。

计量单位：100m²

定 额 编 号				12-53	12-54	12-55
项　　目				外墙面砖(干混砂浆)		
				周长(mm)		
				300 以内	600 以内	600 以上
基 价 (元)				**7836.46**	**8288.94**	**9469.33**
其中	人　　工　　费	(元)		5695.17	4951.94	4208.72
	材　　料　　费	(元)		2134.31	3330.41	5254.60
	机　　械　　费	(元)		6.98	6.59	6.01
名　　　称		单位	单价(元)	消　耗　量		
人工	三类人工	工日	155.00	36.743	31.948	27.153
材料	瓷质外墙砖 45×95	m²	21.55	80.270	—	—
	瓷质外墙砖 50×230	m²	34.48	—	85.390	—
	瓷质外墙砖 200×200	m²	51.72	—	—	94.770
	干混抹灰砂浆 DP M20.0	m³	446.95	0.728	0.687	0.613
	纯水泥浆	m³	430.36	0.100	0.100	0.100
	白色硅酸盐水泥 425# 二级白度	kg	0.59	20.600	20.600	20.600
	棉纱	kg	10.34	1.000	1.000	1.000
	石料切割锯片	片	27.17	0.237	0.237	0.237
	水	m³	4.27	0.900	0.900	0.900
	其他材料费	元	1.00	3.30	3.30	3.30
机械	干混砂浆罐式搅拌机 20000L	台班	193.83	0.036	0.034	0.031

工作内容：1. 基层清理、修补、调运砂浆、砂浆打底、刷粘结剂；

2. 选料、贴瓷块、擦缝、清洁等全过程。

计量单位：100m²

定 额 编 号				12-56	12-57	12-58
项　　目				外墙面砖(干粉型粘结剂)		
				周长(mm)		
				300 以内	600 以内	600 以上
基 价 (元)				**9026.95**	**9484.87**	**10630.33**
其中	人　　工　　费	(元)		5810.18	5072.38	4294.43
	材　　料　　费	(元)		3215.03	4411.13	6335.32
	机　　械　　费	(元)		1.74	1.36	0.58
名　　　称		单位	单价(元)	消　耗　量		
人工	三类人工	工日	155.00	37.485	32.725	27.706
材料	瓷质外墙砖 45×95	m²	21.55	80.270	—	—
	瓷质外墙砖 50×230	m²	34.48	—	85.390	—
	瓷质外墙砖 200×200	m²	51.72	—	—	94.770
	干混抹灰砂浆 DP M20.0	m³	446.95	0.177	0.136	0.062
	胶粘剂 干粉型	kg	2.24	612.000	612.000	612.000
	白色硅酸盐水泥 425# 二级白度	kg	0.59	20.600	20.600	20.600
	棉纱	kg	10.34	1.000	1.000	1.000
	石料切割锯片	片	27.17	0.237	0.237	0.237
	水	m³	4.27	0.700	0.700	0.700
	其他材料费	元	1.00	3.30	3.30	3.30
机械	干混砂浆罐式搅拌机 20000L	台班	193.83	0.009	0.007	0.003

工作内容：1. 清理、修补基层表面、刷浆、安挂件(螺栓)；
　　　　　　2. 选料、钻孔成槽、安装面层、清洁等全过程。　　　　　　　　　　计量单位：100m²

定　额　编　号			12-59
项　　目			背栓式干挂瓷砖
基　价　(元)			**21911.08**
其中	人　　工　　费　(元)		6108.24
	材　　料　　费　(元)		15759.35
	机　　械　　费　(元)		43.49
名　　称	单位	单价(元)	消　耗　量
人工　三类人工	工日	155.00	39.408
材　　　料　墙面砖 600×800	m²	56.03	104.000
铝合金石材干挂挂件	套	2.48	849.660
铝合金型材转接件	kg	21.12	229.000
不锈钢石材背栓	个	1.42	849.660
不锈钢六角螺栓 M8×30	个	1.72	849.660
石料切割锯片	片	27.17	1.734
云石 AB 胶	kg	7.11	19.630
密封胶	kg	11.12	10.250
棉纱	kg	10.34	1.000
水	m³	4.27	1.420
其他材料费	元	1.00	3.60
机械　后切式石料加工机	台班	15.70	2.770

3. 其他块料墙面

工作内容：1. 基层清理、修补、调运砂浆、砂浆打底、铺抹结合层(刷粘结剂)；
　　　　　　2. 选料、贴块料、擦缝、清洁等全过程。　　　　　　　　　　计量单位：100m²

定　额　编　号			12-60	12-61	12-62	12-63
项　　目			文化石		凹凸毛石板	
			干混砂浆	干粉型粘结剂	干混砂浆	干粉型粘结剂
基　价　(元)			**11849.08**	**12941.67**	**11103.41**	**12192.45**
其中	人　工　费　(元)		4412.70	4500.89	4230.42	4315.05
	材　料　费　(元)		7430.37	8440.78	6866.98	7877.40
	机　械　费　(元)		6.01	—	6.01	—
名　　称	单位	单价(元)	消　耗　量			
人工　三类人工	工日	155.00	28.469	29.038	27.293	27.839
材　　　　　料　文化石	m²	68.97	102.000	102.000	—	—
凹凸毛石板	m²	63.45	—	—	102.000	102.000
干混抹灰砂浆 DP M20.0	m³	446.95	0.612	—	0.612	—
纯水泥浆	m³	430.36	0.202	—	0.202	—
胶粘剂 干粉型	kg	2.24	—	612.000	—	612.000
白色硅酸盐水泥 425# 二级白度	kg	0.59	15.450	15.450	15.450	15.450
棉纱	kg	10.34	1.000	1.000	1.000	1.000
石料切割锯片	片	27.17	0.237	0.237	0.237	0.237
水	m³	4.27	1.350	1.350	1.270	1.270
其他材料费	元	1.00	3.30	3.30	3.30	3.30
机械　干混砂浆罐式搅拌机 20000L	台班	193.83	0.031	—	0.031	—

工作内容:1.基层清理、修补、调运砂浆、砂浆打底、铺抹结合层(刷粘结剂);
2.选料、贴马赛克、擦缝、清洁等全过程。

计量单位:100m²

定 额 编 号			12-64	12-65
项 目			马赛克	
			干混砂浆	干粉型粘结剂
基 价 (元)			**13685.25**	**14897.79**
其中	人 工 费 (元)		5901.78	6019.89
	材 料 费 (元)		7778.43	8877.90
	机 械 费 (元)		5.04	—
名 称	单位	单价(元)	消 耗 量	
人工 三类人工	工日	155.00	38.076	38.838
材料 玻璃锦砖 300×300	m²	73.28	102.000	102.000
干混抹灰砂浆 DP M20.0	m³	446.95	0.510	—
纯水泥浆	m³	430.36	0.101	—
胶粘剂 干粉型	kg	2.24	—	612.000
白色硅酸盐水泥 425#、二级白度	kg	0.59	25.750	25.750
棉纱	kg	10.34	1.000	1.000
水	m³	4.27	0.780	0.780
其他材料费	元	1.00	3.60	3.60
机械 干混砂浆罐式搅拌机 20000L	台班	193.83	0.026	—

4.块料饰面骨架

工作内容:1.清理基层、钻孔、制作安装钢筋网、电焊固定等;
2.龙骨制作安装、焊接等。

计量单位:t

定 额 编 号			12-66	12-67	12-68
项 目			挂贴钢筋网	内墙(柱、梁)骨架及基层	
				钢龙骨	铝合金龙骨
基 价 (元)			**9853.92**	**7686.62**	**22933.99**
其中	人 工 费 (元)		5637.66	3276.39	6172.41
	材 料 费 (元)		4216.26	4223.62	16761.58
	机 械 费 (元)		—	186.61	—
名 称	单位	单价(元)	消 耗 量		
人工 三类人工	工日	155.00	36.372	21.138	39.822
材料 热轧光圆钢筋 综合	t	3966.00	1.060	—	—
型钢(幕墙用)	t	3647.00	—	1.060	—
铝合金型材 骨架、龙骨	t	15259.00	—	—	1.060
电焊条 E43 系列	kg	4.74	—	47.910	—
氧气	m³	3.62	—	6.000	—
乙炔气	m³	8.90	—	2.600	—
红丹防锈漆	kg	6.90	—	3.900	—
松香水	kg	4.74	—	0.400	—
不锈钢六角带帽螺栓 M12×110	套	2.25	—	—	131.740
不锈钢六角带帽螺栓 M12×45	套	1.09	—	—	131.740
自攻螺钉 M6×20	百个	4.48	—	—	22.300
其他材料费	元	1.00	12.30	57.04	47.12
机械 交流弧焊机 32kV·A	台班	92.84	—	2.010	—

五、柱(梁)面块料面层

1.石材柱面

工作内容:1.清理、修补基层表面、刷浆、安铁件、制作安装钢筋、焊接固定,抹粘结层砂浆;

2.基层清理、清洗石材、钻孔开槽、安挂件(螺栓);

3.面层安装、打胶、清理净面等全过程。

计量单位:100m²

定 额 编 号			12-69	12-70	12-71	12-72
项 目			方柱		圆柱	
			挂贴	干挂	挂贴	干挂
基 价 (元)			**24490.75**	**24643.44**	**28566.28**	**29066.42**
其中	人 工 费 (元)		7910.74	8007.30	8306.76	8349.08
	材 料 费 (元)		16545.31	16636.14	20232.38	20717.34
	机 械 费 (元)		34.70	—	27.14	—
名 称	单位	单价(元)		消 耗 量		
人工	三类人工	工日	155.00	51.037	51.660	53.592	53.865
材料	石材(综合)	m²	138.00	102.000	102.000	—	—
	石材圆弧形(成品)	m²	178.00	—	—	102.000	102.000
	干混抹灰砂浆 DP M15.0	m³	446.85	3.570	—	2.790	—
	纯水泥浆	m³	430.36	0.202	—	0.202	—
	不锈钢石材干挂挂件	套	4.31	—	561.000	—	561.000
	云石AB胶	kg	7.11	—	19.610	—	19.610
	铜丝	kg	58.45	7.770	—	7.070	—
	白色硅酸盐水泥425# 二级白度	kg	0.59	15.450	—	29.870	—
	棉纱	kg	10.34	1.000	—	1.500	—
	石料切割锯片	片	27.17	1.394	—	0.697	—
	金属膨胀螺栓 M8×80	套	0.28	920.110	—	920.110	—
料	水	m³	4.27	1.506	—	1.590	—
	其他材料费	元	1.00	11.57	2.80	13.00	4.00
机械	干混砂浆罐式搅拌机 20000L	台班	193.83	0.179	—	0.140	—

注:1.梁面镶贴块料套用柱面相应定额。

2.干挂骨架套用石材饰面骨架定额,人工乘以系数1.15。

工作内容:1.清理、修补基层表面、刷浆、安铁件、制作安装钢筋、焊接固定,抹粘结层砂浆;

　　　　　2.基层清理、清洗石材、钻孔开槽、安挂件(螺栓);

　　　　　3.面层安装、打胶、清理净面等全过程。

计量单位:100m

定　额　编　号					12-73	12-74
项　　目					圆柱帽	圆柱墩
					干挂	
基　价　(元)					**22382.73**	**22255.32**
其中	人　　工　　费		(元)		5531.64	5404.23
	材　　料　　费		(元)		16851.09	16851.09
	机　　械　　费		(元)		—	—
	名　　称	单位	单价(元)		消　耗　量	
人工	三类人工	工日	155.00		35.688	34.866
材料	石材柱帽 圆弧形(成品)	m	155.00		101.000	—
	石材石柱墩 圆弧形(成品)	m	155.00		—	101.000
	角钢 Q235B 综合	kg	3.97		42.420	42.420
	不锈钢石材干挂挂件	套	4.31		224.400	224.400
	云石AB胶	kg	7.11		8.160	8.160
	其他材料费	元	1.00		2.50	2.50

2.瓷砖、外墙面砖柱面

工作内容:1.基层清理、修补、调运砂浆、砂浆打底、铺抹结合层;

　　　　　2.选料、贴瓷块、擦缝、清洁等全过程。

计量单位:100m²

定　额　编　号				12-75	12-76	12-77
项　　目				瓷砖(干混砂浆)		
				周长(mm)		
				650 以内	1200 以内	1200 以上
基　价　(元)				**8837.23**	**8076.64**	**7868.55**
其中	人　工　费	(元)		5829.71	5069.12	4308.54
	材　料　费	(元)		3002.09	3002.09	3554.58
	机　械　费	(元)		5.43	5.43	5.43
	名　　称	单位	单价(元)	消　耗　量		
人工	三类人工	工日	155.00	37.611	32.704	27.797
材料	瓷砖 152×152	m²	25.86	103.500	—	—
	瓷砖 150×220	m²	25.86	—	103.500	—
	瓷砖 500×500	m²	31.03	—	—	104.000
	干混抹灰砂浆 DP M20.0	m³	446.95	0.551	0.551	0.551
	纯水泥浆	m³	430.36	0.100	0.100	0.100
	白色硅酸盐水泥 425# 二级白度	kg	0.59	20.600	20.600	20.600
	棉纱	kg	10.34	1.000	1.000	1.000
	石料切割锯片	片	27.17	0.237	0.237	0.306
	水	m³	4.27	0.900	0.900	0.900
	其他材料费	元	1.00	3.50	3.50	3.50
机械	干混砂浆罐式搅拌机 20000L	台班	193.83	0.028	0.028	0.028

工作内容:1. 基层清理、修补、调运砂浆、砂浆打底、刷粘结剂。
　　　　　 2. 选料、贴瓷块、擦缝、清洁等全过程。

计量单位:100m²

定　额　编　号			12-78	12-79	12-80
项　　　目			瓷砖(干粉型粘结剂)		
			周长(mm)		
			650 以内	1200 以内	1200 以上
基　价　(元)			**10161.71**	**9374.00**	**9139.85**
其中	人　　工　　费　(元)		6035.86	5248.15	4461.52
	材　　料　　费　(元)		4125.85	4125.85	4678.33
	机　　械　　费　(元)		—	—	—
名　　称	单位	单价(元)	消　耗　量		
人工	三类人工	工日	155.00	38.941	33.859	28.784
材料	瓷砖 152×152	m²	25.86	103.500	—	—
	瓷砖 150×220	m²	25.86	—	103.500	—
	瓷砖 500×500	m²	31.03	—	—	104.000
	纯水泥浆	m³	430.36	0.100	0.100	0.100
	胶粘剂 干粉型	kg	2.24	612.000	612.000	612.000
	白色硅酸盐水泥 425# 二级白度	kg	0.59	20.600	20.600	20.600
	棉纱	kg	10.34	1.000	1.000	1.000
	石料切割锯片	片	27.17	0.237	0.237	0.306
料	水	m³	4.27	0.700	0.700	0.700
	其他材料费	元	1.00	3.50	3.50	3.50

工作内容:1. 基层清理、修补、调运砂浆、砂浆打底、铺抹结合层;
　　　　　 2. 选料、贴瓷块、擦缝、清洁等全过程。

计量单位:100m²

定　额　编　号			12-81	12-82	12-83
项　　　目			外墙面砖(干混砂浆)		
			周长(mm)		
			300 以内	600 以内	600 以上
基　价　(元)			**8422.89**	**8819.18**	**9720.89**
其中	人　　工　　费　(元)		6264.79	5453.21	4412.70
	材　　料　　费　(元)		2151.12	3359.38	5302.18
	机　　械　　费　(元)		6.98	6.59	6.01
名　　称	单位	单价(元)	消　耗　量		
人工	三类人工	工日	155.00	40.418	35.182	28.469
材料	瓷质外墙砖 45×95	m²	21.55	81.050	—	—
	瓷质外墙砖 50×230	m²	34.48	—	86.230	—
	瓷质外墙砖 200×200	m²	51.72	—	—	95.690
	干混抹灰砂浆 DP M20.0	m³	446.95	0.728	0.687	0.613
	纯水泥浆	m³	430.36	0.100	0.100	0.100
	白色硅酸盐水泥 425# 二级白度	kg	0.59	20.600	20.600	20.600
	棉纱	kg	10.34	1.000	1.000	1.000
	石料切割锯片	片	27.17	0.237	0.237	0.237
料	水	m³	4.27	0.900	0.900	0.900
	其他材料费	元	1.00	3.30	3.30	3.30
机械	干混砂浆罐式搅拌机 20000L	台班	193.83	0.036	0.034	0.031

工作内容:1.基层清理、修补、调运砂浆、砂浆打底、刷粘结剂。
　　　　　2.选料、贴瓷块、擦缝、清洁等全过程。　　　　　　　　　　计量单位:100m²

定　额　编　号			12-84	12-85	12-86
项　　　　目			外墙面砖(干粉型粘结剂)		
			周长(mm)		
			300 以内	600 以内	600 以上
基　　价　(元)			**9686.08**	**10052.00**	**11152.06**
其中	人　　工　　费　(元)		6452.50	5610.54	4768.58
	材　　料　　费　(元)		3231.84	4440.10	6382.90
	机　　械　　费　(元)		1.74	1.36	0.58
名　　称	单位	单价(元)	消　耗　量		
人工 三类人工	工日	155.00	41.629	36.197	30.765
材料 瓷质外墙砖 45×95	m²	21.55	81.050	—	—
瓷质外墙砖 50×230	m²	34.48	—	86.230	—
瓷质外墙砖 200×200	m²	51.72	—	—	95.690
干混抹灰砂浆 DP M20.0	m³	446.95	0.177	0.136	0.062
胶粘剂 干粉型	kg	2.24	612.000	612.000	612.000
白色硅酸盐水泥 425#、二级白度	kg	0.59	20.600	20.600	20.600
棉纱	kg	10.34	1.000	1.000	1.000
石料切割锯片	片	27.17	0.237	0.237	0.237
料 水	m³	4.27	0.700	0.700	0.700
其他材料费	元	1.00	3.30	3.30	3.30
机械 干混砂浆罐式搅拌机 20000L	台班	193.83	0.009	0.007	0.003

工作内容:1.清理、修补基层表面、刷浆、安挂件(螺栓);
　　　　　2.选料、钻孔成槽、安装面层、清洁等全过程。　　　　　　计量单位:100m²

定　额　编　号			12-87
项　　　　目			背栓式干挂瓷砖
基　　价　(元)			**24344.27**
其中	人　　工　　费　(元)		8429.37
	材　　料　　费　(元)		15871.41
	机　　械　　费　(元)		43.49
名　　称	单位	单价(元)	消　耗　量
人工 三类人工	工日	155.00	54.383
材料 墙面砖 600×800	m²	56.03	106.000
铝合金石材干挂挂件	套	2.48	849.660
铝合金型材转接件	kg	21.12	229.000
不锈钢石材背栓	个	1.42	849.660
不锈钢六角螺栓 M8×30	个	1.72	849.660
石料切割锯片	片	27.17	1.734
云石 AB 胶	kg	7.11	19.630
密封胶	kg	11.12	10.250
棉纱	kg	10.34	1.000
料 水	m³	4.27	1.420
其他材料费	元	1.00	3.60
机械 后切式石料加工机	台班	15.70	2.770

3. 其他块料柱面

工作内容: 1. 基层清理、修补、调运砂浆、砂浆打底、铺抹结合层(刷粘结剂);
2. 选料、贴块料、擦缝、清洁等全过程。　　　　　　　　　　　　　　　　　计量单位:100m²

定　额　编　号				12-88	12-89	12-90	12-91
项　　　　目				文化石		凹凸毛石板	
				干混砂浆	干粉型粘结剂	干混砂浆	干粉型粘结剂
基　　价　(元)				**12565.79**	**13671.41**	**11812.43**	**12914.34**
其中	人　　工　　费　(元)			5060.44	5161.66	4875.99	4973.49
	材　　料　　费　(元)			7499.34	8509.75	6930.43	7940.85
	机　　械　　费　(元)			6.01	—	6.01	—
名　　　称		单位	单价(元)	消　　耗　　量			
人工	三类人工	工日	155.00	32.648	33.301	31.458	32.087
材料	文化石	m²	68.97	103.000	103.000	—	—
	凹凸毛石板	m²	63.45	—	—	103.000	103.000
	干混抹灰砂浆 DP M20.0	m³	446.95	0.612	—	0.612	—
	纯水泥浆	m³	430.36	0.202	—	0.202	—
	胶粘剂 干粉型	kg	2.24	—	612.000	—	612.000
	白色硅酸盐水泥 425# 二级白度	kg	0.59	15.450	15.450	15.450	15.450
	棉纱	kg	10.34	1.000	1.000	1.000	1.000
	石料切割锯片	片	27.17	0.237	0.237	0.237	0.237
	水	m³	4.27	1.350	1.350	1.270	1.270
	其他材料费	元	1.00	3.30	3.30	3.30	3.30
机械	干混砂浆罐式搅拌机 20000L	台班	193.83	0.031	—	0.031	—

工作内容: 1. 基层清理、修补、调运砂浆、砂浆打底、铺抹结合层(刷粘结剂);
2. 选料、贴马赛克、擦缝、清洁等全过程。　　　　　　　　　　　　　　　计量单位:100m²

定　额　编　号				12-92	12-93
项　　　　目				马赛克	
				干混砂浆	干粉型粘结剂
基　　价　(元)				**14583.44**	**15812.41**
其中	人　　工　　费　(元)			6726.69	6861.23
	材　　料　　费　(元)			7851.71	8951.18
	机　　械　　费　(元)			5.04	—
名　　　称		单位	单价(元)	消　　耗　　量	
人工	三类人工	工日	155.00	43.398	44.266
材料	玻璃锦砖 300×300	m²	73.28	103.000	103.000
	干混抹灰砂浆 DP M20.0	m³	446.95	0.510	—
	纯水泥浆	m³	430.36	0.101	—
	胶粘剂 干粉型	kg	2.24	—	612.000
	白色硅酸盐水泥 425# 二级白度	kg	0.59	25.750	25.750
	棉纱	kg	10.34	1.000	1.000
	水	m³	4.27	0.780	0.780
	其他材料费	元	1.00	3.60	3.60
机械	干混砂浆罐式搅拌机 20000L	台班	193.83	0.026	—

六、零星块料面层

1. 石材零星项目

工作内容：1. 清理、修补基层表面、调运砂浆、砂浆打底、铺抹结合层(刷粘结剂)；
2. 选料、面层粘贴、清洁等全过程。

计量单位：100m²

定 额 编 号				12-94	12-95	12-96	12-97
项　　　目				拼碎石材		粘贴石材	
				干混砂浆	干粉型粘结剂	干混砂浆	干粉型粘结剂
基　　价　　（元）				**15799.17**	**16676.89**	**21376.70**	**22450.78**
其中	人　工　费　（元）			7520.60	7670.95	6213.95	6591.53
	材　料　费　（元）			8271.98	9005.94	15156.16	15859.25
	机　械　费　（元）			6.59	—	6.59	—
名　称		单位	单价(元)	消　耗　量			
人工	三类人工	工日	155.00	48.520	49.490	40.090	42.526
材料	天然石材饰面板 碎拼	m²	70.69	102.000	102.000	—	—
	石材(综合)	m²	138.00	—	—	103.000	103.000
	干混抹灰砂浆 DP M20.0	m³	446.95	0.670		0.670	
	纯水泥浆	m³	430.36	0.101		0.101	
	粉状型建筑胶粘剂	kg	2.24	—	703.800	—	703.800
	YJ－Ⅲ胶	kg	11.31	43.890	—	46.620	—
	金刚石 综合	块	8.62	22.260	22.260		
	白色硅酸盐水泥 425# 二级白度	kg	0.59	15.450	15.450	15.450	15.450
	棉纱	kg	10.34	1.000	1.000	1.000	1.000
	石料切割锯片	片	27.17	—	—	1.530	1.530
	水	m³	4.27	1.506	0.750	1.506	0.750
	其他材料费	元	1.00	4.51	4.51	4.51	4.51
机械	干混砂浆罐式搅拌机 20000L	台班	193.83	0.034	—	0.034	—

2. 瓷砖、外墙面砖零星项目

工作内容: 1. 基层清理、修补、调运砂浆、砂浆打底、铺抹结合层(刷粘结剂);

2. 选料、贴瓷块、擦缝、清洁等全过程。

计量单位:100m²

定 额 编 号				12-98	12-99	12-100	12-101
项 目				瓷砖		外墙面砖	
				干混砂浆	干粉型粘结剂	干混砂浆	干粉型粘结剂
基 价 (元)				**9762.08**	**11507.71**	**9972.63**	**11655.55**
其 中	人 工 费 (元)			6704.22	7306.39	6549.06	7088.31
	材 料 费 (元)			3052.82	4201.32	3417.37	4565.88
	机 械 费 (元)			5.04	—	6.20	1.36
名 称		单位	单价(元)	消 耗 量			
人工	三类人工	工日	155.00	43.253	47.138	42.252	45.731
材 料	瓷砖 150×220	m²	25.86	106.000	106.000	—	—
	瓷质外墙砖 50×230	m²	34.48	—	—	88.310	88.310
	干混抹灰砂浆 DP M20.0	m³	446.95	0.510		0.646	0.136
	纯水泥浆	m³	430.36	0.110		0.110	—
	胶粘剂 干粉型	kg	2.24	—	636.000	—	636.000
	白色硅酸盐水泥 425# 二级白度	kg	0.59	20.600	20.600	20.600	20.600
	棉纱	kg	10.34	1.000	1.000	1.000	1.000
	石料切割锯片	片	27.17	0.237	0.237	0.237	0.237
	水	m³	4.27	0.900	0.700	0.900	0.700
	其他材料费	元	1.00	3.60	3.60	3.60	3.60
机械	干混砂浆罐式搅拌机 20000L	台班	193.83	0.026	—	0.032	0.007

3. 其他块料零星项目

工作内容: 1. 基层清理、修补、调运砂浆、砂浆打底、铺抹结合层(刷粘结剂);

2. 选料、贴块料、擦缝、清洁等全过程。

计量单位:100m²

定 额 编 号			12-102	12-103	12-104	12-105
项 目			文化石		凹凸毛石板	
			干混砂浆	干粉型粘结剂	干混砂浆	干粉型粘结剂
基 价 (元)			**13802.22**	**14931.24**	**13048.58**	**14172.99**
其中	人 工 费 (元)		6227.90	6352.52	6047.79	6168.69
	材 料 费 (元)		7568.31	8578.72	6994.78	8004.30
	机 械 费 (元)		6.01	—	6.01	—
名 称	单位	单价(元)	消 耗 量			
人工 三类人工	工日	155.00	40.180	40.984	39.018	39.798
材料 文化石	m²	68.97	104.000	104.000	—	—
凹凸毛石板	m²	63.45	—	—	104.000	104.000
干混抹灰砂浆 DP M20.0	m³	446.95	0.612	—	0.614	—
纯水泥浆	m³	430.36	0.202	—	0.202	—
胶粘剂 干粉型	kg	2.24	—	612.000	—	612.000
白色硅酸盐水泥 425#、二级白度	kg	0.59	15.450	15.450	15.450	15.450
棉纱	kg	10.34	1.000	1.000	1.000	1.000
石料切割锯片	片	27.17	0.237	0.237	0.237	0.237
水	m³	4.27	1.350	1.350	1.270	1.270
其他材料费	元	1.00	3.30	3.30	3.30	3.30
机械 干混砂浆罐式搅拌机 20000L	台班	193.83	0.031	—	0.031	—

工作内容: 1. 基层清理、修补、调运砂浆、砂浆打底、铺抹结合层(刷粘结剂);

2. 选料、贴马赛克、擦缝、清洁等全过程。

计量单位:100m²

定 额 编 号			12-106	12-107
项 目			马赛克	
			干混砂浆	干粉型粘结剂
基 价 (元)			**17946.75**	**19241.14**
其中	人 工 费 (元)		10016.72	10216.98
	材 料 费 (元)		7924.99	9024.16
	机 械 费 (元)		5.04	—
名 称	单位	单价(元)	消 耗 量	
人工 三类人工	工日	155.00	64.624	65.916
材料 玻璃锦砖 300×300	m²	73.28	104.000	104.000
干混抹灰砂浆 DP M20.0	m³	446.95	0.510	—
纯水泥浆	m³	430.36	0.101	—
胶粘剂 干粉型	kg	2.24	—	612.000
白色硅酸盐水泥 425# 二级白度	kg	0.59	25.750	25.750
棉纱	kg	10.34	1.000	1.000
水	m³	4.27	0.780	0.780
其他材料费	元	1.00	3.60	3.30
机械 干混砂浆罐式搅拌机 20000L	台班	193.83	0.026	—

4. 石材饰块及其他

工作内容：清理基层、定位、切割板材、粘贴、固定。　　　　　　　　　　　　　　　　　　　计量单位：100m²

定　额　编　号			12-108	12-109	12-110
项　　　　目			石材板块		石料面层酸洗打蜡
			饰块	嵌入木材面	
基　　价（元）			**23510.75**	**21907.28**	**531.54**
其中	人　　工　　费（元）		8586.69	7102.41	468.72
	材　　料　　费（元）		14924.06	14804.87	62.82
	机　　械　　费（元）		—	—	—
名　　称	单位	单价（元）	消　　耗　　量		
人工　三类人工	工日	155.00	55.398	45.822	3.024
材料　石材　综合	m²	138.00	102.000	102.000	—
强力胶 801 胶	kg	12.93	36.000	33.000	—
棉纱	kg	10.34	20.000	20.000	—
石料切割锯片	片	27.17	3.010	1.394	—
水	m³	4.27	7.260	3.630	—
草酸	kg	3.88	—	—	1.200
硬白蜡	kg	5.00	—	—	3.180
松节油	kg	7.76	—	—	0.640
清油	kg	14.22	—	—	0.640
煤油	kg	3.79	—	—	4.800
其他材料费	元	1.00	63.00	42.00	10.00

七、墙　饰　面

1. 附墙龙骨基层

工作内容：基层清理、定位下料、钻眼、钉木楔、铺钉龙骨基层。　　　　　　　　　　　　　　计量单位：100m²

定　额　编　号			12-111	12-112	12-113	12-114	12-115
项　　　　目			断面 7.5cm² 以内		断面 13cm² 以内		
			木龙骨平均中距（cm 以内）				
			30	40	30	40	45
基　　价（元）			**2397.20**	**1944.85**	**3131.48**	**2505.99**	**2326.69**
其中	人　　工　　费（元）		1150.72	990.14	1158.78	996.65	935.58
	材　　料　　费（元）		1246.48	954.71	1972.70	1509.34	1391.11
	机　　械　　费（元）		—	—	—	—	—
名　　称	单位	单价（元）	消　　耗　　量				
人工　三类人工	工日	155.00	7.424	6.388	7.476	6.430	6.036
材料　板枋材 杉木	m³	2069.00	0.583	0.446	0.934	0.714	0.659
圆钉	kg	4.74	3.830	2.826	3.830	2.826	1.939
电	kW·h	0.78	23.460	20.040	23.460	20.220	20.220
其他材料费	元	1.00	3.80	2.91	3.80	2.91	2.68

注：设计使用木龙骨规格、间距与定额不同时，用量调整，其他不变。

工作内容:基层清理、定位下料、钻眼、钉木楔、铺钉龙骨基层。　　　　　　　　　　计量单位:100m²

定　额　编　号			12-116	12-117	12-118	12-119
项　　　目			断面20cm²以内			
			木龙骨平均中距(cm以内)			
			30	40	45	50
基　价　(元)			**4390.42**	**3555.38**	**3318.84**	**2811.32**
其中	人　工　费　(元)		1130.42	1060.82	1019.44	883.81
	材　料　费　(元)		3260.00	2494.56	2299.40	1927.51
	机　械　费　(元)		—	—	—	—
名　称	单位	单价(元)	消　耗　量			
人工	三类人工	工日	155.00	7.293	6.844	6.577	5.702
材料	板枋材 杉木	m³	2069.00	1.556	1.190	1.098	0.920
	圆钉	kg	4.74	3.830	2.826	1.939	1.682
	电	kW·h	0.78	23.940	20.700	20.220	17.700
	其他材料费	元	1.00	3.81	2.91	2.68	2.25

注:设计使用木龙骨规格、间距与定额不同时,用量调整,其他不变。

工作内容:基层清理、定位、弹线、钻眼、安膨胀螺栓、安装龙骨。　　　　　　　　　计量单位:100m²

定　额　编　号			12-120	12-121	12-122
项　　　目			轻钢龙骨	铝合金龙骨	型钢龙骨
			中距(mm以内)		
			竖600横1500	单向500	单向1500
基　价　(元)			**4346.01**	**2815.27**	**3279.10**
其中	人　工　费　(元)		1722.05	786.47	1428.79
	材　料　费　(元)		2623.96	2028.80	1818.93
	机　械　费　(元)		—	—	31.38
名　称	单位	单价(元)	消　耗　量		
人工	三类人工	工日	155.00	11.110	5.074	9.218
材料	镀锌轻钢龙骨 75×50	m	5.09	143.850	—	—
	镀锌轻钢龙骨 75×40	m	4.96	84.140	—	—
	轻钢骨架连通龙骨 Q-2	m	7.76	73.290	—	—
	轻钢通贯骨连接件	个	0.79	146.780	—	—
	轻钢龙骨卡托	个	0.84	365.590	—	—
	轻钢龙骨角托	个	0.64	365.590	—	—
	抽芯铆钉 φ4×13	百个	4.31	5.750	—	—
	铝合金T形龙骨 h=35	m	7.33	—	247.333	—
	金属膨胀螺栓 M8	套	0.31	632.500	542.111	272.000
	角钢 Q235B 综合	kg	3.97	—	—	427.887
	低合金钢焊条 E43 系列	kg	4.74	—	—	1.641
	乙炔气	m³	8.90	—	—	0.166
	电	kW·h	0.78	30.660	56.280	29.160
	其他材料费	元	1.00	3.90	3.90	3.90
机械	交流弧焊机 32kV·A	台班	92.84	—	—	0.338

2. 夹 板 基 层

工作内容:清理基层、铺钉基层板。 计量单位:100m²

定 额 编 号				12-123	12-124	12-125
项 目				木夹板基层	石膏板基层	FC板基层
基 价 (元)				**3077.60**	**1992.78**	**5703.94**
其中	人 工 费 (元)			815.77	826.77	1192.57
	材 料 费 (元)			2261.83	1166.01	4511.37
	机 械 费 (元)			—	—	—
	名 称	单位	单价(元)		消 耗 量	
人工	三类人工	工日	155.00	5.263	5.334	7.694
材料	细木工板 δ15	m²	21.12	105.000	—	—
	纸面石膏板 1200×2400×12	m²	10.34	—	106.000	—
	FC板 300×600×8	m²	41.90	—	—	106.000
	气排钉	盒	4.31	0.918	—	—
	圆钉	kg	4.74	2.902	—	—
	自攻螺钉 M4×25	百个	2.16	—	20.117	20.117
	电	kW·h	0.78	29.000	29.000	29.000
	其他材料费	元	1.00	3.90	3.90	3.90

3. 面 层

工作内容:1. 清理基层、基层铺胶、粘贴面层、清理净面、嵌缝等;
　　　　　　2. 清理基层、基层铺胶、安装玻璃、清理净面、收口等。 计量单位:100m²

定 额 编 号				12-126	12-127	12-128	12-129
项 目				装饰夹板面层		镜面玻璃	
				普通	拼花	夹板基层上	抹灰面基层上
				木(或夹板)基层上			
基 价 (元)				**3555.58**	**4033.67**	**7730.35**	**7990.98**
其中	人 工 费 (元)			788.33	1015.10	1477.00	1916.58
	材 料 费 (元)			2767.25	3018.57	6253.35	6074.40
	机 械 费 (元)			—	—	—	—
	名 称	单位	单价(元)		消 耗 量		
人工	三类人工	工日	155.00	5.086	6.549	9.529	12.365
材料	红榉夹板 δ3	m²	24.36	105.000	115.000	—	—
	镜面玻璃 δ6	m²	47.41	—	—	105.000	105.000
	聚醋酸乙烯乳液	kg	5.60	31.500	31.500	—	—
	枪钉	盒	6.47	0.840	1.260	—	—
	玻璃胶335g	支	10.34	—	—	113.400	—
	双面弹性胶带	m	1.99	—	—	—	504.000
	木榫	m³	526.00	—	—	—	0.107
	不锈钢钉	kg	21.55	—	—	2.471	—
	镀锌木螺钉 d4×25	百个	3.03	—	—	11.786	8.160
	电	kW·h	0.78	29.000	29.000	12.800	11.000
	其他材料费	元	1.00	5.00	10.00	3.80	3.80

注:镜面玻璃若有边框时,边框另行套用线条相关定额。

工作内容:基层清理、基层铺胶、面层安装、清理净面等。　　　　　　　　　　　　　　　　　　　　　　计量单位:100m²

	定　额　编　号			12-130	12-131	12-132	12-133
	项　　　　目			贴人造革	贴丝绒	织　物	
						软包	硬包
	基　　价　　(元)			**10581.48**	**5424.06**	**13092.86**	**11491.40**
其	人　　工　　费	(元)		4519.65	1439.64	4232.43	3998.07
中	材　　料　　费	(元)		6061.83	3984.42	8860.43	7493.33
	机　　械　　费	(元)		—	—	—	—
	名　　称	单位	单价(元)	消　耗　量			
人工	三类人工	工日	155.00	29.159	9.288	27.306	25.794
材 料	人造革	m²	22.41	110.000	—	—	—
	丝绒面料	m²	27.59	—	112.000	—	—
	装饰布	m²	39.66	—	—	118.000	118.000
	松木板枋材	m³	2328.00	0.206	—	—	—
	泡沫塑料 综合	m²	8.60	105.000	—	—	—
	铝合金压条 综合	m	18.10	106.000	—	—	—
	镀锌螺钉 综合	10 个	1.72	134.000	—	—	—
	木压条 15×40	m	1.23	—	51.000	—	—
	万能胶 环氧树脂	kg	18.97	—	23.100	—	—
	专用粘胶带	m	6.50	—	52.500	—	—
	圆钉	kg	4.74	—	0.400	5.210	5.210
	胶合板 δ5	m²	20.17	—	—	105.000	—
	细木工板 δ15	m²	21.12	—	—	—	105.000
	立时得胶	kg	21.55	—	—	23.100	23.100
	海绵 20mm	m²	13.97	—	—	105.000	—
	电	kW·h	0.78	36.000	17.000	46.600	46.600
	其他材料费	元	1.00	37.00	37.00	37.00	37.00

注:皮革套用织物定额,装饰布单价调整,其余不变。

工作内容：基层清理、铺钉面层、清理净面、嵌缝等。　　　　　　　　　　　　　　　　　　　计量单位：100m²

定　额　编　号			12-134	12-135	12-136	12-137	12-138
项　　　　　目			硬木条吸音墙面	硬木板条墙面	硅钙板	竹片内墙面	塑料板
基　　价　　（元）			**17401.09**	**5633.44**	**5631.10**	**5553.68**	**2416.19**
其中	人　　工　　费　（元）		4220.65	3413.10	1200.01	3048.85	951.39
	材　　料　　费　（元）		13180.44	2220.34	4431.09	2504.83	1464.80
	机　　械　　费　（元）		—	—	—	—	—
名　称	单位	单价（元）	消　　耗　　量				
人工 三类人工	工日	155.00	27.230	22.020	7.742	19.670	6.138
材　料 木条吸音板	m²	112.00	105.000	—	—	—	—
硬木板条 1200×38×6	m³	3276.00	—	0.650	—	—	—
硅酸钙板 δ10	m²	40.78	—	—	107.000	—	—
半圆竹片 DN20	m²	22.35	—	—	—	105.000	—
塑料板 E16	m²	13.02	—	—	—	—	105.000
合金钢钻头 φ10	个	5.60	—	—	—	—	1.870
自攻螺钉 M4×25	百个	2.16	—	—	20.117	—	5.910
镀锌螺钉 综合	10 个	1.72	—	—	—	7.262	—
圆钉	kg	4.74	8.382	4.270	—	—	9.680
超细玻璃棉毡	kg	12.57	105.260	—	—	—	—
镀锌铁丝 φ0.7~1.0	kg	6.74	—	—	—	13.056	—
电	kW·h	0.78	48.200	65.000	26.000	48.200	11.000
其他材料费	元	1.00	20.00	20.00	3.90	20.00	20.00

工作内容：基层清理、铺钉面层、清理净面、嵌缝等。　　　　　　　　　　　　　　　　　　　计量单位：100m²

定　额　编　号			12-139	12-140	12-141	12-142
项　　　　　目			电化铝板	铝合金装饰板	铝塑板	不锈钢面板
基　　价　　（元）			**10153.36**	**13074.37**	**10354.94**	**20516.40**
其中	人　　工　　费　（元）		1794.59	2523.71	2616.40	4799.11
	材　　料　　费　（元）		8358.77	10550.66	7738.54	15717.29
	机　　械　　费　（元）		—	—	—	—
名　称	单位	单价（元）	消　　耗　　量			
人工 三类人工	工日	155.00	11.578	16.282	16.880	30.962
材　料 铝合金扣板	m²	67.24	110.000	—	—	—
铝合金条板	m²	77.59	—	110.000	—	—
铝塑板 2440×1220×3	m²	58.62	—	—	110.000	—
不锈钢板 304 δ1.2	m²	142.00	—	—	—	105.000
电化角铝 25.4×2	m	2.58	176.667	—	—	—
铝拉铆钉	只	0.22	2065.500	—	—	—
铝合金压条 综合	m	18.10	—	105.509	—	—
自攻螺钉	百个	2.59	—	25.051	—	—
XY-19 胶	kg	8.62	—	1.045	—	—
密封胶	L	22.24	—	—	21.720	—
万能胶 环氧树脂	kg	18.97	—	—	31.200	31.200
玻璃胶 335g	支	10.34	—	—	18.900	18.900
电	kW·h	0.78	22.000	22.000	—	—
其他材料费	元	1.00	35.00	15.00	20.00	20.00

工作内容:基层清理、干挂或粘贴面层、清理净面、嵌缝等。 计量单位:100m²

定 额 编 号			12-143	12-144	12-145	12-146
项 目			搪瓷钢板	合成饰面板	GRG 板	
			干挂		粘贴	背栓干挂
基 价 (元)			**63054.93**	**17276.05**	**14617.83**	**18621.14**
其中	人 工 费 (元)		5373.85	3786.65	1469.40	6136.45
	材 料 费 (元)		57681.08	13489.40	13148.43	12484.69
	机 械 费 (元)		—	—	—	—
名 称		单位	单价(元)	消 耗 量		
人工	三类人工	工日	155.00	34.670	24.430	9.480	39.590
材料	搪瓷钢板(含背栓件)	m²	569.00	101.000	—	—	—
	合成饰面板	m²	129.00	—	103.000	—	—
	玻璃纤维增强石膏装饰板	m²	121.00	—	—	101.000	101.000
	铝合金石材干挂挂件	套	2.48	5.610	2.836		6.375
	不锈钢六角螺栓带螺母 M6×25	套	0.53	5.610	2.836	—	6.375
	金属膨胀螺栓 M10	套	0.48	5.610	2.836		6.375
	石料切割锯片	片	27.17	—	—		1.730
	云石 AB 胶	kg	7.11	19.610	19.610		19.630
	硅酮结构胶 300mL	支	10.78			83.300	
	气排钉	盒	4.31	—	—	1.200	—
	电	kW·h	0.78	42.400	42.400	11.900	44.700
	其他材料费	元	1.00	20.00	20.00	15.00	20.00

4.成品面层安装

工作内容:基层清理、安装成品饰面面层、清理净面、嵌缝等。 计量单位:100m²

定 额 编 号			12-147	12-148	12-149	12-150
项 目			成品木饰面		成品织物包板	
			粘贴	挂贴	粘贴	挂贴
基 价 (元)			**22556.72**	**23490.28**	**31647.62**	**33806.31**
其中	人 工 费 (元)		1632.15	1929.75	1106.70	1736.78
	材 料 费 (元)		20924.57	21560.53	30540.92	32069.53
	机 械 费 (元)		—	—	—	—
名 称		单位	单价(元)	消 耗 量		
人工	三类人工	工日	155.00	10.530	12.450	7.140	11.205
材料	成品木饰面(平板)	m²	198.00	101.000	101.000	—	—
	成品织物包板 δ15	m²	302.00	—	—	101.000	101.000
	气排钉	盒	4.31	1.200	—	3.670	—
	硅酮结构胶 300mL	支	10.78	83.330			
	铝合金 T 形龙骨 h=35	m	7.33	—	180.000	—	180.000
	自攻螺钉 M10×50	百个	55.17	—	3.660	—	3.660
	电	kW·h	0.78	16.800	33.600	16.800	33.600
	其他材料费	元	1.00	10.00	15.00	10.00	20.00

八、柱(梁)饰面

1. 龙骨基层

工作内容：基层清理、定位下料、钻眼、钉木楔、铺钉龙骨基层。　　　　　　　　　　　　　计量单位：100m²

定　额　编　号			12-151	12-152	12-153
项　　目			木龙骨		
			矩形柱	圆形柱	方柱包圆
基　价　(元)			**3767.20**	**2930.60**	**6435.35**
其中	人　工　费　(元)		1174.90	1501.95	1877.05
	材　料　费　(元)		2592.30	1428.65	4558.30
	机　械　费　(元)		—	—	—
名　称	单位	单价(元)	消　耗　量		
人工 三类人工	工日	155.00	7.580	9.690	12.110
材料 杉木枋 30×40	m³	1800.00	1.380	0.500	2.400
胶合板 δ5	m²	20.17	—	19.240	—
圆钉	kg	4.74	9.680	15.250	27.310
枪钉	盒	6.47	2.330	2.540	3.540
合金钢钻头 φ10	个	5.60	3.700	3.700	9.340
电	kW·h	0.78	29.000	34.800	38.000
其他材料费	元	1.00	4.00	4.00	4.00

注：设计使用木龙骨与定额不同时，用量调整，其他不变。

工作内容：基层清理、定位下料、钻眼、钉木楔、铺钉龙骨基层。　　　　　　　　　　　　　计量单位：100m²

定　额　编　号			12-154	12-155	12-156
项　　目			钢木龙骨		
			矩形柱	圆形柱	方柱包圆
基　价　(元)			**9787.14**	**10890.28**	**16382.99**
其中	人　工　费　(元)		3675.05	4301.25	5376.95
	材　料　费　(元)		5973.67	6450.61	10867.62
	机　械　费　(元)		138.42	138.42	138.42
名　称	单位	单价(元)	消　耗　量		
人工 三类人工	工日	155.00	23.710	27.750	34.690
材料 杉木枋 30×40	m³	1800.00	0.630	0.630	1.260
圆钉	kg	4.74	4.410	4.410	4.410
枪钉	盒	6.47	2.260	2.260	2.260
合金钢钻头 φ10	个	5.60	3.700	3.700	4.670
电焊条 E43 系列	kg	4.74	7.018	7.720	12.550
角钢 Q235B 综合	kg	3.97	653.440	718.780	1416.250
扁钢 Q235B 2×40	kg	4.04	359.480	395.430	395.430
金属膨胀螺栓 M10	套	0.48	835.545	919.100	1225.460
镀锌六角螺栓带帽 M5×60	套	0.19	1519.170	1671.090	3453.580
其他材料费	元	1.00	14.00	14.00	14.00
机械 交流弧焊机 32kV·A	台班	92.84	1.491	1.491	1.491

注：设计使用龙骨与定额不同时，用量调整，其他不变。

2. 夹 板 基 层

工作内容:清理基层、铺钉基层板。　　　　　　　　　　　　　　　　　　　　　计量单位:100m²

定 额 编 号			12-157	12-158	12-159	12-160
项 目			木夹板基层		石膏板基层	
			矩形柱	圆形柱	矩形柱	圆形柱
基 价 (元)			**3305.84**	**3406.92**	**2271.21**	**2438.77**
其中	人 工 费 (元)		1000.06	1100.04	1061.13	1167.31
	材 料 费 (元)		2305.78	2306.88	1210.08	1271.46
	机 械 费 (元)		—	—	—	—
名 称	单位	单价(元)	消 耗 量			
人工 三类人工	工日	155.00	6.452	7.097	6.846	7.531
材料 细木工板 δ15	m²	21.12	105.000	—	—	—
胶合板 δ5	m²	20.17	—	110.000	—	—
纸面石膏板 1200×2400×12	m²	10.34	—	—	110.000	115.000
聚醋酸乙烯乳液	kg	5.60	7.040	7.040	—	1.730
气排钉	盒	4.31	0.880	0.880	—	—
自攻螺钉 M4×25	百个	2.16	—	—	19.470	19.470
电	kW·h	0.78	32.000	32.000	29.000	29.000
其他材料费	元	1.00	20.00	20.00	8.00	8.00

注:1. 设计如采用五夹板、九厘板者,分别套用木夹板基层相应定额,材料单价换算。

2. 设计如采用 FC 板、硅钙板者,分别套用石膏板基层相应定额,材料单价换算。

3. 面 层

工作内容:清理基层、基层铺胶、粘贴面层、清理净面、嵌缝等。　　　　　　　　　计量单位:100m²

定 额 编 号			12-161	12-162	12-163	12-164
项 目			装饰夹板普通面层		装饰夹板拼花面层	
			矩形柱	圆形柱	矩形柱	圆形柱
基 价 (元)			**4048.19**	**4282.08**	**4637.93**	**4910.31**
其中	人 工 费 (元)		1150.26	1264.96	1495.29	1644.86
	材 料 费 (元)		2897.93	3017.12	3142.64	3265.45
	机 械 费 (元)		—	—	—	—
名 称	单位	单价(元)	消 耗 量			
人工 三类人工	工日	155.00	7.421	8.161	9.647	10.612
材料 红榉夹板 δ3	m²	24.36	110.000	115.000	120.000	125.000
聚醋酸乙烯乳液	kg	5.60	31.500	31.500	31.500	31.500
枪钉	盒	6.47	2.240	1.680	2.350	2.350
电	kW·h	0.78	30.300	31.600	30.300	31.600
其他材料费	元	1.00	3.80	3.80	4.20	4.20

工作内容:基层清理、基层铺胶、面层安装、清理净面等。　　　　　　　　　　　　　　　　　计量单位:100m²

定　额　编　号			12-165	12-166
项　　目			防火板饰面	
			矩形柱	圆形柱
基　价　(元)			**6082.44**	**6839.82**
其中	人　工　费　(元)		2280.83	2823.48
	材　料　费　(元)		3801.61	4016.34
	机　械　费　(元)		—	—
名　称	单位	单价(元)	消　耗　量	
人工 三类人工	工日	155.00	14.715	18.216
材料 装饰防火板 δ12	m²	27.59	110.000	115.000
立时得胶	kg	21.55	34.650	38.120
其他材料费	元	1.00	20.00	22.00

工作内容:基层清理、铺钉面层、清理净面、嵌缝等。　　　　　　　　　　　　　　　　　　计量单位:100m²

定　额　编　号			12-167	12-168	12-169	12-170
项　　目			铝塑板		铜板饰面	
			矩形柱	圆形柱	矩形柱	圆形柱
基　价　(元)			**9792.27**	**10510.78**	**32795.50**	**33655.44**
其中	人　工　费　(元)		2280.83	2823.48	4300.01	5159.95
	材　料　费　(元)		7511.44	7687.30	28495.49	28495.49
	机　械　费　(元)		—	—	—	—
名　称	单位	单价(元)	消　耗　量			
人工 三类人工	工日	155.00	14.715	18.216	27.742	33.290
材料 铝塑板 2440×1220×3	m²	58.62	112.000	115.000	—	—
铜板 δ1.5	m²	252.00	—	—	110.000	110.000
立时得胶	kg	21.55	34.650	34.650	—	—
密封胶	L	22.24	—	—	33.970	33.970
玻璃胶 335g	支	10.34	17.340	17.340	—	—
其他材料费	元	1.00	20.00	20.00	20.00	20.00

工作内容:基层清理、铺钉面层、清理净面、嵌缝等。 计量单位:100m²

定 额 编 号				12-171	12-172
项 目				铝板饰面	
				矩形柱	圆形柱
基 价 (元)				**20341.12**	**21073.87**
其中	人 工 费 (元)			3000.03	3452.78
	材 料 费 (元)			17341.09	17621.09
	机 械 费 (元)			—	—
名 称		单位	单价(元)	消 耗 量	
人工	三类人工	工日	155.00	19.355	22.276
材料	纯铝板 δ1.5	m²	140.00	105.000	107.000
	立时得胶	kg	21.55	85.870	85.870
	密封胶	L	22.24	33.970	33.970
	其他材料费	元	1.00	35.10	35.10

工作内容:基层清理、铺钉面层、清理净面、嵌缝等。 计量单位:10m

定 额 编 号				12-173	12-174	12-175
项 目				成品装饰柱		
				木质	GRG	石材
基 价 (元)				**1905.09**	**1436.33**	**5807.16**
其中	人 工 费 (元)			142.29	103.39	883.19
	材 料 费 (元)			1762.80	1332.94	4923.97
	机 械 费 (元)			—	—	—
名 称		单位	单价(元)	消 耗 量		
人工	三类人工	工日	155.00	0.918	0.667	5.698
材料	硬木质装饰柱	m	172.00	10.100	—	—
	玻璃纤维增强石膏装饰柱	m	129.00	—	10.100	—
	成品石材装饰柱	m	483.00	—	—	10.100
	硅酮结构胶 300mL	支	10.78	—	0.412	0.833
	云石 AB 胶	kg	7.11	—	—	1.560
	镀锌铁件	kg	3.73	1.500	1.500	1.500
	其他材料费	元	1.00	20.00	20.00	20.00

九、幕 墙 工 程

1. 带骨架幕墙

(1) 骨架及基层

工作内容:基层清理、定位、钻孔、骨架制作、运输、安装等全过程。　　　　　　计量单位:t

定　额　编　号				12-176	12-177
项　　　　目				幕墙龙骨及基层	
				钢龙骨	铝合金龙骨
基　　价　(元)				**9281.93**	**27320.88**
其中	人　　工　　费　(元)			4517.94	10290.14
	材　　料　　费　(元)			4726.85	17001.29
	机　　械　　费　(元)			37.14	29.45
名　　称		单位	单价(元)	消　耗　量	
人工	三类人工	工日	155.00	29.148	66.388
材料	型钢(幕墙用)	t	3647.00	1.060	—
	铝合金型材 骨架、龙骨	t	15259.00	—	1.060
	不锈钢六角带帽螺栓 M12×110	套	2.25	87.830	87.830
	不锈钢六角带帽螺栓 M12×45	套	1.09	87.830	87.830
	自攻螺钉 M4×25	百个	2.16	—	14.870
	镀锌铁件	kg	3.73	134.390	134.390
	电焊条 E43 系列	kg	4.74	10.900	—
	氧气	m³	3.62	1.200	—
	乙炔气	m³	8.90	0.520	—
	红丹防锈漆	kg	6.90	0.780	—
	松香水	kg	4.74	0.080	—
机械	联合冲剪机 16mm	台班	61.10	—	0.420
	台式钻床 16mm	台班	3.90	—	0.970
	交流弧焊机 32kV·A	台班	92.84	0.400	—

工作内容:埋件定位、放置、调整及开口封堵、螺栓安装。　　　　　　计量单位:百个

定　额　编　号				12-178	12-179	12-180	12-181
项　　　目				槽式埋件	T型连接螺栓	后置铁件	化学螺栓
基　　价　(元)				**2561.19**	**646.08**	**3244.31**	**765.28**
其中	人　　工　　费　(元)			1254.26	254.20	1433.44	434.00
	材　　料　　费　(元)			1306.93	391.88	1810.87	331.28
	机　　械　　费　(元)			—	—	—	—
名　　称		单位	单价(元)	消　耗　量			
人工	三类人工	工日	155.00	8.092	1.640	9.248	2.800
材料	槽型埋件 L=300	个	12.93	101.000	—	—	—
	T型连接螺栓 M16×70	个	3.88	—	101.000	—	—
	化学胶螺栓 φ10	套	3.28	—	—	—	101.000
	镀锌铁件	kg	3.73	—	—	485.220	—
	其他材料费	元	1.00	1.00	1.00	1.00	—

(2)幕 墙 面 层

工作内容:面层安装、注胶、周边塞口、清理净面等全过程。 计量单位:100m²

定 额 编 号				12-182	12-183	12-184	12-185	12-186
项 目				玻璃幕墙面层			金属板面层	幕墙内衬板、遮梁板
				全隐框	半隐框	明框	铝单板	
基 价 (元)				**21544.01**	**19422.03**	**17323.05**	**31789.04**	**28688.73**
其中	人 工 费 (元)			8512.91	6824.65	5124.46	6798.61	3698.30
	材 料 费 (元)			12231.42	11797.70	11398.91	24990.43	24990.43
	机 械 费 (元)			799.68	799.68	799.68	—	—
名 称	单位	单价(元)		消 耗 量				
人工	三类人工	工日	155.00	54.922	44.030	33.061	43.862	23.860
材料	中空玻璃 5+9A+5	m²	86.21	103.760	101.890	99.990	—	—
	铝板 δ3	m²	227.00	—	—	—	105.000	105.000
	硅酮结构胶 双组分	L	44.83	45.940	45.940	45.940	—	—
	耐候胶	L	43.28	24.170	18.070	12.640	22.840	22.840
	双面胶纸	m	0.09	459.080	364.580	364.580	—	—
	泡沫条 φ18	m	0.39	247.920	247.920	247.920	253.750	253.750
	自攻螺丝 M3×15	百个	1.09	—	—	—	23.150	23.150
	其他材料费	元	1.00	42.70	42.70	42.72	42.72	42.72
机械	双组分注胶机	台班	833.00	0.960	0.960	0.960	—	—

工作内容:幕墙板块就位、安装,板块间及板块与连接件固定、打胶、清洗;轨道行车拆装。 计量单位:100m²

定 额 编 号			12-187
项 目			幕墙
			成品单元式
基 价 (元)			**96785.85**
其中	人 工 费 (元)		5621.08
	材 料 费 (元)		88851.58
	机 械 费 (元)		2313.19
名 称	单位	单价(元)	消 耗 量
人工	三类人工	工日	155.00	36.265
材料	单元式幕墙 6+12+6 双层真空玻璃	m²	879.00	100.200
	耐候胶	L	43.28	5.420
	轨道(型钢)	t	3530.00	0.040
	其他材料费	元	1.00	400.00
机械	遥控轨道行车 2t	台班	357.00	1.394
	叉式起重机 3t	台班	404.69	1.823
	门式起重机 5t	台班	356.69	1.823
	汽车式起重机 25t	台班	996.58	0.429

工作内容: 1.基层清理、清洗石材、钻孔开槽、安挂件(螺栓);
2.面层安装、注胶、清理净面等全过程。

计量单位:100m²

定 额 编 号			12-188	12-189	12-190	12-191
项 目			石材幕墙面层			
			干挂		背栓	
			嵌缝	开放式	嵌缝	开放式
基 价 (元)			**26893.12**	**25576.33**	**27057.25**	**30062.60**
其中	人 工 费 (元)		8244.92	9481.66	8673.49	9974.56
	材 料 费 (元)		18648.20	16094.67	18364.45	20068.73
	机 械 费 (元)		—	—	19.31	19.31
名 称	单位	单价(元)	消 耗 量			
人工 三类人工	工日	155.00	53.193	61.172	55.958	64.352
材料 石材(综合)	m²	138.00	99.000	98.000	99.000	98.000
不锈钢石材干挂挂件	套	4.31	561.000	561.000	—	—
耐候胶	L	43.28	51.910	—	51.910	—
泡沫条 φ18	m	0.39	433.000	—	433.000	—
六角带帽螺栓 M8	套	0.44	—	—	666.000	666.000
不锈钢背栓挂件	套	2.16	—	—	842.000	842.000
镀锌薄钢板 δ1.2	m²	38.97	—	—	—	106.000
密封胶	kg	11.12	—	—	—	11.420
合金钢钻头 φ10	个	5.60	—	—	4.000	4.000
云石 AB 胶	kg	7.11	21.000	21.000	21.000	21.000
其他材料费	元	1.00	3.45	3.45	3.45	3.45
机械 后切式石料加工机	台班	15.70	—	—	1.230	1.230

2. 全玻幕墙

工作内容:1.放线、定位、玻璃吊装、就位、安装、封边打胶、清洁等全过程;

　　　　　2.放线、定位、拉杆安装、驳件安装、玻璃吊装、就位、安装、封边打胶、清洁等全过程;

　　　　　3.放线、定位、拉索安装、驳件安装、玻璃安装、拉索调试、封边打胶、清洁等全过程;

　　　　　4.面板安装、嵌胶、清洁等全过程。　　　　　　　　　　　　　　　　计量单位:100m²

定 额 编 号			12-192	12-193	12-194	12-195
项　　　目			吊挂式		点支式	
			平板玻璃	弧形玻璃	弦杆式	拉索式
基　价　(元)			**25186.13**	**26350.10**	**31444.35**	**87256.24**
其中	人　工　费　(元)		7561.37	8678.92	7692.65	10285.80
	材　料　费　(元)		17169.84	17169.84	23259.65	76617.65
	机　械　费　(元)		454.92	501.34	492.05	352.79
名　　称	单位	单价(元)	消　耗　量			
人工	三类人工	工日	155.00	48.783	55.993	49.630	66.360
材料	钢化玻璃 δ15	m²	112.00	105.000	105.000	105.000	105.000
	不锈钢四爪件	套	172.00	—	—	35.000	35.000
	不锈钢二爪件	套	100.00	—	—	23.350	23.350
	玻璃吊挂件	套	138.00	23.540	23.540	—	—
	不锈钢索 500~800	套	124.00	—	—	—	341.000
	不锈钢索锚具	套	185.00	—	—	—	47.000
	弦掌栏	套	125.00	—	—	—	19.000
	不锈钢六角带帽螺栓 M14×120	套	3.64	—	—	46.710	46.710
	大玻璃结构胶	L	131.00	15.800	15.800	22.000	22.000
	泡沫条 φ18	m	0.39	68.010	68.010	37.500	37.500
	其他材料费	元	1.00	65.00	65.00	78.00	82.00
机械	交流弧焊机 32kV·A	台班	92.84	4.900	5.400	5.300	3.800

注:1.吊挂式全玻幕墙,定额按人工就位考虑,如需采用吊车就位,每100m²全玻幕墙增加汽车式起重机 5 吨3.56 台班,减少人工8.4 工日。

　　2.钢架另计,套用幕墙骨架定额。

3. 防火隔离带

工作内容:防火隔断安装、注防火胶、表面清理等。　　　　　　　　　　　计量单位:100m

定 额 编 号			12-196
项　　　目			防火隔离带
			100×240
基　价　(元)			**6479.74**
其中	人　工　费　(元)		1160.64
	材　料　费　(元)		5243.90
	机　械　费　(元)		75.20
名　　称	单位	单价(元)	消　耗　量
人工	三类人工	工日	155.00	7.488
材料	镀锌薄钢板 δ1.5	m²	47.71	71.400
	岩棉板	m³	466.00	2.604
	防火密封胶	L	103.00	6.048
	其他材料费	元	1.00	1.00
机械	交流弧焊机 32kV·A	台班	92.84	0.810

十、隔断、隔墙

1. 隔 断

工作内容：定位弹线、下料、安装龙骨、安装玻璃、嵌缝、净面清理等。

计量单位：100m²

定 额 编 号				12-197	12-198
项 目				硬木框隔断	
				半玻	全玻
基 价 （元）				**10434.32**	**11551.08**
其中	人 工 费 （元）			4448.50	4662.87
	材 料 费 （元）			5985.82	6888.21
	机 械 费 （元）			—	—
	名 称	单位	单价(元)	消 耗 量	
人工	三类人工	工日	155.00	28.700	30.083
材料	杉木枋 30×40	m³	1800.00	2.310	2.280
	钢化玻璃 δ5	m²	28.00	63.500	97.700
	圆钉	kg	4.74	5.642	5.256
	电	kW·h	0.78	15.000	15.000
	其他材料费	元	1.00	11.38	12.00

工作内容：1. 定位弹线、下料、安装龙骨、安装玻璃、嵌缝、净面清理等；
2. 定位弹线、下料、安装玻璃、嵌缝、净面清理等。

计量单位：100m²

定 额 编 号				12-199	12-200	12-201
项 目				全玻璃隔断		铝合金框玻璃隔断
				钢化玻璃	防弹玻璃	
基 价 （元）				**15383.21**	**69595.16**	**22384.09**
其中	人 工 费 （元）			2919.43	6000.05	3946.30
	材 料 费 （元）			12463.78	63595.11	18437.79
	机 械 费 （元）			—	—	—
	名 称	单位	单价(元)	消 耗 量		
人工	三类人工	工日	155.00	18.835	38.710	25.460
材料	钢化玻璃 δ12	m²	94.83	108.000	—	105.000
	防弹玻璃 δ19	m²	603.00	—	97.394	—
	不锈钢管 φ76	m	22.97	—	86.992	—
	铝合金型材 综合	kg	18.53	—	—	411.739
	不锈钢槽钢 10×20×1	m	12.93	75.710	151.428	—
	橡胶条	m	5.26	157.360	—	—
	镀锌铁件	kg	3.73	—	—	0.032
	金属膨胀螺栓 M8	套	0.31	353.600	—	348.840
	玻璃胶 335g	支	10.34	25.666	76.667	63.000
	不锈钢螺栓 M5×12	10个	1.35	—	7.140	—
	自攻螺钉 ST6×20	百个	3.45	—	—	7.956
	电	kW·h	0.78	26.280	112.800	56.400
	其他材料费	元	1.00	20.00	20.00	20.00

工作内容:定位弹线、下料、安装龙骨、安玻璃、嵌缝、净面清理等。

计量单位:100m²

定 额 编 号				12-202	12-203	12-204	12-205
项 目				铝合金板条隔断	塑钢框隔断		
					全玻	半玻	全塑钢板
基 价 (元)				**23170.39**	**46752.81**	**32694.66**	**52207.41**
其中	人 工 费 (元)			3344.13	4019.77	3011.96	2524.33
	材 料 费 (元)			19826.26	42733.04	29682.70	49683.08
	机 械 费 (元)			—	—	—	—
名 称		单位	单价(元)	消 耗 量			
人工	三类人工	工日	155.00	21.575	25.934	19.432	16.286
材料	铝合金型材 综合	kg	18.53	393.753	—	—	—
	塑钢全玻璃隔断	m²	388.00	—	101.000	—	—
	塑钢半玻璃隔断	m²	259.00	—	—	101.000	—
	塑钢隔断	m²	457.00	—	—	—	101.000
	铝合金条板	m²	77.59	97.275	—	—	—
	角铝 25.4×1	m	2.58	277.268	—	—	—
	槽铝 50	m	6.03	628.149	—	—	—
	镀锌铁件	kg	3.73	94.646	—	—	—
	金属膨胀螺栓 M6	套	0.19	259.723	21.819	21.819	21.819
	玻璃胶 335g	支	10.34	—	14.039	14.039	14.039
	橡胶条	m	5.26	—	625.274	625.274	625.274
	自攻螺钉 ST6×20	百个	3.45	4.722	7.568	7.568	7.568
	自攻螺钉 ST6×30	百个	4.31	4.794	6.192	6.192	6.192
	电	kW·h	0.78	25.680	56.400	29.040	25.680
	其他材料费	元	1.00	20.00	10.00	10.00	15.00

工作内容:1. 定位弹线、下料、安装龙骨、安玻璃、嵌缝、净面清理等;
　　　　　 2. 定位弹线、成品隔断安装、清理等。

计量单位:100m²

定 额 编 号				12-206	12-207
项 目				不锈钢框玻璃隔断	成品卫生间隔断
基 价 (元)				**30198.81**	**21084.43**
其中	人 工 费 (元)			4019.77	3825.40
	材 料 费 (元)			26179.04	17259.03
	机 械 费 (元)			—	—
名 称		单位	单价(元)	消 耗 量	
人工	三类人工	工日	155.00	25.934	24.680
材料	不锈钢钢化玻璃隔断	m²	224.00	101.000	—
	成品卫生间隔断	m²	172.00	—	100.000
	金属膨胀螺栓 M6	套	0.19	21.819	—
	玻璃胶 335g	支	10.34	14.039	—
	橡胶条	m	5.26	625.274	—
	自攻螺钉 ST6×20	百个	3.45	7.568	—
	自攻螺钉 ST6×30	百个	4.31	6.192	—
	电	kW·h	0.78	56.400	25.680
	其他材料费	元	1.00	20.00	39.00

工作内容:1.定位弹线、下料、拼装硬木格栅,校正、净面清理等;
　　　　　　2.定位弹线、安装槽线及成品隔断、净面清理等。　　　　　　　　　　　计量单位:100m²

定　额　编　号			12-208	12-209	12-210	12-211
项　　目			花式木隔断			成品硬木隔断安装
			直栅漏空	井格(mm)		
				100×100	200×200	
基　价　(元)			**8795.50**	**11178.40**	**9229.64**	**13166.99**
其中	人　工　费　(元)		4857.08	5892.79	4989.14	2200.07
	材　料　费　(元)		3938.42	5285.61	4240.50	10966.92
	机　械　费　(元)		—	—	—	—
名　称	单位	单价(元)	消　耗　量			
人工 三类人工	工日	155.00	31.336	38.018	32.188	14.194
材料 硬木板枋材(进口)	m³	3276.00	1.180	1.570	1.270	—
成品木格栅 100×100×55	m²	103.00	—	—	—	101.000
万能胶 环氧树脂	kg	18.97	—	—	—	3.720
铝合金槽线 50×13×1.2	m	4.34	—	—	—	93.220
金属膨胀螺栓 M12	套	0.64	—	—	—	77.520
气排钉	盒	4.31	4.533	14.513	3.858	—
电	kW·h	0.78	45.000	79.020	58.020	22.000
其他材料费	元	1.00	18.10	18.10	18.10	22.00

工作内容:定位弹线、下料、安装龙骨、安装玻璃砖、嵌缝、净面处理等。　　　　　　计量单位:100m²

定　额　编　号			12-212	12-213
项　　目			玻璃砖隔断	
			分格嵌缝	全砖
基　价　(元)			**49268.17**	**43583.07**
其中	人　工　费　(元)		3713.80	2858.05
	材　料　费　(元)		45515.38	40705.52
	机　械　费　(元)		38.99	19.50
名　称	单位	单价(元)	消　耗　量	
人工 三类人工	工日	155.00	23.960	18.439
材料 硬木板枋材(进口)	m³	3276.00	0.683	—
玻璃砖 190×190×95	块	12.93	2458.838	2761.341
白水泥白石子浆 1:1.5	m³	693.08	0.370	0.421
白色硅酸盐水泥 425#二级白度	kg	0.59	34.438	39.160
冷拔钢丝 综合	kg	4.01	58.395	65.580
槽钢 综合	kg	4.01	1853.338	—
扁钢 Q235B 综合	kg	3.96	705.375	—
低合金钢焊条 E43 系列	kg	4.74	2.625	1.239
镀锌铁丝 φ0.7~1.0	kg	6.74	3.318	3.318
镀锌铁件	kg	3.73	187.545	210.629
槽钢 Q235B 18#以外	kg	3.97	—	906.617
电	kW·h	0.78	9.840	4.340
其他材料费	元	1.00	6.98	6.98
机械 交流弧焊机 32kV·A	台班	92.84	0.420	0.210

工作内容:定位弹线、成品隔断安装、净面清理等。 计量单位:100m²

定 额 编 号			12-214	12-215
项 目			成品可折叠隔断	成品铝合金玻璃隔断(夹百叶)
基 价 (元)			**28460.03**	**27028.27**
其中	人 工 费 (元)		2450.55	2699.95
	材 料 费 (元)		26009.48	24328.32
	机 械 费 (元)		—	—
名 称	单位	单价(元)	消 耗 量	
人工 三类人工	工日	155.00	15.810	17.419
材料 成品可折叠隔断	m²	259.00	100.000	—
成品铝合金玻璃隔断 夹百叶	m²	207.00	—	100.000
金属膨胀螺栓 M8	套	0.31	218.190	218.190
玻璃胶 335g	支	10.34	—	14.039
橡胶条	m	5.26	—	625.270
自攻螺钉 M6×30	百个	6.16	—	13.760
电	kW·h	0.78	28.000	28.000
其他材料费	元	1.00	20.00	20.00

2. 隔 墙 龙 骨

工作内容:基层清理、定位、弹线、钻眼、安装膨胀螺栓、安装龙骨。 计量单位:100m²

定 额 编 号			12-216	12-217	12-218
项 目			轻钢龙骨	木龙骨	钢龙骨
			中距(mm 以内)		
			竖600 横1500	400	800
基 价 (元)			**3735.80**	**6676.06**	**4714.70**
其中	人 工 费 (元)		1410.50	1800.02	3000.03
	材 料 费 (元)		2325.30	4876.04	1535.67
	机 械 费 (元)		—	—	179.00
名 称	单位	单价(元)	消 耗 量		
人工 三类人工	工日	155.00	9.100	11.613	19.355
材料 镀锌轻钢龙骨 75×50	m	5.09	198.750	—	—
镀锌轻钢龙骨 75×40	m	4.96	106.000	—	—
轻钢骨架连通龙骨 Q−2	m	7.76	66.110	—	—
杉枋材 大枋	m³	2069.00	—	2.300	—
方钢 综合	kg	4.05	—	—	359.340
抽芯铆钉 φ4×13	百个	4.31	9.350	—	—
轻钢通贯骨连接件	个	0.79	175.000	—	—
金属膨胀螺栓 M6×75	套	0.21	211.555	—	—
圆钉	kg	4.74	—	9.250	—
乙炔气	m³	8.90	—	—	1.040
氧气	m³	3.62	—	—	2.400
电焊条 E43 系列	kg	4.74	—	—	9.366
电	kW·h	0.78	30.660	45.500	—
其他材料费	元	1.00	28.00	38.00	18.00
机械 交流弧焊机 32kV·A	台班	92.84	—	—	1.928

第十三章
天 棚 工 程

说　　明

一、本章定额包括混凝土面天棚抹灰、天棚吊顶、装配式成品天棚安装、天棚其他装饰四节。

二、混凝土面天棚抹灰。

1. 设计抹灰砂浆种类、配合比与定额不同时可以调整，砂浆厚度、抹灰遍数不同定额不调整。

2. 基层需涂刷水泥浆或界面剂的，套用本定额第十二章"墙、柱面装饰与隔断、幕墙工程"相应定额，人工乘以系数1.10。

3. 楼梯底面抹灰，套用天棚抹灰定额；其中楼梯底面为锯齿形时相应定额子目人工乘以系数1.35。

4. 阳台、雨篷、水平遮阳板、沿沟底面抹灰，套用天棚抹灰定额；阳台、雨篷台口梁抹灰按展开面积并入板底面积；沿沟及面积1m² 以内板的底面抹灰人工乘以系数1.20。

5. 梁与天棚板底抹灰材料不同时应分别计算，梁抹灰另套用本定额第十二章"墙、柱面装饰与隔断、幕墙工程"中的柱(梁)面抹灰定额。

6. 天棚混凝土板底批腻子套用本定额第十四章"油漆、涂料、裱糊工程"相应定额子目。

三、天棚吊顶。

1. 天棚龙骨、基层、面层除装配式成品天棚安装外，其余均按龙骨、基层、面层分别列项套用相应定额子目。

2. 天棚龙骨、基层、面层材料如设计与定额不同时，按设计要求作相应调整。

3. 天棚面层在同一标高者为平面天棚，存在一个以上标高者为跌级天棚。跌级天棚按平面、侧面分别列项套用相应定额子目。

4. 在夹板基层上贴石膏板，套用每增加一层石膏板定额。

5. 天棚不锈钢板等金属板嵌条、镶块等小块料套用零星、异形贴面定额。

6. 本章定额中玻璃均按成品玻璃考虑。

7. 木质龙骨、基层、面层等涂刷防火涂料或防腐油时，套用本定额第十四章"油漆、涂料、裱糊工程"相应定额子目。

8. 天棚基层及面层如为拱形、圆弧形等曲面时，按相应定额人工乘以系数1.15。

四、装配式成品天棚安装定额包括了龙骨、面层安装。

五、定额中吊筋均按后施工打膨胀螺栓考虑，如设计为预埋铁件时，扣除定额中的合金钢钻头、金属膨胀螺栓用量，每100m² 扣除人工1.0工日，预埋铁件另套用本定额第五章"混凝土及钢筋混凝土工程"相关定额子目计算。

吊筋高度按1.5m以内综合考虑。如设计需做二次支撑时，应另按本定额第六章"金属结构工程"相关子目计算。

六、定额已综合考虑石膏板、木板面层上开灯孔、检修孔等孔洞的费用，如在金属板、玻璃、石材面板上开孔时，费用另行计算。检修孔、风口等洞口加固的费用已包含在天棚定额中。

七、灯槽内侧板高度在150mm以内的套用灯槽子目，高度大于150mm的套用天棚侧板子目；宽度500mm以上或面积1m² 以上的嵌入式灯槽按跌级天棚计算。

八、送风口和回风口按成品安装考虑。

工程量计算规则

一、天棚抹灰。

1. 天棚抹灰按设计结构尺寸以展开面积计算,不扣除间壁墙、垛、柱、附墙烟囱、检查口和管道所占的面积,带梁天棚的梁侧抹灰并入天棚面积内。

2. 板式楼梯底面抹灰面积按水平投影面积乘以系数 1.15 计算,锯齿形楼梯底板抹灰面积按水平投影面积乘以系数 1.37 计算。楼梯底面积包括梯段、休息平台、平台梁、楼梯与楼面板连接梁（无梁连接时算至最上一级踏步边沿加 300mm）、宽度 500mm 以内的楼梯井、单跑楼梯上下平台与楼梯段等宽部分。

二、天棚吊顶。

1. 平面天棚及跌级天棚的平面部分,龙骨、基层和饰面板工程量均按设计图示尺寸以面积计算,不扣除间壁墙、垛、柱、附墙烟囱、检查口和管道所占的面积,扣除单个 0.3m² 以外的独立柱、孔洞（灯孔、检查孔面积不扣除）及与天棚相连的窗帘盒所占的面积。

2. 跌级天棚的侧面部分龙骨、基层、面层工程量按跌级高度乘以相应长度以面积计算。

3. 拱形及弧形天棚在起拱或下弧起止范围,按展开面积计算。

4. 不锈钢板等金属板零星、异形贴面面积按外接矩形面积计算。

三、灯槽按展开面积计算。

一、混凝土面天棚抹灰

工作内容：1.清理修补基层表面、堵眼、调运砂浆,清扫落地灰;
2.抹灰找平、罩面及压光,包括小圆角抹光。　　　　　　　　计量单位:100m²

定　额　编　号				13-1	13-2	13-3
项　　目				一般抹灰	石膏浆(厚 mm)	
					5	每增减 1
基　价　(元)				**2023.19**	**1203.66**	**121.34**
其中	人　工　费　(元)			1249.30	778.41	36.27
	材　料　费　(元)			757.41	425.25	85.07
	机　械　费　(元)			16.48	—	—
名　称		单位	单价(元)	消　耗　量		
人工	三类人工	工日	155.00	8.060	5.022	0.234
材料	干混抹灰砂浆 DP M15.0	m³	446.85	1.695	—	—
	石膏粉	kg	0.68	—	623.670	124.730
	水	m³	4.27	—	0.270	0.060
机械	干混砂浆罐式搅拌机 20000L	台班	193.83	0.085	—	—

二、天 棚 吊 顶

1. 天 棚 骨 架

(1) 方 木 楞

工作内容:定位、弹线、找眼、制作安装吊筋、木楞,预留洞口等。　　　　　　　　　　　　　　　　计量单位:100m²

定 额 编 号				13-4	13-5	13-6	13-7
项 目				方木天棚龙骨			
				平面单层	平面双层	侧面	
						直线形	弧线型
基 价 (元)				**4734.40**	**5322.91**	**3907.60**	**6235.30**
其中	人 工 费 (元)			1269.45	1383.69	1632.15	2285.01
	材 料 费 (元)			3462.75	3936.47	2273.69	3949.60
	机 械 费 (元)			2.20	2.75	1.76	0.69
名 称		单位	单价(元)	消 耗 量			
人工	三类人工	工日	155.00	8.190	8.927	10.530	14.742
材料	杉板枋材	m³	1625.00	1.800	2.090	1.380	0.557
	细木工板 δ15	m²	21.12	—	—	—	141.330
	合金钢钻头 φ8	个	5.34	2.630	2.630	—	—
	圆钉	kg	4.74	8.370	8.890	6.370	12.360
	铁件	kg	3.71	16.540	16.540	—	—
	吊杆	kg	5.17	73.610	73.610	—	—
	电焊条 E43 系列	kg	4.74	0.546	0.546	—	—
	普碳钢六角螺母 M8	百个	8.36	0.730	0.730	—	—
	金属膨胀螺栓 M8×80	套	0.28	70.830	70.830	—	—
	垫圈	百个	17.24	0.730	0.730	—	—
	其他材料费	元	1.00	1.00	1.00	1.00	1.00
机械	木工圆锯机 500mm	台班	27.50	0.080	0.100	0.064	0.025

（2）轻钢龙骨、铝合金龙骨吊顶

工作内容：1. 定位、弹线、找眼；

　　　　　2. 吊件加工、焊接、选料、下料；

　　　　　3. 安装龙骨及横撑附件等。　　　　　　　　　　　　　　计量单位：100m²

定　额　编　号				13-8	13-9	13-10	13-11
项　　目				轻钢龙骨（U38 型）		轻钢龙骨（U50 型）	
				平面	侧面	平面	侧面
基　价　（元）				**2868.11**	**2891.95**	**3644.70**	**3647.69**
其中	人　工　费（元）			1764.37	2132.96	1852.72	2223.32
	材　料　费（元）			1103.74	758.99	1791.98	1424.37
	机　械　费（元）			—	—	—	—
名　称		单位	单价(元)	消　耗　量			
人工	三类人工	工日	155.00	11.383	13.761	11.953	14.344
材料	轻型龙骨 U38	m²	7.33	103.000	103.000	—	—
	轻型龙骨 U50	m²	13.79	—	—	103.000	103.000
	金属膨胀螺栓 M8×80	套	0.28	215.600	—	222.070	—
	吊杆	kg	5.17	33.170	—	36.640	—
	电焊条 E43 系列	kg	4.74	0.210	—	0.220	—
	普碳钢六角螺母 M8	百个	8.36	2.160	—	2.220	—
	垫圈	百个	17.24	4.310	—	4.440	—
	合金钢钻头 φ8	个	5.34	2.160	—	2.220	—
	其他材料费	元	1.00	12.00	4.00	12.00	4.00

工作内容：1. 定位、弹线、找眼；

　　　　　2. 吊件加工、焊接、选料、下料；

　　　　　3. 安装龙骨及横撑附件等。　　　　　　　　　　　　　　计量单位：100m²

定　额　编　号				13-12	13-13	13-14
项　　目				卡式轻钢龙骨	T 形铝合金龙骨	
					600×600	
					平面	侧面
基　价　（元）				**2796.92**	**3532.06**	**3762.27**
其中	人　工　费（元）			1579.92	1660.05	1992.06
	材　料　费（元）			1217.00	1872.01	1770.21
	机　械　费（元）			—	—	—
名　称		单位	单价(元)	消　耗　量		
人工	三类人工	工日	155.00	10.193	10.710	12.852
材料	卡式轻钢龙骨	m²	8.62	103.000	—	—
	铝合金龙骨不上人型（平面）600×600	m²	15.52	—	103.000	—
	铝合金龙骨不上人型（跌级）600×600	m²	17.07	—	—	103.000
	合金钢钻头 φ8	个	5.34	2.160	1.300	—
	金属膨胀螺栓 M8×80	套	0.28	215.600	130.000	—
	吊杆	kg	5.17	30.170	31.600	—
	电焊条 E43 系列	kg	4.74	0.190	0.220	—
	普碳钢六角螺母 M8	百个	8.36	2.160	1.300	—
	垫圈	百个	17.24	4.310	2.600	—
	其他材料费	元	1.00	8.00	10.00	12.00

2.天棚基层

工作内容:基层清理、放样、安装面层、清理表面等。　　　　　　　　　　　　　计量单位:100m²

定　额　编　号			13-15	13-16	13-17	13-18	13-19
项　　　　目			细木工板				
			钉在木龙骨上		钉在轻钢龙骨上		每增加一层细木工板
			平面	侧面	平面	侧面	
基　价　(元)			**3301.63**	**3693.97**	**3447.20**	**3893.90**	**3305.68**
其中	人　工　费　(元)		1059.43	1371.75	1114.92	1443.83	1063.30
	材　料　费　(元)		2242.20	2322.22	2332.28	2450.07	2242.38
	机　械　费　(元)		—	—	—	—	—
名　称	单位	单价(元)	消　耗　量				
人工 三类人工	工日	155.00	6.835	8.850	7.193	9.315	6.860
材料 细木工板 δ15	m²	21.12	105.000	108.000	105.000	108.000	105.000
圆钉	kg	4.74	3.080	5.540	—	—	—
自攻螺钉 M4×35	百个	2.89	—	—	36.220	53.670	—
其他材料费	元	1.00	10.00	15.00	10.00	14.00	—
枪钉	盒	6.47	—	—	—	—	3.830

工作内容:基层清理、放样、安装面层、清理表面等。　　　　　　　　　　　　　计量单位:100m²

定　额　编　号			13-20	13-21
项　　　　目			胶合板	
			钉在木龙骨上	
			曲面	曲边
基　价　(元)			**3955.22**	**4502.60**
其中	人　　工　　费　(元)		2152.18	2317.25
	材　　料　　费　(元)		1803.04	2185.35
	机　　械　　费　(元)		—	—
名　称	单位	单价(元)	消　耗　量	
人工 三类人工	工日	155.00	13.885	14.950
材料 胶合板 δ3	m²	13.10	110.000	116.000
聚醋酸乙烯乳液	kg	5.60	38.210	58.800
枪钉	盒	6.47	5.470	19.220
自攻螺钉 M4×35	百个	2.89	36.220	70.630
其他材料费	元	1.00	8.00	8.00

工作内容:放样、下料、安装面层、清理表面等。　　　　　　　　　　　　　　　　　　　　　计量单位:100m²

定　额　编　号			13-22	13-23	13-24	13-25	13-26
项　　　　目			石膏板				每增加一层
			安在U形轻钢龙骨上		钉在木龙骨上		
			平面	侧面	平面	侧面	
基　价　（元）			**2125.82**	**2364.78**	**2077.77**	**2304.33**	**1865.30**
其中	人　工　费　（元）		999.75	1202.80	951.70	1142.35	759.50
	材　料　费　（元）		1126.07	1161.98	1126.07	1161.98	1105.80
	机　械　费　（元）		—	—	—	—	—
名　　称	单位	单价(元)	消　耗　量				
人工　三类人工	工日	155.00	6.450	7.760	6.140	7.370	4.900
材料　纸面石膏板 1200×2400×9.5	m²	9.48	107.000	107.000	107.000	107.000	107.000
自攻螺钉 M4×35	百个	2.89	34.500	44.850	34.500	44.850	29.910
其他材料费	元	1.00	12.00	18.00	12.00	18.00	5.00

注:石膏板安在T形铝合金龙骨上时,套用安在U形轻钢龙骨上定额,扣除自攻螺钉用量。

3.天棚面层

工作内容:基层清理、放样、安装面层、清理表面等。　　　　　　　　　　　　　　　　　　　计量单位:100m²

定　额　编　号			13-27	13-28	13-29	13-30
项　　　　目			装饰夹板			
			平面板		侧面板	
			平面	曲面	直形边	曲边
基　价　（元）			**4028.02**	**4685.70**	**4461.29**	**4707.90**
其中	人　工　费　（元）		810.96	1216.44	1054.00	1216.44
	材　料　费　（元）		3217.06	3469.26	3407.29	3491.46
	机　械　费　（元）		—	—	—	—
名　　称	单位	单价(元)	消　耗　量			
人工　三类人工	工日	155.00	5.232	7.848	6.800	7.848
材料　红榉夹板 δ3	m²	24.36	105.000	110.000	110.000	110.000
立时得胶	kg	21.55	30.000	36.000	33.000	36.000
枪钉	盒	6.47	1.200	1.370	1.320	4.800
其他材料费	元	1.00	5.00	5.00	8.00	5.00

工作内容:放样、下料、安装面层、清理表面等。 计量单位:100m²

定 额 编 号			13-31	13-32	13-33	13-34	13-35	13-36
项 目			铝塑板			防火板		
			粘在夹板基层上					
			平面	直形侧面	弧形侧面	平面	直形侧面	弧形侧面
基 价 (元)			**8339.39**	**8905.87**	**9316.25**	**4745.22**	**5163.08**	**5549.12**
其中	人 工 费 (元)		1272.71	1474.98	1743.13	1132.12	1340.91	1584.72
	材 料 费 (元)		7066.68	7430.89	7573.12	3613.10	3822.17	3964.40
	机 械 费 (元)		—	—	—	—	—	—
名 称	单位	单价(元)	消 耗 量					
人工 三类人工	工日	155.00	8.211	9.516	11.246	7.304	8.651	10.224
材料 铝塑板 2440×1220×3	m²	58.62	105.000	110.000	110.000	—	—	—
装饰防火板 δ12	m²	27.59	—	—	—	105.000	110.000	110.000
立时得胶	kg	21.55	33.000	36.300	42.900	33.000	36.300	42.900
玻璃胶 335g	支	10.34	18.900	18.900	18.900	—	—	—
其他材料费	元	1.00	5.00	5.00	5.00	5.00	5.00	5.00

工作内容:放样、下料、安装面层、清理表面等。 计量单位:100m²

定 额 编 号			13-37	13-38	13-39	13-40	13-41	13-42
项 目			不锈钢板		矿棉板	硅酸钙板		空腹 PVC 板
			粘在夹板基层上		搁放在龙骨上	搁放在U形龙骨上	搁放在T形龙骨上	
			平面	零星、异形				
基 价 (元)			**12052.23**	**13488.15**	**3415.05**	**5161.33**	**5078.22**	**4424.42**
其中	人 工 费 (元)		1383.38	1798.78	689.75	827.70	786.32	1016.80
	材 料 费 (元)		10668.85	11689.37	2725.30	4333.63	4291.90	3407.62
	机 械 费 (元)		—	—	—	—	—	—
名 称	单位	单价(元)	消 耗 量					
人工 三类人工	工日	155.00	8.925	11.605	4.450	5.340	5.073	6.560
材料 不锈钢板 0.8	m²	94.74	105.000	115.000	—	—	—	—
矿棉吸音板	m²	25.86	—	—	105.000	—	—	—
硅酸钙板 δ10	m²	40.78	—	—	—	105.000	105.000	—
空腹 PVC 板	m²	31.90	—	—	—	—	—	105.000
自攻螺钉 M4×35	百个	2.89	—	—	—	14.440	—	16.650
立时得胶	kg	21.55	33.000	36.300	—	—	—	—
其他材料费	元	1.00	10.00	12.00	10.00	10.00	10.00	10.00

工作内容:放样、下料、安装面层、清理表面等。 计量单位:100m²

定 额 编 号				13-43	13-44
项 目				铝合金方板面层	
				浮搁式	嵌入式
基 价 (元)				**7408.98**	**7572.71**
其中	人 工 费 (元)			681.38	681.38
	材 料 费 (元)			6727.60	6891.33
	机 械 费 (元)			—	—
名 称	单位	单价(元)		消 耗 量	
人工	三类人工	工日	155.00	4.396	4.396
材料	铝合金方板(配套)	m²	65.20	103.000	105.000
	金属膨胀螺栓 M8×80	套	0.28	—	108.330
	其他材料费	元	1.00	12.00	15.00

工作内容:放样、下料、安装面层、清理表面等。 计量单位:100m²

定 额 编 号				13-45	13-46
项 目				钢化玻璃面层	
				浮搁式	贴在板上
基 价 (元)				**4055.03**	**5012.60**
其中	人 工 费 (元)			1109.03	1435.30
	材 料 费 (元)			2946.00	3577.30
	机 械 费 (元)			—	—
名 称	单位	单价(元)		消 耗 量	
人工	三类人工	工日	155.00	7.155	9.260
材料	钢化玻璃 $\delta5$	m²	28.00	105.000	105.000
	双面玻璃胶带纸	m	0.26	—	22.240
	玻璃胶 335g	支	10.34	—	59.900
	不锈钢钉	kg	21.55	—	0.100
	其他材料费	元	1.00	6.00	10.00

工作内容:放样、下料、安装面层、清理表面等。   计量单位:100m²

定 额 编 号			13-47	13-48	13-49	13-50	13-51	13-52
项 目			天棚灯片(搁放型)			软膜吊顶		
			乳白胶片	分光铝格栅	玻璃纤维片	弧拱形	圆形	矩形
基 价 (元)			**3891.81**	**15001.86**	**1190.16**	**20290.57**	**17539.35**	**15894.14**
其中	人 工 费 (元)		931.86	931.86	931.86	2270.75	1589.53	1324.32
	材 料 费 (元)		2959.95	14070.00	258.30	18019.82	15949.82	14569.82
	机 械 费 (元)		—	—	—	—	—	—
名 称	单位	单价(元)	消 耗 量					
人工 三类人工	工日	155.00	6.012	6.012	6.012	14.650	10.255	8.544
材料 天棚乳白胶片	m²	28.19	105.000	—	—	—	—	—
铝格栅	m²	134.00	—	105.000	—	—	—	—
玻璃纤维板	m²	2.46	—	—	105.000	—	—	—
软膜	m²	138.00	—	—	—	130.000	115.000	105.000
镀锌铁丝 φ0.7～1.0	kg	6.74	—	—	—	3.000	3.000	3.000
合金钢钻头 φ10	个	5.60	—	—	—	1.000	1.000	1.000
金属膨胀螺栓 M8×60	套	0.27	—	—	—	200.000	200.000	200.000

注:软膜价格包含相应配件费用。

三、装配式成品天棚安装

1. 金属板天棚

工作内容:1.定位、弹线、找眼;
        2.吊件加工、焊接、选料、下料;
        3.安装龙骨及横撑附件等;
        4.安装面层、清理表面等。

计量单位:100m²

定 额 编 号			13-53	13-54	13-55	13-56	13-57	13-58
项 目			金属板天棚					
			U 形轻钢龙骨(mm)					
			300×300		450×450		600×600	
			平面	侧面	平面	侧面	平面	侧面
基 价 (元)			**13100.34**	**13019.02**	**12003.11**	**12029.71**	**11357.68**	**11227.01**
其中	人 工 费 (元)		3168.36	3802.00	3009.95	3611.97	2859.44	3431.39
	材 料 费 (元)		9931.98	9217.02	8993.16	8417.74	8498.24	7795.62
	机 械 费 (元)		—	—	—	—	—	—
名 称	单位	单价(元)	消 耗 量					
人工 三类人工	工日	155.00	20.441	24.529	19.419	23.303	18.448	22.138
材料 铝合金方板(配套)	m²	65.20	103.000	103.000	103.000	103.000	103.000	103.000
轻钢龙骨不上人型(平面)300×300	m²	27.59	103.000	—	—	—	—	—
轻钢龙骨不上人型(跌级)300×300	m²	24.14	—	103.000	—	—	—	—
轻钢龙骨不上人型(平面)450×450	m²	18.97	—	—	103.000	—	—	—
轻钢龙骨不上人型(跌级)450×450	m²	16.38	—	—	—	103.000	—	—
轻钢龙骨不上人型(平面)600×600	m²	14.66	—	—	—	—	103.000	—
轻钢龙骨不上人型(跌级)600×600	m²	10.34	—	—	—	—	—	103.000
吊杆	kg	5.17	36.640	—	34.320	—	31.990	—
合金钢钻头 φ8	个	5.34	2.220	—	1.710	—	1.200	—
金属膨胀螺栓 M8×80	套	0.28	222.070	—	171.000	—	120.000	—
普碳钢六角螺母 M8	百个	8.36	2.220	—	1.710	—	1.200	—
电焊条 E43 系列	kg	4.74	0.220	—	0.200	—	0.180	—
垫圈	百个	17.24	4.440	—	3.420	—	2.400	—
其他材料费	元	1.00	15.00	15.00	15.00	15.00	15.00	15.00

工作内容:1. 定位、弹线、找眼;

2. 吊件加工、焊接、选料、下料;

3. 安装龙骨及横撑附件等;

4. 安装面层、清理表面等。 计量单位:100m²

定 额 编 号				13-59	13-60	13-61	13-62
项 目				金属板天棚			
				U 形轻钢龙骨(mm)		T 形铝合金龙骨(mm)	
				600×600 以上		300×300	
				平面	侧面	平面	侧面
基 价 (元)				**10569.14**	**11322.20**	**12800.33**	**13310.43**
其中	人 工 费 (元)			2716.53	3259.81	3041.26	3649.48
	材 料 费 (元)			7852.61	8062.39	9759.07	9660.95
	机 械 费 (元)			—	—	—	—
	名 称	单位	单价(元)	消 耗 量			
人工	三类人工	工日	155.00	17.526	21.031	19.621	23.545
材料	铝合金方板(配套)	m²	65.20	103.000	103.000	103.000	103.000
	轻钢龙骨不上人型(跌级)600×600 以上	m²	8.62	103.000	—	—	—
	轻钢龙骨不上人型(平面)600×600 以上	m²	12.93	—	103.000	—	—
	铝合金龙骨不上人型(平面)300×300	m²	25.86	—	—	103.000	—
	铝合金龙骨不上人型(跌级)300×300	m²	28.45	—	—	—	103.000
	吊杆	kg	5.17	30.390	—	37.370	—
	合金钢钻头 $\phi 8$	个	5.34	1.000	—	2.240	—
	金属膨胀螺栓 M8×80	套	0.28	100.000	—	224.000	—
	普碳钢六角螺母 M8	百个	8.36	1.000	—	2.240	—
	电焊条 E43 系列	kg	4.74	0.180	—	0.220	—
	垫圈	百个	17.24	2.000	—	4.480	—
	其他材料费	元	1.00	15.00	15.00	15.00	15.00

工作内容:1.定位、弹线、找眼；
2.吊件加工、焊接、选料、下料；
3.安装龙骨及横撑附件等；
4.安装面层、清理表面等。

计量单位:100m²

定　额　编　号				13-63	13-64	13-65	13-66
项　目				金属板天棚			
				T形铝合金龙骨（mm）			
				450×450		600×600	
				平面	侧面	平面	侧面
基　价　（元）				**11929.67**	**12346.22**	**11337.16**	**11782.56**
其中	人　工　费　（元）			2889.20	3467.04	2744.74	3293.75
	材　料　费　（元）			9040.47	8879.18	8592.42	8488.81
	机　械　费　（元）			—	—	—	—
	名　称	单位	单价（元）	消　耗　量			
人工	三类人工	工日	155.00	18.640	22.368	17.708	21.250
材料	铝合金方板（配套）	m²	65.20	103.000	103.000	103.000	103.000
	铝合金龙骨不上人型（平面）450×450	m²	18.97	103.000	—	—	—
	铝合金龙骨不上人型（跌级）450×450	m²	20.86	—	103.000	—	—
	铝合金龙骨不上人型（平面）600×600	m²	15.52	—	—	103.000	—
	铝合金龙骨不上人型（跌级）600×600	m²	17.07	—	—	—	103.000
	合金钢钻头 φ8	个	5.34	2.200	—	1.300	—
	吊杆	kg	5.17	36.250	—	31.600	—
	金属膨胀螺栓 M8×80	套	0.28	220.000	—	130.000	—
	普碳钢六角螺母 M8	百个	8.36	2.200	—	1.300	—
	电焊条 E43 系列	kg	4.74	0.200	—	0.180	—
	垫圈	百个	17.24	4.400	—	2.600	—
	其他材料费	元	1.00	15.00	15.00	15.00	15.00

工作内容:1.定位、弹线、找眼;

　　　　　2.吊件加工、焊接、选料、下料;

　　　　　3.安装龙骨及横撑附件等;

　　　　　4.安装面层、清理表面等。

计量单位:100m²

定 额 编 号				13-67	13-68
项 目				铝合金条板天棚	
				密缝	离缝
基 价 (元)				**13176.75**	**12636.24**
其中	人 工 费 (元)			3378.23	3040.02
	材 料 费 (元)			9798.52	9596.22
	机 械 费 (元)			—	—
	名 称	单位	单价(元)	消 耗 量	
人工	三类人工	工日	155.00	21.795	19.613
材料	铝合金条板	m²	77.59	105.000	103.000
	铝合金条板天棚龙骨(中型)	m²	12.93	105.000	103.000
	合金钢钻头 φ8	个	5.34	1.300	1.200
	吊杆	kg	5.17	34.630	31.990
	金属膨胀螺栓 M8×80	套	0.28	130.000	120.000
	普碳钢六角螺母 M8	百个	8.36	1.300	1.200
	电焊条 E43 系列	kg	4.74	0.180	0.180
	垫圈	百个	17.24	2.600	2.400
	其他材料费	元	1.00	15.00	15.00

2.成品格栅天棚

工作内容:1.定位、弹线、找眼;
  2.吊件加工、焊接、选料、下料;
  3.安装龙骨及横撑附件等;
  4.安装面层、清理表面等。 计量单位:100m²

定 额 编 号			13-69	13-70	13-71	13-72	13-73	13-74
项 目			铝合金格片式天棚		铝方通天棚		铝合金格栅	木格栅
			间距(mm)					
			150	100	150	200	125×125	100×100
基 价 (元)			**9718.53**	**10867.76**	**10428.66**	**8811.92**	**16545.01**	**13386.35**
其中	人 工 费 (元)		1629.36	1873.49	1693.53	1524.74	1555.43	1627.19
	材 料 费 (元)		8089.17	8994.27	8735.13	7287.18	14989.58	11759.16
	机 械 费 (元)		—	—	—	—	—	—
名 称	单位	单价(元)	消 耗 量					
人工	三类人工	工日	155.00	10.512	12.087	10.926	9.837	10.035	10.498
材料	铝合金挂片150间距	m²	68.97	105.000	—	—	—	—	—
	铝合金挂片100间距	m²	77.59	—	105.000	—	—	—	—
	铝方通150间距	m²	75.00	—	—	105.000	—	—	—
	铝方通200间距	m²	61.21	—	—	—	105.000	—	—
	铝格栅	m²	134.00	—	—	—	—	105.000	—
	成品木格栅100×100×55	m²	103.00	—	—	—	—	—	105.000
	轻钢龙骨C75-1	m	6.72	103.000	103.000	103.000	103.000	103.000	103.000
	合金钢钻头φ8	个	5.34	1.500	1.500	1.700	1.700	1.900	2.000
	吊杆	kg	5.17	17.300	17.300	19.020	19.020	28.660	32.760
	金属膨胀螺栓M8×80	套	0.28	150.000	150.000	160.000	160.000	190.000	200.000
	电焊条E43系列	kg	4.74	0.150	0.150	0.160	0.160	0.190	0.200
	其他材料费	元	1.00	15.00	15.00	15.00	15.00	15.00	15.00

四、天棚其他装饰

工作内容：定位、弹线、放样、下料、制作安装骨架、安封面板等。 计量单位：100m²

定　额　编　号			13-75	13-76	13-77
项　　　　目			悬挑式灯槽、灯带		嵌入式灯槽、灯带
			直　形	弧　形	
			细木工板面	五夹板面	
			高15cm以内		
基　　价　（元）			**9033.83**	**10406.57**	**7982.06**
其中	人　　工　　费（元）		4303.42	5328.75	3757.05
	材　　料　　费（元）		4723.81	5071.77	4221.98
	机　　械　　费（元）		6.60	6.05	3.03
名　　称	单位	单价（元）	消　耗　量		
人工 三类人工	工日	155.00	27.764	34.379	24.239
材料 细木工板 δ15	m²	21.12	105.000	—	105.000
胶合板 δ5	m²	20.17	—	115.000	—
杉板枋材	m³	1625.00	1.436	1.578	1.162
合金钢钻头 φ8	个	5.34	2.000	2.000	—
圆钉	kg	4.74	3.450	3.790	5.300
枪钉	盒	6.47	4.350	4.780	3.510
聚醋酸乙烯乳液	kg	5.60	19.400	21.340	9.880
防腐油	kg	1.28	0.700	0.700	0.760
其他材料费	元	1.00	8.00	8.00	12.00
机械 木工圆锯机 500mm	台班	27.50	0.240	0.220	0.110

注：灯槽伸入轻钢龙骨内的木龙骨已考虑在定额中。

工作内容：1.定位、弹线、放样、下料、制作安装骨架、安封面板等；

2.对口、号眼、安装木框条、过滤网及风口校正、上螺钉、固定等。 计量单位：10个

定　额　编　号			13-78	13-79	13-80	13-81	13-82
项　　　　目			实木		铝合金		成品检修孔安装
			送风口	回风口	送风口	回风口	
基　　价　（元）			**237.71**	**263.75**	**372.74**	**390.79**	**258.47**
其中	人　　工　　费（元）		127.88	144.93	127.88	144.93	127.88
	材　　料　　费（元）		109.83	118.82	244.86	245.86	130.59
	机　　械　　费（元）		—	—	—	—	—
名　　称	单位	单价（元）	消　耗　量				
人工 三类人工	工日	155.00	0.825	0.935	0.825	0.935	0.825
材料 柚木风口	个	8.62	10.100	10.100	—	—	—
铝合金送风口	个	23.92	—	—	10.100	—	—
铝合金回风口	个	23.92	—	—	—	10.100	—
成品检修孔	个	12.93	—	—	—	—	10.100
杉板枋材	m³	1625.00	0.012	0.014	—	—	—
圆钉	kg	4.74	—	1.000	—	—	—
自攻螺钉 M4×35	百个	2.89	0.440	0.440	0.440	0.440	—
料 其他材料费	元	1.00	2.00	3.00	2.00	3.00	—

第十四章
油漆、涂料、裱糊工程

说　　明

一、本定额中油漆不分高光、半哑光、哑光,定额已综合考虑。

二、本定额未考虑做美术图案,发生时另行计算。

三、油漆、涂料、刮腻子项目是以遍数不同设置子目,当厚度与定额不同时不做调整。

四、木门、木扶手、木线条、其他木材面、木地板油漆定额已包括满刮腻子。

五、抹灰面油漆、涂料、裱糊定额均不包括刮腻子,发生时单独套用相应定额。

六、乳胶漆、涂料、批刮腻子定额不分防水、防霉,均套用相应子目,材料不同时进行换算,人工不变。

七、调和漆定额按两遍考虑,聚酯清漆、聚酯混漆定额按三遍考虑,磨退定额按五遍考虑。硝基清漆、硝基混漆按五遍考虑,磨退定额按十遍考虑。设计遍数与定额取定不同时,按每增减一遍定额调整计算。

八、裂纹漆做法为腻子两遍、硝基色漆三遍、喷裂纹漆一遍、喷硝基清漆三遍。

九、开放漆是指不需要批刮腻子,直接在木材面刷油漆,定额按刷硝基清漆四遍考虑,实际遍数与定额不同时,定额按比例换算。

十、隔墙、护壁、柱、天棚面层及木地板刷防火涂料,执行其他木材面刷防火涂料相应子目。

十一、金属镀锌定额是按热镀锌考虑。

十二、本定额中的氟碳漆子目仅适用于现场涂刷。

十三、质量在500kg以内的(钢栅栏门、栏杆、窗栅、钢爬梯、踏步式钢扶梯、轻型屋架、零星铁件)单个小型金属构件,套用相应金属面油漆子目定额人工乘以系数1.15。

工程量计算规则

一、楼地面、墙柱面、天棚的喷(刷)涂料、抹灰面油漆、刮腻子、板缝贴胶带点锈其工程量的计算,除本章定额另有规定外,按设计图示尺寸以面积计算。

二、混凝土栏杆、花格窗多面涂刷按单面垂直投影面积乘以系数 2.5 计算。

三、木材面油漆、涂料的工程量按下列各表计算方法计算。

1. 套用单层木门定额其工程量乘以下表系数:

单层木门(窗)工程量计算表

定额项目	项目名称	系数	工程量计算规则
单层木门	单层木门	1.00	按门洞口面积
	双层(一板一纱)木门	1.36	
	全玻自由门	0.83	
	半截玻璃门	0.93	
	带通风百叶门	1.30	
	厂库大门	1.10	
	带框装饰门(凹凸、带线条)	1.10	
	无框装饰门、成品门	1.10	按门扇面积
单层木窗	木平开窗、木推拉窗、木翻窗	0.7	按窗洞口面积
	木百叶窗	1.05	
	半圆形玻璃窗	0.75	

2. 套用木扶手、木线条定额其工程量乘以下表系数:

木扶手、木线条工程量计算表

定额项目	项目名称	系数	工程量计算规则
木扶手	木扶手(不带栏杆)	1.00	按延长米计算
	木扶手(带栏杆)	2.50	
	封檐板、顺水板	1.70	
木线条	宽度60mm 以内	1.00	按延长米计算
	宽度100mm 以内	1.30	

3. 套用其他木材面定额其工程量乘以下表系数:

其他木材面工程量计算表

定额项目	项目名称	系数	工程量计算规则
其他木材面	木板、纤维板、胶合板、吸音板、天棚	1.00	按相应装饰饰面工程量
	带木线的板饰面,墙裙、柱面	1.07	
	窗台板、窗帘箱、门窗套、踢脚板	1.10	
	木方格吊顶天棚	1.30	
	清水板条天棚、檐口	1.20	
	木间壁、木隔断	1.90	
	玻璃间壁露明墙筋	1.65	
	木栅栏、木栏杆(带扶手)	1.82	按单面外围面积计算
	衣柜、壁柜	1.05	按展开面积计算
	屋面板(带檩条)	1.11	斜长×宽
	木屋架	1.79	跨度(长)×中高÷2

4. 套用木地板定额其工程量乘以下表系数：

木地板、木楼梯工程量计算表

定额项目	项 目 名 称	系数	工程量计算规则
木地板	木地板	1.00	按地板工程量
	木地板打蜡	1.00	
	木楼梯（不包括底面）	2.30	按水平投影面积计算

　　四、金属面油漆、涂料应按其展开面积以"m²"为计量单位套用金属面油漆相应定额。其余构件按下列各表计算方法计算。

　　1. 套用单层钢门窗定额其工程量乘以下表系数：

单层钢门窗工程量计算表

定额项目	项 目 名 称	系数	工程量计算规则
钢门窗	单层钢门窗	1.00	按门窗洞口面积
	双层（一玻一纱）钢门窗	1.48	
	钢百叶门	2.74	
	半截钢百叶门	2.22	
	满钢门或包铁皮门	1.63	
	钢折门	2.30	
	半玻钢板门或有亮钢板门	1.00	
	单层钢门窗带铁栅	1.94	
	钢栅栏门	1.10	
	射线防护门	2.96	按框（扇）外围面积
	厂库平开、推拉门	1.7	
	铁丝网大门	0.81	
	间壁	1.85	按面积计算
	平板屋面	0.74	斜长×宽
	瓦垄板屋面	0.89	
	排水、伸缩缝盖板	0.78	展开面积
	窗栅	1.00	

　　2. 金属面油漆、涂料项目，其工程量按设计图示尺寸以展开面积计算，以下构件，可参考下表中相应的系数，将质量（t）折算为面积（m²）。

质量折算面积参考系数表

序号	项　　　目	系　　数
1	栏杆	64.98
2	钢平台、钢走道	35.60
3	钢楼梯、钢爬梯	44.84
4	踏步式钢楼梯	39.90
5	现场制作钢构件	56.60
6	零星铁件	58.00

　　五、木材面防火涂料、防腐涂料。

　　1. 木龙骨刷防火、防腐涂料按相应木龙骨定额的工程量计算规则计算。

　　2. 基层板刷防火、防腐涂料按实际涂刷面积计算。

一、木 门 油 漆

1. 聚 酯 漆

工作内容:清理基层、刮腻子、打磨、刷油漆、磨退等全部过程。　　　　　　　　　　计量单位:100m²

定 额 编 号			14-1	14-2	14-3	14-4
项　　目			单 层 木 门			
			聚酯清漆		聚酯混漆	
			三遍	每增减一遍	三遍	每增减一遍
基　价　(元)			**4417.16**	**982.26**	**4839.11**	**1148.22**
其 中	人　工　费　(元)		3043.89	608.84	3043.89	608.84
	材　料　费　(元)		1373.27	373.42	1795.22	539.38
	机　械　费　(元)		—	—	—	—
名　　称	单位	单价(元)	消　耗　量			
人工　三类人工	工日	155.00	19.638	3.928	19.638	3.928
材 料	聚酯清漆	kg	16.81	62.280	20.020	—	—
	聚酯色漆	kg	20.69	—	—	74.740	24.030
	聚氨酯漆稀释剂	kg	12.07	4.440	2.220	5.330	2.660
	熟桐油	kg	11.17	6.890	—	4.350	—
	溶剂油	kg	2.29	6.000	—	8.210	—
	石膏粉	kg	0.68	5.300	—	5.040	—
	大白粉	kg	0.34	18.670	—	—	—
	色粉	kg	3.19	4.200	—	—	—
	清油	kg	14.22	3.550	—	1.750	—
	木砂纸	张	1.03	60.000	6.000	60.000	6.000
	其他材料费	元	1.00	46.42	3.91	27.01	3.91

工作内容:清理基层、刮腻子、打磨、刷油漆、磨退等全部过程。　　　　　　　　　计量单位:100m²

定　额　编　号			14-5	14-6	14-7	14-8
项　　目			单 层 木 门			
			聚酯清漆磨退	聚酯混漆磨退	聚酯清漆磨退	聚酯混漆磨退
			五遍		每增减一遍	
基　价　（元）			**8692.93**	**9830.28**	**946.78**	**1176.93**
其中	人　工　费　（元）		6611.22	6611.22	608.84	608.84
	材　料　费　（元）		2081.71	3219.06	337.94	568.09
	机　械　费　（元）		—	—	—	—
名　称	单位	单价(元)	消　耗　量			
人工 三类人工	工日	155.00	42.653	42.653	3.928	3.928
材料 聚酯清漆	kg	16.81	62.280	—	12.456	—
聚酯色漆	kg	20.69	—	74.740	—	14.948
聚酯哑光清漆	kg	12.07	40.040	—	8.008	—
聚氨酯漆稀释剂	kg	12.07	6.475	7.780	1.295	1.556
聚酯哑光色漆	kg	23.28	—	48.060	—	9.612
熟桐油	kg	11.17	6.890	6.890	—	—
溶剂油	kg	2.29	6.000	6.000	—	—
酚醛清漆	kg	10.34	4.600	4.600	—	—
石膏粉	kg	0.68	5.800	5.800	—	—
大白粉	kg	0.34	18.670	18.670	—	—
色粉	kg	3.19	4.200	—	—	—
软蜡	kg	15.52	1.220	1.220	—	—
砂蜡	kg	7.62	3.670	3.670	—	—
棉花	kg	22.84	0.960	0.960	—	—
豆包布	m	2.93	9.600	9.600	—	—
木砂纸	张	1.03	120.000	120.000	12.000	12.000
其他材料费	元	1.00	90.84	90.84	3.91	3.91

2. 硝 基 漆

工作内容:清理基层、刮腻子、打磨、刷油漆、磨退等全部过程。　　　　　　　　　　　　　　计量单位:100m²

定　额　编　号			14-9	14-10	14-11	14-12
项　　目			单 层 木 门			
			硝基清漆		硝基混漆	
			五遍	每增减一遍	五遍	每增减一遍
基　　价　（元）			**6506.94**	**1025.93**	**6538.54**	**1031.88**
其中	人　工　费　（元）		4261.57	608.84	4261.57	608.84
	材　料　费　（元）		2245.37	417.09	2276.97	423.04
	机　械　费　（元）		—	—	—	—
名　　称	单位	单价(元)	消　耗　量			
人工 三类人工	工日	155.00	27.494	3.928	27.494	3.928
材料 硝基清漆	kg	19.83	42.750	8.550	—	—
硝基色漆	kg	14.29	—	—	44.960	8.990
硝基漆稀释剂 信那水	kg	13.79	85.330	17.070	102.390	20.480
漆片 各种规格	kg	38.79	0.310	—	0.310	—
酒精 工业用99.5%	kg	7.07	1.370	—	1.370	—
大白粉	kg	0.34	55.990	—	55.990	—
骨胶	kg	11.21	1.750	—	1.750	—
石膏粉	kg	0.68	0.840	—	0.840	—
色粉	kg	3.19	4.200	—	—	—
木砂纸	张	1.03	80.000	8.000	80.000	8.000
其他材料费	元	1.00	64.20	3.91	79.20	3.91

工作内容:清理基层、刮腻子、打磨、刷油漆、磨退等全部过程。　　　　　　　计量单位:100m²

定　额　编　号			14-13	14-14	14-15	14-16
项　　　目			单 层 木 门			
			硝基清漆磨退	硝基混漆磨退	硝基清漆磨退	硝基混漆磨退
			十遍		每增减一遍	
基　　价　（元）			**14308.02**	**14354.85**	**1029.99**	**1036.01**
其中	人　工　费　（元）		9873.50	9873.50	608.84	608.84
	材　料　费　（元）		4434.52	4481.35	421.15	427.17
	机　械　费　（元）		—	—	—	—
名　　称	单位	单价(元)	消　耗　量			
人工	三类人工	工日	155.00	63.700	63.700	3.928	3.928
材料	硝基清漆	kg	19.83	85.510	—	8.551	—
	硝基色漆	kg	14.29	—	89.930	—	8.993
	硝基漆稀释剂 信那水	kg	13.79	170.640	204.780	17.064	20.478
	漆片 各种规格	kg	38.79	0.310	0.310	—	—
	酒精 工业用99.5%	kg	7.07	1.370	1.370	—	—
	大白粉	kg	0.34	55.990	55.990	—	—
	骨胶	kg	11.21	1.750	1.750	—	—
	石膏粉	kg	0.68	0.840	0.840	—	—
	色粉	kg	3.19	4.200	—	—	—
	软蜡	kg	15.52	1.220	1.220	—	—
	砂蜡	kg	7.62	3.670	3.670	—	—
	棉花	kg	22.84	0.960	0.960	—	—
	豆包布	m	2.93	9.600	9.600	—	—
	木砂纸	张	1.03	120.000	120.000	12.000	12.000
	其他材料费	元	1.00	90.84	90.84	3.91	3.91

3. 调和漆、其他油漆

工作内容:清理基层、刮腻子、打磨、刷油漆等全部过程。　　　　　　　　　　　　　　计量单位:100m²

定 额 编 号				14-17	14-18	14-19	14-20
项 目				单 层 木 门			
				调和漆		裂纹漆	开放漆
				底油一遍、刮腻子、调和漆二遍	每增加一遍		四遍
基 价 (元)				**3437.37**	**889.50**	**10098.54**	**4911.58**
其中	人 工 费 (元)			2730.02	535.99	4978.29	4421.84
	材 料 费 (元)			707.35	353.51	5120.25	489.74
	机 械 费 (元)			—	—	—	—
名 称		单位	单价(元)	消 耗 量			
人工	三类人工	工日	155.00	17.613	3.458	32.118	28.528
材料	无光调和漆	kg	13.79	24.960	24.960	—	—
	调和漆	kg	11.21	22.010	—	—	—
	清油	kg	14.22	1.750	—	19.482	—
	硝基磁漆	kg	12.48	—	—	46.025	—
	熟桐油	kg	11.17	4.250	—	—	—
	溶剂油	kg	2.29	8.210	—	—	—
	双酚不饱和聚酯树脂 A 型	kg	36.29	—	—	52.562	—
	石膏粉	kg	0.68	5.040	—	—	—
	其他材料费	元	1.00	21.83	9.31	100.40	13.14
	硝基清漆	kg	19.83	—	—	24.482	22.929
	硝基漆稀释剂 信那水	kg	13.79	—	—	6.432	—
	水砂纸	张	1.00	—	—	80.000	—
	木砂纸	张	1.03	—	—	—	21.280
	裂纹漆	kg	47.41	—	—	33.891	—

二、木扶手、木线条、木板条油漆

1.木扶手油漆

(1)聚　酯　漆

工作内容:清理基层、刮腻子、打磨、刷油漆、磨退等全部过程。　　　　　　　　　　　计量单位:100m

定　额　编　号			14-21	14-22	14-23	14-24
项　　　目			木　扶　手			
			聚酯清漆		聚酯混漆	
			三遍	每增减一遍	三遍	每增减一遍
基　　价　(元)			**1155.59**	**198.68**	**1195.25**	**214.92**
其中	人　工　费　(元)		1028.27	162.91	1028.27	162.91
	材　料　费　(元)		127.32	35.77	166.98	52.01
	机　械　费　(元)		—	—	—	—
名　　称	单位	单价(元)	消　耗　量			
人工 三类人工	工日	155.00	6.634	1.051	6.634	1.051
材 聚酯清漆	kg	16.81	5.970	1.950	—	—
聚酯色漆	kg	20.69	—	—	7.160	2.340
聚氨酯漆稀释剂	kg	12.07	0.430	0.210	0.520	0.260
熟桐油	kg	11.17	0.660	—	0.410	—
溶剂油	kg	2.29	0.580	—	0.790	—
石膏粉	kg	0.68	0.510	—	0.480	—
大白粉	kg	0.34	1.790	—	—	—
色粉	kg	3.19	0.400	—	—	—
清油	kg	14.22	0.340	—	0.170	—
料 其他材料费	元	1.00	6.01	0.46	3.43	0.46

工作内容:清理基层、刮腻子、打磨、刷油漆、磨退等全部过程。　　　　　　　　　　计量单位:100m

定　额　编　号			14-25	14-26	14-27	14-28
项　　　　　目			木　扶　手			
			聚酯清漆磨退	聚酯混漆磨退	聚酯清漆磨退	聚酯混漆磨退
			五遍		每增减一遍	
基　　价　　(元)			**2293.10**	**2402.15**	**195.44**	**217.51**
其中	人　工　费　(元)		2072.97	2072.97	162.91	162.91
	材　料　费　(元)		220.13	329.18	32.53	54.60
	机　械　费　(元)		—	—	—	—
名　　称	单位	单价(元)	消　耗　量			
人工 三类人工	工日	155.00	13.374	13.374	1.051	1.051
材料 聚酯清漆	kg	16.81	5.970	—	1.194	—
聚酯色漆	kg	20.69	—	7.160	—	1.432
聚酯哑光清漆	kg	12.07	3.840	—	0.768	—
聚酯哑光色漆	kg	23.28	—	4.610	—	0.922
聚氨酯漆稀释剂	kg	12.07	0.620	0.750	0.124	0.150
酚醛清漆	kg	10.34	0.450	0.450	—	—
熟桐油	kg	11.17	0.660	0.660	—	—
溶剂油	kg	2.29	0.580	0.580	—	—
石膏粉	kg	0.68	0.500	0.500	—	—
大白粉	kg	0.34	1.790	1.790	—	—
色粉	kg	3.19	0.400	—	—	—
软蜡	kg	15.52	0.120	0.120	—	—
砂蜡	kg	7.62	0.350	0.350	—	—
棉花	kg	22.84	0.090	0.090	—	—
豆包布	m	2.93	0.920	0.920	—	—
木砂纸	张	1.03	12.000	12.000	1.200	1.200
料 其他材料费	元	1.00	28.72	28.72	0.46	0.46

（2）硝 基 漆

工作内容：清理基层、刮腻子、打磨、刷油漆、磨退等全部过程。　　　　　　　　　　　　　　　　　　**计量单位：**100m

定 额 编 号			14-29	14-30	14-31	14-32
项 目			木 扶 手			
			硝基清漆		硝基混漆	
			五遍	每增减一遍	五遍	每增减一遍
基 价 （元）			**1694.21**	**202.93**	**1698.98**	**210.93**
其中	人 工 费 （元）		1471.42	162.91	1471.42	162.91
	材 料 费 （元）		222.79	40.02	227.56	48.02
	机 械 费 （元）		—	—	—	—
名 称	单位	单价（元）	消 耗 量			
人工 三类人工	工日	155.00	9.493	1.051	9.493	1.051
材料 硝基清漆	kg	19.83	4.100	0.820	—	—
硝基色漆	kg	14.29	—	—	4.330	0.860
硝基漆稀释剂 信那水	kg	13.79	8.180	1.630	9.810	1.960
漆片 各种规格	kg	38.79	0.030	—	0.030	—
酒精 工业用99.5%	kg	7.07	0.130	—	0.130	—
大白粉	kg	0.34	5.370	—	5.370	—
骨胶	kg	11.21	0.170	—	0.170	—
石膏粉	kg	0.68	0.080	—	0.080	—
色粉	kg	3.19	0.400	—	—	—
木砂纸	张	1.03	8.000	0.800	8.000	8.000
其他材料费	元	1.00	13.30	0.46	16.30	0.46

工作内容:清理基层、刮腻子、打磨、刷油漆、磨退等全部过程。

计量单位:100m

定 额 编 号			14-33	14-34	14-35	14-36
项　　　目			木 扶 手			
			硝基清漆磨退	硝基混漆磨退	硝基清漆磨退	硝基混漆磨退
			十遍		每增加一遍	
基　　价　(元)			**3450.35**	**3458.23**	**203.41**	**204.02**
其中	人　　工　　费　(元)		3004.83	3004.83	162.91	162.91
	材　　料　　费　(元)		445.52	453.40	40.50	41.11
	机　　械　　费　(元)		—	—	—	—
名　　称	单位	单价(元)	消　耗　量			
人工 三类人工	工日	155.00	19.386	19.386	1.051	1.051
材料 硝基清漆	kg	19.83	8.190	—	0.819	—
硝基色漆	kg	14.29	—	8.650	—	0.865
硝基漆稀释剂 信那水	kg	13.79	16.360	19.620	1.636	1.962
漆片 各种规格	kg	38.79	0.030	0.030	—	—
酒精 工业用99.5%	kg	7.07	0.130	0.130	—	—
大白粉	kg	0.34	5.370	5.370	—	—
骨胶	kg	11.21	0.170	0.170	—	—
石膏粉	kg	0.68	0.080	0.080	—	—
色粉	kg	3.19	0.400	—	—	—
软蜡	kg	15.52	0.120	0.120	—	—
砂蜡	kg	7.62	0.350	0.350	—	—
棉花	kg	22.84	0.090	0.090	—	—
豆包布	m	2.93	0.920	0.920	—	—
木砂纸	张	1.03	12.000	12.000	1.200	1.200
其他材料费	元	1.00	28.72	31.72	0.46	0.46

(3)调和漆、其他油漆

工作内容:清理基层、刮腻子、打磨、刷油漆等全部过程。　　　　　　　　　　　　　　　　计量单位:100m

定　额　编　号			14-37	14-38	14-39
项　　　目			木　扶　手		
			调和漆		开放漆
			底油一遍、刮腻子、调和漆二遍	每增加一遍	四遍
基　　价　　(元)			**793.79**	**174.32**	**1329.47**
其中	人　　工　　费　(元)		725.25	140.12	1196.91
	材　　料　　费　(元)		68.54	34.20	132.56
	机　　械　　费　(元)		—	—	—
名　称	单位	单价(元)	消　耗　量		
人工 三类人工	工日	155.00	4.679	0.904	7.722
材 硝基清漆	kg	19.83	—	—	6.206
木砂纸	张	1.03	—	—	5.760
无光调和漆	kg	13.79	2.390	2.390	—
调和漆	kg	11.21	2.110	—	—
清油	kg	14.22	0.170	—	—
熟桐油	kg	11.17	0.410	—	—
溶剂油	kg	2.29	0.790	—	—
料 石膏粉	kg	0.68	0.480	—	—
其他材料费	元	1.00	2.80	1.24	3.56

2.木线条、木板条油漆

(1)聚　酯　漆

工作内容:清理基层、刮腻子、打磨、刷油漆、磨退等全部过程。　　　　　　　　　　　　　计量单位:100m

定　额　编　号			14-40	14-41	14-42	14-43
项　　　目			木线条、木板条			
			聚酯清漆		聚酯混漆	
			三遍	每增减一遍	三遍	每增减一遍
基　　价　　(元)			**558.70**	**94.28**	**572.62**	**100.05**
其中	人　　工　　费　(元)		514.14	81.84	514.14	81.84
	材　　料　　费　(元)		44.56	12.44	58.48	18.21
	机　　械　　费　(元)		—	—	—	—
名　称	单位	单价(元)	消　耗　量			
人工 三类人工	工日	155.00	3.317	0.528	3.317	0.528
材 聚酯清漆	kg	16.81	2.090	0.680	—	—
聚酯色漆	kg	20.69	—	—	2.510	0.820
聚氨酯漆稀释剂	kg	12.07	0.150	0.070	0.180	0.090
熟桐油	kg	11.17	0.230	—	0.140	—
溶剂油	kg	2.29	0.200	—	0.280	—
石膏粉	kg	0.68	0.180	—	0.170	—
大白粉	kg	0.34	0.630	—	—	—
色粉	kg	3.19	0.140	—	—	—
清油	kg	14.22	0.120	—	0.060	—
料 其他材料费	元	1.00	2.10	0.16	1.20	0.16

工作内容:清理基层、刮腻子、打磨、刷油漆、磨退等全部过程。　　　　　　　　　　　计量单位:100m

定　额　编　号			14-44	14-45	14-46	14-47
项　　　目			木线条、木板条			
			聚酯清漆磨退	聚酯混漆磨退	聚酯清漆磨退	聚酯混漆磨退
			五遍		每增减一遍	
基　价　(元)			**1113.45**	**1151.59**	**93.23**	**100.94**
其中	人　工　费　(元)		1036.49	1036.49	81.84	81.84
	材　料　费　(元)		76.96	115.10	11.39	19.10
	机　械　费　(元)		—	—	—	—
名　　称	单位	单价(元)	消　耗　量			
人工 三类人工	工日	155.00	6.687	6.687	0.528	0.528
材料 聚酯清漆	kg	16.81	2.090	—	0.418	—
聚酯色漆	kg	20.69	—	2.510	—	0.502
聚酯哑光清漆	kg	12.07	1.340	—	0.268	—
聚酯哑光色漆	kg	23.28	—	1.610	—	0.322
聚氨酯漆稀释剂	kg	12.07	0.220	0.260	0.044	0.052
酚醛清漆	kg	10.34	0.160	0.160	—	—
熟桐油	kg	11.17	0.230	0.230	—	—
溶剂油	kg	2.29	0.200	0.200	—	—
石膏粉	kg	0.68	0.180	0.180	—	—
大白粉	kg	0.34	0.630	0.630	—	—
色粉	kg	3.19	0.140	—	—	—
软蜡	kg	15.52	0.040	0.040	—	—
砂蜡	kg	7.62	0.120	0.120	—	—
棉花	kg	22.84	0.030	0.030	—	—
料 豆包布	m	2.93	0.320	0.320	—	—
木砂纸	张	1.03	4.200	4.200	0.420	0.420
其他材料费	元	1.00	10.05	10.05	0.16	0.16

(2) 硝 基 漆

工作内容：清理基层、刮腻子、打磨、刷油漆、磨退等全部过程。　　　　　　　　　　　　　　　**计量单位**：100m

定　额　编　号				14-48	14-49	14-50	14-51
项　　　目				木线条、木板条			
				硝基清漆		硝基混漆	
				五遍	每增减一遍	五遍	每增减一遍
基　　价　　(元)				**814.31**	**95.90**	**815.80**	**95.95**
其中	人　工　费　(元)			736.25	81.84	736.25	81.84
	材　料　费　(元)			78.06	14.06	79.55	14.11
	机　械　费　(元)			—	—	—	—
名　　　称		单位	单价(元)	消　耗　量			
人工	三类人工	工日	155.00	4.750	0.528	4.750	0.528
材料	硝基清漆	kg	19.83	1.440	0.290	—	—
	硝基色漆	kg	14.29	—	—	1.510	0.300
	硝基漆稀释剂 信那水	kg	13.79	2.860	0.570	3.430	0.680
	漆片 各种规格	kg	38.79	0.010	—	0.010	—
	酒精 工业用99.5%	kg	7.07	0.050	—	0.050	—
	大白粉	kg	0.34	1.880	—	1.880	—
	骨胶	kg	11.21	0.060	—	0.060	—
	石膏粉	kg	0.68	0.030	—	0.030	—
	色粉	kg	3.19	0.140	—	—	—
	木砂纸	张	1.03	2.800	0.280	2.800	0.280
	其他材料费	元	1.00	4.66	0.16	5.71	0.16

工作内容:清理基层、刮腻子、打磨、刷油漆、磨退等全部过程。 计量单位:100m

定 额 编 号				14-52	14-53	14-54	14-55
项 目				木线条、木板条			
				硝基清漆磨退	硝基混漆磨退	硝基清漆磨退	硝基混漆磨退
				十遍		每增减一遍	
基 价 (元)				**1658.40**	**1661.11**	**96.03**	**96.24**
其中	人 工 费 (元)			1502.42	1502.42	81.84	81.84
	材 料 费 (元)			155.98	158.69	14.19	14.40
	机 械 费 (元)			—	—	—	—
	名 称	单位	单价(元)	消 耗 量			
人工	三类人工	工日	155.00	9.693	9.693	0.528	0.528
材料	硝基清漆	kg	19.83	2.870	—	0.287	—
	硝基色漆	kg	14.29	—	3.030	—	0.303
	硝基漆稀释剂 信那水	kg	13.79	5.730	6.870	0.573	0.687
	漆片 各种规格	kg	38.79	0.010	0.010	—	—
	酒精 工业用99.5%	kg	7.07	0.050	0.050	—	—
	大白粉	kg	0.34	1.880	1.880	—	—
	骨胶	kg	11.21	0.060	0.060	—	—
	石膏粉	kg	0.68	0.030	0.030	—	—
	色粉	kg	3.19	0.140	—	—	—
	软蜡	kg	15.52	0.040	0.040	—	—
	砂蜡	kg	7.62	0.120	0.120	—	—
	棉花	kg	22.84	0.030	0.030	—	—
	豆包布	m	2.93	0.320	0.320	—	—
	木砂纸	张	1.03	4.200	4.200	0.420	0.420
	其他材料费	元	1.00	10.05	11.10	0.16	0.16

（3）调和漆、其他油漆

工作内容：清理基层、刮腻子、打磨、刷油漆等全部过程。 　　　　　　　　　　　　　　　　　　　计量单位：100m

定　额　编　号			14-56	14-57	14-58	14-59
项　　目			木线条、木板条			
			调和漆		裂纹漆	开放漆
			底油一遍、刮腻子、调和漆二遍	每增加一遍		四遍
基　　价　（元）			**277.92**	**61.15**	**1477.73**	**808.84**
其中	人　　工　　费　（元）		253.89	49.14	872.03	728.19
	材　　料　　费　（元）		24.03	12.01	605.70	80.65
	机　　械　　费　（元）		—	—	—	—
名　　称	单位	单价（元）	消　耗　量			
人工	三类人工	工日	155.00	1.638	0.317	5.626	4.698
材料	硝基磁漆	kg	12.48	—	—	5.407	—
	无光调和漆	kg	13.79	0.840	0.840	—	—
	调和漆	kg	11.21	0.740	—	—	—
	双酚不饱和聚酯树脂 A 型	kg	36.29	—	—	6.175	—
	清油	kg	14.22	0.060	—	2.289	—
	熟桐油	kg	11.17	0.140	—	—	—
	溶剂油	kg	2.29	0.280	—	—	—
	石膏粉	kg	0.68	0.170	—	—	—
	硝基清漆	kg	19.83	—	—	2.993	3.776
	硝基漆稀释剂 信那水	kg	13.79	—	—	0.756	—
	水砂纸	张	1.00	—	—	11.184	—
	木砂纸	张	1.03	—	—	—	3.504
	裂纹漆	kg	47.41	—	—	3.981	—
	其他材料费	元	1.00	0.98	0.43	11.88	2.16

三、其他木材面油漆

1. 聚 酯 漆

工作内容:清理基层、刮腻子、打磨、刷油漆、磨退等全部过程。 计量单位:100m²

定 额 编 号			14-60	14-61	14-62	14-63
项 目			其 他 木 材 面			
			聚酯清漆		聚酯混漆	
			三遍	每增减一遍	三遍	每增减一遍
基 价 (元)			**2868.11**	**626.89**	**3080.04**	**710.49**
其中	人 工 费 (元)		2206.74	441.29	2206.74	441.29
	材 料 费 (元)		661.37	185.60	873.30	269.20
	机 械 费 (元)		—	—	—	—
名 称	单位	单价(元)	消 耗 量			
人工 三类人工	工日	155.00	14.237	2.847	14.237	2.847
材料 聚酯清漆	kg	16.81	31.400	10.090	—	—
聚酯色漆	kg	20.69	—	—	37.680	12.110
聚氨酯漆稀释剂	kg	12.07	2.240	1.120	2.690	1.340
熟桐油	kg	11.17	3.470	—	2.140	—
溶剂油	kg	2.29	3.030	—	4.140	—
大白粉	kg	0.34	9.140	—	—	—
石膏粉	kg	0.68	2.670	—	2.540	—
色粉	kg	3.19	2.120	—	—	—
清油	kg	14.22	1.790	—	0.880	—
其他材料费	元	1.00	23.66	2.47	13.61	2.47

工作内容:清理基层、刮腻子、打磨、刷油漆、磨退等全部过程。　　　　　　　　　　　　　　计量单位:100m²

定　额　编　号			14-64	14-65	14-66	14-67
项　　　目			其 他 木 材 面			
			聚酯清漆磨退	聚酯混漆磨退	聚酯清漆磨退	聚酯混漆磨退
			五遍		每增减一遍	
基　　价　（元）			**5862.04**	**6435.28**	**612.09**	**728.01**
其中	人　　工　　费　（元）		4813.06	4813.06	441.29	441.29
	材　　料　　费　（元）		1048.98	1622.22	170.80	286.72
	机　　械　　费　（元）		—	—	—	—
名　　称	单位	单价（元）	消　耗　量			
人工 三类人工	工日	155.00	31.052	31.052	2.847	2.847
材料 聚酯清漆	kg	16.81	31.400	—	6.280	—
聚酯色漆	kg	20.69	—	37.680	—	7.532
聚酯哑光清漆	kg	12.07	20.180	—	4.036	—
聚酯哑光色漆	kg	23.28	—	24.220	—	4.844
聚氨酯漆稀释剂	kg	12.07	3.260	3.920	0.652	0.784
酚醛清漆	kg	10.34	2.200	2.200	—	—
熟桐油	kg	11.17	3.470	3.470	—	—
溶剂油	kg	2.29	3.030	3.030	—	—
大白粉	kg	0.34	9.410	9.410	—	—
石膏粉	kg	0.68	2.700	2.700	—	—
色粉	kg	3.19	2.120	—	—	—
软蜡	kg	15.52	0.620	0.620	—	—
砂蜡	kg	7.62	1.850	1.850	—	—
棉花	kg	22.84	0.480	0.480	—	—
豆包布	m	2.93	4.840	4.840	—	—
木砂纸	张	1.03	60.000	60.000	6.000	6.000
其他材料费	元	1.00	47.32	47.32	2.47	2.47

2. 硝 基 漆

工作内容:清理基层、刮腻子、打磨、刷油漆、磨退等全部过程。 计量单位:100m²

定 额 编 号			14-68	14-69	14-70	14-71
项　　　目			其他木材面			
			硝基清漆		硝基混漆	
			五遍	每增减一遍	五遍	每增减一遍
基　价　(元)			**4206.15**	**651.16**	**4213.02**	**654.00**
其中	人　工　费　(元)		3083.11	440.51	3083.11	440.51
	材　料　费　(元)		1123.04	210.65	1129.91	213.49
	机　械　费　(元)		—	—	—	—
名　称	单位	单价(元)	消 耗 量			
人工	三类人工	工日	155.00	19.891	2.842	19.891	2.842
材料	硝基清漆	kg	19.83	21.550	4.310	—	—
	硝基色漆	kg	14.29	—	—	22.550	4.510
	硝基漆稀释剂 信那水	kg	13.79	43.020	8.600	51.630	10.330
	漆片 各种规格	kg	38.79	0.160	—	0.160	—
	酒精 工业用99.5%	kg	7.07	0.690	—	0.690	—
	大白粉	kg	0.34	28.230	—	28.230	—
	骨胶	kg	11.21	0.880	—	0.880	—
	石膏粉	kg	0.68	0.420	—	0.420	—
	色粉	kg	3.19	2.120	—	—	—
	木砂纸	张	1.03	40.000	4.000	40.000	4.000
	其他材料费	元	1.00	23.66	2.47	23.66	2.47

工作内容:清理基层、刮腻子、打磨、刷油漆、磨退等全部过程。 　　　　　计量单位:100m²

定　额　编　号				14-72	14-73	14-74	14-75
项　　　　目				其他木材面			
				硝基清漆磨退	硝基混漆磨退	硝基清漆磨退	硝基混漆磨退
				十遍		每增减一遍	
基　　价　（元）				**9245.73**	**9265.76**	**654.08**	**656.76**
其中	人　工　费　（元）			7008.79	7008.79	441.29	441.29
	材　料　费　（元）			2236.94	2256.97	212.79	215.47
	机　械　费　（元）			—	—	—	—
名　　称		单位	单价(元)	消　耗　量			
人工	三类人工	工日	155.00	45.218	45.218	2.847	2.847
材料	硝基清漆	kg	19.83	43.110	—	4.311	—
	硝基色漆	kg	14.29	—	45.090	—	4.509
	硝基漆稀释剂 信那水	kg	13.79	86.040	103.250	8.604	10.325
	漆片 各种规格	kg	38.79	0.160	0.160	—	—
	酒精 工业用99.5%	kg	7.07	0.690	0.690	—	—
	大白粉	kg	0.34	28.230	28.230	—	—
	骨胶	kg	11.21	0.880	0.880	—	—
	石膏粉	kg	0.68	0.420	0.420	—	—
	色粉	kg	3.19	2.120	—	—	—
	软蜡	kg	15.52	0.620	0.620	—	—
	砂蜡	kg	7.62	1.850	1.850	—	—
	棉花	kg	22.84	0.480	0.480	—	—
	豆包布	m	2.93	4.840	4.840	—	—
	木砂纸	张	1.03	60.000	60.000	6.000	6.000
	其他材料费	元	1.00	47.32	47.32	2.47	2.47

3. 调和漆、其他油漆

工作内容:清理基层、刮腻子、打磨、刷油漆等全部过程。

计量单位:100m²

定 额 编 号			14-76	14-77	14-78	14-79
项 目			其他木材面			
			调和漆		裂纹漆	开放漆
			底油一遍、刮腻子、调和漆二遍	每增加一遍		四遍
基 价 (元)			**2243.23**	**556.16**	**6384.95**	**6413.23**
其中	人 工 费 (元)		1883.72	376.81	3742.63	6045.00
	材 料 费 (元)		359.51	179.35	2642.32	368.23
	机 械 费 (元)		—	—	—	—
名 称	单位	单价(元)	消 耗 量			
人工	三类人工	工日	155.00	12.153	2.431	24.146	39.000
材料	无光调和漆	kg	13.79	12.580	12.580	—	—
	调和漆	kg	11.21	11.100	—	—	—
	清油	kg	14.22	0.880	—	9.823	—
	双酚不饱和聚酯树脂 A 型	kg	36.29	—	—	26.500	—
	水砂纸	张	1.00	—	—	48.000	—
	熟桐油	kg	11.17	2.140	—	—	—
	溶剂油	kg	2.29	4.140	—	—	—
	石膏粉	kg	0.68	2.540	—	—	—
	硝基色漆	kg	14.29	—	—	23.204	—
	硝基清漆	kg	19.83	—	—	12.846	17.240
	硝基漆稀释剂 信那水	kg	13.79	—	—	3.243	—
	裂纹漆	kg	47.41	—	—	17.087	—
	木砂纸	张	1.03	—	—	—	16.000
	其他材料费	元	1.00	13.98	5.87	51.81	9.88

四、木地板油漆

工作内容:清理基层、刮腻子、打磨、刷油漆等全部过程。　　　　　　　　　　　　　　**计量单位:**100m²

定　额　编　号				14-80	14-81	14-82	14-83
项　　　　目				水晶漆		聚酯漆	
				三遍	每增减一遍	三遍	每增减一遍
基　　价　　(元)				**3676.06**	**703.30**	**2469.87**	**533.44**
其中	人　　工　　费　(元)			2138.54	427.65	1879.22	375.88
	材　　料　　费　(元)			1537.52	275.65	590.65	157.56
	机　　械　　费　(元)			—	—	—	—
名　　称		单位	单价(元)	消　耗　量			
人工	三类人工	工日	155.00	13.797	2.759	12.124	2.425
材料	水晶地板漆 S961	kg	23.24	35.370	11.370	—	—
	聚酯清漆	kg	16.81	—	—	26.100	8.400
	二甲苯	kg	6.03	1.600	0.300	1.900	1.120
	酚醛清漆	kg	10.34	4.000	—	4.300	—
	溶剂油	kg	2.29	5.200	—	5.400	—
	色粉	kg	3.19	0.100	—	0.500	—
	大白粉	kg	0.34	6.000	—	7.130	—
	石膏粉	kg	0.68	14.000	—	14.000	—
	松香水	kg	4.74	2.000	—	2.000	—
	漆片 各种规格	kg	38.79	15.000	—	—	—
	木砂纸	张	1.03	20.000	—	20.000	—
	其他材料费	元	1.00	28.80	9.60	40.00	9.60

工作内容:1.清理基层、刮腻子、打磨、刷油漆等全部过程;
　　　　　　2.清扫、磨砂纸、打蜡等全过程。　　　　　　　　　　　　　　　　　　**计量单位:**100m²

定　额　编　号				14-84	14-85	14-86
项　　　　目				地　板　漆		打蜡一遍
				三遍	每增减一遍	
基　　价　　(元)				**2178.57**	**466.27**	**418.64**
其中	人　　工　　费　(元)			1888.21	377.58	369.52
	材　　料　　费　(元)			290.36	88.69	49.12
	机　　械　　费　(元)			—	—	—
名　　称		单位	单价(元)	消　耗　量		
人工	三类人工	工日	155.00	12.182	2.436	2.384
材料	木地板漆	kg	11.72	21.890	7.290	—
	熟桐油	kg	11.17	1.870	—	—
	溶剂油	kg	2.29	0.730	—	—
	石膏粉	kg	0.68	2.210	—	—
	地板蜡	kg	9.91	—	—	3.500
	棉花	kg	22.84	—	—	0.100
	豆包布	m	2.93	—	—	0.050
	其他材料费	元	1.00	9.75	3.25	12.00

五、木材面防火涂料

工作内容:清理基层、刷防火涂料等全过程。 计量单位:100m²

定 额 编 号			14-87	14-88	14-89	14-90	14-91	14-92
项 目			地板基层防火涂料				其他板材面防火涂料	
			木龙骨		木龙骨带毛地板		二遍	每增减一遍
			二遍	每增减一遍	二遍	每增减一遍		
基 价 (元)			**952.72**	**445.32**	**1658.88**	**777.09**	**706.16**	**331.77**
其中	人 工 费 (元)		623.41	273.89	1068.42	469.50	445.01	195.61
	材 料 费 (元)		329.31	171.43	590.46	307.59	261.15	136.16
	机 械 费 (元)		—	—	—	—	—	—
名 称	单位	单价(元)	消 耗 量					
人工 三类人工	工日	155.00	4.022	1.767	6.893	3.029	2.871	1.262
材料 防火涂料	kg	13.36	24.050	12.650	43.130	22.700	19.080	10.050
溶剂油	kg	2.29	1.280	—	2.290	—	1.010	—
其他材料费	元	1.00	5.07	2.43	9.00	4.32	3.93	1.89

工作内容:清理基层、刷防火涂料等全过程。 计量单位:100m²

定 额 编 号			14-93	14-94	14-95	14-96	14-97	14-98
项 目			墙、柱面木龙骨防火涂料		天棚骨架防火涂料			
			二遍	每增减一遍	圆木骨架		方木骨架	
					二遍	每增减一遍	二遍	每增减一遍
基 价 (元)			**975.77**	**441.63**	**1455.51**	**708.76**	**1516.54**	**743.97**
其中	人 工 费 (元)		732.53	314.81	1061.13	504.99	1108.41	531.50
	材 料 费 (元)		243.24	126.82	394.38	203.77	408.13	212.47
	机 械 费 (元)		—	—	—	—	—	—
名 称	单位	单价(元)	消 耗 量					
人工 三类人工	工日	155.00	4.726	2.031	6.846	3.258	7.151	3.429
材料 防火涂料	kg	13.36	17.760	9.360	28.300	14.900	29.790	15.680
溶剂油	kg	2.29	0.940	—	2.550	—	1.580	—
其他材料费	元	1.00	3.81	1.77	10.45	4.71	6.52	2.99

六、板面封油刮腻子

工作内容:清理基层、刮腻子、打磨或点锈、刷防腐油。　　　　　　　　　　　计量单位:100m²

定 额 编 号			14-99	14-100	14-101	14-102
项　　　目			清油封底	板缝贴胶带、点锈	防腐油一遍	
					板材面	木龙骨
基　　价　　(元)			**367.25**	**431.30**	**257.73**	**390.61**
其中	人　工　费　(元)		188.33	206.62	220.26	354.49
	材　料　费　(元)		178.92	224.68	37.47	36.12
	机　械　费　(元)		—	—	—	—
名　称	单位	单价(元)	消　耗　量			
人工 三类人工	工日	155.00	1.215	1.333	1.421	2.287
材料 清油	kg	14.22	11.000	—	—	—
贴缝网带	m	0.50	—	123.400	—	—
防腐油	kg	1.28	—	—	24.500	23.750
聚醋酸乙烯乳液	kg	5.60	—	7.000	—	—
嵌缝膏	kg	2.76	—	1.950	—	—
木砂纸	张	1.03	—	80.000	—	—
其他材料费	元	1.00	22.50	36.00	6.11	5.72

七、金属面油漆

工作内容:除锈、清扫、刷防锈漆、面漆等全过程。　　　　　　　　　　　　　计量单位:100m²

定 额 编 号			14-103	14-104	14-105	14-106	14-107
项　　　目			钢 门 窗				
			防锈漆一遍	醇酸漆		银粉漆	
				二遍	每增减一遍	二遍	每增减一遍
基　　价　　(元)			**781.26**	**1607.20**	**740.10**	**1616.82**	**751.53**
其中	人　工　费　(元)		656.12	1262.17	567.77	1122.05	504.22
	材　料　费　(元)		125.14	345.03	172.33	494.77	247.31
	机　械　费　(元)		—	—	—	—	—
名　称	单位	单价(元)	消　耗　量				
人工 三类人工	工日	155.00	4.233	8.143	3.663	7.239	3.253
材料 红丹防锈漆	kg	6.90	16.520	—	—	—	—
醇酸磁漆	kg	15.52	—	21.140	10.570	—	—
银粉漆	kg	12.93	—	—	—	25.650	12.820
溶剂油	kg	2.29	0.860	—	—	2.550	1.270
醇酸漆稀释剂	kg	6.90	—	1.160	0.580	—	—
清油	kg	14.22	—	—	—	10.340	5.170
其他材料费	元	1.00	9.18	8.93	4.28	10.24	5.12

工作内容:1.除锈清扫、补缝、刮腻子、刷漆等全过程;
　　　　　2.清扫、磨砂纸、清除铁锈、擦掉铁皮表面油污、清洗、刷油等。　　　　　　计量单位:100m²

定　额　编　号				14-108	14-109	14-110
项　　　目				钢　门　窗		
				氟碳漆		防火漆二遍
				二遍	每增减一遍	
基　价(元)				**3510.58**	**1443.27**	**1552.26**
其中	人　工　费　(元)			1984.78	583.27	898.23
	材　料　费　(元)			1525.80	860.00	654.03
	机　械　费　(元)			—	—	—
名　称		单位	单价(元)	消　耗　量		
人工	三类人工	工日	155.00	12.805	3.763	5.795
材料	金属氟碳漆面漆	kg	60.34	13.920	13.920	—
	金属氟碳漆底漆	kg	17.24	13.920	—	—
	氟碳漆面漆稀释剂	kg	13.79	0.840	0.840	—
	氟碳漆底漆稀释剂	kg	12.93	0.840	—	—
	氟碳漆腻子	kg	2.16	1.390	—	—
	环氧富锌底漆	kg	13.79	27.840	—	—
	环氧富锌底漆稀释剂	kg	11.21	1.390	—	—
	钢结构防火漆	kg	24.85	—	—	20.930
	钢结构防火漆稀释剂	kg	21.72	—	—	4.290
	清油	kg	14.22	—	—	2.300
	其他材料费	元	1.00	20.94	8.48	8.03

工作内容:除锈、清扫、补缝、刷漆等全过程。　　　　　　　　　　　　　　　　计量单位:100m²

定　额　编　号				14-111	14-112	14-113	14-114	14-115
项　　　目				金　属　面				
				防锈漆	醇酸漆		银粉漆	
				一遍	二遍	每增减一遍	二遍	每增减一遍
基　价(元)				**722.73**	**1486.52**	**766.45**	**1496.00**	**747.37**
其中	人　工　费　(元)			606.98	1167.46	606.98	1038.35	518.63
	材　料　费　(元)			115.75	319.06	159.47	457.65	228.74
	机　械　费　(元)			—	—	—	—	—
名　称		单位	单价(元)	消　耗　量				
人工	三类人工	工日	155.00	3.916	7.532	3.916	6.699	3.346
材料	红丹防锈漆	kg	6.90	15.280	—	—	—	—
	醇酸磁漆	kg	15.52	—	19.550	9.780	—	—
	银粉漆	kg	12.93	—	—	—	23.730	11.860
	溶剂油	kg	2.29	0.800	—	—	2.360	1.170
	醇酸漆稀释剂	kg	6.90	—	1.070	0.540	—	—
	清油	kg	14.22	—	—	—	9.560	4.780
	其他材料费	元	1.00	8.49	8.26	3.96	9.47	4.74

工作内容:除锈、清扫、补缝、刮腻子、刷漆、刷涂料等全过程。　　　　　　　　　　　计量单位:100m²

定　额　编　号			14-116	14-117
项　　　　目			金 属 面	
			氟碳漆	
			二遍	每增减一遍
基　价　(元)			**2880.29**	**1281.58**
其中	人　　工　　费　(元)		1468.78	485.93
	材　　料　　费　(元)		1411.51	795.65
	机　　械　　费　(元)		—	—
名　称	单位	单价(元)	消　耗　量	
人工 三类人工	工日	155.00	9.476	3.135
材料 金属氟碳漆面漆	kg	60.34	12.880	12.880
金属氟碳漆底漆	kg	17.24	12.880	—
氟碳漆面漆稀释剂	kg	13.79	0.770	0.770
氟碳漆底漆稀释剂	kg	12.93	0.770	—
氟碳漆腻子	kg	2.16	1.290	—
环氧富锌 底漆	kg	13.79	25.750	—
环氧富锌底漆稀释剂	kg	11.21	1.290	—
其他材料费	元	1.00	19.37	7.85

工作内容:除锈、清扫、补缝、刷漆、刷涂料等全过程。　　　　　　　　　　　计量单位:100m²

定　额　编　号			14-118	14-119	14-120	14-121
项　　　　目			金 属 面			
			环氧富锌防锈漆一遍	防火涂料		镀锌
				耐火极限1h	耐火极限每增0.5h	
基　价　(元)			**1054.43**	**3814.52**	**1352.60**	**1696.42**
其中	人　　工　　费　(元)		667.90	1249.46	468.72	114.70
	材　　料　　费　(元)		386.53	2565.06	883.88	1581.72
	机　　械　　费　(元)		—	—	—	—
名　称	单位	单价(元)	消　耗　量			
人工 三类人工	工日	155.00	4.309	8.061	3.024	0.740
材料 环氧富锌 底漆	kg	13.79	25.750	—	—	—
环氧富锌底漆稀释剂	kg	11.21	1.290	—	—	—
钢结构防火漆	kg	24.85	—	87.190	30.000	—
钢结构防火漆稀释剂	kg	21.72	—	18.000	6.200	—
其他材料费	元	1.00	16.98	7.43	3.72	22.45
锌 99.99%	kg	22.10	—	—	—	35.700
料 助镀剂	kg	138.00	—	—	—	5.560
添加剂	kg	12.07	—	—	—	0.250

八、抹灰面油漆

工作内容:清理基层、刷油、打磨等全过程。

定 额 编 号			14-122	14-123	14-124	14-125	14-126	14-127
项 目			调和漆		耐磨漆			
			墙、柱、天棚面等		地 面		踢脚线	
			二遍	每增减一遍	三遍	每增减一遍	三遍	每增减一遍
计 量 单 位			100m²				100m	
基 价 (元)			**993.06**	**476.48**	**1809.21**	**220.83**	**312.27**	**112.09**
其中	人 工 费 (元)		693.16	346.58	1418.72	153.76	256.68	102.77
	材 料 费 (元)		299.90	129.90	390.49	67.07	55.59	9.32
	机 械 费 (元)		—	—	—	—	—	—
名 称	单位	单价(元)	消 耗 量					
人工	三类人工	工日	155.00	4.472	2.236	9.153	0.992	1.656	0.663
材料	调和漆	kg	11.21	9.270	—	—	—	—	—
	无光调和漆	kg	13.79	9.270	9.270	—	—	—	—
	熟桐油	kg	11.17	2.180	—	—	—	—	—
	清油	kg	14.22	1.550	—	—	—	—	—
	溶剂油	kg	2.29	6.140	—	—	—	—	—
	KCM 清漆	kg	17.24	—	—	4.700	3.500	0.700	0.500
	KCM 色漆	kg	18.97	—	—	12.000	—	1.700	—
	普通硅酸盐水泥 P·O 52.5 综合	kg	0.39	—	—	60.000	—	8.400	—
	107 胶	kg	1.72	—	—	25.800	—	3.600	—
	二甲苯	kg	6.03	—	—	1.600	1.100	0.200	0.100
	其他材料费	元	1.00	7.70	2.07	4.40	0.10	0.60	0.10

九、涂　料

工作内容:清扫基层、刷涂料、打磨等全过程。　　　　　　　　　　　　　　　　　　　　　　　计量单位:100m²

定　额　编　号			14-128	14-129	14-130	14-131	14-132	14-133
项　　　目			乳胶漆		涂料		硅藻泥涂料	
			墙、柱、天棚面				喷	刮
			二遍	每增减一遍	二遍	每增减一遍		
基　价　(元)			**1108.92**	**548.44**	**624.75**	**234.97**	**5001.54**	**5870.20**
其中	人　工　费　(元)		638.60	319.30	570.71	212.35	4650.00	5270.00
	材　料　费　(元)		470.32	229.14	54.04	22.62	351.54	600.20
	机　械　费　(元)		—	—	—	—	—	—
名　称	单位	单价(元)	消　耗　量					
人工 三类人工	工日	155.00	4.120	2.060	3.682	1.370	30.000	34.000
材料 乳胶漆	kg	15.52	28.840	14.420	—	—	—	—
普通内墙涂料803型	kg	1.03	—	—	35.720	17.860	—	—
熟桐油	kg	11.17	—	—	0.630	—	—	—
木砂纸	张	1.03	20.000	4.700	8.000	3.500	—	—
其他材料费	元	1.00	2.12	0.50	1.97	0.62	20.00	20.00
硅藻泥	kg	4.14	—	—	—	—	80.000	140.000
水	m³	4.27	—	—	—	—	0.080	0.140

工作内容:清扫基层、刷涂料、打磨等全过程。　　　　　　　　　　　　　　　　　　　　　　　计量单位:100m

定　额　编　号			14-134	14-135	14-136	14-137	14-138	14-139
项　　　目			乳　胶　漆			涂料		
			线条宽(cm以内)					
			8	12	18	8	12	18
基　价　(元)			**158.89**	**193.58**	**257.12**	**100.00**	**111.55**	**141.15**
其中	人　工　费　(元)		99.05	110.52	139.81	88.51	98.74	124.93
	材　料　费　(元)		59.84	83.06	117.31	11.49	12.81	16.22
	机　械　费　(元)		—	—	—	—	—	—
名　称	单位	单价(元)	消　耗　量					
人工 三类人工	工日	155.00	0.639	0.713	0.902	0.571	0.637	0.806
材料 乳胶漆	kg	15.52	3.710	5.200	7.400	—	—	—
普通内墙涂料803型	kg	1.03	—	—	—	8.305	9.269	11.734
熟桐油	kg	11.17	—	—	—	0.098	0.109	0.138
木砂纸	张	1.03	2.000	2.000	2.000	1.783	1.990	2.519
其他材料费	元	1.00	0.20	0.30	0.40	—	—	—

工作内容:清理、修补基层、拌合腻子、刮腻子、磨砂皮等。

定 额 编 号			14-140	14-141	14-142	14-143	14-144	14-145
项 目			批刮腻子(满刮两遍)			每增减一遍腻子	线条批刮腻子	墙纸基膜
			混凝土面	抹灰面	石膏板或其他基层板面			
计 量 单 位			100m²				100m	100m²
基 价 (元)			**1288.27**	**1170.71**	**971.41**	**483.96**	**186.89**	**404.21**
其中	人 工 费 (元)		992.00	900.24	744.00	372.31	162.91	263.50
	材 料 费 (元)		296.27	270.47	227.41	111.65	23.98	140.71
	机 械 费 (元)		—	—	—	—	—	—
名 称	单位	单价(元)	消 耗 量					
人工 三类人工	工日	155.00	6.400	5.808	4.800	2.402	1.051	1.700
材料 水	m³	4.27	0.040	0.040	0.025	0.013	0.005	—
木砂纸	张	1.03	10.000	10.000	10.000	3.000	2.000	3.500
基膜(丙烯酸乳液)	kg	10.34	—	—	—	—	—	13.200
成品腻子粉	kg	0.86	330.000	300.000	250.000	125.000	25.000	—
其他材料费	元	1.00	2.00	2.00	2.00	1.00	0.40	0.62

注:如采用其他腻子时材料单价换算。

工作内容:清扫基层、刷涂料、打磨等全过程。 计量单位:100m²

定 额 编 号			14-146	14-147	14-148	14-149	14-150
项 目			外 墙 涂 料				金属漆
			丙烯酸涂料	弹性涂料	仿石型涂料	氟碳涂料	
基 价 (元)			**1938.04**	**2663.07**	**7260.73**	**3771.38**	**3607.49**
其中	人 工 费 (元)		1025.64	1522.57	1822.03	1965.56	2457.06
	材 料 费 (元)		912.40	1140.50	5438.70	1805.82	1150.43
	机 械 费 (元)		—	—	—	—	—
名 称	单位	单价(元)	消 耗 量				
人工 三类人工	工日	155.00	6.617	9.823	11.755	12.681	15.852
材料 聚氨酯丙烯酸外墙涂料	kg	19.40	46.000	—	—	—	—
弹性涂料底涂	kg	7.76	—	10.400	—	—	—
弹性涂料中涂	kg	10.34	—	69.340	—	—	—
弹性涂料面涂	kg	15.52	—	20.800	—	—	—
仿石型外墙涂料骨架	kg	5.17	—	—	900.000	—	—
仿石型外墙涂料罩面	kg	15.52	—	—	50.000	—	—
外墙氟碳漆	kg	56.03	—	—	—	25.750	—
外墙封固底漆	kg	7.76	—	—	—	20.600	—
固底漆稀释剂	kg	18.97	—	—	—	1.240	—
外墙氟碳漆稀释剂	kg	81.03	—	—	—	1.550	—
水泥基层腻子	kg	1.47	—	—	—	23.180	—
油性金属底漆	kg	13.79	—	—	—	—	10.300
油性金属面漆	kg	14.66	—	—	—	—	20.600
油性金属闪光漆	kg	25.86	—	—	—	—	25.750
二甲苯	kg	6.03	—	—	—	—	3.400
其他材料费	元	1.00	20.00	20.00	9.70	20.00	20.00

十、裱　　糊

工作内容:配制贴面材料、裁纸、裱糊等全部操作过程。　　　　　　　　　　　　　计量单位:100m²

定 额 编 号			14-151	14-152	14-153	14-154	14-155	14-156
项　　　目			墙　纸					
			不 对 花			对 花		
			墙面	柱面	天棚面	墙面	柱面	天棚面
基　　价　(元)			**3536.15**	**3986.87**	**4270.85**	**3871.88**	**4345.85**	**4711.98**
其中	人　工　费　(元)		604.50	874.20	1339.20	790.50	1081.90	1630.60
	材　料　费　(元)		2931.65	3112.67	2931.65	3081.38	3263.95	3081.38
	机　械　费　(元)		—	—	—	—	—	—
名　　称	单位	单价(元)	消　耗　量					
人工 三类人工	工日	155.00	3.900	5.640	8.640	5.100	6.980	10.520
材料 墙纸	m²	25.86	110.000	117.000	110.000	115.790	122.850	115.790
酚醛清漆	kg	10.34	7.000	7.000	7.000	7.000	7.000	7.000
溶剂油	kg	2.29	3.000	3.000	3.000	3.000	3.000	3.000
其他材料费	元	1.00	7.80	7.80	7.80	7.80	7.80	7.80

工作内容:配制贴面材料、裁纸、裱糊等全部操作过程。　　　　　　　　　　　　　计量单位:100m²

定 额 编 号			14-157	14-158	14-159	14-160	14-161	14-162
项　　　目			金属墙纸			织　物		
			墙面	柱面	天棚面	墙面	柱面	天棚面
基　　价　(元)			**7366.81**	**8052.24**	**8205.36**	**3288.09**	**3744.95**	**4227.39**
其中	人　工　费　(元)		792.05	1081.90	1630.60	1224.50	1560.85	2163.80
	材　料　费　(元)		6574.76	6970.34	6574.76	2063.59	2184.10	2063.59
	机　械　费　(元)		—	—	—	—	—	—
名　　称	单位	单价(元)	消　耗　量					
人工 三类人工	工日	155.00	5.110	6.980	10.520	7.900	10.070	13.960
材料 金属墙纸	m²	56.03	115.790	122.850	115.790	—	—	—
织物墙布	m²	17.07	—	—	—	115.790	122.850	115.790
酚醛清漆	kg	10.34	7.000	7.000	7.000	7.000	7.000	7.000
溶剂油	kg	2.29	3.000	3.000	3.000	3.000	3.000	3.000
其他材料费	元	1.00	7.80	7.80	7.80	7.80	7.80	7.80

第十五章
其他装饰工程

说　　明

一、本章定额包括柜台、货架,压条、装饰线,扶手、栏杆、栏板装饰,浴厕配件,雨篷、旗杆,招牌、灯箱,美术字,石材、瓷砖加工八节。

二、柜台、货架类。

1. 柜台、货架以现场加工、制作为主,按常用规格编制。设计与定额不同时,应按实进行调整换算。

2. 柜台、货架项目包括五金配件(设计有特殊要求者除外),未考虑压板拼花及饰面板上贴其他材料的花饰、造型艺术品。

3. 木质柜台、货架中板材按胶合板考虑,如设计为生态板(三聚氰胺板)等其他板材时,可以换算材料。

三、压条、装饰线。

1. 压条、装饰线均按成品安装考虑。

2. 装饰线条(顶角装饰线除外)按直线形在墙面安装考虑。墙面安装圆弧形装饰线条、天棚面安装直线形、圆弧形装饰线条,按相应项目乘以系数执行:

(1)墙面安装圆弧形装饰线条,人工乘以系数1.20、材料乘以系数1.10;

(2)天棚面安装直线形装饰线条,人工乘以系数1.34;

(3)天棚面安装圆弧形装饰线条,人工乘以系数1.60、材料乘以系数1.10;

(4)装饰线条直接安装在金属龙骨上,人工乘以系数1.68。

四、扶手、栏杆、栏板装饰。

1. 扶手、栏杆、栏板项目(护窗栏杆除外)适用于楼梯、走廊、回廊及其他装饰性扶手、栏杆、栏板。

2. 扶手、栏杆、栏板项目已综合考虑扶手弯头(非整体弯头)的费用。如遇木扶手、大理石扶手为整体弯头,弯头另按本章相应项目执行。

五、浴厕配件。

1. 大理石洗漱台项目不包括石材磨边、倒角及开面盆洞口,另按本章相应项目执行。

2. 浴厕配件项目按成品安装考虑。

六、雨篷、旗杆。

1. 点支式、托架式雨篷的型钢、爪件的规格、数量是按常用做法考虑的,当设计要求与定额不同时,材料消耗量可以调整,人工、机械不变。托架式雨篷的斜拉杆费用另计。

2. 旗杆项目按常用做法考虑,未包括旗杆基础、旗杆台座及其饰面。

七、招牌、灯箱。

1. 招牌、灯箱项目,当设计与定额考虑的材料品种、规格不同时,材料可以换算。

2. 一般平面广告牌是指正立面平整无凹凸面,复杂平面广告牌是指正立面有凹凸面造型的,箱(竖)式广告牌是指具有多面体的广告牌。

3. 广告牌基层以附墙方式考虑,当设计为独立式的,按相应项目执行,人工乘以系数1.10。

4. 招牌、灯箱项目均不包括广告牌喷绘、灯饰、灯光、店徽、其他艺术装饰及配套机械。

八、美术字。

美术字不分字体,定额均以成品安装为准,并按单个独立安装的最大外接矩形面积区分规格,执行相应项目。

九、石材、瓷砖加工。

石材瓷砖倒角、磨制圆边、开槽、开孔等项目均按现场加工考虑。

工程量计算规则

一、柜、台类。

柜类工程量按各项目计量单位计算。其中以"m²"为计量单位的项目,其工程量按正立面的高度(包括脚的高度在内)乘以宽度计算。

二、压条、装饰线。

1.压条、装饰线条按线条中心线长度计算。

2.石膏角花、灯盘按设计图示数量计算。

三、扶手、栏杆、栏板装饰。

1.扶手、栏杆、栏板、成品栏杆(带扶手)均按其中心线长度计算,不扣除弯头长度。如遇木扶手、大理石扶手为整体弯头时,扶手消耗量需扣除整体弯头的长度,设计不明确者,每只整体弯头按400mm扣除。

2.单独弯头按设计图示数量计算。

四、浴厕配件。

1.大理石洗漱台按设计图示尺寸以展开面积计算,挡板、吊沿板面积并入其中,不扣除孔洞、挖弯、削角所占面积。

2.大理石台面面盆开孔按设计图示数量计算。

3.盥洗室台镜(带框)、盥洗室木镜箱按边框外围面积计算。

4.盥洗室塑料镜箱、毛巾杆、毛巾环、浴帘杆、浴缸拉手、肥皂盒、卫生纸盒、晒衣架、晾衣绳等按设计图示数量计算。

五、雨篷、旗杆。

1.雨篷按设计图示尺寸水平投影面积计算。

2.不锈钢旗杆按设计图示数量计算。

3.电动升降系统和风动系统按套数计算。

六、招牌、灯箱。

1.柱面、墙面灯箱基层,按设计图示尺寸以展开面积计算。

2.一般平面广告牌基层,按设计图示尺寸以正立面边框外围面积计算。复杂平面广告牌基层,按设计图示尺寸以展开面积计算。

3.箱(竖)式广告牌基层,按设计图示尺寸以基层外围体积计算。

4.广告牌面层,按设计图示尺寸以展开面积计算。

七、美术字。

美术字按设计图示数量计算。

八、石材、瓷砖加工。

1.石材、瓷砖倒角按块料设计倒角长度计算。

2.石材磨边按成型磨边长度计算。

3.石材开槽按块料成型开槽长度计算。

4.石材、瓷砖开孔按成型孔洞数量计算。

一、柜台、货架

工作内容：下料、刨光、切割断料、安裁玻璃、镶贴面层及五金配件安装、清理。　　　　　计量单位：m

定　额　编　号				15-1	15-2	15-3	15-4
项　　　　目				木质柜台 1200×950×500			
				带柜		不带柜	
				两面玻璃	四面玻璃	两面玻璃	四面玻璃不带框
基　　价　（元）				**533.38**	**537.09**	**526.60**	**513.37**
其中	人　　工　　费　（元）			167.40	170.50	151.90	147.25
	材　　料　　费　（元）			362.18	363.12	371.56	363.59
	机　　械　　费　（元）			3.80	3.47	3.14	2.53
名　　　　称		单位	单价（元）	消　　耗　　量			
人工	三类人工	工日	155.00	1.080	1.100	0.980	0.950
材料	硬木板枋材	m³	2414.00	0.020	0.020	0.030	0.030
	杉板枋材	m³	1625.00	0.030	0.030	0.020	0.010
	红榉夹板 δ3	m²	24.36	5.800	4.900	3.670	2.910
	平板玻璃 δ8	m²	38.79	1.250	1.810	1.420	2.110
	不锈钢货架支柱 宽80	m	24.63	1.260	1.260	1.970	1.970
	不锈钢支架 L=240	个	9.40	4.060	4.060	—	—
	不锈钢支架 L=300	个	13.19	—	—	5.100	5.100
	玻璃胶 335g	支	10.34	0.250	0.360	0.260	0.270
	其他材料费	元	1.00	3.59	3.60	3.68	3.60
机械	电动空气压缩机 0.6m³/min	台班	33.06	0.090	0.080	0.070	0.060
	木工圆锯机 500mm	台班	27.50	0.030	0.030	0.030	0.020

工作内容：下料、刨光、切割断料、安裁玻璃、镶贴面层及五金配件安装、清理。　　　　　计量单位：个

定　额　编　号				15-5	15-6
项　　　　目				铝合金骨架	
				柜台	货架
				1500×900×500	1500×2000×500
基　　价　（元）				**720.71**	**1348.60**
其中	人　　工　　费　（元）			162.75	263.50
	材　　料　　费　（元）			557.96	1085.10
	机　　械　　费　（元）			—	—
名　　　　称		单位	单价（元）	消　　耗　　量	
人工	三类人工	工日	155.00	1.050	1.700
材料	铝合金型材 综合	kg	18.53	12.992	17.313
	平板玻璃 δ5	m²	24.14	5.888	4.260
	铝合金三节玻璃轮	个	3.10	4.080	8.160
	铸铝三爪	个	2.41	8.160	8.160
	门窗密封橡胶条	m	4.31	5.040	12.600
	镀锌自攻螺钉 ST4~6×20~35	10个	0.60	115.500	212.100
	防火板	m²	56.03	0.825	6.116
	镜面玻璃	m²	38.79	—	1.770
	铝合金门窗配件 角码	个	0.45	—	28.560
	其他材料费	元	1.00	5.52	10.74

工作内容:下料、刨光、切割断料、安装玻璃、镶贴面层及五金配件安装、清理等。

定 额 编 号			15-7	15-8	15-9
项　　目			吊柜	服务台	石材台面
			1200×450×700	1000×450×700	
计 量 单 位			10m	m²	10m²
基　价　(元)			**2240.73**	**688.96**	**1729.88**
其中	人　工　费　(元)		759.50	217.00	294.50
	材　料　费　(元)		1465.26	468.05	1435.38
	机　械　费　(元)		15.97	3.91	—
名　　称	单位	单价(元)	消　耗　量		
人工 三类人工	工日	155.00	4.900	1.400	1.900
材料 杉板枋材	m³	1625.00	0.065	0.022	—
红榉夹板 δ3	m²	24.36	15.000	—	—
圆钉	kg	4.74	2.220	—	—
玻璃胶 335g	支	10.34	—	—	22.580
聚醋酸乙烯乳液	kg	5.60	0.180	0.494	—
立时得胶	kg	21.55	1.690	0.032	—
大理石板	m²	119.00	—	—	10.100
细木工板 δ18	m²	27.07	30.500	—	—
木平面装饰线条 20×5	m	1.89	55.750	—	—
枪钉	盒	6.47	0.120	—	—
硬木踢脚线 120×15	m²	43.10	—	0.117	—
圆钉 50~75	kg	4.74	—	0.041	—
半圆头木螺钉 L16	个	0.03	—	4.200	—
胶合板 δ5	m²	20.17	—	1.218	—
角钢 Q235B 50×50×5	t	3966.00	—	0.015	—
白色硅酸盐水泥 325# 二级白度	t	526.00	—	0.001	—
石材饰面板	m²	159.00	—	2.010	—
密封胶 XY02#	kg	17.24	—	0.414	—
云石 AB 胶	kg	7.11	—	0.063	—
氧气	m³	3.62	—	0.035	—
乙炔气	m³	8.90	—	0.015	—
建筑胶	kg	2.16	—	0.042	—
不锈钢固定连接件	个	1.33	—	2.091	—
不锈钢六角螺栓带螺母 M6×25	套	0.53	—	2.091	—
料 低碳钢焊条 J422 φ4.0	kg	4.74	—	0.420	—
红丹防锈漆	kg	6.90	—	0.082	—
气排钉 L20 2000 个/盒	盒	4.51	—	0.066	—
其他材料费	元	1.00	14.51	4.63	—
机械 交流弧焊机 21kV·A	台班	63.33	—	0.020	—
木工圆锯机 500mm	台班	27.50	0.100	—	—
电动空气压缩机 0.6m³/min	台班	33.06	0.400	0.080	—

工作内容:下料、刨光、划线、成型、安装玻璃、五金配件、清理等全部操作过程。 计量单位:10m²

定 额 编 号			15-10	15-11	15-12	15-13
项 目			货架		嵌入式壁柜	附墙低柜
			带柜	不带柜		
基 价 (元)			**4386.08**	**4638.74**	**1865.11**	**1526.38**
其中	人 工 费 (元)		1165.60	1069.50	570.40	499.10
	材 料 费 (元)		3199.00	3550.24	1291.96	1024.53
	机 械 费 (元)		21.48	19.00	2.75	2.75
名 称	单位	单价(元)	消 耗 量			
人工 三类人工	工日	155.00	7.520	6.900	3.680	3.220
材料 硬木板枋材	m³	2414.00	0.090	0.070	—	—
杉板枋材	m³	1625.00	0.200	0.180	—	—
红榉夹板 δ3	m²	24.36	58.750	54.570	1.270	9.410
不锈钢货架支柱 宽80	m	24.63	16.780	19.680	—	—
不锈钢支架 L=250	个	9.91	25.500	38.760	—	—
不锈钢支架 L=350	个	14.05	13.260	25.500	—	—
磁吸块 50×20	套	1.72	10.500	—	—	—
镀铬钢管 D10	m	14.82	23.970	35.920	—	—
细木工板 δ18	m²	27.07	—	—	20.890	19.250
胶合板 δ9	m²	25.86	—	—	12.920	8.400
胶合板 δ12	m²	27.59	—	—	3.150	—
木平面装饰线条 20×5	m	1.89	—	—	40.360	22.610
枪钉	盒	6.47	—	—	0.140	0.220
圆钉	kg	4.74	—	—	1.450	1.760
聚醋酸乙烯乳液	kg	5.60	—	—	0.140	0.800
泡沫防潮纸	m²	11.29	—	—	16.800	—
机械 电动空气压缩机 0.6m³/min	台班	33.06	0.500	0.450	—	—
木工圆锯机 500mm	台班	27.50	0.180	0.150	0.100	0.100

工作内容：下料、刨光、切割断料、安裁玻璃、镶贴面层及五金配件安装、清理等。 计量单位：10m²

定 额 编 号			15-14	15-15	15-16	15-17	15-18
项　　目			附墙木质衣柜	书柜			
				平板柜	无框玻璃柜门	木框玻璃柜门	
						饰面搁板	玻璃搁板
基　价　(元)			**1905.14**	**1822.42**	**2980.31**	**4513.15**	**4140.06**
其中	人　工　费　(元)		635.50	544.05	855.60	1621.30	1419.80
	材　料　费　(元)		1266.89	1275.62	2121.96	2889.10	2717.51
	机　械　费　(元)		2.75	2.75	2.75	2.75	2.75
名　称	单位	单价(元)		消　耗　量			
人工	三类人工	工日	155.00	4.100	3.510	5.520	10.460	9.160
材料	细木工板 δ18	m²	27.07	20.890	18.300	18.300	22.820	17.800
	胶合板 δ3	m²	13.10	—	—	—	5.010	5.010
	胶合板 δ9	m²	25.86	12.920	10.500	10.500	10.500	10.500
	胶合板 δ12	m²	27.59	3.150	—	—	—	—
	红榉夹板 δ3	m²	24.36	7.870	16.530	24.230	51.260	37.260
	木平面装饰线条 20×5	m	1.89	40.360	46.580	48.330	158.780	139.510
	枪钉	盒	6.47	0.160	0.210	1.070	1.640	1.220
	圆钉	kg	4.74	1.450	1.620	1.620	1.620	1.620
	聚醋酸乙烯乳液	kg	5.60	0.800	1.600	4.000	5.500	4.840
	书柜门铰链	副	1.72	—	—	—	41.210	41.210
	平板玻璃 δ8	m²	38.79	—	—	7.510	—	7.510
	平板玻璃 δ6	m²	28.45	—	—	7.510	9.330	9.330
	玻璃柜门合页	副	4.31	—	—	20.610	—	—
	玻璃搁板钉	只	0.69	—	—	61.820	—	82.420
机械	木工圆锯机 500mm	台班	27.50	0.100	0.100	0.100	0.100	0.100

注：定额编号15-15平板书柜未包括门；无框玻璃柜门、木框玻璃柜门书柜，门已包括在书柜内，并含柜内饰面及五金配件。

工作内容：下料、刨光、切割断料、安裁玻璃、镶贴面层及五金配件安装、清理等。　　　　　　　　计量单位：10m²

定　额　编　号			15-19	15-20	15-21	15-22	15-23	15-24
项　　　　目			单独柜门				柜内装饰	
			平板门	拼花门	凹凸门	百叶门	贴装饰板	贴波音纸
基　价（元）			**1658.53**	**1677.13**	**3956.86**	**13922.38**	**314.48**	**153.40**
其中	人　工　费（元）		528.55	547.15	821.50	1855.35	100.75	77.50
	材　料　费（元）		1128.60	1128.60	3133.98	12065.65	213.73	75.90
	机　械　费（元）		1.38	1.38	1.38	1.38	—	—
名　称	单位	单价（元）	消　耗　量					
人工 三类人工	工日	155.00	3.410	3.530	5.300	11.970	0.650	0.500
材料 细木工板 δ18	m²	27.07	11.610	11.610	—	3.860	—	—
胶合板 δ3	m²	13.10	11.000	11.000	11.000	11.000	—	—
胶合板 δ9	m²	25.86	—	—	14.360	—	—	—
宝丽板	m²	16.55	—	—	—	—	11.000	—
波音纸	m²	6.90	—	—	—	—	—	11.000
红榉夹板 δ3	m²	24.36	11.000	11.000	11.000	4.040	—	—
木平面装饰线条 25×13	m	6.13	64.870	64.870	69.960	129.740	—	—
榉木百叶线 25×7	m	27.59	—	—	—	395.460	—	—
榉木阴角线 12×12	m	31.90	—	—	—	59.780	—	—
枪钉	盒	6.47	0.530	0.530	0.840	1.740	—	—
聚醋酸乙烯乳液	kg	5.60	0.210	0.210	1.660	0.240	—	—
立时得胶	kg	21.55	—	—	—	—	1.470	—
机械 木工圆锯机 500mm	台班	27.50	0.050	0.050	0.050	0.050	—	—

二、压条、装饰线

1. 木 装 饰 线

工作内容:定位、弹线、下料、刷胶、安装、固定、修整等。　　　　　　　　　　　　　　　　计量单位:100m

定 额 编 号			15-25	15-26	15-27	15-28	15-29	15-30
项 目			平面线					
			宽度(mm)					
			25 以内	40 以内	60 以内	80 以内	100 以内	100 以上
基 价 (元)			**838.51**	**812.54**	**1073.45**	**1334.51**	**2199.32**	**2906.74**
其中	人 工 费 (元)		313.10	325.50	345.65	367.35	387.50	444.85
	材 料 费 (元)		522.85	484.48	725.24	963.06	1807.72	2457.79
	机 械 费 (元)		2.56	2.56	2.56	4.10	4.10	4.10
名 称	单位	单价(元)	消 耗 量					
人工 三类人工	工日	155.00	2.020	2.100	2.230	2.370	2.500	2.870
材料 木平面装饰线条 25×10	m	4.84	106.000	—	—	—	—	—
木平面装饰线条 40×10	m	4.46	—	106.000	—	—	—	—
木平面装饰线条 60×15	m	6.68	—	—	106.000	—	—	—
木平面装饰线条 80×20	m	8.91	—	—	—	106.000	—	—
木平面装饰线条 100×20	m	16.81	—	—	—	—	106.000	—
木平面装饰线条 150×20	m	22.84	—	—	—	—	—	106.000
聚醋酸乙烯乳液	kg	5.60	0.683	1.092	1.638	2.184	2.730	4.095
蚊钉 20mm 6000 个/盒	盒	6.64	0.121	0.121	0.121	—	—	—
气排钉 $L20$ 2000 个/盒	盒	4.51	—	—	—	0.351	0.351	0.351
其他材料费	元	1.00	5.18	4.80	7.18	4.79	8.99	12.23
机械 电动空气压缩机 $0.3m^3/min$	台班	25.61	0.100	0.100	0.100	0.160	0.160	0.160

工作内容:定位、划线、下料、刷胶、安装、固定、修整等。　　　　　　　　　　　　　　　　计量单位:100m

定　额　编　号			15-31	15-32	15-33	15-34
项　　目			角线			
			宽度(mm 以内)			
			25	50	80	100
基　　价　(元)			**866.26**	**1941.99**	**3764.48**	**5656.89**
其中	人　工　费　(元)		372.00	403.00	434.00	466.55
	材　料　费　(元)		491.70	1536.43	3326.13	5185.99
	机　械　费　(元)		2.56	2.56	4.35	4.35
名　　称	单位	单价(元)	消　耗　量			
人工	三类人工	工日	155.00	2.400	2.600	2.800	3.010
材料	木阳角线条 25×25	m	4.53	106.000	—	—	—
	木阳角线条 50×50	m	14.29	—	106.000	—	—
	木阳角线条 80×80	m	31.03	—	—	106.000	—
	木阳角线条 100×100	m	48.59	—	—	—	106.000
	聚醋酸乙烯乳液	kg	5.60	1.050	2.100	3.360	4.200
	蚊钉 20mm 6000 个/盒	盒	6.64	0.116	0.116	—	—
	气排钉 L20 2000 个/盒	盒	4.51	—	—	0.351	0.351
	其他材料费	元	1.00	4.87	9.16	16.55	10.35
机械	电动空气压缩机 0.3m³/min	台班	25.61	0.100	0.100	0.170	0.170

2. 金属装饰线

工作内容:定位、划线、下料、固定安装等。　　　　　　　　　　　　　　　　　　　计量单位:100m

定　额　编　号			15-35	15-36	15-37	15-38	15-39	15-40
项　　目			压条		角线		槽线	
			宽度(mm 以内)					
			20	50	20	50	20	50
基　　价　(元)			**626.74**	**910.08**	**668.72**	**1083.82**	**601.76**	**909.47**
其中	人　工　费　(元)		317.75	364.25	410.75	477.40	319.30	365.80
	材　料　费　(元)		308.99	545.83	257.97	606.42	282.46	543.67
	机　械　费　(元)		—	—	—	—	—	—
名　　称	单位	单价(元)	消　耗　量					
人工	三类人工	工日	155.00	2.050	2.350	2.650	3.080	2.060	2.360
材料	铝合金压条 50×13	m	4.36	—	106.000	—	—	—	—
	铝合金压条 16×1.5	m	2.41	106.000	—	—	—	—	—
	铝合金角线 50×50×1	m	4.74	—	—	—	106.000	—	—
	铝合金角线 20×20×1	m	1.90	—	—	106.000	—	—	—
	铝合金槽线 20×12×1.0	m	2.09	—	—	—	—	106.000	—
	铝合金槽线 50×13×1.2	m	4.34	—	—	—	—	—	106.000
	万能胶 环氧树脂	kg	18.97	1.848	3.192	1.680	4.200	1.848	3.192
	镀锌自攻螺钉 ST3×10	个	0.02	420.000	420.000	420.000	420.000	420.000	420.000
	电	kW·h	0.78	5.150	5.150	5.150	5.150	5.150	5.150
	其他材料费	元	1.00	6.06	10.70	12.28	11.89	13.45	10.66

工作内容:定位、划线、下料、铣槽、固定安装等。

定 额 编 号			15-41	15-42	15-43	15-44
项 目			嵌金属线	嵌金属带 100mm 以内	铣槽	
					直形	弧形
计 量 单 位			100m	100m²	100m	
基 价 (元)			**2024.61**	**28794.42**	**562.50**	**1531.25**
其中	人 工 费 (元)		1085.00	10850.00	542.50	1511.25
	材 料 费 (元)		939.61	17944.42	20.00	20.00
	机 械 费 (元)		—	—	—	—
名 称	单位	单价(元)	消 耗 量			
人工 三类人工	工日	155.00	7.000	70.000	3.500	9.750
材料 铜条 5×15	m	7.76	106.000	—	—	—
钛金板	m²	129.00	—	130.000	—	—
玻璃胶 335g	支	10.34	—	113.000	—	—
胶粘剂 504	kg	22.41	5.000	—	—	—
其他材料费	元	1.00	5.00	6.00	20.00	20.00

3.石材装饰线

工作内容:定位、成槽、穿丝、镶贴擦缝、清理等。　　　　　　　　　　　　　　　　　计量单位:100m

定 额 编 号			15-45	15-46	15-47	15-48	15-49	15-50
项 目			粘贴(mm)					
			50 以内	80 以内	100 以内	150 以内	200 以内	200 以上
基 价 (元)			**2850.06**	**3431.66**	**4258.96**	**5338.23**	**6652.82**	**9503.84**
其中	人 工 费 (元)		1038.50	1159.40	1275.65	1553.10	1734.45	1968.50
	材 料 费 (元)		1811.56	2272.26	2983.31	3785.13	4918.37	7535.34
	机 械 费 (元)		—	—	—	—	—	—
名 称	单位	单价(元)	消 耗 量					
人工 三类人工	工日	155.00	6.700	7.480	8.230	10.020	11.190	12.700
材料 石材装饰线条 50	m	17.24	101.000	—	—	—	—	—
石材装饰线条 80	m	21.55	—	101.000	—	—	—	—
石材装饰线条 100	m	28.45	—	—	101.000	—	—	—
石材装饰线条 150	m	36.21	—	—	—	101.000	—	—
石材装饰线条 200	m	47.41	—	—	—	—	101.000	—
石材装饰线条 300	m	73.28	—	—	—	—	—	101.000
胶粘剂 干粉型	kg	2.24	0.150	0.410	0.520	0.770	1.030	1.560
白色硅酸盐水泥 425# 二级白度	kg	0.59	2.470	3.960	4.940	7.420	9.890	14.830
石料切割锯片	片	27.17	1.000	1.500	1.800	2.200	2.200	2.200
棉纱	kg	10.34	4.000	5.000	5.500	6.000	6.000	6.000

工作内容:定位、成槽、穿丝、镶贴擦缝、清理等。 计量单位:100m

定 额 编 号			15-51	15-52	15-53	15-54	15-55	15-56
项 目			湿挂(mm)				干挂(mm)	
			100 以内	150 以内	200 以内	200 以上	200 以内	350 以内
基 价 (元)			**5311.08**	**6406.72**	**7850.42**	**10996.25**	**12699.97**	**18607.12**
其中	人 工 费 (元)		1942.15	2118.85	2304.85	2619.50	2611.75	3286.00
	材 料 费 (元)		3368.93	4287.87	5545.57	8376.75	10088.22	15321.12
	机 械 费 (元)		—	—	—	—	—	—
名 称	单位	单价(元)	消 耗 量					
人工 三类人工	工日	155.00	12.530	13.670	14.870	16.900	16.850	21.200
材料 石材装饰线条 100	m	28.45	101.000	—	—	—	—	—
石材装饰线条 150	m	36.21	—	101.000	—	—	—	—
石材装饰线条 200	m	47.41	—	—	101.000	—	101.000	—
石材装饰线条 300	m	73.28	—	—	—	101.000	—	101.000
铁件	kg	3.71	37.130	44.550	51.230	61.490	—	—
热轧光圆钢筋 综合	t	3966.00	0.033	0.041	0.047	0.056	—	—
电焊条 E43 系列	kg	4.74	0.500	0.600	0.700	0.700	—	—
水泥砂浆 1:2.5	m³	252.49	0.520	0.770	1.030	1.550		
白色硅酸盐水泥 425# 二级白度	kg	0.59	4.940	7.420	9.890	14.830	—	—
石料切割锯片	片	27.17	1.800	2.200	2.200	2.200	2.200	2.200
棉纱	kg	10.34	4.000	4.000	5.000	6.000	4.000	6.000
不锈钢石材干挂挂件	套	4.31	—	—	—	—	204.000	306.000
不锈钢六角带帽螺栓	套	3.68	—	—	—	—	204.000	306.000
料 不锈钢垫片	片	17.24	—	—	—	—	204.000	306.000
云石 AB 胶	kg	7.11	—	—	—	—	7.280	10.920

工作内容:定位、成槽、穿丝、镶贴擦缝、清理等。　　　　　　　　　　　　　　　　　计量单位:100m

定　额　编　号			15-57	15-58	15-59	15-60	15-61
项　　　　目			锚固灌浆挂贴				石材圆柱腰线
			宽度(mm 以内)				
			100	150	200	350	
基　　价　(元)			**5357.15**	**6374.52**	**7753.11**	**11720.84**	**20077.21**
其中	人　工　费　(元)		1937.50	2118.85	2304.85	2628.80	2197.90
	材　料　费　(元)		3409.20	4240.58	5428.47	9059.14	17869.03
	机　械　费　(元)		10.45	15.09	19.79	32.90	10.28
名　　称	单位	单价(元)	消　耗　量				
人工	三类人工	工日	155.00	12.500	13.670	14.870	16.960	14.180
材料	石材装饰线 100	m	28.45	101.000	—	—	—	—
	石材装饰线 150	m	36.21	—	101.000	—	—	—
	石材装饰线 200	m	47.41	—	—	101.000	—	—
	石材装饰线 350	m	81.90	—	—	—	101.000	—
	花岗岩圆柱身弧形线条 80	m	172.00	—	—	—	—	101.000
	水泥砂浆 1:2.5	m³	252.49	0.309	0.464	0.618	1.082	0.243
	铁件 综合	kg	6.90	10.649	10.649	10.649	10.649	10.649
	金属膨胀螺栓 M10×80	套	0.48	172.298	172.298	172.298	172.298	172.298
	热轧光圆钢筋 HPB300φ8	t	3963.00	0.038	0.040	0.043	0.051	0.036
	紫铜丝 T2 1~4	kg	62.67	2.101	2.101	2.101	2.101	2.101
	白色硅酸盐水泥 325# 二级白度	t	526.00	0.002	0.002	0.003	0.005	0.001
	低碳钢焊条 J422 φ4.0	kg	4.74	0.151	0.227	0.304	0.304	0.121
	水	m³	4.27	0.130	0.194	0.260	0.452	0.114
	其他材料费	元	1.00	16.96	16.89	21.63	18.08	3.57
机械	灰浆搅拌机 200L	台班	154.97	0.056	0.083	0.111	0.194	0.056
	钢筋调直机 14mm	台班	37.97	0.015	0.016	0.017	0.020	0.014
	钢筋切断机 40mm	台班	43.28	0.015	0.016	0.017	0.020	0.014
	交流弧焊机 32kV·A	台班	92.84	0.006	0.010	0.013	0.013	0.005

4. 其他装饰线

工作内容: 1. 调运砂浆、线条切边磨细、浸板、粘贴线条、擦缝、清理等;
　　　　　　2. PVC、GRC、EPS 装饰线条:定位、划线、清理基层、安装固定线条等。　　　　计量单位:100m

定 额 编 号			15-62	15-63	15-64	15-65
项　　目			瓷砖装饰线条		镜面玻璃装饰线条	聚氯乙烯装饰线条
			角线	平线		
基　价　(元)			**885.23**	**2667.60**	**744.73**	**737.28**
其中	人　工　费　(元)		773.45	759.50	403.00	248.00
	材　料　费　(元)		111.78	1908.10	341.73	489.28
	机　械　费　(元)		—	—	—	—
名　称	单位	单价(元)	消　耗　量			
人工	三类人工	工日	155.00	4.990	4.900	2.600	1.600
材料	白瓷砖角线 L200	块	0.16	530.000	—	—	—
	瓷腰线砖(带花) 200×70	块	3.45	—	530.000	—	—
	镜面玻璃 δ5	m²	43.10	—	—	5.300	—
	聚氯乙烯阴、阳角线 50×50	m	4.24	—	—	—	106.000
	水泥砂浆 1:3	m³	238.10	0.055	0.108	—	—
	纯水泥浆	m³	430.36	0.004	0.007	—	—
	水泥砂浆 1:1	m³	294.20	0.014	0.029	—	—
	建筑胶	kg	2.16	0.848	1.697	—	—
	白色硅酸盐水泥 325# 二级白度	t	526.00	0.001	0.001	—	—
	玻璃胶 335g	支	10.34	—	—	10.500	—
	万能胶 环氧树脂	kg	18.97	—	—	—	2.100
	胶带纸 宽30mm 单面胶	m	0.06	—	—	78.750	—
	水	m³	4.27	0.087	0.173	—	—
	其他材料费	元	1.00	5.32	37.41	—	—

工作内容: 1.调运砂浆、线条切边磨细、浸板、粘贴线条、擦缝、清理等;

　　　　　　 2.PVC、GRC、EPS 装饰线条:定位、划线、清理基层、安装固定线条等。　　　　　　　　　计量单位:100m

定　额　编　号				15-66	15-67	15-68	15-69
项　　　　　目				GRC 装饰线			
				外挂檐口板		外挂腰线板	
				宽×高(mm)			
				550×550 以内	550×550 以上	400×400 以内	400×400 以上
基　　价　　(元)				**18062.97**	**22701.28**	**13844.99**	**17966.27**
其中	人　　工　　费　　(元)			2635.00	3410.00	2015.00	2557.50
	材　　料　　费　　(元)			15363.44	19170.26	11785.22	15344.24
	机　　械　　费　　(元)			64.53	121.02	44.77	64.53
名　　　称		单位	单价(元)	消　　耗　　量			
人工	三类人工	工日	155.00	17.000	22.000	13.000	16.500
材料	GRC 欧式外挂檐口线板 550×550 以内	m	129.00	102.000	—	—	—
	GRC 欧式外挂檐口线板 550×550 以外	m	155.00	—	102.000	—	—
	欧式 GRC 装饰线条 400×400 以内	m	103.00	—	—	102.000	—
	欧式 GRC 装饰线条 400×400 以外	m	129.00	—	—	—	102.000
	水泥砂浆 1:2.5	m³	252.49	0.200	0.180	0.100	0.130
	低碳钢焊条 J422 φ4.0	kg	4.74	24.200	45.400	16.790	24.200
	预埋铁件	kg	3.75	476.100	740.800	261.230	476.100
	108 胶	kg	1.03	27.000	37.200	20.000	25.800
	其他材料费	元	1.00	227.05	283.30	174.17	226.76
机械	交流弧焊机 21kV·A	台班	63.33	1.019	1.911	0.707	1.019

工作内容: 定位、划线、打眼、下木楔子、安装石膏线条、接角、修整等。　　　　　　　　　　　　　计量单位:100m

定　额　编　号				15-70	15-71	15-72	15-73	15-74	15-75
项　　　　　目				石膏平面装饰线(mm)			石膏角线(mm)		
				60 以内	100 以内	100 以上	60 以内	100 以内	100 以上
基　　价　　(元)				**1233.12**	**1598.99**	**1916.89**	**1266.58**	**1627.66**	**2138.97**
其中	人　　工　　费　　(元)			310.00	403.00	427.80	325.50	434.00	449.50
	材　　料　　费　　(元)			923.12	1195.99	1489.09	941.08	1193.66	1689.47
	机　　械　　费　　(元)			—	—	—	—	—	—
名　　　称		单位	单价(元)	消　　耗　　量					
人工	三类人工	工日	155.00	2.000	2.600	2.760	2.100	2.800	2.900
材料	石膏平面装饰线 60	m	8.62	105.000	—	—	—	—	—
	石膏平线 100	m	10.34	—	105.000	—	—	—	—
	石膏平线 150	m	12.93	—	—	105.000	—	—	—
	石膏装饰线 25×85	m	8.62	—	—	—	105.000	—	—
	石膏阴角线 100×100	m	10.34	—	—	—	—	105.000	—
	石膏阴角线 150×150	m	14.66	—	—	—	—	—	105.000
	石膏粉	kg	0.68	1.050	1.703	2.500	1.850	2.295	2.866
	聚醋酸乙烯乳液	kg	5.60	2.120	3.465	4.950	4.150	6.930	10.395
	镀锌自攻螺钉 ST4×30	个	0.03	—	315.000	420.000	—	262.500	349.997
	塑料膨胀螺栓	套	0.17	—	315.000	420.000	—	262.500	349.997
	903 胶	kg	15.52	0.350	—	—	0.740	—	—
	电	kW·h	0.78	—	4.200	4.200	—	4.200	4.200
	其他材料费	元	1.00	—	23.45	14.74	—	11.82	16.73

工作内容:定位、划线、打眼、下木楔子、安装石膏角花或灯盘、修整等。　　　　　　　　　　　计量单位:个

定 额 编 号				15-76	15-77
项　　　目				石膏角花	石膏灯盘
基　价（元）				**106.62**	**155.31**
其中	人　　　工　　　费（元）			19.38	38.75
	材　　　料　　　费（元）			87.24	116.56
	机　　　械　　　费（元）			—	—
名　　称		单位	单价(元)	消　耗　量	
人工	三类人工	工日	155.00	0.125	0.250
材料	石膏造型角 550×550	个	77.59	1.050	—
	石膏灯盘 1000	个	103.00	—	1.050
	聚醋酸乙烯乳液	kg	5.60	0.063	0.210
	石膏粉	kg	0.68	0.030	0.420
	镀锌自攻螺钉 ST4×35	个	0.03	6.300	12.600
	塑料膨胀螺栓	套	0.17	6.300	12.600
	电	kW·h	0.78	4.200	4.200
	其他材料费	元	1.00	0.86	1.15

工作内容:清理基层、定位、焊接预埋铁件、安装线条、嵌缝清理等。　　　　　　　　　　　计量单位:100 件

定 额 编 号				15-78	15-79	15-80	15-81
项　　　　　目				欧式装饰线			
				山花浮雕		门窗头拱形雕刻	
				宽×高(mm)			
				1200×400 以内	1200×400 以上	1500×540 以内	1500×540 以上
基　　价（元）				**10883.49**	**13781.27**	**40889.60**	**51606.77**
其中	人　　　工　　　费（元）			1247.75	2046.00	4805.00	7440.00
	材　　　料　　　费（元）			9595.46	11681.69	35990.81	43992.42
	机　　　械　　　费（元）			40.28	53.58	93.79	174.35
名　　称		单位	单价(元)	消　耗　量			
人工	三类人工	工日	155.00	8.050	13.200	31.000	48.000
材料	GRC 山花浮雕 1200×400 以内	件	86.21	102.000	—	—	—
	GRC 山花浮雕 1200×400 以外	件	103.00	—	102.000	—	—
	GRC 拱形雕刻门窗头装饰 1500×540 以内	件	336.00	—	—	102.000	—
	GRC 拱形雕刻门窗头装饰 1500×540 以外	件	405.00	—	—	—	102.000
	低碳钢焊条 J422 φ4.0	kg	4.74	15.100	20.100	35.200	65.400
	108 胶	kg	1.03	40.000	50.000	108.000	135.000
	水泥砂浆 1:2.5	m³	252.49	0.240	0.300	0.600	0.700
	铁件 综合	kg	6.90	42.000	56.000	9.800	18.200
	金属膨胀螺栓 M10	10 套	4.83	40.800	81.600	142.800	265.200
	其他材料费	元	1.00	141.80	172.64	531.88	650.13
机械	交流弧焊机 21kV·A	台班	63.33	0.636	0.846	1.481	2.753

三、扶手、栏杆、栏板装饰

1.栏　杆

工作内容:放样、下料、拼装栏杆、扶手等。

计量单位:10m

定　额　编　号			15-82	15-83	15-84	15-85
项　　目			不锈钢栏杆	木栏杆	型钢栏杆	铁艺栏杆
			不锈钢管扶手	木扶手	硬木扶手直形	铁扶手
基　价　(元)			**2039.04**	**1426.21**	**2252.03**	**1855.53**
其中	人　工　费　(元)		661.23	587.76	765.08	498.33
	材　料　费　(元)		1242.29	838.45	1320.20	1340.26
	机　械　费　(元)		135.52	—	166.75	16.94
名　　称	单位	单价(元)	消　耗　量			
人工 三类人工	工日	155.00	4.266	3.792	4.936	3.215
材 不锈钢装饰圆管 $\phi63.5\times2$	m	42.93	10.600	—	—	—
不锈钢装饰圆管 $\phi45\times1.5$	m	22.11	12.275	—	—	—
不锈钢装饰圆管 $\phi25.4\times1.5$	m	11.75	31.800	—	—	—
不锈钢焊丝 $1.1\sim3$	kg	47.41	0.803	—	—	—
不锈钢法兰底座 63	个	6.30	13.246	—	—	—
环氧树脂	kg	15.52	0.193	—	—	—
氩气	m³	7.00	2.271	—	—	—
铈钨棒	g	0.40	4.412	—	—	—
木扶手 宽65	m	24.86	—	10.200	—	—
木栏杆 宽40	m	7.76	—	48.960	—	—
硬木扶手	m	85.43	—	—	10.600	—
钢栏杆	kg	6.90	—	—	—	165.201
铁件 综合	kg	6.90	—	27.163	—	—
碳素结构钢焊接钢管 $DN50\times3.8$	kg	3.88	—	—	—	50.750
沉头木螺钉 $L30$	个	0.03	—	445.200	—	—
低碳钢焊条 $J422\ \phi4.0$	kg	4.74	—	—	—	0.730
热轧光圆钢筋 综合	kg	3.97	—	—	51.820	—
扁钢 $Q235B\ 2\times40$	kg	4.04	—	—	12.730	—
扁钢 $Q235B\ 3\times30$	kg	4.04	—	—	32.810	—
圆钉	kg	4.74	—	—	0.170	—
料 电焊条 $E43$ 系列	kg	4.74	—	—	4.080	—
木螺丝 $M4\times40$	百个	4.65	—	—	1.030	—
其他材料费	元	1.00	—	4.17	—	—
机 交流弧焊机 $32kV\cdot A$	台班	92.84	—	—	1.530	—
氩弧焊机 500A	台班	97.67	0.900	—	—	—
管子切断机 150mm	台班	29.76	1.600	—	0.830	—
交流弧焊机 $21kV\cdot A$	台班	63.33	—	—	—	0.030
械 钢材电动煨弯机 500mm以内	台班	53.71	—	—	—	0.280

工作内容:放样、下料、拼装栏杆、扶手等。　　　　　　　　　　　　　　　　　　　　　　计量单位:10m

定　额　编　号				15-86	15-87	15-88
项　　　目				不锈钢管栏杆		不锈钢管栏杆 钢化玻璃栏板
				直形 (带扶手)	弧形 (带扶手)	带扶手
				成品		
基　价（元）				**2549.42**	**2121.22**	**1831.02**
其中	人　　工　　费（元）			356.50	403.00	434.00
	材　　料　　费（元）			2084.51	1609.81	1355.02
	机　　械　　费（元）			108.41	108.41	42.00
名　　称		单位	单价（元）	消　　耗　　量		
人工	三类人工	工日	155.00	2.300	2.600	2.800
材料	不锈钢钢管栏杆 直线形(带扶手)	m	159.00	10.100	—	—
	不锈钢法兰盘 φ59	只	6.39	57.710	57.710	11.540
	不锈钢管栏杆 圆弧形(带扶手)	m	112.00	—	10.100	—
	不锈钢管栏杆 钢化玻璃栏板(带扶手)	m	121.00	—	—	10.100
	不锈钢焊丝 1.1~3	kg	47.41	1.250	1.250	0.490
	环氧树脂	kg	15.52	1.500	1.500	0.270
	氩气	m³	7.00	3.500	3.500	1.370
	铈钨棒	g	0.40	7.000	7.000	2.740
	玻璃胶 335g	支	10.34	—	—	0.245
	不锈钢六角螺栓带螺母 M6×25	套	0.53	—	—	34.980
机械	氩弧焊机 500A	台班	97.67	1.110	1.110	0.430

2.栏 板

工作内容:放样、下料、拼装栏板、扶手等。 计量单位:10m

	定 额 编 号			15-89	15-90
	项 目			半玻璃栏板	全玻璃栏板
	基 价 (元)			**2379.87**	**3366.45**
其 中	人 工 费 (元)			949.07	980.07
	材 料 费 (元)			1383.47	2336.73
	机 械 费 (元)			47.33	49.65
	名 称	单位	单价(元)	消 耗 量	
人 工	三类人工	工日	155.00	6.123	6.323
材 料	不锈钢装饰圆管 φ75×3	m	55.71	10.600	10.600
	不锈钢装饰圆管 φ39×3	m	27.18	9.137	—
	钢化玻璃 δ10	m²	77.59	4.809	10.143
	角钢 Q235B 50×50×3	kg	3.97	9.063	—
	槽钢 Q235B 3#	kg	4.05	10.250	—
	不锈钢U形卡	个	1.08	—	37.301
	不锈钢焊丝 1.1~3	kg	47.41	0.279	0.127
	氩气	m³	7.00	0.789	0.358
	铈钨棒	g	0.40	1.533	0.695
	橡胶垫块 δ10	m²	5.17	—	3.518
	硅酮耐候胶 中性 310mL	支	13.75	0.988	7.498
	镀锌角钢 160×100×10	t	4310.00	—	0.171
	不锈钢平头螺钉 M5×15	个	0.14	—	147.900
	橡胶垫块 δ5	m	1.12	—	0.767
	低碳钢焊条 J422 φ4.0	kg	4.74	0.059	6.384
	橡胶条	m	5.26	11.550	—
机 械	交流弧焊机 21kV·A	台班	63.33	0.002	0.270
	管子切断机 150mm	台班	29.76	0.700	0.700
	氩弧焊机 500A	台班	97.67	0.270	0.120

3. 护 窗 栏 杆

工作内容:放样、下料、拼装栏杆、扶手等。 计量单位:10m

定 额 编 号			15-91	15-92	15-93
项 目			木栏杆	不锈钢栏杆	
			木扶手	不锈钢扶手	木扶手
基 价 (元)			**1084.64**	**1346.76**	**1381.86**
其中	人 工 费 (元)		372.47	521.73	581.56
	材 料 费 (元)		712.17	807.57	798.99
	机 械 费 (元)		—	17.46	1.31
名 称	单位	单价(元)	消 耗 量		
人工 三类人工	工日	155.00	2.403	3.366	3.752
材料 木扶手 宽65	m	24.86	10.600	—	10.600
木栏杆 宽40	m	7.76	34.680	—	—
不锈钢装饰圆管 $\phi 22.2 \times 1.5$	m	10.35	—	9.953	9.953
不锈钢装饰圆管 $\phi 38.1 \times 1.5$	m	18.33	—	18.020	18.730
不锈钢装饰圆管 $\phi 50.8 \times 1.5$	m	25.04	—	10.600	—
不锈钢法兰底座 41	个	4.14	—	2.060	2.060
不锈钢法兰底座 70	个	7.00	—	2.060	—
沉头木螺钉 $L30$	个	0.03	321.300	—	152.103
不锈钢焊丝 1.1~3	kg	47.41	—	0.778	0.687
钍钨极棒	g	0.86	—	37.770	33.600
氩气	m³	7.00	—	2.205	1.970
扁钢 Q235B 4×40	kg	3.96	—	—	0.027
铁件 综合	kg	6.90	24.623	—	—
硅酮耐候密封胶	kg	35.80	—	0.030	0.019
机械 氩弧焊机 500A	台班	97.67	—	0.130	0.010
管子切断机 150mm	台班	29.76	—	0.160	—
管子切断机 60mm	台班	16.62	—	—	0.020

4. 靠墙扶手、单独扶手

工作内容: 放样、下料、安装扶手等。　　　　　　　　　　　　　　　　　　　　　　计量单位:10m

定　额　编　号				15-94	15-95	15-96	15-97
项　　　　目				木质	金属	大理石扶手	
						直形	弧形
基　　价　　(元)				**851.02**	**919.62**	**1263.00**	**1578.78**
其中	人　　工　　费　(元)			391.22	272.49	282.26	333.72
	材　　料　　费　(元)			459.29	616.97	980.74	1245.06
	机　　械　　费　(元)			0.51	30.16	—	—
名　　称		单位	单价(元)	消　耗　量			
人工	三类人工	工日	155.00	2.524	1.758	1.821	2.153
材料	木扶手 宽65	m	24.86	10.600	—	—	—
	不锈钢装饰圆管 φ63.5×2	m	42.93	—	10.600	—	—
	不锈钢装饰圆管 φ31.8×1.5	m	15.11	—	3.710	—	—
	大理石扶手 直形	m	94.83	—	—	10.100	—
	大理石扶手 弧形	m	121.00	—	—	—	10.100
	热轧光圆钢筋 综合	kg	3.97	—	—	1.000	1.000
	扁钢 Q235B 综合	t	3957.00	0.013	—	—	—
	碳素结构钢镀锌焊接钢管 综合	kg	4.74	10.801	—	—	—
	沉头木螺钉 L40	个	0.04	36.050	—	—	—
	现场预制混凝土 C20(20)	m³	305.50	0.005	0.005	—	—
	不锈钢法兰底座 59	个	5.91	14.420	14.420	—	—
	水泥砂浆 1:1	m³	294.20	—	—	0.054	0.054
	环氧树脂	kg	15.52	0.126	0.126	0.200	0.200
	低碳钢焊条 J422 φ4.0	kg	4.74	0.211	—	—	—
	乙炔气	m³	8.90	0.223	—	—	—
料	不锈钢焊丝 1.1~3	kg	47.41	—	0.247	—	—
	氩气	m³	7.00	—	0.699	—	—
	铈钨棒	g	0.40	—	1.374	—	—
机械	交流弧焊机 21kV·A	台班	63.33	0.008	—	—	—
	管子切断机 150mm	台班	29.76	—	0.160	—	—
	氩弧焊机 500A	台班	97.67	—	0.260	—	—

5. 弯　　头

工作内容: 安装、清理等。　　　　　　　　　　　　　　　　　　　　　　　　　　计量单位:10 只

定　额　编　号				15-98	15-99
项　　　　目				硬木	大理石
基　　价　　(元)				**566.03**	**2371.21**
其中	人　　工　　费　(元)			295.59	258.54
	材　　料　　费　(元)			270.44	2112.67
	机　　械　　费　(元)			—	—
名　　称		单位	单价(元)	消　耗　量	
人工	三类人工	工日	155.00	1.907	1.668
材料	硬木弯头 120×60	个	26.72	10.100	—
	大理石弯头	只	209.00	—	10.100
	圆钉	kg	4.74	0.120	—
料	水泥砂浆 1:1	m³	294.20	—	0.006

四、浴厕配件

工作内容：1. 定位、划线、钢架制作、刷防锈漆两遍、大理石板安装、净面等；
　　　　　2. 大理石台面开孔：切割、磨边、成型、刨光等。　　　　　　　　　　计量单位：10m²

定　额　编　号			15-100	15-101	15-102	15-103	15-104
项　　　　目			大理石洗漱台		镜面玻璃		
			台上盆	台下盆	无框	带木框	带金属框
基　　价　（元）			**3124.07**	**3279.07**	**1198.02**	**1405.61**	**1304.46**
其中	人　工　费　（元）		1472.50	1627.50	310.00	341.00	372.00
	材　料　费　（元）		1651.57	1651.57	888.02	1064.61	932.46
	机　械　费　（元）		—	—	—	—	—
名　　称	单位	单价（元）	消　耗　量				
人工	三类人工	工日	155.00	9.500	10.500	2.000	2.200	2.400
材料	大理石板	m²	119.00	10.200	10.200	—	—	—
	茶色镜面玻璃 δ5	m²	56.03	—	—	11.800	11.800	11.800
	杉板枋材	m³	1625.00	0.010	0.010	0.010	0.010	0.010
	玻璃胶 335g	支	10.34	—	—	2.820	2.820	2.820
	角钢 Q235B 综合	kg	3.97	85.030	85.030	—	—	—
	钢板网	m²	10.28	5.610	5.610	—	—	—
	木螺丝 M4×25	百个	2.93	1.630	1.630	—	—	—
	水泥砂浆 1:2	m³	268.85	0.080	0.080	—	—	—
	胶合板 δ3	m²	13.10	—	—	10.500	10.500	10.500
	石油沥青油毡 350g	m²	1.90	—	—	10.500	10.500	10.500
	圆钉	kg	4.74	—	—	0.160	0.310	0.160
	木螺丝 M4×50	百个	6.03	—	—	2.110	2.110	2.110
	双面胶纸	m	0.09	—	—	77.040	77.040	77.040
	装饰螺钉	只	0.13	—	—	27.210	27.210	27.210
	木挂镜线 40×20	m	5.17	—	—	—	34.020	—
	铝合金型材 L25.4×25.4×1	kg	5.84	—	—	—	—	6.770
	自攻螺钉 M4×25	百个	2.16	—	—	—	—	2.270

工作内容:定位、钻孔、加楔、拧螺钉、固定、清理等。 计量单位:10 个

定 额 编 号			15-105	15-106	15-107	15-108	15-109	15-110
项 目			成品镜箱安装(m²)		浴帘杆	毛巾架	毛巾环	浴缸拉手
			1 以内	1 以上		不锈钢		不锈钢
基 价 (元)			**3155.10**	**5137.41**	**375.53**	**497.24**	**504.00**	**912.51**
其中	人 工 费 (元)		232.50	302.25	77.50	60.45	24.80	40.30
	材 料 费 (元)		2922.60	4835.16	298.03	436.79	479.20	872.21
	机 械 费 (元)		—	—	—	—	—	—
名 称	单位	单价(元)			消 耗 量			
人工 三类人工	工日	155.00	1.500	1.950	0.500	0.390	0.160	0.260
材 料 镜面玻璃镜箱 ≤1m²	只	276.00	10.500	—	—	—	—	—
镜面玻璃镜箱 >1m²	只	457.00	—	10.500	—	—	—	—
铁镀铬帘子杆	根	29.27	—	—	10.100	—	—	—
不锈钢毛巾架	副	43.10	—	—	—	10.100	—	—
不锈钢毛巾环	套	47.41	—	—	—	—	10.100	—
浴缸拉手	副	86.21	—	—	—	—	—	10.100
木螺钉	百个	1.81	—	—	—	0.820	0.200	0.820
木螺丝 M4×50	百个	6.03	4.080	6.080	—	—	—	—
木螺丝 M4×25	百个	2.93	—	—	0.820	—	—	—

工作内容:钻孔、加楔、拧螺钉、固定、清理等。 计量单位:10 个

定 额 编 号			15-111	15-112	15-113
项 目			肥皂盒	卫生纸盒	晾衣绳
基 价 (元)			**470.48**	**526.90**	**255.08**
其中	人 工 费 (元)		26.35	46.50	124.00
	材 料 费 (元)		444.13	480.40	131.08
	机 械 费 (元)		—	—	—
名 称	单位	单价(元)		消 耗 量	
人工 三类人工	工日	155.00	0.170	0.300	0.800
材 料 肥皂盒 不锈钢	个	43.97	10.100	—	—
卫生纸盒	只	47.41	—	10.100	—
不锈钢壳晾衣绳 长 2600mm	套	11.72	—	—	10.100
木螺钉	百个	1.81	0.020	0.410	—
白色硅酸盐水泥 325# 二级白度	kg	0.53	—	1.550	—
沉头木螺钉 L35	个	0.03	—	—	63.000
塑料膨胀螺栓	套	0.17	—	—	63.000
电	kW·h	0.78	—	—	0.140

五、雨篷、旗杆

1.雨　篷

工作内容：1.定位、划线、打眼、安螺栓及预埋件；选配料，简支梁制作与安装；临时固定校正；
安装连接件及钢爪，安玻璃、打胶、净面等；

2.托架式、铝合金扣板：定位、划线、选料、下料、安装龙骨、拼装或安装面层等。　　　计量单位：100m²

定　额　编　号			15-114	15-115	15-116	15-117
项　　目			雨篷		雨篷吊顶	
			夹胶玻璃简支式	夹层玻璃托架式	不锈钢吊顶	塑铝板吊顶
基　价　（元）			**70590.85**	**53116.51**	**26022.60**	**17934.28**
其中	人　工　费　（元）		11346.00	11160.00	6370.50	6339.50
	材　料　费　（元）		56974.82	41444.80	19652.10	11594.78
	机　械　费　（元）		2270.03	511.71	—	—
名　称	单位	单价（元）	消　耗　量			
人工 三类人工	工日	155.00	73.200	72.000	41.100	40.900
材料 夹胶玻璃（采光天棚用）8+0.76+8	m²	147.00	103.000	103.000	—	—
不锈钢板 304 δ1.0	m²	118.00	—	—	118.000	—
铝塑板 2440×1220×3	m²	58.62	—	—	—	110.000
不锈钢型材	kg	18.97	1095.870	—	—	—
幕墙用四爪挂件	套	141.00	66.993	—	—	—
幕墙用二爪挂件	套	88.19	44.662	—	—	—
幕墙用单爪挂件	套	70.52	17.180	—	—	—
型钢 综合	t	3836.00	—	5.334	—	—
铁件 综合	kg	6.90	389.089	—	—	—
钢丝绳 6×19-φ14	m	4.27	72.112	—	—	—
地脚螺栓 M24×500	个	12.50	131.835	—	—	—
镀锌双头螺栓 M12×350	个	2.68	131.835	—	—	—
低碳钢焊条 J422 φ4.0	kg	4.74	1.968	192.440	—	—
不锈钢焊丝 1.1~3	kg	47.41	20.877	—	—	—
氩气	m³	7.00	58.447	—	—	—
铈钨棒	g	0.40	116.894	—	—	—
硅酮结构胶 300mL	支	10.78	—	85.720	—	—
玻璃胶 335g	支	10.34	—	76.650	15.160	15.160
垫胶	kg	21.55	—	85.720	—	—
防锈漆	kg	14.05	—	60.000	—	—
油漆溶剂油	kg	3.79	—	3.100	—	—
氧气	m³	3.62	—	68.330	—	—
乙炔气	m³	8.90	—	29.710	—	—
不锈钢压条 20×20×1.2	m	12.07	—	—	100.590	—
立时得胶	kg	21.55	—	—	—	33.350
木螺钉 d4×25	百个	2.93	—	—	24.811	—
胶粘剂 SY-19	kg	13.27	—	—	1.010	—
木龙骨	m³	1552.00	—	—	1.040	1.040
圆钉	kg	4.74	—	—	6.320	6.320
防腐油	kg	1.28	—	—	10.890	10.890
胶合板 δ9	m²	25.86	—	—	101.050	101.050
机械 交流弧焊机 21kV·A	台班	63.33	0.080	8.080	—	—
氩弧焊机 500A	台班	97.67	23.190	—	—	—

2. 旗　杆

工作内容:下料、焊接、材料搬运、预埋铁件、安装、抛光、清理等。　　　　　　　　　　　　　　　　计量单位:根

定　额　编　号				15-118	15-119	15-120	15-121
项　　目				手动不锈钢旗杆			
				高度(m)			
				9	12	15	18
基　价　(元)				**2203.98**	**2909.08**	**3567.71**	**4380.53**
其 中	人　工　费　(元)			930.00	1271.00	1565.50	1829.00
	材　料　费　(元)			860.84	1087.22	1313.64	1725.24
	机　械　费　(元)			413.14	550.86	688.57	826.29
名　　称		单位	单价(元)	消　耗　量			
人工	三类人工	工日	155.00	6.000	8.200	10.100	11.800
材 料	不锈钢管 φ133	m	43.96	3.500	4.500	5.500	6.500
	不锈钢管 φ108	m	40.88	3.000	4.000	5.000	6.000
	不锈钢管 φ76	m	22.97	2.500	3.500	4.500	5.500
	旗杆球珠	个	138.00	1.000	1.000	1.000	1.000
	定滑轮	个	2.84	1.000	1.000	1.000	1.000
	铁件 综合	kg	6.90	17.280	23.040	28.800	34.560
	不锈钢焊丝 1.1~3	kg	47.41	4.778	6.370	7.963	9.555
	高强螺栓	套	6.90	4.000	4.000	4.000	4.000
	柴油	kg	5.09	—	—	—	35.850
	其他材料费	元	1.00	12.72	16.07	19.41	25.50
机械	氩弧焊机 500A	台班	97.67	4.230	5.640	7.050	8.460

工作内容:安装、调试等。　　　　　　　　　　　　　　　　　　　　　　　　　　　　　　计量单位:套

定　额　编　号				15-122	15-123
项　　目				旗帜电动升降系统	旗帜风动系统
基　价　(元)				**43172.75**	**6260.50**
其 中	人　工　费　(元)			69.75	139.50
	材　料　费　(元)			43103.00	6121.00
	机　械　费　(元)			—	—
名　　称		单位	单价(元)	消　耗　量	
人工	三类人工	工日	155.00	0.450	0.900
材 料	旗帜电动升降系统	套	43103.00	1.000	—
	旗帜风动系统	套	6121.00	—	1.000

六、招牌、灯箱

1. 基　层

工作内容: 划线、下料、放样、刨光、截料、焊接、矫正、固定、安装成型等。　　　　　　　　　　　计量单位:10m²

定　额　编　号			15-124	15-125	15-126	15-127	15-128	15-129
项　　　目			基层				平面广告牌基层	
			柱面灯箱基层		墙面灯箱基层		木结构	
			不锈钢框	木框	不锈钢框	铝合金框	一般	复杂
基　价　(元)			**8682.83**	**2747.10**	**7467.99**	**2885.32**	**1088.57**	**1408.31**
其中	人　工　费 (元)		2139.00	1581.00	1674.00	1674.00	461.90	554.90
	材　料　费 (元)		6333.81	1156.08	5606.43	1205.43	623.74	849.93
	机　械　费 (元)		210.02	10.02	187.56	5.89	2.93	3.48
名　　称	单位	单价(元)	消　耗　量					
人工 三类人工	工日	155.00	13.800	10.200	10.800	10.800	2.980	3.580
材料 不锈钢型钢 综合	t	18103.00	0.298	—	0.260	—	—	—
铝合金型材 155系列	kg	18.53	—	—	—	24.000	—	—
松杂板枋材	m³	2328.00	0.200	0.360	0.200	0.200	—	—
胶合板 δ5	m²	20.17	10.500	10.500	10.500	10.500	—	—
不锈钢焊丝 1.1~3	kg	47.41	2.358	—	2.100	—	—	—
镀锌木螺钉 d6×100	10个	2.05	35.900	35.900	26.800	26.800	—	—
圆钉 30~45	kg	4.74	1.200	2.100	1.000	1.000	3.774	4.080
氩气	m³	7.00	6.630	—	5.930	—	—	—
铈钨棒	g	0.40	13.260	—	11.860	—	—	—
杉枋材	m³	2155.00	—	—	—	—	0.267	0.362
玻璃钢瓦 1800×720 小波	张	24.14	—	—	—	—	—	0.910
镀锌薄钢板 综合	kg	4.46	—	—	—	—	1.993	1.991
防锈漆	kg	14.05	—	—	—	—	0.033	0.033
金属膨胀螺栓 M8×80	10套	2.84	—	—	—	—	5.260	5.260
其他材料费	元	1.00	18.94	22.67	16.77	23.64	6.18	4.23
机械 氩弧焊机 500A	台班	97.67	2.090	—	1.860	—	—	—
木工圆锯机 500mm	台班	27.50	0.100	0.170	0.100	0.100	—	—
木工圆锯机 600mm	台班	36.13	—	—	—	—	0.032	0.040
木工压刨床 单面600mm	台班	31.42	0.100	0.170	0.100	0.100	—	—
木工平刨床 300mm	台班	10.76	—	—	—	—	0.165	0.189

工作内容：放样、截料、组装、焊接、刷防锈漆一遍、矫正、安装成型、清理等。

定 额 编 号			15-130	15-131	15-132	15-133	15-134	15-135
项 目			箱(竖)式广告牌基层				平面广告牌基层	
			钢结构(厚:mm)				钢结构	
			500 以内		500 以上		一般	复杂
			矩形	异形	矩形	异形		
计 量 单 位			10m³				10m²	
基 价 (元)			**8257.55**	**8143.68**	**6418.53**	**6131.73**	**1481.26**	**1798.97**
其中	人 工 费	(元)	4216.00	4619.00	2976.00	3286.00	713.00	806.00
	材 料 费	(元)	3960.50	3435.86	3385.38	2783.40	749.73	972.82
	机 械 费	(元)	81.05	88.82	57.15	62.33	18.53	20.15
名 称	单位	单价(元)	消 耗 量					
人工 三类人工	工日	155.00	27.200	29.800	19.200	21.200	4.600	5.200
材料 杉枋材	m³	2155.00	0.450	0.310	0.460	0.340	0.117	0.187
玻璃钢瓦 1800×720 小波	张	24.14	—	—	—	—	—	0.930
角钢 Q235B 综合	kg	3.97	443.244	487.569	311.606	342.767	107.764	118.540
镀锌薄钢板 综合	kg	4.46	17.919	19.711	14.928	16.426	1.982	1.982
镀锌铁丝 φ1.2~1.8	kg	5.78	0.873	0.879	0.600	0.660	1.100	1.100
低碳钢焊条 J422 φ4.0	kg	4.74	14.457	15.904	10.247	11.272	2.985	3.284
防锈漆	kg	14.05	2.763	3.151	1.994	2.272	0.553	0.621
松节油	kg	7.76	0.290	0.310	0.210	0.230	0.060	0.060
金属膨胀螺栓 M8×80	10 套	2.84	1.050	1.050	0.840	0.840	3.270	3.580
木螺钉 d4×50	10 个	0.66	3.578	3.935	3.549	3.904	23.461	25.807
松杂板枋材	m³	2328.00	0.180	0.020	0.200	0.020	—	—
镀锌薄钢板 δ0.5	m²	17.59	12.930	8.060	14.310	9.010	—	—
热轧光圆钢筋 HPB300 综合	t	3981.00	0.093	0.103	0.069	0.076	—	—
圆钉 30~45	kg	4.74	0.550	0.605	0.397	0.433	—	—
其他材料费	元	1.00	11.85	10.28	10.13	11.09	7.42	9.63
机械 交流弧焊机 42kV·A	台班	129.55	0.610	0.670	0.430	0.470	0.130	0.140
木工圆锯机 600mm	台班	36.13	0.056	0.056	0.040	0.040	0.014	0.020
木工平刨床 300mm	台班	10.76	—	—	—	—	0.110	0.120

2.面　　层

工作内容:下料、打眼、固定、涂胶、安装、清理等。　　　　　　　　　　　　　　　　　计量单位:10m²

定　额　编　号			15-136	15-137	15-138	15-139	15-140	15-141
项　　目			灯箱、广告牌面层					
			有机玻璃	玻璃	不锈钢	玻璃钢	灯箱布	灯片
基　价　(元)			**679.72**	**838.99**	**1641.84**	**1565.10**	**324.34**	**653.70**
其中	人　工　费　(元)		170.50	178.25	279.00	158.10	137.95	170.50
	材　料　费　(元)		509.22	660.74	1362.84	1407.00	186.39	483.20
	机　械　费　(元)		—	—	—	—	—	—
名　称	单位	单价(元)	消　耗　量					
人工 三类人工	工日	155.00	1.100	1.150	1.800	1.020	0.890	1.100
材料 有机玻璃 δ8	m²	41.38	10.600	—	—	—	—	—
镜面玻璃 δ6	m²	47.41	—	12.100	—	—	—	—
镜面不锈钢板 δ1.0	m²	121.00	—	—	10.600	—	—	—
玻璃钢	m²	134.00	—	—	—	10.500	—	—
灯箱布	m²	17.24	—	—	—	—	10.600	—
木螺钉 d4×50	10 个	0.66	37.764	—	—	—	—	35.764
圆头木螺钉 d6~12×12~50	10 套	2.03	—	20.400	—	—	—	—
圆钉	kg	4.74	—	—	2.089	—	—	—
202 胶 FSC-2	kg	34.48	—	—	2.040	—	—	—
玻璃胶	L	17.24	0.945	0.945	—	—	—	0.945
双面强力弹性胶带	m	0.60	48.960	48.960	—	—	—	48.960
有机玻璃灯片	m²	39.05	—	—	—	—	—	10.600
其他材料费	元	1.00	—	—	—	—	3.65	—

工作内容:下料、打眼、固定、涂胶、安装、清理等。　　　　　　　　　　　　　　　　　计量单位:10m²

定　额　编　号			15-142	15-143
项　　目			灯箱、广告牌面层	
			铝塑板	不干胶纸
基　价　(元)			**879.95**	**93.00**
其中	人　工　费　(元)		170.50	93.00
	材　料　费　(元)		709.45	—
	机　械　费　(元)		—	—
名　称	单位	单价(元)	消　耗　量	
人工 三类人工	工日	155.00	1.100	0.600
材料 铝塑板	m²	58.62	10.500	—
不干胶纸	m²	—	—	(10.600)
202 胶 FSC-2	kg	34.48	2.040	—
木螺钉 d4×50	10 个	0.66	35.764	—

七、美 术 字

1.木 质 字

工作内容:字样排列、打眼、下木楔、拼装字样、成品校正、安装、清理等。 计量单位:10 个

定 额 编 号			15-144	15-145	15-146	15-147	15-148	15-149
项 目			木质字(m²)					
			0.2 以内		0.5 以内		1 以内	
			块料面	其他面	块料面	其他面	块料面	其他面
基 价 (元)			**855.98**	**790.77**	**1741.71**	**1672.63**	**3172.71**	**2996.63**
其中	人 工 费 (元)		341.00	279.00	496.00	434.00	713.00	550.25
	材 料 费 (元)		514.98	511.77	1245.71	1238.63	2459.71	2446.38
	机 械 费 (元)		—	—	—	—	—	—
名 称	单位	单价(元)	消 耗 量					
人工 三类人工	工日	155.00	2.200	1.800	3.200	2.800	4.600	3.550
材料 木质字 0.2m² 以内	个	46.55	10.200	10.200	—	—	—	—
木质字 0.5m² 以内	个	116.00	—	—	10.200	10.200	—	—
木质字 1.0m² 以内	个	233.00	—	—	—	—	10.200	10.200
沉头木螺钉 L35	个	0.03	204.015	204.015	306.075	306.075	408.030	408.030
铁件 综合	kg	6.90	3.657	3.657	5.485	5.485	7.121	7.121
木材(成材)	m³	2802.00	0.002	0.002	0.003	0.003	0.003	0.003
料 电	kW·h	0.78	0.840	—	1.120	—	1.400	—
其他材料费	元	1.00	2.56	—	6.20	—	12.24	—

2.金 属 字

工作内容:字样排列、打眼、下木楔、拼装字样、成品校正、安装、清理等。 计量单位:10 个

定 额 编 号			15-150	15-151	15-152	15-153	15-154	15-155
项 目			金属字(m²)					
			0.2 以内		0.5 以内		1 以内	
			块料面	其他面	块料面	其他面	块料面	其他面
基 价 (元)			**1579.49**	**1510.52**	**3610.46**	**3531.98**	**6895.31**	**6692.69**
其中	人 工 费 (元)		310.00	248.00	472.75	410.75	658.75	488.25
	材 料 费 (元)		1269.49	1262.52	3137.71	3121.23	6236.56	6204.44
	机 械 费 (元)		—	—	—	—	—	—
名 称	单位	单价(元)	消 耗 量					
人工 三类人工	工日	155.00	2.000	1.600	3.050	2.650	4.250	3.150
材料 钛金字 0.2m² 以内	个	121.00	10.200	10.200	—	—	—	—
钛金字 0.5m² 以内	个	302.00	—	—	10.200	10.200	—	—
钛金字 1.0m² 以内	个	603.00	—	—	—	—	10.200	10.200
铁件 综合	kg	6.90	2.405	2.405	3.368	3.368	4.811	4.811
沉头木螺钉 L35	个	0.03	204.015	204.015	306.075	306.075	408.030	408.030
木材(成材)	m³	2802.00	0.002	0.002	0.003	0.003	0.003	0.003
料 电	kW·h	0.78	0.840	—	1.120	—	1.400	—
其他材料费	元	1.00	6.32	—	15.61	—	31.03	—

3.石 材 字

工作内容:字样排列、打眼、下木楔、拼装字样、成品校正、安装、清理等。 计量单位:10 个

定 额 编 号			15-156	15-157	15-158	15-159
项 目			石材字(m²)			
			0.2 以内		0.5 以内	
			块料面	其他面	块料面	其他面
基 价 (元)			**1000.54**	**922.11**	**1795.10**	**1732.21**
其中	人 工 费 (元)		322.40	248.00	472.75	410.75
	材 料 费 (元)		678.14	674.11	1322.35	1321.46
	机 械 费 (元)		—	—	—	—
名 称	单位	单价(元)	消 耗 量			
人工 三类人工	工日	155.00	2.080	1.600	3.050	2.650
材料 石材字 0.2m² 以内	个	53.03	10.200	10.200		
石材字 0.5m² 以内	个	97.22	—	—	10.200	10.200
云石胶	kg	7.76	15.918	15.918	39.795	39.795
沉头木螺钉 L35	个	0.03	135.975	135.975	201.075	201.075
木材(成材)	m³	2802.00	0.002	0.002	0.003	0.003
电	kW·h	0.78	0.840	—	1.120	—
其他材料费	元	1.00	3.37	—	6.58	6.57

4.聚氯乙烯字

工作内容:字样排列、打眼、下木楔、拼装字样、成品校正、安装、清理等。 计量单位:10 个

定 额 编 号			15-160	15-161	15-162	15-163	15-164	15-165
项 目			聚氯乙烯字(m²)					
			0.2 以内		0.5 以内		1 以内	
			块料面	其他面	块料面	其他面	块料面	其他面
基 价 (元)			**1419.55**	**1335.92**	**1773.48**	**1696.39**	**2035.30**	**1949.71**
其中	人 工 费 (元)		317.75	240.25	472.75	403.00	627.75	550.25
	材 料 费 (元)		1101.80	1095.67	1300.73	1293.39	1407.55	1399.46
	机 械 费 (元)		—	—	—	—	—	—
名 称	单位	单价(元)	消 耗 量					
人工 三类人工	工日	155.00	2.050	1.550	3.050	2.600	4.050	3.550
材料 聚氯乙烯字 0.2m² 以内	个	106.00	10.200	10.200	—	—	—	—
聚氯乙烯字 0.5m² 以内	个	124.00	—	—	10.200	10.200	—	—
聚氯乙烯字 1.0m² 以内	个	133.00	—	—	—	—	10.200	10.200
万能胶 环氧树脂	kg	18.97	0.252	0.252	0.746	0.746	1.386	1.386
沉头木螺钉 L35	个	0.03	136.080	136.080	201.075	201.075	272.003	272.003
木材(成材)	m³	2802.00	0.002	0.002	0.003	0.003	0.003	0.003
电	kW·h	0.78	0.840	—	1.120	—	1.400	—
其他材料费	元	1.00	5.48	—	6.47	—	7.00	—

5. 亚 克 力 字

工作内容:字样排列、打眼、下木楔、拼装字样、成品校正、安装、清理等。　　　　　　　　　　　　**计量单位:**10 个

定 额 编 号			15-166	15-167	15-168	15-169	15-170	15-171
项 目			不发光亚克力(m²)					
			0.2 以内		0.5 以内		1 以内	
			块料面	其他面	块料面	其他面	块料面	其他面
基 价 (元)			**1689.45**	**1636.18**	**1876.92**	**1798.93**	**2031.92**	**1946.18**
其中	人 工 费 (元)		317.75	240.25	472.75	403.00	627.75	550.25
	材 料 费 (元)		1371.70	1395.93	1404.17	1395.93	1404.17	1395.93
	机 械 费 (元)		—	—	—	—	—	—
名 称	单位	单价(元)	消 耗 量					
人工 三类人工	工日	155.00	2.050	1.550	3.050	2.600	4.050	3.550
材料 不发光亚克力字 1m² 以内	个	129.00	10.100	10.200	10.200	10.200	10.200	10.200
铁件 综合	kg	6.90	2.000	4.811	4.811	4.811	4.811	4.811
沉头木螺钉 L35	个	0.03	407.999	407.999	407.999	407.999	407.999	407.999
木材(成材)	m³	2802.00	0.003	0.003	0.003	0.003	0.003	0.003
万能胶 环氧树脂	kg	18.97	1.386	1.386	1.386	1.386	1.386	1.386
电	kW·h	0.78	1.592	—	1.592	—	1.592	—
其他材料费	元	1.00	6.82	—	6.99	—	6.99	—

工作内容:字样排列、打眼、下木楔、拼装字样、成品校正、安装、清理等。　　　　　　　　　　　　**计量单位:**10 个

定 额 编 号			15-172	15-173	15-174	15-175	15-176	15-177
项 目			发光亚克力字(m²)					
			0.2 以内		0.5 以内		1 以内	
			块料面	其他面	块料面	其他面	块料面	其他面
基 价 (元)			**1999.14**	**1912.23**	**2158.79**	**2087.38**	**2414.54**	**2312.13**
其中	人 工 费 (元)		328.60	251.10	488.25	426.25	744.00	651.00
	材 料 费 (元)		1670.54	1661.13	1670.54	1661.13	1670.54	1661.13
	机 械 费 (元)		—	—	—	—	—	—
名 称	单位	单价(元)	消 耗 量					
人工 三类人工	工日	155.00	2.120	1.620	3.150	2.750	4.800	4.200
材料 发光亚克力字 1m² 以内	个	155.00	10.200	10.200	10.200	10.200	10.200	10.200
铁件 综合	kg	6.90	4.811	4.811	4.811	4.811	4.811	4.811
沉头木螺钉 L35	个	0.03	407.999	407.999	407.999	407.999	407.999	407.999
木材(成材)	m³	2802.00	0.003	0.003	0.003	0.003	0.003	0.003
万能胶 环氧树脂	kg	18.97	1.386	1.386	1.386	1.386	1.386	1.386
电	kW·h	0.78	1.400	—	1.400	—	1.400	—
其他材料费	元	1.00	8.31	—	8.31	—	8.31	—

八、石材、瓷砖加工

1. 切割、粘板、磨边、成型、抛光等

工作内容：1. 倒角：切割、抛光等；
2. 磨圆边：粘板、磨边、成型、抛光等。

计量单位：100m

定 额 编 号			15-178	15-179	15-180	15-181	15-182	15-183
项 目			石材磨边				倒角、抛光	
			平边	斜边	鸭嘴边	小圆边	厚度（mm）	
							10 以内	10 以上
基 价 （元）			**723.86**	**732.01**	**1123.14**	**1112.96**	**675.34**	**822.74**
其中	人 工 费 （元）		620.00	620.00	922.25	922.25	581.25	697.50
	材 料 费 （元）		103.86	112.01	200.89	190.71	94.09	125.24
	机 械 费 （元）		—	—	—	—	—	—
名 称	单位	单价(元)	消 耗 量					
人工 三类人工	工日	155.00	4.000	4.000	5.950	5.950	3.750	4.500
材料 石料切割锯片	片	27.17	1.400	1.700	2.600	2.600	1.760	2.370
石材抛光片	片	3.45	5.000	5.000	12.500	10.000	2.300	3.560
石材磨光片	片	3.45	10.000	10.000	20.000	20.000	8.000	10.000
水	m³	4.27	0.500	0.500	0.500	0.500	0.230	0.500
电	kW·h	0.78	15.300	15.300	20.500	18.500	12.500	15.300

2. 石 材 开 槽

工作内容：开槽（抛光）、清理等。

计量单位：100m

定 额 编 号			15-184	15-185	15-186
项 目			开槽		
			断面（mm² 以内）		
			30	100	200
基 价 （元）			**573.55**	**1331.04**	**1610.48**
其中	人 工 费 （元）		465.00	1116.00	1302.00
	材 料 费 （元）		108.55	215.04	308.48
	机 械 费 （元）		—	—	—
名 称	单位	单价(元)	消 耗 量		
人工 三类人工	工日	155.00	3.000	7.200	8.400
材料 石料切割锯片	片	27.17	3.520	7.000	10.000
水	m³	4.27	0.230	0.230	0.230
料 电	kW·h	0.78	15.300	30.600	45.900

3. 石 材 开 孔

工作内容:包括清洗、切割、开孔成形、磨边等全部操作过程。

定　额　编　号			15-187	15-188	15-189	15-190	15-191
项　　　目			开孔			石材台面开孔	
			周长(mm 以内)			直径(cm)	
			400	800	1000	60 以内	60 以上
计　量　单　位			100 个			10 只	
基　价　(元)			**451.62**	**837.15**	**1022.81**	**250.87**	**280.67**
其中	人　工　费　(元)		420.05	775.00	945.50	209.25	226.77
	材　料　费　(元)		31.57	62.15	77.31	41.62	53.90
	机　械　费　(元)		—	—	—	—	—
名　称	单位	单价(元)	消　耗　量				
人工 三类人工	工日	155.00	2.710	5.000	6.100	1.350	1.463
材料 石料切割锯片	片	27.17	0.950	1.900	2.370	0.450	0.600
石材抛光片	片	3.45	—	—	—	0.400	0.480
石材磨光片	片	3.45	—	—	—	0.600	0.800
水	m³	4.27	0.230	0.230	0.230	0.350	0.350
电	kW·h	0.78	6.120	12.240	15.300	27.500	35.500
其他材料费	元	1.00	—	—	—	3.00	4.00

4. 墙面砖开孔、倒角

工作内容:包括清洗、切割、开孔成形、磨边等全部操作过程。

定　额　编　号			15-192	15-193	15-194	15-195
项　　　目			开孔			倒角、抛光
			周长(mm 以内)			
			400	800	1000	
计　量　单　位			100 个			100m
基　价　(元)			**284.40**	**485.01**	**606.03**	**527.09**
其中	人　工　费　(元)		259.63	436.17	545.29	457.25
	材　料　费　(元)		24.77	48.84	60.74	69.84
	机　械　费　(元)		—	—	—	—
名　称	单位	单价(元)	消　耗　量			
人工 三类人工	工日	155.00	1.675	2.814	3.518	2.950
材料 石料切割锯片	片	27.17	0.700	1.410	1.760	1.760
石材抛光片	片	3.45	—	—	—	2.640
水	m³	4.27	0.230	0.230	0.230	0.230
电	kW·h	0.78	6.120	12.240	15.300	15.300

5. 金属板、玻璃开灯孔

工作内容:包括清洗、切割、开孔成形、磨边等全部操作过程。　　　　计量单位:100 个

定　额　编　号			15-196	15-197	15-198	15-199
项　　目			金属板开灯孔		玻璃开灯孔(厚度 8mm 以内)	
			周长(mm 以内)			
			400	800	400	800
基　　价　(元)			**406.52**	**447.63**	**464.63**	**598.18**
其中	人　工　费　(元)		387.50	426.25	426.25	542.50
	材　料　费　(元)		19.02	21.38	38.38	55.68
	机　械　费　(元)		—	—	—	—
	名　称	单位	单价(元)	消　耗　量		
人工	三类人工	工日	155.00	2.500	2.750	2.750	3.500
材料	石料切割锯片	片	27.17	0.500	0.500	1.000	1.500
	电	kW·h	0.78	3.120	4.860	4.120	6.320
	其他材料费	元	1.00	3.00	4.00	8.00	10.00

第十六章

拆 除 工 程

说　明

一、本章定额包括砖石、混凝土、钢筋混凝土基础拆除、结构拆除以及饰面拆除等。

二、本章定额仅适用于建筑工程施工过程以及二次装修前的拆除工程。采用控制爆破拆除、机械整体性拆除及拆除材料重新利用的保护性拆除,不适用本定额。

三、本定额子目未考虑钢筋、铁件等拆除材料残值利用。

四、本章定额除说明有标注外,拆除人工、机械操作综合考虑,执行同一定额。

五、现浇混凝土构件拆除机械按手持式风动凿岩机考虑。如采用切割机械无损拆除局部混凝土构件,另按无损切割子目执行。

六、墙体凿门窗洞口套用相应墙体拆除子目,洞口面积在 0.5m² 以内,相应定额的人工乘以系数 3.00,洞口面积在 1.0m² 以内,相应定额的人工乘以系数 2.40。

七、地面抹灰层与块料面层铲除不包括找平层,如需铲除找平层者,每 10m² 增加人工 0.20 工日。带支架防静电地板按带龙骨木地板项目人工乘以系数 1.30。

八、抹灰层铲除定额已包含了抹灰层表面腻子和涂料(涂漆)的一并铲除,不再另套定额。

九、腻子铲除已包含了涂料(油漆)的一并铲除,不再另套定额。

十、门窗套拆除包括与其相连的木线条拆除。

十一、拆除建筑垃圾装袋费用未考虑,建筑垃圾外运及处置费按各地有关规定执行。

工程量计算规则

一、基础拆除:按实拆基础体积以"m³"计算。

二、砌体拆除:按实拆墙体体积以"m³"计算,不扣除0.30m²以内孔洞和构件所占的体积。轻质隔墙及隔断拆除按实际拆除面积以"m²"计算。

三、预制和现浇混凝土及钢筋混凝土拆除:按实际拆除体积以"m³"计算,楼梯拆除按水平投影面积以"m²"计算。无损切割按切割构件断面以"m²"计算,钻芯按实钻孔数以孔计算。

四、地面面层拆除:抹灰层、块料面层、龙骨及饰面拆除均按实拆面积以"m²"计算;踢脚线铲除并入墙面不另计算。

五、墙、柱面面层拆除:抹灰层、块料面层、龙骨及饰面拆除均按实拆面积以"m²"计算;干挂石材骨架拆除按拆除构件质量以"t"计算。如饰面与墙体整体拆除,饰面工程量并入墙体按体积计算,饰面拆除不再单独计算费用。

六、天棚面层拆除:抹灰层铲除按实铲面积以"m²"计算,龙骨及饰面拆除按水平投影面积以"m²"计算。

七、门窗拆除:门窗拆除按门窗洞口面积以"m²"计算,门窗扇拆除以"扇"计。

八、栏杆扶手拆除:均按实拆长度以"m"计算。

九、油漆涂料裱糊面层铲除:均按实际铲除面积以"m²"计算。

一、砖石、混凝土、钢筋混凝土基础拆除

工作内容:拆除下地,控制扬尘,30m 以内废渣废料清理归堆。　　　　　　　　　　　　　　计量单位:m³

定　额　编　号			16-1	16-2	16-3	16-4
项　　　目			砖基础	石砌体	混凝土基础	
					无筋	有筋
基　　价　　(元)			**46.04**	**36.86**	**137.52**	**190.13**
其中	人　工　费　(元)		46.04	36.86	62.91	94.37
	材　料　费　(元)		—	—	0.25	0.35
	机　械　费　(元)		—	—	74.36	95.41
名　称	单位	单价(元)	消　耗　量			
人工　二类人工	工日	135.00	0.341	0.273	0.466	0.699
材料　合金钢钻头 一字形	个	8.62	—	—	0.016	0.022
六角空心钢 综合	kg	2.48	—	—	0.024	0.033
料　高压橡胶风管 φ25	m	12.93	—	—	0.004	0.006
机械　内燃空气压缩机 3m³/min	台班	329.10	—	—	0.210	0.270
手持式风动凿岩机	台班	12.36	—	—	0.425	0.530

二、结　构　拆　除

1. 砌　体　拆　除

工作内容:墙体拆除,控制扬尘,将废渣废料运到室外30m 以内地点堆放。

定　额　编　号			16-5	16-6	16-7	16-8	16-9	16-10
项　　　目			黏土砖(实心砖)		多孔砖	加气混凝土砌块墙	轻质墙板墙	石膏板隔断墙
			实心砖墙	空斗墙				
计　量　单　位			m³				10m²	
基　　价　　(元)			**103.22**	**55.68**	**70.34**	**45.49**	**71.55**	**133.65**
其中	人　工　费　(元)		62.24	31.19	29.70	13.10	71.55	133.65
	材　料　费　(元)		0.97	0.62	0.97	0.79	—	—
	机　械　费　(元)		40.01	23.87	39.67	31.60	—	—
名　称	单位	单价(元)	消　耗　量					
人工　二类人工	工日	135.00	0.461	0.231	0.220	0.097	0.530	0.990
材料　合金钢钻头 一字形	个	8.62	0.010	0.010	0.010	0.010	—	—
六角空心钢 综合	kg	2.48	0.200	0.120	0.199	0.159	—	—
料　高压橡胶风管 φ25	m	12.93	0.030	0.018	0.030	0.024	—	—
机械　内燃空气压缩机 3m³/min	台班	329.10	0.114	0.068	0.113	0.090	—	—
手持式风动凿岩机	台班	12.36	0.202	0.121	0.201	0.160	—	—

注:包括墙体与墙皮以及墙上原有门窗的拆除。

2. 预制钢筋混凝土构件拆除

工作内容:钢筋混凝土拆除,控制扬尘,将废渣废料运到室外30m 以内地点堆放。

定 额 编 号			16-11	16-12	16-13	16-14
项 目			楼板	梁	小型构件	楼梯
计 量 单 位			m³			10m²
基 价 (元)			**318.20**	**496.67**	**378.00**	**785.30**
其中	人 工 费 (元)		318.20	496.67	378.00	785.30
	材 料 费 (元)		—	—	—	—
	机 械 费 (元)		—	—	—	—
名 称	单位	单价(元)	消 耗 量			
人工 二类人工	工日	135.00	2.357	3.679	2.800	5.817

3. 现浇钢筋混凝土构件拆除

工作内容:钢筋混凝土拆除,控制扬尘,将废渣废料运到室(基坑)外30m 以内地点堆放。　　　　　　　计量单位:m³

定 额 编 号			16-15	16-16	16-17	16-18
项 目			混凝土			
			梁、柱	墙、板、雨篷	支撑梁	压顶梁
基 价 (元)			**338.27**	**299.04**	**246.20**	**237.02**
其中	人 工 费 (元)		183.60	151.20	91.53	82.35
	材 料 费 (元)		2.20	2.12	2.20	2.20
	机 械 费 (元)		152.47	145.72	152.47	152.47
名 称	单位	单价(元)	消 耗 量			
人工 二类人工	工日	135.00	1.360	1.120	0.678	0.610
材料 合金钢钻头 一字型	个	8.62	0.030	0.030	0.030	0.030
六角空心钢 综合	kg	2.48	0.470	0.450	0.470	0.470
高压橡胶风管 φ25	m	12.93	0.060	0.058	0.060	0.060
机械 内燃空气压缩机 3m³/min	台班	329.10	0.431	0.412	0.431	0.431
手持式风动凿岩机	台班	12.36	0.860	0.820	0.860	0.860

工作内容：钢筋混凝土拆除,控制扬尘,将废渣废料运到室外30m以内地点堆放。

定 额 编 号			16-19	16-20	16-21
项 目			混凝土小型构件	楼梯	砼地面
计 量 单 位			m³	10m²	m³
基 价 （元）			**246.47**	**990.07**	**208.32**
其中	人 工 费 （元）		91.80	529.20	60.48
	材 料 费 （元）		2.20	8.63	2.12
	机 械 费 （元）		152.47	452.24	145.72
名 称	单位	单价（元）	消 耗 量		
人工 二类人工	工日	135.00	0.680	3.920	0.448
材料 合金钢钻头 一字型	个	8.62	0.030	0.030	0.030
六角空心钢 综合	kg	2.48	0.470	1.800	0.450
高压橡胶风管 φ25	m	12.93	0.060	0.302	0.058
机械 内燃空气压缩机 3m³/min	台班	329.10	0.431	1.251	0.412
手持式风动凿岩机	台班	12.36	0.860	3.280	0.820

工作内容：切割、钻孔、拆除后的混凝土构件吊放到室外30m以内地点堆放。

定 额 编 号			16-22	16-23	16-24	16-25
项 目			无损切割	钻芯		
				钻孔深度（mm 以内）		
				120	240	350
计 量 单 位			10m²	10 孔		
基 价 （元）			**4138.98**	**104.16**	**181.59**	**298.80**
其中	人 工 费 （元）		2362.50	94.50	162.00	270.00
	材 料 费 （元）		5.60	9.66	19.59	28.80
	机 械 费 （元）		1770.88	—	—	—
名 称	单位	单价（元）	消 耗 量			
人工 二类人工	工日	135.00	17.500	0.700	1.200	2.000
材料 切割锯片 φ1000	片	5.60	1.000	—	—	—
合金钢钻头 φ100	个	60.78	—	0.140	0.290	0.420
电	kW·h	0.78	—	1.470	2.520	4.200
机械 链条式混凝土切割机 ZSYK 型电动绳锯	台班	466.02	3.800	—	—	—

三、饰面拆除

1. 地面拆除

工作内容:铲除砂浆面层,控制扬尘,将废渣废料运到室外30m以内地点堆放。　　　　　　计量单位:10m²

定　额　编　号			16-26	16-27	16-28	16-29	16-30
项　　　目			抹灰层铲除		块料面层铲除		
			水泥面层	现浇水磨石	地面砖	石材面	陶瓷锦砖面
基　　价　　(元)			**96.26**	**144.32**	**132.57**	**124.20**	**109.35**
其中	人　工　费　(元)		96.26	144.32	132.57	124.20	109.35
	材　料　费　(元)		—	—	—	—	—
	机　械　费　(元)		—	—	—	—	—
名　称	单位	单价(元)			消　耗　量		
人工 二类人工	工日	135.00	0.713	1.069	0.982	0.920	0.810

工作内容:拆除,将废渣废料运到室外30m以内地点堆放。　　　　　　计量单位:10m²

定　额　编　号			16-31	16-32	16-33
项　　　目			龙骨及饰面拆除		
			带龙骨木地板	不带龙骨木地板	塑胶地面
基　　价　　(元)			**65.61**	**44.96**	**26.19**
其中	人　工　费　(元)		65.61	44.96	26.19
	材　料　费　(元)		—	—	—
	机　械　费　(元)		—	—	—
名　称	单位	单价(元)		消　耗　量	
人工 二类人工	工日	135.00	0.486	0.333	0.194

2. 墙面拆除

工作内容:铲除砂浆面层,控制扬尘,将废渣废料运到室外30m以内地点堆放。　　　　　　计量单位:10m²

定　额　编　号			16-34	16-35	16-36	16-37
项　　　目			抹灰层铲除		块料面层铲除	
			抹灰面	水刷石、干粘石面	墙面砖及陶瓷面砖	石材面
基　　价　　(元)			**68.04**	**101.52**	**65.88**	**60.21**
其中	人　工　费　(元)		68.04	101.52	65.88	60.21
	材　料　费　(元)		—	—	—	—
	机　械　费　(元)		—	—	—	—
名　称	单位	单价(元)		消　耗　量		
人工 二类人工	工日	135.00	0.504	0.752	0.488	0.446

工作内容:拆除,将废渣废料运到室外30m以内地点堆放。 计量单位:10m²

定 额 编 号				16-38	16-39	16-40
项 目				龙骨及饰面拆除		
				龙骨及护墙板	隔断板	墙面玻璃
基 价 (元)				**46.17**	**28.89**	**59.13**
其中	人 工 费 (元)			46.17	28.89	59.13
	材 料 费 (元)			—	—	—
	机 械 费 (元)			—	—	—
名 称		单位	单价(元)	消 耗 量		
人工	二类人工	工日	135.00	0.342	0.214	0.438

工作内容:切割、拆除,控制扬尘,将废渣废料运到室外30m以内地点堆放。

定 额 编 号				16-41	16-42	16-43
项 目				干挂石材骨架拆除	干挂石材拆除	附墙柜拆除
计 量 单 位				t	10m²	
基 价 (元)				**725.90**	**24.30**	**78.71**
其中	人 工 费 (元)			695.25	24.30	78.71
	材 料 费 (元)			—	—	—
	机 械 费 (元)			30.65	—	—
名 称		单位	单价(元)	消 耗 量		
人工	二类人工	工日	135.00	5.150	0.180	0.583
机械	氧割机	台班	25.54	1.200	—	—

3. 天 棚 拆 除

工作内容:铲除、拆除,控制扬尘,将废渣废料运到室外30m以内地点堆放。 计量单位:10m²

定 额 编 号				16-44	16-45	16-46	16-47	16-48
项 目				抹灰层铲除抹灰面	龙骨及饰面拆除			
					木龙骨		金属龙骨	
					木质面	石膏面	金属面	石膏面
基 价 (元)				**82.62**	**52.65**	**63.18**	**76.95**	**69.66**
其中	人 工 费 (元)			82.62	52.65	63.18	76.95	69.66
	材 料 费 (元)			—	—	—	—	—
	机 械 费 (元)			—	—	—	—	—
名 称		单位	单价(元)	消 耗 量				
人工	二类人工	工日	135.00	0.612	0.390	0.468	0.570	0.516

4.门 窗 拆 除

工作内容:拆除,将废渣废料运到室外 30m 以内地点堆放。

定 额 编 号			16-49	16-50	16-51	16-52	16-53	16-54
项 目			木门窗	金属门窗	卷帘门	无框玻璃门	门窗扇	门窗套
计 量 单 位			10m²				10 扇	10m
基 价 (元)			**154.71**	**182.66**	**110.43**	**89.24**	**36.45**	**23.09**
其中	人 工 费 (元)		154.71	182.66	110.43	89.24	36.45	23.09
	材 料 费 (元)		—	—	—	—	—	—
	机 械 费 (元)		—	—	—	—	—	—
名 称	单位	单价(元)	消 耗 量					
人工 二类人工	工日	135.00	1.146	1.353	0.818	0.661	0.270	0.171

注:整樘门窗拆除包括门窗框及门扇的拆除。

5.栏杆扶手拆除

工作内容:拆除、将废料运到室外 30m 以内地点堆放。　　　　　　　　　　　　　　　计量单位:10m

定 额 编 号			16-55	16-56	16-57	16-58	16-59
项 目			木拦板	金属栏板	玻璃栏杆	靠墙扶手	石栏板
基 价 (元)			**33.21**	**145.40**	**101.25**	**22.95**	**213.17**
其中	人 工 费 (元)		33.21	145.40	101.25	22.95	213.17
	材 料 费 (元)		—	—	—	—	—
	机 械 费 (元)		—	—	—	—	—
名 称	单位	单价(元)	消 耗 量				
人工 二类人工	工日	135.00	0.246	1.077	0.750	0.170	1.579

6.铲除油漆涂料裱糊面

工作内容:铲除、控制扬尘,将废料运到室外 30m 以内地点堆放。　　　　　　　　　计量单位:10m²

定 额 编 号			16-60	16-61	16-62	16-63
项 目			抹灰面铲涂料	木材面脱漆	铲墙纸	金属面脱漆
基 价 (元)			**60.04**	**45.20**	**31.86**	**49.39**
其中	人 工 费 (元)		59.94	37.26	31.46	46.85
	材 料 费 (元)		0.10	7.94	0.40	2.54
	机 械 费 (元)		—	—	—	—
名 称	单位	单价(元)	消 耗 量			
人工 二类人工	工日	135.00	0.444	0.276	0.233	0.347
材料 脱漆剂	kg	7.62	—	1.009	—	0.316
其他材料费	元	1.00	0.10	0.25	0.40	0.13

第十七章
构筑物、附属工程

说　　明

一、本章定额包括构筑物砌筑,构筑物混凝土,构筑物模板,室外地坪、围墙、室外排水,墙脚护坡、明沟、翼墙、台阶,盖板安装七节。

二、构筑物砌筑包括砖砌烟囱、烟道、贮水池、贮仓等。

三、构筑物混凝土及模板。

1.滑升钢模板定额内已包括提升支撑杆用量,并按不拔出考虑,如需拔出,收回率及拔杆费另行计算;设计利用提升支撑杆作结构钢筋时,不得重复计算。

2.用滑升钢模施工的构筑物按无井架施工考虑,并已综合了操作平台,不另计算脚手架及竖井架。

3.倒锥形水塔塔身滑升钢模定额,也适用于一般水塔塔身滑升钢模工程。

4.烟囱滑升钢模定额均已包括筒身、牛腿、烟道口;水塔滑升钢模已包括直筒、门窗洞口等模板用量。

5.构筑物基础套用建筑物基础相应定额;外形尺寸体积 1m³ 以上的独立池槽套用本章定额。

6.钢筋混凝土地沟断面内空面积大于 0.4m² 套用本章地沟定额。

7.列有滑模定额的构筑物子目,采用翻模施工时,可按本定额第五章"混凝土及钢筋混凝土工程"相近构件模板定额执行。

8.构筑物混凝土按泵送混凝土编制,实际采用非泵送混凝土的每立方混凝土增加 0.11 工日。

四、室外地坪铺设、室外排水、墙脚护坡、明沟、翼墙、台阶、盖板安装等。

1.本定额适用于一般工业与民用建筑的厂区、小区及房屋附属工程;超出本定额范围的项目套用市政工程定额相应子目。

2.本定额所列排水管、窨井等室外排水定额仅为化粪池配套设施用,不包括土方及排水管垫层,如发生应按有关章节定额另列项目计算。

3.砖砌窨井按 2004 浙 S1、S2 标准图集编制,如设计不同,可参照相应定额执行。

4.砖砌窨井按内径周长套用定额,井深按 1m 编制,实际深度不同,套用"每增减 20cm"定额按比例进行调整。

5.化粪池按 2004 浙 S1、S2 标准图集编制,如设计采用的标准图不同,可参照容积套用相应定额。隔油池按 93S217 图集编制。隔油池池顶按不覆土考虑。

6.成品塑料检查井、成品塑料池(隔油池、化粪池等)按无防护盖座编制,防护盖座按相应定额子目执行,发生土方、基础垫层等按有关章节定额另列项目计算。

7.小便槽不包括端部侧墙,侧墙砌筑及面层按设计内容另列项目计算,套用有关章节相应定额。

8.台阶、坡道定额均未包括面层,如发生,应按设计面层做法,另行套用本定额第十一章"楼地面装饰工程"相应定额。明沟适用于与墙脚护坡相连的排水沟。

9.室外排水及墙脚护坡、明沟、翼墙、台阶中混凝土按非泵送商品混凝土考虑,如采用泵送商品混凝土,每立方混凝土扣除人工 0.11 工日。

工程量计算规则

一、砖砌构筑物。

1. 砖烟囱、烟道:

(1)砖基础与砖筒身以设计室外地坪为分界,以下为基础,以上为筒身。

(2)砖烟囱筒身、烟囱内衬、烟道及烟道内衬均以实体积计算。

(3)砖烟囱筒身原浆勾缝和烟囱帽抹灰,已包括在定额内,不另计算。如设计规定加浆勾缝者,按抹灰工程相应定额计算,不扣除原浆勾缝的工料。

(4)如设计采用楔形砖时,其加工数量按设计规定的数量另列项目计算,套砖加工定额。

(5)烟囱内衬深入筒身的防沉带(连接横砖)、在内衬上抹水泥排水坡的工料及填充隔热材料所需人工均已包括在内衬定额内,不另计算,设计不同时不做调整。填充隔热材料按烟囱筒身(或烟道)与内衬之间的体积另行计算,应扣除每个面积在 0.3 m² 以上的孔洞所占的体积,不扣除防沉带所占的体积。

(6)烟囱、烟道内表面涂抹隔绝层,按内壁面积计算,应扣除每个面积在 0.3 m² 以上的孔洞面积。

(7)烟道与炉体的划分以第一道闸门为界,在炉体内的烟道应并入炉体工程量内,炉体执行安装工程炉窑砌筑相应定额。

2. 砖(石)贮水池:

(1)砖(石)池底、池壁均以实体积计算。

(2)砖(石)池的砖(石)独立柱,套用本章相应定额。如砖(石)独立柱带有混凝土或钢筋混凝土结构者,其体积分别并入池底及池盖中,不另列项目计算。

3. 砖砌圆形仓筒壁高度自基础板顶面算至顶板底面,以实体积计算。

二、钢筋混凝土构筑物及模板。

1. 除定额另有规定以外,构筑物工程量均同建筑物计算规则。

2. 采用滑模施工的构筑物,模板工程量按构件体积计算。

3. 水塔:

(1)塔身与槽底以与槽底相连的圈梁为分界,圈梁底以上为槽底,以下为塔身。

(2)依附于水箱壁上的柱、梁等构件并入相应水箱壁计算。

(3)水箱槽底、塔顶分别计算,工程量包括所依附的圈梁及挑檐、挑斜壁等。

(4)倒锥形水塔水箱模板按水箱混凝土体积计算,提升按容积以"座"计算。

4. 水(油)池、地沟:

(1)池、沟的底、壁、盖分别计算工程量。

(2)依附于池壁上的柱、梁等附件并入池壁计算;依附于池壁上的沉淀池槽另行列项计算。

(3)肋形盖梁与板工程量合并计算;无梁池盖柱的柱高自池底表面算至池盖的下表面,工程量包括柱墩、柱帽的体积。

5. 贮仓:贮仓立壁、斜壁混凝土浇捣合并计算,基础、底板、顶板、柱浇捣套用建筑物现浇混凝土相应定额。圆形仓模板按基础、底板、顶板、仓壁分别计算;隔层板、顶板梁与板合并计算。

6. 沉井:

(1)依附于井壁上的柱、垛、止沉板等均并入井壁计算。

(2)挖土按刃脚底外围面积乘以自然地面至刃脚底平均深度计算。

(3)铺抽枕木、回填砂石按井壁周长中心线长度计算。

（4）沉井封底按井内壁（或刃脚内壁）面积乘以封井厚度计算。

（5）铁刃脚安装已包括刃脚制作，工程量按图示净用量计算。

（6）井壁防水层按设计要求，套相应章节定额，工程量按相关规定计算。

三、室外地坪铺设、室外排水、墙脚护坡、明沟、翼墙、台阶、盖板安装等。

1. 地坪铺设按图示尺寸以"m²"计算，不扣除 0.5m² 以内各类检查井所占面积。

2. 铸铁花饰围墙按图示长度乘以高度计算。

3. 排水管道工程量按图示尺寸以延长米计算，管道铺设方向窨井内空尺寸小于 500mm 时不扣窨井所占长度，大于 500mm 时，按井壁内空尺寸扣除窨井所占长度。

4. 成品塑料检查井按座计算安装工程量，成品塑料池按不同容积（单个池体积）以座计算安装工程量。

5. 墙脚护坡边明沟长度按外墙中心线计算，墙脚护坡按外墙中心线乘以宽度计算，不扣除每个长度在 5m 以内的踏步或斜坡。

6. 台阶及防滑坡道按水平投影面积计算，如台阶与平台相连时，平台面积在 10m² 以内时按台阶计算，平台面积在 10m² 以上时，平台按楼地面工程计算套用相应定额，工程量以最上一级 300mm 处为分界。

7. 砖砌翼墙，单侧为一座，双侧按两座计算。

一、构筑物砌筑

1.砖烟囱及砖加工

工作内容: 调制、运砂浆,运、砍、砌砖,原浆勾缝,出檐,烟囱帽抹灰。　　　　　　　　　　　　　　计量单位:10m³

定 额 编 号				17-1	17-2	17-3	17-4	17-5	17-6
项　　目				砖烟囱 筒身全高(m以内)					
				20		40		60	
				混凝土实心砖	烧结普通砖	混凝土实心砖	烧结普通砖	混凝土实心砖	烧结普通砖
基　　价　　(元)				**5939.94**	**5369.90**	**5499.85**	**4964.51**	**5826.35**	**5285.87**
其中	人　工　费　(元)			2406.65	2331.05	2082.24	2017.44	2427.44	2351.84
	材　料　费　(元)			3508.29	3013.85	3392.41	2922.07	3373.52	2908.64
	机　械　费　(元)			25.00	25.00	25.20	25.00	25.39	25.39
名　称		单位	单价(元)	消　耗　量					
人工	二类人工	工日	135.00	17.827	17.267	15.424	14.944	17.981	17.421
材料	混凝土实心砖 240×115×53 MU10	千块	388.00	6.280	—	5.960	—	5.890	—
	非黏土烧结页岩实心砖 240×115×53	千块	310.00	—	6.250	—	5.930	—	5.860
	干混砌筑砂浆 DM M7.5	m³	413.73	2.580	2.580	2.600	2.600	2.620	2.620
	水	m³	4.27	0.100	1.200	0.100	1.000	0.100	1.000
	其他材料费	元	1.00	3.80	3.80	3.80	3.80	3.80	3.80
机械	干混砂浆罐式搅拌机 20000L	台班	193.83	0.129	0.129	0.130	0.129	0.131	0.131

工作内容: 选砖,划线,砍砖磨平,分类堆放。　　　　　　　　　　　　　　计量单位:1000块

定 额 编 号				17-7	17-8	17-9	17-10
项　　目				楔 形 砖 加 工			
				混凝土实心砖	烧结普通砖	耐火砖	耐酸砖
基　　价　　(元)				**558.56**	**546.20**	**1093.04**	**1207.40**
其中	人　工　费　(元)			550.80	540.00	1069.20	1112.40
	材　料　费　(元)			7.76	6.20	23.84	95.00
	机　械　费　(元)			—	—	—	—
名　称		单位	单价(元)	消　耗　量			
人工	二类人工	工日	135.00	4.080	4.000	7.920	8.240
材料	混凝土实心砖 240×115×53 MU10	千块	388.00	0.020	—	—	—
	非黏土烧结页岩实心砖 240×115×53	千块	310.00	—	0.020	—	—
	黏土耐火砖 230×115×65	千块	1192.00	—	—	0.020	—
	耐酸陶片 230×113×65	块	1.90	—	—	—	50.000

注:加工标准半砖或楔形半砖时,定额乘以系数0.50。

2. 砖砌烟囱内衬、烟道及烟道内衬

工作内容：调制、运砂浆、运、砍、砌砖，内部灰缝刮平及填充隔热材料。　　　　　　　　　　　　　　　　　　**计量单位**：10m³

定 额 编 号				17-11	17-12	17-13	17-14
项　　　目				烟 囱 内 衬			
				混凝土实心砖	烧结普通砖	耐火砖	耐酸砖
基　价（元）				**4697.65**	**4131.08**	**9656.89**	**20007.58**
其中	人　　工　　费　（元）			2203.20	2127.60	2386.80	3639.60
	材　　料　　费　（元）			2494.45	2003.48	7270.09	16367.98
	机　　械　　费　（元）			—	—	—	—
	名　　　称	单位	单价（元）	消　　耗　　量			
人工	二类人工	工日	135.00	16.320	15.760	17.680	26.960
材料	混凝土实心砖 240×115×53 MU10	千块	388.00	6.230	—	—	—
	非黏土烧结页岩实心砖 240×115×53	千块	310.00	—	6.200	—	—
	黏土耐火砖 230×115×65	千块	1192.00	—	—	5.750	—
	耐酸陶片 230×113×65	块	1.90	—	—	—	5990.000
	水玻璃耐酸砂浆 1:0.15:1.1:1:2.6	m³	2493.49	—	—	—	2.000
	耐火泥 NF-40	kg	0.27	—	—	1530.000	—
	黏土	m³	32.04	2.250	2.250	—	—
	水	m³	4.27	1.200	2.200	0.700	—

注：1. 设计要求用楔形砖者，套用砖加工定额；

　　2. 设计需要填充隔热材料者，每 10m³ 填料用量：矿渣 15m³，石棉灰 5000kg，硅藻土 7300kg；

　　3. 耐火砖砌体定额如用于暖气工程的锅炉体砌砖，其人工乘以系数 1.15。

工作内容：调制、运砂浆、运、砍、砌砖，内部灰缝刮平。　　　　　　　　　　　　　　　　　　　　　　　　**计量单位**：10m³

定 额 编 号				17-15	17-16	17-17
项　　　目				烟 道		
				混凝土实心砖	烧结普通砖	耐火砖
基　价（元）				**5124.33**	**4677.60**	**9020.71**
其中	人　　工　　费　（元）			1691.01	1637.01	1587.60
	材　　料　　费　（元）			3406.96	3014.23	7433.11
	机　　械　　费　（元）			26.36	26.36	—
	名　　　称	单位	单价（元）	消　　耗　　量		
人工	二类人工	工日	135.00	12.526	12.126	11.760
材料	混凝土实心砖 240×115×53 MU10	千块	388.00	5.890	—	—
	非黏土烧结页岩实心砖 240×115×53	千块	310.00	—	6.090	—
	黏土耐火砖 230×115×65	千块	1192.00	—	—	5.910
	干混砌筑砂浆 DM M7.5	m³	413.73	2.710	2.710	—
	耐火泥 NF-40	kg	0.27	—	—	1429.000
	水	m³	4.27	0.100	1.200	0.600
机械	干混砂浆罐式搅拌机 20000L	台班	193.83	0.136	0.136	—

注：砖烟道拱顶如需支模，每 10m³ 砌体增加人工 9.10 工日，木模 0.223m³，50mm 镀锌铁钉 2.50kg，螺栓 2.30kg，
　　φ500mm 以内木工圆锯机 0.60 台班，4t 以内载货汽车 0.03 台班；拱顶如为钢筋混凝土预制板者，预制板按相应
　　定额另行计算。

工作内容:调制、运砂浆,运、砍、砌砖,内部灰缝刮平及填充隔热材料。　　　　　　　　　　　　　　　　　计量单位:10m³

定　额　编　号				17-18	17-19	17-20	17-21
项　　　　　目				烟　道　内　衬			
				混凝土实心砖	烧结普通砖	耐火砖	耐酸砖
基　价　(元)				**3935.31**	**3398.92**	**9021.14**	**20007.58**
其中	人　　工　　费　　(元)			1468.80	1414.80	1587.60	3639.60
	材　　料　　费　　(元)			2466.51	1984.12	7433.54	16367.98
	机　　械　　费　　(元)			—	—	—	—
名　　　称	单位	单价(元)		消　　耗　　量			
人工	二类人工	工日	135.00	10.880	10.480	11.760	26.960
材料	混凝土实心砖 240×115×53 MU10	千块	388.00	6.120	—	—	—
	非黏土烧结页岩实心砖 240×115×53	千块	310.00	—	6.090	—	—
	黏土耐火砖 230×115×65	千块	1192.00	—	—	5.910	—
	耐酸陶片 230×113×65	块	1.90	—	—	—	5990.000
	水玻璃耐酸砂浆 1:0.15:1.1:1:2.6	m³	2493.49	—	—	—	2.000
	耐火泥 NF-40	kg	0.27	—	—	1429.000	—
	黏土	m³	32.04	2.710	2.710	—	—
	水	m³	4.27	1.200	2.200	0.700	—

3. 烟囱、烟道内涂刷隔绝层

工作内容:涂料熬制或拌和材料,搭设工作台,涂抹。　　　　　　　　　　　　　　　　　　　　　　计量单位:100m²

定　额　编　号				17-22	17-23	17-24	17-25	17-26
项　　　　　目				涂　刷　隔　绝　层				
				沥青耐酸漆	水玻璃	沥青	耐酸砂浆	耐火泥
基　价　(元)				**1036.34**	**729.84**	**2271.51**	**7905.16**	**1631.10**
其中	人　　工　　费　　(元)			604.80	442.80	442.80	4330.80	950.40
	材　　料　　费　　(元)			431.54	287.04	1828.71	3574.36	680.70
	机　　械　　费　　(元)			—	—	—	—	—
名　　　称	单位	单价(元)		消　　耗　　量				
人工	二类人工	工日	135.00	4.480	3.280	3.280	32.080	7.040
材料	沥青耐酸漆	kg	9.18	46.900	—	—	—	—
	硅酸钠 水玻璃	kg	0.70	—	383.400	—	565.600	—
	石油沥青	kg	2.67	—	—	351.800	—	—
	汽油 综合	kg	6.12	—	—	116.900	—	—
	氟硅酸钠	kg	1.98	—	—	—	83.800	—
	耐火泥 NF-40	kg	0.27	—	—	—	—	2500.000
	石英粉 综合	kg	0.97	—	—	—	1014.000	—
	石英砂 综合	kg	0.97	—	—	—	1962.000	—
	石棉泥	kg	4.31	—	—	34.900	—	—
	木柴	kg	0.16	—	110.400	141.000	780.000	—
	水	m³	4.27	—	—	—	—	1.100
	其他材料费	元	1.00	1.00	1.00	1.00	1.00	1.00

4. 砖(石)贮水池

工作内容:调制、运砂浆,砌石,运、砌砖。　　　　　　　　　　　　　　计量单位:10m³

定 额 编 号				17-27	17-28	17-29	17-30
项　目				块石池底	池 壁		
					块石	混凝土实心砖	烧结普通砖
基　价　(元)				**4176.71**	**4597.91**	**4438.09**	**3954.97**
其中	人　工　费　(元)			1005.89	1427.09	1243.35	1200.15
	材　料　费　(元)			3132.64	3132.64	3171.09	2731.17
	机　械　费　(元)			38.18	38.18	23.65	23.65
名　称	单位	单价(元)		消　耗　量			
人工 二类人工	工日	135.00		7.451	10.571	9.210	8.890
材料 块石 200~500	t	77.67		19.360	19.360	—	—
混凝土实心砖 240×115×53 MU10	千块	388.00		—	—	5.570	—
非黏土烧结页岩实心砖 240×115×53	千块	310.00		—	—	—	5.540
干混砌筑砂浆 DM M7.5	m³	413.73		3.930	3.930	2.440	2.440
水	m³	4.27		0.700	0.700	0.100	1.000
机械 干混砂浆罐式搅拌机 20000L	台班	193.83		0.197	0.197	0.122	0.122

5. 砖砌圆形仓

工作内容:调制、运砂浆,运、砌砖。　　　　　　　　　　　　　　　　　　计量单位:10m³

定 额 编 号			17-31	17-32
项　目			圆 形 仓 筒 壁	
			混凝土实心砖	烧结普通砖
基　价　(元)			**4964.08**	**4457.68**
其中	人　工　费　(元)		1673.73	1619.73
	材　料　费　(元)		3265.93	2813.53
	机　械　费　(元)		24.42	24.42
名　称	单位	单价(元)	消　耗　量	
人工 二类人工	工日	135.00	12.398	11.998
材料 混凝土实心砖 240×115×53 MU10	千块	388.00	5.730	—
非黏土烧结页岩实心砖 240×115×53	千块	310.00	—	5.700
干混砌筑砂浆 DM M7.5	m³	413.73	2.510	2.510
水	m³	4.27	0.100	1.000
其他材料费	元	1.00	3.80	3.80
机械 干混砂浆罐式搅拌机 20000L	台班	193.83	0.126	0.126

二、构筑物混凝土

1. 水　塔

工作内容:泵送混凝土浇捣、看护、养护等。

计量单位:10m³

定　额　编　号				17-33	17-34	17-35	17-36	17-37
项　　目				塔顶、槽底、水箱内外壁	塔身		回廊及平台	倒锥形水塔
					筒式	柱式		
基　价　(元)				**5380.56**	**5048.49**	**5196.97**	**5129.32**	**5236.41**
其中	人　　工　　费　(元)			586.85	432.00	620.87	448.20	552.83
	材　　料　　费　(元)			4645.03	4467.81	4427.42	4521.71	4534.90
	机　　械　　费　(元)			148.68	148.68	148.68	159.41	148.68
名　　称		单位	单价(元)	消　耗　量				
人工	二类人工	工日	135.00	4.347	3.200	4.599	3.320	4.095
材料	泵送商品混凝土 C20	m³	431.00	—	10.150	10.150	10.150	10.150
	泵送防水商品混凝土 C20/P6	m³	444.00	10.150	—	—	—	—
	塑料薄膜	m²	0.86	84.000	55.200	13.200	85.600	92.000
	水	m³	4.27	15.500	10.700	9.700	17.200	19.000
机械	混凝土振捣器 插入式	台班	4.65	1.360	1.360	1.360	—	1.360
	混凝土振捣器 平板式	台班	12.54	—	—	—	1.360	—
	电动多级离心清水泵 φ100 h≤120m	台班	167.48	0.850	0.850	0.850	0.850	0.850

注:水塔筒身采用滑模施工时,混凝土浇捣按60m以内烟囱定额执行。

2. 贮水(油)池、贮仓、筒仓

工作内容:泵送混凝土浇捣、看护、养护等。

计量单位:10m³

定　额　编　号				17-38	17-39	17-40	17-41	17-42	17-43
项　　目				池底	池壁	池盖	无梁盖柱	沉淀池水槽、壁基梁	贮仓壁
基　价　(元)				**4906.31**	**4956.38**	**4962.94**	**5013.50**	**5077.79**	**5124.86**
其中	人　　工　　费　(元)			425.25	524.75	435.51	579.15	447.39	514.62
	材　　料　　费　(元)			4478.55	4425.31	4510.38	4428.03	4618.71	4461.56
	机　　械　　费　(元)			2.51	6.32	17.05	6.32	11.69	148.68
名　　称		单位	单价(元)	消　耗　量					
人工	二类人工	工日	135.00	3.150	3.887	3.226	4.290	3.314	3.812
材料	泵送商品混凝土 C20	m³	431.00	10.100	10.150	10.150	10.150	—	10.100
	泵送防水商品混凝土 C20/P6	m³	444.00	—	—	—	—	10.150	—
	塑料薄膜	m²	0.86	70.400	2.800	76.400	—	40.000	72.000
	水	m³	4.27	15.200	11.300	16.400	12.500	18.200	10.900
机械	混凝土振捣器 插入式	台班	4.65	0.540	1.360	—	1.360	0.680	1.360
	混凝土振捣器 平板式	台班	12.54	—	—	1.360	—	0.680	—
	电动多级离心清水泵 φ100 h≤120m	台班	167.48	—	—	—	—	—	0.850

注:贮仓壁不论矩形、圆形,非滑模施工的均套用同一定额。

工作内容:泵送混凝土浇捣、看护、养护等。 计量单位:10m³

定 额 编 号				17-44	17-45	17-46	17-47
项 目				滑升钢模浇钢筋混凝土筒仓			
				内径(m 以内)			
				8	10	12	16
基 价 (元)				**5131.09**	**5031.43**	**4886.84**	**4825.52**
其中	人 工 费 (元)			487.62	427.14	338.31	292.95
	材 料 费 (元)			4448.56	4443.25	4439.31	4438.79
	机 械 费 (元)			194.91	161.04	109.22	93.78
名 称		单位	单价(元)	消 耗 量			
人工	二类人工	工日	135.00	3.612	3.164	2.506	2.170
材料	泵送商品混凝土 C20	m³	431.00	10.150	10.150	10.150	10.150
	碳素结构钢焊接钢管 DN50×3.8	m	12.62	0.260	0.240	0.220	0.200
	养护用胶管 φ32	m	8.97	0.400	0.360	0.330	0.300
	水	m³	4.27	15.700	14.600	13.800	13.800
机械	混凝土振捣器 插入式	台班	4.65	6.980	7.260	5.840	5.760
	电动多级离心清水泵 φ100 h≤120m	台班	167.48	0.970	0.760	0.490	0.400

3. 烟 囱

工作内容:泵送混凝土浇捣、看护、养护等。 计量单位:10m³

定 额 编 号				17-48	17-49	17-50	17-51
项 目				滑升钢模钢筋混凝土烟囱			
				筒身高度(m 以内)			
				60	80	100	120
基 价 (元)				**5067.89**	**5012.94**	**5133.04**	**5042.19**
其中	人 工 费 (元)			341.15	353.43	332.64	326.03
	材 料 费 (元)			4436.27	4430.12	4427.74	4427.63
	机 械 费 (元)			290.47	229.39	372.66	288.53
名 称		单位	单价(元)	消 耗 量			
人工	二类人工	工日	135.00	2.527	2.618	2.464	2.415
材料	泵送商品混凝土 C20	m³	431.00	10.150	10.150	10.150	10.150
	碳素结构钢焊接钢管 DN50×3.8	m	12.62	—	0.140	0.120	0.300
	碳素结构钢焊接钢管 DN40×3.5	m	9.93	0.400	0.290	0.240	—
	养护用胶管 φ32	m	8.97	1.190	0.430	1.200	1.200
	水	m³	4.27	11.000	11.000	9.000	9.000
机械	混凝土振捣器 插入式	台班	4.65	5.920	4.670	4.670	3.620
	电动多级离心清水泵 φ100 h≤120m	台班	167.48	1.570	1.240	—	—
	电动多级离心清水泵 φ150 h≤180m	台班	283.02	—	—	1.240	0.960

工作内容:泵送混凝土浇捣、看护、养护等。   计量单位:10m³

定 额 编 号				17-52	17-53	17-54
项 目				滑升钢模钢筋混凝土烟囱		
				筒身高度(m 以内)		
				150	180	210
基 价 (元)				**4980.54**	**4881.60**	**4833.40**
其中	人 工 费 (元)			295.79	310.91	262.71
	材 料 费 (元)			4423.36	4423.36	4423.36
	机 械 费 (元)			261.39	147.33	147.33
	名 称	单位	单价(元)	消 耗 量		
人工	二类人工	工日	135.00	2.191	2.303	1.946
材料	泵送商品混凝土 C20	m³	431.00	10.150	10.150	10.150
	碳素结构钢焊接钢管 DN50×3.8	m	12.62	0.300	0.300	0.300
	养护用胶管 φ32	m	8.97	1.200	1.200	1.200
	水	m³	4.27	8.000	8.000	8.000
机械	混凝土振捣器 插入式	台班	4.65	3.260	1.860	1.860
	电动多级离心清水泵 φ150 h≤180m	台班	283.02	0.870	0.490	0.490

4. 地沟及沉井

工作内容:泵送混凝土浇捣、看护、养护等。   计量单位:10m³

定 额 编 号				17-55	17-56	17-57
项 目				地沟		
				沟底	沟壁	沟顶
基 价 (元)				**4621.27**	**4846.00**	**4696.88**
其中	人 工 费 (元)			204.12	433.76	233.01
	材 料 费 (元)			4410.38	4405.92	4446.82
	机 械 费 (元)			6.77	6.32	17.05
	名 称	单位	单价(元)	消 耗 量		
人工	二类人工	工日	135.00	1.512	3.213	1.726
材料	泵送商品混凝土 C20	m³	431.00	10.100	10.100	10.100
	塑料薄膜	m²	0.86	24.400	6.800	48.400
	水	m³	4.27	8.500	11.000	12.200
机械	混凝土振捣器 平板式	台班	12.54	0.540	—	1.360
	混凝土振捣器 插入式	台班	4.65	—	1.360	—

工作内容:1.泵送混凝土浇捣、看护、养护等;

2.枕木铺设、抽除、堆放、回填砂石,铁件拼装、焊接、固定。

定 额 编 号			17-58	17-59	17-60	17-61
项　　　目			矩形、圆形沉井混凝土壁	铺抽枕木、回填砂石	铁刃脚安装	
					单面焊接	双面焊接
计 量 单 位			10m³	10m	t	
基　　价　（元）			**4704.06**	**2516.32**	**4837.90**	**5055.69**
其中	人　　工　　费　（元）		323.19	331.70	586.85	697.41
	材　　料　　费　（元）		4376.68	2155.08	3955.82	4000.85
	机　　械　　费　（元）		4.19	29.54	295.23	357.43
名　　称	单位	单价(元)	消　　耗　　量			
人工	二类人工	工日	135.00	2.394	2.457	4.347	5.166
材料	泵送商品混凝土 C20	m³	431.00	10.100	—	—	—
	塑料薄膜	m²	0.86	1.600	—	—	—
	水	m³	4.27	5.200	—	—	—
	黄砂 毛砂	t	87.38	—	1.710	—	—
	碎石 综合	t	102.00	—	0.730	—	—
	枕木	m³	2457.00	—	0.786	—	—
	电焊条 E43 系列	kg	4.74	—	—	27.600	37.100
	预埋铁件	kg	3.75	—	—	1020.000	1020.000
机械	混凝土振捣器 插入式	台班	4.65	0.900	—	—	—
	交流弧焊机 32kV·A	台班	92.84	—	—	3.180	3.850
	载货汽车 4t	台班	369.21	—	0.080	—	—

工作内容:挖土、出土、抽水、下沉、校正。　　　　　　　　　　　　　　　　　　计量单位:10m³

定　额　编　号			17-62	17-63	17-64	17-65	17-66	17-67
项　　　目			沉井人工挖土(下沉明排水)					
			全深(m 以内)					
			10			20		
			一、二类土	三类土	四类土	一、二类土	三类土	四类土
基　　价　（元）			**1072.44**	**1140.51**	**1542.15**	**1235.88**	**1312.46**	**1646.67**
其中	人　　工　　费　（元）		807.98	833.49	1122.66	944.06	978.08	1190.70
	材　　料　　费　（元）		—	—	—	—	—	—
	机　　械　　费　（元）		264.46	307.02	419.49	291.82	334.38	455.97
名　　称	单位	单价(元)	消　　耗　　量					
人工	二类人工	工日	135.00	5.985	6.174	8.316	6.993	7.245	8.820
机械	电动多级离心清水泵 φ150 h >180m	台班	303.98	0.870	1.010	1.380	0.960	1.100	1.500

注:如无排水,扣除定额水泵台班及每台班0.8人工。

工作内容:砂石分层、平整夯实,泵送混凝土浇捣、看护、养护等。 计量单位:10m³

定 额 编 号			17-68	17-69	17-70	17-71	17-72
项 目			沉 井 封 底			沉 井 封 底	
			砂	碎石	块石	毛石混凝土	混凝土、钢筋混凝土
基 价 (元)			**2096.54**	**2460.80**	**2333.26**	**4268.77**	**4772.81**
其中	人 工 费 (元)		436.32	540.14	629.37	378.54	382.73
	材 料 费 (元)		1660.22	1920.66	1703.89	3884.59	4383.31
	机 械 费 (元)		—	—	—	5.64	6.77
名 称	单位	单价(元)			消 耗 量		
人工	二类人工	工日	135.00	3.232	4.001	4.662	2.804	2.835
材料	泵送商品混凝土 C20	m³	431.00	—	—	—	8.282	10.100
	塑料薄膜	m²	0.86	—	—	—	12.000	10.800
	水	m³	4.27	—	—	—	4.900	4.900
	黄砂 毛砂	t	87.38	19.000	—	—	—	—
	碎石 综合	t	102.00	—	18.830	1.780	—	—
	块石 200~500	t	77.67	—	—	19.600	3.654	—
机械	混凝土振捣器 平板式	台班	12.54	—	—	—	0.450	0.540

三、构筑物模板

1. 烟 囱 模 板

工作内容: 安装、拆除平台、模板、液压、供水、供电、通信设备,中间改模,激光对中,设置安全网,
滑模清洗、刷油、堆放及场内外运输等。

计量单位:10m³

定　额　编　号			17-73	17-74	17-75	17-76
项　　　目			液压滑升钢模			
			烟囱筒身高度(m 以内)			
			60	80	100	120
基　　价　(元)			**14408.83**	**13703.93**	**12006.38**	**9408.04**
其中	人　　工　　费　(元)		8599.50	7749.00	7182.00	5764.50
	材　　料　　费　(元)		5402.18	5619.57	4567.40	3463.22
	机　　械　　费　(元)		407.15	335.36	256.98	180.32
名　　称	单位	单价(元)	消　耗　量			
人工 二类人工	工日	135.00	63.700	57.400	53.200	42.700
材料 钢滑模	kg	4.52	169.000	144.000	123.000	117.000
钢支撑	kg	3.97	182.000	220.000	192.000	190.000
木模板	m³	1445.00	0.153	0.233	0.198	0.153
预埋铁件	kg	3.75	2.700	1.800	1.700	1.600
圆钉	kg	4.74	0.700	1.400	1.100	0.900
电焊条 E43 系列	kg	4.74	5.400	5.400	5.400	5.400
麻绳	kg	7.51	0.690	0.560	0.460	0.400
氧气	m³	3.62	1.100	1.000	0.800	0.700
乙炔气	m³	8.90	0.300	0.270	0.220	0.190
红丹防锈漆	kg	6.90	2.100	1.800	1.500	1.300
溶剂油	kg	2.29	0.240	0.200	0.170	0.140
安全网	m²	7.76	0.640	0.760	0.730	0.700
钢丝网	m²	6.29	0.070	0.050	0.050	0.040
嵌缝料	kg	1.42	4.270	4.130	3.980	3.820
隔离剂	kg	4.67	7.910	7.640	7.360	7.080
钢丝绳 综合	kg	6.45	10.290	8.360	8.070	6.310
液压设备费	元	1.00	267.60	266.90	230.70	202.20
供电通信设备费	元	1.00	3159.68	3246.44	2445.00	1529.54
激光仪器使用费	元	1.00	—	—	66.90	40.60
平台组装费	元	1.00	21.30	18.30	13.30	10.70
起重机具费	元	1.00	65.40	63.20	52.90	38.70
机械 木工圆锯机 500mm	台班	27.50	0.050	0.100	0.080	0.060
木工压刨床 单面 600mm	台班	31.42	0.010	0.020	0.020	0.010
载货汽车 4t	台班	369.21	0.150	0.130	0.110	0.070
汽车式起重机 8t	台班	648.48	0.140	0.110	0.090	0.050
乙炔发生器 5m³	台班	7.31	1.330	1.060	0.770	1.150
直流弧焊机 32kW	台班	97.11	2.570	2.110	1.540	1.150

工作内容:安装、拆除平台、模板、液压、供水、供电、通信设备,中间改模,激光对中,设置安全网,
　　　　　滑模清洗、刷油、堆放及场内外运输等。

计量单位:10m³

定　额　编　号			17-77	17-78	17-79
项　　　目			液压滑升钢模		
			烟囱筒身高度(m 以内)		
			150	180	210
基　价　(元)			**7820.18**	**6046.62**	**4521.24**
其中	人　工　费　(元)		5103.00	3874.50	2910.60
	材　料　费　(元)		2547.90	2055.29	1508.43
	机　械　费　(元)		169.28	116.83	102.21
名　　称	单位	单价(元)	消　耗　量		
人工 二类人工	工日	135.00	37.800	28.700	21.560
材料 钢滑模	kg	4.52	108.000	76.000	62.000
钢支撑	kg	3.97	182.000	160.000	132.000
木模板	m³	1445.00	0.109	0.059	0.042
预埋铁件	kg	3.75	1.100	0.600	0.580
圆钉	kg	4.74	0.700	0.300	0.250
电焊条 E43 系列	kg	4.74	5.490	5.490	6.750
麻绳	kg	7.51	0.290	0.190	0.150
氧气	m³	3.62	0.500	0.400	0.300
乙炔气	m³	8.90	0.140	0.110	0.070
红丹防锈漆	kg	6.90	1.000	0.700	0.500
溶剂油	kg	2.29	0.110	0.080	0.050
安全网	m²	7.76	0.750	0.560	0.510
钢丝网	m²	6.29	0.030	0.030	0.023
嵌缝料	kg	1.42	3.600	3.420	3.160
隔离剂	kg	4.67	6.670	6.330	5.850
钢丝绳 综合	kg	6.45	5.400	3.020	3.580
液压设备费	元	1.00	195.50	180.70	140.30
供电通信设备费	元	1.00	806.34	673.12	371.71
激光仪器使用费	元	1.00	21.10	10.40	7.00
平台组装费	元	1.00	8.10	7.70	5.70
起重机具费	元	1.00	25.70	22.40	18.00
机械 木工圆锯机 500mm	台班	27.50	0.040	0.020	0.020
木工压刨床 单面 600mm	台班	31.42	0.010	0.010	0.010
载货汽车 4t	台班	369.21	0.080	0.060	0.060
汽车式起重机 8t	台班	648.48	0.070	0.040	0.040
乙炔发生器 5m³	台班	7.31	0.890	0.650	0.510
直流弧焊机 32kW	台班	97.11	0.890	0.650	0.510

2. 水 塔 模 板

工作内容：模板制作、安装、拆除、维护、整理、堆放及场内外运输；模板粘接物及模内杂物清理、
刷隔离剂等。   计量单位：100m²

定 额 编 号			17-80	17-81	17-82
项 目			水塔塔身		水塔回廊及平台
			筒式	柱式	
基 价 （元）			**4624.51**	**7295.63**	**7780.52**
其中	人 工 费 （元）		3532.14	4252.50	4805.33
	材 料 费 （元）		1033.29	2843.63	2810.17
	机 械 费 （元）		59.08	199.50	165.02
名 称	单位	单价（元）	消 耗 量		
人工 二类人工	工日	135.00	26.164	31.500	35.595
材料 木模板	m³	1445.00	0.610	1.874	1.870
圆钉	kg	4.74	6.820	15.780	9.940
预埋铁件	kg	3.75	11.140	—	—
镀锌铁丝 12#	kg	5.38	3.130	—	—
隔离剂	kg	4.67	10.000	10.000	10.000
嵌缝料	kg	1.42	10.000	10.000	10.000
机械 木工圆锯机 500mm	台班	27.50	1.420	0.936	1.010
木工压刨床 单面 600mm	台班	31.42	0.050	0.642	0.643
载货汽车 4t	台班	369.21	0.050	0.416	0.317

注：1. 筒式塔身包括所依附的过梁、雨篷、挑沿等；柱式塔身包括直柱、斜柱及梁。
　　　2. 回廊及平台包括所依附的栏板、翻沿等构件。

工作内容：模板制作、安装、拆除、维护、整理、堆放及场内外运输；模板粘接物及模内杂物清理、
刷隔离剂等。   计量单位：100m²

定 额 编 号			17-83	17-84	17-85	17-86
项 目			水塔水箱			
			槽底	塔顶	水箱壁	
					内壁	外壁
基 价 （元）			**12019.19**	**9750.12**	**8341.21**	**7781.73**
其中	人 工 费 （元）		8590.05	7101.68	5502.74	4949.91
	材 料 费 （元）		3225.45	2491.83	2670.43	2670.40
	机 械 费 （元）		203.69	156.61	168.04	161.42
名 称	单位	单价（元）	消 耗 量			
人工 二类人工	工日	135.00	63.630	52.605	40.761	36.666
材料 木模板	m³	1445.00	2.040	1.567	1.716	1.716
圆钉	kg	4.74	13.680	10.510	11.490	11.500
预埋铁件	kg	3.75	—	—	14.410	14.360
双头带帽螺栓 M16×340	套	11.81	11.200	8.610	—	—
镀锌铁丝 12#	kg	5.38	3.650	2.810	3.980	4.000
隔离剂	kg	4.67	10.000	10.000	10.000	10.000
嵌缝料	kg	1.42	10.000	10.000	10.000	10.000
机械 木工圆锯机 500mm	台班	27.50	2.075	1.595	2.072	1.830
木工压刨床 单面 600mm	台班	31.42	0.648	0.498	0.644	0.645
载货汽车 4t	台班	369.21	0.342	0.263	0.246	0.246

注：槽底不分平底、拱底；塔顶不分锥形、球形。直接承受水侧压力的水箱壁为内壁；保温水箱外保护壁为外壁。

工作内容:安装、拆除平台、模板、液压、供水、供电、通信设备,中间改模,激光对中,设置安全网,
滑模清洗、刷油、堆放及场内外运输等。

计量单位:10m³

定 额 编 号			17-87	17-88	17-89
项 目			倒锥形水塔		
			筒身液压滑升钢模		
			支筒滑升高度(m 以内)		
			20	25	30
基 价 (元)			**19237.89**	**16519.04**	**14246.67**
其中	人 工 费 (元)		14931.00	12757.50	10900.58
	材 料 费 (元)		3636.29	3177.73	2818.00
	机 械 费 (元)		670.60	583.81	528.09
名 称	单位	单价(元)	消 耗 量		
人工 二类人工	工日	135.00	110.600	94.500	80.745
材料 钢滑模	kg	4.52	247.000	201.000	169.000
钢支撑	kg	3.97	236.000	235.000	235.000
木模板	m³	1445.00	0.226	0.182	0.154
圆钉	kg	4.74	1.310	1.200	1.010
钢吊笼支架	kg	3.53	13.810	11.200	9.430
麻绳	kg	7.51	2.300	1.860	1.570
电焊条 E43 系列	kg	4.74	30.630	38.720	32.490
氧气	m³	3.62	1.000	0.770	0.650
乙炔气	m³	8.90	0.270	0.210	0.180
红丹防锈漆	kg	6.90	1.800	1.430	1.270
隔离剂	kg	4.67	1.960	1.610	1.310
安全网	m²	7.76	0.530	0.430	0.360
镀锌铁丝 12#	kg	5.38	0.080	0.070	0.060
复合硅酸盐水泥 P·C 32.5R 综合	kg	0.32	223.000	179.000	150.000
黄砂 净砂	t	92.23	0.610	0.490	0.410
碎石 综合	t	102.00	0.960	0.770	0.650
草袋	m²	3.62	0.280	0.230	0.190
水	m³	4.27	0.760	0.620	0.520
液压设备费	元	1.00	772.20	615.50	513.00
平台组装费	元	1.00	4.80	4.80	4.80
机械 木工圆锯机 500mm	台班	27.50	0.054	0.044	0.035
木工压刨床 单面 600mm	台班	31.42	0.008	0.008	0.005
载货汽车 4t	台班	369.21	0.046	0.034	0.035
直流弧焊机 32kW	台班	97.11	4.890	4.270	3.850
气割设备	台班	37.35	4.510	3.970	3.600
双卧轴式混凝土搅拌机 500L	台班	276.37	0.030	0.024	0.020
混凝土振捣器 插入式	台班	4.65	0.059	0.048	0.040

注:倒锥形水塔:筒身非滑升钢模施工时,按水塔塔身相应定额执行。

工作内容：模板制作、安装、拆除、维护、整理、堆放及场内外运输；模板粘接物及模内杂物清理、刷隔离剂等。

计量单位：10m³

定 额 编 号				17-90	17-91	17-92	17-93
项 目				倒锥形水塔			
				倒锥形水箱模板			
				容积（t 以内）			
				200	300	400	500
基 价 （元）				**9755.60**	**9557.40**	**8850.55**	**10120.65**
其中	人 工 费 （元）			6199.20	6000.75	5528.25	6624.45
	材 料 费 （元）			3364.07	3358.61	3126.32	3280.11
	机 械 费 （元）			192.33	198.04	195.98	216.09
名 称		单位	单价(元)	消 耗 量			
人工	二类人工	工日	135.00	45.920	44.450	40.950	49.070
材料	木模板	m³	1445.00	2.120	2.128	1.946	2.019
	圆钉	kg	4.74	5.850	5.170	4.240	4.640
	零星卡具	kg	5.88	16.870	17.110	19.380	20.940
	钢支撑	kg	3.97	24.330	21.260	26.560	32.080
	钢丝绳 综合	kg	6.45	0.750	0.650	1.250	1.260
	双头带帽螺栓 M16×340	套	11.81	0.250	0.200	0.340	0.600
	隔离剂	kg	4.67	11.730	11.380	10.370	12.520
	嵌缝料	kg	1.42	6.330	6.150	5.600	6.760
	回库维修费	元	1.00	5.60	5.70	6.40	6.90
机械	木工圆锯机 500mm	台班	27.50	1.680	1.626	1.487	1.014
	木工压刨床 单面 600mm	台班	31.42	0.467	0.658	0.414	0.721
	载货汽车 4t	台班	369.21	0.277	0.282	0.297	0.343
	汽车式起重机 8t	台班	648.48	0.045	0.044	0.050	0.060

注：倒锥形水塔如为非地面上浇捣的小型水箱，按水塔水箱相应定额执行。

工作内容:水箱提升、固定等全部操作过程。

计量单位:座

定 额 编 号				17-94	17-95	17-96	17-97	17-98	17-99
项 目				倒锥形水箱提升					
				容积300t 以内			容积500t 以内		
				提升高度(m 以内)					
				20	25	30	20	25	30
基 价 (元)				**45009.08**	**50249.95**	**51918.71**	**54515.62**	**59969.11**	**65337.55**
其中	人 工 费 (元)			21432.60	25387.43	25770.15	28406.70	32574.15	36656.55
	材 料 费 (元)			6731.73	6731.73	6731.73	9263.92	9263.92	9263.92
	机 械 费 (元)			16844.75	18130.79	19416.83	16845.00	18131.04	19417.08
名 称		单位	单价(元)	消 耗 量					
人工	二类人工	工日	135.00	158.760	188.055	190.890	210.420	241.290	271.530
材料	吊杆 45#钢 φ40	kg	3.74	204.000	204.000	204.000	340.000	340.000	340.000
	钢提升架	kg	5.60	418.000	418.000	418.000	549.000	549.000	549.000
	木模板	m³	1445.00	0.173	0.173	0.173	0.243	0.243	0.243
	安全网	m²	7.76	3.260	3.260	3.260	5.430	5.430	5.430
	镀锌铁丝 10#	kg	5.38	2.570	2.570	2.570	3.430	3.430	3.430
	麻绳	kg	7.51	2.330	2.330	2.330	3.110	3.110	3.110
	圆钉	kg	4.74	0.430	0.430	0.430	0.570	0.570	0.570
	电焊条 E43 系列	kg	4.74	18.930	18.930	18.930	25.240	25.240	25.240
	液压设备费	元	1.00	3229.60	3229.60	3229.60	4360.50	4360.50	4360.50
机械	木工圆锯机 500mm	台班	27.50	0.032	0.032	0.032	0.041	0.041	0.041
	载货汽车 4t	台班	369.21	0.012	0.012	0.012	0.012	0.012	0.012
	直流弧焊机 32kW	台班	97.11	22.000	24.000	26.000	22.000	24.000	26.000
	乙炔发生器 5m³	台班	7.31	22.000	24.000	26.000	22.000	24.000	26.000
	电动葫芦－单速 2t	台班	23.79	108.000	116.000	124.000	108.000	116.000	124.000
	电动葫芦－单速 5t	台班	31.49	27.000	29.000	31.000	27.000	29.000	31.000
	电动葫芦－双速 10t	台班	82.39	135.000	145.000	155.000	135.000	145.000	155.000

3. 贮水(油)池模板

工作内容：模板制作、安装、拆除、维护、整理、堆放及场内外运输；模板粘接物及模内杂物清理、
刷隔离剂等。

计量单位：100m²

定　额　编　号			17-100	17-101	17-102	17-103	17-104	17-105
项　目			池底			池壁		
			平底		坡底	矩形		圆形
			组合钢模	复合木模		组合钢模	复合木模	
基　价　(元)			**5189.88**	**5877.21**	**7374.29**	**3955.56**	**3746.98**	**6462.30**
其中	人　工　费　(元)		3384.99	2942.73	3138.35	2755.62	2313.36	3521.07
	材　料　费　(元)		1695.67	2871.27	4091.08	1010.01	1320.01	2748.41
	机　械　费　(元)		109.22	63.21	144.86	189.93	113.61	192.82
名　称	单位	单价(元)	消　耗　量					
人工	二类人工	工日	135.00	25.074	21.798	23.247	20.412	17.136	26.082
材料	钢模板	kg	5.96	70.760	—	—	71.840	—	—
	复合模板 综合	m²	32.33	—	20.790	—	—	20.790	—
	木模板	m³	1445.00	0.347	1.305	2.743	0.004	0.005	1.783
	零星卡具	kg	5.88	13.620	—	—	37.770	37.770	—
	钢支撑	kg	3.97	—	—	—	28.680	28.680	—
	圆钉	kg	4.74	11.950	30.650	14.040	0.290	19.390	18.700
	预埋铁件	kg	3.75	—	—	—	6.700	—	—
	镀锌铁丝 8#	kg	6.55	67.340	—	—	0.690	—	—
	镀锌铁丝 12#	kg	5.38	—	—	—	—	4.850	4.170
	草板纸 80#	张	2.67	30.000	30.000	—	30.000	30.000	—
	尼龙帽	个	0.60	—	—	—	79.000	79.000	—
	隔离剂	kg	4.67	10.000	10.000	10.000	10.000	10.000	10.000
	嵌缝料	kg	1.42	—	—	10.000	—	—	10.000
	复合硅酸盐水泥 P·C 32.5R 综合	kg	0.32	41.000	41.000	—	—	—	—
	黄砂 净砂	t	92.23	0.110	0.110	—	—	—	—
	碎石 综合	t	102.00	0.177	0.177	—	—	—	—
	回库维修费	元	1.00	26.60	—	—	34.90	12.50	—
机械	木工圆锯机 500mm	台班	27.50	0.031	0.398	0.680	0.010	0.066	1.559
	木工压刨床 单面 600mm	台班	31.42	—	—	0.584	—	—	0.730
	载货汽车 4t	台班	369.21	0.280	0.130	0.292	0.324	0.222	0.344
	汽车式起重机 8t	台班	648.48	0.001	—	—	0.108	0.046	—
	双卧轴式混凝土搅拌机 500L	台班	276.37	0.009	0.009	—	—	—	—
	混凝土振捣器 插入式	台班	4.65	0.017	—	—	—	—	—
	机动翻斗车 1t	台班	197.36	0.009	0.009	—	—	—	—

工作内容:模板制作、安装、拆除、维护、整理、堆放及场内外运输;模板粘接物及模内杂物清理、刷隔离剂等。

计量单位:100m²

定 额 编 号			17-106	17-107	17-108	17-109	17-110
项 目			池盖			无梁盖柱	
			无梁盖		肋形盖	组合钢模	复合木模
			组合钢模	复合木模			
基 价 (元)			**4544.79**	**4397.16**	**5251.03**	**6223.38**	**6476.85**
其中	人 工 费 (元)		2891.70	2423.93	2806.65	3912.30	3436.02
	材 料 费 (元)		1374.06	1760.08	2289.23	1982.09	2776.23
	机 械 费 (元)		279.03	213.15	155.15	328.99	264.60
名 称	单位	单价(元)	消 耗 量				
人工 二类人工	工日	135.00	21.420	17.955	20.790	28.980	25.452
材料 钢模板	kg	5.96	65.440	—	—	68.280	—
复合模板 综合	m²	32.33	—	19.992	—	—	15.288
木模板	m³	1445.00	0.335	0.448	1.472	0.631	1.112
零星卡具	kg	5.88	12.710	12.710	—	37.720	37.720
钢支撑	kg	3.97	54.320	54.320	—	62.960	62.960
圆钉	kg	4.74	4.170	9.030	21.370	6.540	13.520
镀锌铁丝 8#	kg	6.55	5.530	—	—	—	—
草板纸 80#	张	2.67	30.000	30.000	—	30.000	30.000
隔离剂	kg	4.67	10.000	10.000	10.000	10.000	10.000
嵌缝料	kg	1.42	—	—	10.000	—	—
镀锌铁丝 22#	kg	6.55	0.180	0.180	—	—	—
复合硅酸盐水泥 P·C 32.5R 综合	kg	0.32	2.000	2.000	—	—	—
黄砂 净砂	t	92.23	0.004	0.004	—	—	—
回库维修费	元	1.00	24.60	4.20	—	33.80	12.50
机械 木工圆锯机 500mm	台班	27.50	0.060	0.329	0.942	1.140	0.366
木工压刨床 单面 600mm	台班	31.42	—	—	0.647	—	—
载货汽车 4t	台班	369.21	0.400	0.400	0.295	0.490	0.512
汽车式起重机 8t	台班	648.48	0.200	0.087	—	0.180	0.101

注:球形池盖按拱形板定额执行。

工作内容：模板制作、安装、拆除、维护、整理、堆放及场内外运输；模板粘接物及模内杂物清理、
　　　　　刷隔离剂等。

计量单位：100m²

定　额　编　号				17-111	17-112
项　　　目				贮水（油）池沉淀池	
				水　槽	壁基梁
基　　价　　（元）				**7572.80**	**10056.76**
其中	人　　工　　费　（元）			3980.34	5171.04
	材　　料　　费　（元）			3358.14	4624.35
	机　　械　　费　（元）			234.32	261.37
	名　　称	单位	单价(元)	消　耗　量	
人工	二类人工	工日	135.00	29.484	38.304
材料	木模板	m³	1445.00	2.240	3.094
	圆钉	kg	4.74	12.750	19.540
	隔离剂	kg	4.67	10.000	10.000
	嵌缝料	kg	1.42	10.000	10.000
机械	木工圆锯机 500mm	台班	27.50	1.299	2.210
	木工压刨床 单面 600mm	台班	31.42	0.645	0.650
	载货汽车 4t	台班	369.21	0.483	0.488

4.贮仓模板

工作内容:模板制作、安装、拆除、维护、整理、堆放及场内外运输;模板粘接物及模内杂物清理、刷隔离剂等。

计量单位:100m²

定额编号			17-113	17-114	17-115	17-116	17-117	17-118
项 目			矩形仓			圆形仓		
			立壁		斜壁(漏斗)	立壁	隔层板	顶板
			组合钢模	复合木模				
基 价 (元)			**4960.31**	**4115.27**	**4604.95**	**5817.85**	**5781.27**	**6742.85**
其中	人 工 费 (元)		3597.62	2789.64	2908.71	3308.45	2296.35	2619.54
	材 料 费 (元)		1139.71	1188.82	1580.96	2339.64	3250.48	3988.06
	机 械 费 (元)		222.98	136.81	115.28	169.76	234.44	135.25
名 称	单位	单价(元)	消 耗 量					
人工	二类人工	工日	135.00	26.649	20.664	21.546	24.507	17.010	19.404
材料	钢模板	kg	5.96	74.540	—	—	—	—	—
	复合模板 综合	m²	32.33	—	15.190	—	—	—	—
	木模板	m³	1445.00	0.022	0.022	1.009	1.377	2.159	2.532
	零星卡具	kg	5.88	37.740	37.740	—	7.360	—	—
	钢支撑	kg	3.97	38.940	38.940	—	—	—	—
	圆钉	kg	4.74	0.540	12.190	11.560	16.960	14.730	11.570
	预埋铁件	kg	3.75	32.560	—	—	42.140	—	—
	双头带帽螺栓 M16×340	套	11.81	—	7.820	—	—	—	12.100
	热轧光圆钢筋 综合	kg	3.97	—	—	—	—	—	9.640
	型钢 综合	kg	3.84	—	—	—	—	—	8.440
	镀锌铁丝 12#	kg	5.38	—	—	—	1.350	—	—
	草板纸 80#	张	2.67	30.000	30.000	—	—	—	—
	隔离剂	kg	4.67	10.000	10.000	10.000	10.000	10.000	10.000
	嵌缝料	kg	1.42	—	—	10.000	10.000	10.000	10.000
	复合硅酸盐水泥 P·C 32.5R 综合	kg	0.32	—	—	—	6.000	—	—
	黄砂 净砂	t	92.23	—	—	—	0.010	—	—
	碎石 综合	t	102.00	—	—	—	0.020	—	—
	回库维修费	元	1.00	35.70	12.50	—	2.40	—	—
机械	木工圆锯机 500mm	台班	27.50	0.022	0.143	0.814	0.320	0.659	0.940
	木工压刨床 单面 600mm	台班	31.42	—	—	0.430	0.540	0.504	0.650
	载货汽车 4t	台班	369.21	0.381	0.251	0.215	0.390	0.543	0.241
	汽车式起重机 8t	台班	648.48	0.126	0.062	—	—	—	—

工作内容:安装、拆除平台、模板、液压、供水、供电、通信设备,中间改模,激光对中,设置安全网,
滑模清洗、刷油、堆放及场内外运输等。

计量单位:10m³

定 额 编 号			17-119	17-120	17-121	17-122
项 目			筒仓液压滑升钢模			
			筒仓内径(m 以内)			
			8	10	12	16
基 价 (元)			**6646.98**	**6143.67**	**5204.03**	**5102.60**
其中	人 工 费 (元)		3808.35	3619.35	3156.30	2995.65
	材 料 费 (元)		2397.43	2157.37	1721.15	1828.12
	机 械 费 (元)		441.20	366.95	326.58	278.83
名 称	单位	单价(元)	消 耗 量			
人工 二类人工	工日	135.00	28.210	26.810	23.380	22.190
材料 钢滑模	kg	4.52	230.000	210.000	160.000	180.000
钢支撑	kg	3.97	180.000	160.000	130.000	130.000
木模板	m³	1445.00	0.150	0.140	0.120	0.144
安全网	m²	7.76	2.700	2.700	2.550	2.470
圆钉	kg	4.74	2.350	2.000	1.520	1.310
电焊条 E43 系列	kg	4.74	2.000	1.700	1.500	1.500
麻绳	kg	7.51	2.000	2.000	1.750	1.580
溶剂油	kg	2.29	0.400	0.380	0.350	0.300
红丹防锈漆	kg	6.90	1.880	1.600	1.130	0.980
隔离剂	kg	4.67	12.510	11.110	10.000	10.000
氧气	m³	3.62	1.500	1.300	1.200	1.100
乙炔气	m³	8.90	0.340	0.310	0.290	0.270
嵌缝料	kg	1.42	6.250	5.550	5.000	5.000
液压台 YKT-36	台	1034.00	0.014	0.010	0.007	0.005
千斤顶	台	109.00	0.700	0.600	0.500	0.490
橡胶管 D8	m	5.14	1.400	1.200	1.000	0.980
橡胶管 D16	m	6.63	0.760	0.800	0.480	0.640
针型阀 J13H-16P DN15	个	38.79	0.700	0.600	0.500	0.490
分离器	个	129.00	0.350	0.300	0.250	0.250
接头四通	个	1.03	0.160	0.140	0.120	0.120
接头三通	个	0.69	0.100	0.070	0.070	0.070
机油 综合	kg	2.91	12.210	10.010	7.830	6.530
铜芯塑料绝缘线 BV6.0	m	3.02	5.630	5.000	3.910	3.260
电力电缆 VV 1×6	m	3.88	2.810	2.000	1.740	1.630
电力电缆 VV 1×12	m	7.33	5.630	5.000	3.910	3.260
机械 木工圆锯机 500mm	台班	27.50	0.380	0.270	0.220	0.200
木工压刨床 单面600mm	台班	31.42	0.190	0.140	0.110	0.100
载货汽车 4t	台班	369.21	0.560	0.470	0.440	0.390
直流弧焊机 32kW	台班	97.11	2.160	1.800	1.520	1.240
乙炔发生器 5m³	台班	7.31	1.130	0.930	0.960	0.790

5. 地 沟 模 板

工作内容:模板制作、安装、拆除、维护、整理、堆放及场内外运输;模板粘接物及模内杂物清理、
刷隔离剂等。   计量单位:100m²

定 额 编 号			17-123	17-124	17-125	17-126
项 目			沟底	沟壁		沟顶
				组合钢模	复合木模	
基 价 (元)			**3580.36**	**3192.06**	**3126.32**	**3208.41**
其中	人 工 费 (元)		2126.25	2126.25	1760.54	1743.53
	材 料 费 (元)		1393.62	886.60	1250.91	1405.22
	机 械 费 (元)		60.49	179.21	114.87	59.66
名 称	单位	单价(元)	消 耗 量			
人工 二类人工	工日	135.00	15.750	15.750	13.041	12.915
材料 钢模板	kg	5.96	—	60.100	—	—
复合模板 综合	m²	32.33	—	—	20.090	—
木模板	m³	1445.00	0.881	0.035	0.059	0.903
零星卡具	kg	5.88	—	28.260	28.260	—
钢支撑	kg	3.97	—	28.700	28.700	—
圆钉	kg	4.74	12.590	0.300	12.350	8.330
草板纸 80#	张	2.67	—	30.000	30.000	—
尼龙帽	个	0.60	—	69.000	69.000	—
隔离剂	kg	4.67	10.000	10.000	10.000	10.000
嵌缝料	kg	1.42	10.000	—	—	10.000
回库维修费	元	1.00	—	28.10	9.30	
机械 木工圆锯机 500mm	台班	27.50	0.444	0.067	0.058	0.228
木工压刨床 单面 600mm	台班	31.42	0.667	—	—	0.430
载货汽车 4t	台班	369.21	0.074	0.303	0.226	0.108
汽车式起重机 8t	台班	648.48	—	0.101	0.046	

6. 沉井壁模板

工作内容：模板制作、安装、拆除、维护、整理、堆放及场内外运输；模板粘接物及模内杂物清理、刷隔离剂等。

计量单位：100m²

定　额　编　号			17-127	17-128	17-129
项　　目			矩形井壁		圆形井壁
			组合钢模	复合木模	
基　　价　（元）			**3405.76**	**3620.25**	**6519.26**
其中	人　工　费　（元）		2126.25	1743.53	2602.53
	材　料　费　（元）		924.23	1758.68	3805.44
	机　械　费　（元）		355.28	118.04	111.29
名　称	单位	单价（元）	消　耗　量		
人工	二类人工	工日	135.00	15.750	12.915	19.278
材料	钢模板	kg	5.96	62.330	—	—
	复合模板 综合	m²	32.33	—	20.090	—
	木模板	m³	1445.00	0.036	0.060	2.271
	零星卡具	kg	5.88	29.310	29.310	—
	钢支撑	kg	3.97	29.760	29.760	—
	圆钉	kg	4.74	0.510	20.800	19.540
	双头带帽螺栓 M16×340	套	11.81	0.890	36.050	28.950
	镀锌铁丝 8#	kg	6.55	—	4.540	4.340
	尼龙帽	个	0.60	69.000	69.000	—
	草板纸 80#	张	2.67	30.000	30.000	—
	隔离剂	kg	4.67	10.000	10.000	10.000
	嵌缝料	kg	1.42	—	—	10.000
	回库维修费	元	1.00	29.10	9.70	
机械	木工圆锯机 500mm	台班	27.50	0.134	0.059	1.026
	载货汽车 4t	台班	369.21	0.601	0.231	0.225
	汽车式起重机 8t	台班	648.48	0.200	0.048	—

注：砖砌井壁钢筋混凝土刃脚按井壁相应定额执行。

四、室外地坪、围墙

1. 铺贴地坪块、草皮砖

工作内容:清理基层,调制水泥砂浆,铺设基层、铺设(贴)面层、擦缝、勾缝等全部过程。 计量单位:100m²

定 额 编 号			17-130	17-131	17-132
项 目			铺贴地坪块		铺草皮砖
			砂基层	水泥砂浆基层	
基 价 (元)			**10898.27**	**12486.52**	**2738.12**
其中	人 工 费 (元)		604.80	1944.41	822.15
	材 料 费 (元)		10293.47	10521.56	1915.97
	机 械 费 (元)		—	20.55	—
名 称	单位	单价(元)	消 耗 量		
人工 二类人工	工日	135.00	4.480	14.403	6.090
材料 黄砂 毛砂	t	87.38	8.190	—	—
干混地面砂浆 DS M20.0	m³	443.08	—	2.120	—
地坪块	m²	94.83	101.000	101.000	—
草皮砖	m²	18.97	—	—	101.000
其他材料费	元	1.00	—	4.40	—
机械 干混砂浆罐式搅拌机 20000L	台班	193.83	—	0.106	

> **注:**1.铺地坪块、草皮砖采用不同材料时,材料单价换算,其余不变。
> 2.地坪块下砂基层或砂浆基层的厚度分别按60mm或20mm考虑,设计不同时,基层材料用量及搅拌机台班按比例调整,其余不变。
> 3.草皮砖基层按设计要求另行计算。

2. 铸 铁 围 墙

工作内容:基座整理、场内搬运、安装固定、清理。 计量单位:100m²

定 额 编 号			17-133
项 目			铸铁花式围墙
基 价 (元)			**18656.78**
其中	人 工 费 (元)		368.55
	材 料 费 (元)		18282.66
	机 械 费 (元)		5.57
名 称	单位	单价(元)	消 耗 量
人工 二类人工	工日	135.00	2.730
材料 铸铁花饰、栏杆 30kg/m²	m²	181.00	101.000
电焊条 E43 系列	kg	4.74	0.287
其他材料费	元	1.00	0.30
机械 交流弧焊机 32kV·A	台班	92.84	0.060

> **注:**铁艺围墙套铸铁花饰围墙,单价换算,其余不变。

五、室 外 排 水

1. 室外排水管道铺设

工作内容:挂线、清扫基座、成品管材管件场内运输、铺设。　　　　　　　　　　　　　计量单位:100m

定　额　编　号				17-134	17-135	17-136
项　　　目				塑料管道铺设		
				管 径(mm)		
				150	200	300
基　　价　(元)				**587.75**	**789.79**	**1639.41**
其中	人　　工　　费　(元)			360.99	419.58	486.68
	材　　料　　费　(元)			226.76	370.21	1152.73
	机　　械　　费　(元)			—	—	—
名　　称		单位	单价(元)	消 耗 量		
人工	二类人工	工日	135.00	2.674	3.108	3.605
材料	硬塑料管	m	—	(101.500)	(101.500)	(101.500)
	橡胶圈 *DN*150	个	12.07	18.000	—	—
	橡胶圈 *DN*200	个	19.83	—	18.000	—
	橡胶圈 *DN*300	个	63.36	—	—	18.000
	其他材料费	元	1.00	9.50	13.27	12.25

2.砖砌窨井

工作内容:铺、夯垫层,浇捣混凝土,调制砂浆,砌砖,内壁抹灰,安装混凝土井圈盖。 计量单位:只

定 额 编 号					17-137	17-138	17-139	17-140
项 目					砖砌窨井(内径周长:m 以内)			
					1	1.5	2	2.6
基 价 (元)					**465.14**	**926.58**	**1139.76**	**1349.30**
其中	人 工 费 (元)				303.75	576.18	700.38	824.99
	材 料 费 (元)				148.12	331.33	414.01	492.70
	机 械 费 (元)				13.27	19.07	25.37	31.61
名 称		单位	单价(元)		消 耗 量			
人工	二类人工	工日	135.00		2.250	4.268	5.188	6.111
材料	混凝土实心砖 240×115×53 MU10	千块	388.00		0.076	0.265	0.314	0.368
	非泵送商品混凝土 C15	m³	399.00		0.052	0.124	0.165	0.206
	非泵送商品混凝土 C20	m³	412.00		0.081	0.112	0.152	0.183
	干混砌筑砂浆 DM M5.0	m³	397.23		0.030	0.103	0.122	0.143
	干混抹灰砂浆 DP M15.0	m³	446.85		0.063	0.110	0.130	0.152
	107 胶纯水泥浆	m³	490.56		0.003	0.005	0.006	0.007
	碎石 综合	t	102.00		0.057	0.149	0.186	0.223
	黄砂 毛砂	t	87.38		0.001	0.001	0.001	0.001
	木模板	m³	1445.00		0.006	0.009	0.013	0.015
	圆钉	kg	4.74		0.066	0.102	0.138	0.167
	塑料薄膜	m²	0.86		0.630	0.980	1.330	1.610
	水	m³	4.27		0.269	0.434	0.580	0.699
	其他材料费	元	1.00		6.40	8.90	12.10	14.50
机械	干混砂浆罐式搅拌机 20000L	台班	193.83		0.005	0.011	0.013	0.015
	混凝土振捣器 平板式	台班	12.54		0.008	0.014	0.019	0.023
	混凝土振捣器 插入式	台班	4.65		0.004	0.006	0.007	0.009
	木工圆锯机 500mm	台班	27.50		0.002	0.004	0.006	0.007
	木工压刨床 单面 600mm	台班	31.42		0.001	0.002	0.003	0.003
	汽车式起重机 8t	台班	648.48		0.012	0.016	0.022	0.028
	机动翻斗车 1t	台班	197.36		0.005	0.007	0.009	0.011
	载货汽车 4t	台班	369.21		0.009	0.013	0.017	0.021

注:1. 窨井深以混凝土底板面至窨井盖面为准。

2. 井壁除内径周长 1m 以内为 1/2 砖厚外,其余均为一砖厚。

3. 使用铸铁或复合井盖时,定额扣除人工 0.1 工日、C20 非泵送商品混凝土 0.032m³ 及其他材料费 2.9 元,铸铁、复合井盖按相应定额另行计算。

工作内容:铺、夯垫层,浇捣混凝土,调制砂浆,砌砖,内壁抹灰,安装混凝土井圈盖。　　　　　计量单位:只

定　额　编　号			17-141	17-142	17-143	17-144
项　　目			砖砌窨井(内径周长:m 以内)			
			1	1.5	2	2.6
			每增减 20cm 深			
基　价　(元)			**68.69**	**152.94**	**171.85**	**214.37**
其中	人　工　费　(元)		53.60	106.92	117.59	149.72
	材　料　费　(元)		14.90	45.63	53.68	64.07
	机　械　费　(元)		0.19	0.39	0.58	0.58
名　　称	单位	单价(元)	消　耗　量			
人工 二类人工	工日	135.00	0.397	0.792	0.871	1.109
材料 混凝土实心砖 240×115×53 MU10	千块	388.00	0.016	0.065	0.076	0.092
干混砌筑砂浆 DM M5.0	m³	397.23	0.006	0.025	0.030	0.036
干混抹灰砂浆 DP M15.0	m³	446.85	0.013	0.022	0.026	0.030
107 胶纯水泥浆	m³	490.56	0.001	0.001	0.001	0.001
水	m³	4.27	0.003	0.013	0.015	0.019
其他材料费	元	1.00	—	0.10	0.10	0.10
机械 干混砂浆罐式搅拌机 20000L	台班	193.83	0.001	0.002	0.003	0.003

3.化 粪 池

工作内容:浇捣混凝土垫层,制作、安装、拆除模板,浇捣、养护混凝土,调制砂浆,砌砖,抹灰,
混凝土构件安装。

计量单位:座

定 额 编 号			17-145	17-146	17-147	17-148	17-149	17-150
项 目			砖砌化粪池					
			1#	2#	3#	4#	5#	6#
			容 积(m³)					
			1.71	3.38	4.95	7.20	9.41	12.29
基 价 (元)			**11083.81**	**14362.92**	**17943.23**	**20813.51**	**24728.25**	**26768.92**
其中	人 工 费 (元)		7332.93	9504.27	10968.35	12893.85	15056.55	16288.70
	材 料 费 (元)		3696.82	4788.13	6877.10	7803.56	9535.00	10331.44
	机 械 费 (元)		54.06	70.52	97.78	116.10	136.70	148.78
名 称	单位	单价(元)	消 耗 量					
人工 二类人工	工日	135.00	54.318	70.402	81.247	95.510	111.530	120.657
材料 混凝土实心砖 240×115×53 MU10	千块	388.00	3.257	4.231	5.199	5.945	6.763	7.341
非泵送商品混凝土 C15	m³	399.00	0.506	0.678	0.933	1.181	1.481	1.608
非泵送商品混凝土 C20	m³	412.00	1.876	2.474	4.710	4.968	6.916	7.436
非泵送商品混凝土 C30	m³	438.00	0.132	0.132	0.173	0.173	0.173	0.173
干混砌筑砂浆 DM M10.0	m³	413.73	1.453	1.888	2.320	2.652	3.017	3.275
干混抹灰砂浆 DP M20.0	m³	446.95	1.078	1.349	1.926	2.269	2.657	2.919
复合模板 综合	m²	32.33	0.582	0.836	2.572	3.195	3.935	4.241
钢支撑	kg	3.97	—	1.894	2.616	3.497	4.602	5.107
零星卡具	kg	5.88	1.229	1.773	2.448	3.274	4.308	4.791
木模板	m³	1445.00	0.026	0.031	0.054	0.064	0.075	0.080
预埋铁件	kg	3.75	0.052	0.052	0.052	0.052	0.052	0.052
圆钉	kg	4.74	0.476	0.617	1.158	1.414	1.745	1.882
塑料薄膜	m²	0.86	10.660	14.140	24.680	30.516	37.492	42.360
黄砂 毛砂	t	87.38	—	—	—	—	—	0.002
碎石 综合	t	102.00	0.902	1.209	1.662	2.104	2.639	2.864
防水剂	kg	3.65	29.284	36.734	52.581	62.029	72.729	79.949
水	m³	4.27	5.927	7.623	12.321	14.865	17.848	19.301
其他材料费	元	1.00	18.09	19.82	23.72	25.21	28.35	29.29
机械 干混砂浆罐式搅拌机 20000L	台班	193.83	0.127	0.162	0.212	0.246	0.284	0.310
混凝土振捣器 平板式	台班	12.54	0.068	0.088	0.122	0.151	0.187	0.202
混凝土振捣器 插入式	台班	4.65	0.094	0.124	0.323	0.391	0.472	0.502
木工圆锯机 500mm	台班	27.50	0.027	0.037	0.081	0.099	0.122	0.131
木工压刨床 单面600mm	台班	31.42	0.004	0.004	0.004	0.004	0.004	0.004
汽车式起重机 8t	台班	648.48	0.002	0.003	0.004	0.006	0.007	0.008
机动翻斗车 1t	台班	197.36	0.002	0.002	0.017	0.017	0.017	0.017
载货汽车 4t	台班	369.21	0.001	0.002	0.029	0.037	0.047	0.051
电动夯实机 250N·m	台班	28.03	0.900	1.185	1.236	1.461	1.726	1.881

注:使用铸铁或复合井盖,每只井盖扣除人工0.1工日、C30非泵送商品混凝土0.032m³及其他材料费2.9元,铸铁、
复合井盖按相应定额另行计算。

工作内容:制作、安装、拆除模板,浇捣、养护混凝土,调制砂浆,抹灰,混凝土构件安装。　　　　　　　　　　计量单位:座

定　额　编　号			17-151	17-152	17-153	17-154	17-155
项　　　目			混凝土化粪池				
			1#	2#	3#	4#	5#
			容　积(m³)				
			1.71	3.38	4.95	7.20	10.08
基　　价　(元)			8970.58	11989.14	15908.58	18907.72	22362.07
其中	人　工　费　(元)		5703.35	7558.79	9766.85	11487.02	13469.36
	材　料　费　(元)		3193.12	4330.20	6006.50	7258.63	8700.93
	机　械　费　(元)		74.11	100.15	135.23	162.07	191.78
名　　称	单位	单价(元)	消　耗　量				
人工 二类人工	工日	135.00	42.247	55.991	72.347	85.089	99.773
材料 非泵送商品混凝土 C15	m³	399.00	0.352	0.498	0.702	0.917	1.181
非泵送商品混凝土 C20	m³	412.00	4.769	6.463	8.923	10.751	12.849
非泵送商品混凝土 C30	m³	438.00	0.132	0.132	0.173	0.173	0.173
干混抹灰砂浆 DP M20.0	m³	446.95	0.801	1.109	1.558	1.890	2.270
复合模板 综合	m²	32.33	6.798	9.335	13.093	15.648	18.497
钢支撑	kg	3.97	12.038	16.559	23.220	27.839	33.021
零星卡具	kg	5.88	13.546	18.607	26.091	31.200	36.908
木模板	m³	1445.00	0.046	0.059	0.081	0.096	0.113
预埋铁件	kg	3.75	0.040	0.040	0.040	0.040	0.040
黄砂 毛砂	t	87.38	0.001	0.001	0.002	0.002	0.002
碎石 综合	t	102.00	0.628	0.887	1.250	1.633	2.103
圆钉	kg	4.74	5.940	8.085	11.319	13.430	15.765
镀锌铁丝 12#	kg	5.38	0.005	0.008	0.011	0.015	0.019
防水剂	kg	3.65	21.692	30.168	42.462	51.622	62.095
塑料薄膜	m²	0.86	10.440	14.377	19.711	24.944	31.273
水	m³	4.27	8.840	11.984	16.568	20.024	24.002
其他材料费	元	1.00	39.95	50.33	67.84	78.22	90.48
机械 干混砂浆罐式搅拌机 20000L	台班	193.83	0.040	0.055	0.078	0.095	0.114
混凝土振捣器 平板式	台班	12.54	0.050	0.067	0.094	0.119	0.151
混凝土振捣器 插入式	台班	4.65	0.368	0.498	0.687	0.821	0.972
木工圆锯机 500mm	台班	27.50	0.053	0.073	0.102	0.126	0.154
木工压刨床 单面 600mm	台班	31.42	0.003	0.003	0.004	0.004	0.004
汽车式起重机 8t	台班	648.48	0.019	0.027	0.037	0.045	0.053
机动翻斗车 1t	台班	197.36	0.013	0.013	0.015	0.015	0.015
载货汽车 4t	台班	369.21	0.072	0.099	0.139	0.168	0.200
电动夯实机 250N·m	台班	28.03	0.749	0.985	1.232	1.448	1.703

工作内容:制作、安装、拆除模板,浇捣、养护混凝土,调制砂浆,抹灰,混凝土构件安装。 计量单位:座

定 额 编 号			17-156	17-157	17-158	17-159	17-160
项 目			混凝土化粪池				
			6#	7#	8#	9#	10#
			容 积(m³)				
			12.29	18	24.19	30.20	40.66
基 价 (元)			**24392.15**	**29367.65**	**34353.26**	**39507.63**	**46718.66**
其中	人 工 费 (元)		14676.12	17649.63	20479.23	23672.25	28178.96
	材 料 费 (元)		9506.54	11464.86	13577.54	15494.27	18136.44
	机 械 费 (元)		209.49	253.16	296.49	341.11	403.26
名 称	单位	单价(元)	消 耗 量				
人工 二类人工	工日	135.00	108.712	130.738	151.698	175.350	208.733
材料 非泵送商品混凝土 C15	m³	399.00	1.299	1.587	2.014	2.278	2.667
非泵送商品混凝土 C20	m³	412.00	14.040	16.920	19.980	22.801	26.665
非泵送商品混凝土 C30	m³	438.00	0.173	0.173	0.173	0.173	0.173
干混抹灰砂浆 DP M20.0	m³	446.95	2.489	3.022	3.572	4.101	4.829
复合模板 综合	m²	32.33	20.198	24.391	28.307	32.519	38.251
钢支撑	kg	3.97	36.110	43.615	50.811	58.364	68.681
零星卡具	kg	5.88	40.343	48.684	56.543	64.957	76.419
木模板	m³	1445.00	0.122	0.146	0.172	0.195	0.226
预埋铁件	kg	3.75	0.040	0.040	0.040	0.040	0.040
黄砂 毛砂	t	87.38	0.002	0.002	0.002	0.002	0.002
碎石 综合	t	102.00	2.313	2.826	3.586	4.056	4.750
圆钉	kg	4.74	17.195	20.679	23.829	27.354	32.128
镀锌铁丝 12#	kg	5.38	0.019	0.027	0.034	0.039	0.046
防水剂	kg	3.65	68.141	82.814	97.992	112.564	132.607
料 塑料薄膜	m²	0.86	34.398	41.983	52.122	59.212	69.325
水	m³	4.27	26.241	31.665	37.498	42.808	50.124
其他材料费	元	1.00	97.46	114.88	130.18	147.38	171.98
机 干混砂浆罐式搅拌机 20000L	台班	193.83	0.124	0.151	0.179	0.205	0.241
混凝土振捣器 平板式	台班	12.54	0.165	0.200	0.252	0.283	0.330
混凝土振捣器 插入式	台班	4.65	1.062	1.277	1.490	1.704	1.995
木工圆锯机 500mm	台班	27.50	0.168	0.205	0.247	0.282	0.331
木工压刨床 单面 600mm	台班	31.42	0.004	0.004	0.004	0.004	0.004
汽车式起重机 8t	台班	648.48	0.058	0.070	0.082	0.094	0.110
机动翻斗车 1t	台班	197.36	0.015	0.015	0.015	0.015	0.015
械 载货汽车 4t	台班	369.21	0.219	0.265	0.310	0.356	0.419
电动夯实机 250N·m	台班	28.03	1.865	2.265	2.647	3.092	3.743

4. 隔 油 池

工作内容:制作、安装、拆除模板,浇捣、养护混凝土,调制砂浆,砌砖,抹灰,构件制作、安装。　　　　　　　　　　　　计量单位:座

	定　额　编　号			17-161	17-162	17-163	17-164
	项　　　目			砖砌隔油池			
				G – Ⅰ	G – Ⅱ	G – Ⅲ	G – Ⅳ
				有效容积(m³)			
				2.3	1.6	0.68	0.53
	基　　价　　(元)			**11859.12**	**10246.20**	**7888.41**	**6650.55**
其中	人　工　费　(元)			7915.46	6687.90	5007.15	4233.47
	材　料　费　(元)			3812.75	3453.41	2813.14	2360.98
	机　械　费　(元)			130.91	104.89	68.12	56.10
	名　　称	单位	单价(元)	消　耗　量			
人工	二类人工	工日	135.00	58.633	49.540	37.090	31.359
材料	非泵送商品混凝土 C15	m³	399.00	0.005	0.005	0.004	0.004
	非泵送商品混凝土 C20	m³	412.00	2.508	2.498	1.503	1.269
	非泵送商品混凝土 C30	m³	438.00	0.284	0.284	0.223	0.223
	干混砌筑砂浆 DM M10.0	m³	413.73	1.087	0.882	0.871	0.660
	干混抹灰砂浆 DP M15.0	m³	446.85	0.846	0.730	0.534	0.460
	107 胶纯水泥浆	m³	490.56	0.038	0.033	0.024	0.021
	混凝土实心砖 240×115×53 MU10	千块	388.00	2.786	2.261	2.234	1.693
	钢模板	kg	5.96	8.684	8.684	4.409	3.540
	钢支撑	kg	3.97	3.276	3.276	1.663	1.336
	零星卡具	kg	5.88	2.405	2.405	1.221	0.980
	木模板	m³	1445.00	0.038	0.037	0.022	0.018
	黄砂 毛砂	t	87.38	0.002	0.002	0.002	0.002
	碎石 综合	t	102.00	0.009	0.009	0.007	0.007
	圆钉	kg	4.74	0.505	0.505	0.305	0.261
	塑料薄膜	m²	0.86	12.193	12.037	7.216	6.107
	铸铁检查井盖 φ700 轻型	套	459.00	1.000	1.000	1.000	1.000
	水	m³	4.27	6.700	6.200	4.240	3.590
	其他材料费	元	1.00	90.30	81.60	59.60	53.20
机械	干混砂浆罐式搅拌机 20000L	台班	193.83	0.097	0.081	0.070	0.056
	混凝土振捣器 平板式	台班	12.54	0.111	0.110	0.081	0.073
	混凝土振捣器 插入式	台班	4.65	0.208	0.208	0.106	0.085
	木工圆锯机 500mm	台班	27.50	0.044	0.044	0.026	0.023
	木工压刨床 单面 600mm	台班	31.42	0.001	0.001	0.001	0.001
	电动单级离心清水泵 100mm	台班	36.22	2.479	1.852	1.148	0.945
	机动翻斗车 1t	台班	197.36	0.020	0.019	0.015	0.014
	载货汽车 4t	台班	369.21	0.040	0.040	0.021	0.017

注:透气孔、进、出排水管的主材及安装费未计入。

5. 大、小便槽

工作内容:槽坑挖土、铺设垫层、调制砂浆、砌砖、抹灰、磨石子、贴地砖、瓷砖。　　　　　　　　　计量单位:10m

定　额　编　号			17-165	17-166	17-167	17-168	17-169	17-170
项　　目			大　便　槽					
			槽　式			坑式(10 只)		
			砂浆面层	地砖面层		面层		
			槽抹砂浆	槽内贴瓷砖		砂浆	水磨石	地砖
基　价　(元)			**3256.52**	**3619.13**	**4121.65**	**1189.54**	**2343.75**	**2304.32**
其中	人　工　费　(元)		1738.40	1860.30	1972.76	464.13	1504.17	1020.20
	材　料　费　(元)		1507.27	1747.39	2137.07	722.11	836.48	1280.05
	机　械　费　(元)		10.85	11.44	11.82	3.30	3.10	4.07
名　　称	单位	单价(元)	消　耗　量					
人工	二类人工	工日	135.00	12.877	13.780	14.613	3.438	11.142	7.557

	名　称	单位	单价(元)						
材料	二类人工	工日	135.00	12.877	13.780	14.613	3.438	11.142	7.557
	混凝土实心砖 240×115×53 MU10	千块	388.00	1.730	1.730	1.730	0.150	0.150	0.150
	非泵送商品混凝土 C15	m³	399.00	0.540	0.540	0.540	0.810	0.810	0.810
	干混砌筑砂浆 DM M5.0	m³	397.23	0.680	0.680	0.680	0.060	0.060	0.060
	干混地面砂浆 DS M20.0	m³	443.08	0.440	0.490	0.534	0.280	0.250	0.353
	水泥白石子浆 1:1.5	m³	439.66	—	—	—	—	0.170	—
	纯水泥浆	m³	430.36	—	0.010	0.020	—	—	0.010
	碎石 综合	t	102.00	1.450	1.450	1.450	1.810	1.810	1.810
	瓷砖 152×152	千块	392.00	—	0.540	0.630	—	—	0.120
	地砖 300×300	m²	44.83	—	—	7.500	—	—	10.700
	白色硅酸盐水泥 425# 二级白度	kg	0.59	—	2.000	4.000	—	—	3.000
	复合硅酸盐水泥 P·C 32.5R 综合	kg	0.32	—	—	—	—	3.600	—
	金刚石	块	8.62	—	—	—	—	4.700	—
	草酸	kg	3.88	—	—	—	—	0.140	—
	软蜡	kg	15.52	—	—	—	—	0.590	—
	煤油	kg	3.79	—	—	—	—	0.200	—
	其他材料费	元	1.00	7.60	8.40	1.60	8.20	9.00	1.00
机械	干混砂浆罐式搅拌机 20000L	台班	193.83	0.056	0.059	0.061	0.017	0.016	0.021

注:贴面材料不同,单价换算,其余不变。

工作内容：槽坑挖土、铺设垫层、调制砂浆、砌砖、抹灰、磨石子、贴地砖、瓷砖。　　　　　　　　　计量单位：10m

定　额　编　号			17-171	17-172	17-173
项　　　　目			小　便　槽		
			水泥砂浆面层	水磨石面层	瓷砖面层
基　　价　（元）			**2330.43**	**3928.74**	**2679.15**
其中	人　　工　　费　（元）		1433.03	2881.31	1310.18
	材　　料　　费　（元）		890.62	1042.00	1362.19
	机　　械　　费　（元）		6.78	5.43	6.78
名　　称	单位	单价（元）	消　耗　量		
人工 二类人工	工日	135.00	10.615	21.343	9.705
材料 混凝土实心砖 240×115×53 MU10	千块	388.00	0.380	0.380	0.380
非泵送商品混凝土 C20	m³	412.00	0.380	0.380	0.380
木模板	m³	1445.00	0.110	0.110	0.110
圆钉	kg	4.74	1.700	1.700	1.700
干混砌筑砂浆 DM M5.0	m³	397.23	0.150	0.150	0.150
干混地面砂浆 DS M15.0	m³	443.08	0.540	0.410	0.540
水泥白石子浆 1:1.5	m³	439.66	—	0.280	—
纯水泥浆	m³	430.36	0.020	0.020	0.020
碎石 综合	t	102.00	1.080	1.080	1.080
瓷砖 152×152	千块	392.00	—	—	0.840
地砖 300×300	m²	44.83	—	—	3.090
白色硅酸盐水泥 425# 二级白度	kg	0.59	—	—	4.000
复合硅酸盐水泥 P·C 32.5R 综合	kg	0.32	—	6.000	—
金刚石	块	8.62	—	7.600	—
草酸	kg	3.88	—	0.240	—
软蜡	kg	15.52	—	0.960	—
煤油	kg	3.79	—	0.320	—
其他材料费	元	1.00	2.00	3.40	3.40
机械 干混砂浆罐式搅拌机 20000L	台班	193.83	0.035	0.028	0.035

注：瓷砖面小便槽踏步面为地砖。

6. 成品井、池安装

工作内容:安装成品检查井、成品池全部操作过程。 计量单位:座

定 额 编 号			17-174	17-175	17-176	17-177	17-178
项 目			成品塑料检查井安装	成品塑料池安装(m³ 以内)			
				6	20	40	100
基 价 (元)			**1137.34**	**225.47**	**617.86**	**1080.48**	**1991.15**
其中	人 工 费 (元)		81.00	108.00	359.10	567.00	1080.00
	材 料 费 (元)		1056.34	20.20	70.70	151.50	320.50
	机 械 费 (元)		—	97.27	188.06	361.98	590.65
名 称	单位	单价(元)	消 耗 量				
人工 二类人工	工日	135.00	0.600	0.800	2.660	4.200	8.000
材料 塑料检查井	套	1034.00	1.010	—	—	—	—
成品塑料池	座	—	—	(1.010)	(1.010)	(1.010)	(1.010)
其他材料费	元	1.00	12.00	20.20	70.70	151.50	320.50
机械 汽车式起重机 8t	台班	648.48	—	0.150	0.290	—	—
汽车式起重机 10t	台班	709.76	—	—	—	0.510	—
汽车式起重机 16t	台班	875.04	—	—	—	—	0.675

六、墙脚护坡、明沟、翼墙、台阶

工作内容: 挖土、夯实、铺石,砌砖,调制砂浆,抹灰,混凝土浇捣、养护。　　　　　　　　　　　　**计量单位:** 100m²

定　额　编　号			17-179	17-180	17-181	17-182	17-183
项　　　目			墙脚护坡			明沟	
			混凝土面	毛石		混凝土	砖砌
				干铺	灌浆	10m	
基　价　(元)			**7884.77**	**3744.49**	**5383.43**	**608.44**	**606.70**
其中	人　工　费　(元)		2274.08	1266.30	1699.11	253.40	174.42
	材　料　费　(元)		5573.18	2455.49	3626.73	351.60	429.15
	机　械　费　(元)		37.51	22.70	57.59	3.44	3.13
名　　称	单位	单价(元)	消　耗　量				
人工 二类人工	工日	135.00	16.845	9.380	12.586	1.877	1.292
材料 混凝土实心砖 240×115×53 MU10	千块	388.00	—	—	—	—	0.260
非泵送商品混凝土 C15	m³	399.00	8.120	—	—	0.590	0.400
木模板	m³	1445.00	0.030	—	—	0.020	—
干混砌筑砂浆 DM M5.0	m³	397.23	—	—	3.600	—	0.170
干混地面砂浆 DS M20.0	m³	443.08	0.570	—	—	0.060	0.060
圆钉	kg	4.74	0.400	—	—	0.200	—
块石 200~500	t	77.67	—	28.200	28.200	—	—
碎石 综合	t	102.00	19.600	2.600	—	0.560	0.700
水	m³	4.27	8.500	—	1.500	0.500	0.600
其他材料费	元	1.00	—	—	—	0.50	0.60
机械 干混砂浆罐式搅拌机 20000L	台班	193.83	0.029	—	0.180	0.003	0.012
混凝土振捣器 平板式	台班	12.54	1.296	—	—	0.096	0.064
木工圆锯机 500mm	台班	27.50	0.120	—	—	0.060	—
电动夯实机 250N·m	台班	28.03	0.440	0.810	0.810	—	—

注: 毛石墙脚护坡厚度为15cm、混凝土护坡厚度为8cm。如设计不同时,有关材料、机械按比例调整,其余不变。

工作内容:挖土、夯实、铺石,砌砖,调制砂浆,抹灰,混凝土浇捣、养护。　　　　　　　　　　　计量单位:10m²

定 额 编 号			17-184	17-185	17-186	17-187	17-188	17-189
项　目			翼墙(10 座)		台阶		方整石台阶	坡道
			水泥砂浆面	斩假石面	砖砌	混凝土	10m³	
基　价（元）			**1805.41**	**2661.32**	**2518.38**	**2190.56**	**6961.92**	**1050.53**
其中	人　工　费　（元）		669.20	1521.59	970.38	836.19	3228.53	309.96
	材　料　费　（元）		1125.55	1130.04	1536.76	1346.71	3717.11	738.56
	机　械　费　（元）		10.66	9.69	11.24	7.66	16.28	2.01
名　称	单位	单价(元)	消　耗　量					
人工 二类人工	工日	135.00	4.957	11.271	7.188	6.194	23.915	2.296
材料 混凝土实心砖 240×115×53 MU10	千块	388.00	1.430	1.430	1.950	—	—	—
非泵送商品混凝土 C15	m³	399.00	—	—	—	2.110	—	1.020
干混砌筑砂浆 DM M5.0	m³	397.23	—	—	—	—	1.680	—
木模板	m³	1445.00	—	—	—	0.050	—	—
干混抹灰砂浆 DP M15.0	m³	446.85	1.090	0.990	1.160	0.270	—	—
水泥白石屑浆 1:2	m³	258.85	—	0.190	—	—	—	—
纯水泥浆	m³	430.36	—	—	—	0.020	—	—
方整石	m³	293.00	—	—	—	—	10.400	—
块石 200~500	t	77.67	—	—	—	—	—	3.800
碎石 综合	t	102.00	0.820	0.820	2.400	2.800	—	0.340
塑料薄膜	m²	0.86	—	—	16.800	16.800	—	—
料 水	m³	4.27	—	—	0.600	0.600	0.600	0.410
其他材料费	元	1.00	—	—	—	0.70	—	—
机 干混砂浆罐式搅拌机 20000L	台班	193.83	0.055	0.050	0.058	0.014	0.084	—
混凝土振捣器 平板式	台班	12.54	—	—	—	—	—	0.160
械 木工圆锯机 500mm	台班	27.50	—	—	—	0.180	—	—

注:1.四步以上翼墙、台阶,应按土方、垫层、抹灰等相应定额分别计算。

　　2.弧形混凝土台阶按基础弧形边增加费另行计算,弧形砖砌台阶按砌筑工程规定调整砖块及其砌筑砂浆用量。

七、盖 板 安 装

1. 铸铁盖板安装

工作内容:调制砂浆,安装窨井盖座、盖板。　　　　　　　　　　　　　　　　　　　　计量单位:m²

定　额　编　号			17-190	17-191	17-192	17-193	17-194
项　　　目			铸　铁　盖　板				
			化粪池及窨井	地沟(厚:mm)			
			套	20 以内	30 以内	40 以内	40 以上
基　　价　　(元)			**487.28**	**931.66**	**1387.17**	**1852.13**	**2308.65**
其中	人　　工　　费　　(元)		18.63	9.05	9.05	18.50	18.50
	材　　料　　费　　(元)		468.46	922.22	1377.73	1833.24	2289.76
	机　　械　　费　　(元)		0.19	0.39	0.39	0.39	0.39
名　　称	单位	单价(元)	消　耗　量				
人工	二类人工	工日	135.00	0.138	0.067	0.067	0.137	0.137
材料	铸铁检查井盖 φ700 轻型	套	459.00	1.010	—	—	—	—
	铸铁盖板 20 厚	m²	903.00	—	1.010	—	—	—
	铸铁盖板 30 厚	m²	1354.00	—	—	1.010	—	—
	铸铁盖板 40 厚	m²	1805.00	—	—	—	1.010	—
	铸铁盖板 50 厚	m²	2257.00	—	—	—	—	1.010
	干混地面砂浆 DS M15.0	m³	443.08	0.011	0.023	0.023	0.023	0.023
机械	干混砂浆罐式搅拌机 20000L	台班	193.83	0.001	0.002	0.002	0.002	0.002

注:1. 铸铁井盖规格、形式不同单价换算,其余不变;

　　2. 盖板厚或单位重量不同,单价换算;

　　3. 成品钢盖板、劲性盖板、不锈钢盖板的安装,套用铸铁盖板安装定额,单价换算。

2. 复合盖板安装

工作内容:调制砂浆,安装窨井盖座、盖板。

定　额　编　号			17-195	17-196
项　　　目			复 合 盖 板	
			化粪池及窨井	地沟
计　量　单　位			套	m²
基　　价　　(元)			**294.37**	**123.66**
其中	人　　工　　费　　(元)		18.63	9.05
	材　　料　　费　　(元)		275.55	114.22
	机　　械　　费　　(元)		0.19	0.39
名　　称	单位	单价(元)	消　耗　量	
人工	二类人工	工日	135.00	0.138	0.067
材料	干混地面砂浆 DS M15.0	m³	443.08	0.011	0.023
	复合材料检查井盖 φ700	套	268.00	1.010	—
料	复合水箅盖	m²	103.00	—	1.010
机械	干混砂浆罐式搅拌机 20000L	台班	193.83	0.001	0.002

第十八章
脚手架工程

说　　明

一、本定额适用于房屋工程、构筑物及附属工程,包括脚手架搭、拆、运输及脚手架材料摊销。

二、本定额包括单位工程在合理工期内完成定额规定工作内容所需的施工脚手架,定额按常规方案及方式综合考虑编制,如果实际搭设方案或方式不同时,除另有规定或特殊要求外,均按定额执行。

三、本定额脚手架材料按钢管式脚手架编制,不同搭设材料均按定额执行。

四、综合脚手架定额根据相应结构类型以不同檐高划分,遇下列情况时分别计价:

同一建筑物檐高不同时,应根据不同高度的垂直分界面分别计算建筑面积,套用相应定额;同一建筑物结构类型不同时,应分别计算建筑面积套用相应定额,上下层结构类型不同的应根据水平分界面分别计算建筑面积,套用同一檐高的相应定额。

五、综合脚手架:

1. 综合脚手架定额适用于房屋工程及其地下室,不适用于房屋加层、构筑物及附属工程脚手架,以上可套用单项脚手架相应定额。

2. 综合脚手架定额除另有说明外层高以 6m 以内为准,层高超过 6m,另按每增加 1m 以内定额计算;檐高 30m 以上的房屋,层高超过 6m 时,按檐高 30m 以内每增加 1m 定额执行。

3. 综合脚手架定额已综合内、外墙砌筑脚手架,外墙饰面脚手架,斜道和上料平台,高度在 3.6m 以内的内墙及天棚装饰脚手架、基础深度(自设计室外地坪起)2m 以内的脚手架。地下室脚手架定额已综合了基础脚手架。

4. 综合脚手架定额未包括下列施工脚手架,发生时按单项脚手架规定另列项目计算:

(1)高度在 3.6m 以上的内墙和天棚饰面或吊顶安装脚手架;

(2)建筑物屋顶上或楼层外围的混凝土构架高度在 3.6m 以上的装饰脚手架;

(3)深度超过 2m(自交付施工场地标高或设计室外地面标高起)的无地下室基础采用非泵送混凝土时的脚手架;

(4)电梯安装井道脚手架;

(5)人行过道防护脚手架;

(6)网架安装脚手架。

5. 装配整体式混凝土结构执行混凝土结构综合脚手架定额。当装配式混凝土结构预制率(以下简称预制率)<30% 时,按相应混凝土结构综合脚手架定额执行;当 30% ≤预制率 <40% 时,按相应混凝土结构综合脚手架定额乘以系数 0.95;当 40% ≤预制率 <50% 时,按相应混凝土结构综合脚手架定额乘以系数 0.9;当预制率≥50% 时,按相应混凝土结构综合脚手架定额乘以系数 0.85。装配式结构预制率计算标准根据浙江省现行规定。

6. 厂(库)房钢结构综合脚手架定额:单层按檐高 7m 以内编制,多层按檐高 20m 以内编制,若檐高超过编制标准,应按相应每增加 1m 定额计算,层高不同不做调整。单层厂(库)房檐高超过 16m,多层厂(库)房檐高超过 30m 时,应根据施工方案计算。厂(库)房钢结构综合脚手架定额按外墙为装配式钢结构墙面板考虑,实际采用砖砌围护体系并需要搭设外墙脚手架时,综合脚手架按相应定额乘以系数 1.80。厂(库)房钢结构脚手架按综合定额计算的不再另行计算单项脚手架。

7. 住宅钢结构综合脚手架定额适用于结构体系为钢结构、钢 - 混凝土混合结构的工程,层高以 6m 以内为准,层高超过 6m,另按混凝土结构每增加 1m 以内定额计算。

8. 大卖场、物流中心等钢结构工程的综合脚手架可按厂(库)房钢结构相应定额执行;高层商务楼、商住楼、医院、教学楼等钢结构工程综合脚手架可按住宅钢结构相应定额执行。

9. 装配式木结构的脚手架按相应混凝土结构定额乘以系数 0.85 计算。

10. 砖混结构执行混凝土结构定额。

六、单项脚手架:

1. 不适用综合脚手架时,以及综合脚手架有说明可另行计算的情形,执行单项脚手架。

2. 外墙脚手架定额未包括斜道和上料平台,发生时另列项目计算。外墙外侧饰面应利用外墙脚手架,如不能利用须另行搭设时,按外墙脚手架定额,人工乘以系数 0.80,材料乘以系数 0.30;如仅勾缝、刷浆、腻子或油漆时,人工乘以系数 0.40,材料乘以系数 0.10。

3. 砖墙厚度在一砖半以上,石墙厚度在 40cm 以上,应计算双面脚手架,外侧套用外墙脚手架,内侧套用内墙脚手架定额。

4. 砌筑围墙高度在 2m 以上者,脚手架套用内墙脚手架定额,如另一面需装饰时脚手架另套用内墙脚手架定额并对人工乘以系数 0.80、材料乘以系数 0.30。

5. 砖(石)挡墙的砌筑脚手架发生时按不同高度分别套用内墙脚手架定额。

6. 整体式附着升降脚手架定额适用于高层建筑的施工。

7. 吊篮定额适用于外立面装饰用脚手架。吊篮安装、拆除以"套"为单位计算,使用以"套·天"计算,挪移费按吊篮安拆定额扣除载重汽车台班后乘以系数 0.70 计算。

8. 深度超过 2m(自交付施工场地标高或设计室外地面标高起)的无地下室基础采用非泵送混凝土时,应计算混凝土运输脚手架,按满堂脚手架基本层定额乘以系数 0.60;深度超过 3.6m 时,另按增加层定额乘以系数 0.60。

9. 高度在 3.6m 以上的墙、柱饰面或相应油漆涂料脚手架,如不能利用满堂脚手架,须另行搭设时,按内墙脚手架定额,人工乘以系数 0.60,材料乘以系数 0.30;如仅勾缝、刷浆时,人工乘以系数 0.40,材料乘以系数 0.10。

10. 高度超过 3.6m 至 5.2m 以内的天棚饰面或相应油漆涂料脚手架,按满堂脚手架基本层计算。高度超过 5.2m 另按增加层定额计算;如仅勾缝、刷浆时,按满堂脚手架定额,人工乘以系数 0.40,材料乘以系数 0.10。满堂脚手架在同一操作地点进行多种操作时(不另行搭设),只可计算一次脚手架费用。

11. 电梯井高度按井坑底面至井道顶板底的净空高度再减去 1.5m 计算。

12. 砖柱脚手架适用于高度大于 2m 的独立砖柱;房上烟囱高度超出屋面 2m 者,套用砖柱脚手架定额。

13. 防护脚手架定额按双层考虑,基本使用期为六个月,不足或超过六个月按相应定额调整,不足一个月按一个月计。

14. 构筑物钢筋混凝土贮仓(非滑模的)、漏斗、风道、支架、通廊、水(油)池等,构筑物高度(自构筑物基础顶面起算)在 2m 以上者,每 $10m^3$ 混凝土(不论有无饰面)的脚手架费按 210 元(其中人工费 1.2 工日)计算。

15. 钢筋混凝土倒锥形水塔的脚手架,按水塔脚手架的相应定额乘以系数 1.30。

16. 构筑物及其他施工作业需要搭设脚手架的参照单项脚手架定额计算。

17. 专业发包的内、外装饰工程如不能利用总包单位的脚手架时,应根据施工方案,按相应单项脚手架定额计算。

18. 钢结构网架高空散拼时安装脚手架套用满堂脚手架定额。

19. 满堂脚手架的搭设高度大于 8m 时,参照本定额第五章"混凝土及钢筋混凝土工程"超危支撑架相应定额乘以系数 0.20 计算。

20. 用于钢结构安装等支撑体系符合"超过一定规模的危险性较大的分部分项工程范围"标准时,根据专项施工方案,参照本定额第五章"混凝土及钢筋混凝土工程"超危支撑架相应定额计算。

工程量计算规则

一、综合脚手架：

综合脚手架工程量=建筑面积+增加面积,其中：

1. 建筑面积:工程量按房屋建筑面积(《建筑工程建筑面积计算规范》GB/T 50353—2013)计算,有地下室时,地下室与上部建筑面积分别计算,套用相应定额。半地下室并入上部建筑物计算。

2. 增加面积：

(1)骑楼、过街楼底层的开放公共空间和建筑物通道,层高在2.2m及以上者按墙(柱)外围水平面积计算;层高不足2.2m者计算1/2面积。

(2)建筑物屋顶上或楼层外围的混凝土构架,高度在2.2m及以上者按构架外围水平投影面积的1/2计算。

(3)凸(飘)窗按其围护结构外围水平面积计算,扣除已计入《建筑工程建筑面积计算规范》GB/T 50353—2013第3.0.13条的面积。

(4)建筑物门廊按其混凝土结构顶板水平投影面积计算,扣除已计入《建筑工程建筑面积计算规范》GB/T 50353—2013第3.0.16条的面积。

(5)建筑物阳台均按其结构底板水平投影面积计算,扣除已计入《建筑工程建筑面积计算规范》GB/T 50353—2013第3.0.21条的面积。

(6)建筑物外与阳台相连有围护设施的设备平台,按结构底板水平投影面积计算。

以上涉及面积计算的内容,仅适用于计取综合脚手架、垂直运输费和建筑物超高加压水泵台班及其他费用。

二、单项脚手架：

1. 砌筑脚手架工程量按内、外墙面积计算(不扣除门窗洞口、空洞等面积)。外墙乘以系数1.15,内墙乘以系数1.10。

2. 围墙脚手架高度自设计室外地坪算至围墙顶,长度按围墙中心线计算,洞口面积不扣,砖垛(柱)也不折加长度。

3. 整体式附着升降脚手架按提升范围的外墙外边线长度乘以外墙高度以面积计算,不扣除门窗、洞口所占的面积。按单项脚手架计算时,可结合实际,根据施工组织设计规定以租赁计价。

4. 吊篮工程量按相应施工组织设计计算。

5. 满堂脚手架工程量按天棚水平投影面积计算,工作面高度为房屋层高;斜天棚(屋面)按平均高度计算;局部高度超过3.6m的天棚,按超过部分面积计算。

屋顶上或楼层外围等无天棚建筑构造的脚手架,构架起始标高到构架底的高度超过3.6m时,另按3.6m以上部分构架外围水平投影面积计算满堂脚手架。

6. 电梯安装井道脚手架,按单孔(一座电梯)以"座"计算。

7. 人行过道防护脚手架,按水平投影面积计算。

8. 砖(石)柱脚手架按柱高以"m"计算。

9. 深度超过2m的无地下室基础采用非泵送混凝土时的满堂脚手架工程量,按底层外围面积计算;局部加深时,按加深部分基础宽度每边各增加50cm计算。

10. 混凝土、钢筋混凝土构筑物高度在2m以上,混凝土工程量包括2m以下至基础顶面以上部分体积。

11. 烟囱、水塔脚手架分别高度,按"座"计算。

12. 采用钢滑模施工的钢筋混凝土烟囱筒身、水塔筒式塔身、贮仓筒壁是按无井架施工考虑的,除设计采用涂料等工艺外不得再计算脚手架或竖井架。

一、综合脚手架

1.混凝土结构

工作内容: 材料搬运;搭、拆脚手架、挡脚板、安全网、上下翻板子等全部过程;
拆除脚手架后的材料堆放。

计量单位:100m²

定　额　编　号				18-1	18-2	18-3	18-4
项　　　　目				檐高(m 以内)			
				7		13	
				层高(m 以内)			
				6	每增加 1	6	每增加 1
基　　价　　(元)				**1655.99**	**164.97**	**1922.92**	**191.54**
其中	人　　工　　费　(元)			1174.91	117.86	1208.93	121.50
	材　　料　　费　(元)			397.27	39.36	626.12	62.29
	机　　械　　费　(元)			83.81	7.75	87.87	7.75
名　　　称	单位	单价(元)		消　耗　量			
人工	二类人工	工日	135.00	8.703	0.873	8.955	0.900
材料	脚手架钢管	kg	3.62	34.598	3.454	58.318	5.832
	脚手架扣件	只	5.22	9.070	0.910	16.960	1.700
	脚手架钢管底座	个	5.69	0.690	—	0.630	—
	竹脚手片	m²	8.19	11.410	1.140	15.540	1.550
	钢脚手板	kg	4.74	5.290	0.530	5.290	0.530
	安全网	m²	7.76	6.910	0.690	13.760	1.380
	预埋铁件	kg	3.75	0.820	0.080	0.820	0.080
	镀锌铁丝 8#	kg	6.55	0.550	0.060	0.550	0.060
	镀锌铁丝 18#	kg	6.55	3.290	0.330	3.490	0.350
	红丹防锈漆	kg	6.90	1.590	0.160	2.800	0.280
	溶剂油	kg	2.29	0.180	0.020	0.310	0.030
	其他材料费	元	1.00	9.00	0.90	14.20	1.40
机械	载货汽车 4t	台班	369.21	0.227	0.021	0.238	0.021

注: 砖混结构执行混凝土结构定额。

工作内容:材料搬运;搭、拆脚手架、挡脚板、安全网、上下翻板子等全部过程;
　　　　拆除脚手架后的材料堆放。

计量单位:100m²

定　额　编　号			18-5	18-6	18-7	18-8
项　目			檐高(m 以内)			
			20		30	
			层高(m 以内)			
			6	每增加1	6	每增加1
基　价　(元)			**2255.20**	**224.27**	**2841.15**	**253.00**
其中	人　工　费　(元)		1320.71	132.44	1468.94	147.02
	材　料　费　(元)		842.93	84.08	1259.96	94.53
	机　械　费　(元)		91.56	7.75	112.25	11.45
名　称	单位	单价(元)	消　耗　量			
人工 二类人工	工日	135.00	9.783	0.981	10.881	1.089
材料 脚手架钢管	kg	3.62	82.689	8.272	88.076	8.810
脚手架扣件	只	5.22	24.850	2.490	25.690	2.570
脚手架钢管底座	个	5.69	0.550	—	0.370	—
竹脚手片	m²	8.19	17.880	1.790	21.960	2.200
钢脚手板	kg	4.74	5.290	0.530	5.290	0.530
安全网	m²	7.76	20.750	2.080	24.650	2.470
预埋铁件	kg	3.75	0.820	0.080	2.670	0.270
镀锌铁丝 8#	kg	6.55	0.550	0.060	0.270	0.030
镀锌铁丝 18#	kg	6.55	3.590	0.360	3.660	0.370
六角带帽螺栓 φ12	kg	5.47	—	—	1.260	0.130
碎石 综合	t	102.00	—	—	0.290	—
素混凝土块 C20	m³	338.00	—	—	0.820	—
红丹防锈漆	kg	6.90	4.040	0.400	4.290	0.430
溶剂油	kg	2.29	0.460	0.050	0.490	0.050
其他材料费	元	1.00	19.10	1.90	28.60	2.10
机械 载货汽车 4t	台班	369.21	0.248	0.021	0.300	0.031
交流弧焊机 32kV·A	台班	92.84	—	—	0.010	—
电动夯实机 250N·m	台班	28.03	—	—	0.020	—

注:砖混结构执行混凝土结构定额。

工作内容: 材料搬运;搭、拆脚手架、挡脚板、安全网、上下翻板子等全部过程;
拆除脚手架后的材料堆放。钢挑梁制作、安装及拆除。 计量单位:100m²

定 额 编 号			18-9	18-10	18-11	18-12	18-13
项 目			檐高(m 以内)				
			50	70	90	100	120
基 价 (元)			3475.52	4184.03	4858.02	4997.77	5366.79
其 中	人 工 费 (元)		1723.41	1982.88	2350.62	2385.72	2451.74
	材 料 费 (元)		1609.93	2034.18	2332.94	2444.43	2743.72
	机 械 费 (元)		142.18	166.97	174.46	167.62	171.33
名 称	单位	单价(元)	消 耗 量				
人工 二类人工	工日	135.00	12.766	14.688	17.412	17.672	18.161
材 料 脚手架钢管	kg	3.62	143.219	167.622	193.306	206.169	232.185
脚手架扣件	只	5.22	49.130	59.770	70.290	75.450	85.940
脚手架钢管底座	个	5.69	0.480	0.410	0.370	0.360	0.350
竹脚手片	m²	8.19	38.100	45.790	53.440	57.260	64.880
钢脚手板	kg	4.74	5.290	5.290	5.290	5.290	5.290
安全网	m²	7.76	31.690	38.450	45.130	48.460	55.080
预埋铁件	kg	3.75	8.380	9.700	11.020	11.020	12.340
镀锌铁丝 18#	kg	6.55	3.790	3.810	3.820	3.820	3.830
六角带帽螺栓 φ12	kg	5.47	2.560	2.960	3.370	3.370	3.770
热轧光圆钢筋 综合	kg	3.97	—	12.210	14.130	12.700	14.050
工字钢 Q235B 综合	kg	4.05	—	23.900	27.690	24.860	27.520
碎石 综合	t	102.00	0.680	0.480	0.380	0.340	0.280
素混凝土块 C20	m³	338.00	0.060	0.050	0.040	0.030	0.030
电焊条 E43 系列	kg	4.74	0.290	1.940	2.210	2.020	2.240
氧气	m³	3.62	—	0.860	1.000	0.890	1.000
乙炔气	m³	8.90	—	0.370	0.430	0.390	0.430
红丹防锈漆	kg	6.90	7.180	8.920	10.420	11.070	12.570
溶剂油	kg	2.29	0.810	1.000	1.170	1.250	1.410
其他材料费	元	1.00	36.60	46.50	53.40	55.90	62.80
机 械 载货汽车 4t	台班	369.21	0.372	0.372	0.383	0.372	0.372
交流弧焊机 32kV·A	台班	92.84	0.040	0.310	0.350	0.320	0.360
电动夯实机 250N·m	台班	28.03	0.040	0.030	0.020	0.020	0.020

工作内容：材料搬运；搭、拆脚手架、挡脚板、安全网、上下翻板子等全部过程；

拆除脚手架后的材料堆放。钢挑梁制作、安装及拆除。

计量单位：100m²

定　额　编　号			18-14	18-15	18-16	18-17
项　　目			檐高（m 以内）			
			140	160	180	200
基　　价　（元）			**5808.75**	**6555.18**	**7167.13**	**7865.04**
其中	人　工　费　（元）		2594.03	3002.27	3323.57	3741.80
	材　料　费　（元）		3036.82	3367.59	3657.31	3936.99
	机　械　费　（元）		177.90	185.32	186.25	186.25
名　　称	单位	单价（元）	消　耗　量			
人工 二类人工	工日	135.00	19.215	22.239	24.619	27.717
材料 脚手架钢管	kg	3.62	258.273	284.371	310.676	336.722
脚手架扣件	只	5.22	96.430	106.980	117.510	127.850
脚手架钢管底座	个	5.69	0.330	0.320	0.310	0.310
竹脚手片	m²	8.19	72.510	80.130	87.740	95.360
钢脚手板	kg	4.74	5.290	5.290	5.290	5.290
安全网	m²	7.76	61.700	68.330	74.920	81.530
预埋铁件	kg	3.75	13.660	14.980	16.300	16.300
镀锌铁丝 18#	kg	6.55	3.830	3.840	3.840	3.840
六角带帽螺栓 φ12	kg	5.47	4.170	4.570	4.980	4.980
热轧光圆钢筋 综合	kg	3.97	15.030	18.380	18.640	18.850
工字钢 Q235B 综合	kg	4.05	29.450	36.000	36.520	36.920
碎石 综合	t	102.00	0.240	0.210	0.190	0.170
素混凝土块 C20	m³	338.00	0.020	0.020	0.020	0.020
电焊条 E43 系列	kg	4.74	2.420	2.900	2.970	3.000
氧气	m³	3.62	1.060	1.300	1.320	1.340
乙炔气	m³	8.90	0.460	0.560	0.570	0.580
红丹防锈漆	kg	6.90	14.070	15.720	17.220	18.700
溶剂油	kg	2.29	1.580	1.770	1.940	2.110
其他材料费	元	1.00	69.50	77.10	83.70	90.10
机械 载货汽车 4t	台班	369.21	0.383	0.383	0.383	0.383
交流弧焊机 32kV·A	台班	92.84	0.390	0.470	0.480	0.480
电动夯实机 250N·m	台班	28.03	0.010	0.010	0.010	0.010

2. 钢 结 构

工作内容:材料搬运;搭、拆脚手架、挡脚板、安全网、上下翻板子等全部过程;

拆除脚手架后的材料堆放。钢挑梁制作、安装及拆除。　　　　　　　　计量单位:100m²

定 额 编 号				18-18	18-19	18-20	18-21
项　　　　目				单层钢结构厂(库)房		多层厂(库)房钢结构	
				檐高(m)			
				7 以内	每增加 1	20 以内	每增加 1
基　　价　　(元)				**362.99**	**36.25**	**563.67**	**56.13**
其中	人　工　费　(元)			218.70	21.87	283.50	28.35
	材　料　费　(元)			119.18	11.80	252.85	25.20
	机　械　费　(元)			25.11	2.58	27.32	2.58
名　　　称		单位	单价(元)	消　耗　量			
人工	二类人工	工日	135.00	1.620	0.162	2.100	0.210
材料	脚手架钢管	kg	3.62	10.379	1.038	24.807	2.481
	脚手架扣件	只	5.22	2.721	0.272	7.455	0.746
	脚手架钢管底座	个	5.69	0.207	—	0.165	—
	竹脚手片	m²	8.19	3.423	0.342	5.364	0.536
	钢脚手板	kg	4.74	1.587	0.159	1.587	0.159
	安全网	m²	7.76	2.073	0.207	6.225	0.623
	预埋铁件	kg	3.75	0.246	0.025	0.246	0.025
	镀锌铁丝 8#	kg	6.55	0.165	0.017	0.165	0.017
	镀锌铁丝 18#	kg	6.55	0.987	0.099	1.077	0.108
	红丹防锈漆	kg	6.90	0.477	0.048	1.212	0.121
	溶剂油	kg	2.29	0.054	0.005	0.138	0.014
	其他材料费	元	1.00	2.70	0.27	5.70	0.57
机械	载货汽车 4t	台班	369.21	0.068	0.007	0.074	0.007

工作内容:材料搬运;搭、拆脚手架、挡脚板、安全网、上下翻板子等全部过程;
　　　　拆除脚手架后的材料堆放。钢挑梁制作、安装及拆除。

计量单位:100m²

定　额　编　号				18-22	18-23	18-24
项　　　　目				住宅钢结构		
				檐高(m 以内)		
				50	70	90
基　　价　(元)				**2364.25**	**2676.54**	**2909.32**
其中	人　　工　　费　(元)			1385.64	1444.10	1505.79
	材　　料　　费　(元)			899.40	1139.12	1306.32
	机　　械　　费　(元)			79.21	93.32	97.21
名　　称		单位	单价(元)	消　耗　量		
人工	二类人工	工日	135.00	10.264	10.697	11.154
材料	脚手架钢管	kg	3.62	80.197	93.869	108.252
	脚手架扣件	只	5.22	27.510	33.471	39.362
	脚手架钢管底座	个	5.69	0.266	0.230	0.207
	竹脚手片	m²	8.19	21.336	25.642	29.926
	钢脚手板	kg	4.74	2.968	2.962	2.962
	安全网	m²	7.76	17.752	21.532	25.273
	预埋铁件	kg	3.75	4.690	5.432	6.171
	镀锌铁丝 18#	kg	6.55	2.128	2.134	2.139
	六角带帽螺栓 ϕ12	kg	5.47	1.428	1.658	1.887
	热轧光圆钢筋 综合	kg	3.97	—	6.838	7.913
	工字钢 Q235B 综合	kg	4.05	—	13.384	15.506
	碎石 综合	t	102.00	0.378	0.269	0.213
	素混凝土块 C20	m³	338.00	0.028	0.028	0.022
	电焊条 E43 系列	kg	4.74	0.168	1.086	1.238
	氧气	m³	3.62	—	0.482	0.560
	乙炔气	m³	8.90	—	0.207	0.241
	红丹防锈漆	kg	6.90	4.018	4.995	5.835
	溶剂油	kg	2.29	0.448	0.560	0.655
	其他材料费	元	1.00	20.50	26.00	29.90
机械	载货汽车 4t	台班	369.21	0.209	0.209	0.214
	交流弧焊机 32kV·A	台班	92.84	0.022	0.174	0.196

工作内容:材料搬运;搭、拆脚手架、挡脚板、安全网、上下翻板子等全部过程;
拆除脚手架后的材料堆放。钢挑梁制作、安装及拆除。

计量单位:100m²

定 额 编 号			18-25	18-26	18-27
项 目			住宅钢结构		
			檐高(m 以内)		
			100	120	140
基 价 (元)			**3104.28**	**3446.68**	**3843.92**
其中	人 工 费 (元)		1641.60	1814.27	2044.17
	材 料 费 (元)		1368.90	1536.49	1700.50
	机 械 费 (元)		93.78	95.92	99.25
名 称	单位	单价(元)	消 耗 量		
人工 二类人工	工日	135.00	12.160	13.439	15.142
材料 脚手架钢管	kg	3.62	115.454	130.023	144.633
脚手架扣件	只	5.22	42.252	48.126	54.001
脚手架钢管底座	个	5.69	0.202	0.196	0.185
竹脚手片	m²	8.19	32.066	36.333	40.606
钢脚手板	kg	4.74	2.962	2.962	2.962
安全网	m²	7.76	27.138	30.845	34.552
预埋铁件	kg	3.75	6.171	6.910	7.650
镀锌铁丝 18#	kg	6.55	2.139	2.145	2.145
六角带帽螺栓 φ12	kg	5.47	1.887	2.111	2.335
热轧光圆钢筋 综合	kg	3.97	7.112	7.868	8.417
工字钢 Q235B 综合	kg	4.05	13.922	15.411	16.492
碎石 综合	t	102.00	0.190	0.157	0.134
素混凝土块 C20	m³	338.00	0.017	0.017	0.011
电焊条 E43 系列	kg	4.74	1.131	1.254	1.355
氧气	m³	3.62	0.498	0.560	0.594
乙炔气	m³	8.90	0.218	0.241	0.258
红丹防锈漆	kg	6.90	6.199	7.039	7.879
溶剂油	kg	2.29	0.700	0.790	0.885
其他材料费	元	1.00	31.30	35.10	38.90
机械 载货汽车 4t	台班	369.21	0.209	0.209	0.214
交流弧焊机 32kV·A	台班	92.84	0.179	0.202	0.218

工作内容:材料搬运;搭、拆脚手架、挡脚板、安全网、上下翻板子等全部过程;
　　　　拆除脚手架后的材料堆放。钢挑梁制作、安装及拆除。

计量单位:100m²

定　额　编　号			18-28	18-29	18-30
项　　　　　目			住宅钢结构		
			檐高(m 以内)		
			160	180	200
基　　价　（元）			**4317.39**	**4849.01**	**5418.96**
其中	人　　工　　费　（元）		2328.21	2697.03	3110.40
	材　　料　　费　（元）		1885.75	2048.00	2204.58
	机　　械　　费　（元）		103.43	103.98	103.98
名　　　称	单位	单价(元)	消　耗　量		
人工　二类人工	工日	135.00	17.246	19.978	23.040
材料　脚手架钢管	kg	3.62	159.247	173.979	188.564
脚手架扣件	只	5.22	59.909	65.806	71.596
脚手架钢管底座	个	5.69	0.179	0.174	0.174
竹脚手片	m²	8.19	44.873	49.134	53.402
钢脚手板	kg	4.74	2.962	2.962	2.962
安全网	m²	7.76	38.265	41.955	45.657
预埋铁件	kg	3.75	8.389	9.128	9.128
镀锌铁丝 18#	kg	6.55	2.150	2.150	2.150
六角带帽螺栓 φ12	kg	5.47	2.559	2.789	2.789
热轧光圆钢筋 综合	kg	3.97	10.293	10.438	10.556
工字钢 Q235B 综合	kg	4.05	20.160	20.451	20.675
碎石 综合	t	102.00	0.118	0.106	0.095
素混凝土块 C20	m³	338.00	0.011	0.011	0.011
电焊条 E43 系列	kg	4.74	1.624	1.663	1.680
氧气	m³	3.62	0.728	0.739	0.750
乙炔气	m³	8.90	0.314	0.319	0.325
红丹防锈漆	kg	6.90	8.803	9.643	10.472
溶剂油	kg	2.29	0.991	1.086	1.182
其他材料费	元	1.00	43.10	46.90	50.40
机械　载货汽车 4t	台班	369.21	0.214	0.214	0.214
交流弧焊机 32kV·A	台班	92.84	0.263	0.269	0.269

3. 地 下 室

工作内容: 材料搬运;搭、拆脚手架、挡脚板、安全网、上下翻板子等全部过程;
拆除脚手架后的材料堆放。

计量单位:100m²

定 额 编 号				18-31	18-32	18-33
项 目				地下室层数		
				一层	二层	三层及四层
基 价 (元)				**1365.22**	**1813.53**	**2009.56**
其中	人 工 费 (元)			1093.23	1252.67	1410.35
	材 料 费 (元)			264.24	453.79	484.75
	机 械 费 (元)			7.75	107.07	114.46
名 称		单位	单价(元)	消 耗 量		
人工	二类人工	工日	135.00	8.098	9.279	10.447
材料	脚手架钢管	kg	3.62	27.835	45.372	50.356
	脚手架扣件	只	5.22	6.440	11.420	13.300
	脚手架钢管底座	个	5.69	0.530	0.960	0.960
	竹脚手片	m²	8.19	5.930	10.700	10.750
	钢脚手板	kg	4.74	5.290	5.290	5.290
	安全网	m²	7.76	1.400	6.420	6.420
	预埋铁件	kg	3.75	0.250	0.570	0.570
	镀锌铁丝 8#	kg	6.55	0.170	0.390	0.390
	镀锌铁丝 18#	kg	6.55	3.880	4.840	4.850
	红丹防锈漆	kg	6.90	1.240	2.130	2.400
	溶剂油	kg	2.29	0.140	0.240	0.270
	其他材料费	元	1.00	6.00	10.30	11.00
机械	载货汽车 4t	台班	369.21	0.021	0.290	0.310

二、单项脚手架

工作内容:材料搬运;搭设、拆除脚手架、安全网,铺、翻脚手架板等全部过程;拆除脚手架后的
材料堆放。钢挑梁制作、安装及拆除。　　　　　　　　　　　　　计量单位:100m²

定　额　编　号			18-34	18-35	18-36	18-37	18-38	18-39
项　　　　目			外墙脚手架					
			高度(m以内)					
			7	13	20	30	40	50
基　　价　　(元)			1398.16	1740.25	2136.30	2565.89	3166.48	3728.10
其中	人　工　费　(元)		962.28	1042.47	1188.27	1290.33	1448.01	1610.82
	材　料　费　(元)		344.32	598.46	840.96	1159.62	1595.77	1962.82
	机　械　费　(元)		91.56	99.32	107.07	115.94	122.70	154.46
名　　称	单位	单价(元)	消　耗　量					
人工 二类人工	工日	135.00	7.128	7.722	8.802	9.558	10.726	11.932
材料 脚手架钢管	kg	3.62	30.586	58.163	83.899	104.682	134.968	174.488
脚手架扣件	只	5.22	8.700	17.430	25.570	31.580	42.720	61.260
脚手架钢管底座	个	5.69	0.760	0.690	0.590	0.440	0.430	0.570
竹脚手片	m²	8.19	8.330	11.340	13.850	27.040	42.400	47.470
安全网	m²	7.76	8.750	17.400	26.270	31.200	35.730	40.120
预埋铁件	kg	3.75	1.040	1.040	1.040	3.380	7.070	10.610
镀锌铁丝 8#	kg	6.55	0.700	0.700	0.700	0.340	—	—
镀锌铁丝 18#	kg	6.55	3.110	3.360	3.840	3.700	3.830	3.870
六角带帽螺栓 φ12	kg	5.47	—	—	—	1.590	2.160	3.240
碎石 综合	t	102.00	—	—	—	0.370	0.820	0.860
素混凝土块 C20	m³	338.00	—	—	—	—	0.070	0.080
电焊条 E43 系列	kg	4.74	—	—	—	—	0.240	0.370
红丹防锈漆	kg	6.90	1.550	2.950	4.260	5.290	6.870	8.950
料 溶剂油	kg	2.29	0.170	0.330	0.480	0.600	0.770	1.010
其他材料费	元	1.00	7.80	13.50	19.00	26.30	36.20	44.60
机械 载货汽车 4t	台班	369.21	0.248	0.269	0.290	0.310	0.321	0.403
交流弧焊机 32kV·A	台班	92.84	—	—	—	0.010	0.030	0.046
械 电动夯实机 250N·m	台班	28.03	—	—	—	0.020	0.050	0.050

工作内容:1.整体提升架工作内容包括场内、外材料搬运;选择附墙点与主体连接;搭、拆脚手架;测试电动装置、安全锁等,拆除脚手架后材料的堆放;

2.吊篮安装、拆除支撑系统、吊篮架体及其附件的全部过程。

定　额　编　号			18-40	18-41	18-42	18-43
项　　　目			外墙脚手架			
			悬挑式	整体式附着升降脚手架	吊篮	
					安、拆	使用
计　量　单　位			100m²		10套	套·天
基　　价　　(元)			**3720.64**	**2655.31**	**7130.27**	**50.88**
其中	人　　工　　费　(元)		2088.59	1493.91	5759.10	1.08
	材　　料　　费　(元)		1404.95	1078.15	35.00	2.22
	机　　械　　费　(元)		227.10	83.25	1336.17	47.58
名　　称	单位	单价(元)	消　耗　量			
人工　二类人工	工日	135.00	15.471	11.066	42.660	0.008
材料　脚手架钢管	kg	3.62	82.503	—	—	—
脚手架扣件	只	5.22	32.150	—	—	—
竹脚手片	m²	8.19	24.070	—	—	—
钢脚手板	kg	4.74	—	6.150	—	—
木脚手板	m³	1124.00	—	0.060	—	—
安全网	m²	7.76	20.830	—	—	—
提升装置及架体	套	10345.00	—	0.090	—	—
钢升降平台	kg	8.62	—	—	—	0.217
预埋铁件	kg	3.75	10.610	—	—	—
镀锌铁丝 φ2.0~4.0	kg	5.01	—	4.980	—	—
镀锌铁丝 18#	kg	6.55	3.960	—	—	—
钢丝绳 φ8	m	1.76	—	0.150	—	—
六角带帽螺栓 φ12	kg	5.47	3.240	—	—	—
热轧光圆钢筋 综合	kg	3.97	32.810	—	—	—
工字钢 Q235B 综合	kg	4.05	64.270	—	—	—
电焊条 E43 系列	kg	4.74	4.600	—	—	—
氧气	m³	3.62	2.300	—	—	—
乙炔气	m³	8.90	0.990	—	—	—
红丹防锈漆	kg	6.90	4.770	—	—	—
溶剂油	kg	2.29	0.540	—	—	—
其他材料费	元	1.00	32.60	25.30	35.00	0.35
机械　载货汽车 4t	台班	369.21	0.424	—	3.619	—
载货汽车 6t	台班	396.42	—	0.210	—	—
交流弧焊机 32kV·A	台班	92.84	0.760	—	—	—
电动葫芦 – 单速 2t	台班	23.79	—	—	—	2.000

工作内容：材料搬运；搭设、拆除脚手架，铺、翻脚手板等全过程；拆除脚手架后的材料堆放。

定　额　编　号			18-44	18-45	18-46	18-47	18-48
项　　　目			内墙脚手架		砖柱脚手架	满堂脚手架	
			高度(m)			基本层 3.6~5.2m	每增加1.2m
			3.6以内	3.6以上			
计　量　单　位			100m²		每10m高	100m²	
基　　价　　(元)			**202.35**	**599.61**	**390.23**	**987.36**	**198.00**
其中	人　工　费　(元)		140.00	453.87	233.96	805.95	159.30
	材　料　费　(元)		43.15	126.54	121.93	147.07	30.95
	机　械　费　(元)		19.20	19.20	34.34	34.34	7.75
名　　称	单位	单价(元)	消　耗　量				
人工 二类人工	工日	135.00	1.037	3.362	1.733	5.970	1.180
材料 脚手架钢管	kg	3.62	3.867	13.732	12.191	17.568	5.108
脚手架扣件	只	5.22	—	4.640	3.670	4.467	1.903
脚手架钢管底座	个	5.69	—	0.170	0.260	0.380	—
竹脚手片	m²	8.19	—	3.600	3.280	4.000	—
钢脚手板	kg	4.74	6.150	—	—	—	—
安全网	m²	7.76	—	—	1.600	—	—
镀锌铁丝 8#	kg	6.55	—	—	0.190	—	—
镀锌铁丝 18#	kg	6.55	—	2.180	1.450	2.400	—
红丹防锈漆	kg	6.90	—	0.710	0.620	0.910	0.269
溶剂油	kg	2.29	—	0.080	0.070	0.103	0.031
其他材料费	元	1.00	—	2.80	2.70	3.00	0.60
机械 载货汽车 4t	台班	369.21	0.052	0.052	0.093	0.093	0.021

工作内容：材料搬运；搭设、拆除脚手架，铺、翻脚手板等全过程；拆除脚手架后的材料堆放。　　　　　　**计量单位**：座

定　额　编　号			18-49	18-50	18-51	18-52	18-53
项　　　目			电梯安装井道脚手架				
			高度(m以内)				
			20	40	60	80	100
基　　价　　(元)			**1108.36**	**2612.35**	**4865.73**	**6828.57**	**9668.87**
其中	人　工　费　(元)		788.00	1890.27	3665.39	5046.17	7225.07
	材　料　费　(元)		240.24	599.87	1017.21	1537.98	2161.35
	机　械　费　(元)		80.12	122.21	183.13	244.42	282.45
名　　称	单位	单价(元)	消　耗　量				
人工 二类人工	工日	135.00	5.837	14.002	27.151	37.379	53.519
材料 脚手架钢管	kg	3.62	23.182	61.833	111.217	173.764	251.148
脚手架扣件	只	5.22	11.580	31.220	56.020	87.510	126.790
脚手架钢管底座	个	5.69	0.210	0.270	0.330	0.380	0.440
竹脚手片	m²	8.19	9.280	20.110	29.390	40.210	51.040
镀锌铁丝 18#	kg	6.55	0.650	1.390	2.030	2.780	3.530
红丹防锈漆	kg	6.90	1.260	3.370	6.050	9.440	13.650
溶剂油	kg	2.29	0.140	0.380	0.680	1.060	1.540
其他材料费	元	1.00	5.40	13.60	23.00	34.90	49.00
机械 载货汽车 4t	台班	369.21	0.217	0.331	0.496	0.662	0.765

工作内容:材料搬运;搭设、拆除脚手架,铺、翻脚手板等全过程;拆除脚手架后的材料堆放。　　　　　　计量单位:座

定　额　编　号			18-54	18-55	18-56	18-57	18-58
项　　目			电梯安装井道脚手架				
			高度(m 以内)				
			120	140	160	180	200
基　价　(元)			**13134.45**	**16807.72**	**20428.29**	**23882.36**	**28643.98**
其中	人　工　费　(元)		9961.11	12799.08	15472.35	17944.34	21613.37
	材　料　费　(元)		2833.67	3611.74	4497.75	5426.29	6461.66
	机　械　费　(元)		339.67	396.90	458.19	511.73	568.95
名　　称	单位	单价(元)	消　耗　量				
人工	二类人工	工日	135.00	73.786	94.808	114.610	132.921	160.099
材料	脚手架钢管	kg	3.62	338.066	438.468	554.607	679.069	817.356
	脚手架扣件	只	5.22	170.490	221.070	280.000	342.590	412.250
	脚手架钢管底座	个	5.69	0.490	0.540	0.600	0.660	0.710
	竹脚手片	m²	8.19	60.320	71.140	81.810	91.250	102.070
	镀锌铁丝 18#	kg	6.55	4.170	4.920	5.670	6.310	7.060
	红丹防锈漆	kg	6.90	18.370	23.830	30.150	36.900	44.420
	溶剂油	kg	2.29	2.070	2.680	3.390	4.150	5.000
	其他材料费	元	1.00	64.30	82.00	102.10	123.20	146.70
机械	载货汽车 4t	台班	369.21	0.920	1.075	1.241	1.386	1.541

工作内容:材料搬运;搭设、拆除脚手架,铺、翻脚手板等全过程;拆除脚手架后的材料堆放。　　　　　　计量单位:座

定　额　编　号			18-59	18-60	18-61
项　　目			斜道		
			高度(m 以内)		
			7	13	20
基　价　(元)			**1113.65**	**2198.39**	**4725.67**
其中	人　工　费　(元)		654.62	1048.28	1869.89
	材　料　费　(元)		351.96	970.67	2519.80
	机　械　费　(元)		107.07	179.44	335.98
名　　称	单位	单价(元)	消　耗　量		
人工	二类人工	工日	135.00	4.849	7.765	13.851
材料	脚手架钢管	kg	3.62	40.316	117.080	304.823
	脚手架扣件	只	5.22	9.760	28.810	76.390
	脚手架钢管底座	个	5.69	0.420	0.680	1.000
	竹脚手片	m²	8.19	14.180	37.420	98.200
	镀锌铁丝 18#	kg	6.55	2.170	3.440	6.440
	红丹防锈漆	kg	6.90	2.000	5.810	15.140
	溶剂油	kg	2.29	0.230	0.650	1.700
	其他材料费	元	1.00	8.00	22.00	57.10
机械	载货汽车 4t	台班	369.21	0.290	0.486	0.910

工作内容：材料搬运；搭设、拆除脚手架，铺、翻脚手板等全过程；拆除脚手架后的材料堆放。

定　额　编　号			18-62	18-63	18-64	18-65	18-66
项　　　目			起重平台、进料平台			防护脚手架	
			高度(m 以内)			使用期	
			7	13	20	6 个月	每增减 1 个月
计 量 单 位			座			100m²	
基　　价　（元）			**706.97**	**1198.88**	**2176.77**	**2565.26**	**234.26**
其中	人　工　费　（元）		534.33	815.00	1322.46	998.06	3.65
	材　料　费　（元）		130.55	322.96	747.24	1422.10	230.61
	机　械　费　（元）		42.09	60.92	107.07	145.10	—
名　　称	单位	单价(元)	消　耗　量				
人工	二类人工	工日	135.00	3.958	6.037	9.796	7.393	0.027
材料	脚手架钢管	kg	3.62	20.225	44.783	105.716	127.813	21.300
	脚手架扣件	只	5.22	6.080	17.320	41.010	34.060	5.690
	脚手架钢管底座	个	5.69	0.250	0.430	0.650	2.030	0.340
	竹脚手片	m²	8.19	1.500	4.990	10.470	79.830	13.310
	镀锌铁丝 18#	kg	6.55	0.230	0.460	0.690	5.820	—
	红丹防锈漆	kg	6.90	1.030	2.350	5.520	6.420	1.070
	溶剂油	kg	2.29	0.120	0.260	0.620	0.720	0.120
	其他材料费	元	1.00	3.00	7.30	17.00	32.20	5.20
机械	载货汽车 4t	台班	369.21	0.114	0.165	0.290	0.393	—

三、烟囱、水塔脚手架

工作内容:材料搬运;搭设、拆除脚手架、安全网,铺、翻脚手板等全部过程;拆除脚手架后的材料堆放。　　　　计量单位:座

定 额 编 号			18-67	18-68	18-69	18-70
项　　目			烟囱、水塔脚手架		烟囱金属竖井架	
			高度(m)			
			20 以内	每增加 1	40 以内	每增加 1
基　　价　(元)			**5079.47**	**447.67**	**12570.10**	**414.05**
其 中	人　工　费　(元)		2368.98	300.11	10125.27	281.34
	材　料　费　(元)		2366.76	124.67	2093.71	113.51
	机　械　费　(元)		343.73	22.89	351.12	19.20
名　　称	单位	单价(元)	消　耗　量			
人工 二类人工	工日	135.00	17.548	2.223	75.002	2.084
材 料	脚手架钢管	kg	3.62	214.255	11.446	—	—
	脚手架扣件	只	5.22	36.910	1.990	—	—
	脚手架钢管底座	个	5.69	1.170	0.070	—	—
	烟囱金属竖井架	kg	6.03	—	—	332.000	18.000
	竹脚手片	m²	8.19	39.600	2.000	—	—
	木脚手板	m³	1124.00	0.210	0.010	—	—
	镀锌铁丝 12#	kg	5.38	90.710	4.810	—	—
	镀锌铁丝 18#	kg	6.55	36.020	1.820	—	—
	红丹防锈漆	kg	6.90	7.560	0.550	6.170	0.330
	溶剂油	kg	2.29	0.850	0.060	0.690	0.040
	其他材料费	元	1.00	53.40	3.10	47.60	2.60
机械	载货汽车 4t	台班	369.21	0.931	0.062	0.951	0.052

注:1. 烟囱如采用抱箍施工时,按外脚手架定额乘以系数0.50。

　　2. 烟囱、水塔外脚手架高度在10m以内时,定额乘以系数0.40。

第十九章

垂直运输工程

说　明

一、本定额适用于房屋工程、构筑物工程的垂直运输,不适用于专业发包工程。

二、本定额包括单位工程在合理工期内完成全部工作所需的垂直运输机械台班。但不包括大型机械的场外运输、安装拆卸及路基铺垫、轨道铺拆和基础等费用,发生时另按相应定额计算。

三、建筑物的垂直运输,定额按常规方案以不同机械综合考虑,除另有规定或特殊要求者外,均按定额执行。

四、檐高30m以下建筑物垂直运输机械不采用塔吊时,应扣除相应定额子目中的塔吊机械台班消耗量,卷扬机井架和电动卷扬机台班消耗量分别乘以系数1.50。

五、檐高3.6m以内的单层建筑,不计算垂直运输费用。

六、建筑物层高超过3.6m时,按每增加1m相应定额计算,超高不足1m的,每增加1m相应定额按比例调整。钢结构厂(库)房、地下室层高定额已综合考虑。

七、垂直运输定额按不同檐高划分,同一建筑物檐高不同时,应根据不同高度的垂直分界面分别计算建筑面积,套用相应定额;同一建筑物结构类型不同时,应分别计算建筑面积套用相应定额,同一檐高下的不同结构类型应根据水平分界面分别计算建筑面积,套用同一檐高的相应定额。

八、本章按主体结构混凝土泵送考虑,如采用非泵送时,垂直运输费按相应定额乘以系数1.05。

九、装配整体式混凝土结构垂直运输费套用相应混凝土结构相应定额乘以系数1.40。

十、住宅钢结构垂直运输定额适用于结构体系为钢结构的工程。大卖场、物流中心等钢结构工程,其构件安装套用本定额第六章"金属结构工程"厂(库)房钢结构时,垂直运输套用厂(库)房相应定额。当住宅钢结构建筑为钢—混凝土混合结构时,垂直运输套用混凝土结构相应定额。

十一、装配式木结构工程的垂直运输按本章混凝土结构相应定额乘以系数0.60计算。

十二、砖混结构执行混凝土结构定额。

十三、构筑物高度指设计室外地坪至结构最高点为准。

十四、钢筋混凝土水(油)池套用贮仓定额乘以系数0.35计算。贮仓或水(油)池池壁高度小于4.5m时,不计算垂直运输费用。

十五、滑模施工的贮仓定额只适用于圆形仓壁,其底板及顶板套用普通贮仓定额。

工程量计算规则

一、地下室垂直运输以首层室内地坪以下全部地下室的建筑面积计算,半地下室并入上部建筑物计算。

二、上部建筑物垂直运输以首层室内地坪以上全部面积计算,面积计算规则按本定额第十八章"脚手架工程"综合脚手架工程量的计算规则。

三、非滑模施工的烟囱、水塔,根据高度按座计算;钢筋混凝土水(油)池及贮仓按基础底板以上实体积以"m³"计算。

四、滑模施工的烟囱、筒仓,按筒座或基础底板上表面以上的筒身实体积以"m³"计算;水塔根据高度按"座"计算,定额已包括水箱及所有依附构件。

一、建　筑　物

1. 地　下　室

工作内容： 单位工程合理工期内完成全部地下室工程所需要的垂直运输。　　　　　　　　　　　计量单位：100m²

定　额　编　号				19-1	19-2	19-3
项　目				地下室层数		
				一层	二层	三层及四层
基　价　（元）				**3974.00**	**2524.33**	**2042.97**
其中	人　工　费　（元）			—	—	—
	材　料　费　（元）			—	—	—
	机　械　费　（元）			3974.00	2524.33	2042.97
	名　称	单位	单价（元）	消　耗　量		
机械	自升式塔式起重机 800kN·m	台班	621.91	6.390	4.059	3.285

2. 混凝土结构

工作内容： 单位工程合理工期内完成除地下室外全部工程所需要的垂直运输。　　　　　　　计量单位：100m²

定　额　编　号				19-4	19-5	19-6	19-7
项　目				建筑物檐高（m 以内）			
				20	30	50	70
基　价　（元）				**1620.33**	**2437.22**	**3531.30**	**4211.48**
其中	人　工　费　（元）			—	—	—	—
	材　料　费　（元）			—	—	—	—
	机　械　费　（元）			1620.33	2437.22	3531.30	4211.48
	名　称	单位	单价（元）	消　耗　量			
机械	自升式塔式起重机 400kN·m	台班	572.07	1.680	—	—	—
	自升式塔式起重机 600kN·m	台班	596.43	—	2.936	3.680	—
	自升式塔式起重机 800kN·m	台班	621.91	—	—	—	4.080
	双笼施工电梯 2×1t 100m	台班	353.09	—	—	3.734	4.671
	电动卷扬机-单筒快速 5kN	台班	157.60	3.880	4.038	—	—
	卷扬机井架 30m	台班	12.31	3.880	4.038	—	—
	对讲机（一对）	台班	4.61	—	—	3.904	5.381

工作内容:单位工程合理工期内完成除地下室外全部工程所需要的垂直运输。 计量单位:100m²

定 额 编 号			19-8	19-9	19-10	19-11
项　　目			建筑物檐高(m 以内)			
			90	100	120	140
基　价　(元)			**4747.85**	**5022.18**	**5595.68**	**6253.13**
其中	人　工　费　(元)		—	—	—	—
	材　料　费　(元)		—	—	—	—
	机　械　费　(元)		4747.85	5022.18	5595.68	6253.13
	名　　称	单位	单价(元)	消　耗　量		
机械	自升式塔式起重机 1000kN·m	台班	746.82	4.100	4.335	4.346	—
	自升式塔式起重机 1250kN·m	台班	771.05	—	—	—	4.785
	双笼施工电梯 2×1t 100m	台班	353.09	4.695	4.964	—	—
	双笼施工电梯 2×1t 200m	台班	465.41	—	—	4.975	5.421
	对讲机(一对)	台班	4.61	6.101	6.936	7.503	8.822

工作内容:单位工程合理工期内完成除地下室外全部工程所需要的垂直运输。 计量单位:100m²

定 额 编 号			19-12	19-13	19-14
项　　目			建筑物檐高(m 以内)		
			160	180	200
基　价　(元)			**6484.83**	**7296.89**	**8049.45**
其中	人　工　费　(元)		—	—	—
	材　料　费　(元)		—	—	—
	机　械　费　(元)		6484.83	7296.89	8049.45
	名　　称	单位	单价(元)	消　耗　量		
机械	自升式塔式起重机 1250kN·m	台班	771.05	4.959	—	—
	自升式塔式起重机 1500kN·m	台班	816.20	—	5.133	—
	自升式塔式起重机 2000kN·m	台班	978.89	—	—	5.307
	双笼施工电梯 2×1t 200m	台班	465.41	5.621	6.569	6.014
	对讲机(一对)	台班	4.61	9.788	10.858	12.041

3. 钢　结　构

(1)厂(库)房钢结构

工作内容:单位工程合理工期内完成除钢构件安装外的工程所需要的垂直运输。　　　　　　计量单位:100m²

定　额　编　号				19-15	19-16	19-17	19-18
项　　　目				单层厂(库)房		多层厂(库)房	
				建筑物檐高(m)			
				7 以内	每增加1	20 以内	每增加1
基　价　(元)				**350.83**	**52.42**	**832.06**	**140.41**
其中	人　工　费　(元)			—	—	—	—
	材　料　费　(元)			—	—	—	—
	机　械　费　(元)			350.83	52.42	832.06	140.41
	名　称	单位	单价(元)	消　耗　量			
机械	自升式塔式起重机 400kN·m	台班	572.07	0.302	0.045	0.717	0.121
	电动卷扬机－单筒快速 5kN	台班	157.60	1.048	0.157	2.483	0.419
	卷扬机井架 30m	台班	12.31	1.048	0.157	2.483	0.419

(2)住宅钢结构

工作内容:单位工程合理工期内完成除地下室外全部工程所需要的垂直运输。　　　　　　计量单位:100m²

定　额　编　号				19-19	19-20
项　　　目				建筑物檐高(m 以内)	
				50	70
基　价　(元)				**3333.04**	**3878.89**
其中	人　工　费　(元)			—	—
	材　料　费　(元)			—	—
	机　械　费　(元)			3333.04	3878.89
	名　称	单位	单价(元)	消　耗　量	
机械	自升式塔式起重机 600kN·m	台班	596.43	3.395	—
	自升式塔式起重机 800kN·m	台班	621.91	—	3.672
	双笼施工电梯 2×1t 100m	台班	353.09	3.655	4.451
	对讲机(一对)	台班	4.61	3.821	5.127

工作内容:单位工程合理工期内完成除地下室外全部工程所需要的垂直运输。 计量单位:100m²

定 额 编 号			19-21	19-22	19-23	19-24
项 目			建筑物檐高(m 以内)			
			90	100	120	140
基 价 (元)			**4522.00**	**4614.68**	**5170.98**	**5443.20**
其中	人 工 费 (元)		—	—	—	—
	材 料 费 (元)		—	—	—	—
	机 械 费 (元)		4522.00	4614.68	5170.98	5443.20
	名 称	单位	单价(元)	消 耗 量		
机械	自升式塔式起重机 1000kN·m	台班	746.82	3.825	3.902	3.919	—
	自升式塔式起重机 1250kN·m	台班	771.05	—	—	—	4.067
	双笼施工电梯 2×1t 100m	台班	353.09	4.638	4.730	—	—
	双笼施工电梯 2×1t 200m	台班	465.41	—	—	4.751	4.879
	对讲机(一对)	台班	4.61	6.026	6.610	7.165	7.940

工作内容:单位工程合理工期内完成除地下室外全部工程所需要的垂直运输。 计量单位:100m²

定 额 编 号			19-25	19-26	19-27
项 目			建筑物檐高(m 以内)		
			160	180	200
基 价 (元)			**5645.09**	**6357.63**	**7241.63**
其中	人 工 费 (元)		—	—	—
	材 料 费 (元)		—	—	—
	机 械 费 (元)		5645.09	6357.63	7241.63
	名 称	单位	单价(元)	消 耗 量		
机械	自升式塔式起重机 1250kN·m	台班	771.05	4.215	—	—
	自升式塔式起重机 1500kN·m	台班	816.20	—	4.363	—
	自升式塔式起重机 2000kN·m	台班	978.89	—	—	4.776
	双笼施工电梯 2×1t 200m	台班	465.41	5.059	5.912	5.413
	对讲机(一对)	台班	4.61	8.809	9.772	10.235

4. 建筑物层高超过 3.6m 每增加 1m 垂直运输

(1) 混凝土结构

工作内容:单位工程合理工期内完成除地下室外全部工程所需要的垂直运输。　　　　　　计量单位:100m²

定 额 编 号				19-28	19-29	19-30	19-31	19-32
项 目				层高超过 3.6m 每增加 1m				
				建筑物檐高(m)				
				20 以内	50 以内	90 以内	120 以内	120 以上
基 价 (元)				**246.97**	**382.86**	**534.67**	**679.96**	**781.78**
其中	人 工 费 (元)			—	—	—	—	—
	材 料 费 (元)			—	—	—	—	—
	机 械 费 (元)			246.97	382.86	534.67	679.96	781.78
	名 称	单位	单价(元)	消 耗 量				
机械	自升式塔式起重机 400kN·m	台班	572.07	0.225	—	—	—	—
	自升式塔式起重机 600kN·m	台班	596.43	—	0.450	—	—	—
	自升式塔式起重机 800kN·m	台班	621.91	—	—	0.477	—	—
	自升式塔式起重机 1000kN·m	台班	746.82	—	—	—	0.513	—
	自升式塔式起重机 1250kN·m	台班	771.05	—	—	—	—	0.567
	双笼施工电梯 2×1t 100m	台班	353.09	—	0.320	0.666	0.358	—
	双笼施工电梯 2×1t 200m	台班	465.41	—	—	—	0.358	0.729
	电动卷扬机 - 单筒快速 5kN	台班	157.60	0.696	—	—	—	—
	卷扬机井架 30m	台班	12.31	0.696	—	—	—	—
	对讲机(一对)	台班	4.61	—	0.320	0.621	0.828	1.152

(2) 住宅钢结构

工作内容:单位工程合理工期内完成除地下室外全部工程所需要的垂直运输。　　　　　　计量单位:100m²

定 额 编 号				19-33	19-34	19-35	19-36
项 目				层高超过 3.6m 每增加 1m			
				建筑物檐高(m)			
				50 以内	90 以内	120 以内	120 以上
基 价 (元)				**382.86**	**465.95**	**592.60**	**681.74**
其中	人 工 费 (元)			—	—	—	—
	材 料 费 (元)			—	—	—	—
	机 械 费 (元)			382.86	465.95	592.60	681.74
	名 称	单位	单价(元)	消 耗 量			
机械	自升式塔式起重机 600kN·m	台班	596.43	0.450	—	—	—
	自升式塔式起重机 800kN·m	台班	621.91	—	0.405	—	—
	自升式塔式起重机 1000kN·m	台班	746.82	—	—	0.436	—
	自升式塔式起重机 1250kN·m	台班	771.05	—	—	—	0.482
	双笼施工电梯 2×1t 100m	台班	353.09	0.320	0.599	0.322	—
	双笼施工电梯 2×1t 200m	台班	465.41	—	—	0.322	0.656
	对讲机(一对)	台班	4.61	0.320	0.559	0.745	1.037

二、构 筑 物

工作内容: 单位工程合理工期内完成全部工程所需要的垂直运输。

计量单位:座

定 额 编 号				19-37	19-38	19-39	19-40
项 目				砖砌烟囱		钢筋混凝土烟囱	
				高度(m)			
				30 以内	每增加 1	30 以内	每增加 1
基 价 (元)				**12315.15**	**410.51**	**21674.66**	**715.92**
其中	人 工 费 (元)			—	—	—	—
	材 料 费 (元)			—	—	—	—
	机 械 费 (元)			12315.15	410.51	21674.66	715.92
	名 称	单位	单价(元)	消 耗 量			
机械	单笼施工电梯 提升质量1t 提升高度75m	台班	273.67	45.000	1.500	79.200	2.616

工作内容: 单位工程合理工期内完成全部工程所需要的垂直运输。

定 额 编 号				19-41	19-42	19-43	19-44
项 目				钢筋混凝土水塔		贮仓	其他
				高度(m)			
				20 以内	每增加 1		
计 量 单 位				座		100m³	
基 价 (元)				**14559.24**	**670.49**	**1520.06**	**2222.10**
其中	人 工 费 (元)			—	—	—	—
	材 料 费 (元)			—	—	—	—
	机 械 费 (元)			14559.24	670.49	1520.06	2222.10
	名 称	单位	单价(元)	消 耗 量			
机械	自升式塔式起重机 600kN·m	台班	596.43	—	—	—	2.550
	单笼施工电梯 提升质量1t 提升高度75m	台班	273.67	53.200	2.450	—	—
	电动卷扬机 - 单筒慢速 10kN	台班	171.01	—	—	—	3.825
	电动卷扬机 - 单筒慢速 50kN	台班	186.39	—	—	7.650	—
	卷扬机井架 30m	台班	12.31	—	—	7.650	3.825

三、(滑升钢模)构筑物垂直运输及相应设备

工作内容:单位工程合理工期内完成全部工程所需要的垂直运输及相应设备全部操作过程。　　　　　　计量单位:100m³

定　额　编　号				19-45	19-46	19-47	19-48
项　　　目				钢筋混凝土烟囱			
				筒身全高(m以内)			
				60	80	100	120
基　　价　　(元)				**1287.01**	**1006.31**	**979.82**	**826.83**
其中	人　工　费　(元)			—	—	—	—
	材　料　费　(元)			—	—	—	—
	机　械　费　(元)			1287.01	1006.31	979.82	826.83
	名　称	单位	单价(元)	消　耗　量			
机械	双笼施工电梯 2×1t 100m	台班	353.09	3.645	2.850	2.775	—
	双笼施工电梯 2×1t 130m	台班	385.47	—	—	—	2.145

工作内容:单位工程合理工期内完成全部工程所需要的垂直运输及相应设备全部操作过程。　　　　　　计量单位:100m³

定　额　编　号				19-49	19-50	19-51
项　　　目				钢筋混凝土烟囱		
				筒身全高(m以内)		
				150	180	210
基　　价　　(元)				**703.70**	**502.64**	**450.52**
其中	人　工　费　(元)			—	—	—
	材　料　费　(元)			—	—	—
	机　械　费　(元)			703.70	502.64	450.52
	名　称	单位	单价(元)	消　耗　量		
机械	双笼施工电梯 2×1t 200m	台班	465.41	1.512	1.080	0.968

工作内容:单位工程合理工期内完成全部工程所需要的垂直运输及相应设备全部操作过程。

定　额　编　号				19-52	19-53	19-54
项　　　目				圆形筒仓壁	钢筋混凝土水塔	
					高度(m)	
					20 以内	每增 1
计　量　单　位				100m³	座	
基　　价　　(元)				**8028.45**	**11756.59**	**580.45**
其中	人　工　费　(元)			—	—	—
	材　料　费　(元)			—	—	—
	机　械　费　(元)			8028.45	11756.59	580.45
	名　称	单位	单价(元)	消　耗　量		
机械	自升式塔式起重机 600kN·m	台班	596.43	11.025	—	—
	单笼施工电梯 提升质量1t 提升高度75m	台班	273.67	—	42.959	2.121
	电动卷扬机 – 单筒慢速 30kN	台班	177.60	7.650	—	—
	卷扬机井架 30m	台班	12.31	7.650	—	—

第二十章
建筑物超高施工增加费

说　　明

一、本章定额适用于檐高 20m 以上的建筑物工程,超高施工增加费包括建筑物超高人工降效增加费、建筑物超高机械降效增加费、建筑物超高加压水泵台班及其他费用。

二、同一建筑物檐高不同时,应分别计算套用相应定额。

三、建筑物超高人工及机械降效增加费包括的内容指建筑物首层室内地坪以上的全部工程项目,不包括大型机械的基础、运输、安拆费、垂直运输、各类构件单独水平运输、各项脚手架、现场预制混凝土构件和钢构件的制作项目。

四、建筑物超高加压水泵台班及其他费用按钢筋混凝土结构编制,装配整体式混凝土结构、钢—混凝土混合结构工程仍执行本章相应定额;遇层高超过 3.6m 时,按每增加 1m 相应定额计算,超高不足 1m 的,每增加 1m 相应定额按比例调整。如为钢结构工程时相应定额乘以系数 0.80。

工程量计算规则

一、建筑物超高人工降效增加费的计算基数为规定内容中的全部人工费。

二、建筑物超高机械降效增加费的计算基数为规定内容中的全部机械台班费。

三、同一建筑物有高低层时,应按首层室内地坪以上不同檐高建筑面积的比例分别计算超高人工降效费和超高机械降效费。

四、建筑物超高加压水泵台班及其他费用,工程量同首层室内地坪以上综合脚手架工程量。

一、建筑物超高人工降效增加费

工作内容:1. 工人上下班降低工效、上下楼及自然休息增加时间;
　　　　　2. 垂直运输影响的时间。

计量单位:万元

定　额　编　号			20-1	20-2	20-3	20-4	20-5
项　　　目			建筑物檐高(m以内)				
			30	50	70	90	100
基　价　(元)			**200.00**	**570.00**	**1013.00**	**1434.00**	**1744.80**
其中	人　工　费　(元)		200.00	570.00	1013.00	1434.00	1744.80
	材　料　费　(元)		—	—	—	—	—
	机　械　费　(元)		—	—	—	—	—
名　称	单位	单价(元)	消　耗　量				
人工　人工费	元	1.00	200.00	570.00	1013.00	1434.00	1744.80

工作内容:1. 工人上下班降低工效、上下楼及自然休息增加时间;
　　　　　2. 垂直运输影响的时间。

计量单位:万元

定　额　编　号			20-6	20-7	20-8	20-9	20-10
项　　　目			建筑物檐高(m以内)				
			120	140	160	180	200
基　价　(元)			**2052.20**	**2459.40**	**2865.00**	**3269.00**	**3672.00**
其中	人　工　费　(元)		2052.20	2459.40	2865.00	3269.00	3672.00
	材　料　费　(元)		—	—	—	—	—
	机　械　费　(元)		—	—	—	—	—
名　称	单位	单价(元)	消　耗　量				
人工　人工费	元	1.00	2052.20	2459.40	2865.00	3269.00	3672.00

二、建筑物超高机械降效增加费

工作内容:建筑物超高引起的有关机械使用效率降低。

计量单位:万元

定　额　编　号			20-11	20-12	20-13	20-14	20-15
项　　　目			建筑物檐高(m以内)				
			30	50	70	90	100
基　价　(元)			**200.00**	**570.00**	**1013.00**	**1434.00**	**1744.80**
其中	人　工　费　(元)		—	—	—	—	—
	材　料　费　(元)		—	—	—	—	—
	机　械　费　(元)		200.00	570.00	1013.00	1434.00	1744.80
名　称	单位	单价(元)	消　耗　量				
机械　机械费	元	1.00	200.00	570.00	1013.00	1434.00	1744.80

工作内容:建筑物超高引起的有关机械使用效率降低。 计量单位:万元

定 额 编 号			20-16	20-17	20-18	20-19	20-20
项 目			建筑物檐高(m 以内)				
			120	140	160	180	200
基 价 (元)			**2052.20**	**2459.40**	**2865.00**	**3269.00**	**3672.00**
其中	人 工 费 (元)		—	—	—	—	—
	材 料 费 (元)		—	—	—	—	—
	机 械 费 (元)		2052.20	2459.40	2865.00	3269.00	3672.00
名 称	单位	单价(元)	消 耗 量				
机械 机械费	元	1.00	2052.20	2459.40	2865.00	3269.00	3672.00

三、建筑物超高加压水泵台班及其他费用

工作内容:包括由于水压不足所发生的加压用水泵台班及其他费用。 计量单位:100m²

定 额 编 号			20-21	20-22	20-23	20-24	20-25
项 目			建筑物檐高(m 以内)				
			30	50	70	90	100
基 价 (元)			**192.32**	**578.53**	**733.87**	**840.42**	**901.50**
其中	人 工 费 (元)		—	—	—	—	—
	材 料 费 (元)		100.00	229.00	281.00	308.00	318.00
	机 械 费 (元)		92.32	349.53	452.87	532.42	583.50
名 称	单位	单价(元)	消 耗 量				
材料 其他费用	元	1.00	100.00	229.00	281.00	308.00	318.00
机械 电动多级离心清水泵 φ50	台班	53.99	1.710	—	—	—	—
电动多级离心清水泵 φ100 h≤120m	台班	167.48	—	2.087	2.704	3.179	3.484

工作内容:包括由于水压不足所发生的加压用水泵台班及其他费用。 计量单位:100m²

定 额 编 号			20-26	20-27	20-28	20-29	20-30
项 目			建筑物檐高(m 以内)				
			120	140	160	180	200
基 价 (元)			**987.35**	**1364.31**	**1449.75**	**1516.28**	**1560.56**
其中	人 工 费 (元)		—	—	—	—	—
	材 料 费 (元)		332.00	342.00	350.00	356.00	360.00
	机 械 费 (元)		655.35	1022.31	1099.75	1160.28	1200.56
名 称	单位	单价(元)	消 耗 量				
材料 其他费用	元	1.00	332.00	342.00	350.00	356.00	360.00
机械 电动多级离心清水泵 φ100 h≤120m	台班	167.48	3.913	—	—	—	—
电动多级离心清水泵 φ100 h>120m	台班	238.30	—	4.290	4.615	4.869	5.038

四、建筑物层高超过 3.6m 增加压水泵台班

工作内容：包括由于水压不足所发生的加压用水泵台班及其他费用。　　　　　　　　　　　　计量单位：100m²

定　额　编　号				20-31	20-32	20-33	20-34
项　　　目				层高超过 3.6m 每增加 1m			
				建筑物檐高（m）			
				50 以内	90 以内	120 以内	120 以上
基　价（元）				**10.58**	**53.93**	**70.34**	**130.11**
其中	人　工　费（元）			—	—	—	—
	材　料　费（元）			—	—	—	—
	机　械　费（元）			10.58	53.93	70.34	130.11
	名　称	单位	单价（元）	消　耗　量			
机械	电动多级离心清水泵 $\phi50$	台班	53.99	0.196	—	—	—
	电动多级离心清水泵 $\phi100$　$h{\leqslant}120m$	台班	167.48	—	0.322	0.420	—
	电动多级离心清水泵 $\phi100$　$h>120m$	台班	238.30	—	—	—	0.546

附　　录

一、砂浆、混凝土强度等级配合比

说　明

一、本配合比定额是依据《普通混凝土配合比设计规程》JGJ 55—2011、《砌筑砂浆配合比设计规程》JGI 98—2010 及《通用硅酸盐水泥》CB 175—2007 等有关规范,结合浙江省实际和 2010 版浙江省计价依据中的"砂浆混凝土强度等级配合比"修订而成。

二、本定额只编列材料消耗量,配制所需的人工、机械费已包括在各章节相应定额子目中。

三、定额中的材料用量均以干硬收缩压实后的密实体积计算,并考虑了配制损耗。

四、本定额的各项配合比仅供确定工程造价时使用,不能作为实际施工用料的配合比。实际施工中各项配合比内各种材料的需用量,应根据有关规范规定及试验部门提供的配合比用量配制,其材料用量与本定额不同时,除设计有特殊规定或企业自主报价时,可按实际试验资料进行调整外,其余均不调整。

五、本定额混凝土配合比细骨料是按中、细砂各 50% 综合,粗骨料按碎石编制的。如实际全部采用细砂时,可按混凝土配合比定额中水泥用量乘以系数 1.025;如使用卵石,且混凝土的强度等级在 C15 及其以上时,按相应碎石混凝土配合比定额的水泥用量乘以系数 0.975。

六、防水混凝土设计要求抗渗 P6 混凝土强度等级≥C25 或抗渗 P8 混凝土强度等级≥C40 时,均套用普通混凝土配合比定额。如设计要求抗渗 P8 混凝土强度等级为 C20 时,可套用 C25/P8 混凝土配合比定额。

七、设计要求按"内掺法"掺用膨胀剂(如 UEA)和其他制剂时,应按掺入量等量减扣相应混凝土配合比定额中的水泥用量。

1. 砂浆配合比

(1) 砌 筑 砂 浆

计量单位:m³

定 额 编 号			1	2	3	4
项 目			混合砂浆			
			强度等级			
			M2.5	M5.0	M7.5	M10.0
基 价 (元)			219.46	227.82	228.35	231.51
名 称	单位	单价(元)	消 耗 量			
普通硅酸盐水泥 P·O 42.5 综合	kg	0.34	141.000	164.000	187.000	209.000
石灰膏	m³	270.00	0.113	0.115	0.088	0.072
黄砂 净砂	t	92.23	1.515	1.515	1.515	1.515
水	m³	4.27	0.300	0.300	0.300	0.300

计量单位:m³

定 额 编 号			5	6
项 目			批刀灰	
			强度等级	
			M1.5	M2.5
基 价 (元)			260.23	265.62
名 称	单位	单价(元)	消 耗 量	
普通硅酸盐水泥 P·O 42.5 综合	kg	0.34	103.000	147.000
石灰膏	m³	270.00	0.395	0.378
黄砂 净砂	t	92.23	1.260	1.206
水	m³	4.27	0.550	0.550

计量单位:m³

定 额 编 号			7	8	9	10
项 目			水泥砂浆			
			强度等级			
			M2.5	M5.0	M7.5	M10.0
基 价 (元)			209.01	212.41	215.81	222.61
名 称	单位	单价(元)	消 耗 量			
普通硅酸盐水泥 P·O 42.5 综合	kg	0.34	200.000	210.000	220.000	240.000
黄砂 净砂	t	92.23	1.515	1.515	1.515	1.515
水	m³	4.27	0.300	0.300	0.300	0.300

计量单位：m³

定 额 编 号			11	12
项 目			干硬水泥砂浆	
			1：2	1：3
基 价 （元）			**274.55**	**244.35**
名 称	单位	单价（元）	消 耗 量	
普通硅酸盐水泥 P·O 42.5综合	kg	0.34	462.000	339.000
黄砂 净砂	t	92.23	1.269	1.395
水	m³	4.27	0.100	0.100

计量单位：m³

定 额 编 号			13	14	15	16	17	18
项 目			石灰砂浆			石灰黄泥浆		防水砂浆
			1：2	1：2.5	1：3	1：2.5	1：3	
基 价 （元）			**251.34**	**249.67**	**236.24**	**131.26**	**120.86**	**359.03**
名 称	单位	单价（元）	消 耗 量					
石灰膏	m³	270.00	0.450	0.396	0.336	0.400	0.360	—
普通硅酸盐水泥 P·O 42.5综合	kg	0.34	—	—	—	—	—	462.000
黄砂 净砂	t	92.23	1.380	1.520	1.550	—	—	1.198
黄泥	m³	19.90	—	—	—	1.040	1.060	—
防水剂	kg	3.65	—	—	—	—	—	24.705
水	m³	4.27	0.600	0.600	0.600	0.600	0.600	0.300

（2）抹 灰 砂 浆

计量单位：m³

定 额 编 号			19	20	21	22	23	24
项 目			水泥砂浆					
			1：1	1：1.5	1：2	1：2.5	1：3	1：4
基 价 （元）			**294.20**	**278.48**	**268.85**	**252.49**	**238.10**	**243.43**
名 称	单位	单价（元）	消 耗 量					
普通硅酸盐水泥 P·O 42.5综合	kg	0.34	638.000	534.000	462.000	393.000	339.000	295.000
黄砂 净砂	t	92.23	0.824	1.037	1.198	1.275	1.318	1.538
水	m³	4.27	0.300	0.300	0.300	0.300	0.300	0.300

计量单位:m³

定 额 编 号			25	26	27	28	29	30
项 目			钢丝网水泥砂浆		纯水泥浆	107 胶纯水泥浆	纯白水泥浆	白水泥砂浆
			1:1.8	1:2				1:2
基 价 (元)			320.36	315.63	430.36	490.56	745.86	384.35
名 称	单位	单价(元)	消 耗 量					
普通硅酸盐水泥 P·O 42.5 综合	kg	0.34	604.000	573.000	1262.000	1262.000	—	—
白色硅酸盐水泥 425# 二级白度	kg	0.59	—	—	—	—	1262.000	462.000
黄砂 净砂	t	92.23	1.233	1.296	—	—	—	1.198
107 胶	kg	1.72	—	—	—	35.000	—	—
水	m³	4.27	0.300	0.300	0.300	0.300	0.300	0.300

计量单位:m³

定 额 编 号			31	32	33	34	35
项 目			混合砂浆				
			1:0.5:0.5	1:0.5:1	1:0.5:2	1:0.5:2.5	1:0.5:3
基 价 (元)			383.20	310.12	303.82	290.65	281.51
名 称	单位	单价(元)	消 耗 量				
普通硅酸盐水泥 P·O 42.5 综合	kg	0.34	672.000	485.000	377.000	345.000	309.000
石灰膏	m³	270.00	0.399	0.289	0.249	0.205	0.184
黄砂 净砂	t	92.23	0.484	0.703	1.150	1.254	1.349
水	m³	4.27	0.550	0.550	0.550	0.550	0.550

计量单位:m³

定 额 编 号			36	37	38	39	40
项 目			混合砂浆				
			1:0.5:4	1:0.5:5	1:0.3:3	1:0.3:4	1:0.2:2
基 价 (元)			265.24	239.80	277.99	244.22	287.68
名 称	单位	单价(元)	消 耗 量				
普通硅酸盐水泥 P·O 42.5 综合	kg	0.34	254.000	203.000	328.000	249.000	424.000
石灰膏	m³	270.00	0.151	0.121	0.118	0.089	0.101
黄砂 净砂	t	92.23	1.472	1.472	1.434	1.444	1.235
水	m³	4.27	0.550	0.550	0.550	0.550	0.550

计量单位:m³

定 额 编 号			41	42	43	44	45	46
项 目			混合砂浆					
			1:1:1	1:1:2	1:1:4	1:1:6	1:2:1	1:3:9
基 价 (元)			**313.95**	**297.56**	**276.85**	**250.72**	**317.30**	**273.89**
名 称	单位	单价(元)	消 耗 量					
普通硅酸盐水泥 P·O 42.5 综合	kg	0.34	391.000	318.000	229.000	170.000	282.000	108.000
石灰膏	m³	270.00	0.467	0.378	0.274	0.203	0.672	0.386
黄砂 净砂	t	92.23	0.570	0.922	1.330	1.472	0.408	1.416
水	m³	4.27	0.550	0.550	0.550	0.550	0.550	0.550

计量单位:m³

定 额 编 号			47	48	49	50
项 目			石灰砂浆			
			1:2	1:2.5	1:3	1:4
基 价 (元)			**251.34**	**249.67**	**236.24**	**213.83**
名 称	单位	单价(元)	消 耗 量			
石灰膏	m³	270.00	0.450	0.396	0.336	0.253
黄砂 净砂	t	92.23	1.380	1.520	1.550	1.550
水	m³	4.27	0.600	0.600	0.600	0.600

计量单位:m³

定 额 编 号			51	52	53	54	55
项 目			纸筋灰浆	纸筋灰砂浆	水泥石灰纸筋砂浆		
				1:2	1:0.5:0.5	1:1:4	1:3:9
基 价 (元)			**331.19**	**276.10**	**397.03**	**285.42**	**283.07**
名 称	单位	单价(元)	消 耗 量				
普通硅酸盐水泥 P·O 42.5 综合	kg	0.34	—	—	670.000	229.000	108.000
石灰膏	m³	270.00	1.010	0.450	0.400	0.286	0.386
黄砂 净砂	t	92.23	—	1.380	0.459	1.260	1.341
纸筋	kg	0.98	57.500	25.700	17.100	12.240	16.650
水	m³	4.27	0.500	0.500	0.500	0.500	0.500

计量单位:m³

定额编号			56	57	58	59	60
项目			水泥石灰纸筋灰浆	纸筋混合灰浆	水泥石灰麻刀砂浆		麻刀快硬水泥
			1:0.5		1:2:4	1:2:9	
基价(元)			**430.83**	**402.87**	**328.16**	**287.97**	**990.08**
名称	单位	单价(元)			消耗量		
普通硅酸盐水泥 P·O 42.5 综合	kg	0.34	815.000	67.000	187.000	113.000	960.000
石灰膏	m³	270.00	0.486	1.212	0.448	0.269	—
黄砂 净砂	t	92.23	—	—	1.035	1.396	—
纸筋	kg	0.98	20.790	51.750	—	—	—
麻刀	kg	2.76	—	—	16.600	16.600	240.000
水	m³	4.27	0.500	0.500	0.550	0.550	0.300

计量单位:m³

定额编号			61	62	63	64	65
项目			麻刀石灰砂浆	石灰麻刀浆	石膏纸筋灰浆	石膏砂浆	素石膏浆
			1:3				
基价(元)			**282.05**	**321.08**	**583.57**	**394.57**	**592.12**
名称	单位	单价(元)			消耗量		
石灰膏	m³	270.00	0.336	1.010	—	—	—
黄砂 净砂	t	92.23	1.550	—	—	1.610	—
纸筋	kg	0.98	—	—	26.400	—	—
麻刀	kg	2.76	16.600	16.600	—	—	—
石膏粉	kg	0.68	—	—	817.000	360.000	867.000
水	m³	4.27	0.600	0.600	0.500	0.300	0.600

计量单位:m³

定额编号			66	67
项目			水泥石灰白石屑浆	水泥石灰珍珠岩
			1:1:6	
基价(元)			**190.68**	**365.67**
名称	单位	单价(元)		消耗量
普通硅酸盐水泥 P·O 42.5 综合	kg	0.34	170.000	210.000
石灰膏	m³	270.00	0.203	0.216
白石屑	t	53.40	1.418	—
膨胀珍珠岩粉	m³	155.00	—	1.510
松香水	kg	4.74	—	0.120
氢氧化钠(烧碱)	kg	2.59	—	0.020
水	m³	4.27	0.550	0.300

计量单位:m³

定 额 编 号			68	69	70	71	72	73
项 目			水泥白石屑浆			白水泥白石屑浆		
			1:1.5	1:2	1:2.5	1:1.5	1:2	1:2.5
基 价 (元)			**280.15**	**258.85**	**236.38**	**436.50**	**393.35**	**351.88**
名 称	单位	单价(元)	消 耗 量					
普通硅酸盐水泥 P·O 42.5 综合	kg	0.34	630.000	538.000	462.000	—	—	—
白色硅酸盐水泥 425# 二级白度	kg	0.59	—	—	—	630.000	538.000	462.000
白石屑	t	53.40	1.211	1.398	1.461	1.211	1.398	1.461
水	m³	4.27	0.300	0.300	0.300	0.300	0.300	0.300

计量单位:m³

定 额 编 号			74	75	76
项 目			水泥白石子浆		
			1:1	1:1.5	1:2
基 价 (元)			**442.40**	**439.66**	**435.67**
名 称	单位	单价(元)	消 耗 量		
普通硅酸盐水泥 P·O 42.5 综合	kg	0.34	765.000	631.000	534.000
白石子 综合	t	187.00	0.968	1.197	1.352
水	m³	4.27	0.300	0.300	0.300

计量单位:m³

定 额 编 号			77	78	79	80
项 目			白水泥白石子浆		白水泥彩色石子浆	
			1:1.5	1:2	1:1.5	1:2
基 价 (元)			**693.08**	**657.40**	**728.99**	**697.95**
名 称	单位	单价(元)	消 耗 量			
白色硅酸盐水泥 425# 二级白度	kg	0.59	751.000	636.000	751.000	636.000
白石子 综合	t	187.00	1.330	1.502	—	—
彩色石子 综合	t	214.00	—	—	1.330	1.502
水	m³	4.27	0.300	0.300	0.300	0.300

(3)特种砂浆

计量单位:m³

定 额 编 号			81	82	83	84
项 目			金属屑砂浆	重晶石砂浆		耐热砂浆
			1:0.3:1.5	1:0.2:4	1:2:1	1:1.5
基 价 (元)			**2508.48**	**729.62**	**521.14**	**780.75**
名 称	单位	单价(元)	消 耗 量			
普通硅酸盐水泥 P·O 42.5 综合	kg	0.34	923.000	395.000	454.000	—
矿渣水泥 32.5	kg	0.34	—	—	—	778.000
生石灰	kg	0.30	—	112.000	—	—
黄砂 净砂	t	92.23	0.289	—	0.459	—
钢屑(铁屑)	kg	1.45	1494.000	—	—	—
重晶石粉	kg	0.33	—	1697.000	978.000	—
耐火砖末	kg	0.42	—	—	—	1168.000
三氯化铁	kg	1.97	—	—	—	10.000
木醣浆	kg	4.26	—	—	—	1.000
水	m³	4.27	0.400	0.400	0.400	0.400

计量单位:m³

定 额 编 号			85	86	87	88
项 目			耐碱砂浆		耐油砂浆	不发火砂浆
			1:1	1:2		1:0.44:1.75
基 价 (元)			**561.03**	**620.83**	**310.10**	**854.08**
名 称	单位	单价(元)	消 耗 量			
普通硅酸盐水泥 P·O 42.5 综合	kg	0.34	798.000	583.000	575.000	—
矿渣水泥 32.5	kg	0.34	—	—	—	639.000
黄砂 净砂	t	92.23	—	—	1.224	—
大理石粉	kg	0.43	—	—	—	281.000
大理石砂	kg	0.46	—	—	—	1118.000
生石灰	kg	0.30	960.000	1403.000	—	—
水	m³	4.27	0.400	0.400	0.400	0.400

计量单位:m³

定　额　编　号			89	90	91	92
项　　目			水泥石英混合砂浆	107胶水泥砂浆	107胶 稀水泥浆	水泥石子浆
			1:0.2:1.5	1:6:0.2		1:2.5
基　价　（元）			**561.94**	**279.43**	**371.85**	**307.08**
名　　称	单位	单价(元)		消　耗　量		
普通硅酸盐水泥 P·O 42.5 综合	kg	0.34	485.000	222.000	235.000	462.000
生石灰	kg	0.30	92.400	—	—	—
黄砂 净砂	t	92.23	0.688	1.300	—	—
碎石 综合	t	102.00	—	—	—	1.458
石英砂 综合	kg	0.97	314.000	—	—	—
107胶	kg	1.72	—	48.000	168.000	—
水	m³	4.27	0.300	0.350	0.700	0.300

计量单位:m³

定　额　编　号			93	94
项　　目			菱苦土	菱苦土砂浆
			1:4	1:1.4:0.6
基　价　（元）			**401.38**	**595.15**
名　　称	单位	单价(元)		消　耗　量
菱苦土粉	kg	0.97	411.120	565.290
锯末	kg	1.72	1.510	0.730
黄砂 净砂	t	92.23	—	0.494

2.普通混凝土配合比

(1)现浇现拌混凝土

计量单位:m³

定　额　编　号			95	96	97	98	99	100
项　　目			碎石(最大粒径:16mm)					
			混凝土强度等级					
			C15	C20	C25	C30	C35	C40
基　价　（元）			**290.06**	**296.00**	**308.88**	**318.67**	**331.25**	**348.06**
名　　称	单位	单价(元)		消　耗　量				
普通硅酸盐水泥 P·O 42.5 综合	kg	0.34	268.000	304.000	357.000	408.000	460.000	528.000
黄砂 净砂	t	92.23	0.873	0.839	0.770	0.655	0.635	0.560
碎石 综合	t	102.00	1.152	1.121	1.133	1.163	1.131	1.137
水	m³	4.27	0.215	0.215	0.215	0.215	0.215	0.215

计量单位:m³

定　额　编　号			101	102	103
项　　　　目			碎石(最大粒径:16mm)		
			混凝土强度等级		
			C40	C45	C50
基　价　(元)			**345.30**	**357.74**	**370.09**
名　　称	单位	单价(元)	消　耗　量		
普通硅酸盐水泥 P·O 52.5 综合	kg	0.39	430.000	472.000	513.000
黄砂 净砂	t	92.23	0.645	0.631	0.565
碎石 综合	t	102.00	1.149	1.123	1.147
水	m³	4.27	0.215	0.215	0.215

计量单位:m³

定　额　编　号			104	105	106	107	108	109
项　　　　目			碎石(最大粒径:20mm)					
			混凝土强度等级					
			C15	C20	C25	C30	C35	C40
基　价　(元)			**287.78**	**292.53**	**304.43**	**313.43**	**324.92**	**340.88**
名　　称	单位	单价(元)	消　耗　量					
普通硅酸盐水泥 P·O 42.5 综合	kg	0.34	250.000	283.000	332.000	380.000	428.000	492.000
黄砂 净砂	t	92.23	0.891	0.854	0.767	0.670	0.653	0.578
碎石 综合	t	102.00	1.174	1.144	1.176	1.192	1.160	1.171
水	m³	4.27	0.200	0.200	0.200	0.200	0.200	0.200

计量单位:m³

定　额　编　号			110	111	112	113
项　　　　目			碎石(最大粒径:20mm)			
			混凝土强度等级			
			C40	C45		C50
基　价　(元)			**338.45**	**351.90**	**349.44**	**361.41**
名　　称	单位	单价(元)	消　耗　量			
普通硅酸盐水泥 P·O 42.5 综合	kg	0.34	—	538.000	—	—
普通硅酸盐水泥 P·O 52.5 综合	kg	0.39	401.000	—	439.000	478.000
黄砂 净砂	t	92.23	0.663	0.561	0.648	0.582
碎石 综合	t	102.00	1.177	1.141	1.153	1.181
水	m³	4.27	0.200	0.200	0.200	0.200

计量单位:m³

定　额　编　号			114	115	116	117	118	119
项　　目			碎石(最大粒径:40mm)					
			混凝土强度等级					
			C10	C15	C20	C25	C30	C35
基　价　(元)			**269.57**	**276.46**	**284.89**	**298.96**	**305.80**	**316.52**
名　称	单位	单价(元)	消　耗　量					
普通硅酸盐水泥 P·O 42.5 综合	kg	0.34	162.000	202.000	246.000	300.000	341.000	385.000
黄砂 净砂	t	92.23	0.989	0.913	0.820	0.747	0.691	0.676
碎石 综合	t	102.00	1.201	1.204	1.224	1.248	1.229	1.201
水	m³	4.27	0.180	0.180	0.180	0.180	0.180	0.180

计量单位:m³

定　额　编　号			120	121	122
项　　目			碎石(最大粒径:40mm)		
			混凝土强度等级		
			C40	C45	C50
基　价　(元)			**330.72**	**341.19**	**349.33**
名　称	单位	单价(元)	消　耗　量		
普通硅酸盐水泥 P·O 42.5 综合	kg	0.34	442.000	485.000	—
普通硅酸盐水泥 P·O 52.5 综合	kg	0.39	—	—	430.000
黄砂 净砂	t	92.23	0.600	0.587	0.604
碎石 综合	t	102.00	1.219	1.190	1.227
水	m³	4.27	0.180	0.180	0.180

(2)现场预制混凝土

计量单位:m³

定　额　编　号			123	124	125	126	127	128	129
项　　目			碎石(最大粒径:16mm)						
			混凝土强度等级						
			C15	C20	C25	C30	C35	C40	
基　价　(元)			**290.55**	**299.89**	**308.41**	**329.71**	**341.51**	**351.42**	**357.29**
名　称	单位	单价(元)	消　耗　量						
普通硅酸盐水泥 P·O 42.5 综合	kg	0.34	235.000	282.000	332.000	412.000	463.000	506.000	—
普通硅酸盐水泥 P·O 52.5 综合	kg	0.39	—	—	—	—	—	—	437.000
黄砂 净砂	t	92.23	0.958	0.886	0.794	0.730	0.670	0.630	0.700
碎石 综合	t	102.00	1.190	1.190	1.190	1.190	1.190	1.180	1.190
水	m³	4.27	0.215	0.215	0.215	0.215	0.215	0.215	0.215

计量单位:m³

定　额　编　号			130	131	132	133	134
项　　目			碎石(最大粒径:20mm)				
			混凝土强度等级				
			C15	C20	C25	C30	C35
基　价　(元)			**297.83**	**305.50**	**314.78**	**321.80**	**332.93**
名　　称	单位	单价(元)	消　耗　量				
普通硅酸盐水泥 P·O 42.5 综合	kg	0.34	243.000	287.000	330.000	374.000	420.000
黄砂 净砂	t	92.23	0.942	0.874	0.805	0.730	0.670
碎石 综合	t	102.00	1.250	1.240	1.250	1.240	1.250
水	m³	4.27	0.195	0.195	0.195	0.195	0.195

计量单位:m³

定　额　编　号			135	136	137	138	139
项　　目			碎石(最大粒径:20mm)				
			混凝土强度等级				
			C40		C45		C50
基　价　(元)			**343.08**	**347.33**	**353.33**	**357.44**	**367.30**
名　　称	单位	单价(元)	消　耗　量				
普通硅酸盐水泥 P·O 42.5 综合	kg	0.34	458.000	—	505.000	—	—
普通硅酸盐水泥 P·O 52.5 综合	kg	0.39	—	396.000	—	429.000	464.000
黄砂 净砂	t	92.23	0.640	0.700	0.600	0.670	0.640
碎石 综合	t	102.00	1.250	1.250	1.230	1.250	1.240
水	m³	4.27	0.195	0.195	0.195	0.195	0.195

计量单位:m³

定　额　编　号			140	141	142	143	144
项　　目			碎石(最大粒径:40mm)				
			混凝土强度等级				
			C15	C20	C25	C30	C35
基　价　(元)			**281.93**	**293.12**	**305.79**	**315.91**	**327.28**
名　　称	单位	单价(元)	消　耗　量				
普通硅酸盐水泥 P·O 42.5 综合	kg	0.34	189.000	239.000	292.000	344.000	388.000
黄砂 净砂	t	92.23	0.903	0.840	0.782	0.700	0.650
碎石 综合	t	102.00	1.310	1.310	1.310	1.310	1.320
水	m³	4.27	0.180	0.180	0.180	0.180	0.180

计量单位:m³

定 额 编 号			145	146	147	148	149
项 目			碎石(最大粒径:40mm)				
			混凝土强度等级				
			C40		C45		C50
基 价 (元)			**336.41**	**340.87**	**346.32**	**349.27**	**357.57**
名 称	单位	单价(元)	消 耗 量				
普通硅酸盐水泥 P·O 42.5 综合	kg	0.34	423.000	—	466.000	—	—
普通硅酸盐水泥 P·O 52.5 综合	kg	0.39	—	366.000	—	397.000	428.000
黄砂 净砂	t	92.23	0.620	0.680	0.580	0.640	0.610
碎石 综合	t	102.00	1.320	1.320	1.310	1.320	1.310
水	m³	4.27	0.180	0.180	0.180	0.180	0.180

(3) 灌注桩混凝土

①沉管成孔桩混凝土

计量单位:m³

定 额 编 号			150	151	152
项 目			碎石(最大粒径:40mm)		
			混凝土强度等级		
			C20	C25	C30
基 价 (元)			**311.09**	**317.22**	**327.72**
名 称	单位	单价(元)	消 耗 量		
普通硅酸盐水泥 P·O 42.5 综合	kg	0.34	307.000	353.000	401.000
黄砂 净砂	t	92.23	0.794	0.702	0.650
碎石 综合	t	102.00	1.300	1.290	1.280
水	m³	4.27	0.205	0.205	0.205

②钻孔桩混凝土(水下混凝土)

计量单位:m³

定 额 编 号			153	154	155
项 目			碎石(最大粒径:40mm)		
			混凝土强度等级		
			C20	C25	C30
基 价 (元)			**315.02**	**324.98**	**337.40**
名 称	单位	单价(元)	消 耗 量		
普通硅酸盐水泥 P·O 42.5 综合	kg	0.34	349.000	397.000	449.000
黄砂 净砂	t	92.23	0.736	0.667	0.610
碎石 综合	t	102.00	1.250	1.250	1.250
水	m³	4.27	0.230	0.230	0.230

(4)泵送混凝土

计量单位:m³

定 额 编 号			156	157	158	159
项 目			碎石(最大粒径:16mm)			
			混凝土强度等级			
			C20	C25	C30	C35
基 价 (元)			**298.24**	**316.77**	**325.07**	**339.69**
名 称	单位	单价(元)	消 耗 量			
普通硅酸盐水泥 P·O 42.5 综合	kg	0.34	406.000	451.000	485.000	525.000
黄砂 净砂	t	92.23	0.675	0.710	0.730	0.730
碎石 综合	t	102.00	0.950	0.950	0.900	0.910
水	m³	4.27	0.245	0.245	0.245	0.245

计量单位:m³

定 额 编 号			160	161	162	163	164	165
项 目			碎石(最大粒径:20mm)					
			混凝土强度等级					
			C20	C25	C30	C35	C40	C45
基 价 (元)			**294.58**	**312.70**	**319.26**	**335.58**	**342.89**	**362.22**
名 称	单位	单价(元)	消 耗 量					
普通硅酸盐水泥 P·O 42.5 综合	kg	0.34	373.000	426.000	445.000	493.000	527.000	—
普通硅酸盐水泥 P·O 52.5 综合	kg	0.39	—	—	—	—	—	504.000
黄砂 净砂	t	92.23	0.780	0.770	0.760	0.760	0.670	0.680
碎石 综合	t	102.00	0.930	0.940	0.950	0.950	0.990	1.000
水	m³	4.27	0.225	0.225	0.225	0.225	0.220	0.220

计量单位:m³

定 额 编 号			166
项 目			碎石(最大粒径:20mm)
			混凝土强度等级
			C50
基 价 (元)			**374.61**
名 称	单位	单价(元)	消 耗 量
普通硅酸盐水泥 P·O 52.5 综合	kg	0.39	540.000
黄砂 净砂	t	92.23	0.640
碎石 综合	t	102.00	1.020
水	m³	4.27	0.220

(5)防水混凝土

计量单位:m³

定　额　编　号			167	168	169	170
项　　　　　目			碎石(最大粒径:20mm)			
			混凝土强度等级			
			C20/P6	C25/P8	C30/P8	C35/P8
基　　价　（元）			**321.26**	**331.25**	**340.16**	**340.69**
名　　　称	单位	单价(元)	消　耗　量			
普通硅酸盐水泥 P·O 42.5 综合	kg	0.34	320.000	362.000	404.000	457.000
黄砂 净砂	t	92.23	0.936	0.936	0.912	0.750
碎石 综合	t	102.00	1.228	1.186	1.155	1.130
水	m³	4.27	0.205	0.205	0.205	0.205

计量单位:m³

定　额　编　号			171	172	173	174
项　　　　　目			碎石(最大粒径:40mm)			
			混凝土强度等级			
			C20/P6	C25/P8	C30/P8	C35/P8
基　　价　（元）			**321.65**	**326.52**	**334.23**	**333.87**
名　　　称	单位	单价(元)	消　耗　量			
普通硅酸盐水泥 P·O 42.5 综合	kg	0.34	312.000	336.000	375.000	424.000
黄砂 净砂	t	92.23	0.924	0.864	0.816	0.710
碎石 综合	t	102.00	1.270	1.292	1.281	1.210
水	m³	4.27	0.190	0.190	0.190	0.190

(6)泵送防水混凝土

计量单位:m³

定　额　编　号			175	176	177	178
项　　　　　目			碎石(最大粒径:20mm)			
			混凝土强度等级			
			C20/P6	C25/P8	C30/P8	C35/P8
基　　价　（元）			**321.41**	**339.81**	**345.36**	**349.97**
名　　　称	单位	单价(元)	消　耗　量			
普通硅酸盐水泥 P·O 42.5 综合	kg	0.34	367.000	409.000	451.000	522.000
黄砂 净砂	t	92.23	0.941	1.062	1.099	0.854
碎石 综合	t	102.00	1.067	0.998	0.879	0.909
水	m³	4.27	0.235	0.235	0.235	0.235

(7)喷射混凝土

计量单位:m³

定 额 编 号			179
项 目			混凝土强度等级
			1:2.5:2
基 价 (元)			**337.71**
名 称	单位	单价(元)	消 耗 量
普通硅酸盐水泥 P·O 42.5 综合	kg	0.34	401.000
黄砂 净砂	t	92.23	1.010
碎石 综合	t	102.00	0.810
促凝剂	kg	1.67	14.000
水	m³	4.27	0.520

(8)道路路面混凝土

计量单位:m³

定 额 编 号			180	181	182
项 目			碎石(最大粒径:40mm)		
			抗折强度等级(MPa)		
			4	4.5	5
基 价 (元)			**320.74**	**328.04**	**335.37**
名 称	单位	单价(元)	消 耗 量		
普通硅酸盐水泥 P·O 42.5 综合	kg	0.34	304.000	345.000	420.000
黄砂 净砂	t	92.23	0.816	0.744	0.620
碎石 综合	t	102.00	1.386	1.386	1.320
水	m³	4.27	0.175	0.175	0.175

(9)加气混凝土

计量单位:m³

定 额 编 号			183	184	185
项 目			加气混凝土(容量 kg/m³)		
			500	700	900
基 价 (元)			**110.24**	**132.80**	**156.39**
名 称	单位	单价(元)	消 耗 量		
普通硅酸盐水泥 P·O 42.5 综合	kg	0.34	211.000	196.000	190.000
黄砂 净砂(细砂)	t	102.00	0.310	0.587	0.849
铝粉	kg	5.43	0.792	0.603	0.324
氢氧化钠(烧碱)	kg	2.59	0.585	0.585	0.585
水	m³	4.27	0.250	0.350	0.450

(10)特种混凝土配合比

定 额 编 号			186	187	188
项　目			耐热混凝土		
			耐热度(℃)		
			900 以内	1200 以内	1800 以内
基　价（元）			**528.92**	**858.20**	**1182.71**
名　称	单位	单价(元)	消　耗　量		
普通硅酸盐水泥 P·O 42.5 综合	kg	0.34	313.000	—	—
钒土水泥 32.5	kg	1.01	—	385.000	—
耐火水泥	kg	1.01	—	—	450.000
碎耐火砖	t	124.00	0.855	0.950	—
碎钒土耐火砖	t	156.00	—	—	1.110
耐火砖屑	t	501.00	0.630	0.700	—
钒土耐火砖屑	t	652.00	—	—	0.850
水	m³	4.27	0.200	0.200	0.200

定 额 编 号			189	190	191	192
项　目			耐碱混凝土		耐油混凝土	重晶石混凝土
			水泥用量(kg)			
			350	450		
基　价（元）			**324.16**	**334.98**	**374.72**	**1343.93**
名　称	单位	单价(元)	消　耗　量			
普通硅酸盐水泥 P·O 42.5 综合	kg	0.34	297.000	382.000	287.000	287.000
碎石 综合	t	102.00	1.050	0.966	1.260	—
黄砂 净砂	t	92.23	0.792	0.726	0.726	—
白坩土	t	777.00	—	—	0.104	—
石粉	kg	0.38	111.000	102.000	—	—
重晶石砂	kg	0.41	—	—	—	1030.000
重晶石	kg	0.49	—	—	—	1680.000
水	m³	4.27	0.200	0.200	0.200	0.200

3. 防水材料配合比

定 额 编 号			193	194	195	196
项 目			石油沥青玛琋脂	石油沥青砂浆		冷底子油
				1:2:7	1:0.53:0.53:3.12（不发火）	
计 量 单 位			m³			kg
基 价 （元）			**2263.90**	**1311.80**	**2231.42**	**5.57**
名 称	单位	单价(元)	消 耗 量			
石油沥青	kg	2.67	686.000	244.000	408.000	0.320
滑石粉	kg	1.07	404.000	468.000	—	—
黄砂 净砂	t	92.23	—	1.730	—	—
石棉泥	kg	4.31	—	—	219.000	—
硅藻土粉 生料	kg	0.57	—	—	224.000	—
白石屑	t	53.40	—	—	1.320	—
汽油 综合	kg	6.12	—	—	—	0.770

4. 垫层及保温材料配合比

计量单位:m³

定 额 编 号			197	198
项 目			灰土	
			1:4	3:7
基 价 （元）			**91.43**	**110.60**
名 称	单位	单价(元)	消 耗 量	
生石灰	kg	0.30	162.000	243.000
黏土	m³	32.04	1.310	1.150
水	m³	4.27	0.200	0.200

计量单位:m³

定 额 编 号			199	200	201	202
项 目			三合土			
			碎砖		碎石	
			1:3:6	1:4:8	1:3:6	1:4:8
基 价 （元）			**143.53**	**140.23**	**239.06**	**238.42**
名 称	单位	单价(元)	消 耗 量			
生石灰	kg	0.30	97.000	74.000	85.000	66.000
黄砂 净砂	t	92.23	0.836	0.865	0.750	0.764
碎砖	m³	31.07	1.160	1.190	—	—
碎石 综合	t	102.00	—	—	1.403	1.440
水	m³	4.27	0.300	0.300	0.300	0.300

计量单位：m³

定 额 编 号			203	204	205
项 目			石灰炉（矿）渣		
			1：3	1：4	1：10
基 价 （元）			**169.70**	**165.74**	**131.00**
名 称	单位	单价（元）	消 耗 量		
生石灰	kg	0.30	184.000	147.000	55.000
炉渣	m³	102.00	1.110	1.180	1.110
水	m³	4.27	0.300	0.300	0.300

计量单位：m³

定 额 编 号			206	207	208	209
项 目			炉（矿）渣混凝土			
			CL3.5	CL5.0	CL7.5	CL10
基 价 （元）			**210.40**	**217.46**	**229.64**	**237.26**
名 称	单位	单价（元）	消 耗 量			
普通硅酸盐水泥 P·O 42.5 综合	kg	0.34	92.000	114.000	147.000	174.000
生石灰	kg	0.30	76.000	95.000	122.000	144.000
炉渣	m³	102.00	1.520	1.460	1.390	1.310
水	m³	4.27	0.300	0.300	0.300	0.300

计量单位：m³

定 额 编 号			210	211	212	213	214	215
项 目			水泥珍珠岩			水泥蛭石		
			1：8	1：10	1：12	1：8	1：10	1：12
基 价 （元）			**220.46**	**223.55**	**228.83**	**122.53**	**119.43**	**118.21**
名 称	单位	单价（元）	消 耗 量					
普通硅酸盐水泥 P·O 42.5 综合	kg	0.34	141.000	120.000	105.000	147.000	124.000	110.000
膨胀珍珠岩粉	m³	155.00	1.102	1.168	1.235	—	—	—
膨胀蛭石	m³	62.14	—	—	—	1.140	1.216	1.273
水	m³	4.27	0.400	0.400	0.400	0.400	0.400	0.400

5. 耐酸材料配合比

计量单位：m³

定 额 编 号			216	217	218
项 目			水玻璃胶泥	水玻璃稀胶泥	水玻璃耐酸砂浆
			1:0.15:1.2:1.1	1:0.15:0.5:0.5	1:0.15:1.1:1:2.6
基 价 (元)			**2448.67**	**1978.50**	**2493.49**
名 称	单位	单价(元)	消 耗 量		
硅酸钠 水玻璃	kg	0.70	649.000	890.000	409.000
氟硅酸钠	kg	1.98	98.000	134.000	63.000
石英粉 综合	kg	0.97	777.000	448.000	453.000
铸石粉	kg	1.47	712.000	446.000	411.000
石英砂 综合	kg	0.97	—	—	1071.000

计量单位：m³

定 额 编 号			219	220	221
项 目			水玻璃耐酸混凝土	耐酸沥青混凝土	
				细粒式	中粒式
基 价 (元)			**1799.09**	**2215.39**	**2005.65**
名 称	单位	单价(元)	消 耗 量		
硅酸钠 水玻璃	kg	0.70	283.000	—	—
氟硅酸钠	kg	1.98	42.000	—	—
石英粉 综合	kg	0.97	257.000	470.000	433.000
铸石粉	kg	1.47	284.000	—	—
石英砂 综合	kg	0.97	696.000	1106.000	936.000
石英石	kg	0.19	926.000	663.000	911.000
石油沥青	kg	2.67	—	210.000	189.000

计量单位：m³

定 额 编 号			222	223	224
项 目			耐酸沥青胶泥		
			隔离层用	铺砌用	平面结合层用
			1:0.3:0.05	1:1:0.05	1:2:0.05
基 价 (元)			**3157.97**	**3056.76**	**2971.67**
名 称	单位	单价(元)	消 耗 量		
石油沥青	kg	2.67	1013.000	810.000	631.000
石英粉 综合	kg	0.97	293.000	783.000	1220.000
石棉粉	kg	3.45	49.000	39.000	30.000

计量单位:m³

定 额 编 号			225	226
项 目			沥青胶泥	沥青稀胶泥
				100:30
基 价 （元）			**2943.94**	**3037.45**
名 称	单位	单价(元)	消 耗 量	
石油沥青	kg	2.67	1050.000	1029.060
石英粉 综合	kg	0.97	—	298.820
滑石粉	kg	1.07	131.250	—

计量单位:m³

定 额 编 号			227	228
项 目			耐酸沥青砂浆	
			铺设压实用	涂抹用
			1.3:2.6:7.4	1.2:1.3:3.5
基 价 （元）			**2774.90**	**2820.16**
名 称	单位	单价(元)	消 耗 量	
石油沥青	kg	2.67	280.000	439.000
石英粉 综合	kg	0.97	543.000	461.000
石英砂 综合	kg	0.97	1547.000	1238.000

计量单位:m³

定 额 编 号			229	230
项 目			硫黄砂浆	硫黄混凝土
			1:0.35:0.6:0.05	
基 价 （元）			**5165.29**	**2813.05**
名 称	单位	单价(元)	消 耗 量	
石英粉 综合	kg	0.97	398.000	199.000
石英砂 综合	kg	0.97	683.000	342.000
硫黄98%	kg	2.30	1149.000	575.000
聚硫橡胶	kg	25.86	57.000	29.000
石英石	kg	0.19	—	1136.000

计量单位:m³

定 额 编 号			231	232	233	234
项 目			环氧树脂胶泥	酚醛树脂胶泥	环氧酚醛胶泥	环氧稀胶泥
			1:0.08:0.1:2	1:0.08:0.06:1.8	0.7:0.3:0.06:1.8	
基 价 (元)			**12868.18**	**15657.42**	**14257.48**	**17442.37**
名 称	单位	单价(元)	消 耗 量			
环氧树脂	kg	15.52	652.000	—	475.000	862.000
酚醛树脂	kg	21.55	—	649.000	204.000	—
乙二胺	kg	18.53	52.000	—	41.000	60.320
苯磺酰氯	kg	5.24	—	52.000	—	—
丙酮	kg	8.16	65.000	—	68.000	258.610
酒精 工业用99.5%	kg	7.07	—	39.000	—	—
石英粉 综合	kg	0.97	1294.000	1158.000	1211.000	862.000

计量单位:m³

定 额 编 号			235	236	237	238
项 目			环氧煤焦油胶泥	环氧呋喃胶泥	环氧打底料	环氧砂浆
			0.5:0.5:0.04:2.2	0.7:0.3:0.05:1.7	1:1:0.07:0.15	1:0.07:2:4
基 价 (元)			**7381.41**	**13352.55**	**29487.76**	**10815.35**
名 称	单位	单价(元)	消 耗 量			
环氧树脂	kg	15.52	308.000	495.000	1171.000	337.000
呋喃树脂	kg	16.47	—	214.000	—	—
煤焦油	kg	0.88	306.000	—	—	—
乙二胺	kg	18.53	25.000	35.000	86.000	167.000
丙酮	kg	8.16	25.000	42.000	1171.000	67.000
二甲苯	kg	6.03	61.000	—	—	—
石英粉 综合	kg	0.97	1337.000	1190.000	170.000	667.700
石英砂 综合	kg	0.97	—	—	—	1336.300

6. 干混砂浆配合比

(1) 砌 筑 砂 浆

计量单位:m³

定 额 编 号			239	240	241	242	243
项 目			强度等级				
			M5.0	M7.5	M10.0	M15.0	M20.0
基 价 (元)			**397.23**	**413.73**	**413.73**	**430.23**	**446.81**
名 称	单位	单价(元)	消 耗 量				
干混砌筑砂浆 DM M5.0	kg	0.24	1650.000	—	—	—	—
干混砌筑砂浆 DM M7.5	kg	0.25	—	1650.000	—	—	—
干混砌筑砂浆 DM M10.0	kg	0.25	—	—	1650.000	—	—
干混砌筑砂浆 DM M15.0	kg	0.26	—	—	—	1650.000	—
干混砌筑砂浆 DM M20.0	kg	0.27	—	—	—	—	1650.000
水	m³	4.27	0.289	0.289	0.289	0.289	0.306

(2) 抹 灰 砂 浆

计量单位:m³

定 额 编 号			244	245	246	247
项 目			强度等级			
			M5.0	M10.0	M15.0	M20.0
基 价 (元)			**413.85**	**430.35**	**446.85**	**446.95**
名 称	单位	单价(元)	消 耗 量			
干混抹灰砂浆 DP M5.0	kg	0.25	1650.000	—	—	—
干混抹灰砂浆 DP M10.0	kg	0.26	—	1650.000	—	—
干混抹灰砂浆 DP M15.0	kg	0.27	—	—	1650.000	—
干混抹灰砂浆 DP M20.0	kg	0.27	—	—	—	1650.000
水	m³	4.27	0.315	0.315	0.315	0.340

(3) 地 面 砂 浆

计量单位:m³

定 额 编 号			248	249	250
项 目			强度等级		
			M15.0	M20.0	M25.0
基 价 (元)			**443.08**	**443.08**	**460.16**
名 称	单位	单价(元)	消 耗 量		
干混地面砂浆 DS M15.0	kg	0.26	1700.000	—	—
干混地面砂浆 DS M20.0	kg	0.26	—	1700.000	—
干混地面砂浆 DS M25.0	kg	0.27	—	—	1700.000
水	m³	4.27	0.254	0.254	0.271

计量单位:m³

定 额 编 号			251	
项 目			水泥基自流平砂浆	
基 价 (元)			**2347.08**	
名 称	单位	单价(元)	消 耗 量	
水泥基自流平砂浆	kg	1.38	1700.000	
水	m³	4.27	0.254	

二、单独计算的台班费用

说　　明

一、自升式塔式起重机、施工电梯基础费用：

1. 固定式基础未考虑打桩，发生时，可另行计算；

2. 高速卷扬机组合井架固定基础，按固定式基础乘以系数 0.20 计算；

3. 不带配重的自升塔式起重机固定式基础、混凝土搅拌站的基础按实际计算。

二、特、大型机械安装拆卸费用：

1. 安装、拆卸费中已包括机械安装后的试运转费用；

2. 自升式塔式起重机安装、拆卸费定额是按塔高 60m 确定；如塔高超过 60m，每增加 15m，安装、拆卸费用(扣除试车台班后)增加 10%；

3. 柴油打桩机安装、拆卸费中的试车台班是按 1.8t 轨道式柴油打桩机考虑的，实际打桩机规格不同，试车台班费按实进行调整；

4. 步履式柴油打桩机按相应规格柴油打桩机计算；多功能压桩机按相应规格静力压桩机计算；双头搅拌桩机按 1.8t 轨道式柴油打桩机乘以系数 0.70，单头搅拌桩机按 1.8t 轨道式柴油打桩机乘以系数 0.40，振动沉拔桩机、静压振拔桩机、转盘式钻孔桩机、旋喷桩机按 1.8t 轨道式柴油打桩机计算。

三、特、大型机械场外运输费用：

1. 场外运输费用中已包括机械的回程费用；

2. 场外运输费用为运距 25km 以内的机械进出场费用；

3. 凡利用自身行走装置转移的特、大型机械场外运输费用，按实际发生台班计算，不足 0.5 台班的按 0.5 台班计算，超过 0.5 台班不足 1 台班的按 1 台班计算；

4. 特、大型机械在同一施工点内、不同单位工程之间的转移，定额按 100m 以内综合考虑，如转移距离超过 100m：在 300m 以内的，按相应场外运输费用乘以系数 0.30；在 500m 以内的，按相应场外运输费用乘以系数 0.60。如机械为自行移运者，按"利用自身行走装置转移的特、大型机械场外运输费用"的有关规定进行计算。需解体或铺设轨道转移的，其费用另行计算；

5. 步履式柴油打桩机按相应规格柴油打桩机计算；多功能压桩机按相应规格静力压桩机计算；双头搅拌桩机按 5t 以内轨道式柴油打桩机乘以系数 0.70，单头搅拌桩机按 5t 以内轨道式柴油打桩机乘以系数 0.40，振动沉拔桩机、静压振拔桩机、旋喷桩机按 5t 以内轨道式柴油打桩机计算。

1.塔式起重机、施工电梯基础费用

计量单位:座

定　额　编　号					1001	1002
项　　　目					固定式基础(带配重)	施工电梯固定式基础
台班单价　(元)					**24823.47**	**6231.39**
费用组成	人　　　　工　　　　费　(元)				2095.20	1620.00
	材　　　　料　　　　费　(元)				22653.52	4524.86
	机　　　　械　　　　费　(元)				74.75	86.53
	名　　　　称	单位	单价(元)		用　　量	
工料机用量	二类人工	工日	135.00		15.520	12.000
	非泵送商品混凝土 C30	m³	438.00		31.720	6.150
	钢模板	kg	5.96		25.250	5.560
	木模板	m³	1445.00		0.106	0.108
	黄砂 净砂(中粗砂)	t	102.00		7.561	4.320
	块石	t	77.67		—	3.900
	热轧光圆钢筋 综合	t	3966.00		1.906	0.205
	零星卡具	kg	5.88		2.610	2.650
	水	t	4.27		6.370	6.510
	其他材料费	元	—		83.540	42.000
	电动夯实机 250N·m	台班	28.03		0.108	0.110
	汽车式起重机 8t	台班	648.48		0.008	0.008
	载货汽车 6t	台班	396.42		0.029	0.029
	机动翻斗车 1t	台班	197.36		0.215	0.218
	钢筋调直机 14mm	台班	37.97		0.105	0.064
	钢筋切断机 40mm	台班	43.28		0.140	0.075
	木工圆锯机 500mm	台班	27.50		0.093	0.094
	交流弧焊机 32kV·A	台班	92.84		—	0.123
	对焊机 75kV·A	台班	119.25		—	0.034

2. 安拆费用

计量单位：台次

定 额 编 号			2001	2002	2003	2004	2005	2006	2007
项 目			自升式塔式起重机	柴油打桩机	静力压桩机（kN）				
					900	1200以内	1600以内	4000以内	10000以内
台班单价 （元）			25938.52	7968.86	6291.34	8168.57	10728.63	13514.06	15098.86
费用组成	人 工 费 （元）		12825.00	4320.00	3240.00	4050.00	5400.00	6750.00	6750.00
	材 料 费 （元）		299.44	50.00	25.00	30.00	30.00	40.00	40.00
	机 械 费 （元）		12814.08	3598.86	3026.34	4088.57	5298.63	6724.06	8308.86
名 称	单位	单价（元）	用 量						
人工 二类人工	工日	135.00	95.000	32.000	24.000	30.000	40.000	50.000	50.000
材料 镀锌铁丝 综合	kg	5.40	50.000	5.000	—	—	—	—	—
镀锌六角螺栓 M12×50	个	0.46	64.000	50.000	—	—	—	—	—
其他材料费	元	—	—	—	25.000	30.000	30.000	40.000	40.000
机械用量 自升式塔式起重机 2500kN·m	台班	1023.35	0.500	—	—	—	—	—	—
履带式柴油打桩机 3.5t	台班	832.40	—	0.500	—	—	—	—	—
汽车式起重机 8t	台班	648.48	—	2.000	1.000	1.000	1.000	2.000	2.000
汽车式起重机 20t	台班	942.85	5.000	2.000	2.000	3.000	4.000	4.000	5.000
汽车式起重机 40t	台班	1517.63	5.000	—	—	—	—	—	—
静力压桩机（液压）900kN	台班	984.32	—	—	0.500	—	—	—	—
静力压桩机（液压）1200kN	台班	1223.08	—	—	—	0.500	—	—	—
静力压桩机（液压）1600kN	台班	1757.50	—	—	—	—	0.500	—	—
静力压桩机（液压）4000kN	台班	3311.40	—	—	—	—	—	0.500	—
静力压桩机（液压）10000kN	台班	4595.30	—	—	—	—	—	—	0.500

定 额 编 号				2009	2010	2011	2012
项 目				施工电梯(高度 m)			
				50	100	130	200
台班单价 (元)				**9272.35**	**11355.99**	**14007.50**	**16380.71**
费用组成	人 工 费 (元)			5130.00	6750.00	8505.00	8505.00
	材 料 费 (元)			54.24	54.24	59.52	100.20
	机 械 费 (元)			4088.11	4551.75	5442.98	7775.51
名 称	单位	单价(元)		用 量			
工料机用量	二类人工	工日	135.00	38.000	50.000	63.000	63.000
	镀锌铁丝 综合	kg	5.40	8.000	8.000	10.000	16.000
	镀锌六角螺栓 M12×50	个	0.46	24.000	24.000	12.000	30.000
	汽车式起重机 20t	台班	942.85	—	—	—	8.000
	双笼施工电梯 2×1t 50m	台班	300.86	0.500	—	—	—
	双笼施工电梯 2×1t 100m	台班	353.09	—	0.500	—	—
	双笼施工电梯 2×1t 130m	台班	385.47	—	—	0.500	—
	双笼施工电梯 2×1t 200m	台班	465.41	—	—	—	0.500
	汽车式起重机 16t	台班	875.04	4.500	5.000	6.000	—

定 额 编 号				2013	2014	2015	2016	2017
项　　　目				潜水钻孔机	混凝土搅拌站	三轴搅拌机	履带式旋挖钻机	压滤机
台班单价　（元）				**4850.36**	**12867.77**	**10038.33**	**6928.45**	**1236.87**
费用组成	人　工　　费　（元）			3240.00	8505.00	3780.00	2295.00	270.00
	材　料　　费　（元）			9.20	—	131.00	50.00	—
	机　械　　费　（元）			1601.16	4362.77	6127.33	4583.45	966.87
名　　称	单位	单价(元)		用　　　量				
二类人工	工日	135.00		24.000	63.000	28.000	17.000	2.000
镀锌铁丝　综合	kg	5.40		—	—	20.000	5.000	—
镀锌六角螺栓 M12×50	个	0.46		20.000	—	50.000	50.000	—
汽车式起重机 8t	台班	648.48		2.000	—	—	1.000	—
汽车式起重机 20t	台班	942.85		—	4.000	5.000	2.000	—
汽车式起重机 40t	台班	1517.63		—	—	—	—	0.500
潜水钻孔机 1500mm	台班	608.40		0.500	—	—	—	—
混凝土搅拌站 45m³/h	台班	1182.73		—	0.500	—	—	—
三轴搅拌桩机 850 型	台班	2826.15		—	—	0.500	—	—
履带式旋挖钻机 SH36	台班	4098.53		—	—	—	0.500	—
压滤机 XMYZG400/1500-UB	台班	416.11		—	—	—	—	0.500

定 额 编 号				2018	2019
项 目				抓斗成槽机	TRD 搅拌桩机
					Ⅲ 型
台班单价 （元）				**14090.69**	**37421.20**
费用组成	人 工 费 （元）			810.00	4050.00
	材 料 费 （元）			131.00	131.00
	机 械 费 （元）			13149.69	33240.20
	名 称	单位	单价(元)	用 量	
工料机用量	二类人工	工日	135.00	6.000	30.000
	镀锌铁丝 综合	kg	5.40	20.000	20.000
	镀锌六角螺栓 M12×50	个	0.46	50.000	50.000
	履带式液压抓斗成槽机 KH180MHL－1200	台班	3918.42	0.500	—
	汽车式起重机 80t	台班	3730.16	3.000	—
	TRD 搅拌桩机	台班	5572.00	—	0.500
	履带式起重机 80t	台班	2186.44	—	4.000
	履带式起重机 100t	台班	2737.92	—	6.000
	履带式单斗液压挖掘机 2m³	台班	1320.23	—	4.000

3. 场外运输费用

计量单位:台次

定 额 编 号			3001	3002	3003	3004	3005	3006
项 目			履带式挖掘机		履带式推土机		履带式起重机	
			1m³ 以内	1m³ 以外	90kW 以内	90kW 以外	30t 以内	30t 以外
台班单价 （元）			**3249.84**	**3921.70**	**2805.96**	**3603.15**	**4442.55**	**5550.85**
费用组成	人 工 费 （元）		540.00	540.00	540.00	540.00	540.00	540.00
	材 料 费 （元）		259.76	304.86	274.82	311.02	295.96	279.76
	机 械 费 （元）		1528.51	2020.90	1429.95	1759.90	2446.48	3349.32
	架 线 费 （元）		271.60	271.60	—	271.60	271.60	271.60
	回 程 费 （元）		649.97	784.34	561.19	720.63	888.51	1110.17
名 称	单位	单价(元)	用 量					
工料机用量	二类人工	工日	135.00	4.000	4.000	4.000	4.000	4.000	4.000
	枕木	m³	2457.00	0.080	0.080	0.080	0.080	0.080	0.080
	镀锌铁丝 综合	kg	5.40	5.000	10.000	5.000	5.000	5.000	2.000
	夹布橡胶平板 δ3	m²	19.31	—	—	0.780	0.780	—	—
	草袋	个	3.62	10.000	15.000	10.000	20.000	20.000	20.000
	履带式单斗液压挖掘机 1m³	台班	914.79	0.500	—	—	—	—	—
	履带式单斗液压挖掘机 2m³	台班	1320.23	—	0.500	—	—	—	—
	履带式推土机 90kW	台班	717.68	—	—	0.500	—	—	—
	履带式推土机 105kW	台班	798.23	—	—	—	0.500	—	—
	履带式起重机 30t	台班	865.31	—	—	—	—	0.500	—
	履带式起重机 50t	台班	1364.92	—	—	—	—	—	0.500
	载货汽车 15t	台班	653.04	—	—	—	—	1.000	2.000
	平板拖车组 40t	台班	1071.11	1.000	—	1.000	—	—	—
	平板拖车组 60t	台班	1360.78	—	1.000	—	1.000	1.000	1.000
	架线	次	388.00	0.700	0.700	—	0.700	0.700	0.700
	回程费	%	—	25	25	25	25	25	25

计量单位:台次

定额编号				3007	3008	3009	3010	3011	3012
项目				强夯机械	柴油打桩机		压路机	锚杆钻孔机	沥青混凝土摊铺机
					5t 以内	5t 以外			
台班单价 (元)				**8349.54**	**8394.81**	**9714.80**	**2773.74**	**6278.85**	**4266.14**
费用组成	人工费 (元)			540.00	540.00	540.00	405.00	1080.00	810.00
	材料费 (元)			295.96	99.40	99.40	243.56	99.40	295.96
	机械费 (元)			4856.40	5085.29	6028.14	1298.83	3305.49	2306.95
	架线 (元)			271.60	271.60	271.60	271.60	—	—
	回程费 (元)			2385.58	2398.52	2775.66	554.75	1793.96	853.23
名称		单位	单价(元)	用量					
工料机用量	二类人工	工日	135.00	4.000	4.000	4.000	3.000	8.000	6.000
	枕木	m^3	2457.00	0.080	—	—	0.080	—	0.080
	镀锌铁丝 综合	kg	5.40	5.000	5.000	5.000	2.000	5.000	5.000
	草袋	个	3.62	20.000	20.000	20.000	10.000	20.000	20.000
	强夯机械 2000kN·m	台班	1016.54	0.500	—	—	—	—	—
	钢轮内燃压路机 12t	台班	455.44	—	—	—	0.500	—	—
	锚杆钻孔机 MGL135	台班	454.58	—	—	—	—	0.500	—
	沥青混凝土摊铺机 15t	台班	2471.67	—	—	—	—	—	0.500
	汽车式起重机 20t	台班	942.85	1.000	2.000	3.000	—	1.000	—
	载货汽车 4t	台班	369.21	2.000	—	—	—	—	—
	载货汽车 8t	台班	411.20	—	2.000	2.000	—	1.000	—
	载货汽车 15t	台班	653.04	2.000	2.000	2.000	—	1.000	—
	平板拖车组 40t	台班	1071.11	—	1.000	1.000	1.000	1.000	1.000
	平板拖车组 60t	台班	1360.78	1.000	—	—	—	—	—
	架线	次	388.00	0.700	0.700	0.700	0.700	—	—
	回程费	%	—	40	40	40	25	40	25

计量单位:台次

定 额 编 号			3013	3014	3015	3016	3017
项 目			静力压桩机(kN)				
			900	1200 以内	1600 以内	4000 以内	10000 以内
台班单价 （元）			**14885.53**	**16714.04**	**22130.54**	**26193.30**	**33178.39**
费用组成	人 工 费 （元）		3240.00	3240.00	4860.00	4860.00	4860.00
	材 料 费 （元）		99.40	99.40	99.40	99.40	99.40
	机 械 费 （元）		7293.12	8599.20	10848.13	13750.10	18739.45
	回 程 费 （元）		4253.01	4775.44	6323.01	7483.80	9479.54
名 称	单位	单价(元)	用 量				
二类人工	工日	135.00	24.000	24.000	36.000	36.000	36.000
镀锌铁丝 综合	kg	5.40	5.000	5.000	5.000	5.000	5.000
草袋	个	3.62	20.000	20.000	20.000	20.000	20.000
汽车式起重机 20t	台班	942.85	2.000	2.000	3.000	4.000	4.000
载货汽车 15t	台班	653.04	5.000	7.000	9.000	12.000	18.000
平板拖车组 40t	台班	1071.11	2.000	2.000	2.000	2.000	3.000
回程费	%	—	40	40	40	40	40

计量单位:台次

定额编号				3018	3020	3021	3022	3023
项目				自升式塔式起重机	施工电梯(高度 m)			
					50	100	130	200
台班单价 (元)				**16593.97**	**9065.37**	**11185.49**	**15359.11**	**17984.75**
费用组成	人工费 (元)			3780.00	1350.00	1890.00	2700.00	2970.00
	材料费 (元)			202.68	74.00	102.90	139.90	176.90
	机械费 (元)			9574.03	5549.36	6611.32	8974.80	10687.52
	架线 (元)			271.60	—	—	—	—
	回程费 (元)			2765.66	2092.01	2581.27	3544.41	4150.33
名称		单位	单价(元)	用量				
工料机用量	二类人工	工日	135.00	28.000	10.000	14.000	20.000	22.000
	镀锌铁丝 综合	kg	5.40	10.000	7.000	9.000	12.500	16.000
	草袋	个	3.62	37.000	10.000	15.000	20.000	25.000
	枕木	m^3	2457.00	0.006	—	—	—	—
	汽车式起重机 20t	台班	942.85	4.000	—	—	—	—
	载货汽车 15t	台班	653.04	4.000	3.000	3.500	5.000	6.000
	平板拖车组 40t	台班	1071.11	1.000	—	—	—	—
	汽车式起重机 8t	台班	648.48	2.000	3.000	3.500	5.000	6.000
	载货汽车 8t	台班	411.20	2.000	4.000	5.000	6.000	7.000
	架线	次	388.00	0.700	—	—	—	—
	回程费	%	—	20	30	30	30	30

计量单位:台次

定　额　编　号				3024	3025	3026
项　　　　　　　目				混凝土搅拌站	潜水钻孔机	转盘钻孔机
台班单价（元）				**9488.33**	**4205.66**	**3817.04**
费用组成	人　　工　　费　（元）			2700.00	675.00	675.00
	材　　料　　费　（元）			63.20	28.90	28.90
	机　　械　　费　（元）			4014.18	2660.63	2349.73
	回　　程　　费　（元）			2710.95	841.13	763.41
	名　　称	单位	单价(元)	用　　量		
工料机用量	二类人工	工日	135.00	20.000	5.000	5.000
	镀锌铁丝 综合	kg	5.40	5.000	2.000	2.000
	草袋	个	3.62	10.000	5.000	5.000
	汽车式起重机 8t	台班	648.48	—	1.500	1.500
	汽车式起重机 20t	台班	942.85	2.000	—	—
	载货汽车 8t	台班	411.20	2.000	1.500	1.000
	载货汽车 15t	台班	653.04	2.000	—	—
	平板拖车组 30t	台班	965.81	—	—	1.000
	平板拖车组 40t	台班	1071.11	—	1.000	—
	回程费	%	—	40	25	25

计量单位:台次

定 额 编 号			3027	3028	3029	3030	3031	3032
项 目			三轴搅拌机	履带式旋挖钻机	履带式抓斗成槽机	冲击成孔机	压滤机	TRD搅拌桩机 Ⅲ型
台班单价 （元）			**12605.38**	**7473.81**	**6182.85**	**3477.64**	**2357.92**	**52344.82**
费用组成	人 工 费 （元）		1350.00	1620.00	1620.00	540.00	135.00	5400.00
	材 料 费 （元）		99.40	295.96	295.96	295.96	—	99.40
	机 械 费 （元）		8634.90	4063.09	3030.32	1946.15	1829.93	31889.76
	回 程 费 （元）		2521.08	1494.76	1236.57	695.53	392.99	14955.66
名 称	单位	单价(元)	用 量					
二类人工	工日	135.00	10.000	12.000	12.000	4.000	1.000	40.000
枕木	m³	2457.00	—	0.080	0.080	0.080	—	—
镀锌铁丝 综合	kg	5.40	5.000	5.000	5.000	5.000	—	5.000
草袋	个	3.62	20.000	20.000	20.000	20.000	—	20.000
履带式旋挖钻机 SH36	台班	4098.53	—	0.500	—	—	—	—
履带式液压抓斗成槽机 KH180MHL－1200	台班	3918.42	—	—	0.500	—	—	—
汽车式起重机 16t	台班	875.04	2.000	—	—	1.000	—	—
汽车式起重机 20t	台班	942.85	2.000	—	—	—	—	—
汽车式起重机 40t	台班	1517.63	—	—	—	—	0.500	—
平板拖车组 40t	台班	1071.11	2.000	—	1.000	1.000	1.000	—
平板拖车组 60t	台班	1360.78	—	1.000	—	—	—	8.000
载货汽车 10t	台班	476.15	6.000	—	—	—	—	—
载货汽车 15t	台班	653.04	—	1.000	—	—	—	2.000
履带式起重机 80t	台班	2186.44	—	—	—	—	—	4.000
履带式起重机 100t	台班	2737.92	—	—	—	—	—	4.000
回程费	%	—	25	25	25	25	20	40

三、建筑工程主要材料损耗率取定表

序号	材料名称	工程部位及用途	损耗率（%）
1	钢筋 10 以内	现浇构件	2.00
2	钢筋 10 以上	现浇构件	2.50
3	预制混凝土 PC 构件	装配式构件安装	0.50
4	排烟（气）止回阀	装配式构件安装	2.00
5	钢丝网水泥排气道	装配式构件安装	2.00
6	混凝土风帽	装配式构件安装	2.00
7	不锈钢风帽	装配式构件安装	2.00
8	轻质空心隔墙条板	装配式构件安装	2.00
9	灌浆料	装配式构件安装	5.00
10	PE 棒	装配式构件安装	2.00
11	立支撑杆件	装配式构件安装	4.00
12	斜支撑杆件	装配式构件安装	4.00
13	定位钢板	装配式构件安装	6.00
14	垫木（松板枋材）	装配式构件安装	4.00
15	高强钢丝	后张法预应力	2.50
16	钢丝束、钢绞线	后张法预应力	2.50
17	铝模	铝模工程	1.00
18	支撑杆件	铝模支撑	1.00
19	销钉销片	铝模支撑	2.00
20	金属构件	制作	6.00
21	金属构件	安装	0.00
22	预埋螺栓		1.00
23	钢材	接桩	6.00
24	垫铁		2.00
25	铝合金型材骨架		6.00
26	型钢（幕墙用）		6.00
27	冷压套筒、直螺纹套筒、锥螺纹套筒		1.00
28	商品混凝土	现浇构件	1.00
29	镀锌白铁皮	天沟、泛水、变形缝	5.40
30	铝板	天沟、泛水、变形缝	7.00
31	不锈钢板	天沟、泛水、变形缝	5.00
32	铝塑板	墙面、门框、横梁	10.00
33	铝塑板	凹凸墙面、圆柱门、窗套	15.00
34	铝塑板	弧形	12.00
35	纯铝板 1.5	墙面、矩形柱	5.00
36	纯铝板 1.5	弧形	7.00
37	铝板 3 厚	幕墙	5.00
38	镀锌薄钢板 1.5 厚	幕墙	5.00
39	不锈钢板	墙面	5.00
40	不锈钢板	柱面	10.00
41	铜板	墙面	5.00
42	铜板	柱面	10.00

序号	材 料 名 称	工程部位及用途	损耗率(%)
43	压型钢楼板	成品	4.00
44	彩钢夹芯板	屋面	4.00
45	彩钢夹芯板	墙面	6.00
46	压型彩钢板	成品 屋面	4.00
47	压型彩钢板	成品 外墙面	6.00
48	聚酯采光板	成品 屋面	4.00
49	聚酯采光板	成品 外墙面	6.00
50	袋装玻璃棉	屋面	4.00
51	袋装玻璃棉	墙面	6.00
52	高强螺栓		2.00
53	剪力栓钉		6.00
54	花篮螺栓		2.00
55	轻钢龙骨内隔墙板	成品	2.00
56	硅酸钙板	配套轻钢龙骨内隔墙	2.00
57	硅酸钙板	现场灌浆墙面	6.00
58	硅酸钙板	墙面	7.00
59	岩棉板		4.00
60	FC 板		5.00
61	GRC 板		3.00
62	彩钢夹心板(50mm、75mm)	隔墙	5.00
63	钢模		1.00
64	零星卡具		2.00
65	钢支撑钢管		1.00
66	螺栓		2.00
67	脚手架钢管		4.00
68	脚手架扣件		4.00
69	铸铁井盖、盖板		1.00
70	杉圆木	木楞	2.00
71	杉圆木	屋架、檩条、椽子	5.00
72	杉枋木	屋架、檩条、椽子	6.00
73	杉格椽		4.00
74	封沿板		2.50
75	杉板枋	门窗料	6.00
76	杉板枋	一般装修料	5.00
77	屋面板	平口、企口成品	5.00
78	木模		5.00
79	松枋		4.00
80	复合模板		5.00
81	纤维板		5.00
82	硬木枋		5.00
83	三夹板	基层	5.00
84	五夹板	基层	5.00
85	九夹板	基层	5.00
86	九夹板	木门扇	10.00
87	细木工板	基层	5.00

序号	材 料 名 称	工程部位及用途	损耗率（%）
88	细木工板	木门扇	10.00
89	装饰夹板	墙面、矩形柱	10.00
90	装饰夹板	墙面拼花、凹凸面、弧形	15.00
91	装饰夹板	矩形柱拼花、凹凸面	20.00
92	装饰夹板	圆柱拼花、凹凸面	25.00
93	装饰夹板	木门扇	22.50
94	装饰夹板	拼花木门	30.00
95	防火板	墙面、柱面、窗帘箱	10.00
96	防火板	凹凸面	15.00
97	防火板	木门扇	22.50
98	石膏板	墙面	6.00
99	石膏板	矩形柱面	10.00
100	石膏板	圆形柱	15.00
101	石膏板	顶面	7.00
102	铝合金扣板		10.00
103	毛竹脚手片		5.00
104	水泥		1.00
105	白水泥		2.00
106	预应力钢筋混凝土管桩		1.50
107	素混凝土块		1.00
108	地坪块、草皮砖		1.00
109	混凝土小型砌块		1.00
110	加气混凝土砌块		7.00
111	混凝土实心砖	砖基础	0.50
112	混凝土实心砖	实砌墙、贴砖	1.50
113	混凝土实心砖	空斗、空花墙、方柱	3.50
114	混凝土实心砖	地沟	1.50
115	混凝土实心砖	零星砌体	2.50
116	混凝土实心砖	砖烟囱	4.50
117	混凝土实心砖	砖水塔	3.00
118	烧结实心砖	实砌墙、贴砖	1.00
119	烧结实心砖	空斗、空花墙、方柱	3.00
120	烧结实心砖	地沟	1.00
121	烧结实心砖	零星砌体	2.00
122	烧结实心砖	砖烟囱	4.00
123	烧结实心砖	砖水塔	2.50
124	蒸压砖	实砌墙	1.80
125	蒸压砖	地沟	1.80
126	蒸压砖	零星砌体	2.50
127	混凝土多孔砖	砖基础	1.50
128	混凝土多孔砖	砌墙	2.50
129	混凝土多孔砖	方柱	3.50
130	混凝土多孔砖	零星砌体	4.00
131	烧结多孔砖	砌墙	2.00
132	烧结多孔砖	方柱	3.00

续表

序号	材 料 名 称	工程部位及用途	损耗率(%)
133	烧结多孔砖	零星砌体	3.00
134	蒸压多孔砖	砌墙	2.50
135	蒸压多孔砖	零星砌体	4.00
136	烧结空心砖	砌墙	3.00
137	轻集料混凝土类空心砌块	砌墙	3.00
138	混凝土小型砌块	砌墙	1.00
139	烧结类空心砌块	砌墙	2.00
140	蒸压加气混凝土类砌块	砌墙	5.00
141	黏土平瓦、水泥彩瓦	小青瓦、脊瓦	2.50
142	石棉水泥瓦、脊瓦		4.00
143	玻璃钢瓦		5.00
144	毛砂	砂垫层、砂桩	2.00
145	净砂	砂浆、混凝土配合比	1.50
146	天然级配	砂石垫层	2.00
147	碎石	垫层、混凝土配合比	1.50
148	块石	垫层、基础、墙	1.00
149	方整石	砌墙、柱	1.00
150	塘渣		2.00
151	三合土、灰土	垫层	1.00
152	炉渣		1.00
153	微孔硅酸钙		2.00
154	石灰		1.00
155	耐火泥		1.50
156	黏土		1.00
157	黄泥		1.00
158	耕作土		5.00
159	陶粒		2.00
160	石屑		3.00
161	白石子	地面、墙面	4.00
162	白石子	零星、柱	10.00
163	铸石粉(辉绿岩粉)		1.50
164	石英粉		2.00
165	石英砂、石		2.00
166	瓷砖		2.00
167	耐酸瓷砖 150×150×20		4.00
168	耐酸瓷砖 230×113×65	平、立面	4.00
169	马赛克	地面、墙面	2.00
170	马赛克	柱	3.00
171	马赛克	零星	4.00
172	马赛克	拼花地面	4.00
173	瓷砖	墙面	2.00
174	瓷砖	柱面	3.50
175	瓷砖	零星	6.00
176	周长 800 以内面砖	墙面	2.00
177	周长 800 以上面砖	墙面	3.00

序号	材 料 名 称	工程部位及用途	损耗率（%）
178	面砖	零星	4.00
179	外墙面砖	墙面	2.50
180	外墙面砖	柱面	3.50
181	外墙面砖	零星	6.00
182	150×150 缸砖	地面	2.00
183	150×150 缸砖	零星	3.00
184	楼梯地砖、缸砖	楼梯	6.00
185	周长 800 以内地砖	地面	2.00
186	周长 2400 以内地砖	地面	3.00
187	周长 2400 以内地砖	零星	4.00
188	周长 2400 以上地砖	地面	4.00
189	广场砖	地面	2.00
190	大理石板	地面、楼梯、墙面、柱、饰块	2.00
191	大理石板	零星	3.00
192	花岗岩板	耐酸 120mm 厚	1.00
193	花岗石板	地面、楼梯、墙面、柱、饰块	2.00
194	花岗石板	零星	3.00
195	文化石	地面、墙面	2.00
196	文化石	墙面	3.00
197	文化石	零星、饰块	4.00
198	大理石、花岗石、地砖、缸砖、水磨石	台阶、体育看台	3.00
199	玻璃	嵌条	5.00
200	玻璃卡普隆板		5.00
201	采光瓦		4.00
202	铝压条		7.00
203	镀锌铁钉、钢钉		2.00
204	铝拉铆钉		5.00
205	螺栓、螺钉		2.00
206	铁钉		2.00
207	枪钉		2.00
208	膨胀螺栓		2.00
209	螺丝		5.00
210	镀锌铁丝		1.00
211	铜丝		6.00
212	钢板、钢丝网		5.00
213	钢板网		5.00
214	镀锌扁钩、螺钩		1.00
215	电焊条	门窗工程	12.00
216	电焊条		20.00
217	焊锡		5.00
218	火雷管		2.00
219	硝胺炸药		2.00
220	氧气		6.00
221	乙炔气		6.00
222	石油沥青	熬制	5.00

续表

序号	材 料 名 称	工程部位及用途	损耗率(%)
223	石油沥青	操作	1.00
224	防水卷材	不含搭接	1.00
225	多彩油毡瓦	不含搭接	2.50
226	玻璃丝布	玻璃钢(含搭接)	15.00
227	焦油聚氨酯防水涂料	858	1.00
228	防水剂		2.00
229	二甲苯		8.00
230	环氧树脂	E44	1.00
231	软蜡		1.00
232	硬白蜡		2.50
233	氯丁胶乳沥青		1.00
234	沥青嵌缝防水油膏		3.00
235	玻璃胶		2.00
236	聚醋酸乙烯乳液		3.00
237	骨胶		2.00
238	胶粘剂	XY－401	5.00
239	107 胶		5.00
240	油漆溶剂油		4.00
241	稀释剂	Xi－13	5.00
242	防腐油		3.00
243	耐酸油漆、涂料	各类 抹灰面	3.00
244	建筑石膏粉		5.00
245	滑石粉		5.00
246	清油		3.00
247	油灰		3.00
248	聚酯漆		5.00
249	硝基漆		5.00
250	油漆溶剂漆		5.00
251	稀释剂		5.00
252	乳胶漆		5.00
253	调和漆		5.00
254	丙烯酸清漆		5.00
255	醇酸磁漆		5.00
256	水晶地板漆		5.00
257	地板漆		5.00
258	防火涂料		5.00
259	红丹防锈漆		5.00
260	银粉漆		5.00
261	金属氟钛漆		5.00
262	氟钛稀释剂		5.00
263	环氧富锌漆		5.00
264	环氧富锌稀释漆		5.00
265	SBA 超薄型钢结构防火漆		5.00
266	SBA 防火漆稀释剂		5.00
267	乳胶漆		5.00

序号	材 料 名 称	工程部位及用途	损耗率(%)
268	内墙涂料		5.00
269	外墙涂料		5.00
270	外墙氟钛漆		5.00
271	弹性涂料		5.00
272	墙纸	天棚、墙面、不对花	10.00
273	墙纸	天棚、墙面、对花	15.79
274	墙纸	柱面、不对花	17.00
275	墙纸	柱面、对花	22.85
276	金属墙纸	天棚、墙面	15.79
277	金属墙纸	柱面	22.85
278	织物	软包、硬包	18.00
279	织物	天棚、墙面粘贴	15.79
280	织物	柱面粘贴	22.85
281	夹布橡胶平板、橡皮		1.00
282	柔性止水带		5.00
283	聚苯乙烯泡沫塑料板		2.00
284	聚氯乙烯胶泥		2.00
285	聚氯乙烯冷底子油		2.00
286	聚乙烯薄膜		2.00
287	软木		5.00
288	膨胀珍珠岩粉		4.00
289	珍珠岩制品、现浇	屋面	2.00
290	珍珠岩制品、现浇	墙面	4.00
291	树脂珍珠岩板	屋面	4.00
292	玻璃棉、渣棉毡	墙体	4.00
293	玻璃棉、渣棉毡	天棚	2.00
294	铝基反光隔热涂料		1.00
295	纸筋		2.00
296	干混砌筑砂浆	实心砖(普通砖)实砌砌体	1.00
297	干混砌筑砂浆	多孔砖砌体	5.00
298	干混砌筑砂浆	多孔砖砌体(带盲孔)	2.00
299	干混砌筑砂浆	多孔砖砌体(半盲孔)	3.50
300	干混砌筑砂浆	空斗、空花墙、空心砖砌体(卧砌)	3.00
301	干混砌筑砂浆	烧结类空心砌块砌体(卧砌)	3.00
302	干混砌筑砂浆	蒸压加气混凝土类砌块砌体	1.00
303	干混砌筑砂浆	石砌体	1.00
304	砌块专用砌筑砂浆	蒸压加气混凝土类砌块砌体	1.00
305	砌块专用砌筑粘结剂	蒸压加气混凝土类砌块砌体	2.00
306	有机(无机)物保温砂浆	墙面	5.00
307	有机(无机)物保温砂浆	屋面	2.00
308	有机(无机)物保温砂浆	天棚	6.00
309	泡沫玻璃、挤塑保温板	墙面、屋面、地面	2.00
310	聚苯保温板、聚氨酯保温板	墙面、屋面、地面	2.00
311	塑料膨胀锚栓	墙面	2.00
312	聚氨酯硬泡	墙面	10.00

序号	材 料 名 称	工程部位及用途	损耗率(%)
313	聚氨酯硬泡	屋面	5.00
314	耐碱玻纤网格布	保温	2.00
315	耐碱玻纤网格布	墙柱面	5.00
316	热镀锌钢丝网		5.00
317	断桥铝合金型材		6.00
318	中空玻璃		5.00
319	L形铁件(钢制专用连接件)	轻质砌块墙墙端连接	2.00
320	射钉弹		2.00
321	钢钉(水泥钉)		2.00
322	聚氨酯(PU)发泡剂	柔性材料嵌缝	5.00
323	PE 棒	柔性材料嵌缝	2.00
324	耐火泥		1.50
325	纸筋灰	屋面	1.00
326	耐酸胶泥	铺砌、勾缝	5.00
327	树脂胶泥	铺砌、勾缝	5.00
328	沥青胶泥	地面	1.00
329	沥青玛𤧫脂	熬制	5.00
330	沥青玛𤧫脂	操作	1.00
331	耐酸砂浆	硫磺、沥青	2.00
332	耐酸混凝土		1.00
333	沥青砂浆	熬制	5.00
334	沥青砂浆	操作	1.00
335	橡、塑地板	地面	2.00
336	橡、塑卷材	地面	10.00
337	地毯	地面	10.00
338	地毯胶垫	地面	10.00
339	方块地毯	地面	5.00
340	长条实木地板(企口)	地面	5.00
341	复合地板	地面	5.00
342	软木地板	地面	5.00
343	防静电地板	地面	5.00
344	金属复合地面	地面	2.00
345	成品踢脚线		5.00
346	硬木成品扶手		6.00
347	塑料扶手		6.00
348	金属扶手		6.00
349	石材扶手(成品)		1.00
350	活动塑料隔断		10.00
351	普通镜子、玻璃	制作、安装	21.00
352	成品玻璃、镜子	制作、安装	5.00
353	轻钢龙骨		6.00
354	铝合金方板天棚	浮搁式	5.00
355	铝合金方板天棚	嵌入式	7.00
356	铝合金条板天棚		7.00
357	铝合金格片		5.00

序号	材 料 名 称	工程部位及用途	损耗率(%)
358	铝合金格栅		5.00
359	矿棉板		5.00
360	空腹 PVC 板		5.00
361	石棉吸音板		5.00
362	门锁及门窗五金		1.00
363	移门吊轨		2.00
364	其他五金配件		2.00
365	宝丽板		10.00
366	波音纸		10.00
367	金属压条、装饰条		6.00
368	木质装饰线		6.00
369	石材装饰线		1.00
370	石膏装饰线		5.00
371	美术字		2.00
372	岩棉板		2.00
373	沥青珍珠岩板		4.00
374	发泡水泥板		3.00
375	酚醛保温板		8.00
376	微孔硅酸钙		2.00
377	超细玻璃棉		2.00
378	耐碱混凝土		1.00
379	干混抹灰砂浆	墙柱面	2.00
380	干混地面砂浆		2.00
381	水泥白石子(石屑)浆	墙柱面	2.00
382	素石膏浆	墙柱面	5.00
383	石材(综合)	墙柱面	2.00
384	石材(综合)	楼地面	2.00
385	石材(综合)	零星	3.00
386	石材柱帽、柱墩(圆弧形)		1.00
387	天然石材饰面板 碎拼		6.00
388	槽式埋件 $L=300$		1.00
389	T 型连接螺栓		1.00
390	化学螺栓 $\phi10$		1.00
391	单元式幕墙玻璃板块		0.20
392	密封胶		5.00
393	耐候胶		5.00

四、人工、材料(半成品)、机械台班单价取定表

序号	材 料 名 称	型 号 规 格	单位	单价(元)
1	一类人工		工日	125
2	二类人工		工日	135
3	三类人工		工日	155
4	插孔钢筋	$\phi5\sim10$	kg	3.71
5	热轧带肋钢筋	HRB400综合	t	3849
6	热轧带肋钢筋	HRB400 $\phi40$	kg	4.06
7	热轧带肋钢筋	HRB400 $\phi10$	kg	3.94
8	热轧带肋钢筋	HRB400 $\phi10$	t	3938
9	热轧带肋钢筋	HRB400 $\phi12$	t	3885
10	热轧带肋钢筋	HRB400 $\phi18$	kg	3.76
11	热轧带肋钢筋	HRB400 $\phi18$	t	3759
12	热轧带肋钢筋	HRB400 $\phi25$	kg	3.76
13	热轧带肋钢筋	HRB400 $\phi25$	t	3759
14	热轧带肋钢筋	HRB400 $\phi32$	t	3888
15	热轧带肋钢筋	HRB500 $\phi10$	kg	4.33
16	热轧带肋钢筋	HRB500 $\phi18$	kg	4.33
17	热轧带肋钢筋	HRB500 $\phi10$	t	4328
18	热轧带肋钢筋	HRB500 $\phi18$	t	4328
19	热轧带肋钢筋	HRB500 $\phi22$	t	4328
20	热轧带肋钢筋	HRB500 $\phi32$	t	4328
21	不锈钢丝	$\phi1.2$	kg	18.28
22	镀锌铁丝	$\phi0.7\sim1.0$	kg	6.74
23	镀锌铁丝	$\phi1.2\sim1.8$	kg	5.78
24	镀锌铁丝	$\phi2.0\sim4.0$	kg	5.01
25	镀锌铁丝	综合	kg	5.4
26	钢丝束	综合	t	5121
27	冷拔钢丝	综合	kg	4.01
28	钢丝绳	$6\times19-\phi14$	m	4.27
29	钢丝绳	$\phi8$	m	1.76
30	钢丝绳	$\phi26$	m	18.1
31	钢丝绳	综合	kg	6.45
32	钢绞线		t	5336
33	钢绞线	综合	t	5336
34	无粘结钢绞线		t	5379
35	热轧光圆钢筋	综合	t	3966
36	热轧光圆钢筋	综合	kg	3.97
37	热轧光圆钢筋	HPB300 $\phi10$	t	3981
38	热轧光圆钢筋	HPB300 $\phi14$	t	3981
39	热轧光圆钢筋	HPB300 $\phi18$	t	3981
40	热轧光圆钢筋	HPB300 $\phi8$	t	3963
41	热轧光圆钢筋	HPB300 $\phi10$	kg	3.98
42	热轧光圆钢筋	HPB300 $\phi30$	m	22.1

序号	材　料　名　称	型　号　规　格	单位	单价(元)
43	热轧光圆钢筋	HPB300 综合	kg	3.98
44	热轧光圆钢筋	HPB300 综合	t	3981
45	吊杆	45#钢 φ40	kg	3.74
46	热轧光圆钢筋	HPB300 φ6	t	3981
47	热轧光圆钢筋	HPB300 φ6	kg	3.98
48	方钢	综合	kg	4.05
49	扁钢	Q235B 2×40	kg	4.04
50	扁钢	Q235B 3×30	kg	4.04
51	扁钢	Q235B 4×40	kg	3.96
52	扁钢	Q235B 5×40	kg	3.96
53	扁钢	Q235B 10×100	kg	3.96
54	扁钢	Q235B 综合	kg	3.96
55	扁钢	Q235B 综合	t	3957
56	六角空心钢	综合	kg	2.48
57	工字钢	Q235B 综合	kg	4.05
58	不锈钢槽钢	10×20×1	m	12.93
59	槽钢	Q235B 3#	kg	4.05
60	槽钢	Q235B 6.3#	kg	4.05
61	槽钢	Q235B 18#以外	kg	3.97
62	槽钢	综合	kg	4.01
63	角钢	Q235B 50×50×3	kg	3.97
64	角钢	Q235B 50×50×5	t	3966
65	角钢	Q235B 综合	kg	3.97
66	角钢	Q235B 综合	t	3966
67	镀锌角钢		kg	4.27
68	镀锌角钢	160×100×10	t	4310
69	T 形钢	25×25	kg	3.71
70	不锈钢型材		kg	18.97
71	不锈钢型钢	综合	t	18103
72	型钢	综合	t	3836
73	型钢	综合	kg	3.84
74	型钢(幕墙用)		t	3647
75	不锈钢板	0.8	m²	94.74
76	不锈钢板	304　δ1.0	m²	118
77	不锈钢板	304　δ1.2	m²	142
78	不锈钢镜面板(8K 板)	δ1.0	m²	146
79	镀锌薄钢板	综合	m²	38.97
80	镀锌薄钢板	δ0.5	m²	17.59
81	镀锌薄钢板	δ0.55	kg	4.48
82	镀锌薄钢板	δ1.0	m²	33.58
83	镀锌薄钢板	δ1.2	m²	38.97
84	镀锌薄钢板	δ1.5	m²	47.71
85	镀锌薄钢板	综合	kg	4.46
86	热轧薄钢板	Q235B δ3.0	t	3808
87	热轧薄钢板	Q235B δ3.0	m²	20.3

序号	材 料 名 称	型 号 规 格	单位	单价(元)
88	热轧薄钢板	Q235B 综合	t	3966
89	压型彩钢板(平面展开)	0.5mm	m²	17.54
90	压型钢板	0.5	m²	31.03
91	中厚钢板	(综合)	kg	3.79
92	中厚钢板	综合	kg	3.71
93	中厚钢板	综合	t	3750
94	青铜板(直条)	5×50	m	51.91
95	铜板	δ1.5	m²	252
96	铜压板	5×40	m	11.21
97	紫铜板	δ2	kg	58.27
98	铜条	4×6	m	9.31
99	铜条	5×15	m	7.76
100	铜条	12×2	m	6.62
101	铜条	T形 5×10	m	6.9
102	铜质压棍		m	31.86
103	黄铜线	综合	kg	51.72
104	铜丝		kg	58.45
105	紫铜丝	T2 1~4	kg	62.67
106	铝板	1200×300×1	m²	82.57
107	铝板	δ3	m²	227
108	槽铝	50	m	6.03
109	槽铝	75	m	8.62
110	电化角铝	25.4×2	m	2.58
111	工字铝	综合	m	6.03
112	角铝	25.4×1	m	2.58
113	铝合金收口压条		m	4.64
114	铝合金型材	L25.4×25.4×1	kg	5.84
115	铝合金型材	骨架、龙骨	t	15259
116	铝合金型材	155 系列	kg	18.53
117	铝合金型材	综合	kg	18.53
118	铝合金型材转接件		kg	21.12
119	锌	99.99%	kg	22.1
120	镀锌铁件		kg	3.73
121	金属堵头		只	3.02
122	金属防水板		m²	60.34
123	金属周转材料		kg	3.95
124	零星卡具		kg	5.88
125	铈钨棒		g	0.4
126	铁件		kg	3.71
127	钨棒		kg	254
128	锡纸		m²	0.43
129	烟囱金属竖井架		kg	6.03
130	橡胶板	δ2	m²	18.71
131	橡胶板	δ3	m²	26.03
132	橡胶板	δ4	m²	36.21

序号	材 料 名 称	型 号 规 格	单位	单价(元)
133	橡胶密封条		m	0.95
134	橡胶密封条	单	m	1.03
135	橡胶密封条	平行 2×75	m	1.47
136	橡胶条		m	5.26
137	橡胶条(大)		m	4.74
138	橡胶条(小)		m	3.88
139	橡皮密封条	20×4	m	1.78
140	门窗密封橡胶条		m	4.31
141	彩钢密封圈		只	0.63
142	密封圈		个	12.93
143	橡胶圈	$DN150$	个	12.07
144	橡胶圈	$DN200$	个	19.83
145	橡胶圈	$DN300$	个	63.36
146	耐热胶垫	2×38	m	1.9
147	橡胶垫块	$\delta5$	m	1.12
148	橡胶垫块	$\delta10$	m²	5.17
149	橡胶垫片	250 宽	m	1.03
150	聚氯乙烯薄膜		m²	0.86
151	聚氯乙烯薄膜		kg	12.07
152	聚乙烯薄膜		m²	0.86
153	塑料薄膜		m²	0.86
154	聚苯乙烯泡沫板		m³	504
155	空腹 PVC 板		m²	31.9
156	塑料板		m²	4.83
157	塑料板	E16	m²	13.02
158	PE 棒		m	1.29
159	有机玻璃	$\delta8$	m²	41.38
160	有机玻璃灯片		m²	39.05
161	塑料盖		个	0.09
162	GRC 山花浮雕	1200×400 以内	件	86.21
163	GRC 山花浮雕	1200×400 以外	件	103
164	玻璃钢		m²	134
165	白布		m²	5.34
166	白回丝		kg	2.93
167	白棕绳		kg	14.31
168	棉布	400g/m²	kg	30.6
169	棉花		kg	22.84
170	棉纱		kg	10.34
171	棉纱头		kg	10.34
172	麻袋布		m²	4.31
173	麻绳		kg	7.51
174	麻丝		kg	2.76
175	膜材料		m²	188
176	尼龙帽		个	0.6
177	土工布		m²	4.31

序号	材 料 名 称	型 号 规 格	单位	单价(元)
178	无纺涤纶布	宽 130	m	6.55
179	无纺土工布		m²	8.62
180	草袋		m²	3.62
181	豆包布		m	2.93
182	海绵	20mm	m²	13.97
183	人造革		m²	22.41
184	钢结构自攻螺钉	5.5×32	套	0.19
185	U 形螺栓	M10×108	套	4.4
186	半圆头螺钉		个	0.06
187	半圆头木螺钉	L16	个	0.03
188	玻璃搁板钉		只	0.69
189	不锈钢钉		kg	21.55
190	不锈钢六角带帽螺栓		套	3.68
191	不锈钢六角带帽螺栓	M12×45	套	1.09
192	不锈钢六角带帽螺栓	M12×110	套	2.25
193	不锈钢六角带帽螺栓	M14×120	套	3.64
194	不锈钢六角螺栓带螺母	M6×25	套	0.53
195	不锈钢螺栓	M5×12	10 个	1.35
196	不锈钢平头螺钉	M5×15	个	0.14
197	沉头木螺钉	L30	个	0.03
198	沉头木螺钉	L32	个	0.03
199	沉头木螺钉	L35	个	0.03
200	沉头木螺钉	L40	个	0.04
201	抽芯铆钉	$\phi 4 \times 13$	百个	4.31
202	地板钉		kg	5.6
203	地脚螺栓	M24×500	个	12.5
204	垫圈		百个	17.24
205	镀锌六角螺栓带螺母	M6×40	套	0.19
206	镀锌六角螺栓带帽	M5×60	套	0.19
207	镀锌螺钉	综合	10 个	1.72
208	镀锌木螺钉	d4×25	百个	3.03
209	镀锌木螺钉	d6×100	10 个	2.05
210	镀锌双头螺栓	M12×350	个	2.68
211	镀锌铁丝		kg	6.55
212	镀锌铁丝	8#	kg	6.55
213	镀锌瓦钉带垫		个	0.47
214	镀锌自攻螺钉	ST3×10	个	0.02
215	镀锌自攻螺钉	ST4~6×20~35	10 个	0.6
216	镀锌自攻螺钉	ST4×30	个	0.03
217	镀锌自攻螺钉	ST4×35	个	0.03
218	镀锌自攻螺钉	ST5×16	个	0.04
219	对拉螺栓		kg	10.43
220	高强螺栓		套	6.9
221	焊剂		kg	3.66
222	花篮螺栓	M12×200	个	5.17

续表

序号	材 料 名 称	型 号 规 格	单位	单价（元）
223	化学胶螺栓	φ10	套	3.28
224	金属膨胀螺栓		套	0.48
225	金属膨胀螺栓	M6	套	0.19
226	金属膨胀螺栓	M8	套	0.31
227	金属膨胀螺栓	M10	套	0.48
228	金属膨胀螺栓	M12	套	0.64
229	金属膨胀螺栓	M6×60	套	0.19
230	金属膨胀螺栓	M6×75	套	0.21
231	金属膨胀螺栓	M8×60	套	0.27
232	金属膨胀螺栓	M8×80	套	0.28
233	扣钉		kg	5.6
234	六角螺栓		kg	8.75
235	六角螺栓	M6×35	百个	15.95
236	六角螺栓	M30×200	个	17.93
237	六角螺栓带螺母、2垫圈	M8×40	套	0.34
238	六角带帽螺栓	综合	kg	5.47
239	六角带帽螺栓		套	0.28
240	六角带帽螺栓		kg	5.47
241	六角带帽螺栓	M8	套	0.44
242	六角带帽螺栓	M8×120	套	0.75
243	六角带帽螺栓	M12以外	kg	5.47
244	六角带帽螺栓	φ12	kg	5.47
245	六角带帽螺栓	综合	kg	5.47
246	铝拉铆钉		只	0.22
247	铝拉铆钉	M4×30	百个	6.72
248	铝拉铆钉	M5×40	百个	12.93
249	铆钉	综合	个	0.02
250	木螺钉		百个	1.81
251	木螺钉	d4×25	百个	2.93
252	木螺钉	d4×50	10个	0.66
253	木螺钉	d6×50	个	0.22
254	木螺丝	M4×25	百个	2.93
255	木螺丝	M4×40	百个	4.65
256	木螺丝	M4×50	百个	6.03
257	金属膨胀螺栓	M10	百套	48.62
258	金属膨胀螺栓	M10	10套	4.83
259	金属膨胀螺栓	M12	套	0.64
260	金属膨胀螺栓	M6×75	套	0.21
261	金属膨胀螺栓	M8×80	10套	2.84
262	金属膨胀螺栓	M10×80	套	0.48
263	平头螺钉	M8×40	个	0.24
264	普碳钢六角螺母	M8	百个	8.36
265	普碳钢六角螺栓	M6×35	百个	10.86
266	气排钉		盒	4.31
267	气排钉	L20 2000个/盒	盒	4.51

续表

序号	材 料 名 称	型 号 规 格	单位	单价(元)
268	枪钉		盒	6.47
269	射钉弹		套	0.22
270	栓钉		套	1.38
271	双头带帽螺栓	M16×340	套	11.81
272	水泥钉		kg	5.6
273	塑料膨胀螺栓		套	0.17
274	蚊钉	20mm 6000 个/盒	盒	6.64
275	油毡钉		kg	4.83
276	圆钉	50mm	kg	4.74
277	圆钉		kg	4.74
278	圆钉	25mm(1″)	kg	4.74
279	圆钉	30~45	kg	4.74
280	圆钉	50~75	kg	4.74
281	圆头木螺钉		百个	5.17
282	圆头木螺钉	d6~12×12~50	10 套	2.03
283	竹钉		百个	0.93
284	装饰螺钉		只	0.13
285	自攻螺钉		百个	2.59
286	自攻螺钉	M4×25	百个	2.16
287	自攻螺钉	M4×35	百个	2.89
288	自攻螺钉	M6×20	百个	4.48
289	自攻螺钉	M6×30	百个	6.16
290	自攻螺钉	M10×50	百个	55.17
291	自攻螺钉	ST6×20	百个	3.45
292	自攻螺钉	ST6×30	百个	4.31
293	自攻螺丝	M3×15	百个	1.09
294	不锈钢六角螺栓	M8×30	个	1.72
295	闭门器		副	84.48
296	玻璃门合页		副	5.17
297	成品窗帘杆		m	24.14
298	磁吸块	50×20	套	1.72
299	大门暗插销		副	12.93
300	大门钢轨盖板地槽		kg	5.6
301	大门拉手及锁孔		kg	10.43
302	大门明插销		副	4.74
303	大门上下插销		kg	10.43
304	大门上下滑轮及压铁		kg	10.43
305	单开执手锁		把	77.59
306	弹簧合页		副	12.83
307	弹子锁		把	47.41
308	底板拉手		个	3.62
309	地弹簧		套	73.28
310	地锁		把	137
311	电子锁		把	172
312	吊轨		m	50.86

序号	材 料 名 称	型 号 规 格	单位	单价(元)
313	防盗门扣		副	21.55
314	管子拉手		把	33.62
315	合页	75mm 以内	副	1.72
316	滑轮		副	79.66
317	铝合金窗帘轨	单轨成套	m	11.64
318	铝合金窗帘轨	双轨成套	m	23.28
319	铝合金门窗配件	角码	个	0.45
320	门磁吸		只	4.31
321	门铁件		kg	10.43
322	门轧头		只	0.37
323	门轴铁件		kg	6.47
324	门阻		kg	6.47
325	书柜门铰链		副	1.72
326	双开执手锁		把	138
327	顺位器		套	16.38
328	铁镀铬帘子杆		根	29.27
329	铁塔扣		个	0.86
330	推拉门滑轮		套	12.93
331	推手板		把	30.17
332	门猫眼		套	21.55
333	L 形铁件	(12 + 12) × 6 × 0.15	个	1.29
334	玻璃吊挂件		套	138
335	不锈钢二爪件		套	100
336	不锈钢石材背栓		个	1.42
337	不锈钢石材干挂挂件		套	4.31
338	不锈钢四爪件		套	172
339	铝合金石材干挂挂件		套	2.48
340	幕墙用单爪挂件		套	70.52
341	幕墙用二爪挂件		套	88.19
342	幕墙用四爪挂件		套	141
343	弦掌栏		套	125
344	铸铝三爪		个	2.41
345	玻璃柜门合页		副	4.31
346	不锈钢壳晾衣绳	长 2600mm	套	11.72
347	不锈钢毛巾环		套	47.41
348	卫生纸盒		只	47.41
349	浴缸拉手		副	86.21
350	不锈钢毛巾架		副	43.1
351	不锈钢背栓挂件		套	2.16
352	不锈钢焊丝		kg	47.41
353	不锈钢焊丝	1.1 ~ 3	kg	47.41
354	不锈钢焊条	综合	kg	37.07
355	不锈钢索	500 ~ 800	套	124
356	冲击钻头	$\phi 8$	个	4.48
357	低合金钢焊条	E43 系列	kg	4.74

序号	材 料 名 称	型 号 规 格	单位	单价(元)
358	低碳钢焊条	J422 ϕ4.0	kg	4.74
359	低碳钢焊条	J422 综合	kg	4.74
360	低碳钢焊条	综合	kg	6.72
361	电焊条	E43 系列	kg	4.74
362	电焊条	E55 系列	kg	10.34
363	镀锌扁钩	3×12×300	个	0.39
364	镀锌螺勾带垫	ϕ6×600	个	1.47
365	钢锯片		片	47.41
366	钢木大门铁件		kg	5.6
367	钢丸		kg	4.74
368	焊丝	ϕ3.2	kg	10.78
369	焊锡		kg	103
370	合金钢切割片	ϕ300	片	12.93
371	合金钢钻头		个	21.55
372	合金钢钻头	ϕ6	个	5
373	合金钢钻头	ϕ8	个	5.34
374	合金钢钻头	ϕ10	个	5.6
375	合金钢钻头	ϕ14	个	9.91
376	合金钢钻头	ϕ100	个	60.78
377	合金钢钻头	ϕ16~20	个	15.52
378	合金钢钻头	ϕ22~26	个	30.17
379	合金钢钻头	ϕ28~34	个	38.79
380	合金钢钻头	一字型	个	8.62
381	金刚石		块	8.62
382	金刚石	综合	块	8.62
383	金属结构铁件		kg	5.6
384	木砂纸		张	1.03
385	切割锯片	ϕ1000	片	5.6
386	砂布		张	0.86
387	石材磨光片		片	3.45
388	石材抛光片		片	3.45
389	石料切割锯片		片	27.17
390	水砂纸		张	1
391	塑料焊条		kg	8.03
392	铜焊条		kg	68.97
393	屋架铁件		kg	6.9
394	不锈钢 U 形卡		个	1.08
395	不锈钢法兰底座	41	个	4.14
396	不锈钢法兰底座	59	个	5.91
397	不锈钢法兰底座	63	个	6.3
398	不锈钢法兰底座	70	个	7
399	不锈钢法兰盘	ϕ59	只	6.39
400	不锈钢固定连接件		个	1.33
401	彩钢内外扣槽		m	11.98
402	成品链条	L900	根	90.95

续表

序号	材 料 名 称	型 号 规 格	单位	单价(元)
403	定滑轮		个	2.84
404	镀锌瓦钩		个	0.34
405	钢筋点焊网片		t	5862
406	钢珠	32.5	个	5.29
407	连接固定件		kg	5.6
408	连接件		件	3.98
409	连接件 PD25		个	2.38
410	连接件 PD80		个	2.76
411	铝合金三节玻璃轮		个	3.1
412	铝合金下滑轨		m	8.45
413	膜结构附件		m²	38.79
414	铁钩		kg	8.62
415	铁件	综合	kg	6.9
416	预埋铁件		kg	3.75
417	轴承	8206	盘	11.64
418	轴承	205	个	30.17
419	不锈钢索锚具		套	185
420	承压板垫板		kg	3.81
421	单孔锚具		套	19.83
422	钢帽	ϕ400	个	50
423	钢帽	ϕ600	个	142
424	锚头	ϕ26	套	181
425	群锚锚具	3 孔	套	101
426	直螺纹连接套筒	ϕ25	个	2.83
427	直螺纹连接套筒	ϕ32	个	4.53
428	冷挤压套筒	ϕ25	套	4.22
429	冷挤压套筒	ϕ40	套	10.34
430	镀锌铁丝	10#	kg	5.38
431	镀锌铁丝	12#	kg	5.38
432	镀锌铁丝	18#	kg	6.55
433	镀锌铁丝	22#	kg	6.55
434	镀锌铁丝	8# ~ 12#	kg	6.55
435	镀锌铁丝拨花网	2.0 × 15	m²	27.15
436	钢板网		m²	10.28
437	钢丝网		m²	6.29
438	钢丝网	综合	m²	6.29
439	复合硅酸盐水泥	P·C 32.5R综合	kg	0.32
440	普通硅酸盐水泥	P·O 42.5综合	t	346
441	普通硅酸盐水泥	P·O 42.5综合	kg	0.34
442	普通硅酸盐水泥	P·O 52.5综合	kg	0.39
443	白色硅酸盐水泥	325# 二级白度	kg	0.53
444	白色硅酸盐水泥	325# 二级白度	t	526
445	白色硅酸盐水泥	425# 二级白度	kg	0.59
446	黄砂	毛砂	t	87.38
447	黄砂	净砂	t	92.23

序号	材 料 名 称	型 号 规 格	单位	单价(元)
448	黄砂	净砂(粗砂)	m³	158
449	黄砂	净砂(细砂)	t	102
450	刚砂		kg	5.83
451	金刚砂		kg	4.85
452	砂砾	天然级配	t	36.89
453	砂砾	综合	m³	77.67
454	石英砂	综合	kg	0.97
455	白石子	综合	t	187
456	卵石	综合	t	52.33
457	砂砾石		t	67.96
458	石屑		t	38.83
459	碎石	综合	t	102
460	碎石	40～60	t	102
461	园林用卵石	本色	t	124
462	塘渣		t	34.95
463	陶粒		m³	182
464	大白粉		kg	0.34
465	底批土		kg	1.07
466	粉煤灰		kg	0.14
467	红土		kg	0.73
468	炉渣		m³	102
469	面批土		kg	0.78
470	膨润土		kg	0.47
471	膨胀珍珠岩粉		m³	155
472	生石灰		kg	0.3
473	石膏粉		kg	0.68
474	石灰炉(矿)渣	1:4	m³	165.74
475	石英粉	综合	kg	0.97
476	羧甲基纤维素		kg	13.14
477	黏土		m³	32.04
478	凹凸毛石板		m²	63.45
479	点缀石块	25×25	个	4.15
480	方整石		m³	293
481	块石	200～500	t	77.67
482	非黏土烧结页岩多孔砖	190×90×90	千块	586
483	非黏土烧结页岩多孔砖	240×115×90	千块	612
484	非黏土烧结页岩空心砖	240×240×115	千块	1767
485	非黏土烧结实心砖	240×115×53	千块	426
486	混凝土多孔砖	190×190×90 MU10	千块	517
487	混凝土多孔砖	240×115×90 MU10	千块	491
488	混凝土实心砖	190×90×53 MU10	千块	296
489	混凝土实心砖	240×115×53 MU10	千块	388
490	陶粒混凝土实心砖	190×90×53	千块	241
491	陶粒混凝土实心砖	240×115×53	千块	323
492	蒸压灰砂多孔砖	240×115×90	千块	388

序号	材料名称	型号规格	单位	单价(元)
493	蒸压灰砂砖	240×115×53	千块	371
494	非黏土烧结页岩空心砌块	290×115×190 MU10	m³	332
495	非黏土烧结页岩空心砌块	290×190×190 MU10	m³	332
496	非黏土烧结页岩空心砌块	290×240×190 MU10	m³	332
497	蒸压砂加气混凝土砌块	B06 A5.0	m³	328
498	非黏土烧结页岩实心砖	240×115×53	千块	310
499	素混凝土块	C20	m³	338
500	陶粒混凝土小型砌块	390×120×190	m³	328
501	陶粒混凝土小型砌块	390×190×190	m³	328
502	陶粒混凝土小型砌块	390×240×190	m³	328
503	陶粒增强加气砌块	600×240×200	m³	483
504	蒸压砂加气混凝土砌块	B06 A3.5	m³	259
505	玻璃钢瓦	1800×720 小波	张	24.14
506	彩色水泥脊瓦	420×220	千张	3461
507	瓷质波形瓦脊瓦		张	0.52
508	瓷质波形瓦无釉	150×150×9	张	1.38
509	镀锌铁皮脊瓦	26#	m²	36.07
510	沥青瓦	1000×333	张	7.47
511	石棉水泥脊瓦	780×(180×2)×8	张	7.76
512	石棉水泥瓦	1800×720×8 小波	张	25
513	瓦垄铁皮	26#	m²	35
514	西班牙S盾瓦	250×90×10	张	4.48
515	西班牙脊瓦	285×180	张	6.47
516	西班牙瓦无釉	310×310	张	6.47
517	黏土脊瓦	460×200	千张	1034
518	黏土平瓦	(380~400)×240	千张	862
519	泵送商品混凝土	C20	m³	431
520	泵送商品混凝土	C30	m³	461
521	泵送防水商品混凝土	C20/P6	m³	444
522	泵送防水商品混凝土	C30/P8	m³	460
523	泵送防水商品混凝土	C35/P8	m³	484
524	非泵送商品混凝土	C15	m³	399
525	非泵送商品混凝土	C20	m³	412
526	非泵送商品混凝土	C25	m³	421
527	非泵送商品混凝土	C30	m³	438
528	非泵送水下商品混凝土	C30	m³	462
529	泵送商品混凝土	C15	m³	422
530	干混抹灰砂浆	DP M5.0	kg	0.25
531	干混砌筑砂浆	DM M10.0	kg	0.25
532	胶粉聚苯颗粒保温砂浆		m³	328
533	聚合物粘结砂浆		kg	1.6
534	抗裂抹面砂浆		kg	1.6
535	膨胀玻化微珠保温浆料		m³	759
536	陶粒砌块专用砌筑砂浆		kg	0.66
537	防水剂		kg	3.65

续表

序号	材料名称	型号规格	单位	单价(元)
538	砌块砌筑粘结剂		kg	0.69
539	速凝剂		kg	0.91
540	木材(成材)		m³	2802
541	杉板枋材		m³	1625
542	杉原木	屋架(综合)	m³	1466
543	杉原木	综合	m³	1466
544	板枋材		m³	2069
545	板枋材	杉木	m³	2069
546	板条	1000×30×8	百根	78.45
547	错口板		m²	64.66
548	垫木		m³	2328
549	门窗规格料		m³	2026
550	木榫		m³	526
551	软木		m³	388
552	杉搭木		m³	2155
553	杉枋材		m³	2155
554	杉枋材	大枋	m³	2069
555	杉格椽		m³	2026
556	杉木枋	30×40	m³	1800
557	杉木枋	50×60	m³	1800
558	杉木砖		m³	595
559	松板枋材		m³	1800
560	松木板枋材		m³	2328
561	松杂板枋材		m³	2328
562	围条硬木		m³	3017
563	屋面板		m²	60.34
564	硬木板枋材		m³	2414
565	硬木板枋材(进口)		m³	3276
566	硬木板条	1200×38×6	m³	3276
567	硬木框料		m³	3276
568	硬木扇料		m³	3276
569	枕木		m³	2457
570	桩木		m³	2328
571	红榉夹板	δ3	m²	24.36
572	胶合板	δ3	m²	13.1
573	胶合板	δ5	m²	20.17
574	胶合板	δ9	m²	25.86
575	胶合板	δ12	m²	27.59
576	胶合板	δ18	m²	32.76
577	木质饰面板	δ3	m²	12.41
578	纤维板	δ3	m²	8.22
579	细木工板	δ15	m²	21.12
580	细木工板	δ18	m²	27.07
581	装饰防火板	δ12	m²	27.59
582	木柴		kg	0.16

续表

序号	材 料 名 称	型 号 规 格	单位	单价(元)
583	半圆竹片	$DN20$	m²	22.35
584	平板玻璃	$\delta3$	m²	15.52
585	平板玻璃	$\delta5$	m²	24.14
586	平板玻璃	$\delta6$	m²	28.45
587	平板玻璃	$\delta8$	m²	38.79
588	茶色镜面玻璃	$\delta5$	m²	56.03
589	钢化玻璃	$\delta6$	m²	58.19
590	钢化玻璃	$\delta10$	m²	77.59
591	钢化玻璃	$\delta12$	m²	94.83
592	钢化玻璃	$\delta15$	m²	112
593	钢化玻璃	$\delta5$	m²	28
594	夹胶玻璃(采光天棚用)	$8+0.76+8$	m²	147
595	镭射夹层玻璃	$(8+5)600\times600$	m²	203
596	中空玻璃		m²	94.83
597	中空玻璃	$5+9A+5$	m²	86.21
598	镜面玻璃镜箱	$\leqslant1m^2$	只	276.00
599	镜面玻璃镜箱	$\geqslant1m^2$	只	457
600	磨砂玻璃	$\delta5$	m²	47.84
601	磨砂玻璃	$\delta3$	m²	51.72
602	镭射玻璃	$600\times600\times8$	m²	142
603	防弹玻璃	$\delta19$	m²	603
604	玻璃锦砖	300×300	m²	73.28
605	玻璃砖	$190\times190\times95$	块	12.93
606	镜面玻璃		m²	38.79
607	镜面玻璃	$\delta5$	m²	43.1
608	镜面玻璃	$\delta6$	m²	47.41
609	白瓷砖角线	L200	块	0.16
610	瓷腰线砖(带花)	200×70	块	3.45
611	瓷砖	150×220	m²	25.86
612	瓷砖	152×152	千块	392
613	瓷砖	152×152	m²	25.86
614	瓷砖	500×500	m²	31.03
615	墙面砖	600×800	m²	56.03
616	瓷质外墙砖	45×95	m²	21.55
617	瓷质外墙砖	50×230	m²	34.48
618	瓷质外墙砖	200×200	m²	51.72
619	地砖	300×300	m²	44.83
620	地砖	500×500	m²	50
621	地砖	600×600	m²	53.45
622	地砖	800×800	m²	75
623	缸砖		m²	15.6
624	陶瓷地砖	综合	m²	32.76
625	耐酸陶片	$150\times150\times20$	块	1.29
626	耐酸陶片	$230\times113\times65$	块	1.9
627	杉平口地板		m²	51.72

序号	材 料 名 称	型 号 规 格	单位	单价(元)
628	实木地板		m²	155
629	长条实木地板		m²	172
630	实木拼花地板		m²	190
631	塑料地板卷材	$\delta 1.5$	m²	73.28
632	长条复合地板		m²	138
633	木质防静电活动地板	$600 \times 600 \times 25$	m²	259
634	地毯		m²	47.41
635	地毯胶垫		m²	15.52
636	地毯烫带		m	3.78
637	化纤地毯		m²	67.24
638	膨润土防水毯		m²	68.53
639	石材(综合)		m²	138
640	石材成品窗台板		m²	164
641	石材饰面板		m²	159
642	石材圆弧形(成品)		m²	178
643	天然石材饰面板		m²	159
644	天然石材饰面板	拼花	m²	119
645	天然石材饰面板	碎拼	m²	70.69
646	大理石板		m²	119
647	花岗岩板	$\delta 20$	m²	258
648	文化石		m²	68.97
649	大理石弯头		只	209
650	石材石柱墩	圆弧形(成品)	m	155
651	石材柱帽	圆弧形(成品)	m	155
652	纸面石膏板	$1200 \times 2400 \times 9.5$	m²	9.48
653	纸面石膏板	$1200 \times 2400 \times 12$	m²	10.34
654	成品木饰面(平板)		m²	198
655	不锈钢饰面板	$\delta 1.0$	m²	114
656	纯铝板	$\delta 1.5$	m²	140
657	镜面不锈钢板	$\delta 1.0$	m²	121
658	铝合金方板(配套)		m²	65.2
659	铝合金扣板		m²	67.24
660	铝合金条板		m²	77.59
661	钛金板		m²	129
662	FC板	$300 \times 600 \times 8$	m²	41.9
663	玻璃卡普隆板		m²	12.93
664	聚酯采光板	$\delta 1.2$	m²	56.03
665	阳光板		m²	43.1
666	宝丽板		m²	16.55
667	彩钢夹芯板	$\delta 75$	m²	72.41
668	防火板		m²	56.03
669	铝塑板		m²	58.62
670	铝塑板	$2440 \times 1220 \times 3$	m²	58.62
671	铝塑板	$2440 \times 1220 \times 4$	m²	64.66
672	沥青珍珠岩板		m³	431

序号	材料名称	型号规格	单位	单价(元)
673	水泥珍珠岩制品		m³	388
674	硅酸钙板	δ10	m²	40.78
675	硅酸钙板	δ8	m²	31.9
676	软膜		m²	138
677	水泥木丝板	δ25	m²	9.31
678	天棚乳白胶片		m²	28.19
679	轻质空心隔墙条板	δ100	m²	56.9
680	轻质空心隔墙条板	δ120	m²	61.21
681	轻质空心隔墙条板	δ150	m²	68.1
682	轻质空心隔墙条板	δ200	m²	76.72
683	玻璃纤维网格布		m²	2.16
684	波音纸		m²	6.9
685	墙纸		m²	25.86
686	丝绒面料		m²	27.59
687	织物墙布		m²	17.07
688	装饰布		m²	39.66
689	成品木格栅	100×100×55	m²	103
690	铝方通	150 间距	m²	75
691	铝方通	200 间距	m²	61.21
692	铝格栅		m²	134
693	铝合金挂片	100 间距	m²	77.59
694	铝合金挂片	150 间距	m²	68.97
695	不锈钢钢化玻璃隔断		m²	224
696	塑钢半玻璃隔断		m²	259
697	塑钢隔断		m²	457
698	塑钢全玻璃隔断		m²	388
699	镀锌钢龙骨		kg	4.31
700	镀锌轻钢龙骨	75×40	m	4.96
701	镀锌轻钢龙骨	75×50	m	5.09
702	卡式轻钢龙骨		m²	8.62
703	轻钢骨架连通龙骨	Q-2	m	7.76
704	轻钢龙骨	C75-1	m	6.72
705	轻钢龙骨不上人型(跌级)	300×300	m²	24.14
706	轻钢龙骨不上人型(跌级)	450×450	m²	16.38
707	轻钢龙骨不上人型(跌级)	600×600	m²	10.34
708	轻钢龙骨不上人型	(跌级)600×600 以上	m²	8.62
709	轻钢龙骨不上人型(平面)	300×300	m²	27.59
710	轻钢龙骨不上人型(平面)	450×450	m²	18.97
711	轻钢龙骨不上人型(平面)	600×600	m²	14.66
712	轻钢龙骨不上人型	(平面)600×600 以上	m²	12.93
713	轻钢通贯骨连接件		个	0.79
714	轻型龙骨	U38	m²	7.33
715	轻型龙骨	U50	m²	13.79
716	铝合金 T 形龙骨	h=35	m	7.33
717	铝合金龙骨不上人型(跌级)	300×300	m²	28.45

序号	材 料 名 称	型 号 规 格	单位	单价(元)
718	铝合金龙骨不上人型(跌级)	450×450	m²	20.86
719	铝合金龙骨不上人型(跌级)	600×600	m²	17.07
720	铝合金龙骨不上人型(平面)	300×300	m²	25.86
721	铝合金龙骨不上人型(平面)	450×450	m²	18.97
722	铝合金龙骨不上人型(平面)	600×600	m²	15.52
723	铝合金条板天棚龙骨(中型)		m²	12.93
724	铝框骨架		kg	24.57
725	木龙骨		m³	1552
726	轻钢龙骨角托		个	0.64
727	轻钢龙骨卡托		个	0.84
728	推拉门钢骨架		t	4724
729	金属格栅门		m²	259
730	塑料纱		m²	6.9
731	防火窗	55系列	m²	474
732	成品吊装式移门	0.8m×2m	扇	828
733	成品落地式移门	0.8m×2m	扇	1267
734	单扇套装平开门	实木	樘	1078
735	活动小门		个	171
736	双扇套装平开实木门		樘	3500
737	双扇套装子母对开实木门		樘	3000
738	装饰门扇		m²	448
739	木门框		m	60.34
740	全玻无框(点夹)门扇		m²	121
741	全玻无框(条夹)门扇		m²	112
742	全玻有框门扇		m²	147
743	彩钢板窗		m²	194
744	彩钢板门		m²	414
745	钢制防盗门		m²	362
746	钢质防火门		m²	976
747	圆钢防盗格栅窗		m²	58.12
748	不锈钢防盗格栅窗		m²	181
749	不锈钢伸缩门	含轨道	m	819
750	铝合金百叶窗	1.0厚	m²	397
751	铝合金百叶门		m²	560
752	铝合金断桥隔热固定窗	1.4厚 5+9A+5中空玻璃	m²	431
753	铝合金断桥隔热平开窗	1.4厚 5+9A+5中空玻璃	m²	431
754	铝合金断桥隔热平开门	2.0厚 5+9A+5中空玻璃	m²	431
755	铝合金断桥隔热推拉窗	1.4厚 5+9A+5中空玻璃	m²	431
756	铝合金断桥隔热推拉门	2.0厚 5+9A+5中空玻璃	m²	431
757	铝合金断桥隔热下悬内平开窗	1.4厚 5+9A+5中空玻璃	m²	431
758	铝合金格栅门		m²	690
759	铝合金全玻地弹门	2.0厚	m²	560
760	PVC塑料固定窗		m²	203
761	PVC塑料平开窗	5mm浮法玻璃	m²	328
762	PVC塑料平开门		m²	371

序号	材 料 名 称	型 号 规 格	单位	单价(元)
763	PVC 塑料推拉窗	5mm 浮法玻璃	m²	224
764	PVC 塑料推拉门		m²	276
765	全玻璃转门	含玻璃转轴全套	樘	70700
766	PVC 塑料推拉纱窗扇		m²	54.09
767	铝合金推拉纱窗扇		m²	103
768	铝合金隐形纱窗扇		m²	155
769	保温门		m²	414
770	变电室门		m²	310
771	电子对讲门		樘	2266
772	防射线门		m²	2155
773	钢结构活门槛单扇防护密闭门	GHFM0920(6)	樘	7205
774	钢结构活门槛单扇防护密闭门	GHFM1220(6)	樘	10964
775	钢结构活门槛单扇防护密闭门	GHFM1520(6)	樘	12116
776	钢结构活门槛单扇防护密闭门	GHFM2020(6)	樘	18265
777	钢结构活门槛双扇防护密闭门	GHSFM3025(6)	樘	39267
778	钢结构活门槛双扇防护密闭门	GHSFM5025(6)	樘	65586
779	钢结构活门槛双扇防护密闭门	GHSFM6025(6)	樘	76506
780	钢结构活门槛双扇防护密闭门	GHSFM7025(5)	樘	88621
781	隔音门		m²	448
782	冷藏库门		m²	500
783	连通口双向受力防护密闭封堵板	FMDB(6)板	m²	1921
784	临空墙防护密闭封堵板	LFMDB(6)板	m²	3372
785	密闭观察窗	MGC1008	樘	3615
786	木质防火门		m²	388
787	金属卷帘门		m²	129
788	不锈钢玻璃门传感装置		套	2155
789	电动装置		套	1352
790	伸缩门电动装置系统		套	2155
791	单元式幕墙	6+12+6 双层真空玻璃	m²	879
792	成品木质窗套	展开宽度 200	m	136
793	成品木质窗套	展开宽度 300	m	167
794	成品木质门套	展开宽度 250	m	185
795	成品木质门套	展开宽度 300	m	204
796	成品木质踢脚线	高 80	m	55.17
797	地毯木条		m	1.25
798	防静电踢脚线		m²	108
799	榉木百叶线	25×7	m	27.59
800	榉木阴角线	12×12	m	31.9
801	木挂镜线	40×20	m	5.17
802	木平面装饰线条	20×5	m	1.89
803	木平面装饰线条	25×10	m	4.84
804	木平面装饰线条	25×13	m	6.13
805	木平面装饰线条	100×20	m	16.81
806	木平面装饰线条	150×20	m	22.84
807	木压条	15×40	m	1.23

序号	材 料 名 称	型 号 规 格	单位	单价(元)
808	木压条	25×10	m	0.6
809	木阳角线条	25×25	m	4.53
810	木阳角线条	50×50	m	14.29
811	木阳角线条	80×80	m	31.03
812	木阳角线条	100×100	m	48.59
813	硬木踢脚线	120×15	m²	43.1
814	不锈钢压条	20×20×1.2	m	12.07
815	成品金属踢脚板		m²	190
816	成品金属踢脚线	高80	m	25.86
817	铝合金槽线	20×12×1.0	m	2.09
818	铝合金槽线	50×13×1.2	m	4.34
819	铝合金角线	20×20×1	m	1.9
820	铝合金角线	50×50×1	m	4.74
821	铝合金压条	30×1.2	m	4.83
822	铝合金压条	综合	m	18.1
823	铸铜条	6×110	m	134
824	铝合金压条	16×1.5	m	2.41
825	花岗岩圆柱身弧形线条	80mm	m	172
826	石材装饰线	100mm	m	28.45
827	石材装饰线	150mm	m	36.21
828	石材装饰线	200mm	m	47.41
829	石材装饰线	350mm	m	81.9
830	石材装饰线条	50mm	m	17.24
831	石材装饰线条	80mm	m	21.55
832	石材装饰线条	100mm	m	28.45
833	石材装饰线条	150mm	m	36.21
834	石材装饰线条	200mm	m	47.41
835	石材装饰线条	300mm	m	73.28
836	石膏灯盘	1000mm	个	103
837	石膏平线	100mm	m	10.34
838	石膏平线	150mm	m	12.93
839	石膏阴角线	100×100	m	10.34
840	石膏阴角线	150×150	m	14.66
841	石膏造型角	550×550	个	77.59
842	石膏装饰线	25×85	m	8.62
843	聚氯乙烯阴、阳角线	50×50	m	4.24
844	泡沫塑料板踢脚线	3000×100×5	m²	47.41
845	GRC拱形雕刻门窗头装饰	1500×540以内	件	336
846	GRC拱形雕刻门窗头装饰	1500×540以外	件	405
847	GRC欧式外挂檐口线板	550×550以内	m	129
848	GRC欧式外挂檐口线板	550×550以外	m	155
849	欧式GRC装饰线条	400×400以内	m	103
850	欧式GRC装饰线条	400×400以外	m	129
851	金属墙纸		m²	56.03
852	不锈钢钢管栏杆	直线型(带扶手)	m	159

序号	材 料 名 称	型 号 规 格	单位	单价(元)
853	不锈钢管栏杆	钢化玻璃栏板(带扶手)	m	121
854	不锈钢管栏杆	圆弧形(带扶手)	m	112
855	钢栏杆		kg	6.9
856	木栏杆	宽40	m	7.76
857	铸铁花饰、栏杆	30kg/m²	m²	181
858	大理石扶手	弧形	m	121
859	大理石扶手	直形	m	94.83
860	木扶手	宽65	m	24.86
861	硬木扶手		m	85.43
862	硬木弯头	120×60	个	26.72
863	旗杆球珠		个	138
864	不发光亚克力字	1m² 以内	个	129
865	发光亚克力字	1m² 以内	个	155
866	聚氯乙烯字	0.2m² 以内	个	106
867	聚氯乙烯字	0.5m² 以内	个	124
868	聚氯乙烯字	1.0m² 以内	个	133
869	木质字	0.2m² 以内	个	46.55
870	木质字	0.5m² 以内	个	116
871	木质字	1.0m² 以内	个	233
872	石材字	0.2m² 以内	个	53.03
873	石材字	0.5m² 以内	个	97.22
874	钛金字	0.2m² 以内	个	121
875	钛金字	0.5m² 以内	个	302
876	钛金字	1.0m² 以内	个	603
877	灯箱布		m²	17.24
878	KCM 清漆		kg	17.24
879	KCM 色漆		kg	18.97
880	醇酸磁漆		kg	15.52
881	醇酸漆稀释剂		kg	6.9
882	弹性涂料底涂		kg	7.76
883	弹性涂料面涂		kg	15.52
884	弹性涂料中涂		kg	10.34
885	酚醛防锈漆		kg	6.9
886	酚醛清漆		kg	10.34
887	酚醛树脂		kg	21.55
888	酚醛树脂漆		kg	11.29
889	呋喃树脂		kg	16.47
890	氟碳漆底漆稀释剂		kg	12.93
891	氟碳漆面漆稀释剂		kg	13.79
892	氟碳漆腻子		kg	2.16
893	固底漆稀释剂		kg	18.97
894	环氧富锌	底漆	kg	13.79
895	环氧富锌底漆稀释剂		kg	11.21
896	环氧树脂		kg	15.52
897	聚氨酯磁漆		kg	12.48

续表

序号	材料名称	型号规格	单位	单价(元)
898	聚氨酯底漆		kg	9.47
899	聚氨酯漆稀释剂		kg	12.07
900	聚氨酯清漆		kg	16.38
901	聚醋酸乙烯乳液		kg	5.6
902	聚酯清漆		kg	16.81
903	聚酯色漆		kg	20.69
904	聚酯哑光清漆		kg	12.07
905	聚酯哑光色漆		kg	23.28
906	沥青耐酸漆		kg	9.18
907	裂纹漆		kg	47.41
908	氯磺化聚乙烯漆		kg	18.97
909	漆酚树脂漆		kg	19.45
910	漆片	各种规格	kg	38.79
911	乳胶漆		kg	15.52
912	水晶地板漆	S961	kg	23.24
913	水泥基层腻子		kg	1.47
914	调和漆		kg	11.21
915	外墙封固底漆		kg	7.76
916	外墙氟碳漆		kg	56.03
917	无光调和漆		kg	13.79
918	硝基磁漆		kg	12.48
919	硝基清漆		kg	19.83
920	硝基色漆		kg	14.29
921	银粉漆		kg	12.93
922	油灰		kg	1.19
923	油性金属底漆		kg	13.79
924	油性金属面漆		kg	14.66
925	成品腻子粉		kg	0.86
926	仿石型外墙涂料骨架		kg	5.17
927	仿石型外墙涂料罩面		kg	15.52
928	聚氨酯丙烯酸外墙涂料		kg	19.4
929	聚氨酯腻子		kg	10.34
930	聚合物胶乳		kg	9.48
931	普通内墙涂料	803 型	kg	1.03
932	外墙氟碳漆稀释剂		kg	81.03
933	油性金属闪光漆		kg	25.86
934	防火密封胶		L	103
935	防火涂料		kg	13.36
936	防锈漆		kg	14.05
937	防锈漆	C53 - 1	kg	14.05
938	钢结构防火漆		kg	24.85
939	钢结构防火漆稀释剂		kg	21.72
940	红丹防锈漆		kg	6.9
941	铝基反光隔热涂料		kg	12.93
942	木地板漆		kg	11.72

序号	材料名称	型号规格	单位	单价(元)
943	金属氟碳漆底漆		kg	17.24
944	金属氟碳漆面漆		kg	60.34
945	乳化沥青		kg	4
946	石油沥青		kg	2.67
947	SBS弹性体改性沥青防水卷材	耐根穿刺(化学阻根) PY 4.0mm	m²	36.21
948	弹性体改性沥青防水卷材	3.0mm IGM	m²	23.28
949	高分子自粘胶膜防水卷材	1.2mm YPS	m²	21.55
950	环保型塑性体改性沥青防水卷材	3.0mm I型 PYM	m²	20.69
951	聚氯乙烯(PVC)防水板 非外露L类	1.5mm	m²	30.3
952	聚氯乙烯防水卷材	1.2mm H类	m²	24.4
953	三元乙丙橡胶防水卷材	1.0mm JF1	m²	20.69
954	再生橡胶卷材		m²	19.66
955	聚氯乙烯防水卷材	PVC耐根穿刺(化学阻根) 2.0mm	m²	26.72
956	自粘聚合物改性沥青防水卷材	2.0mm I型 N类	m²	21.55
957	SBS改性沥青防水涂料	H型	kg	9.48
958	单组分聚氨酯防水涂料	I型	kg	13.79
959	防水密封胶		支	8.62
960	改性沥青嵌缝油膏		kg	7.16
961	建筑油膏		kg	2.49
962	焦油聚氨酯接缝密封膏	QJC－851	kg	22.07
963	聚合物水泥基复合防水涂料	JS I型	kg	8.62
964	聚氯乙烯冷底子油		kg	7.87
965	冷底子油		kg	5.57
966	氯丁胶沥青胶液		kg	3.73
967	密封剂		kg	6.9
968	密封胶		L	22.24
969	密封胶		kg	11.12
970	密封油膏		kg	5.86
971	嵌缝膏		kg	2.76
972	双组分聚氨酯防水涂料	I型	kg	9.48
973	水泥基渗透结晶型防水涂料		kg	13.62
974	帆布止水带		m	27.93
975	氯丁橡胶片止水带		m	128
976	橡胶止水带		m	27.93
977	遇水膨胀止水条	30×20	m	36.21
978	PU发泡剂		l	36.16
979	发泡剂	750mL	支	27.12
980	防腐油		kg	1.28
981	聚氯乙烯胶泥		kg	4.14
982	煤焦油		kg	0.88
983	密封带	3×20	m	0.36
984	嵌缝料		kg	1.42
985	清油		kg	14.22
986	色粉		kg	3.19
987	石油沥青油毡	350g	m²	1.9

续表

序号	材 料 名 称	型 号 规 格	单位	单价(元)
988	熟桐油		kg	11.17
989	松节油		kg	7.76
990	松香水		kg	4.74
991	添加剂		kg	12.07
992	贴缝网带		m	0.5
993	脱漆剂		kg	7.62
994	稀释剂		kg	12.07
995	硝基漆稀释剂	信那水	kg	13.79
996	异氰酸酯(黑料)		kg	22.41
997	组合聚醚(白料)		kg	15.52
998	EPS灌浆料		m³	259
999	灌浆料		kg	5.6
1000	机油	综合	kg	2.91
1001	溶剂油		kg	2.29
1002	柴油		kg	5.09
1003	煤油		kg	3.79
1004	汽油	综合	kg	6.12
1005	油漆溶剂油		kg	3.79
1006	润滑冷却液		kg	19.47
1007	地板蜡		kg	9.91
1008	软蜡		kg	15.52
1009	砂蜡		kg	7.62
1010	硬白蜡		kg	5
1011	双酚不饱和聚酯树脂	A 型	kg	36.29
1012	苯磺酰氯		kg	5.24
1013	草酸		kg	3.88
1014	氟硅酸钠		kg	1.98
1015	硅酸钠	水玻璃	kg	0.7
1016	硫酸	38%	kg	0.39
1017	氯化钙		kg	2.97
1018	碳酸钠(纯碱)		kg	1.64
1019	微孔硅酸钙		m³	517
1020	盐酸		kg	0.82
1021	丙酮		kg	8.16
1022	二甲苯		kg	6.03
1023	甲苯		kg	6.81
1024	酒精	工业用99.5%	kg	7.07
1025	三异氰酸酯		kg	11.21
1026	乙二胺		kg	18.53
1027	乙酸乙酯		kg	26.29
1028	专用粘胶带		m	6.5
1029	隔离剂		kg	4.67
1030	环氧渗透底漆固化剂		kg	7.25
1031	减磨剂		kg	15.52
1032	界面剂		kg	1.73

序号	材 料 名 称	型 号 规 格	单位	单价（元）
1033	聚苯乙烯界面剂		kg	8.62
1034	氯磺化聚乙烯稀释剂		kg	11.64
1035	石材保护液		kg	31.98
1036	脱模剂		kg	1.54
1037	乙炔气		kg	7.6
1038	助镀剂		kg	138
1039	发泡剂		kg	8.8
1040	二氧化碳气体		m³	1.03
1041	氩气		m³	7
1042	氧气		m³	3.62
1043	液化石油气		kg	3.79
1044	乙炔气		m³	8.9
1045	107 胶		kg	1.72
1046	108 胶		kg	1.03
1047	202 胶	FSC－2	kg	34.48
1048	903 胶		kg	15.52
1049	FL－15 胶黏剂		kg	15.4
1050	XY－19 胶		kg	8.62
1051	胶粘剂	XY－401	kg	11.46
1052	XY－508 胶		kg	14.66
1053	YJ－Ⅲ胶		kg	11.31
1054	玻璃胶	335g	支	10.34
1055	大玻璃结构胶		L	131
1056	粉状型建筑胶粘剂		kg	1.72
1057	骨胶		kg	11.21
1058	硅酮结构胶	300mL	支	10.78
1059	硅酮结构胶	双组分	L	44.83
1060	硅酮耐候胶	中性 310mL	支	13.75
1061	硅酮耐候密封胶		kg	35.8
1062	建筑胶		kg	2.16
1063	胶粘剂	504	kg	22.41
1064	胶粘剂	SY－19	kg	13.27
1065	胶粘剂	XY－401	kg	11.46
1066	胶粘剂	XY－502	kg	108
1067	胶粘剂	XY－518	kg	17.46
1068	胶粘剂	干粉型	kg	2.24
1069	结构胶		L	13.41
1070	聚氨酯发泡密封胶	750mL/支	支	20.09
1071	聚氯乙烯热熔密封胶		kg	10.86
1072	立时得胶		kg	21.55
1073	氯丁胶粘结剂		kg	12.24
1074	氯丁橡胶粘接剂		kg	14.81
1075	密封胶	XY02#	kg	17.24
1076	耐候胶		l	43.28
1077	强力胶		kg	0.78

序号	材 料 名 称	型 号 规 格	单位	单价(元)
1078	强力胶	801 胶	kg	12.93
1079	双面玻璃胶带纸		m	0.26
1080	双面弹性胶带		m	1.99
1081	双面胶纸		m	0.09
1082	水胶粉		kg	18.1
1083	塑料粘结剂		kg	61.21
1084	万能胶	环氧树脂	kg	18.97
1085	云石 AB 胶		kg	7.11
1086	云石胶		kg	7.76
1087	粘合剂		kg	26.29
1088	玻璃胶		L	17.24
1089	胶带纸	宽 30mm 单面胶	m	0.06
1090	双面强力弹性胶带		m	0.6
1091	塑料粘胶带	20mm×50m	卷	15.37
1092	不干胶纸		m²	31.94
1093	超细玻璃棉板	48kg/m³	m²	30.17
1094	沥青玻璃棉		m³	151
1095	石棉垫		kg	6.53
1096	石棉泥		kg	4.31
1097	岩棉板		m³	466
1098	岩棉板	$\delta 50$	m³	466
1099	岩棉板	$\delta 100$	m³	466
1100	岩棉板	$\delta 120$	m³	466
1101	岩棉保温板	A 级	m³	474
1102	矿棉		m³	4.31
1103	玻璃布	综合	m²	2.59
1104	玻璃棉毡	综合	m²	10.34
1105	超细玻璃棉毡		kg	12.57
1106	袋装玻璃棉	$\delta 50$	m²	19.48
1107	耐碱玻璃纤维网格布		m²	1.27
1108	大模内置专用挤塑聚苯板		m³	448
1109	酚醛保温板	$\delta 50$	m²	51.72
1110	聚苯乙烯泡沫板	$\delta 30$	m²	15.13
1111	聚苯乙烯泡沫板	$\delta 50$	m²	25.22
1112	耐火泥	NF - 40	kg	0.27
1113	泡沫塑料	综合	m²	8.6
1114	软塑料(软聚氯乙烯板)	$\delta 3$	m²	25.8
1115	硬泡沫塑料板		m³	474
1116	泡沫玻璃	$\delta 25$	m²	31.25
1117	泡沫玻璃	$\delta 30$	m²	37.5
1118	发泡水泥板	$\delta 20$	m²	12.07
1119	硅藻泥		kg	4.14
1120	玻璃纤维板		m²	2.46
1121	黏土耐火砖	230×115×65	千块	1192
1122	矿棉吸音板		m²	25.86

序号	材 料 名 称	型 号 规 格	单位	单价(元)
1123	钢板井管		m	190
1124	碳素结构钢焊接钢管	$DN40 \times 3.5$	m	9.93
1125	碳素结构钢焊接钢管	$DN50 \times 3.8$	m	12.62
1126	碳素结构钢焊接钢管	综合	t	3879
1127	碳素结构钢镀锌焊接钢管	综合	kg	4.74
1128	碳素结构钢焊接钢管	$DN50 \times 3.8$	t	3879
1129	碳素结构钢焊接钢管	$DN50 \times 3.8$	kg	3.88
1130	碳素结构钢镀锌焊接钢管	$DN20$	m	7.9
1131	碳素结构钢镀锌焊接钢管	$DN40$	m	17.38
1132	不锈钢管	$\phi76$	m	22.97
1133	不锈钢管	$\phi108$	m	40.88
1134	不锈钢管	$\phi133$	m	43.96
1135	不锈钢装饰圆管	$\phi22.2 \times 1.5$	m	10.35
1136	不锈钢装饰圆管	$\phi25.4 \times 1.5$	m	11.75
1137	不锈钢装饰圆管	$\phi31.8 \times 1.5$	m	15.11
1138	不锈钢装饰圆管	$\phi38.1 \times 1.5$	m	18.33
1139	不锈钢装饰圆管	$\phi39 \times 3$	m	27.18
1140	不锈钢装饰圆管	$\phi45 \times 1.5$	m	22.11
1141	不锈钢装饰圆管	$\phi50.8 \times 1.5$	m	25.04
1142	不锈钢装饰圆管	$\phi63.5 \times 2$	m	42.93
1143	不锈钢装饰圆管	$\phi75 \times 3$	m	55.71
1144	碳素结构钢流体无缝钢管	15	m	26.51
1145	铜管		m	193
1146	钢质波纹管	$DN60$	m	25.86
1147	PVC－U 加筋管	$DN400$	m	101
1148	塑料排水管	$DN50$	m	4.74
1149	硬聚氯乙烯管	$\phi12.5$	m	1.72
1150	硬塑料管	$\phi20$	m	1.98
1151	高压胶管	$\phi50$	m	17.24
1152	高压橡胶水管	$13 \sim 22 \times 1P$	m	12.07
1153	橡胶管		m	5.14
1154	橡胶管	$D8$	m	5.14
1155	橡胶管	$D16$	m	6.63
1156	橡胶管	$D50$	m	17.24
1157	养护用胶管	$\phi32$	t	8.97
1158	镀铬钢管	$D10$	m	14.82
1159	滤网管		根	68.31
1160	喷射管		m	20.47
1161	喷射井点井管	$\phi159$	m	89.66
1162	轻型井点井管	$\phi76$	m	32.59
1163	轻型井点总管	$D100$	m	47.22
1164	轻型井点总管	$\phi40$	m	26.53
1165	锁口管		kg	5.05
1166	注浆管		kg	6.03
1167	接头三通		个	0.69

续表

序号	材料名称	型号规格	单位	单价(元)
1168	接头四通		个	1.03
1169	套接管	DN60	个	25.41
1170	无缝钢管	$\phi 32 \times 2.5$	m	8.58
1171	塑料排水三通	DN50	个	1.78
1172	塑料排水外接	DN50	个	0.72
1173	塑料排水弯头	DN50	个	1.41
1174	接头管箍		个	12.93
1175	针型阀	J13H − 16P DN15	个	38.79
1176	腰子法兰		片	41.69
1177	不锈钢垫片		片	17.24
1178	垫胶		kg	21.55
1179	肥皂盒	不锈钢	个	43.97
1180	铝合金回风口		个	23.92
1181	铝合金送风口		个	23.92
1182	柚木送风口		个	8.62
1183	高压胶皮风管	$\phi 50$	m	17.24
1184	高压橡胶风管	$\phi 25$	m	12.93
1185	不锈钢风帽		个	259
1186	混凝土风帽		个	103
1187	液压台	YKT − 36	台	1034
1188	对讲机(一对)		台班	4.61
1189	超声波探伤仪	0 ~ 10000mm	台班	101
1190	吊杆		kg	5.17
1191	铜芯塑料绝缘线	BV6.0	m	3.02
1192	电力电缆	VV 1×6	m	3.88
1193	电力电缆	VV 1×12	m	7.33
1194	聚氯乙烯软管	$D20 \times 2.5$	m	0.33
1195	草纸		kg	6.9
1196	美纹纸		m	0.5
1197	草皮砖		m²	18.97
1198	地坪块		m²	94.83
1199	种植土		m³	21.55
1200	凹凸型排水板		m²	8.62
1201	不锈钢支架	L = 240	个	9.4
1202	不锈钢支架	L = 250	个	9.91
1203	不锈钢支架	L = 300	个	13.19
1204	不锈钢支架	L = 350	个	14.05
1205	吊装夹具		套	103
1206	钢吊笼支架		kg	3.53
1207	钢升降平台		kg	8.62
1208	钢提升架		kg	5.6
1209	钢支撑		kg	3.97
1210	钢支撑及配件		kg	3.97
1211	钢支架、平台及连接件		kg	4.86
1212	立支撑杆件	$\phi 48 \times 3.5$	套	129

序号	材 料 名 称	型 号 规 格	单位	单价(元)
1213	平开门钢骨架		t	5603
1214	提升钢爬杆		kg	4.42
1215	斜支撑杆件	$\phi 48 \times 3.5$	套	155
1216	压型钢板楼板	0.9	m²	64.66
1217	自承式楼承板	0.6	m²	60.34
1218	不锈钢货架支柱	宽80	m	24.63
1219	底盖		个	1.72
1220	防尘盖		个	1.72
1221	复合水箅盖		m²	103
1222	分离器		个	129
1223	水箱		kg	4.29
1224	成品检修孔安装		个	12.93
1225	钢锲(垫铁)		kg	5.95
1226	钢丝网水泥排气道(400×500)		m	81.03
1227	钢丝网水泥排气道(450×300)		m	73.28
1228	钢丝网水泥排气道(550×600)		m	99.14
1229	墙板固定金属配件(不锈钢板)		kg	20.69
1230	预制轻钢龙骨内隔墙板	$\delta 80$	m²	94.83
1231	预制轻钢龙骨内隔墙板	$\delta 100$	m²	112
1232	预制轻钢龙骨内隔墙板	$\delta 150$	m²	138
1233	钍钨极棒		g	0.86
1234	导火线	120s/m	m	0.34
1235	火雷管		个	0.95
1236	硝铵炸药		kg	9.26
1237	草板纸	80#	张	2.67
1238	牛皮纸		m²	6.03
1239	泡沫防潮纸		m²	11.29
1240	锯木屑		m³	21.55
1241	毛刷		把	2.16
1242	泡沫条	$\phi 18$	m	0.39
1243	泡沫条	$\phi 25$	m	0.86
1244	喷射器		个	35.52
1245	电		kW·h	0.78
1246	煤		t	603
1247	水		t	4.27
1248	水		m³	4.27
1249	定型钢模板		kg	5.91
1250	复合模板	综合	m²	32.33
1251	钢滑模		kg	4.52
1252	钢模板		kg	5.96
1253	铝模板		kg	34.99
1254	木模板		m³	1445
1255	组合钢模板		kg	3.71
1256	安全网		m²	7.76
1257	钢脚手板		kg	4.74

序号	材料名称	型号规格	单位	单价(元)
1258	脚手架钢管		kg	3.62
1259	脚手架钢管底座		个	5.69
1260	脚手架扣件		只	5.22
1261	密目网		m²	4.79
1262	木脚手板		m³	1124
1263	木支撑		m³	1552
1264	千斤顶		台	109
1265	提升装置及架体		套	10345
1266	竹脚手片		m²	8.19
1267	钢围檩		kg	3.09
1268	张拉平台摊销		m²	5.37
1269	板方材		m³	1034
1270	枋木		m³	776
1271	复合材料检查井盖	φ700	套	268
1272	铸铁盖板	20 厚	m²	903
1273	铸铁盖板	30 厚	m²	1354
1274	铸铁盖板	40 厚	m²	1805
1275	铸铁盖板	50 厚	m²	2257
1276	铸铁检查井盖	φ700 轻型	套	459
1277	塑料检查井		套	1034
1278	水泥花砖	200×200×30	m²	12.41
1279	广场砖	100×100	m²	28.45
1280	轨道(型钢)		t	3530
1281	旗帜电动升降系统		套	43103
1282	旗帜风动系统		套	6121
1283	无粘结钢丝束		t	5164
1284	镀锌彩钢板	δ0.5	m²	21.55
1285	直螺纹连接套筒	φ16	个	1.28
1286	直螺纹连接套筒	φ20	个	1.88
1287	直螺纹连接套筒	φ40	个	5.79
1288	电焊条	E50 系列	kg	8.19
1289	锥螺纹连接套筒	φ16	个	1.28
1290	锥螺纹连接套筒	φ20	个	1.88
1291	锥螺纹连接套筒	φ25	个	2.83
1292	锥螺纹连接套筒	φ32	个	4.41
1293	锥螺纹连接套筒	φ40	个	5.86
1294	加气混凝土砌块	碎块	m³	197
1295	门窗框杉枋		m³	1810
1296	门窗扇杉枋		m³	1810
1297	门窗杉板		m³	1810
1298	杉枋	亮子	m³	1810
1299	成品铝合金玻璃隔断	夹百叶	m²	207
1300	弹性体改性沥青防水卷材	耐根穿刺(复合铜胎基)4.0mm	m²	81.9
1301	带自粘层聚乙烯高分子卷材	1.2mm	m²	21.55
1302	聚合物改性沥青聚酯胎预铺防水卷材	4.0mm	m²	30.17

序号	材 料 名 称	型 号 规 格	单位	单价(元)
1303	聚丙烯酰胺		kg	16.54
1304	防水与保温一体化板	50mm	m²	129
1305	声测钢管	$D50 \times 3.5$	m	22.59
1306	排烟(气)止回阀		个	51.72
1307	混凝土搅拌机	500L	台班	116
1308	汽车式起重机	5t	台班	366.47
1309	水泥发泡机(含传送带)		台班	263
1310	拉森钢板桩		kg	4.72
1311	成品纱门扇		m²	34.48
1312	成品木窗台板		m²	241
1313	销钉销片		套	0.69
1314	塑料胀管带螺钉	保温专用	套	0.69
1315	炉渣混凝土	CL7.5	m³	361
1316	基膜(丙烯酸乳液)		kg	10.34
1317	定位钢板		kg	4.31
1318	无溶剂型环氧底漆		kg	17.24
1319	无溶剂型环氧中间漆		kg	23.28
1320	无溶剂型环氧面漆		kg	14.66
1321	石材粘合剂		kg	1.08
1322	石材填缝剂		kg	2.59
1323	陶瓷砖粘合剂		kg	0.43
1324	陶瓷砖填缝剂		kg	2.59
1325	成品卫生间隔断		m²	172
1326	成品可折叠隔断		m²	259
1327	硬木质装饰柱		m	172
1328	玻璃纤维增强石膏装饰柱		m	129
1329	成品石材装饰柱		m	483
1330	彩色水泥瓦	420×330	千张	1810
1331	小青瓦	$180 \times 170 \sim 180$	千张	560
1332	铝合金板	$\delta 0.8$	m²	77.59
1333	橡胶风琴板	$200 \times 28 \times 2$	m	31.03
1334	遇水膨胀止水胶		kg	30.17
1335	非固化橡胶沥青防水涂料		kg	8.62
1336	水玻璃耐酸混凝土		m³	1799.09
1337	耐碱混凝土		m³	3621
1338	硫黄混凝土		m³	2813.05
1339	耐酸沥青混凝土	细粒式	m³	2215.39
1340	菱苦土砂浆	$1:1.4:0.6$	m³	595.15
1341	槽型埋件	$L = 300$	个	12.93
1342	T型连接螺栓	$M16 \times 70$	个	3.88
1343	木条吸音板		m²	112
1344	搪瓷钢板(含背栓件)		m²	569
1345	合成饰面板		m²	129
1346	玻璃纤维增强石膏装饰板		m²	121
1347	钢管支撑		kg	4.87

序号	材 料 名 称	型 号 规 格	单位	单价(元)
1348	钢帽	φ800	个	302
1349	钢帽	φ1000	个	547
1350	木平面装饰线条	40×10	m	4.46
1351	木平面装饰线条	60×15	m	6.68
1352	木平面装饰线条	80×20	m	8.91
1353	铝合金压条	50×13	m	4.36
1354	石膏平面装饰线	60mm	m	8.62
1355	保温专用界面砂浆		t	2586
1356	成品织物包板	δ15	m²	302
1357	干混砌筑砂浆	DM M5.0	m³	397
1358	水泥基自流平砂浆		m³	2347.08
1359	107胶纯水泥浆		m³	490.56
1360	纯水泥浆		m³	430.36
1361	干混地面砂浆	DS M15.0	m³	443.08
1362	干混地面砂浆	DS M20.0	m³	443.08
1363	干混地面砂浆	DS M25.0	m³	460.16
1364	干混抹灰砂浆	DP M15.0	m³	446.85
1365	干混抹灰砂浆	DP M20.0	m³	446.95
1366	干混砌筑砂浆	DM M5.0	m³	397.23
1367	干混砌筑砂浆	DM M7.5	m³	413.73
1368	干混砌筑砂浆	DM M10.0	m³	413.73
1369	干混砌筑砂浆	DM M20.0	m³	446.81
1370	水泥砂浆	1:1	m³	294.2
1371	水泥砂浆	1:2	m³	268.85
1372	水泥砂浆	1:2.5	m³	252.49
1373	水泥砂浆	1:3	m³	238.1
1374	石灰砂浆	1:4	m³	214
1375	环氧砂浆	1:0.07:2:4	m³	10815.35
1376	环氧树脂胶泥	1:0.08:0.1:2	m³	12868.18
1377	环氧稀胶泥		m³	17442.37
1378	沥青稀胶泥	100:30	m³	3037.45
1379	硫黄砂浆	1:0.35:0.6:0.05	m³	5165.29
1380	耐酸沥青胶泥	隔离层用1:0.3:0.05	m³	3157.97
1381	耐酸沥青砂浆	铺设压实用1.3:2.6:7.4	m³	2774.9
1382	膨胀水泥砂浆	1:1	m³	271
1383	石膏砂浆		m³	394.57
1384	水玻璃胶泥	1:0.15:1.2:1.1	m³	2448.67
1385	水玻璃耐酸砂浆	1:0.15:1.1:1:2.6	m³	2493.49
1386	水玻璃稀胶泥	1:0.15:0.5:0.5	m³	1978.5
1387	水泥石英混合砂浆	1:0.2:1.5	m³	561.94
1388	素石膏浆		m³	592.12
1389	纸筋灰浆		m³	331.19
1390	白水泥白石子浆	1:1.5	m³	693.08
1391	白水泥彩色石子浆	1:2	m³	697.95
1392	水泥白石屑浆	1:2	m³	258.85

序号	材 料 名 称	型 号 规 格	单位	单价(元)
1393	水泥白石子浆	1:1.5	m³	439.66
1394	水泥白石子浆	1:2	m³	435.67
1395	现场预制混凝土	C20(20)	m³	305.5
1396	现浇现拌混凝土	C20(16)	m³	296
1397	灰土	3:7	m³	110.6
1398	石油沥青玛𬊕脂		m³	2263.9
1399	石油沥青砂浆	1:2:7	m³	1311.8
1400	三合土 碎石	1:4:8	m³	238.42
1401	履带式推土机	75kW	台班	625.55
1402	履带式推土机	90kW	台班	717.68
1403	履带式推土机	135kW	台班	927.41
1404	自行式铲运机	7m³	台班	811.03
1405	轮胎式装载机	1m³	台班	496.96
1406	轮胎式装载机	1.5m³	台班	594.01
1407	轮胎式装载机	2m³	台班	665.62
1408	轮胎式装载机	3.5m³	台班	936.72
1409	履带式单斗液压挖掘机	0.6m³	台班	624.26
1410	履带式单斗液压挖掘机	1m³	台班	914.79
1411	钢轮内燃压路机	12t	台班	455.44
1412	钢轮内燃压路机	15t	台班	537.56
1413	电动夯实机	250N·m	台班	28.03
1414	气腿式风动凿岩机		台班	13.62
1415	手持式风动凿岩机		台班	12.36
1416	强夯机械	1200kN·m	台班	717.73
1417	强夯机械	2000kN·m	台班	1016.54
1418	强夯机械	3000kN·m	台班	1273.69
1419	强夯机械	4000kN·m	台班	1551.32
1420	强夯机械	5000kN·m	台班	1734.2
1421	强夯机械	6000kN·m	台班	1998.28
1422	路面抛丸机		台班	436.41
1423	履带式柴油打桩机	2.5t	台班	734.62
1424	履带式柴油打桩机	3.5t	台班	832.4
1425	履带式柴油打桩机	5t	台班	1899.34
1426	履带式柴油打桩机	7t	台班	2287.59
1427	振动沉拔桩机	400kN	台班	851.02
1428	静力压桩机(液压)	2000kN	台班	2616.28
1429	静力压桩机(液压)	3000kN	台班	2801.82
1430	静力压桩机(液压)	4000kN	台班	3311.4
1431	转盘钻孔机	800mm	台班	492.54
1432	转盘钻孔机	1500mm	台班	552.65
1433	长螺旋钻机	600mm	台班	567.93
1434	长螺旋钻机	800mm	台班	656.8
1435	冲击成孔机	CZ-30	台班	419.69
1436	锚杆钻孔机	MGL135	台班	454.58
1437	双头搅拌桩机(喷浆)		台班	591.04

序号	材料名称	型号规格	单位	单价(元)
1438	单头搅拌桩机(喷浆)		台班	465.48
1439	单头搅拌桩机(喷粉)		台班	473.29
1440	振冲器	ZCQ－75	台班	414.97
1441	单重管旋喷机		台班	369.96
1442	双重管旋喷机		台班	394.7
1443	三重管旋喷机		台班	419.43
1444	步履式柴油打桩机	2.5t	台班	975.05
1445	步履式柴油打桩机	4t	台班	1400.59
1446	步履式柴油打桩机	6t	台班	1689.46
1447	多功能压桩机	2000kN	台班	1873.85
1448	多功能压桩机	3000kN	台班	2044.05
1449	多功能压桩机	4000kN	台班	2418.03
1450	三轴搅拌桩机 850 型		台班	2826.15
1451	履带式旋挖钻机 SR－15		台班	2025.85
1452	履带式旋挖钻机 SR－25		台班	3203.52
1453	履带式旋挖钻机 SD－20		台班	2590.98
1454	履带式起重机	5t	台班	476.74
1455	履带式起重机	10t	台班	589.37
1456	履带式起重机	15t	台班	702
1457	履带式起重机	25t	台班	757.92
1458	履带式起重机	30t	台班	865.31
1459	履带式起重机	40t	台班	1242.97
1460	履带式起重机	50t	台班	1364.92
1461	履带式起重机	60t	台班	1456.51
1462	履带式起重机	100t	台班	2737.92
1463	轮胎式起重机	16t	台班	755.65
1464	汽车式起重机	8t	台班	648.48
1465	汽车式起重机	10t	台班	709.76
1466	汽车式起重机	12t	台班	748.6
1467	汽车式起重机	16t	台班	875.04
1468	汽车式起重机	20t	台班	942.85
1469	汽车式起重机	25t	台班	996.58
1470	汽车式起重机	40t	台班	1517.63
1471	门式起重机	5t	台班	356.69
1472	门式起重机	10t	台班	447.22
1473	叉式起重机	3t	台班	404.69
1474	叉式起重机	5t	台班	409
1475	自升式塔式起重机	400kN·m	台班	572.07
1476	自升式塔式起重机	600kN·m	台班	596.43
1477	自升式塔式起重机	800kN·m	台班	621.91
1478	自升式塔式起重机	1000kN·m	台班	746.82
1479	自升式塔式起重机	1250kN·m	台班	771.05
1480	自升式塔式起重机	1500kN·m	台班	816.2
1481	立式油压千斤顶	100t	台班	10.22
1482	立式油压千斤顶	200t	台班	11.52

序号	材 料 名 称	型 号 规 格	单位	单价(元)
1483	立式油压千斤顶	300t	台班	16.55
1484	载货汽车	4t	台班	369.21
1485	载货汽车	6t	台班	396.42
1486	载货汽车	8t	台班	411.2
1487	自卸汽车	5t	台班	455.85
1488	自卸汽车	15t	台班	794.19
1489	机动翻斗车	1t	台班	197.36
1490	轨道平车	5t	台班	34.23
1491	洒水车	4000L	台班	428.87
1492	泥浆罐车	5000L	台班	460.54
1493	电动卷扬机 – 单筒快速	5kN	台班	157.6
1494	电动卷扬机 – 双筒快速	50kN	台班	266.2
1495	电动卷扬机 – 单筒慢速	10kN	台班	171.01
1496	电动卷扬机 – 单筒慢速	30kN	台班	177.6
1497	电动卷扬机 – 单筒慢速	50kN	台班	186.39
1498	卷扬机井架	30m	台班	12.31
1499	双笼施工电梯	2×1t 100m	台班	353.09
1500	双笼施工电梯	2×1t 130m	台班	385.47
1501	双笼施工电梯	2×1t 200m	台班	465.41
1502	电动葫芦 – 单速	2t	台班	23.79
1503	电动葫芦 – 单速	5t	台班	31.49
1504	电动葫芦 – 双速	10t	台班	82.39
1505	涡桨式混凝土搅拌机	500L	台班	288.37
1506	双锥反转出料混凝土搅拌机	500L	台班	215.37
1507	双卧轴式混凝土搅拌机	500L	台班	276.37
1508	灰浆搅拌机	200L	台班	154.97
1509	灰浆搅拌机	400L	台班	161.27
1510	挤压式灰浆输送泵	$3m^3/h$	台班	55.46
1511	挤压式灰浆输送泵	$5m^3/h$	台班	77.66
1512	混凝土喷射机	$5m^3/h$	台班	203.74
1513	混凝土切缝机	7.5kW	台班	32.71
1514	偏心式振动筛	$12\sim16m^3/h$	台班	27.38
1515	干混砂浆罐式搅拌机	20000L	台班	193.83
1516	钢筋调直机	14mm	台班	37.97
1517	钢筋切断机	40mm	台班	43.28
1518	钢筋弯曲机	40mm	台班	26.38
1519	预应力钢筋拉伸机	650kN	台班	24.94
1520	预应力钢筋拉伸机	900kN	台班	41.55
1521	木工圆锯机	500mm	台班	27.5
1522	木工圆锯机	600mm	台班	36.13
1523	木工平刨床	300mm	台班	10.76
1524	木工平刨床	500mm	台班	21.04
1525	木工压刨床	单面600mm	台班	31.42
1526	木工压刨床	三面400mm	台班	64.43
1527	木工开榫机	160mm	台班	43.73

序号	材 料 名 称	型 号 规 格	单位	单价(元)
1528	木工打眼机	16mm	台班	8.38
1529	木工裁口机	多面400mm	台班	35.31
1530	台式钻床	16mm	台班	3.9
1531	摇臂钻床	50mm	台班	21.52
1532	锥形螺纹车机	45mm	台班	18.23
1533	螺栓套丝机	39mm	台班	28.85
1534	剪板机	20×2500	台班	128.07
1535	剪板机	40×3100	台班	374.59
1536	联合冲剪机	16mm	台班	61.1
1537	刨边机	12000mm	台班	342.64
1538	折方机	4×2000	台班	32.84
1539	半自动切割机	100mm	台班	92.61
1540	自动仿形切割机	60mm	台班	68.32
1541	管子切断机	60mm	台班	16.62
1542	管子切断机	150mm	台班	29.76
1543	管子切断机	250mm	台班	44.85
1544	型钢剪断机	500mm	台班	82.19
1545	钢材电动煨弯机	500 以内	台班	53.71
1546	液压弯管机	D60mm	台班	50.49
1547	钢筋挤压连接机	40mm	台班	32.58
1548	电动锻钎机		台班	114.32
1549	岩石切割机	3kW	台班	48.61
1550	平面水磨石机	3kW	台班	21.71
1551	喷砂除锈机	3m³/min	台班	36.35
1552	台式砂轮机	ϕ250	台班	4.65
1553	乙炔发生器	5m³	台班	7.31
1554	电动扭力扳手		台班	7.73
1555	压滤机	XMYZG400/1500 – UB	台班	416.11
1556	电动单级离心清水泵	50mm	台班	29.31
1557	电动单级离心清水泵	100mm	台班	36.22
1558	电动多级离心清水泵	ϕ50	台班	53.99
1559	电动多级离心清水泵	ϕ100 h≤120m	台班	167.48
1560	电动多级离心清水泵	ϕ100 h>120m	台班	238.3
1561	电动多级离心清水泵	ϕ150 h≤180m	台班	283.02
1562	电动多级离心清水泵	ϕ150 h>180m	台班	303.98
1563	污水泵	70mm	台班	81.27
1564	污水泵	100mm	台班	112.87
1565	泥浆泵	50mm	台班	44.35
1566	泥浆泵	100mm	台班	205.25
1567	真空泵	660m³/h	台班	118.2
1568	潜水泵	100mm	台班	30.38
1569	高压油泵	80MPa	台班	184.68
1570	射流井点泵	9.50m	台班	64.73
1571	交流弧焊机	21kV·A	台班	63.33
1572	交流弧焊机	32kV·A	台班	92.84

序号	材料名称	型号规格	单位	单价(元)
1573	交流弧焊机	42kV·A	台班	129.55
1574	直流弧焊机	32kW	台班	97.11
1575	点焊机	长臂75kV·A	台班	146.78
1576	对焊机	75kV·A	台班	119.25
1577	氩弧焊机	500A	台班	97.67
1578	二氧化碳气体保护焊机	250A	台班	56.85
1579	二氧化碳气体保护焊机	500A	台班	132.92
1580	电渣焊机	电流1000A	台班	174.04
1581	电焊条烘干箱	$45\times35\times45(\text{cm}^3)$	台班	8.99
1582	电动空气压缩机	$0.3\text{m}^3/\text{min}$	台班	25.61
1583	电动空气压缩机	$0.6\text{m}^3/\text{min}$	台班	33.06
1584	电动空气压缩机	$1\text{m}^3/\text{min}$	台班	48.22
1585	电动空气压缩机	$3\text{m}^3/\text{min}$	台班	122.54
1586	电动空气压缩机	$6\text{m}^3/\text{min}$	台班	224.45
1587	电动空气压缩机	$10\text{m}^3/\text{min}$	台班	394.85
1588	电动空气压缩机	$20\text{m}^3/\text{min}$	台班	568.57
1589	内燃空气压缩机	$3\text{m}^3/\text{min}$	台班	329.1
1590	内燃空气压缩机	$12\text{m}^3/\text{min}$	台班	610.4
1591	内燃空气压缩机	$30\text{m}^3/\text{min}$	台班	2256.94
1592	垂直顶升设备		台班	1456.65
1593	履带式液压抓斗成槽机	KH180MHL-800	台班	2617.54
1594	履带式液压抓斗成槽机	SG60A	台班	3817.79
1595	超声波测壁机		台班	228.58
1596	泥浆制作循环设备		台班	1596.76
1597	液压钻机	G-2A	台班	484.95
1598	液压注浆泵	HYB50/50-1型	台班	75.11
1599	轴流通风机	7.5kW	台班	45.4
1600	吹风机	$4\text{m}^3/\text{min}$	台班	21.11
1601	DM-3喷浆搅拌机		台班	660
1602	TRD搅拌桩机		台班	5572
1603	沉管设备		台班	12.4
1604	风割机		台班	90
1605	聚氨酯发泡机		台班	180
1606	内切割机		台班	56.97
1607	排放泥浆设备		台班	218
1608	气割设备		台班	37.35
1609	气压焊设备		台班	9.19
1610	砂轮切割机	$\phi350$	台班	20.63
1611	栓钉焊机		台班	96.85
1612	双组分注胶机		台班	833
1613	液压泵车		台班	169
1614	氧割机		台班	25.54
1615	后切式石料加工机		台班	15.7
1616	遥控轨道行车	2t	台班	357
1617	履带式单头岩石破碎机	105kW	台班	1231.39

续表

序号	材 料 名 称	型 号 规 格	单位	单价(元)
1618	冲孔桩机带冲抓锤		台班	451.63
1619	履带式拉森钢板桩机		台班	1707.01
1620	履带式潜孔锤钻机		台班	1637.22
1621	自升式塔式起重机	2000kN·m	台班	978.89
1622	单笼施工电梯	提升质量1t 提升高度75m	台班	273.67
1623	电动灌浆机		台班	26.11
1624	混凝土振捣器	平板式	台班	12.54
1625	混凝土振捣器	插入式	台班	4.65
1626	轻便钻孔机		台班	86.09
1627	链条式混凝土切割机	ZSYK 型电动绳锯	台班	466.02